景观艺术形式研究

Research on the Form of Landscape Art

邰杰　著

文化艺术出版社
Culture and Art Publishing House

图书在版编目（CIP）数据

景观艺术形式研究 / 郃杰著. —北京：文化艺术出版社，2019.11
ISBN 978-7-5039-6669-9

Ⅰ. ①景… Ⅱ. ①郃… Ⅲ. ①景观设计—研究 Ⅳ. ①TU986.2

中国版本图书馆CIP数据核字（2019）第049282号

景观艺术形式研究

著　　者　郃　杰
责任编辑　董　斌
书籍设计　姚雪媛
出版发行　文化艺术出版社
地　　址　北京市东城区东四八条52号（100700）
网　　址　www.caaph.com
电子邮箱　s@caaph.com
电　　话　（010）84057666（总编室）84057667（办公室）
　　　　　（010）84057696—84057699（发行部）
传　　真　（010）84057660（总编室）84057670（办公室）
　　　　　（010）84057690（发行部）
经　　销　新华书店
印　　刷　国英印务有限公司
版　　次　2019年11月第1版
印　　次　2019年11月第1次印刷
开　　本　710毫米 ×1000毫米　1/16
印　　张　34.25
字　　数　610千字
书　　号　ISBN 978-7-5039-6669-9
定　　价　98.00元

版权所有，侵权必究。如有印装错误，随时调换。

国家社科基金后期资助项目
出版说明

后期资助项目是国家社科基金设立的一类重要项目，旨在鼓励广大社科研究者潜心治学，支持基础研究多出优秀成果。它是经过严格评审，从接近完成的科研成果中遴选立项的。为扩大后期资助项目的影响，更好地推动学术发展，促进成果转化，全国哲学社会科学规划办公室按照“统一设计、统一标识、统一版式、形成系列”的总体要求，组织出版国家社科基金后期资助项目成果。

全国哲学社会科学规划办公室

艺术形式：从二元论到四要素（代序）

周武忠

前不久，邰杰副教授将其又一部新著《景观艺术形式研究》的书稿发给我，并希望我作序。我欣然答应了。作者在东南大学艺术学院博士毕业后，进入江苏理工学院从事园林艺术与景观设计的科研教学工作，取得了不菲的成绩。这部书稿就是以其博士毕业论文《基于形式的景观艺术研究》为基础，结合这几年他主持的多项省部级园林和景观艺术研究课题成果，提升、撰写而成的。

景观艺术形式研究属当前景观艺术领域备受关注的热点问题。作者以景观艺术素材为主要论据，通过大量相关文献进行分类梳理并应用于佐证论述的观点，充分利用建筑、绘画、摄影、书法等方面的艺术素材作为旁证，深度论述了景观艺术中的要素与系统、表征与感知、类型与风格、生成与创造，选题角度新颖，具有较高的艺术价值和应用价值。作者突破了既往艺术形式研究中传统二元论的局限性，创造性地提出了“形相[①]层、结构层、功能层、意义层”四个支撑艺术形式的内涵要素，并以此作为参数变量，解释了景观艺术形式设计的复杂系统结构。

在景观艺术类型与风格层面，通过推导及实证研究，作者提出了东西方园林景观构建的两大范式，即“洲屿”以及“剧场”两大母题。通过进一步论证，得到了风格演进也能成为“时尚”生产工具的结论。从宏观角度提出了景观艺术形式权力表征的两类秩序：轴线对称结构与环状叠合结构，认为两者具有恒常性；从感知角度提出“静态画面感知”“动态影像感知”“戏剧性情节感知”的由低到高的感知等级阶梯。作者提出了“图式·法式·形式”的景观生成规律，认为理想的景观图式属于设计哲学与设计创意的形而上的

① 形相：外观表象、外貌品相。——编者注

理论层面，景观营造法式属于技术支撑的形而中的技术层面，景观艺术形式属于呈现与寓意的形而下表征层面；从艺术史的“典范现象”研究出发，基于“案例与图解”的视角对“景观美学理论、景观生态学理论、景观社会学理论、景观行为学理论和景观文化学理论”共5个层面进行了景观艺术形式的本体解读，而且认为在古今中外文化的整合过程中，景观形式的创造与思想传达以及艺术主张的表现等方面均体现出不同文化圈层间的融合性特质，即在景观形式表达的材料、手段、技术以及文化历史、美学取向等方面走向了共同的艺术意志。

更为关键的是，作者从艺术学的角度对景观的艺术形式予以比较深入系统的探讨，能够运用较新的视角、丰富的材料和合理的研究方法展开研究，在本领域的研究中具有较好的独立见解和一些创新性观点，对于景观设计乃至整个设计学的研究都具有积极意义和一定的应用价值。作者即从三个视角切入景观艺术形式研究本体，即研究对象的内涵，包括概念、基本形制；研究对象外在显性的“类型与风格”问题，以确立分析的脉络；研究宏观的艺术形式与其发生的“意义层”与“形相层”，给出了学理性比较纯粹的论述。同时，有针对性地提出了从设计方法论的意义上来审视传统与域外景观艺术的形式生成问题，采用多维度学科交叉的宏观性艺术研究方法，从艺术形式的形相、功能、结构与意义这四大维度来综合地探究其形式生成的内在动因与机制，并提倡一种学术研究与艺术创作相结合的思路。这对于目前我国城乡景观建设、设计人才队伍的培养，具有较为重要的理论价值、实际应用价值和丰富的社会意义。

综观全书，无论是从研究方法、分析论证视角，还是在资料引证、理论建构上，均不失为一部有分量的优秀学术研究成果。其能够获批为2016年度国家社科基金后期资助项目，就充分说明了这一点。

故乐为序。

2018年10月30日于上海交通大学

目录

绪 论

一、研究缘起

今天，中国城市呈现出了“千城一面”的雷同化趋势，国际主义风格大行其道，北京渐失了胡同，上海消隐了弄堂，苏州失缺了小桥流水……我们到处在建大广场，建千篇一律的建筑，而中国的“城市造景运动”亦是以西方城市的花园、广场等作为根基和模板的。以一种批判的眼光来审视，这既是世界文化的损失，也是中国城市历史记忆的个性丧失，因此我们的城市家园失去了“根”。同时值得注意的是，作为文化大系统一部分的当代中国景观艺术的设计创作中存在着严重的“抄袭”现象，如仿古风、崇洋风、山寨风等盲目的形式表象抄袭与模仿成了一股浪潮。例如在各大旅游景区中大肆建造仿古建筑，似乎只要有了“飞檐”就与“古意”挂上了钩，但设计内涵很肤浅，外观造型也很虚假，与周围环境根本不匹配，只是简单地对古代建筑艺术作品的抄袭与理解——在简单意义上的形式表象模仿。这一股“‘形’之繁荣、‘抄’之繁荣”[①]的“傍名牌、仿经典”恶劣风气在景观艺术理论与实践中、在景观艺术设计师中体现得很明显。因此，必须提出“为什么要抄袭”这一问题以引起大家的注意。本研究就是从这里开始，思考艺术形式表象抄袭这一问题的“病症”究竟是什么，为何艺术设计的创新源泉和创意理念如此匮乏，艺术形式的本源内涵又究竟是什么。笔者力求从这些方面剖析当前中国景观艺术的现实问题，以纠正、扭转“抄袭形式表象”的不正之风。

① 周洁:《建构：作为一种选择》,《建筑学报》2003年第10期。

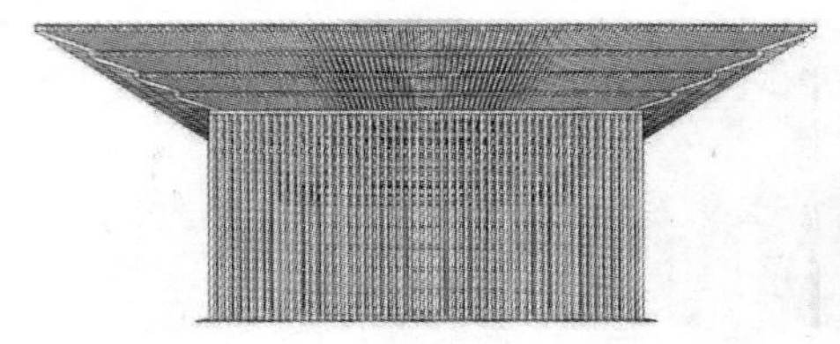

图 1　日本四国西条市南岳山光明寺立面设计图与中国南京南站立面效果图的比较

每一件真正创作出来的艺术作品，其形式都承载着特定的内涵，如同勒内 · 韦勒克（René Wellek）与奥斯汀 · 沃伦（Austin Warren）所意指的艺术作品“不是一件简单的东西，而是交织着多层意义和关系的一个极其复杂的组合体”[①]。而对既有艺术作品外在形式表象的“抄袭”则只是取其“躯壳”，却抛弃了其内在的灵魂与有生命力的东西——功能、结构、意义等艺术形式的隐性部分。当下的典型案例如南京南站的外形设计被相关人士视作仿照禅意浓浓的日本四国西条市南岳山光明寺而建造的（图 1），2010 年上海世博会“东方之冠”中国馆（图 2）与日本著名建筑师安藤忠雄（Tadao Ando）设计的 1992 年塞维利亚世博会日本馆（图 3）二者之间的相似性也被诸多网络媒体炒得沸沸扬扬，引发了许多热点议题。亦有相关研究者将中国馆与象征日本的“鸟居”(图 4）及安藤忠雄 2000 年设计的光明寺的内部结构图（图 5）在“形式表象”这一层面加以比较——“我看‘东方之冠’与‘光明寺’的撞衫?!”并认为“建筑风格手法甚至外观的相互借鉴，与个人特点结合进行再创造，一定范围内不但正常而且必须，而相似度 100% 就不正常了，尤其最关键的是，拒绝与具有概括性‘符号’的外观撞衫（中国馆两样都占了）”[②]。须指出的是，中国馆风波仍存有争议，尽管不一定是抄袭，但在当下中国各类艺术设计实践中，模仿抄袭现象确实相当常见。

---

① ［美］勒内 · 韦勒克、奥斯汀 · 沃伦:《文学理论》，刘象愚、邢培明、陈圣生、李哲明译，江苏教育出版社2005年版，第18页。

② 缪斯社区:《世博会中国馆》，http : //www.emus.cn/? 7249/viewspace-6270.html，2011年1月14日。

图 2　2010 年上海世博会“东方之冠”中国馆

图 3　1992 年塞维利亚世博会日本馆

图 4　日本的“鸟居”

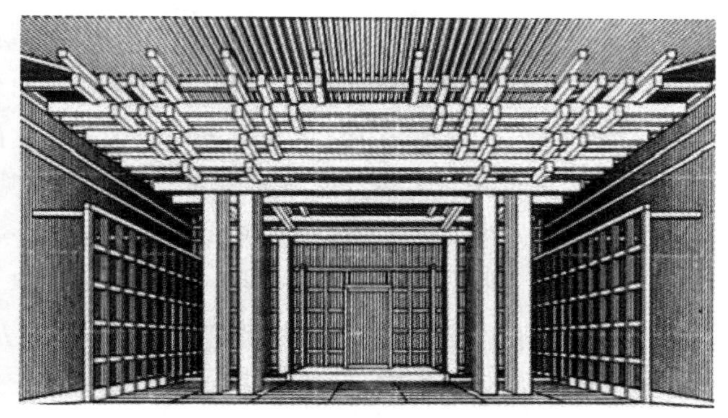

图 5　日本光明寺内部结构图局部

再如清华大学吴焕加教授认为北京“夺式”建筑之“身着西装头戴瓜皮帽”就是一种照搬照抄建筑遗物外观的笨拙做法：“20 世纪 90 年代初，北京街头出现很多戴着大大小小黄色或绿色琉璃屋顶、琉璃屋格和小亭子的新建筑物，其中最有名的一个大概要算北京新建的西客站。这个 1996 年落成的火车站，庞大复杂，在结构、设备方面采用多项新技术。它本应更好地展现当今中国人民意气风发、阔步前进的精神风貌，却在高高的大楼顶上画蛇添足似的加上一个三重檐的庞大的清朝式样的大楼阁。它不但没有实用功能，而且给结构和施工带来很多麻烦……这个建筑需要有些北京的符号，使之成为北京的又一标志性建筑，建筑师知道并且能够采用多种方式做到这一点，而不用把一个‘地道的’清代大楼阁‘束之高阁’。”[①]（图6）

图6　北京西客站

而俞孔坚先生亦就“小农意识和暴发户意识的综合征”的中国城市景观形式表象美化问题深刻指出：“上世纪90年代早期开始，中国兴起了一场‘城市化妆运动’，随后一场席卷全国的、名为‘建设社会主义新农村’的运动也如火如荼地开展起来。这些都使中国的大地景观面临严峻的危机边缘：生态完整性被破坏，文化归属感丧失，历史遗产消失……”[②]“追求气派，追求最大、最宽、最长，攀比之风盛行；强调几何图案、金碧辉煌，等等，其根本原因还在于开发商、决策者、欣赏者甚至于专业人员中的意识的局限性，这是时代留给每个人的烙印……与历史上的城市美化运动相似，中国的‘城市美化’运动的典型特征是为视觉美而设计，为参观者或观众而美化，唯城市建设决策者或设计者的审美取向为美。”[③]学者王昀则认为“北京的印象已经被建筑试验田的概念所定义”，以理查德·巴克敏斯特·富勒（Richard Buckminster Fuller）的曼哈顿巨大穹顶形态为表象的中国国家大剧院，持其未

① 吴焕加:《中国建筑·传统与新统》,东南大学出版社2003年版,第36页。

② 俞孔坚:《回到土地》,生活·读书·新知三联书店2014年版,第31页。

③ 俞孔坚:《回到土地》,生活·读书·新知三联书店2014年版,第84—87页。

来的象征性浮出于人民大会堂的西侧。[①]（图7、图8）

图7 美国“曼哈顿穹顶”

图8 中国国家大剧院

从北京西客站、“城市化妆运动”到国家大剧院、世博中国馆，这一严峻的景观艺术现实从创作者的角度而言，一方面可能迫于时间压力、客户需求等限制，另一方面设计师们又缺乏在深层意义上对艺术形式的本质理解，基本上还停留在“形式表象”这一层面上，缺乏从其他维度来理性审视艺术形式的本源内涵，在求“快”的创作节奏中，来不及构思设计，来不及阅读城市，立马“大拆、大抄、大建”，造得快，拆得更快，可以说这也是导致我们的城市丧失记忆的重要原因之一。另就景观艺术如何承接“传统”这一议题而言，景观艺术丰厚的历史形式沉淀，让任何景观艺术家的形式创新都能在其“历史景观文库”中找到他所需要的东西，因为交流依赖于传统，传统是无可替代的。“其实，传统本身并非一成不变，传统是活的东西。在历史进程中，传统与新的或外来的事物相遇而生碰撞、碰撞中有吸纳，新成分的加入引起传统的重组、更新和变异，于是进步。”[②]王澍对“传统的再阐释”则强调了技艺传统的时代性再生问题：“无论中国还是西方，它们的建筑传统都曾经是生态的，而当今，超越意识形态、东西方之间最具普遍性的问题就是生态问题，建筑学需要重新向传统学习，这在今天的中国更多意味着向乡村学习。不仅学习建筑的观念与建造，更要学习和提倡一种与自然彼此交融的生活方式，这种生活的价值在中国被贬抑了一个世纪之久。在我们的视野中，未来的建筑学将以新的方式重新使城市、建筑、自然和诗歌、绘画形成一种不可分隔、难以分类并密集混合的综合状态。在这种意识里，这种关于形而上的思考从来不能和具体的建造问题分开。现代建筑系统已经是今天中国的事实，

① 参见王昀《空间的界限》，辽宁科学技术出版社2009年版，第174页。

② 吴焕加：《中国建筑·传统与新统》，东南大学出版社2003年版，第61页。

我们不得不想办法把传统的材料运用与建造体系同现代技术相结合。更重要的是，在这一过程中提升传统技术，这也是我们在使用现代钢筋混凝土结构和钢结构体系的同时大量使用手工技艺的原因。技艺掌握在工匠的手中，是活的传统。如果不用，即使在形式上模仿传统，传统仍然必死，而传统一旦死亡，可以相信，我们就没有未来。”[①]而在柯林·罗（Colin Rowe）看来，“传统同样拥有重要的双重功能，它不仅产生了某种秩序或某种社会结构的东西，而且也提供给我们可以在其中进行操作的东西；这是我们可以批判、改变的东西。（而且）……正如自然科学领域中的神话或理论的发明具有一种功能，它帮助我们将秩序引入自然事件，社会领域中传统的产生也是如此”[②]。曼夫雷德·弗兰克（Manfred Frank）亦说：“传统就是它的和经由它的传承物之传承，这传承仅仅发生在传统内部并且是为了其自身。”[③]解释学哲学大师汉斯－格奥尔格·伽达默尔（Hans-Georg Gadamer）则认为在精神科学中我们不断地从传统获得新的东西，“就此而言，对传统的阐释从来就不是对它的单纯重复，而总是例如理解的一个新的创造，这一理解在解释性的语言中获得其确定性”[④]。也可以这样说，在历史巨人跟前，我们有自己的时空坐标，要成为它的“继承人”，而非历史的“奴隶”，“历史是自从我们开始的时候所有传统的集合。任何领域的创造性活动都是通过不断发展、扩展传统，而维持各自领域的生命力和活力”[⑤]。罗宾·乔治·柯林伍德（Robin George Collingwood）在《历史的观念》（*The idea of history*）中更加精彩地指出：“每个新的一代都必须以自己的方式重写历史；每一位新的历史学家不满足于对老的问题作出新的回答，就必须修改这些问题本身；而且——既然历史的思想是一条没有人能两次踏进去的河流——甚至于一位从事一般特定时期的一个单独题目的历史学家，在其试图新考虑一个老问题时，也会发现那个问题已经改变了。”[⑥]

然而，我们当下的时代需求、观念需求、功能需求等都不同于过往，是

---

① 王澍：《造房子》，湖南美术出版社2016年版，第86页。

② ［美］柯林·罗、弗瑞德·科特：《拼贴城市》，童明译，中国建筑工业出版社2003年版，第122页。

③ 转引自［德］伽达默尔、杜特《解释学 美学 实践哲学：伽达默尔与杜特对谈录》，金惠敏译，商务印书馆2005年版，第23页。

④ ［德］伽达默尔、杜特：《解释学 美学 实践哲学：伽达默尔与杜特对谈录》，金惠敏译，商务印书馆2005年版，第25页。

⑤ Garrett Eckbo，*Landscape for Living*，New York：F.W. Dodge Corporation，1950，p.10.

⑥ ［英］R.G. 柯林伍德：《历史的观念》，何兆武、张文杰译，中国社会科学出版社1986年版，第281页。

单纯地复制、抄袭传统景观艺术形式的"形相"特征，还是学习古人的营造智慧与方法论即解决问题的途径和手段、研究其形式生成规律呢？当下艺术创作的原创性源泉又在哪里呢？艺术创作又该如何继承传统艺术呢？对现有艺术作品的现状、照片、测绘图纸等的单纯模仿、原封不动地照搬，这只能算作一种对其艺术形式表象的浅层化抄袭和挪用，而真正的景观艺术创作则是对特定时代之人的物质性、精神性生活空间的营造，有其特定的建造逻辑，亦可借鉴柳冠中教授研究中国古代设计生成机制理论所提出的"设计事理学"："将人为事物视为目标系统的产物……不同的设计，解决的问题不同，目标系统也在不断移动和重新确立。"[①] 得形似而神不似、把原作的精髓都抄丢了的"抄袭"即"抄袭形式表象"，应缘于创作者或业主缺乏对形式的精准理解和把握，那我们要深度理解的艺术形式又到底是什么呢？笔者认为创作者若能从形式生成机制的角度来读解既有的景观艺术形式，以汲取古人传统造物的智慧与借鉴国外景观艺术设计的解决问题之道，则这个所谓的"形式抄袭"之"抄"就显得更加高明了，"抄"的是其形式建构逻辑，而不是把传统与国外的景观艺术形式表象（"形相""外观""外表"）原封不动地照搬过来。因此，我们要从景观艺术形式的生成机制与途径的角度来抽象地继承传统，把传统艺术形式生成逻辑应用到当下景观艺术形式的生成规则之中，这样的继承就属于规律性的把握与创造范畴。

在此，笔者提出应从设计方法论的意义来审视传统与域外景观艺术的形式生成问题，应从其艺术形式的形相、功能、结构、意义这四大维度共同来探究其形式生成的内在动因与机制，并与各自的景观现实如环境、生态、人文、历史、地域等诸多影响因子密切关联，因而这样的形式多维度综合考量之下的"抄"才是真正高明地上升到了设计方法论层面的"参鉴"，即五代大画家荆浩所说的"度物象而取其真"(《笔法记》)，而不仅仅是单一的"形相"——形式表象维度——的复制，这最多也只能算作一种"脸皮式"形式表象审美。

笔者认为抽象地继承传统艺术形式与逻辑地借鉴域外艺术形式之路径选择就是提倡一种学术研究与艺术创作立场："汲取传统造物智慧与探寻形式生成机制的设计原理"，在本土和域外、古典和现代的传统中历时性与共时性地把握艺术史。而且，笔者在景观艺术创作实践中体悟到我们今天景观艺术设

① 柳冠中编著:《事理学论纲》, 中南大学出版社2006年版，第77页。

计所遭遇的问题，其实古人在造园过程中早已碰触过了，只不过在西方文化的强势介入下，我们变得对传统文化艺术、传统造物智慧的不自信、不了解甚至淡忘得像一片白纸，同时，对西方文化艺术的理解也是半生不熟、夹杂着相当部分的误读。这就造成了一种局面：对中西文化艺术底蕴的认知被抽空，处于一种无根的悬浮状态，这样的情形相当危险。因此，在当今的学术研究中首先要重建中国传统艺术的认知体系，唯有先立足本土，兼具国际化视野，才能扎实掌握一门学问。或如盖瑞特·埃克博（Garrett Eckbo）的自问自答："那么设计形式应该建立在什么样的基础之上？我们应该去何处寻找需要的形式？答案是，从你所在的周围的空间中去寻找，以及你所在的时代之前去寻找。如果你能够理解、热爱并且享受你所在的空间和过去的时代的话，那么所有这些都将成为你的灵感来源。你成为你所在的世界的一部分的程度越深，你能够从所在世界中得到的也就越多。"① 同时，下文对艺术形式之本源内涵的逐次展开论证（即笔者提出了艺术形式内具的四大维度——"形相、功能、结构、意义"），实乃希冀能对艺术理论本身以及当代中国景观艺术理论与实践提供些许的帮助，当然，此论证亦是受到了诸多著名学者观点的启发而得以凝练总结出来的。

二、研究现状

（一）景观艺术形式的研究

国内较早进行景观艺术形式研究的学者如周武忠教授的《心境的栖园——中国园林文化》《理想家园——中西古典园林艺术比较研究》等诸多学术文献立足于文化本源，对中西园林艺术的形式意蕴、类型与风格等进行了独到的阐述。他曾深刻指出"追寻自然之本质"才是中国园林艺术的精髓所在，而西方园林追求传达一种秩序和控制的意识，也正是由于"中西园林艺术具有不同的精髓，追求各自的理想，因此，在艺术形态上有着很大差别"②。吴家骅先生在其专著《景观形态学：景观美学比较研究》中将中国山水画、山水园与英国风景画、风景园进行了较为成功的比较，明确指出："越过现象

① Garrett Eckbo, *Landscape for Living*, New York : F.W. Dodge Corporation, 1950, p.59.

② 周武忠:《理想家园 —— 中西古典园林艺术比较研究》，博士学位论文，南京艺术学院，2001年，第177—178页。

的表面形式去寻找其内在结构和基本关系，去把握景观的核心与本质。”① 田国行在《景观的形式意义》一文中也深刻指出了对于景观创造而言，形式是某种比可触、可见的实体形象更为丰富的概念，“这种形式并不只是某种外在于人的客体对象，它所关注的也远不只是‘物’之理，而是指一种与作为意识主体的人相互沟通的‘类主体’”②。邱文晓等也提出要从建筑形式生成方式的角度继承传统，把传统建筑法式的逻辑吸收到现代形式生成规则之中。③ 张纵则从西方现代设计理论与现代抽象艺术的形态演绎角度，分析了二者对风景园林设计艺术形式的重要影响，并着重探讨了我国园林设计中如何互融与借鉴的问题，提出了亟待重视园林设计的艺术性这一极为现实的观点。④ 林箐和王向荣在《地域特征与景观形式》一文中认为地域特征是特定区域土地上自然和文化的特征，它包括在这块土地上天然的、由自然成因构成的景观，也包括由于人类生产、生活对自然改造形成的大地景观，这些景观不仅是历史上园林风格形成的重要因素，也是当今风景园林规划与设计的重要依据和形式来源。⑤

但是，刘为力在《当代中国景观形式的审美思考》中将景观内容与景观形式作为一对立范畴提出，将“形式”的内涵肤浅化了，“大众对景观形式的潜在的审美需求，提出唯有景观内容的拓展与形式的变化，才能在新的时代背景下适应社会发展的需求”⑥。刘彦红则特别说明了景观设计首先是人的思想活动，其表现为艺术活动，多样化思潮形成了纷繁多样的景观艺术风格，当代景观设计从表象上看是景观形式的多样化，其本质却是不断向自然秩序系统的靠拢。⑦ 周向频在《全球化与景观规划设计的拓展》一文中分析了在全球化发展趋势下景观的形式与内涵的深刻变化，“相对于全球化整合趋势，景观也日益成为一种综合呈现，包括自然被感知的状态，人类经历的环境，技术

---

① 吴家骅:《景观形态学：景观美学比较研究》，叶南译，中国建筑工业出版社1999年版，第160页。

② 田国行:《景观的形式意义》，《中国建筑装饰装修》2005年第8期。

③ 参见邱文晓、陈瑜《从传统法式到现代形式生成规则——仙都风景区西入口群体建筑设计理念简介》，《中外建筑》2007年第11期。

④ 参见张纵《我国园林对于西方现代艺术形式的借鉴及思考（下）》，《中国园林》2003年第4期。

⑤ 参见林箐、王向荣《地域特征与景观形式》，《中国园林》2005年第6期。

⑥ 刘为力:《当代中国景观形式的审美思考》，载张青萍主编《传承·交融：陈植造园思想国际研讨会暨园林规划设计理论与实践博士生论坛论文集》，中国林业出版社2009年版，第192—194页。

⑦ 参见刘彦红《当代景观艺术的人性归属》，《建筑时报》2007年3月19日。

的展示形态，文化的承载物等"[①]。董璁的博士论文《景观形式的生成与系统》[②]则是目前国内博士论文中较早以"形式"作为景观艺术的主要研究对象的学位论文，但其更多的是从自然结构的角度来研究景观形式的奥妙。

王澍则基于建筑艺术设计中的"功能主义"而论及"形式主义"这一关键性议题："不过，我以为独断的功能主义本质上也是一种独断的形式主义，没有无形式秩序的功能，独断的也就是固定的、教条的。建筑学功能主义是特别发育不良的，在某种程度上，甚至意味着被形式主义抽空的主题内容之类的东西又回来了。应该强调，在经过形式主义的大量形式实验之后，'功能'已不是'内容'的同义词……这清楚地表明了从纯形式主义的后退，对美学事实复杂性的认识加深了……更进一步说，当艺术作品被认为应当置于社会环境中来考察时，在一种符号学的方法中就包含着孤立的形式方法一直回避的有关结构的合法性要求，这样应当可以克服纯粹的形式主义对复杂的美学事实的最初的（无论如何是可以理解的）绝望之感。合法性本身就在于介入了由功能性和结构性分析所构成的认识论。介入的认识论方法应当取代通常发生学的程序，以及伴随着这些程序的理解和解释的传统。"[③]

国外学者中较早论及景观艺术形式的如詹姆斯·C·罗斯（James C.Rose）在1939年2月的《铅笔尖》（*Pencil Points*）杂志上发表的《景观设计中的明确形式》（*Articulate form in landscape design*）一文中指出："一旦开始应用先决的形式概念，我们就已经舍弃了发展一种可以清晰表达、并能够体现将要在空间中发生的活动的新形式的可能性。"[④]罗斯亦宣称我们周围的这个客观世界为景观设计领域提供了形式上的发展基础以及局限性，自然界应该成为一种结构性设计的组成部分，并且是最先应该考虑的问题。劳里·欧林（Laurie Olin）于1988年发表于《景观杂志》（*Landscape Journal*）上的《景观艺术的形式、意义与表达》（*Form，meaning and expression in Landscape Architecture*）一文则将"隐喻"作为景观艺术形式表达最为重要的设计策略，以及在作品创造中对自然进程的关注，即摒弃对自然的表面模仿，而要竭力从对历史的深刻领悟中受到启迪、理解和学习，欧林也从艺术形式的层面评价了20世纪

① 周向频：《全球化与景观规划设计的拓展》，《城市规划汇刊》2001年第3期。

② 董璁：《景观形式的生成与系统》，博士学位论文，北京林业大学，2001年。

③ 王澍：《造房子》，湖南美术出版社2016年版，第69—70页。

④ ［美］詹姆斯·C·罗斯：《景观设计中的明确形式》，载［美］马克·特雷布编《现代景观——一次批判性的回顾》，丁力扬译，中国建筑工业出版社2008年版，第85页。

后期的相关景观艺术作品："形式创造的多样性和范围限制已经成为了一种大的文化规范。近期一些景观项目在寻求扩展形式的结构、材料、色调和表达（包括意义的预置）等方面的选择，这些项目也被用于同17、18世纪的布朗和勒·诺特André Le Nôtre的作品进行比较研究。而他们的作品则被认为一方面在对自然的抽象上，另一方面则是在赋予意义的策略传统上，对先在原型的变形更为成功。尽管一个可感知的张力存在于艺术经由改变和变形的途径而自我更新的演化趋势与极其依赖作品规范性的一般性理解之间，但这个领域最伟大的设计案例满足了这两方面的需要。将意义创造和风格塑造融为一体的策略被认为存在于19世纪奥姆斯特德和20世纪哈格、哈普林的作品中。"[①] 其他专业期刊类的相关学术论文还有《形式、意义与价值：建筑哲学的历史》(*Form, meaning and value: a history of the philosophy of architecture*)、《设计教育转向中的形式、功用和美学》(*Form, utility, and the aesthetics of thrift in design education*)、《艺术作为景观，景观作为艺术》(*Art as landscape, landscape as art*)、《场所：记忆、诗歌与绘画》(*Place: memory, poetry, and drawing*)、《景观形式、进程和功能：聚焦地理前沿》(*Landscape form, process, and function: coalescing geographic frontiers*)、《形式的虚无》(*The vanity of form*)等。

安妮·惠斯顿·斯普林（Anne Whiston Spirn)《景观的语言》(*The language of landscape*)[②] 则用横跨千年和五大洲范围的实例论证了景观的语言是诗意与实用主义的结合，并认为景观的语言是所有生物的母语，早在人类学会用语言来描述自己的故事以前，就在尝试阅读自己所居住地方的景观。美国学者阿摩斯·拉普卜特（Amos Rapoport）的《宅形与文化》(*House form and culture*)从人类学和文化地理学的视角探究了促成这些民间居住建筑形态及可识别特征的作用力，突出了文化对乡土建筑形式形成的重大作用。伊利尔·沙里宁（Eliel Saarinen）的《形式的探索——一条处理艺术问题的基本途径》(*Search for form: a fundamental approach to art*)则在人类造物的大视野中考察了艺术形式的产生、发展和变迁，并紧紧结合"生活"进行了阐述。他明确指出："形式的诞生必须与生活密切相联。这样，可以感受到生活的深刻意义，可以把这种意义灌输到形式中去，所以，只有这样，人们才

① Laurie Olin, "Form, meaning and expression in Landscape Architecture", *Landscape Journal*, 1988 (2), pp.149–168.

② Anne Whiston Spirn, *The language of Landscape*, New Haven : Yale University Press, 1998.

能够最真实地感受到形式的意义。”[①] 亨利·文森特·哈伯德（Henry Vincent Hubbard）和西奥多拉·金博尔（Theodora Kimball）在《景观设计研究绪论》（*An introduction to the study of landscape design*）（纽约，1917年）中则明确指出：“依据设计三要素，所有的景观设计都不尽相同。这三要素是：第一，景观所处的自然环境——地形、国家、气候、植被和建筑材料等；第二，设计者和服务对象——他们的国籍、传统、鉴赏力、所受教育和其他社会条件；第三，也是第一和第二个要素综合作用产生的结果，即设计景观的目的。”[②] 提出了“形式及其塑形能力的演化”思想的美国建筑师格雷格·林恩（Greg Lynn）在《形式表达——建筑设计中图解的原功能潜力》（*Forms of expression: the proto-functional potential of diagramsin architectural design*）中以荷兰建筑师本·凡·伯克尔（Ben Van Berkel）的作品为讨论对象，以“图解”作为其设计理论建构的工具。林恩在《折叠、身体和团状物》（*Folds, Bodies & Blobs*）中亦认为“指引设计产生形式的各种动态力的抽象组织，不应该被神话为内在的创造性本能，而应该是与图解的转变潜能相关的直觉”[③]。

彼得·罗（Peter G.Rowe）等在《承传与交融——探讨中国近现代建筑的本质与形式》（*Architectural encounters with essence and form in modern china*）中讨论的重点是“体”和“用”，也就是作者所认为的本质和形式这两个对中国现代化进程有着根本影响的思想概念，并描述了“体”和“用”经历的诸多历史变迁，即从“中学为体，西学为用”到“社会主义内容和民族形式”，直至“现代本质和中国形式”。建筑类比语言的研究方法在20世纪80年代比较流行，如在查尔斯·詹克斯（Charles Jencks）的《后现代建筑语言》（*The language of post-modern architecture*）中，作者论述了用建筑的“语汇”“句法”和“语义”等来“表情达意”的问题。建筑与语言学的相关研究为确认“建筑形式表达”这一重要观念奠定了基础，但过多的语法参照使其研究容易偏离建筑自身的轨道。格兰特·W·里德（Grant W. Reid）在《园林景观设计：从概念到形式》（*From concept to form in landscape design*）中认为设计师需要发现并且揭示场地的特有精神，并巧妙地使场地精神融入有目的的使用和特定

---

① [美]伊利尔·沙里宁:《形式的探索——一条处理艺术问题的基本途径》，顾启源译，中国建筑工业出版社1989年版，第25页。

② 转引自[美]理查德·P.多贝尔《校园景观——功能·形式·实例》，北京世纪英闻翻译有限公司译，中国水利水电出版社、知识产权出版社2006年版，第3页。

③ Greg Lynn, *Folds, Bodies & Blobs*, NewYork: Princeton Architectural Press, 1998, p.230.

的设计形式中以增强地方特色。[①]伊恩·本特利（Ian Bentley）等学者在《建筑环境共鸣设计》（*Responsive environments*）的前言中更为明智地指出："在我们看来，现代建筑的悲剧在于设计师们从没有努力去创造出适当的形式以体现其社会政治理想。事实上，正是他们投身于这个理想时的所做所为使人认为关注于形式是肤浅的。"[②]奥地利景观艺术家、维也纳应用艺术大学园林设计课程导师及创立者马里奥·泰尔茨（Mario Terzic）教授在《景观艺术的魅力》（*Humus+Shoots*）中以大量手绘设计图稿和案例照片探讨了"概念性"景观的重要性，并从"实验花园""历史园林""园林艺术""体育景观"和"城市化"五个景观研究主题深度阐释了他的景观艺术创作实践——每一个项目灵感的产生、发展、实现以及建成后的过程。其中，泰尔茨在《历史园林：找寻历史花园的新用途》（*Historic gardens: hints for new uses of historic gardens*）一文中即论及了园林艺术形式的历史根源："每一座艺术园林都基于一个中心理念。它可能历史悠久，可能曾是世界的缩影、政治规划的草图、上演过有关人类和上帝剧目的舞台……它已经黯淡无光……历史学家可以赋予它一个名字，但不能赋予它新生……当一种艺术形式已经被遗忘几十年以后，它的复苏需要采取非常规的方式。对于艺术家而言，评估历史遗留下来的碎片、创新赋予整个结构清晰的可读性，以及为场景设计一个激动人心的外观，这些都非常具有挑战性。除了对园林实体进行保护外，还需要把控其代表的中心理念。"[③]

（二）其他艺术形式的研究

此类文献的积累相当丰富，研究艺术形式的国内外学术文献浩如烟海，囿于笔者的学术视野，故选择本人目下所能涉猎的部分相关文献，摘其要者，做出综述。

国内学者如吴冠中认为艺术作品打动人的决定性因素还是独特的形式感，艺术形式美有其独立性，"内容不宜决定形式，它利用形式，要求形式，向形

---

① 参见［美］格兰特·W·里德《园林景观设计：从概念到形式》，陈建业、赵寅译，中国建筑工业出版社2004年版，第1页。

② ［英］伊恩·本特利、艾伦·埃尔科克、保罗·马林、苏·麦格琳、格雷厄姆·史密斯：《建筑环境共鸣设计》，纪晓海、高颖译，大连理工大学出版社2002年版。

③ ［奥］马里奥·泰尔茨、鲁旸主编：《景观艺术的魅力》，江苏凤凰科学技术出版社2015年版，第97页。

式求爱，但不能施行夫唱妇随的夫权主义”[①]。王琦的研究则表明艺术家一方面不断加深对客观世界的认识，不断扩大艺术的题材内容范围，另一方面又在不断探求新的表现形式，不断改进和丰富艺术的形式和技巧。[②]詹七一在《艺术形式的本体意义》中从艺术形式概念在西方和中国的历史形态出发，归纳并阐释了艺术形式的基本逻辑形态，并在符号学的意义上对艺术形式在审美活动中的意义作出了总结。[③]张灿全对艺术形式是否具有相对的独立性进行了探讨。[④]姜耕玉在《艺术形式：线条、动作、声音》中将线条、动作与声音视作构成视觉艺术形式与听觉艺术形式的基本要素，他认为“这些艺术物质都具有虚拟性、象征性的特性以及构成艺术结构张力或离异性的可能”[⑤]。张宏梁亦将艺术形式视作艺术作品表层的外观表象，“艺术创新的一个重要途径就是将不同的形式元素加以重组。组合方式主要是：增附组合、同类组合、邻近组合、异类组合。不同的艺术形式之间可以互补，也可以适当嫁接”[⑥]。而李娅娜与李水泳分析的重点对象是现代绘画形式，指出其是通过不断创造来揭示纯粹的视觉价值的，表现在画家主观的独创精神，并将这种创造力投注到绘画纯粹形象化的形态和结构组合构建中去。[⑦]祝菊贤在《荣格的无意识原型理论与艺术的情感及形式》中指出：“原型是指示知觉的普遍模式，它作为一种有规律的造型原则影响着艺术的纯形式。原始意象被翻译成特定时代艺术语言的过程就是象征。象征是无意识情结的投射。这种投射主要通过抽象与移情两种途径，从而产生了两种不同的艺术形式。”[⑧]毛白滔在《创新意识是艺术设计的生命力》中则更清醒地点明了艺术设计就是由众多物质条件表现出的功能意义的“物质形式”及具有明显艺术符号特征的“艺术形式”，严格地说，每一项设计都是创新的产物，是一种文化的创造。[⑨]

---

① 詹建俊、陈丹青、吴冠中、靳尚谊、袁运生、闻立鹏：《北京市举行油画学术讨论会》，《美术》1981年第3期。

② 参见王琦《艺术形式的演变初探》，《文艺研究》1980年第3期。

③ 参见詹七一《艺术形式的本体意义》，《理论与现代化》2003年第5期。

④ 参见张灿全《艺术形式具有相对的独立性吗》，《松辽学刊》（社会科学版）1985年第3期。

⑤ 姜耕玉：《艺术形式：线条、动作、声音》，《东南大学学报》（哲学社会科学版）2004年第2期。

⑥ 张宏梁：《论不同艺术形式元素的组合创新》，《东南大学学报》（哲学社会科学版）2007年第1期。

⑦ 参见李娅娜、李水泳《现代绘画艺术形式创造研究》，《新美术》2007年第5期。

⑧ 祝菊贤：《荣格的无意识原型理论与艺术的情感及形式》，《西北大学学报》（哲学社会科学版）1996年第2期。

⑨ 参见毛白滔《创新意识是艺术设计的生命力》，《装饰》2005年第7期。

国外学者如德国的威廉·沃林格尔（Wilhelm Worringer）在1923年写就的《哥特形式论》（*Form in gothic*）中即用一般的艺术理论来解释哥特艺术，对比以前所有哥特艺术批评标准和批评方法，它有首创性——以心理学为基础的形式意志论，因而也是依照一种推想而产生的有关哥特艺术的再评价，是现代艺术批评中最具启发性的论文之一。而他的另一代表作《抽象与移情》（*Abstraction and empathy*）中则将艺术视作由抽象与移情这两大类型所构成。瑞士艺术史家海因里希·沃尔夫林（Heinrich Wölfflin）在《艺术风格学》（*Principles of art history*）中以线描与涂绘、平面与深度、封闭形式与开放形式、多样性与同一性、明晰与朦胧等五个相互对立的基本概念作为其形式比较研究的基本框架。他在《论德国和意大利艺术的形式感》中亦对德国和意大利的造型艺术进行了系统的比较研究，对两国的美术样式风格做出了有创见的分析探讨，因而可以算是一部相当成功的比较美术研究著作。阿道夫·希尔德勃兰特（Adolf von Hilderbrand）的《造型艺术的形式问题》（*Das problem der form in der bildenden kunst*）是19世纪最重要的造型艺术理论著作之一，作者提出了一个以古典时代遵循的艺术规则为基础的审美体系，探讨雕塑的结构、手法等纯形式问题，而且几乎不涉及作品的具体内容。恩斯特·贡布里希（Ernst Gombrich）的《木马沉思录：论艺术形式的根源》（*Meditations on a hobby horse or the roots of artistic form*）从一个非常普通的木马谈起，谈及了艺术创作的根源、艺术形式的根源、艺术创造中的虚构和真实等关键问题，回应了柏拉图的摹仿论。恩斯特·卡西尔（Enst Cassirer）在《人论》（*An essay on man*）的“第二部 人和文化”中将艺术视作象征形式的创造，提出了超越传统二元论的艺术符号象征论。黑格尔（G.W.F.Hegel）在其理应称之为“艺术哲学”的《美学》（又称《美学讲演录》）（*Vorlesung über die Ästhetik*）中提出了象征型、古典型、浪漫型三大逻辑与历史相统一的艺术基本类型体系。而托马斯·门罗（Thomas Munro）对艺术形态、艺术风格、艺术类型的探讨，主要体现在《艺术的形式——审美形态学概论》（*Form and style in the arts: an introduction to aesthetic morphology*）、《作为美学分支的艺术形态学》（*The morphology of art as a branch of aesthetics*）、《艺术的风格：一种进行风格分析的方法》（*Style in the arts: a method of stylistic analysis*）等一系列论文中。鲁道夫·阿恩海姆（Rudolf Amheim）在《艺术与视知觉：视觉艺术心理学》（*Art and visual perception: a psychology of the creative eye*）、《建筑形式的视觉动力》（*The dynamics of architectural form*）等著作中就形状、色彩、位置、空间和光线等知觉范畴的阐述，也只是对艺术形式系统的形相要素——外观呈现——的集中讨论，对意义、结构、功能则涉猎相当少。以美学为主题的“构图原理”研究，即从美学方面为形式的运用提供了可参照的原则和方法，这类研究在世界范围内影响最大的著作应数美国托伯特·哈姆林（Talbot Hamlin）的《构图原理》（*Forms and Functions of twentieth-century architecture: the principles of composition*）（中译本名为《建筑形式美的原则》）。

其他相关文献如克莱夫·贝尔的《艺术》（*Art*）、阿洛瓦斯·里格尔（Alois Riegl）的《罗马晚期的工艺美术》（*Late roman art industry*）和《风格问题：装饰艺术史的基础》（*Stilfragen: grundlegungen zu einer geschichte der ornamentik*）、米盖勒·杜夫海纳（Mikel Dufrenne）的《审美经验现象学》（*The phenomenology of aestheticexperience*）、马克斯·德沃夏克（Max Dvorak）的《作为精神史的美术史：绘画、雕塑、建筑》（*The history of art as the history of ideas*）、瓦西里·康定斯基（Wassily Kandinsky）的《艺术中的精神》（*Concerning the spiritual in art*）、伊波利特·阿道尔夫·丹纳（Hippolyte Adolphe Taine）的《艺术哲学》（*The philosophy of art*）、阿纳森（H.H.Arnason）的《西方现代艺术史：绘画、雕塑、建筑》（*History of modern art: painting, sculpture, architecture*）、斯图加特·霍尔（Stuart Hall）的《表征：文化表象与意指实践》（*Representation: cultural represséntations and signifying practices*）、西奥多·阿多诺（Theodor W.Adorno）的《美学理论》（*Aesthetic theory*）、迈克尔·巴克森德尔（Michael Baxandall）的《意图的模式：关于图画的历史说明》（*Patterns of intention: on the historical explanation of pictures*）、欧文·潘诺夫斯基（*Erwin Panofsky*）的《视觉艺术的含义》（*Meaning in the visual arts*）等。

（三）存在的不足

国内外学者关于艺术形式的研究已经积累了丰富的学术资源，但就目前的研究现状而言，大多数为探讨形式与内容、形式与功能、形式表象（即“形相”）的构成要素与组织，但作为艺术本体的“形式”，采用此常规的研究方法却不能将其真正的内涵与外延界定清晰与全面。而且这一个研究倾向表明了形式及艺术形式问题是一个相当古老而又繁杂的议题，涉及此研究范畴对每一个研究者而言都是有难度的，赫伯特·里德（Herbert Read）在《艺术与工业》（*Art and industry*）中就写道：“形式一词常被用于近代关于艺术的各种讨论中，但是，人们常常体会不到这个词所传达的概念是多么复杂——这个词可以表达许多难以解释的概念，因此，它所表达的任何概念都那么含糊。”[①] 约翰·沃尔夫冈·冯·歌德（Johann Wolfgang Von Goethe）亦云：“题材人人看得见，内容意义经过努力可以把握，而形式对多数人是一秘密。”[②]

惯常的“形式与内容”“形式与功能”等二元对立思维主导下对“形式”界定如“形式追随功能”[③]、“内容决定形式”等就是对“形式”所具有的多维度含义的否定，而所谓与“内容”相对立则是人为地将作为艺术本体的“形式”进行撕裂或干脆将“形式”视作“外观”而已。如康定斯基在其1912年的《形式问题》（*On the problem of form*）中曾云：“所谓形式，乃内在内容的外在表现。因而，将形式视为金科玉律是可笑的。”[④] 顾大庆在《设计与视知觉》中亦将形式进行了如此界定：“形式的元素包含形状、体积、空间、光影、质感和色彩，其中形状、体积和空间属于对形式的本质的研究，而光影、质感和色彩属于对形式表象的研究。”[⑤]

持有此类艺术形式观，对于艺术家或从事艺术创造的人而言，危害极深。因为作为艺术本体的“形式”已被划割成仅仅是在外观表象、外形（External Form）[⑥] 这一个维度的创造，而将内蕴于“形式”自身的“结构、意义、功能”这三大维度统统赶出了“形式”本身之外。这样一来，艺术形式的创造也将只能停留在外观表象的搬弄，这样的艺术创作将没有任何价值可言。这也就是当前国内在艺术创作、艺术设计等与“形式”密切相关的实践中，对国内外经典艺术作品、设计作品的参考借鉴上亦只能一味地停留在对其外观表象复制与虚假模仿、“对外形的复杂玩弄”[⑦] 上，成为一种肤浅的形式主义，而

---

① 转引自李砚祖编著《外国设计艺术经典论著选读（上）》，清华大学出版社2006年版，第18页。

② 转引自宁润生《书法系统论发微》，《文艺研究》1986年第5期。

③ 克劳斯·克里彭多夫（Klaus Krippendorff）针对路易斯·沙利文（Louis Sullivan）“形式追随功能”这一功能主义原则的名言却有着非常清醒的认识：“将这句名言提升至设计原理的高度，简单说来，就是在确定产品功能后自然产生实物产品的形式。产品服务的用途、功能的由来以及设计委托者的合理性都不重要，设计师只是盲目接受社会，尤其是雇主给他们安排的角色。这句名言也反映了一个等级社会，即上层制定规格说明，逐级传递，每级都按照该说明执行，就好像这个规格说明代表着某种隐形权威一样。”参见［美］克劳斯·克里彭多夫《设计：语意学转向》，胡飞、高飞、黄小南译，中国建筑工业出版社2017年版，第4—5页。

④ ［俄］康定斯基：《艺术中的精神》，李政文编译，云南人民出版社1999年版，第94页。

⑤ 顾大庆：《设计与视知觉》，中国建筑工业出版社2002年版，第21页。

⑥ 参见［英］贡布里希《木马沉思录：论艺术形式的根源》，载范景中编选《艺术与人文科学：贡布里希文选》，范景中译，浙江摄影出版社1989年版，第24页。

⑦ ［美］史蒂文·布拉萨：《景观美学》，彭锋译，北京大学出版社2008年版，第192页。

忽视甚至完全抛弃了艺术作品形式建构其他非常重要的“三大维度”的内涵，其实这三大维度的内涵恰恰是外观表象维度得以最终塑造成形的内在驱动力。俄国哲学家彼得·邬斯宾斯基（Peter D. Ouspensky）说得好：“生命的神秘在于事物背后的意义和隐藏的功能，生命的神秘反映在其现象之中。”[①]

三、研究目标

艺术形式是被建构出来的，探究其建构原理与途径是本研究的主要目标之一。在“艺术形式”的研究界定上，是从艺术作品形式的“内”与“外”两个向度上探索艺术形式的内涵与外延：在“内在”的向度上，分析艺术观念对艺术形式的生成产生何种影响；在“外在”的向度上，分析艺术形式本体所意涵的表征、风格等问题。前者属于对艺术形式的“内在观照”，后者则属于“外在观照”。因此，“基于形式的景观艺术研究”中的“形式”又与“建构”一词有着天然的关联：一方面是创作者由内而外地将艺术形式本体建构出来，另一方面是欣赏者由外而内地将艺术形式意象建构出来。一个是形式的生成与创造过程，一个是形式的感知与体验过程。艺术形式也正是由处于“艺术世界”的艺术家建构出来并以艺术品为载体，向处于艺术世界的艺术欣赏者敞开与呈现的。接受者在体验与感知艺术形式的过程也是一个审美主体在内向维度上建构其审美意象的过程。本书将从这两个方向，对艺术形式是如何在创作者和欣赏者中被“建构”出来的，以及“艺术形式”本身所蕴含的意义、结构等问题进行分析探讨。

“形式”也就成为景观艺术理论研究中被借用、释读的一种“工具”，笔者亦试图建立起一种以“形式”为路径的艺术学宏观共性理论研究方法论的研究思路。由此，笔者的景观艺术形式研究与彭一刚的《中国古典园林分析》等一些景观设计学研究、陈志华的《外国造园艺术》等景观艺术史学研究在研究方法与路径选择上具有较大区别，即艺术理论的抽象性、思辨性更加显著。本书研究的关键目标就在于借由“形式”这一所有艺术门类的共性特质，而聚焦“景观艺术”这一艺术种类，兼与其他艺术门类进行比较研究，并参鉴其他艺术门类的形式研究方法，发掘出适用于景观艺术形式的共性规律，探索艺术形式在“形相（Appearance）、结构（Structure）、功能（Function）、

---

① 转引自［美］弗莱切·斯蒂尔《景观设计中的新先锋》，载［美］马克·特雷布编《现代景观——一次批判性的回顾》，丁力扬译，中国建筑工业出版社2008年版，第125页。

意义（Meaning）”这四个层面的艺术规律。

同时，形式系统理论导向下的“形式阅读”研究方法论即倡导一种“形式优先”（注意：不是“形式化”优先）的艺术创作方法论，亦即提倡系统化思维导向下的总体设计艺术的创作方法论，要求艺术家所创作的作品在要素组配与系统平衡两大方面达到完善，如凯文·林奇（Kevin Lynch）的《总体设计》（*Site Planning*）就是“系统观”与“整体观”引导下的景观艺术创作方法论，旨在穿透层层表皮的遮蔽，揭示出形相（外观）呈现的内在原因，从生成表象机制出发对形式生成原理作出的判定与选择。

四、研究方法

罗杰·弗莱（Roger Fry）在《作为学术研究的艺术史》（*Art-history as academic study*）中告诫我们要对艺术进行“系统的研究，在这种研究中，科学的方法将在一切可能的地方相伴而至……”[①] 迈克尔·巴斯卡尔（Michael Bhaskar）说：“科学是一种系统性的尝试，它力图用思想表达那些独立于思想而存在的事物行动的结构和方式。世界是有结构的，也是复杂的，它不是为人类创造的。我们的存在，我们对与我们有关的那点世界的理解，完全是一种偶然。”[②] 而“形式”始终是艺术的基本问题，文章在阐述景观艺术形式问题时借用了诸多哲学术语以介入艺术的本体讨论，法国哲学家吉尔·德勒兹（Gilles Deleuze）曾说过：“哲学是一门形成、发明和制造概念的艺术。”[③] 艺术哲学的理论体系建构或如德勒兹的启示，可引鉴相关学科的专业术语来阐释艺术的一般性总体规律，笔者将用系统、类型、表征、生成等具特定语境内涵的术语来读解艺术形式并尝试建立艺术形式理论研究的路径与方法。

“没有理论的事实是迷糊的，没有事实的理论是空洞的”[④]，艺术学理论的研究方法就是从研究艺术材料、艺术现象、艺术作品入手，对其进行理论抽绎和规律总结，将其上升至艺术共性的一般理论。因此，艺术学学科要求下的艺术理论研究更偏重理论建构，本书也将遵循艺术学的跨视域宏观艺术研

① 转引自沈语冰《弗莱之后的塞尚研究管窥》，《世界美术》2008年第3期。

② 转引自［英］R.J. 约翰斯顿《哲学与人文地理学》，蔡运龙、江涛译，商务印书馆2001年版，第159页。

③ ［法］吉尔·德勒兹、菲力克斯·迦塔利：《什么是哲学》，张祖建译，湖南文艺出版社2007年版，第201页。

④ ［德］格罗塞：《艺术的起源》，蔡慕晖译，商务印书馆1984年版，第2页。

究视野与多维度学科交叉的研究方法，正如张道一先生在《艺术学研究的经纬关系》一文中指出的："艺术学是研究艺术的科学，它是从各种艺术的创作、设计、表演、演奏的规律和经验中归纳出来的共性和特点。如果以经纬作比来说明艺术学研究的具体内容，那么，应以艺术的总体共性和总的特征为经，各式各样五花八门的艺术为纬。具体的某种艺术只能说明具体的某个问题，不能说明艺术的整个问题。只有认识理解了艺术的整体，才能抓住艺术的整个特点。"[①] 王廷信教授也认为艺术学就是从活的艺术现象出发，兼顾各个艺术门类，探索艺术的总体规律，艺术学亦是基于各种具体门类艺术的形而下材料之上，而不拘泥于某一两种具体门类艺术，从感性与理性、共性与个性、此岸与彼岸，进行形而上的理论探讨与思索，探寻人类历史上和当下的艺术作品与艺术现象的一般规律和特殊规律。

且"基于形式"既是一种研究视角与方法，也是研究本体与对象，即从艺术原理层面进行形式研究与研究艺术对象的形式层面。基于"形式"的艺术学研究就是要"去探究成为显露在外的艺术现象的过程中的内在秩序，并从中推导出普遍原理，和经验艺术理论的本质"[②]。诚如吴良镛先生对于建筑创作所倡导的"回归基本原理"（Back to the basic）的建筑原理研究方法论，笔者坚信只有对艺术学中的根本性论题（如"形式"问题等）的深入阐述方能解决些许艺术学基础性问题。从特殊的门类艺术研究到一般的总体艺术研究的技术路线，要求笔者将"景观艺术形式"置于"大写的艺术"（涉及所有艺术门类）语境中，从个性和共性、同一和差异的思辨层面对景观艺术形式进行研究，亦如同沙里宁在《形式的探索——一条处理艺术问题的基本途径》中指出的那样："结果我弄明白了，一个人只有学会去综合地体会整个的艺术领域，他才能在某一门艺术上获得全面的理解。我弄明白了，要对艺术有综合的体会，就必须对艺术问题以外的整个世界有所理解——也就是说，学会去理解生活，因为这是所有艺术的源泉。我又弄明白了，要理解艺术和生活，必须去理解事物的本源：即理解大自然。"[③]

本书将从系统论的整体观理论视野出发，采用艺术学研究中常用的比较

---

① 张道一：《艺术学研究的经纬关系》，《贵州大学学报》（艺术版）2014年第2期。

② [德]戈特弗里德·森佩尔：《建筑四要素》，罗德胤、赵雯雯、包志禹译，中国建筑工业出版社2009年版，第182页。

③ [美]伊利尔·沙里宁：《形式的探索——一条处理艺术问题的基本途径》，顾启源译，中国建筑工业出版社1989年版，第8页。

法、例证法、分析法、引证法、演绎法等，尤其注重比较法与例证法这两大重要方法。比较法就是将一个艺术门类与其他艺术门类加以比较研究之后抽绎出一个普适性的共性规律；例证法是理论预设与案例证明的缩写，即在研究之前已预设了一个假想的普适性的理论，然后用所有艺术门类案例对该理论进行验证、勘误，最后可将预设的理论加以完善、修补后重新获得一个较为完善的、可适用于所有艺术门类的理论或规律。同时，本书在其整体理论架构上将努力向普适性的一般艺术原理逼近。首先在艺术语境中对“形式”的概念界定出发，遵循从一般到特殊，再由特殊回返至一般的艺术学理论研究方法：以景观艺术为研究对象的重心，立足于具体的景观艺术作品，将景观艺术视作一种艺术文本（Art Text）[①]来阅读，对其进行“形式阅读”，兼及对景观艺术实践中重大事件、理论、艺术家等艺术材料作为前置的佐证依据，并通过“艺术形式”这一理论视窗，宏观地从各个艺术门类（如美术学、设计学、音乐与舞蹈学、戏剧与影视学）中，从人类学、语言学、文学等诸多其他学科的案例搜集中，积极探寻共通的艺术规律——“艺术共性”，并最终将这些链接至景观艺术这一特定具体的艺术种类中加以验证与比较研究，形成“有收有放”式综合分析与交叉比较研究的途径。因而，“形式”可作为研究艺术共性的途径之一，成为一个宏观性艺术学研究的共同建基平台，此亦回应了布罗尼斯拉夫·马林诺夫斯基（Bronislaw Malinowski）的设问：“在音乐，舞蹈，装饰，雕刻，建筑，诗歌，与戏剧之间，有一个真正共同之点么？”[②]

下文将详细论证艺术形式之“形相层、结构层、功能层、意义层”这四大维度，并将其作为全文论述的建基点来对艺术形式理论进行阐释，例如从系统论思维出发将艺术形式视作一个“系统”（System），“形相、结构、功能、意义”即为形式系统的四大子系统（四大变量参数），因而我们即可将“形式”视作数学中的“数值”，而“数值”则是由多个因式之间的函数关系来确定的，并从系统论、结构论、接受论、创作论、发生学等艺术学原理的视域出发，对景观艺术形式的“要素与系统、类型与风格、表征与感知、生成与创造、案例与解析”五个方面进行组合式创新的“形式阅读”。诚如曹意强先

---

① 这是就一种语言学的视角而言的，例如“景观就是文本：对于知道怎样正确地阅读的人来说，英国景观本身就是我们所掌握的最丰富的历史记录”。参见［英］R.J. 约翰斯顿《哲学与人文地理学》，蔡运龙、江涛译，商务印书馆2001年版，第125页。

② ［英］马林诺夫斯基：《文化论》，费孝通等译，中国民间文艺出版社1987年版，第85页。

生所言："思想体系的新颖性并不存在于它的组合成分，而是体现在对这些成分的重新组合即模式（Parterns）之中。"[1] 这也告知我们："一个理论的本质仅仅在于它的逻辑结构，它的符号外衣或知觉外衣对于它的说明价值是很不重要的。"[2]

① 曹意强：《什么是观念史？》，《新美术》2003年第4期。
② ［德］莫里茨·石里克：《自然哲学》，陈维杭译，商务印书馆1984年版，第55—56页。

第一章　艺术形式与景观艺术

世界之为世界的分析始终都把整个在世现象收在眼中，只不过还未曾把在世的所有组建环节都像世界现象本身一样从现象上清清楚楚地崭露出来。[①]

——马丁·海德格尔

第一节　形式与艺术形式

一、关于“形式”

（一）“形式”（Form）——西方的概念谱系考察

“形式”一词对应于英语中的“Form”，而“Form”在辞典中一般指形状或外形（Shape）、可见的外观（Visual Appearance）、某物体的具体配置或构造（Configuration）。《在线词源词典》（*Online Etymology Dictionary*）对“Form”一词从其词源学的角度进行了描述：“Form”一词来源于13世纪早期，来自古法语forme，意为“物理形态、外观、令人愉悦的容貌；形状、形象”，来自拉丁语forma，意为“轮廓、形状；外观、外观模型、范例、设计；排列、状态”，具体来源则不明。一种理论认为，它来自希腊语morphe，即通过伊特鲁里亚人展现出的“形式、美丽、外观”。有关“特性”的意义是首次记录于

① ［德］马丁·海德格尔：《存在与时间》，陈嘉映、王庆节译，生活·读书·新知三联书店2006年版，第131—132页。

14世纪晚期，而“一个用于填写的空白文件”的意思产生于1855年，动词则被证明来自公元1300年古法语的fourmer和拉丁语的formare。[①]

但“形式”又是一个相当宽泛、复杂的概念，在竹内敏雄（Takeuti Toshio）主编的《美学百科辞典》中“形式”被界定为：“这个概念在美学上一直被相当多义地使用，但其本来的基本意义被区别为如下两种。（1）作为感觉现象的形式，是对立于内容的概念，相对于审美对象之精神观念来说，它意味着感觉的所有实在方面。也就是说，这种形式是内容的存在方式（Daseinsweise），对象的表面现象（Oberfl Ahenerscheinung）……（2）作为统一的结合关系的形式。对美的对象来说，上述（1）的意义上的形式或内容方面的各种构成要素都要作为浑然的整体被统一，这种统一关系也叫作形式。而这种形式又分为两种意义：a. 根据一般法则规定的意义，b. 根据个性法则规定的意义。”[②] 符・塔达基维奇（W. Tatarkiewicz）在《西方美学概念史》(*A history of six ideas: an essay in aesthetice*）中则认为西方美学史上至少有五种不同含义的“形式”，而“这五种含义对恰当地理解艺术都是十分重要的”[③]。这五种含义分别为：与各部分诸要素相对应的排列形式、与内容相对应的外在形式、与质料相对应的形状形式、亚里士多德的实体形式、康德的先天形式，而这五种对“形式”的规定分别赋予了形式概念以不同的含义。同时，“这五种形式不仅以‘形式’这个名称出现，而且还有特殊的同义词，如拉丁文中有‘样式’（figura）与‘形状’（species），在英语中则有‘形状’（shape）与‘样式’（figure）”[④]。

苏珊・朗格（Susanne K.Langer）在论及“形式”的含义时十分深刻地指出了这个字眼客观上具有多种含义，而所有这些含义对于形式所要达到的各种目的来说，都具有同等的合法性，即使是专门与艺术有关联的那种“形式”，同样也具有好几种含义：“当艺术家们提到‘形式’这个字眼时，它的意义就不同了。举例说，当艺术家们说：‘形式取决于机能’或者说‘一切优秀的艺术都是有意味的形式’或是当他们给自己写的书命名为《绘画和雕塑

① Online Etymology Dictionary：“Form”，http：//www.etymonline.com/index.php?term=form，2011年5月3日。

② ［日］竹内敏雄主编：《美学百科辞典》，刘晓路、何志明、林文军译，湖南人民出版社1988年版，第211—214页。

③ ［波］符・塔达基维奇：《西方美学概念史》，褚朔维译，学苑出版社1990年版，第297页。

④ ［波］符・塔达基维奇：《西方美学概念史》，褚朔维译，学苑出版社1990年版，第298—299页。

中的形式问题》、《艺术形式的生命》、《形式的探索》时，这其中所说的'形式'就是指那种更广义的形式了，因为这种形式既接近于那个最普遍和最流行的形式含义（即指事物的形状的那种形式），又接近于科学和哲学中所通用的那种极其专门的形式含义，亦即最抽象的形式。这种最抽象的形式是指某种结构、关系或是通过互相依存的因素形成的整体。更准确地说，它是指形成整体的某种排列方式。这种抽象的形式，有时又被称为'逻辑形式'，这种形式与'表现'这一概念是紧密地联系在一起的，最起码也与艺术中所特有的那种'表现'概念密不可分。这就是当艺术家说到他已经获得形式时为什么总是指那种包含着某种抽象含义的'形式'的真正原因。即使当他们谈到一个体现这种形式的视觉对象或触觉对象时，也要说自己获得了形式。"①

同时，"形式"这一原本就属于伴随西方哲学的演替而发展的术语，无论从柏拉图（Plato）、亚里士多德（Aristotle），还是康德（Immanuel Kant）、黑格尔，抑或是叔本华（Arthur Schopenhauer），西方诸多哲学巨匠对形式的本源内涵都作出了各自的阐发。若用一根主线来释读艺术领域中的"形式"，重要的理论关键节点应该是"柏拉图→康德→叔本华"。在柏拉图看来，一种抽象的、先验的"理想形式"（Ideal Form）——"理式"——是世界的本体，"理式"是永恒的形式，"理式"世界高于现实世界，现实的存在不过是对于"理式"的模仿，而艺术则是对于模仿的模仿，"我说的形式美，指的不是多数人所了解的关于动物或绘画的美，而是直线和圆以及用尺、规和矩所形成的平面形和立体形……这些形状的美不像别的事物是相对的，而是按照它们的本质就永远是绝对美的"②。而康德在《纯粹理性批判》（*Kritik der reinen Vernunft*）中将"形式"置于先验形式的范畴，他把与感觉相应的东西称为"现象的质料"，而把那种使得现象的杂多能在某种关系中得到整理的东西称为"现象的形式"。由于那只有在其中感觉才能得到整理、才能被置于某种形式中的东西本身不可能又是感觉，"所以，虽然一切现象的质料只是后天被给予的，但其形式却必须是全都在内心中先天地为这些现象准备好的，因此可以将它与一切感觉分离开来加以考察。"③ 因此，康德的"形式"与柏拉图的"理式"相类似之处即在于它们都是凌驾于现象之上的。叔本华的"意志哲学"则对西方

① ［美］苏珊·朗格：《艺术问题》，滕守尧、朱疆源译，中国社会科学出版社1983年版，第14—15页。

② ［古希腊］柏拉图：《文艺对话集》，朱光潜译，人民文学出版社1963年版，第298页。

③ ［德］康德：《纯粹理性批判》，邓晓芒译，人民出版社2004年版，第26页。

近世的艺术理论与艺术史的书写有着很深远的影响，叔本华在他的经典著作《作为意志和表象的世界》(*Die Welt als Wille und Vorstellung*)中提出“世界是我的意志”是他唯意志论哲学体系的核心，“所以人类的历史，事态的层出不穷，时代的变迁，在不同国度，不同世纪中人类生活的复杂形式，这一切一切都仅仅是理念的显现的偶然形式，都不属于理念自身——在理念自身中只有意志的恰如其分的客体性——，而只属于现象——现象〔才〕进入个体的认识——；对于理念，这些都是陌生的、非本质的、无所谓的，犹如〔苍狗的〕形相之于浮云——是浮云构成那些形相——，漩涡泡沫的形相之于溪水，树木花卉之于窗户上的薄冰一样”[①]。该理论在艺术理论领域的影响甚广，且在他之后的关于“艺术意志”的相关论述不绝于耳，如雅各布·布克哈特(Jacob Burckhardt)、里格尔、潘诺夫斯基等艺术史大家提出的相关论点。深受叔本华影响的王国维在《古雅之在美学上之位置》中就曾说：“一切之美，皆形式之美也。就美之自身言之，则一切优美皆存于形式之对称变化及调和。至宏壮之对象，汗德虽谓之无形式，然以此种无形式之形式能唤起宏壮之情，故谓之形式之一种，无不可也。就美术之种类言之，则建筑雕刻音乐之美存于形式固不俟论，即图画诗歌之美兼存于材质之意义者，亦以此等材质适于唤起美情故，故以得视为一种之形式焉。”[②]

(二)“形”与“形式”——中国古典美学的感知特性

中国古代系统论述形式及形式美的专著尚未发现，形式美的规范最初散见于诸多古文献之中，如诗经中《卫风·硕人》对美人庄姜人体形式美的描述——“手如柔荑，肤如凝脂，领如蝤蛴，齿如瓠犀，螓首蛾眉”；而宋玉在《登徒子好色赋》中对民间美女的评价则是“增之一分则太长，减之一分则太短，著粉则太白，施朱则太赤”，就是指形式美在其比例与和谐；张彦远《历代名画记》中则有“遗其形似而尚其骨气”“得其形似，则无其气韵，具其色彩，则失其笔法”等论断。另据周积寅等学者在《中国古典艺术理论辑注》[③]中对中国传统艺术“形”的经典论断搜集，即可知“形”在中国传统艺术理论中占据着相当多的论述篇幅，现摘录其“画论”部分如下：

---

① ［德］叔本华：《作为意志和表象的世界》，石冲白译，商务印书馆2004年版，第255页。

② 王国维：《古雅之在美学上之位置》，载姚淦铭、王燕编《王国维文集（第三卷）》，中国文史出版社1997年版，第32页。

③ 周积寅、陈世宁主编：《中国古典艺术理论辑注》，东南大学出版社2010年版。

大音希声，大象无形。——《老子》

鬼魅，无形者，不罄于前，故易之也。——《韩非子·外储说左上》

感于物而动，故形于声。——《礼记·乐记》

画西施之面，美而不可说；规孟贲之目，大而不可畏：君形者亡焉。——西汉·刘安《淮南子·说山训》

图画天地，品类群生。杂物奇怪，山神海灵。写载其状，托之丹青。千变万化，事各缪形。随色象类，曲得其情。——东汉·王延寿《鲁灵光殿赋》

凡生人亡有手揖眼视而前亡所对者，以形写神而空其实对，荃生之用乖，传神之趋失矣。——东晋·顾恺之《摹拓妙法》

夫圣人以神法道，而贤者通；山水以形媚道，而仁者乐，不亦几乎？——南朝宋·宗炳《画山水序》

身所盘桓，目所绸缪。以形写形，以色貌色。——南朝宋·宗炳《画山水序》

六法者何？一气韵生动是也，二骨法用笔是也，三应物象形是也，四随类赋彩是也，五经营位置是也，六传移模写是也。——南齐·谢赫《画品》

随物成形，万类无失。——唐·裴孝源《贞观公私画史》

任道弘用，随形制器。——唐·白居易《大巧若拙赋》

夫象物必在于形似，形似须全其骨气，骨气形似皆本于立意而归乎用笔，故工画者多善书。——唐·张彦远《历代名画记》卷一

似者得其形遗其气，真者气质俱盛。凡气传于华，遗于象，象之死也。——五代后梁·荆浩《笔法记》

六法之内，惟形似、气韵二者为先。有气韵而无形似，则质胜于文；有形似而无气韵，则华而不实。——五代后蜀·欧阳炯《蜀八卦殿壁画奇异记》

大凡画艺，应物象形，其天机迥高，思与神合。——北宋·黄休复《益州名画录》

论画以形似，见与儿童邻。——北宋·苏轼《苏东坡集》前集卷十六（《书鄢陵王主簿所画折枝二首》之一）

尽见其大象而不为斩刻之形，则云气之态度活矣。——北宋·郭熙《林泉高致·山水训》

夫画形似可以力求，而意思与天者，必至于形似之极，而后可以心会焉。——元·刘因《静修先生集》

仆之所谓画者，不过逸笔草草，不求形似，聊以自娱耳。——元·倪瓒《清閟阁集》卷十

虽然，意在形，舍形何所求意？故得其形者，意溢乎形；失其形者，形乎哉！——明·王履《华山图序》

夫神在形似之外，而形在神气之中。——明·高濂《燕闲清赏笺》

凡状物者，得其形，不若得其势；得其势，不若得其韵；得其韵，不若得其性。——明·李日华《六砚斋笔记》

信手一挥，山川、人物、鸟兽、草木、池榭、楼台，取形用势，写生揣意，运情摹景，显露隐含，人不见其画之成，画不违其心之用。——清·原济《石涛画语录》

古人谓不尚形似，乃形之不足而务肖其神明也。——清·方薰《山静居画论》

从以上略证可知，在中国传统艺术理论中关于“形”的讨论，往往是将“形与神”“形与势”“形与意”等作为一对范畴进行比较，其中，尤以“形与神”论探讨为重，如“形聚神散”“形散神聚”等。但“形式”却不等同于“形”，也绝不是“形”与“式”两个字意思的简单叠加，“形”也只是“形式”的一个单一层次——外在的形式表象——即“形相”的含义（如“得意忘形”之“形”）。这就是中西艺术思维之差异在“形式”理论上的显现。再如《易经》中“形而上谓之道，形而下谓之器”这一著名论断就将“形”视作一个中介传递，“形而上”的“道”指的是生成机制或是具根本意义、本质特征的形式生成内在驱动力，而“形而下”的“器”指的是物的外观表层（“形相”），是艺术创作的最终结果形态。但是，唯有“形神兼具”“形神合一”方可与笔者所界定的“形式”内涵相一致，因“形似”仅是静止拟构“形相”而已。且先秦哲学中的“形”与“神”这一对范畴，经过《淮南子》和王充的形神论在魏晋南北朝时期也转化成了美学范畴，出现了顾恺之“传神写照”等美学思想。而顾恺之否定“以形写神”则在于他认为四体之“形”对于传神并不重要，“以形写神”之法是企图通过人的自然形态的“形”去表现人的“神”，无论如何详悉精细，也不可能表现出人的个性和生活情调，所以为顾恺之所不取。

再如司马迁之父司马谈在《论六家要旨》中就特别强调“形”“神”不可分离：“凡人所生者，神也，所托者，形也。神大用则竭，形大劳则敝；形神离则死……由是观之，神者，生之本也；形者，生乏具也。”（《史记·太史公自序》）《淮南子》亦相当重视“神”对“形”的主宰作用，如“神贵于形也。故神制则形从，形胜则神穷”（《诠言训》），“以神为主者，形从而利；以形为制者，神从而害”（《原道训》）。《淮南子》更把“以神制形”的观点运用到艺术领域，提出了“君形者”的概念，认为艺术没有“君形者”就不可能使人产生美感。嵇康有云：“形恃神以立，神须形以存。”（《养生论》）而《易传·系辞传》中有一重要命题“立象以尽意”，此“象”应是具体的、切近的、显露的、变化多端的，指向“形相”，而“意”则是深远的、幽隐的，与“功能、结构与意义”相接近。[①] 因而，“形式”与“尽意之象”在艺术原理层面是息息相通的，王弼也提出过“得意忘象”的命题：“夫象者，出意者也。言者，明象者也。尽意莫若象，尽象莫若言。言出于象，故可寻言以观象；象生于意，故可寻象以观意。意以象尽，象以言著……得意在忘象，得象在忘言。故立象以尽意，而象可忘也；重画以尽情，而画可忘也。”（《周易略例·明象》）王弼的论述对于艺术创作而言具有重大影响，尤其是“象生于意，可寻象以观意”“象可忘也”等明示了后人对“意”须不懈追寻与探索。后亦有唐白居易所谓的“形真而圆，神和而全”（《记画》）、明王履所言的“意在形”（《华山图序》）等关于艺术形式创作理论的真知灼见。

且因“形式”既属于哲学亦为艺术理论中的重要术语，其概念内涵也远比人们想象的要复杂得多，所以本书主要是将“形式”纳入艺术理论的语境中进行相关研究，即重点研究的是“艺术形式”。

二、艺术形式及其四大维度

（一）形式之于艺术——“艺术形式”

形式是一切事物的表征与存在方式，“形式是各个环节不可分割的整体的标志，这一点在自然中和在艺术中莫不如此”[②]。艺术创造的最终结果就是艺

---

① 参见叶朗《中国美学史大纲》，上海人民出版社1985年版，第72—73页。

② ［英］汤因比、［美］马尔库塞等：《艺术的未来》，王治河译，广西师范大学出版社2002年版，第18页。

术形式的呈现,“作品的艺术性离开形式就不存在”[①]。艺术之所以是艺术,其本质就在“形式”里,因“形式”是所有艺术向外部世界敞开的媒介,我们欣赏任何一种艺术也只能凭借其形式把握而达至表象与深意,“作品之为作品,惟属于作品本身开启出来的领域。因为作品的作品存在是在这种开启中成其本质的,而且仅只在这种开启中成其本质(wesen)。”[②]因此,不管何种艺术,其创作最终仍要归结到形式问题上来,“形式的创造则使艺术成为可能”,脱离了“形式”,艺术将无法存在,易中天在《破门而入——美学的问题与历史》中即明确肯定了“艺术即形式”这一学术立场,“正是形式,区分艺术与非艺术,此类艺术与他类艺术,优秀的艺术与平庸的艺术。形式是艺术的生命线”[③]。已故著名画家吴冠中亦疾呼造型艺术“是形式的科学,是运用形式这唯一的手段来为人民服务的,要专门讲形式、要大讲特讲。美术家呕心沥血探索形式,仿佛向蜂房寻觅蜂蜜……”[④]恰如赫伯特·马尔库塞(Herbert Marcuse)在《作为现实形式的艺术》(*Art as form of reality*)一文所说的“作为形式的艺术本身”,“那个构成一件艺术作品的独特性、恒久同一性的本质性的东西,那个使一件作品成为艺术作品的本质性的东西就是形式……线与颜色和点的相互关系是形式的某些方面,形式将作品从给定的现实中分离、撤退、异化出来,使之进入自己的现实中:形式的王国”[⑤]。沙里宁对“形式”的设问也相当睿智:

形式是否只是肉眼所见的事物所表露的外貌吗?或者在形式里面是否包含着人所不明的源泉所赋予的更深的意义呢?

或者,我们可以这样问:艺术是纯物质性的,还是具有精神的东西?

答案是显而易见的。[⑥]

---

① [苏]斯托洛维奇:《现实中和艺术中的审美》,凌继尧、金亚娜译,生活·读书·新知三联书店1985年版,第217页。

② [德]马丁·海德格尔:《林中路》,孙周兴译,上海译文出版社2008年版,第23页。

③ 易中天:《破门而入——美学的问题与历史》,复旦大学出版社2006年版,第153页。

④ 詹建俊、陈丹青、吴冠中、靳尚谊、袁运生、闻立鹏:《北京市举行油画学术讨论会》,《美术》1981年第3期。

⑤ [英]汤因比、[美]马尔库塞等:《艺术的未来》,王治河译,广西师范大学出版社2002年版,第87—89页。

⑥ [美]伊利尔·沙里宁:《形式的探索——一条处理艺术问题的基本途径》,顾启源译,中国建筑工业出版社1989年版,第19页。

形式是艺术创作过程的成果与终点，形式一旦生成即进入独立的艺术“形式王国”[①]，一部艺术史可以说就是一部艺术形式演变史，且“在艺术中，形式始终是超出形式的”[②]。“形式”对于所有艺术门类来说都是至关重要的，“艺术的基本性质在于形式的组织”[③]，“形式就是信息的交流，是事物内含意义的呈现”[④]。贝奈戴托·克罗齐（Benedetto Croce）就“形式”曾深刻地指出：“诗人或画家缺乏了形式，就缺乏了一切，因为他缺乏了他自己。诗的素材可以存在于一切人的心灵，只有表现，这就是说，只有形式，才使诗人成其为诗人。这也足见否认艺术只在内容，是正确的，内容在这里就指理智的概念。在把内容看成等于概念时，艺术不但不在内容，而且根本没有内容。这是毫无疑问的真理。”[⑤]海德格尔在其经典论文《艺术作品的本源》(*The origin of the work of art*）中则认为：“美依据于形式，而这无非是因为，forma［形式］一度从作为存在者之存在状态的存在那里获得了照亮。”[⑥]斯蒂恩·艾勒·拉斯姆森（Steen Eiler Rasmussen）即云：“建筑的艺术最首要的是与形式相关。”[⑦]宗白华亦曰：“音乐是形式的和谐，也是心灵的律动，一镜的两面是不能分开的。心灵必须表现于形式之中，而形式必须是心灵的节奏，就同大宇宙的秩序定律与生命之流动演进不相违背，而同为一体一样。”[⑧]

---

① 亦有相关学者持有本书所同样倡导的艺术立场：受“艺术表现生活”这一固有传统理念束缚，“内容决定形式”命题像一道紧箍咒，牢牢束缚着艺术，终使艺术形式成为内容的“婢女”。其实，就艺术本体而言，它首先必须是它自己，即形式与形式感。而模仿与表现生活只是艺术的内在属性之一，并非本质，也不唯一。与“内容决定形式”正相反，“形式决定内容”才更加道出了艺术的本质，道理很简单，没有形式又何来内容？这里的内容既包括生活性内容及相应思考、想象与理解，还包括纯形式感。最具说服力的例子无疑首推音乐，音乐不擅长模仿与再现，只能表现。而音乐表现的情感属于审美情感，它与人在生活现实中的情感全然不同。这审美情感只能来自于形式，强有力证明了形式之不可替代的独具魅力。而且，内容与形式两者究竟谁决定谁其实是一个悖论命题，即这两个相互否定的命题都可成立，并不必然矛盾，全因视角不同而结论自然相异。但就本质而言，无疑是“形式决定内容”，形式主义（Formalism）登上历史舞台当是艺术史上的一座伟大里程碑，是生命自由本质在艺术上的突破与绽放。

② ［捷］米兰·昆德拉：《小说的艺术》，孟湄译，生活·读书·新知三联书店1992年版，第156页。

③ ［美］罗伯特·莱顿：《艺术人类学》，靳大成、袁阳、韦兰春、周庆明、知寒译，文化艺术出版社1992年版，第6页。

④ ［美］I·L·麦克哈格：《设计结合自然》，芮经纬译，中国建筑工业出版社1992年版，第240页。

⑤ ［意］克罗齐：《美学原理》，朱光潜译，上海人民出版社2007年版，第38—39页。

⑥ ［德］马丁·海德格尔：《林中路》，孙周兴译，上海译文出版社2008年版，第60页。

⑦ ［丹麦］S·E·拉斯姆森：《建筑体验》，刘亚芬译，知识产权出版社2003年版，第191页。

⑧ 宗白华：《艺境》，安徽教育出版社2006年版，第58页。

（二）艺术形式的四大维度——“形相、功能、结构、意义”

由于“形式”关涉历史的范畴，在不同的历史阶段其概念本身也在发生着变化，人们对“形式”概念的判断存在着相当的差异性。亦因为“形式”概念的内涵与外延存在的复杂性与多义性，决定了它在日常话语体系与学术认知体系中常常以不同的含义维度出现，不可避免地导致了人们对“形式”理解的肤浅化、片面化，将“形式”仅仅理解为它就是外观表象。术语之间也经常被泛化混用（如将“形式”仅仅等同于形状、样式、外形等），这就抹杀与否定了“形式”所具有的内在意蕴，导致了人们“对形式的偏见”。“对形式的偏见”恰如朗格所指出的一个常见问题：“在我们的心灵中似乎存在着某种顽梗不化的倾向，这就是把任何两种关系十分密切的事物视为完全等同的事物的倾向。这种倾向或许是受到了我们具有的某些语言习惯的鼓励而造成的。两种互不相同的事物之间的等同关系一旦确立，这种关系就变成了一种虽然十分重要但又绝非十分有趣的关系，因为它仅仅说明同一件事物具有两个不同的名称，如此而已。”①

人们往往将形式单一地理解为外在的“形式表象”或形式表层的“形相”。朗格就非常强调对概念确定性论述的重要意义，因为此乃任何学术研究都要解决的首要问题之一：“在绝大多数情况下我们总感到自己对这些词的含义根本就没有一个清晰的概念，甚至还时常把某些含义模糊的词相互混淆起来。在这种情况下，每当我们开始对它们进行分析的时候（即每当我们想搞清楚它们的含义时），就会发现，它们不是矛盾百出，就是荒诞离奇或毫无意义……换言之，我们必须对自己陈述的含义作出判定和解释，并由此找到一种能够解决我们想要解决的那些问题的方法。”②

而且，在“形式与内容”“形式与功能”等传统的二元论艺术形式研究中，往往易忽略“形式”的本源内涵，却引发了一种绝对的简单二分法——将原本内蕴于“形式”之中的“结构、功能、意义”硬生生地扯裂出来，将“形式”简单地类同于“外观”“外形”“形相”。韦勒克、沃伦在《文学理论》（*Theory of literature*）中就点破了“形式与内容”二元论的理论缺陷，也指明了应如何分析艺术作品：“这一说法，虽然使人注意到艺术品内部各种因素相互之间的密切关系，但也难免造成误解，因为这样理解文学就太不费劲

① ［美］苏珊·朗格：《艺术问题》，滕守尧、朱疆源译，中国社会科学出版社1983年版，第72页。
② ［美］苏珊·朗格：《艺术问题》，滕守尧、朱疆源译，中国社会科学出版社1983年版，第2页。

了。此说容易使人产生这样的错觉：分析某一人工制品的任何因素，不论属于内容方面的还是属于技巧方面的，必定同样有效，因此忽略了对作品的整体性加以考察的必要。'内容'和'形式'这两个术语被人用得太滥了，形成了极其不同的含义，因此将两者并列起来是没有助益的；但是，事实上，即使给予两者以精细的界说，它们仍是过于简单地将艺术一分为二。现代艺术分析方法要求首先着眼于更加复杂的问题，如艺术品的存在方式（Mode of Existence）、层次系统（System of Strata）等。"[①] 日本建筑学家原广司（Hiroshi Hara）亦明确界定了"建筑领域使用的功能这个概念"："功能这个概念有时很容易和用途、目的等混淆。理论上讲，首先，它是和人类生活、物体放在一起论述的；其次，这个概念还会涉及关系。建筑是一种将物体的理想存在状态和人类的理想存在状态联系起来的操作。而功能会对这个关系做出指示。从建筑的传统说辞上来讲，很多人会将功能和形态对应起来，建立命题，进行改写。但是功能这个概念不一定会用在这种组合中。功能既可以从实际存在的物体中提取，也可以用语言或记号来表示。用途、目的可以呈现功能性的表现状态，同时，我们也可以仅对物体的理想存在状态予以功能性的展现。但是如若真的要将功能这个概念应用于实践，那么这个过程中最有趣的一点，当属物体的理想存在状态如何作用于人类生活，或者如何规定人类生活。之所以有许多人试图建立功能和形态的对应关系，目的就是想把这个关系搞清楚。"[②]

下文即将从艺术形式之"形相、功能、结构、意义"四个维度探析艺术形式的本源内涵。

1. 艺术形式之"形相"维度

"形相"是艺术形式的外在表象，即大卫·休谟（David Hume）所说的"形式的外表"[③]，亦如严羽在《沧浪诗话·诗辨》中所云："盛唐诸人惟在兴趣，羚羊挂角，无迹可求。故其妙处透澈玲珑，不可凑泊，如空中之音，相中之色，水中之月，镜中之像，言有尽而意无穷。"且"形相"一词在希尔德勃兰特的《造型艺术中的形式问题》中也是非常重要的术语，就是指物体变动不定的外观，但"形式不受物体变化着的外观所支配"，如同潘耀昌在该

① ［美］勒内·韦勒克、奥斯汀·沃伦：《文学理论》，刘象愚、邢培明、陈圣生、李哲明译，江苏教育出版社2005年版，第18页。

② ［日］原广司：《空间——从功能到形态》，张伦译，江苏凤凰科学技术出版社2017年版，第43页。

③ ［英］休谟：《自然宗教对话录》，陈修斋、曹棉之译，商务印书馆1962年版，第62页。

书中译本前言中的明示："我们把一个特定的形状归于这个物体，这个形状就是形相。形式不依赖于物体变动不定的外观，而只依赖于物体本身。艺术家关心的当然是形式。"[①] 宗白华在《美学散步》中则如此阐释了《庄子·天地》篇中的"象罔"："非无非有，不皦不昧，这正是艺术形相的象征作用。'象'是境相，'罔'是虚幻，艺术家创造虚幻的境相以象征宇宙人生的真际。真理闪耀于艺术形相里，玄珠的皪于象罔里。"[②]

荀子在《非相》中早已提及："相形不如论心，论心不如择术。形不胜心，心不胜术。术正而心顺之，则形相虽恶而心术善，无害为君子也。形相虽善而心术恶，无害为小人也。"（《荀子·非相》）明人冯梦龙在《醒世恒言》"第一卷 两县令竞义婚孤女"中亦说了一个故事："忽一年元旦，潘华和萧雅不约而同到王奉家来拜年，那潘华生得粉脸朱唇，如美女一般，人都称玉孩童。萧雅一脸麻子，眼眍齿龅，好似飞天夜叉模样。一美一丑，相形起来，那标致的越觉美玉增辉，那丑陋的越觉泥涂无色。况且潘华衣服炫丽，有心卖富，脱一通换一通。那萧雅是老实人家，不以穿着为事。常言道：佛是金装，人是衣装。世人眼孔浅的多，只有皮相，没有骨相。"[③] 因而，不可将"形式"等同于"形相""相形""皮相"的简单化理解，而"形式"具有的多层意蕴应是"皮与骨"的辩证、"皮相与骨相"的合一，非仅"皮"而已。

2. 艺术形式之"功能"维度

"功能决定形式""形式追随功能"（路易斯·沙利文语）亦可被视为一种幼稚的功能主义。形式的一个层次就是内蕴于其中的"功能层次"——"在艺术中形式的功能价值"[④]，功能可以作为相关"形式函数"的一个"代数值"，且功能不是静态的，而是有着动态变化的可能性。功能不是单一的或只有固定的那些，功能除了设计者预设的那部分功能外（实质上这部分功能也不一定能得以实现），还蕴藏了或可派生出诸多其他在设计者意图指向之外的功能，正如美国现代建筑大师路易·康（Louis Isadore Kahn）所提出的"形式启发功能"，阿尔多·罗西（Aldo Rossi）指出的"形式能够容纳因时间变化

① [德]阿道夫·希尔德勃兰特：《造型艺术中的形式问题》，潘耀昌等译，中国人民大学出版社2004年版，第5页。

② 宗白华：《美学散步》，上海人民出版社1981年版，第68页。

③ （明）冯梦龙：《醒世恒言》，中国文史出版社2003年版，第1页。

④ [德]阿道夫·希尔德勃兰特：《造型艺术中的形式问题》，潘耀昌等译，中国人民大学出版社2004年版，第79页。

而产生的不同功能"[①]，柯林·罗所说的"形式和功能是一体"或"形式引出功能"[②]。马克·第亚尼（Marco Diani）所谓的"形式激发功能"，他亦设问："功能这一概念发生了什么变化：是超越功能？还是多功能？抑或是功能失去了其统一性？"第亚尼也给出他的回答："一句话，是在以一种灵活性对抗复杂性，或者说，是以灵活性对抗混乱性——从为数很少的概念中生发出无数的变体。"[③]尤其是路易·康，他发人深省地说："形式不是形状。形状是设计的产物，但形式是对各种不可分割的部件的认识。设计是把通过对形式的认识而告诉我们的东西变成实体。"[④]贡布里希认为"一根棍子"之所以能够被称为"一匹木马"就是"因为人们可以骑在上面。tertium comparatotionis，即它们共同的因素，是功能而不是形式。或更确切地说，是形式的一个方面，这个方面能够满足为了行施功能所需的最起码的要求——因为任何可骑之物都可以当作一匹马"[⑤]。"在这种背景里表现马的棍子，到了另一种场合就成了别的东西的替代物。它可能成了宝剑、权杖，或者——在礼拜祖先的场合——代表已故族长的神物。"丰子恺笔下一个顽童骑自行车的漫画（图 1-1）就极度神似地表达了贡布里希的意指——"不是模仿对象的外形，而是模仿对象某些特有的（Priviledged）或相关的（Relevant）方面"[⑥]。

丹·扎哈维（Dan Zahavi）亦说："如果我确实骑在一匹马上，那么马和我都必须存在。但如果我只是意向一匹马，那么这匹马并不必须存在。因此，意向性一个重要的方面正是存在独立性（Existence-independency）……每个意向经验，无论是对一头鹿、一只猫或者一个数学事态的经验，都指向某物，并且关于某物。"[⑦]罗西在《城市建筑学》（*The Architecture of the City*）中对形式的界定性描述更能印证本书秉持的观点："几乎所有的欧洲城市都有大型宫殿、建筑群，或是功能已经改变了的成片区域。在参观这类纪念建筑物如帕多瓦的拉吉翁府邸时，

---

① ［意］阿尔多·罗西：《城市建筑学》，黄士钧译，中国建筑工业出版社2006年版，第9页。

② ［美］柯林·罗、罗伯特·斯拉茨基：《透明性》，金秋野、王又佳译，中国建筑工业出版社2008年版，第21页。

③ ［法］马克·第亚尼：《非物质性主导》，载［法］马克·第亚尼编著《非物质社会——后工业世界的设计、文化与技术》，滕守尧译，四川人民出版社1998年版，第13页。

④ 李大夏：《路易·康》，中国建筑工业出版社1993年版，第132页。

⑤ ［英］贡布里希：《木马沉思录：论艺术形式的根源》，载范景中编选《艺术与人文科学：贡布里希文选》，范景中译，浙江摄影出版社1989年版，第24—25页。

⑥ ［英］贡布里希：《木马沉思录：论艺术形式的根源》，载范景中编选《艺术与人文科学：贡布里希文选》，范景中译，浙江摄影出版社1989年版，第29页。

⑦ ［丹麦］丹·扎哈维：《胡塞尔现象学》，李忠伟译，上海译文出版社2007年版，第15—18页。

图 1-1　丰子恺的漫画

人们总会对与建筑物密切相关的一系列问题感到惊讶。人们会尤其强烈地感受到这类建筑物在历史中容纳多种功能的能力以及建筑形式完全超出于这些功能的魅力。正是形式感染了我们，它给我们以经验和享受，同时又赋予城市以结构。”①

3. 艺术形式之“结构”维度

罗西亦断定：“只有认识了建筑形式和理性过程的意义，看到了形式本身所具有的包含许多不同的价值，意义和作用的能量，我们才能超越功能主义的理论。”②同理，在艺术形式的意义、结构这两个层次也是如此，如赫尔曼·穆特修斯（Hermann Muthesius）提及的“形式要从结构方式中发展”③、希尔德勃兰特所说的“形式变成为一种内在结构的表现”④，罗伯特·克雷（Robert Clay）在《设计之美》(*Beautiful thing : an introduction to design*）的前言中则深刻指出了大多数人从事设计的研究和学习，是因为与其他事物（例如解决难题和创造新事物）相比，他们对美更感兴趣，但美不是简单地研究事物的外观，建筑物和物体的底部结构如果从抽象意义上说也是一种美。克雷举例说：“例如，一座桥梁的结构必须要承担不同动态变化的压力，因此桥梁的设计目标应是以最简单的外形设计承担外界不同的压力，在这个目标实现过程中还必须考虑效率和经济因素（如同大自然，用最少获取最多）；斜拉式桥梁的设计则更需要数学、材料科学和工程学方面相当庞大的知识体系和专业技能，方能获得一力学上的平衡，而这些毫无艺术可言的变量参数却能够自动地创造出美和优雅。在船舶和飞机设计中也能够找到类似的事例，设计物所承受的负荷、运行的媒介以及功能上的要求（例如速度要求）很大程度上决定了它的外观；这些毫无美感的变量参数又一次在没有任何艺术干预下创造出唯美的外形。似乎美成为了自然进化和技术发展的衍生

① ［意］阿尔多·罗西：《城市建筑学》，黄士钧译，中国建筑工业出版社2006年版，第31页。

② ［意］阿尔多·罗西：《城市建筑学》，黄士钧译，中国建筑工业出版社2006年版，第118页。

③ 转引自荆其敏、张丽安编著《生态的城市与建筑》，中国建筑工业出版社2005年版，第29页。

④ ［德］阿道夫· 希尔德勃兰特：《造型艺术中的形式问题》，潘耀昌等译，中国人民大学出版社2004年版，第65页。

物，但是在感叹桥梁和飞机的同时，我们似乎也感觉到了它们潜在的结构美，或许类似于人类，美丽的外表常常暗含健康的体魄。这么一来，好像我们把美放在第一位了。是的，我们在观察人和物时，首先注意的是他们的外表，很容易被美所吸引。”[①]

4. 艺术形式之“意义”维度

“意义”虽起初可由设计者预置（有时也未必能成为意义），但从解释学的视角来看，意义的阐释则是极其多样的，而意义的潜在性也须经由形相层将符号的内在意蕴表征出来，如弗朗茨·博厄斯（Franz Boas）在《原始艺术》（*Primitive art*）中就发现许多美洲印第安人部落所喜爱的同一种三角形有着不同的意义。因而，形式是复杂、多义的形式，复杂性、多义性和可感知性是形式最本质的三大特性（图 1–2），中国古典园林中“所有的艺术形式不仅是功能的反映，还反映了人们理解和体会自然、体会精神、体会‘道法自然’的方式”[②]。吴家骅先生在论及旧石器时代的石器和装饰物时亦指出经过磨制和抛光的石器，不仅具有悦目的外观，更为有意义的是其中体现了制作者对于制作过程的控制能力，尤其是对形的控制能力和对美的形式的感受能力。经过磨制的石器在使用中被证明更有效、更合理。最初倾注在石器工具中的功能需求，在那些新石器时代的石器工具的制作中得到了更完满的实现。“17000 多年前的北京周口店的山顶洞人已经利用石头、兽骨和海贝等物，用钻孔、刮削、磨光和染色等方法来制作装饰物，它是原始人类审美意识的反映。这种原始的审美意识的产生过程与石器制作中有意识地制造特定的形体，使之适应某种生产和生活和需求的过程相比，前者是出自一种精神的需求，并更具有意识形态的内涵。”[③] 而且，当“物”原有的使用功能发生改变时，“物”本来的意义即发生改变，其原有的意义也被抽空，只留下

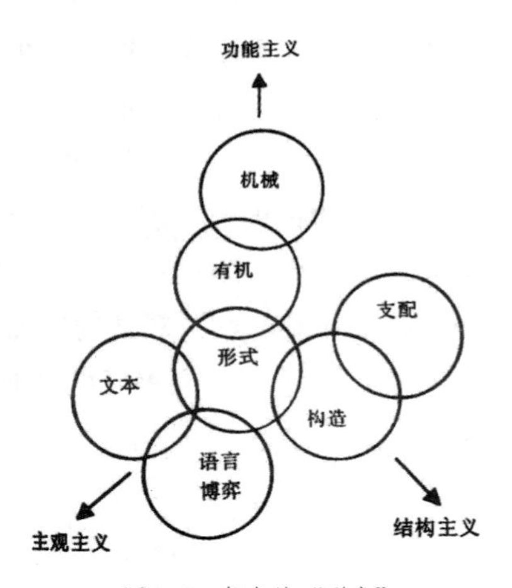

图 1–2　复杂的“形式”

① ［英］罗伯特·克雷：《设计之美》，尹弢译，山东画报出版社2010年版，第7页。

② 吴家骅：《景观形态学：景观美学比较研究》，叶南译，中国建筑工业出版社1999年版，第150页。

③ 吴家骅编著：《环境设计史纲》，重庆大学出版社2002年版，第13页。

一种“符号”，故不可将“形式”视作“物”外在的一张“皮”。

由之，综合上述对形式、艺术形式的谱系梳理与内涵界定，笔者认为“艺术形式”应具有四大维度：形相层（Appearance Dimension）、结构层（Structure Dimension）、功能层（Function Dimension）、意义层（Meaning Dimension）。作为艺术本体的形式之形相层包括材料、形状、色彩、肌理、图案、装饰等形式表层外观呈现的基本艺术现象，如同乔治·H·马库斯（George H. Marcus）精确指出的那样：“描述一种材料的唯一方式就是把它当成一个有性能的系统”[①]，也就是“那种最表面的‘形式’，亦即那种被等同于一件事物的‘形状’的形式”[②]或“审美外壳”[③]、外显的“纯形式”（Pure form）；结构层包括艺术形式的类型逻辑、形式结构秩序等；功能层包括艺术形式所承载的功能指向、作用指向等；意义层包括艺术形式的意义指涉、主题内涵表征等。“艺术作为美应把价值世界包裹在形式世界里”[④]，宗白华先生对此即有深刻领悟：“艺术家要模仿自然；并不是真去刻划那自然的表面形式，乃是直接去体会自然的精神，感觉那自然凭借物质以表现万相的过程，然后以自己的精神、理想情绪、感觉意志，贯注到物质里面制作万形，使物质而精神化。”[⑤]凯文·林奇在《感觉品质营造》（*Managing the sense of a region*）中也生动地指出：“我们的文化将感性形式设想为一种表面现象，一种光辉，是在某种事物的内在本质形成后被贴上去的东西。但是，外表连接着内部。它们在整体的运行中扮演着关键角色，因为外表是所有转换赖以发生的地方。所有我们认识和感受的、超出我们的遗传继承的东西，全都来自外表。”[⑥]

林奇所说的“外表”即笔者所指的“形相”，这一维度是可见的、最易被人直观感知与体验的“呈现的维度”，格式塔（Gestalt）心理学家就认为在我们研究作品的细节和结构之前，首先感知的是它的整体外形，即最直接诉诸人感官的是形式最表层的外观表象（“形相”），即海德格尔言及的“物因素”（das Dinghafte）[⑦]。因此，“形相”作为“形式”外在显现的维度也是很重

① ［美］乔治·H·马库斯：《今天的设计》，张长征、袁音译，四川人民出版社2009年版，第45页。

② ［美］苏珊·朗格：《艺术问题》，滕守尧、朱疆源译，中国社会科学出版社1983年版，第15页。

③ ［美］乔治·H·马库斯：《今天的设计》，张长征、袁音译，四川人民出版社2009年版，第20页。

④ ［美］梯利：《西方哲学史（增补修订版）》，葛力译，商务印书馆1995年版，第539页。

⑤ 宗白华：《美学与意境》，人民出版社1987年版，第59页。

⑥ Kevin Lynch, *Managing the Sense of a Region*, Cambridge : MIT Press, 1976, p.68.

⑦ ［德］马丁·海德格尔：《林中路》，孙周兴译，上海译文出版社2008年版，第3页。

要的，因为“艺术的外形或表象的创造，不仅决定着艺术的直观性、独特性，同时也为艺术形象的蕴涵与形式结构意义，提供了可能性”①。以上存在的诸多问题其实也本质地反映出形式生成的真实性、必然性、逻辑性以及形相（外观）呈现的随机性、表层性、直观性这一关键原理。维克多·玛格林（Victor Margolin）在《扩展设计的边界：产品环境与新的用户》中即清醒地告知：“今日产品的灵活性决不是当初那些一味强调产品外观、认为产品外观乃是所要解决的中心问题的设计理论家们所能预料的。举例说，当现代艺术博物馆的管理者们强调，产品的形式必须明白地说出其功能时，他们所想的仅仅是能被某种形状体现出的功能。对众人所认识的那种产品形式必须加以重新认识和考虑！”②斯维尔·费恩（Sverre Fehn）与皮尔·欧拉夫·弗耶尔特（Per Olaf Fjeld）在《建构的思想》（*The thought of construction*）中亦隐晦地点破了形式的内在意蕴：

> 材料的使用从来都不是理性选择和计算的结果，而是直觉和欲望的产物。结构必须与材料的要求相一致，让材料呈现在光线的沐浴之中，表现材料的固有色彩。但是，如果没有结构，任何材料的色彩都无法真正呈现。作为一种材料，石头的形式必须寄予在形状之中，就像拱顶石需要通过精确的形状来确定一样。当石头与石头相互叠加的时候，其形式就在它们的连接之中。③

对“艺术形式”的内涵界定，因此也就显示了本书所秉持的学术观点与立场——笔者提出的“艺术形式”应具有四大维度，更多的是基于艺术创作过程的视角而言的，因此，姑且可将其视作一种“艺术创作的形式说”。“形式”就是艺术的本体，承载着“形相、结构、功能与意义”的艺术形式就是艺术作品，艺术作品以艺术形式的创生而得以建构完成，即“艺术作品成为一种存在于自身并通过自身而存在的实体”④。亨利·列斐伏尔（Henri

① 姜耕玉：《艺术辩证法：中国艺术智慧形式》，高等教育出版社2006年版，第176页。

② ［美］维克多·玛格林：《扩展设计的边界：产品环境与新的用户》，载［法］马克·第亚尼编著《非物质社会——后工业世界的设计、文化与技术》，滕守尧译，四川人民出版社1998年版，第93页。

③ Per Olaf Fjeld、Sverre Fehn，*The Thought of Construction*，New York：Rizzoli，1983，p.46.

④ ［法］克洛德·列维－斯特劳斯：《看·听·读》，顾嘉琛译，生活·读书·新知三联书店1996年版，第75页。

Lefebvre）深刻说道："对'设计'来说，形式就意味着功能，而它的结构也不再把这种'能指－所指'的关系纳入到被有效处理过的材料中。功能、形式、结构这三者之间的距离，曾经就是这样地结合在一个有机的、不可见的统一体中。这种距离已经被缩短了。物体的符号，引发了符号的符号，引发了一种越来越高级的可视化（Visualization）。"①须指出的是，列斐伏尔此处所指的"功能、形式、结构这三者"中的"形式"应是从形式之"形相"这一维度而言的，因而可将其转换为"功能、形相、结构"。其实，中国古人早已有云："玄妙之意出于物类之表，幽深之理伏于杳冥之间"（唐·张怀瓘《书议》），汉斯－格奥尔格·伽达默尔（Hans-Georg Gadamer）也宣称一件艺术品是由于其格式塔特性（即形式）而对我们发生某种意味，"通过此意味，问题被唤起，或者也被回答"②。

且先秦韩非子主张的"君子取情而去貌"（《韩非子·解老》）与中国古典艺术创作所凝练的"遗貌取神"艺术之道亦是息息相通，"貌"就是形式的外在层次——"形相层"，而"神"则是形式的另外三个内在层次——"结构层、功能层、意义层"，"神"与"貌"二者共同建构下的艺术形式方能算作真正的艺术创造，也只有对"神"这一层次的深度把握才能算得上是对传统艺术在形式上的真正领悟，即"我们应探索一切景观形式之中的涵意，我们不仅仅是从它们的外观，还要从它们的内涵上去理解形式"③。克里斯托弗·亚历山大（Christopher Alexander）从建筑艺术创作的视角指出："一个建筑，其'自由'的形式若没有根植于构成它的各种力量或材料，就尤如一个人其姿势没有自己自然的根基一样。其形状是借来的、人造的、强加的、设计的。是靠模仿外部的想像，并不是通过自己的内力来产生的。"④亦如罗伯特·克雷的明鉴："20世纪现代建筑运动中，建造的建筑物和家具通常被视为古典主义，这是因为其蕴含的逻辑和理性思维与古希腊和古罗马的建筑逻辑相契合。"⑤

当然，在艺术创作中，"形相、结构、功能与意义"四者均有被预置的

① ［法］亨利·列斐伏尔：《空间与政治》，李春译，上海人民出版社2008年版，第12页。

② ［德］伽达默尔、杜特：《解释学 美学 实践哲学：伽达默尔与杜特对谈录》，金惠敏译，商务印书馆2005年版，第54页。

③ 吴家骅：《景观形态学：景观美学比较研究》，叶南译，中国建筑工业出版社1999年版，第312—313页。

④ ［美］C·亚历山大：《建筑的永恒之道》，赵冰译，知识产权出版社2004年版，第27页。

⑤ ［英］罗伯特·克雷：《设计之美》，尹弢译，山东画报出版社2010年版，第90页。

可能性，即这四者“是有构造过程的”①，“富有逻辑的形式、有构造意味的形式”②之生成与创造（“创生”）就是综合地调配“形相、结构、功能与意义”这四大要素之间的有序整体建构。且形式之“结构”“功能”和“意义”维度是内隐在形相表层之下（即淹没于外观表象之下）的，需要抽象地、逻辑地与理性地去把握这三个维度，如“形式之结构”是客观且抽象地潜存于形式之中的——“结构之为结构是观察不到的”③，“形式之意义、功能”则需要人与艺术形式本体发生交互关系之后而形成阐释上或作用上的多样性——“正是由于感觉和解释的相互作用，才构成了对象的现象”④。

也正是“结构、功能与意义”这三个“隐没的维度”如同“冰山”下的巨大冰体（图 1–3），它们是主导“形相”这一“呈现的维度”生成的本源性力量、物像表达背后的“关系”。心理学家西格蒙德·弗洛伊德（Sigmund Freud）与约瑟夫·布罗伊尔（Josef Breuer）1895 年合作发表的《歇斯底里研究》（又译《癔病研究》）（*Studien über Hysterie*）中已提及“冰山理论”，且在弗洛伊德的人格理论中人的心理被分为超我、自我、本我三部分：超我往往是由道德判断、价值观等组成，本我是人的各种欲望，自我介于超我和本我之间，协调本我和超我。同时，与超我、自我、本我相对应的是他对人的心理结构的划分，基于这种划分他提出了人格的三我，他认为人的人格就像海面上的冰山一样，露出来的仅仅是一部分，即有意识的层面；剩下的绝大部分是处于无意识的，而这绝大部分在某种程度上决定着人的发展和行为。而美国现代著名小说家厄内斯特·海明威（Ernest Hemingway）在其 1932 年的纪实性作品《午后之死》中亦提出了“冰山原则”的文学创作理论，他把写作比喻为“海里的冰山”：“冰山运动之雄伟壮观，是因为它只有八分之一在水面上。”“露出水面的只是它的八分之一，八分之七却藏在海里。”海明威以

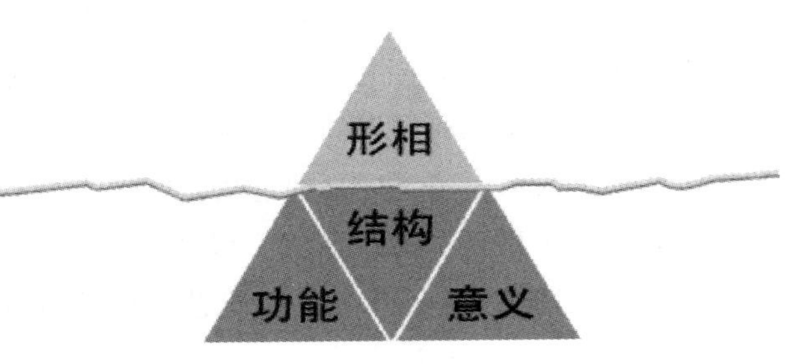

图 1–3　艺术形式系统的冰山模型

① ［瑞士］皮亚杰：《结构主义》，倪连生、王琳译，商务印书馆 1984 年版，第 57 页。
② 周洁：《建构：作为一种选择》，《建筑学报》2003 年第 10 期。
③ ［瑞士］皮亚杰：《结构主义》，倪连生、王琳译，商务印书馆 1984 年版，第 117 页。
④ ［丹麦］丹·扎哈维：《胡塞尔现象学》，李忠伟译，上海译文出版社 2007 年版，第 22 页。

“冰山”为喻，认为作者只应描写“冰山”露出水面的部分，水下的部分应该通过文本的提示让读者去想象补充。董衡巽在《海明威浅论》一文中则如此评述了他的“冰山理论”：“这个譬喻揭示了艺术形象与思想感情关系的一个方面，即是：如何把思想感情融入艺术形象之中。露出水面的是形象，深藏海里的是感情。形象越集中，越鲜明，感情就越深厚，越有力。它们是显与隐，实与虚的关系。它们不容许颠倒，否则就会落得形象模糊，感情浅露。”[①]

换言之，“隐没的维度”是“呈现的维度”得以建构的内在逻辑驱动力和生成器，形式是其四大维度浑然一体地抱合而构造出来的“四位一体”，“功能、意义”也是一直蕴含在作为“结构”来源的自身调节作用里的。同时，“形相与功能、形相与结构、形相与意义”这三组概念的比较才是真命题，学习借鉴“古、今、中、外”一切优秀艺术作品时，即须追索从现象到本质，拨开外观表象的面纱去透视其内隐于外观表象之下“结构、功能与意义”的内涵。例如“专业的景观分析的主要任务，就是越过现象的表面形式去寻找其内在结构和基本关系，去把握景观的核心与本质，发现设计因素之间的空间关系”[②]。也唯有这样的艺术形式研究与创造立场，才能诞生真正的艺术形式，而非外观表象的复制。

笔者对“形式”存在层次的此种界定与杜夫海纳在《审美经验现象学》中将一般艺术作品的结构分为三个层次是相通的：“对材料的处理”“主题”“表现”[③]。沃尔夫林在《艺术风格学》中则集中关注于艺术作品的纯形式结构，其结构分析旨在寻找形式秩序，如序列、围合、虚实部分的比例、局部整体的关系等。亦受艺术史大家潘诺夫斯基图像学理论的启发，且图像学立论的基石就认为某种物事、某个形式，都不是毫无意义、毫没来由的，他在《视觉艺术的含义》一书中提出解析艺术品含义的三个层次：第一层是解释图像的自然意义，对基本的或自然的形象进行确定，把作品解释为有意味的特定的形式体系；第二层是确定从属性的、约定俗成和象征性的内容，即发现和解释艺术图像的传统意义，以考察一个母题在形式和意义上的变化；第三层是对上述二者进行分析，确定艺术作品的内在意义，并考虑艺术家对

① 董衡巽：《海明威浅论》，《文学评论》1962年第6期。

② 吴家骅编著：《环境设计史纲》，重庆大学出版社2002年版，第68页。

③ ［法］米·杜夫海纳：《审美经验现象学》，韩树站译，文化艺术出版社1996年版，第273—274页。

主题所作的风格性处理及其哲学性内涵。[①]

笔者所提出的艺术形式之四大维度，也可被视作对英国学者克莱夫·贝尔“艺术是有意味的形式”假说理论的进一步深化发展。贝尔在其名作《艺术》中对“形式”做出了一个经典论断：“艺术品中必定存在着某种特性：离开它，艺术品就不能作为艺术品而存在；有了它，任何作品至少不会一点价值也没有。这是一种什么性质呢？……可做解释的回答只有一个，那就是‘有意味的形式’。在各个不同的作品中，线条、色彩在特殊方式下组成某种形式或形式的关系，激起我们的审美感情。这种线、色的关系组合，这些审美的感人的形式，我称之为‘有意味的形式’，就是一切视觉艺术的共同性质。”[②]贝尔“有意味的形式”的论断是基于“在特殊方式下”而下的，那“在特殊方式下”意指什么？笔者认为这才是该论断的核心所在，“有意味的形式”，并不是说“有意味的”是“形式”的形容限定词——“形式”仅仅是“形式”而已，与“意味”无关，这两个词汇本是孤立分开而又被联结在一起的——该著名论断却可以这样来理解即“形式是有意味的”或“形式的意味”，抑或可以说贝尔是相当关注或已隐秘地触及了艺术形式系统的结构、功能与意义这三大子系统，其“意味”可理解为是“结构、功能、意义”这三大子系统的代指。阿摩斯·拉普卜特在其经典名著《宅形与文化》中对“宅形”（House Form）的厘定也并非泛指住宅的外观形式，而是特指与居住生活形态相对应的住宅空间形态，包括了布局、朝向、场景、技术、装饰和象征等，这与本书对形式（Form）四大维度的阐述相一致。

同时，亦可将“艺术形式”视作一个极为复杂的象征“系统”，它建构了一个圆足的艺术世界、一个充满意味的布尔迪厄意义上的场域。因之，可将内敛于“形式”背后的“结构、功能与意义”，外显于形式表层的“形相”，共同视作为“艺术形式系统”的四大子系统。赫伯特·西蒙（Herbert A. Simon）就曾指出复杂的系统有可能是由不同层次结构构成的梯形结构，或是一种大盒子套小盒子的结构。按照其基本概念，在任何一个复杂的系统中，它的几个组成成分将行使特殊的次级功能，并为整体功能作出贡献。[③]

---

① 参见[美]E·潘诺夫斯基《视觉艺术的含义》，傅志强译，辽宁人民出版社1987年版，第34—37页。

② [英]克莱夫·贝尔:《艺术》，周金环、马钟元译，中国文艺联合出版公司1984年版，第4页。

③ 参见[美]赫伯特·西蒙《设计科学：创造人造物的学问》，载[法]马克·第亚尼编著《非物质社会——后工业世界的设计、文化与技术》，滕守尧译，四川人民出版社1998年版，第120页。

且“形式”是处于关系之中的形式，即一方面是处于人与物的关系之中，一方面是形式系统本身的建构又处于“形相、结构、功能、意义”四大子系统之间的“关联域”中，这就是一种关系性的存在，恰如庄子于《逍遥游》“水之积也不厚，其负大舟也无力”中所表达的意涵，同时，在形式系统内部这四大子系统也均以相对独立与关联的姿态出现。而“关联域”一词则是罗纳德·约翰·约翰斯顿（Ronald John Johnston）在其人文地理学研究中所采用的哲学术语，他把人文地理学看作社会科学，主要研究社会生活中与空间和地方有关的方面，并认为：“在人文地理学的实证主义工作中，规律是假设在一定关联域内运作的，其中所有潜在影响变量的作用既不能预测也不能评价；由于这个原因，不可能有绝对的标准来证实或证伪一个假说。”[①] 因此，笔者借用“关联域”一词，用来强调笔者本人所提出的“形相、结构、功能、意义”这一形式概念范畴乃处于“关系系统”之中。

第二节　景观艺术形式及其基本特征

一、“景观艺术”的产生——人的介入

“景观艺术”（Landscape Art）[②] 作为一种艺术现象，源于人在自然景观中的介入，即人的艺术意志在景观中的投射使得景观艺术从其自然母体景观中脱胎而来。当然，人的介入包括设计与鉴赏两个层面——景观设计与景观鉴赏，设计是人对客体的改造，而鉴赏则是外在于客体而言的，这两者均涉及黑格尔意义上的精神灌注或叔本华意义上的意志投射，而且黑格尔轻视自然美而重视艺术美就是从人的创造力而言的。

换言之，人的作用必须被强调，因为他们的在场和缺席经常是至关重要的，这在澳大利亚画家汤姆·罗伯特（Tom Robert）的《活泼的快板：墨尔本的柏克街》（*Allegro con brio*: *bourke street*, *melbourne*）（图 1–4）和拉塞尔·德赖斯代尔（Russell Drysdale）的《索法拉》（*Sofala*）（图 1–5）两幅作品中有非常明显的场景对比。且“景观艺术”中“景观”的英文对应词是

---

① ［英］R.J. 约翰斯顿：《哲学与人文地理学》，蔡运龙、江涛译，商务印书馆2001年版，第220页。

② “景观艺术”在本书中是一个专有名词，而我们常常将这一专用概念简称为“景观”。

“Landscape”，其词源本身即有“风景”之意。“Landscape 一词在西方出现得较晚，并且从一开始就与以风景为题材的绘画联系在一起。在西方，风景最初只是作为人物画的背景，直到 15 世纪的文艺复兴时期，风景画才在西方发展成独立的绘画科目。”[①]

在现今“Landscape”亦包括“人工营造风景”“自然审美风景”等，这些都与“人”有关，“风景”也不是美术学、地理学中的纯粹自然，而是与卡尔·海因里希·马克思（Karl Heinrich Marx）所说的“人化的自然”相近。

图 1–4　汤姆·罗伯特的《活泼的快板：墨尔本的柏克街》

图 1–5　拉塞尔·德赖斯代尔的《索法拉》

在当今“现代性”占据时代主流的情况下，自然更是一种“工业自然”。风景是相对于“人”而存在的，若无“人”这一参照作比对，充其量可称为未扰动的自然、原野、荒野，而即使是“荒野”也是相对于“人”而言的。小形研三曾经假设：“这里有优美的风景，如果设想即使人类都灭绝了，这个优美的风景还能依然存在，这种想法可能估计得轻率了。虽然不知道风景是否继续存在。即使火星上的人见到它，可能感到一点也不优美。所谓优美的风景，不过是在人类灭绝以前所感到优美的风景罢了。这与科学上客观存在的事实有本质上的不同，不能否定有主观上的作用。”[②] 小形研三的观点与黑格尔论及自然美时认为的只有人的介入，自然美的显现才具备可

① 朱建宁、周剑平：《论 Landscape 的词义演变与 Landscape Architecture 的行业特征》，《中国园林》2009 年第 6 期。

② ［日］小形研三、高原荣重：《园林设计 —— 造园意匠论》，索靖之、任震方、王恩庆译，中国建筑工业出版社 1984 年版，第 5 页。

能与意义，是相一致的。亦如约翰·斯蒂尔格（John Stilgoe）再三论证的定义："与荒野相对是景观，土地由人类塑造。"[①]也就是说，不包含情感的风景是没有任何人文性价值的，"置自然于外的艺术是不存在的。而未艺术化的自然是散乱的"[②]。

"Landscape"（风景）一词，实乃关乎于"人"，其实就是指"景观"——"何谓景？景的本意是光，《说文》：'景，光也。'段玉裁注：'光所在处，物皆有阴。'有光必有影，光和影共同成就了象，所以景具有象的含义。何谓观？《说文》：'观，谛视也。'谛的意思是审视。"[③]而"景""观"合为"景观"一词，也就具备了主体与客体间相互包容、相互对流的意味，"景象"被"凝视"，"凝视者"亦进入"景象世界"，其中就包含着强烈的精神因素对风景的"观察"。恰如克里斯蒂安·诺伯格－舒尔茨（Christian Norberg-Schulz）所言："景观经常具有形成我们所持环境形象（同我们的视野一样）的连续背景功能。去掉这个条件，就谈不到景观。"[④]同时，"景观"相较"风景"从语义学角度而言，它更直接强调了"人介入风景"这一关键动作，而在当下则更偏向于作为一个对象名词来使用。丹尼斯·克斯格洛甫（Denis Cosgrove）即认为景观"不仅是我们所见到的世界，它是对世界的建构与组织，是观看世界的一种方式"[⑤]。而肯尼思·克拉克（Kenneth Clark）在其写于1949年的《从风景到艺术》（*Landscape into art*）中对"风景"的理解可以帮助我们从"被设计"（designed）的层面来认知"风景"所涵括的复杂、深刻、多变的意蕴。

> 风景是人与自然、自我与他者进行交流的一种媒介。即如此，它就像货币：本身没有什么用处，但却表示具有无限潜力的价值储存。与货币一样，风景是一种社会象形符号，把价值的实际基础隐藏起来。它通过把

---

① 转引自［美］詹姆士·科纳《复兴景观是一场重要的文化运动》，载［美］詹姆士·科纳主编《论当代景观建筑学的复兴》，吴琨、韩晓晔译，中国建筑工业出版社2008年版，第6页。

② ［美］罗伯特·罗滕博格：《维也纳彼德麦式园林与中产阶级身份的自我塑造》，载［法］米歇尔·柯南、［中］陈望衡主编《城市与园林——园林对城市生活和文化的贡献》，武汉大学出版社2006年版，第191页。

③ 王绍增：《园林、景观与中国风景园林的未来》，《中国园林》2005年第3期。

④ ［挪威］诺伯格·舒尔兹：《存在·空间·建筑》，尹培桐译，中国建筑工业出版社1990年版，第42页。

⑤ Cosgrove D. E. , *Social Formation and Symbolic Landscape*, London and Sydney : Croom Helm, 1984, p.17.

> 风俗自然化、把自然风俗化而做到这一点。风景是以文化为媒介的自然景观。它是既被再现又被表现的空间，既是能指又是所指，既是框架又是框架所包含的内容，既是真实地点又是这个地点的类像，既是包装又是包装里面的商品。风景是所有文化共有的一种媒介。①

因此，“景观”是通过主观和清晰的方式而建造的，它不可能等同于自然或者环境，“景观是一种特意创造的空间，以加速或延缓自然的进程”，如奥古斯丁·伯克（Augustin Berque）所说：“景观不是自然环境。自然环境是环境的实际产物，那是一种通过空间和自然与社会相连的关系。景观是上述这种关系敏感的体现。景观依赖于主观的集合形态……可以假设每个对景观有所认识的社会都用自身的认识去归纳其他文化。”②艾伦·维斯（Allen S.Weiss）在其“景观宣言”中高呼：“景观是一种象征性的形式。景观包括其他一些象征性的形式。景观是一件总体艺术作品。景观是一个共同感知的矩阵。景观是一个存储记忆的剧场。”③朱建宁则直接断言“景观即艺术”“景观艺术应是反映人们自然观的艺术，表明人们对自然的认识以及利用自然的方式”④。自然经过人的意志加工后就成为了“现象化的自然”⑤、“纯粹的自然景观没有也不需要人的介入”⑥，“景观艺术”作为一种与“人”“生活”紧密联系的实用艺术门类——建筑外环境空间艺术，它是人自由创造的艺术化生存场域，在其对象与阶段之间却与“自然”密切相关联——“人与自然关系的历史之镜”⑦下的“艺术自然”，它是有生命的客观艺术存在——“有若自然”⑧。人、景观艺术、自然之间的紧密关联也是其他艺术所不具备的特质，“是由人们根据他们想象

① 参见米歇尔（W.J.T. Mitchell）的《帝国风景》一文，转引自陈永国主编《视觉文化研究读本》，北京大学出版社2009年版，第5页。

② 转引自［美］詹姆士·科纳《复兴景观是一场重要的文化运动》，载［美］詹姆士·科纳主编《论当代景观建筑学的复兴》，吴琨、韩晓晔译，中国建筑工业出版社2008年版，第6页。

③ ［美］加文·金尼《第二自然——当代美国景观·序二》，孙晶译，中国电力出版社2007年版。

④ 朱建宁：《景观即艺术》，《风景园林》2010年第1期。

⑤ ［日］原广司：《空间——从功能到形态》，张伦译，江苏凤凰科学技术出版社2017年版，第53页。

⑥ 成玉宁：《现代景观设计理论与方法》，东南大学出版社2010年版，第2页。

⑦ ［法］米歇尔·柯南：《穿越岩石景观——贝尔纳·拉絮斯的景观言说方式》，赵红梅、李悦盈译，湖南科学技术出版社2006年版，第11页。

⑧ 《后汉书》中形容大将军梁冀的私园的艺术特征即为“有若自然”。

图 1-6　苏州天池山寂鉴寺“水底烟云”

的与自然的关系，他们的社会角色以及他们对他人与自然间联系的解释，来创造和解释的”[①]。因而，“景观艺术”可成为沟通人与自然的一条纽带：“人→景观艺术←自然”，景观艺术特质就在于其“创造者和大自然的结合更像是一种对话而不是一种先在的造型律令”[②]。史蒂文·布拉萨（Steven C. Bourassa）就将景观视作“一种艺术、人工制品和自然的复杂混合”[③]。景观艺术亦是克劳迪·拉萨诺（Claudia Lazzaro）指出的“第三自然”，他认为景观艺术乃由于自然和艺术联合在一起而成为了一种不可分割的整体，艺术和自然一起产生了一些既不属于自然也不属于艺术的事物，且这种事物与两者有同等的关系。[④]笔者即假想了这样一个场景：“这里一棵树，那里一棵树，都屹立于大自然土壤之中。若干世纪前的一天，一个诗人兼画家在树下置了一块石头，此时此处的风景就有了艺术的味道，景观亦出现了设计的意味。”苏州天池山寂鉴寺前就有一个雨水淤积的池塘，池岸边有一块刻有“水底烟云”的大石头（是自然形成的石头，而非人工搬运至此的）（图 1-6），“如果没有字，如果没人看，不是园；人看一看、想一想，也许是个园；但加了四个字之后，绝对是中国园林的概念”[⑤]。

北宋名画《听琴图》（图 1-7a）的竖条构图即以一棵古松下的青藤、杂花、瘦竹为园林建构材料，松荫下，一人焚香抚琴，左右分别端坐红袍人、青袍人和一名童子当听众。据传为北宋亡国君宋徽宗赵佶所作的《听琴图》，画面中人物为其本人及近臣童贯、蔡京。画作不仅仅因其为作者存世作品中

---

① ［英］R.J. 约翰斯顿：《哲学与人文地理学》，蔡运龙、江涛译，商务印书馆 2001 年版，第 126 页。

② ［法］米歇尔·柯南：《穿越岩石景观——贝尔纳·拉絮斯的景观言说方式》，赵红梅、李悦盈译，湖南科学技术出版社 2006 年版，第 17 页。

③ ［美］史蒂文·布拉萨：《景观美学》，彭锋译，北京大学出版社 2008 年版，第 30 页。

④ Claudia Lazzaro, *The Italian Renaissance Garden from the Conventions of Planting, Design, and Ornament to the Grand Gardens of SixteenthCentury Central Italy*, New Haven and London : Yale University Press, 1990, p.9.

⑤ 朱光亚：《中国园林结构和中国文化精神》，载童明、董豫赣、葛明编《园林与建筑》，中国水利水电出版社、知识产权出版社 2009 年版，第 36 页。

图 1–7a　北宋赵佶《听琴图》

图 1–8　明代杜堇《文君听琴图》

鲜有的人物臻品，就艺术价值论，其构图、巧思、形塑、笔墨、设色技巧均达高妙境界。其作画幅高宽比约为 3 ∶ 1，在如此瘦高的画面上，作者用于表现人物、草木、琴几元素等画面主体仅占约二分之一，而人物部分约仅占四分之一。这种构图留足了天地空间，即后世所说的留白，营造出一种空灵的、物我两忘的独立空间感，物体的摆设位置和人物的朝向为这个空间向内进行了包裹，而高耸的松树在高度上的扩展的空间的维度——“借此，我们选择这样一幅画作为虚拟现实再创造的原本。本作基于前人对画作背景及内容的研究，进一步考据画中名物、奇石、草植等，力求真实准确地再现名画的位置关系和构图处理，与此同时，我们希望能够用 VR 的方式展现出中国画特

图 1-7b 《听琴图》VR 项目的静态截图

有的气韵和氛围”[①]。(图 1-7b)

明杜堇的《听琴图》(又称《庭院听琴图》或《文君听琴图》)(图 1-8)的画面绘庭院内，以太湖巨石和芭蕉为背景，一文士倚桌抚琴，身后屏风旁有一娇美女子正侧耳倾听，园林环境极为华美雅致。杜堇的另一幅画作《玩古图》(图 1-9)以一个庭院中“好古玩物”的行为场景——梧桐与柏树并生下的两位雅士正鉴赏古器，也描绘了屏风左侧两位侍女的琴、棋、书、画文人的游艺活动，水岸边精致的栏杆、修竹、芭蕉丛及太湖石缝中的花草均建构了一个颇为湿润的江南园林景观——“收藏与鉴赏通常在舒适的书斋和园林中进行，明代文人以‘玩古’为题的画作，描绘的都是宁静雅致的环境。如果这些画作是可靠的视觉记录，那么明代的许多文化活动，包括赏玩金石拓片，正是在这种优雅而闲散的氛围中进行的”[②]。

明末画家周邦彰所绘的《桂园听琴图》(图 1-10)与杜堇的《玩古图》在园林元素提取与场景建构层面亦十分相似。清代康熙年间僧人上睿所作的《携琴访友图》(图 1-11)以极其纤美的笔触描绘了秀润多姿的江南景色，画中一溪横贯，水榭幽轩隔岸斜对，中有板桥，古树茅堂，依山傍水，湖水宁

① 蓝色智库科技:《〈听琴图〉VR 项目》，https://www.zcool.com.cn/work/ZMjUwMTgyNTI=/1.html，2018年11月2日。

② 白谦慎:《傅山的世界：十七世纪中国书法的嬗变》，生活·读书·新知三联书店2015年版，第224页。

静无波，一捧琴童子跟随主人正迈步桥上，前去造访闲坐梧竹幽居中的知音好友，画面构图简洁，境界开阔，景物聚散合度，虚实相生。

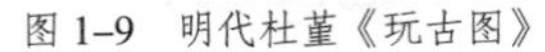
图 1–9　明代杜堇《玩古图》

图 1–10　明代周邦彰《桂园听琴图》

“景观设计是一门简单的艺术。你们或许已经对设计与自然的互动有所了解。任何人都能创造美的景观，种下一棵树就是造景。没有人类的介入，自然本身也能形成景观。但同时，我也必须阐明这样一种理念：景观设计也是一项多元化、复杂而综合的事业。设计景观的综合性在于自然与文化两种属性，其深刻性也源自于此。”① 于此，王澍亦曾说道：“我想用南宋的两幅画说一下什么叫作人和自然融为一体：一幅画里，一个和尚睡在一棵树下；另一幅里，一只鸭子也在这棵树下。几乎没有时间感，人和鸭子以一种接近的、松散的状态睡在树下。如果我们讲人和自然关系的话，这就是中国人想表达的意思。我觉得中国的文化里面特别有意思的一种感觉就是我们称之为形而上的风景与某种形而上的玄想和想象，我们经常让它们在一个东西里同时实现，我觉得这才是中国文化真正高明的地方。”② 而且，王澍进一步认为：“在中国建筑的范畴里，‘树石’一词又肯定和园林有直接的关系，特别是通过山水绘画的转译……我更喜欢‘树石’这个词，对建筑学来说，它更间接，固定的建筑意义还在生成之中；对事物来说，它更直接……‘树石’一词也和《芥子园画传》有关……有意思的是，《芥子园画传》所建立的那种以局部场景，如‘树石小景’为单位的模块化教学法在造园的学习中应该非常有效，这也意味着，造园的语言若要有所革命，就应该从这种局部场景语言的革命

① ［英］Catherine Dee：《设计景观：艺术、自然与功用》，陈晓宇译，电子工业出版社2013年版，第3页。

② 王澍：《造房子》，湖南美术出版社2016年版，第229页。

全图

局部 1

局部 2

图 1-11　清代上睿《携琴访友图》组图

开始。”[①]

图 1–12　迈克尔·辛格《第一门礼仪系列》

迈克尔·辛格（Michael Singer）的《第一门礼仪系列》（*First gate ritual series*）（图 1–12）则是以橡木与岩石构造出的一个艺术装置，此作品与其自然环境建立了柔和节奏——缓缓流水的潺潺细语和明灭闪烁十分和谐，并悄悄将自己连续重叠的音调融入波光粼粼的流水之中。这些恰是景观艺术较之其他艺术门类最具个性之处，因为一旦纯粹的自然物与人之间开始对话，二者间就产生了相互感应与耦合，且“自然”此时在某种程度上来说也是塑造景观艺术形式的原动力之一，人工之力与自然之力相化合至景观艺术的形式创生之中。我们从《意大利文化与景观遗产法典》“第三部分 景观资产”的“第 131 条　景观价值的保护”中也可读解出“景观艺术”的产生缘由：“1. 在本法中，‘景观’定义为：以反映自然和人文历史及两者间相互关系为特色的国家领土的一部分。2. 景观的保护与强化就是要保护景观以显而易见的标志所表达出的价值。”[②] 并在“第 143 条　景观规划”中明确了一种基于“景观资产”视野的规划设计原则和方法。

① 王澍：《造房子》，湖南美术出版社 2016 年版，第 141—142 页。

② 国家文物局编译：《意大利文化与景观遗产法典》，文物出版社 2009 年版，第 57 页。

二、景观艺术形式的特定内涵

“大写的艺术”(“总的艺术”）总是有其共通本质的，但作为个体的门类艺术又有着自己的学科边界，即任何一个艺术门类都有区别于其他艺术的存在方式。景观艺术实践的历史和人类文明一样久远，其特殊性就在于它与“自然·生活”不可割裂的关联，而这就是景观艺术形式的本真特质。景观艺术是在“人”与“自然”之间涉及艺术、社会、生态三大层面具有极强综合性的艺术创作活动，跨学科与边缘性是其显著特点，即艺术学、哲学、社会学、经济学、行为心理学、生态学、工程学等均与景观艺术相搭接，多元学科在景观艺术的形式表达的不同层次上均主张着它们自身的“权力”。而且一个综合各学科知识的观点对于理解当代景观现象亦是至关重要的，这是因为跨学科的思想交流长期以来影响着设计实践、表现模式和建成环境外观的性质。劳里·欧林深刻指出：“从历史上看，景观设计经由三个方面的努力已派生出大量的社会价值和艺术力量：在感性和现象学方面媒介的丰富性；有关涉及社会、个人与自然关系的主题内容；事实上，自然是潜藏所有艺术之内的伟大隐喻。”[①] “‘如果有人试图在各个艺术门类之间设定一个先后顺序（即使这样做多少有点荒谬，但是，也可以按照对材料的依赖程度做一下排序），那么所排出的顺序可能是这样的：建筑、雕塑、绘画、诗歌和音乐’。对悖论思想家埃岗·弗里得尔（Egon Friedell）在其著作《现代文化史》(*Modern Age*)(首版于1927年，德文）中所玩弄的智力游戏，我们可能感到好笑。但是，我们仍然会感到疑惑，景观建筑应该属于哪一个等级？它多少有点介于建筑与雕塑之间。在这里，以材料为主的‘景观建造’带有某种根本性的含义。‘建造’，作为建筑结构的发展过程，是针对景观的基底或与景观相关联的建筑。”[②] 同时，景观艺术的形式可塑性较之建筑艺术、城市设计艺术等而言，因其在具体化功能的固有界定方面是大大地削弱了的，它在精神品质与美学形态上的标准更加严苛而且更富于艺术特性，即艺术规律在景观艺术的形式生成与创造中起着主要的、不可替代的作用。英国哲学家弗朗西斯·培根（Francis Bacon）在《论造园》一文中就说：“文明人类先建美宅，营园较

---

① Laurie Olin, “Form, meaning and expression in Landscape Architecture”, *Landscape Journal*, 1988 (2), pp.149–168.

② [德]阿斯特里德·茨莫曼编：《景观建造全书：材料·技术·结构》，杨至德译，华中科技大学出版社2016年版，第11页。

迟，可见造园艺术比建筑更高一筹。”[①]

景观艺术形式也不是固定和被动的，而是动态的和变化的，并积极要求扩展和再创造，水平延展性是景观艺术最主要的形式结构，它是融建筑、雕塑、绘画等于一体的“大景观”——“景观设计要集聚所有人、事、物的力量。除此之外，在长时间的互动中，自然既影响设计、又被设计影响，所以设计师的实践实际上是针对一个不断变化的媒介客体。景观设计没有固定不变的终端产品，不过是某个场所在某个时间呈现的某种具体形式”[②]。景观艺术从整体上可“包括整个景致，内含许多建筑物、人造物和自然物，也包括人”[③]。罗瑟琳·克劳斯（Rosalind Krauss）在《扩展领域中的雕塑》(*Sculpture in the Expanded Field*）一文中即将“景观”置于环境艺术的中心地位，视景观艺术为一个“风景托盘”——包容性、开放性的巨大同化能力，且在景观艺术的学科边界上提出了一个创造性的瞬间，即修正了雕塑、建筑和景观之间传统学科的差别，她说：“可以认为，雕塑已不再是一种正面性，它现在归属于由非景观叠加于非建筑之上所形成的范畴……依照某种扩展的逻辑，非建筑只不过是景观这一称谓的另一种方式，而非景观自然就是建筑。”[④]也就是说，景观艺术作为一个综合性的战略艺术形态，其所具有的开放性、包容性、扩张性能将雕塑、音乐、舞蹈、绘画、装置、建筑等其他门类艺术聚拢在其形式系统的内部而成为景观艺术中既独立亦密切关联的景观元素，如置于纽约暴风国王艺术中心（Storm King Art Center）的肯尼思·斯内尔森（Kenneth Snelson）1974年的作品《自由地骑马回家》(*Free Ride Home*)（图1–13）和梅内什·卡迪希曼（Menashe Kadishman）1977年的作品《悬浮》(*Suspended*)（图1–14），前者仅用三个触地点将金属管架起来，而后者则将粗壮的钢结构悬浮空中，二者均非常规地对抗着重力，从而使得雕塑在景观艺术中产生了戏剧性效果。由此，景观艺术即可以被视作为一个载体型艺术，它的承载能力在中国古典园林艺术中早已得到了淋漓尽致的显现——中国传统园林是书法、建筑、戏曲、绘画、文学的综合体，虽然建筑、山水、花木园艺乃至书画都是独立的艺术分支，都有着自己创造上和欣赏上的规律，“但是它们一旦组合而形

① 转引自童寯《造园史纲》，中国建筑工业出版社1983年版，第1页。

② ［英］Catherine Dee：《设计景观：艺术、自然与功用》，陈晓宇译，电子工业出版社2013年版，第7页。

③ ［美］史蒂文·布拉萨：《景观美学》，彭锋译，北京大学出版社2008年版，第23页。

④ Rosalind Krauss，“Sculpture in the Expanded Field”，*October*，1979（Spring），pp.31–44.

成统一的园林艺术时，这些个别的规律必须受到园林艺术总的规律的制约”①。

图 1–13　肯尼思·斯内尔森的《自由地骑马回家》

图 1–14　梅内什·卡迪希曼的《悬浮》

日本建筑师隈研吾（Kengo Kuma）的建筑设计理念充分体现了建筑乃景观视域中的建筑，异乎寻常地突出了建筑中的景观概念。他提倡“建筑的消失”，并认为“建筑师不能以建筑的名义向世界展示过度华丽的造型”②。隈研吾代表作之一的是“龟老山展望台”（图 1–15），该展望台的功能是让站在上面的游客可以从山顶眺望远处的濑户内海全景。该工程动工时先是把山顶削平，然后在平地上建起建筑物。最关键的是，当工程最终全部完工时，隈研吾又在山顶重新植上了树。他通过这一举措，使展望台在具有实用功能的同时，建筑物的外造型也消失了，又被重建回原始形态，成为与自然相连接的“反造型”。法国建筑师奥黛里·黛克（Odile Decq）的澳大利亚里奥尼格博物馆（Liaunig）的国际竞标设计作品（图 1–16）亦是将 4500 平方米的建筑拓扑式地插入基地，起伏的屋顶由预制混凝土制成，与景观融为一体，从上部看几乎与地形难以识别，她称该设计是“嬉戏于景观上的构思”，“立面上的直线演变成波浪线，围护成了犬齿交错的空间：既是外部又是内部，既是围合的又是开放的，既是房屋又是景观，既是人工又是自然。漫步这个建筑会有一系列的发现，成为一个事件。步行至入口，经由大厅、坡道、展览室……所有的空间都引导来访者运动、观赏建筑并体验艺术展出。空间是非中心化的，透视是散点的”③。

① 刘天华：《〈拉奥孔〉与古典园林：浅论我国园林艺术的综合性》，载江溶、王德胜编《中国园林艺术概观》，江苏人民出版社 1987 年版，第 23 页。

② 转引自［日］原研哉《设计中的设计》，朱锷译，山东人民出版社 2006 年版，第 54 页。

③ Philip Jodidio，*Architecture now! 3*，Los Angeles：Taschen GmbH，2004，p.132.

图 1–15　日本隈研吾设计的“龟老山展望台”

图 1–16　法国奥黛里·黛克设计的“里奥尼格博物馆”

从艺术创作自由度来看，景观艺术形式较之于雕塑、音乐、舞蹈和绘画等纯艺术的形式也是完全不同的，因为自然与人同是景观艺术的创造者，景观艺术需要在自然与艺术之间寻求平衡，景观艺术形式系统是文化艺术系统与自然生态系统立体叠合相交叉的独特系统。当然，雕塑、音乐、舞蹈、绘画、建筑等艺术的创作规律与手法也能被景观艺术所借用。这些均导引了景观艺术形式生成的复杂性与多样性，成为了一个极具学科综合性与创作挑战性的现代艺术门类。另外，在景观设计中虽然占主导地位的是植物和大自然，但只有硬质景观设计才能赋予景观艺术形式的设计性内涵，保证景观的秩序而且赋予景观设计美感，它将层次的概念引入原本毫无章法的一丛丛绿色植被的规划中，把它们安排得错落有致。乔安·克里夫顿（Joan Clifton）说：“提到景观，人们总会想到植物和大自然，因为景观是人与大自然和谐完美统一的结晶，是一个供人休息的地方，是一个让人们释放生活压力的避风港，也是一个与生物界沟通的渠道。然而，如果没有基本的规划和建造，那么景观也只是一丛丛杂乱无章的植物堆砌在一起，无论这些植物多么高贵，都不能体现出任何层次和造型。硬质景观材料，特别是石林墙砖和灰泥，营造出一种特定的空间，您可以在这里尽情发挥创造力，设计层次和顺序，以及整体建筑规划。运用艺术的敏感去设计的硬质景观材料，能够彻底改变景观的面貌，把它从一个松散无序的园艺品收集站变成一个拥有帷幕和布景的艺术品殿堂，并拥有层次感、激情和热能，其中的绿色植被也显得像背景陪衬和星星。"[①]

三、景观艺术形式的四大基本特征

（一）形相维度之"制造图像"

"图像"关乎视觉层面，"图像"与景观艺术的关系，至少包括四种类型："记忆"中的景观、"眼"中的景观、"影像"中的景观以及"绘画"中的景观。如古埃及陵墓壁画《内巴蒙花园》（图1-17）与其说是关于内巴蒙（Nebamun）花园的一幅画，倒不如说是一张精确描绘池塘、植物种植等方位的地图。而瑞士著名摄影大师沃纳·比肖夫（Werner Bishof）的摄影作品《寺院庭园中的日本神道教僧侣》（图1-18）则是创作者个人精心选择的自己与人物的距离[②]，它表明人物与树木的关系，记录了日本人对于大自然背景下人类的基本态度的典型形象。值得注意的是，一些景观从未成为真正的景观，而仅作为图像文本存在于文化之中成为虚拟的景观艺术——譬如明代仇英《溪山消夏图》（图1-19）中的"山林台观、庭院房舍、人物鞍马、山石花草"皆繁复精湛，线条流畅，神采生动。图1-20为南京西善桥宫山南朝墓出土的模制画像砖《竹林七贤与荣启期》（藏于南京博物院）拓本——"画分两幅，拼砌于墓室两壁，表现了嵇康、阮籍、山涛、王戎、向秀、刘伶、阮咸七位魏晋名士和战国隐士荣启期。画中人物均宽袖长衣，席地而坐，或鼓琴而歌，或举杯畅饮，或静坐闲思。作者通过对人物闲逸放浪的外形描绘，生动地展现了每个人不同的内在气质和性情，形象生动，个性鲜明。画面中人物以树木间隔，构图在连贯中又相对独立，线条劲挺流畅，刚中带柔，人物面相清瘦，为典型的'秀骨清像'样式。"[③]

---

① ［英］乔安·克里夫顿：《景观创意设计》，郝福玲译，大连理工大学出版社2006年版，第5页。

② 罗兰·巴特（Rssoland Barthes）就曾明确地指出摄影走向艺术并不是通过绘画而是通过表演。另外，日本的原始宗教神道教（Shintoism）乃根源于对自然、神灵和祖先的信仰，且这种教义认为人类必须崇拜自然并与之和睦相处，因此日本的园林冥思万物，提供了心定神闲的空间。

③ 贺西林：《极简中国古代雕塑史》，人民美术出版社2016年版，第73—74页。

图 1–17　古埃及陵墓壁画《内巴蒙花园》

图 1–18　瑞士沃纳·比肖夫《寺院庭园中的日本神道教僧侣》

图 1–19　明代仇英《溪山消夏图》

人们对景观艺术的印象其实更多来自书籍、杂志、告示栏、电影院、电视屏幕和电脑显示屏，当印刷术的出现以及现代技术的强力介入后使得“图像”的重复呈现及传播影响了更多的受众，即瓦尔特·本雅明（Walter Benjamin）在《摄影小史、机械复制时代的艺术作品》（*The work of art in the age of mechanical reproduction*）中所提及的“艺术作品的机械复制性改变了大众与艺术的关系”①，“19 世纪前后，技术复制达到了这样一个水准，它不仅能复制一切传世的艺术品，从而使艺术作品的影响开始经受最深刻的变化，而且它还在艺术处理方式中为自己获得了一席之地”②。此外，与静态的照片、图画和文本相比，电影、电视和网络共同组成了一个新的动态传

① ［德］瓦尔特 · 本雅明:《 摄影小史 、机械复制时代的艺术作品》, 王才勇译 , 江苏人民出版社 2006 年版 , 第 136 页 。

② ［德］瓦尔特 · 本雅明:《 摄影小史 、机械复制时代的艺术作品》, 王才勇译 , 江苏人民出版社 2006 年版 , 第 113 页 。

图 1–20　模制画像砖《竹林七贤与荣启期》拓本（上、下图）

媒领域，更能够吸引大众的注意，景观艺术也被牵扯进这个新的以假乱真的视觉环境中，尤其是现代网络技术使得“景观图像”在全球的传播更加没有阻隔与边界，且这种视觉体验正在与直接的视觉和景观艺术实物进行着竞争。丹尼尔·切特罗姆（Daniel Czitrom）就说道：“鉴于当代大众文化已与现代通讯手段产生了不可分割的联系，电影的诞生标志着一个关键的文化转折点。它奇妙地将技术、商业性娱乐、艺术和景观融为一体，使自己与传统文化的精英显得格格不入，并对其造成重大的威胁。”①

可以想见，现代传播技术的高歌猛进绝对是城市建筑与景观艺术中“国际主义”风格在全球大行其道、一统天下的“帮凶式”工具之一，多罗茜·埃姆尔博（Dorothée Imbert）就引鉴了盖瑞特·埃克博关于摄影术介入艺术“形相”抄袭之中具有强大作用的观点：“由装帧 / 室内设计师创造的这个园林的一张照片能够在法国或者世界各地繁殖出无数同样的园

① ［美］丹尼尔·杰·切特罗姆：《传播媒介与美国人的思想 —— 从莫尔斯到麦克卢汉》，曹静生、黄艾禾译，中国广播电视出版社 1991 年版，第 32 页。

林。"[①] "的确，相机的光学性能使其有映射功能。即使对于不在场的观众来说，一张摄影图片也是具有意义。但他们无法判断映射功能。他们唯一可以拿来比较的是他们的想像。毫无疑问，照片是被感知的，但这不是我们拍照的原因。对于在别的时间、别的地点发生的事情，照片是最容易被理解的展示工具。照片和图片可以反复被感知，使事情一遍又一遍地呈现，尽管可能每次稍有不同。因此，图片意味着他们能够重复呈现给观众，也即再次展现。符号学家皮尔士（Peirce）谈到了图标（Icon）的概念，认为图标是建立在喻意相近基础上的一类符号。但实际上它并非一个符号（即一幅图）的近似，也不是这幅图所表示的东西（即现实）的近似，而是观察者运用他们的感知去生动地想像出其他东西（即它的意义）的能力。"[②] 米兰·昆德拉（Milan Kundera）也就大众传播媒介的强力作用提出了他自己的观点："大众传播媒介的美学意识到必须讨人高兴，和赢得最大多数人的注意，它不可避免地变成媚俗的美学。随着大众传播媒介对我们整个生活的包围与渗入，媚俗成为我们日常的美学观与道德。直到最近的时代，现代主义还意味着反对随大流，和对既成思想与媚俗的反叛。然而今天，现代性与大众传播媒介的巨大活力混在一起，作现代派意味着疯狂地努力地出现，随波逐流。比最为随波逐流者更随波逐流。现代性穿上了媚俗的长袍。"[③]

从艺术传播学的视角来审视景观艺术的"图像载体"与其艺术风格传播之间的关系，或可谈及中国明清时期出口欧洲的漆器、瓷器等器物上的中国园林图像对法国、英国、德国等欧洲各国造园艺术的巨大影响，且它贯穿始终，始于17世纪，盛于18世纪，到19世纪二三十年代趋于平淡。（图1-21）《大不列颠百科全书》中亦有"中国风格"（Chinoiseriel）的定义，是指"17和18世纪西方室内设计、家具、陶器、纺织品和园林设计风格。在17世纪最初的一二十年里，英国、意大利等国的工匠开始自由仿效从中国进口的橱柜、瓷器和刺绣品的装饰式样……20世纪30年代，在室内装饰

① ［法］多罗茜·埃姆尔博：《现代主义模型：皮埃尔－埃米勒·勒格因的作品和影响》，载［美］马克·特雷布编《现代景观——一次批判性的回顾》，丁力扬译，中国建筑工业出版社2008年版，第117页。

② ［美］克劳斯·克里彭多夫：《设计：语意学转向》，胡飞、高飞、黄小南译，中国建筑工业出版社2017年版，第47页。

③ ［捷］米兰·昆德拉：《小说的艺术》，孟湄译，生活·读书·新知三联书店1992年版，第159页。

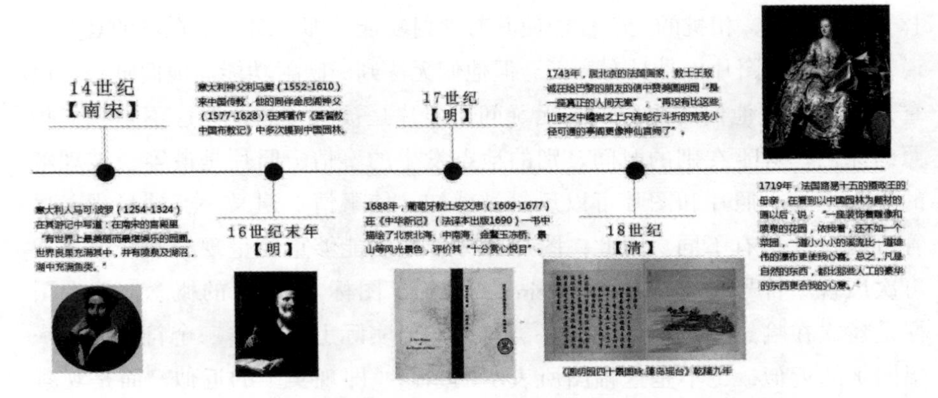

图 1–21　14—18 世纪，中国古典园林曾在欧洲产生过重大影响

方面曾再次流行"[①]。陈志华先生在《中国造园艺术在欧洲的影响》中也认为："欧洲人最初是从中国瓷器之类工艺品上的装饰画里'看到了'中国的造园艺术和建筑艺术的，这对后来他们仿造中国园林和中国式园林小建筑有很大的影响。"[②] 同时，"中国风"也比较契合欧洲当时的文化思潮，如洛可可、启蒙运动等。图 1–22、图 1–23 为清初乾隆时期外销瓷器上以园林为题材的装饰画；图 1–24 为英国勃立克林府邸（Blickling Hall，Norfolk）"中国式卧室"中的仿中国壁纸；图 1–25 为英国皇家植物园林——邱园；图 1–26 为瑞典"中国宫"；图 1–27 为英国自然景观风格的典型代表斯托海德风景园（Stourhead Garden），这些"中西合璧"的景观文化产物在造园艺术手法层面较为简单、表面，仅停留在较为粗浅的符号运用和表象模仿，未深入到中国园林艺术文化核心思想理解的层面。

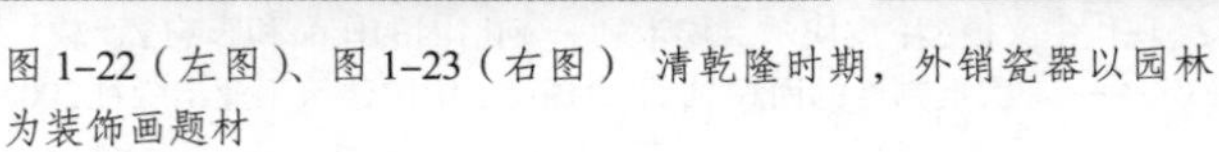

图 1–22（左图）、图 1–23（右图）　清乾隆时期，外销瓷器以园林为装饰画题材

图 1–24　英国勃立克林府邸"仿中国壁纸"

① 中国大百科全书出版社《简明不列颠百科全书》编辑部译编：《简明不列颠百科全书（第6卷）》，中国大百科全书出版社1986年版，第775页。

② 陈志华：《中国造园艺术在欧洲的影响》，山东画报出版社2006年版，第14页。

图 1-25 英国皇家植物园林——邱园

图 1-26 瑞典“中国宫”

图 1-27 英国斯托海德风景园

另外，中国的古版画较之更具诗意象征的山水画而言，它更强调的是人物活动的园林化背景，也更加真实地反映出当时的园林艺术面貌。如古代多版本的《西厢记》《水浒传》《金瓶梅》等中国传统典籍的版画插图图像里，均有中国传统园林的图像映射其间，虽然这些园林只是作为人物的背景而附属存在，却也可以窥见不同时代、不同地域的造园风貌。对“中国传统园林艺术与绘画艺术间的深层互动”这一论题，大文人郑振铎其实早有论述，如在《中国古代版画丛刊》第五函中收录有《无双谱》，书前则有郑氏所写的一个跋文，现摘录一段以资参考：

金古良《无双谱》，予曾收得数本，皆不惬意，此本虽为儿童所涂污，犹是原刊初印者，纸墨绝为精良。一九五六年十月十八日，午后阳光甚佳，驱车至琉璃厂，于富晋书社得李时珍校刊之《食物本草》，于邃雅斋得此书，皆足自怡悦也。董会卿云有康熙本《艺菊志》、明末彩绘本占卜书即可邮至，亦皆予所欲得者，论述美术史及园艺史者，首先广搜资料，而图籍尤为主要之研究基础。予所得园艺及木刻彩绘之书近千种，在此基础上进行述作，当可有成也。天色墨黑，时已入夜，尤甚感兴奋……

郑振铎在1932年为其《插图本中国文学史》所撰的“例言”中亦云：“使我们需要那些插图的，那便是，在那些可靠的来源的插图里，意外的可以使我们得见各时代的真实的社会的生活的情态。故本书所附插图，于作家造像，书版式样，书中人物图像等等之外，并尽量搜罗各文学书里足以表现时代生活的插图，复制加入。”[①] 他在此皇皇巨著中精选插入的诸图也多是园林化的场景，细节刻画极其精美生动，现仅以《吴骚合编》明崇祯间刻本和《挑灯记》明末刻本中的两幅插图为例（图1-28、图1-29）。而且这些古版画对于那个时代的造园应该有着极大的影响，或许这些古版画直接就成为后世造园的图稿，或间接取材于它，如明代的古版画就深刻影响着清代的造园活动，这种影响分为造园传统意念、装饰元素、造园风格等多方面。

图1-28 《吴骚合编》中插图

图1-29 《挑灯记》中插图

（二）功能维度之“生产空间”

景观艺术主要研究的就是室外空间场域的艺术建构，它的研究对象主体就是“在建筑物、地表外观、其他户外营建工程、土地、岩石、水体、植物与开放空间及整体景观造型与特质等元素之间建立相互关系，而其重点仍是人类与景观之间及人类与三度户外空间之间质与量并重的关系”[②]。克里斯蒂安·诺伯格-舒尔兹（Christian Norberg-Schulz）认为人之所以对空间感兴趣，其根源在于存在（Existence），空间是由于人抓住了在环境中生活的关

① 郑振铎:《插图本中国文学史》，上海人民出版社2005年版，第Ⅱ页。
② 洪得娟:《景观建筑》，同济大学出版社1999年版，第1页。

系，要为充满事件和行为的世界提出意义或秩序的要求而产生的。[①] 美术史家汉斯·扬采（H. Jantzen）在 1938 年即批判了那种把空间作为纯量而进行的研究，他说："把艺术品中所表现的空间，作为文章体裁而加以推敲的形式主义空间分析，必须用包含在艺术品内的意义尺度来理解的观点，对所表现的空间加以补充。"[②] 而从空间转向场所的"空间诗学"，就是聚焦于"为人的使用而设计的室外空间"，因为每个景观空间都是一个舞台，舞台上的演员就是人，"我们建立的是一个舞台，我们设计的最终成果对人们来说仅仅是开始，在我们设计的场所上，人们的活动展开人们的喜怒哀乐"[③]。也就如海德格尔在《存在与时间》(*Sein und Zeit*) 中用其晦涩的哲学话语阐述的那样："空间包含有某种东西的单纯空间性存在的纯粹可能性，而就这种可能性来看，空间就其本身来说首先却还是掩盖着的。空间本质上在一世界之中显示自身。这还不决定空间的存在方式。空间无须具有某种其本身具有空间性的上手事物或现成事物的存在方式……唯回溯到世界才能理解空间。并非只有通过周围世界的异世界化才能通达空间，而是只有基于世界才能揭示空间性……空间也参与组建着世界。"[④]

事实上，景观艺术的空间建构不管它们是处于规划设计阶段，还是建造实施阶段，景观系统的艺术化建构始终属于"空间生产"的范畴，差别仅在于前者为"虚拟"，而后者为"现实"。约翰·杜威（John Dewey）在《艺术即经验》(*Art as experience*) 中宣称："空间因此而不再仅仅被理解为人们在其中漫游，时而在这里，时而在那里点缀着或是对人构成危险的事物，或是满足人的需要的事物的某种虚空。它成了一个全面而封闭的场景，在其中人所从事的行动与获得的经历的多样性形成了秩序。"[⑤] 而且"空间都有使用价值，并能创造剩余价值；空间是一种消费对象，公园和海滨这样的场所，都是被消费的地方；空间是一种政治工具，国家利用空间以确保对社会的控制；阶级斗争已介入空间的生产，空间既是斗争的目标，也是斗争的场所；空间还成为意识形态的力"[⑥]。空间作为权

---

① 参见[挪威]诺伯格·舒尔兹《存在·空间·建筑》，尹培桐译，中国建筑工业出版社 1990 年版，第 1 页。

② 转引自[挪威]诺伯格·舒尔兹《存在·空间·建筑》，尹培桐译，中国建筑工业出版社 1990 年版，第 11 页。

③ 庞伟：《方言景观》，《城市环境设计》2007 年第 1 期。

④ [德]马丁·海德格尔：《存在与时间》，陈嘉映、王庆节译，生活·读书·新知三联书店 2006 年版，第 130—131 页。

⑤ [美]杜威：《艺术即经验》，高建平译，商务印书馆 2005 年版，第 23 页。

⑥ Henri Lefebvre, *The production of space*, Oxford: Blackwell, 1991, pp. 348-349.

力表征，诚如米歇尔·福柯（Michel Foucault）的观点："空间在任何形式的公共生活中都极为重要；空间在任何权力运作中也非常重要。"[①] 而在米歇尔·德·塞托（Michel de Certeau）看来，"空间就是一个被实践的地点。因此，在几何学意义上被城市规划定义了的街道，被行人们转变成了空间。同样地，阅读，就是地点实践所产生的空间，而这一地点是由一个符号系统——一部作品所构成的"[②]。

著名的日裔美籍景观艺术家佐佐木英夫（Hideo Sasaki）于1979年创作完成的格里纳克公园（Greenacre Park）(图1-30）位于异常拥挤、热闹非凡的纽约市东51大街421号，就是这样一个看似毫无价值的、体量相当狭窄的城市边角空间，经过了艺术家特有思维方式的再加工，却成为了大众极其喜爱的憩息、娱乐和游戏的场所：流水在下落、流动和滴漏时所发出的使人振奋的声响有助于最大限度地降低城市交通噪音；公园中心区域的皂荚树林中，放置着小桌子和可移动的椅子；在公园入口处一个不引人注目的服务点上，设有一个小吃店，有一名管理员昼夜值班；到了午餐时间，公园里人满为患，游人只得坐在台阶和栏杆上，可人们仍不愿离去。这说明这种设计精巧、保养得当的城市公园的巨大魅力，恰当地建构了大众日常的"生活世界"，人在那儿居住、布置、相遇……罗斯曾说："美学本质和景观设计的意义来自于材料和为了表达以及满足功能需要的空间体量划分之间的有机关系，以及空间体量满足原先的功能使用上的意图。"[③]

（三）结构维度之"脱胎自然"

自然是所有艺术形式的来源，著名景观艺术家劳伦斯·哈普林（Lawrence Halprin）就有一段忏悔式名言："我们从自然而来，我们是她的孩子……因此，我们与她维持着一种典型的既爱又恨的关系——就像一个十几岁的孩子，我们需要从她那里获得温暖的安全和稳定，在另一时刻，我们又要自由并且仅立足于我们自己的立场而逃离她的法则。有时我们追捧她，有时蔑视她——绝大多数则是理所当然地把她作为稳定的来源即她将永远培育和鼓励我们不断前进。这最终似乎必然的……我们已经开始（我衷心地希望）

---

① 转引自包亚明主编《后现代性与地理学的政治》，上海教育出版社2001年版，第29页。

② ［法］米歇尔·德·塞托：《日常生活实践1. 实践的艺术》，方琳琳、黄春柳译，南京大学出版社2009年版，第200页。

③ ［美］詹姆斯·C·罗斯：《植物对景观形式的控制》，载［美］马克·特雷布编《现代景观——一次批判性的回顾》，丁力扬译，中国建筑工业出版社2008年版，第84页。

认识到这其实是危险的根源。由于我们的所作所为，我们正在永久地摧毁她。”[①] 的确，“自然母体”中的、“制造人化自然”的景观艺术与自然间存在着亲密的母子关系，自然母体是人类生存依托的多产的大地母亲，且“大地本身就是一种可塑性的材料，这种材料具有形式上无限的可能”[②]，更没有哪一种艺术门类像景观与土地之间结合、粘连得那样紧密、那样与生俱来。景观艺术要么是艺术家在自然母体中通过规划、设计与建造的人工环境——人化自然，要么是经由人感受到的、经过人的视觉选择并赋予它艺术含义的自然景观（以自然风景名胜区为典型）。因此，景观艺术的独特之处就在于其存在着一种自然的内在秩序，须知，“在自然界，一个完整的景观是由相互平衡良好的力持续作用而形成的；在艺术中，它是综合意图极富技巧地运用的结果”[③]。植物、人以及其他动物在地域上的联合，相互依存，并与地面及居住建筑结合在一起，共同赋予了景观艺术以基本特征。其实，早期的农耕者就是人类历史上第一位景观设计师，最好的景观设计学校也来自田园生活。“荒野的自然”总是很少提供理想的环境[④]，因而景观艺术与自然又分属两个不同体系，须在这两个不同体系中建立一种积极的相互关系的见解：人类的创造是一个体系；自然是人类创造体系赖以存在的另外一个平衡体系。

① Lawrence Halprin, *Lawrence Halprin : Notebooks 1959 to 1971*, Cambridge : The MIT Press, 1972, p.322.

② ［美］詹姆斯·C·罗斯:《植物对景观形式的控制》，载［美］马克·特雷布编《现代景观——一次批判性的回顾》，丁力扬译，中国建筑工业出版社2008年版，第87页。

③ ［美］凯文·林奇、加里·海克:《总体设计》，黄富厢、朱琪、吴小亚译，中国建筑工业出版社1999年版，第159页。

④ 参见［美］I·L·麦克哈格《设计结合自然》，芮经纬译，中国建筑工业出版社1992年版，第102页。

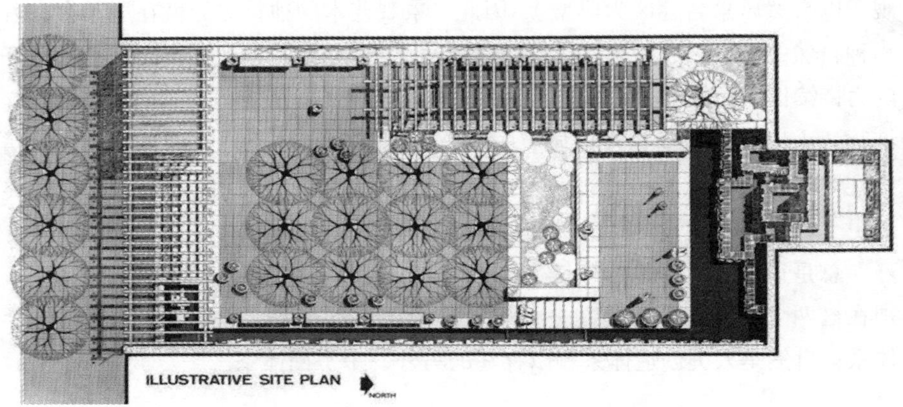

图 1–30 美国纽约格里纳克公园实景与设计组图

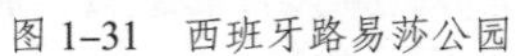

图 1–31 西班牙路易莎公园

图 1–32 日本京都西芳寺花园

图 1–33　日本京都仙洞御所庭园

自然界作为一个高度复杂、互为联系的进程，早在人类出现之前很久就已存在，且“对那些能够读懂自然语言的人来说，自然王国就像一本翻开的书”[①]，人类的技术则是一个完全不同的体系。当这两种体系以互利方式结合在一起时，结果便是一种愉悦人类心灵的和谐。如果两种体系不结合，生活的范围便会减少，甚至遭到毁坏。作为自然的一部分，我们仅仅是整体中的一部分，在清澈水流和青葱植物充溢的西班牙路易莎公园（Sevilla Maria Luisa）（图 1–31）中、在苔藓和矮灌木使地表显得郁郁葱葱的日本京都西芳寺花园（图 1–32）中、在绿荫蔽日的日本京都仙洞御所庭园（图 1–33）中，这两个体系完美地融为一体，且自然形成的形式和人造的形式之间是匹配协调的，人造形式表现的创造性并没有消灭自然形成的形式，自然环境和人造环境中的各种因素安排在一个井然有序的结构中。也就是说，人的艺术情感的介入是在景观艺术形式的设计、建造之初及完成状态时的主导性力量，一旦人的使命完成之后，其使命即让位于自然来塑造，自然就逐渐在景观艺术上施加其伟大、神秘的塑造魔法之力。随着时间的流逝，自然的造化与人的介入共同建构了景观艺术形式的不断生成过程及结果形态，景观艺术亦是人之理想景观图式投射在自然之上的环境建构，景观艺术形式即为理想景观图式与自然魔力共同生发出的独特艺术形态。

---

① ［美］约翰·奥姆斯比·西蒙兹：《启迪：风景园林大师西蒙兹考察笔记》，方薇、王欣编译，中国建筑工业出版社2010年版，第16页。

同时，在“景观艺术”与“自然”之间还存在着令人无法忽视的艺术创作法式中的“模仿”问题，部分原因应源自于景观艺术作品受自然影响的程度很大，但“大自然和艺术之间的相似之处不在于它们实际形相的相同，而在于二者都具有产生空间效果的相同的能力”[①]。或如富勒曾经说过的那样：“违背自然是不可能的。”[②]景观艺术的环境是位于户外的，其使用的大部分特定材料和形式语汇，都是保持自然原来气息的素材。因此，自然对它的影响力，是在其他艺术门类中没有经验过的重大问题，景观艺术家可以心安理得地模仿自然，可以服从自然的秩序，并且不得不在某种程度上追求创造出比现实环境更大的自然秩序。

那么，在景观艺术创作中，又该以怎样的方式去模仿自然？是对原作进行简单复制，还是有所取舍地审慎选择对象最好的特性进行塑造呢？“艺术的真实和自然的真实是完全不同的”，但一部完美的艺术作品却能使人感觉像一部自然的作品，因为作为一部人类精神之作，它“高于自然，而不仅是出自于自然”，并且“一个真正热爱艺术的人所看到的，不仅是艺术模仿对象的真实，还有……艺术小天地中超自然的事物”[③]。“艺术的表现不能只是对大自然机械的模仿，而必须遵照把视觉价值处理得富有表现力的那些条件”[④]，德尼·狄德罗（Denis Diderot）亦认为“在对自然界的一切模仿中，有技术和精神两方面”[⑤]。被誉为美国园林艺术鼻祖的唐宁（A. J. Dawning）在其1841年发表的论文《园林的理论与实践概要》的第一版中对“模仿”早已设问：“在景观园林设计中，应该以什么样的方式去模仿自然？”[⑥]至1849年，唐宁在他论文的第三版中，结合对美国自身情况的重新考量，对该设问给出了答案：在美国这样一个气候适宜的地区，有着许多天然优势，尤其是原生的树林、水等自然地景，不需要太多的人工修饰就会有非常宜人的艺术效果，只需对环

---

① ［德］阿道夫·希尔德勃兰特：《造型艺术中的形式问题》，潘耀昌等译，中国人民大学出版社2004年版，第27页。

② Laurie Olin, "Form, meaning and expression in Landscape Architecture", *Landscape Journal*, 1988 (2), pp.149-168.

③ ［美］M.H. 艾布拉姆斯：《镜与灯：浪漫主义文论及批评传统》，郦稚牛、张照进、童庆生译，北京大学出版社1989年版，第447页。

④ ［德］阿道夫·希尔德勃兰特：《造型艺术中的形式问题》，潘耀昌等译，中国人民大学出版社2004年版，第19页。

⑤ 转引自［法］克洛德·列维-斯特劳斯《看·听·读》，顾嘉琛译，生活·读书·新知三联书店1996年版，第60页。

⑥ 蒋淑君：《美国近现代景观园林风格的创造者——唐宁》，《中国园林》2003年第4期。

境适当进行加工，使之更能突出自然美的某些特性。使它更有性格，使它更容易激发主体的心理功能，岂不是更有审美价值？这是唐宁关于园林艺术模仿理论成熟的标志，唐宁在其造园艺术创作中坚持“良好的形态、优雅的布局、美感的表现”，并秉持简洁、永恒的自然主义风格，努力重拾“百里之外传来的气息，有如满园花木那样馥郁芳香”如画般的人居图景。

（四）意义维度之“显征生活”

环境设计同生活世界之间有着错综复杂的紧密联系，英国学者布鲁斯·艾尔索普（Bruce Allsopp）在《建筑通史》（*A General History of Architecture*）第一章“建筑历史观”中讲述了一个古老的园林如何随岁月流逝而变动不息，并适应新的生活方式的故事：“从前，这里曾有一个规规矩矩的花坛，一个百花和灌木嵌成的图案。后来，变成了芳草萋萋和一座翠柏环抱的维纳斯小庙。再以后，则成了废墟，伴着些垂柳和一个长满芦苇和百合的池塘。最后，房子拆掉了，建起了运动场。幽径变宽，维纳斯庙处建了一座投球俱乐部的休息厅。精心搜集的兰花卖掉了，并且那个用海贝和玻璃片饰面的小山洞，也因失去了朴素的绿竹屏障而暴露了出来。巡视的园林管理人用嘲弄的目光看着它。但是，它仍然是一处园林。”

图 1-34　英国斯托海德风景园

图 1-35　15 世纪英国绘画作品《玫瑰的浪漫》

在艾尔索普看来，因为日常生活的时尚不同了，所以园林时时在变化，

“这倒不是园林本身有什么不当，而只是为了变变花样”[①]。正如杜威在《艺术即经验》中所道：“艺术作品并非疏离日常生活，它们被社群广泛欣赏，是统一的集体生活的符号。”[②]而在18世纪英国风景式造园就是一种时尚，如霍尔（Hoare）家族建造的斯托海德风景园（图1–34）中沿湖布置了宅第、神庙、洞穴、古桥和乡间农舍等，其中的一些建筑就明显带有希腊神庙和古罗马建筑的特征，如著名的万神庙和阿波罗神庙等。沙里宁则主张形式的诞生必须与生活密切相关，因为“这样，可以感受到生活的深刻意义，可以把这种意义灌输到形式中去，所以，只有这样，人们才能够最真实地感受到形式的意义。如果形式——即使最微不足道的形式——不能深刻地感受生活，那么形式必然会流于肤浅和缺乏意义；它必然会脱离生活的特征；它必然将成为外界强加于生活的陌生形式”[③]。我们从1485年英国的一幅绘画作品《玫瑰的浪漫》(*The Romance of the Rose*)(图1–35）中也可以看到中世纪的人们坐在一个封闭但安全、私密的微型花园空间中阅读、休憩，露天环境的四周则是整齐有致的花木和飞鸟，它们共同表现了那个特定时代人们的生活方式并呈现出一种“连续叙事”的景观构造模式，即运用一系列事件来表现时间的流逝，而所有这些事件都发生在一个统一的语境里——三个连续事件：门口迎客、进门和喷泉旁的欢愉款待，三个连续事件的情节均在同一个场景中表现出来——“连续叙事也利用空间深度来表现时间的位置，以现在占据未来，过去则在远处的背景位置，或者反过来排列”[④]。

同时，“艺术，作为社会的表现，在其最高意义上，表达了最先锋的社会趋向；它是先行者和启蒙者。”[⑤]但是，与绝大多数艺术作品不同，今日的景观艺术必须要和公众相遇，景观艺术不可避免地是公众性的，因而诸如绘画或小说之类的艺术作品和景观艺术之间存在着明显的差异。“就文化而言，人对空间的占有和开发属于社会学的相对主义”[⑥]，戴维·哈维（David Harvey）即认为“艺术家们毕竟同他们周围的各种事件和问题有关系，要建构具有社会

---

① ［英］布鲁斯·艾尔索普:《建筑历史观》，载中国建筑学会建筑历史学术委员会主编《建筑历史与理论（第三、四辑）》，英若聪译，江苏人民出版社1984年版，第250页。

② ［美］杜威:《艺术即经验》，高建平译，商务印书馆2005年版，第87页。

③ ［美］伊利尔·沙里宁:《形式的探索——一条处理艺术问题的基本途径》，顾启源译，中国建筑工业出版社1989年版，第25页。

④ ［美］马修·波泰格、杰米·普灵顿:《景观叙事——讲故事的设计实践》，张楠、许悦萌、汤莉、李铌译，中国建筑工业出版社2012年版，第9—10页。

⑤ ［美］柯林·罗、弗瑞德·科特:《拼贴城市》，童明译，中国建筑工业出版社2003年版，第20—21页。

⑥ ［法］A·J·格雷马斯:《符号学与社会科学》，徐伟民译，百花文艺出版社2009年版，第126页。

意义的观察和表达的各种方法”[①]。如地景艺术，又称大地艺术，是利用大地材料，在大地上创造的，关于大地的，强调人与自然的交互作用的艺术，强调对土地生态和土地伦理的梳理。它孕育在20世纪60年代初期，不到10年就蔚然形成一场艺术运动。它的发生发展离不开其特殊的人文环境。当时，随着全球绿色危机的出现，全球环境问题越来越引起国际社会的重视。人类越来越关注自己的生存家园——地球的命运，丹尼尔·贝尔（Daniel Bell）就以“前工业社会”“工业社会”和“后工业社会”的划分来阐明社会生活内容和人的存在境遇的转变，即我们在经历了“人与自然的较量”（Game Against Nature）和“人与加工制作后的自然较量”（Game Against Fabricated Nature）之后，已进入了完全人文化的“第二自然”[②]。这一变化影响着人类的思维方式、发展模式、生产方式，以及意识形态、道德规范，土地道德、绿色生态运动、绿色政治的应运而生。人类再度省思人与自然的关系，这种心理历程不但开始反映在人类的日常生活中，也反映在艺术形式上——地景艺术家为了逃离压抑，扩大艺术的界限，表现自我，与大地竞争，表现出大规模的形式革命性。

地景艺术家瓦尔特·德·玛丽亚（Walter de Maria）的作品《闪电的田野》（*The Lightening Field*）（图1-36）就是一件昼夜均可观赏的大地艺术装置设计，它故意远离观赏艺术的公众，并将概念艺术与极少艺术的某些方面结合在一起。这件作品由400根平均高度为6.3米的不锈钢柱组成，在新墨西哥州西部一块长1.6公里、宽1公里的土地上排列成一个矩形格栅。钢柱的尖顶形成一个平面，就像是纪念碑式的钉床。这里时常出现雷电风暴的原野中，每根钢柱都可以用作避雷装置。然而，真正的雷击是十分罕见的。每天的一早一晚，钢柱都反射着太阳的光芒，精确的工业技术特征与自然景观形成鲜明对照。米歇尔·海泽（Michael Heizer）1969年在内华达沙漠创作的《置换/替代》（*Displaced/Replaced Mass*）（图1-37）本质上就是一个社会学意义上的景观艺术作品，因他将采自距内华达沙漠60英里高山上的三块巨石（分别重30吨、52吨和68吨）放入了事先挖好的坑洞之中，暗喻了今日社会一边破坏原有景观、一边又再造新景观的荒诞现实。

---

① ［美］戴维·哈维：《后现代的状况——对文化变迁之缘起的探究》，阎嘉译，商务印书馆2003年版，第43页。

② ［美］丹尼尔·贝尔：《资本主义文化矛盾》，赵一凡、蒲隆、任晓晋译，生活·读书·新知三联书店1989年版，第198页。

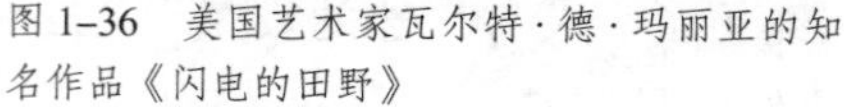

图 1–36　美国艺术家瓦尔特·德·玛丽亚的知名作品《闪电的田野》

图 1–37　美国艺术家米歇尔·海泽的景观作品《置换 / 替代》

而时年 61 岁的德国观念艺术大师约塞夫·博伊斯（Joseph Beuys）在 1982 年第七届卡塞尔文献展上的著名创作——《七千棵橡树》(图 1–38）是计划发起一场种 7000 棵橡树的大型行为艺术，更是人与自然、城市相互之间对话的生态戏剧艺术，旨在假借景观艺术形式来直达他的“社会雕塑”的理念。他首先在弗里德利希·阿鲁门博物馆（Museum Fridericianum）门前堆放了 7000 块石条，而这些石条就是日后每棵树旁那一块“石碑”。1982 年 6 月 19 日，博伊斯在弗里德利希广场种下了第一棵橡树，他本计划利用 5 年时间亲手种下 7000 棵橡树，然而直到他于 1986 年病逝也没能完成自己最后的这次行为艺术。在 1987 年博伊斯规定的时间内即第八届文献展开幕式上，博伊斯的遗孀和小儿子在他生前种下的第一棵橡树旁，种下了最后一棵小橡树，并立下了最后一块玄武岩石柱的无字“石碑”，这一作品终于得以完成。由此，博伊斯在卡塞尔创造了世界上最大的生态艺术品。

图 1–38　德国观念艺术大师约塞夫·博伊斯的行为艺术《七千棵橡树》(左、右图）

汽车则使现代城市朝横向发展成为可能，强有力的交通系统导致了规划失效的城市疯狂蔓延，“适应汽车时代的城镇”（Automobil City）以应用立交桥和地下道来达到城市交通的分离，但高速公路和立体交叉枢纽也占用了大量土地。在解决车辆交通问题的同时，高速公路也成为城市各个区域间的障碍。一个庞大的、正在迅速扩展的都市地区，一座城市被一点点、一块块地分撒在风景地上。在这一无理性的扩展过程中，非社区诞生了，到处都是形状皆无的处所。没有秩序，没有美感，也没有理性，既看不到对人类的尊重，也看不到对土地的尊重。马歇尔·伯曼（Marshall Berman）在《一切坚固的东西都烟消云散了——现代性体验》中讨论“摩西：高速公路的世界”议题时就形象地描述了纽约这座疯癫的超级大都市的景观形态：“在数英里长的一段高速公路周围，邻近的街道上全都尘土飞扬，烟雾弥漫，并且充斥着震耳欲聋的噪声——最惹人注目的是一种卡车的咆哮，这种卡车的尺寸之大和力量之强劲，是布朗克斯地区从未见过的，它们拖着沉重的货物隆隆驶过城市，驶向长岛或新英格兰，驶向新泽西，全都奔南方而去，日夜不停。”①

图 1–39　美国西雅图高速公路公园实景

① ［美］马歇尔·伯曼：《一切坚固的东西都烟消云散了 —— 现代性体验》，徐大建、张辑译，商务印书馆2003年版，第389页。

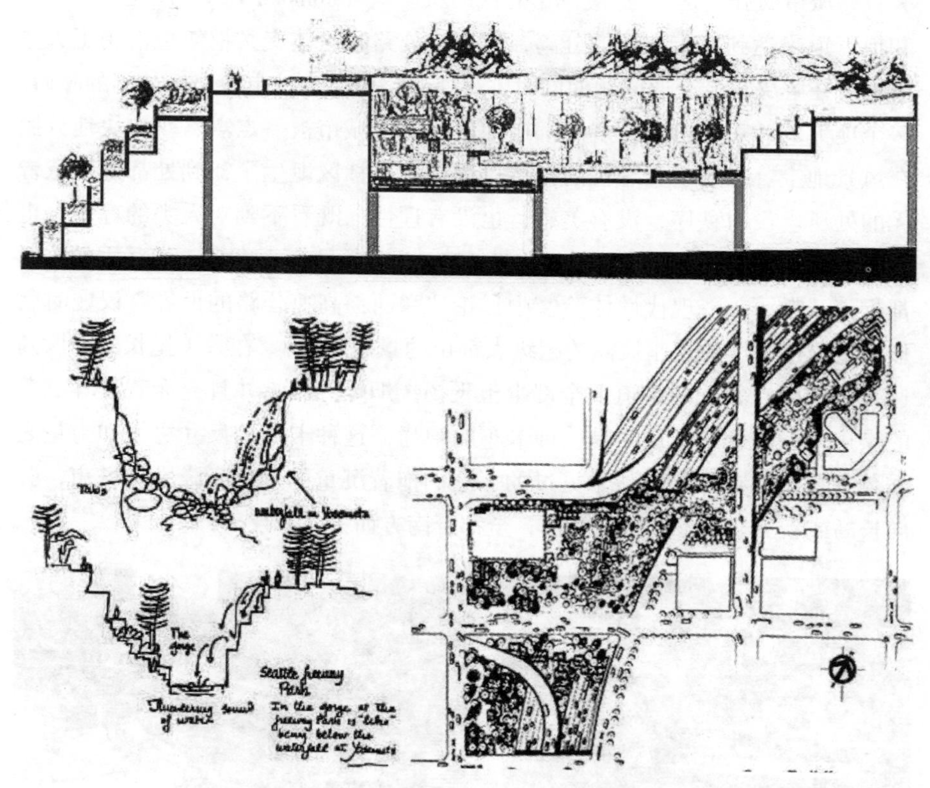

图 1–40　美国西雅图高速公路公园的景观设计组图

正由于汽车主宰下的城市肆意扩张，人们接触乡村景色的机会逐步减少，所以为城市建造花园和设计大片风景区可为极度嘈杂喧闹的环境提供一片宁静的绿色，景观艺术也强有力地介入了城市公共空间的规划设计之中。劳伦斯·哈普林创作的华盛顿州西雅图高速公路公园（*Freeway Park · Seattle, Washington*）（图 1–39、图 1–40）位于似乎不可能建造公园的位置：快车主道的立体枢纽上和它的四周，占地约 2 万平方米的公园位于被高速公路分隔开来的几个街区。但它却为不同年龄的人提供了活动场所，西尔维亚·哈特·赖特（Sylvia Hart Wright）在《当代北美建筑资料集：从战后到后现代》（*Sourcebook of Contemporary North American Architecture: From Postwar to Postmodern*）中评论："旨在将被高速路分隔开来的城市街区联结在一起，这个约 400 米长的公园建造于在高速车道上方和城市街道下方。它的瀑布喧嚣掩盖了交通噪音。公园的其他设计亮点与艺术情趣包括了树木、繁花、层叠喷泉、景观水池以及混凝土峭壁和峡谷的‘隐喻景观（metaphorical landscape）’。”[①]

然而，更为关键的是，在以“形相、结构、功能、意义”四大维度为导向的景观艺术形式创作中，“如何选择形式？这是设计的一大挑战。在物质限定范围内，一切形式皆有可能……设计的挑战是尽管任何形式都有可能，但并非所有形式都能满足功能与伦理需求。尽管认可设计教育中浸淫于形式美学的必要性，但我认为若缺乏伦理认知与功能落脚点，则形式永远是一时兴起之作，难成大器。围绕基于形式的景观设计衍生出的伦理问题同样值得关注。在何种层面上，形式可以构成策略？如果物质结构能够解决问题，引发伦理变革，并满足功能性，则基于形式的途径即便在区域层面上也是可靠的。但在城市规划和景观规划领域，仍有很多例子是形式主义的灾难，凸显与形式相关的潜在问题与风险……处理复杂景观应当考虑基本的形式元素组成，包括地形（土地本身）、植被和土壤、水体、建筑结构、天空和当地气候等。针对上述元素的设计，往往是对自然形式系统及文化相关对应物的调和。设计就是对这些形式元素的改造行为，而衍生出的原则与策略是工艺实践的不同方式。”[②]

① Sylvia Hart Wright，“Freeway Park Commentary”，http://www.greatbuildings.com/buildings/Freeway_Park.html，2011年3月16日。

② [英] Catherine Dee：《设计景观：艺术、自然与功用》，陈晓宇译，电子工业出版社2013年版，第8—9页。

第二章 景观艺术形式的要素与系统

当一个文本要获得一种理论意义和自足性的时候，作者首先就得进行一种蒙太奇式的剪辑，将他力图封闭起来的一片“园地”划为己有。①

——亨利·列斐伏尔

“在一些从事艺术工作，尤其是从事艺术教学工作的人中，流行着这样一种倾向，即忽视乃至拒绝理性。情感的作用一般认为是显而易见的，而理性在这个领域中的作用则常常受到怀疑……理性是否在艺术中有一席之地的问题，就是艺术中所讲的知识是否可以理解的问题……然而，如果艺术体验在某种意义上说是理性无法说明的，那么，就无法说明在我们的教育机构中为什么要设立艺术这门学科……要想对艺术的意义和价值进行反思，要想提出自己的见解，都需要理性。”② 理性地把握艺术的途径之一就是可将“艺术”逻辑地理解为一个有意义的“形式系统”，“毫无疑问，被称为形式的东西是所有逻辑性契机的综合整体”③。克里斯托弗·亚历山大认为逻辑的任务就是创建关于元素及其关系的纯人为结构，“有时候这些结构中的某一种会非常接近真实事物，此时就可以用这个结构来表达它”④。而所谓“系统”，即指具有特定功能的，互相有机联系又相互制约的一种有序整体。系统论方法则是以系统

---

① ［法］亨利·列斐伏尔:《空间与政治》，李春译，上海人民出版社2008年版，第1页。

② ［英］大卫·贝斯特:《艺术·情感·理性》，李惠斌等译，工人出版社1988年版，第15—19页。

③ ［德］阿多诺:《美学理论》，王柯平译，四川人民出版社1998年版，第245页。

④ ［美］克里斯托弗·亚历山大:《形式综合论》，王蔚、曾引译，华中科技大学出版社2010年版，第4页。

整体分析及系统观点来解决各种领域具体问题的科学方法。英国著名人文地理学者约翰斯顿对“系统”的定义则是:“一个系统就是一系列元素,各具某些属性,以一种特定方式联系在一起。各种联系(元素之间的某种流)的活化作用操纵着系统。因此在系统和有机体之间作类比是贴切的。元素之间联系的性质不仅支配着系统的运转,而且在恰当的地方支配着系统的演化。变化过程被纳入系统内部。”①

因此,作为“系统”(整体,包含实体与关系)的关键就在于“整体本身是从各种组成成分的汇合中产生出来”②,且“通过各部分的相互关联发挥作用,并表现出不依赖于各部分的存在特性”③,即相互作用、相互联系的各种成分组成为系统。霍华德·莫菲(Howard Morphy)就认为艺术的系统本身是强有力的,“因为通过它可以把意义符号化”④。路易·康在1961年《建筑设计》(*Architectural Design*)杂志发表的《形式与设计》(*Form and design*)一文中指出:“形式含有系统间的谐和,一种秩序的感受,也是一事物有别于他事物的特征所在……形式是‘什么’,设计是‘怎么’。形式不属于个人,设计则属于设计人。”⑤(图2–1)图2–2为路易·康绘制的《平面与楼梯的抽象》(*Abstract of Planes and Steps*)。德国艺术史家洛塔尔·雷德侯(Lothar Ledderose)则从“模件”(Module)的视角来读解“汉字”,并将它视作“人类在前现代发明的最复杂的形式系统”⑥。汉字为象形的表意形式系统,恰如伊东忠太在《中国建筑史》中说道:“盖中国为文字之国,中国文字与他国文字,根本迥异。中国文字乃一有意义之研究材料。在建筑方面,研究中国关于建筑之文字,即研究建筑之本身也。”⑦他亦以“园”字为例,图示了其字形系统的构造演化。(图2–3)

探究“有形事物背后的无形秩序”⑧,即寻找艺术形式建构者(艺术家)

---

① [英]R.J. 约翰斯顿:《哲学与人文地理学》,蔡运龙、江涛译,商务印书馆2001年版,第44页。

② [瑞士]皮亚杰:《结构主义》,倪连生、王琳译,商务印书馆1984年版,第83页。

③ [美]John·L·Motloch:《景观设计理论与技法》,李静宇、李硕、武秀伟译,大连理工大学出版社2007年版,第1页。

④ [美]罗伯特·莱顿:《艺术人类学》,靳大成、袁阳、韦兰春、周庆明、知寒译,文化艺术出版社1992年版,第107页。

⑤ 转引自李大夏《路易·康》,中国建筑工业出版社1993年版,第124页。

⑥ [德]雷德侯:《万物:中国艺术中的模件化和规模化生产》,张总等译,生活·读书·新知三联书店2005年版,第5页。

⑦ [日]伊东忠太:《中国建筑史》,陈清泉译,上海书店1984年版,第15页。

⑧ [美]M.H. 艾布拉姆斯:《镜与灯:浪漫主义文论及批评传统》,郦稚牛、张照进、童庆生译,北京大学出版社1989年版,第511页。

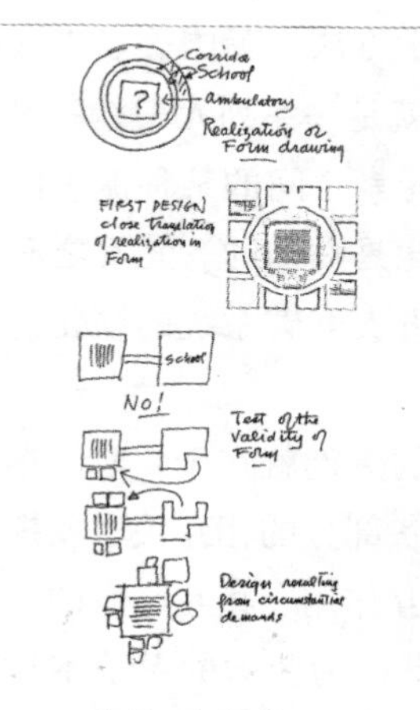

图 2–1　路易·康绘制的“形式与设计”草图

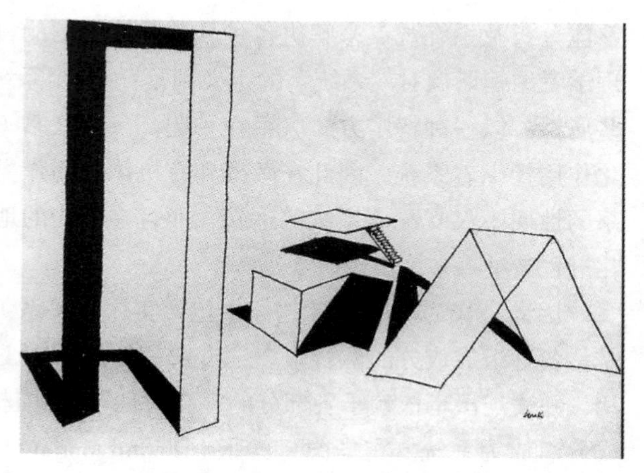

图 2–2　路易·康绘制的《平面与楼梯的抽象》

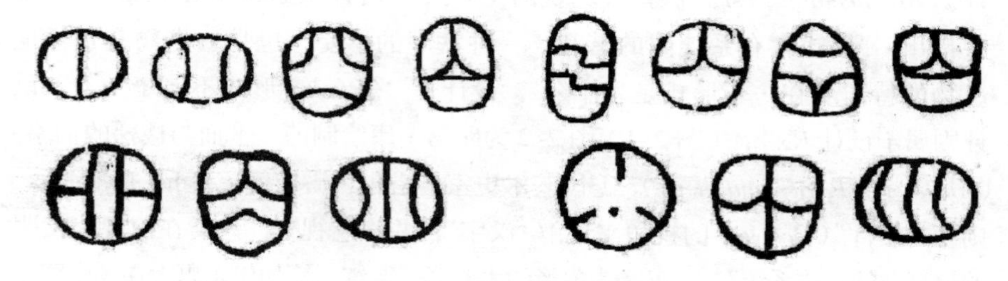

图 2–3　“园”字的构造演化

是如何依据形式建构逻辑将形式要素构造成形式系统的。景观艺术创作在本质上亦遵循形式系统建构之道，其形式子系统以及形式要素在形式系统中均应处于平衡的状态，即在子系统之间、要素之间建立合理的关联，以建构形式的关系系统。抑或如丹纳所言，艺术所力求的是“各个部分之间的关系与相互依赖”，“实物内部外部的逻辑”，“事物的结构、组织与配合”①，而伟大的艺术家则是要有意地改变各个部分之间的关系，以使得艺术的“主要特征”更加凸出，即艺术品必须是“由许多互相联系的部分组成的一个总体，而各个部分的关系是经过有计划的改变的”②。其中，“主要特征”在丹纳看来就是哲学家说的事物之本质，他认为艺术的目的就是表现事物的主要特征，以表现出事物的某个显著的属性或某种主要状态，“主要特征是一种属性；所有别

① ［法］丹纳：《艺术哲学》，傅雷译，人民文学出版社1986年版，第19—20页。
② ［法］丹纳：《艺术哲学》，傅雷译，人民文学出版社1986年版，第28页。

的属性，或至少是许多别的属性，都是根据一定的关系从主要特征引申出来的”[①]。

从子系统之间、要素之间的逻辑关系研究形式系统，即探析形式系统整体中的各个子系统的组织方式，各个要素的构造序列是如何借助于子系统之间、要素之间作用力的紧张和松弛，借助于这些子系统之间、要素之间的平衡和非平衡而生成的，整体的内在一致性乃其各种内部关系相互适应的结果。“在艺术中，正如在自然与生活中一样，关系是相互作用的方式。它们是推与拉，是收缩与膨胀；它们决定轻与重、升与降、和与不和……各部分间相互适应以构成一个整体所形成的关系，从形式上说，是一件艺术作品的特征。”[②]也就是说，“在复杂系统中却总是存在着相互作用着的极其大量的组分”[③]，但“经常不变的不是成分本身，而只是诸成分之间的关系”[④]，即“形式本身也取决于它自己的内部组织，以及各构成部分之间的内在适合性。这种适合关系又使形式自身相对外部环境成为一个整体”[⑤]。休谟在《自然宗教对话录》（*Dialogues concerning natural religion*）中即从部分与整体之间的关联性视角而将“世界”喻作“机器”：

> 审视一下世界的全体与每一个部分：你就会发现世界只是一架巨大机器，分成无数较小的机器，这些较小的机器又可再分，一直分到人类感觉与能力所不能追究与说明的程度。所有这些各式各样的机器，甚至它们的最细微的部分，都彼此精确地配合着，凡是对于这些机器及其各部分审究过的人们，都会被这种准确程度引起赞叹。这种通贯于全自然之中的手段对于目的奇妙的适应，虽然远超过于人类的机巧、人类的设计、思维、智慧及知识等等的产物，却与它们精确地相似。[⑥]

“复杂系统并非仅仅是由其组分之和构成，而且也包括了这些组分之间的

---

① ［法］丹纳：《艺术哲学》，傅雷译，人民文学出版社1986年版，第23页。

② ［美］杜威：《艺术即经验》，高建平译，商务印书馆2005年版，第135页。

③ ［南非］保罗·西利亚斯：《复杂性与后现代主义：理解复杂系统》，曾国屏译，上海科技教育出版社2006年版，第3页。

④ ［法］列维－斯特劳斯：《野性的思维》，李幼蒸译，商务印书馆1987年版，第63—64页。

⑤ ［美］克里斯托弗·亚历山大：《形式综合论》，王蔚、曾引译，华中科技大学出版社2010年版，第10页。

⑥ ［英］休谟：《自然宗教对话录》，陈修斋、曹棉之译，商务印书馆1962年版，第18页。

内在的错综复杂的关系。”[①]且处于“关系”之中的形式系统在“结构”意义上至少有三个层面的内涵，而此处的“关系”指的是一种非线性相互作用的抽象关系——总体大于局部之和的关系，一方面指子系统之间的关系，另一方面指子系统要素之间的关系，再一方面就是系统与外部系统之间的关系。例如景观与景观之间的关系，景观与建筑、地形等的相嵌或背景关系，历史关系中的景观形式、地域关系中的景观形式等，戈登·卡伦（Gordon Cullon）在《城市景观艺术》（*The Concise Townscape*）中就认为景观是一门相互关系的艺术，“一幢房屋属于建筑学范畴，而两幢建筑则形成景观。因为只要两幢建筑并置在一起，城镇景观的艺术便产生了。建筑物彼此的关系与建筑物之间的空间也就变得重要起来。扩大到城镇范围，便可产生环境艺术，这时相互联系的可能性有所增加，方法与手段也变得多样化。”[②]可以说“系统中的各个项绝无任何固有的意义，其意义只是‘位置’性的”[③]，景观要素之间构成的空间关系就是一种“位置系统”。且人又本能地追求和谐、秩序与美，景观艺术形式系统的构成就应该是一个有秩序且美的世界。

第一节　形式系统与要素

“在任何真的系统中，变量之间都有相互联系，使每个变量都不可能完全孤立地达到适合。”[④]形式建构系统历程的特征就在于“由于形式建构是一个过程，变量系统的状态也是可变的。一个矛盾解决了，又会产生另一个，这种交替变化在整个系统中引起反应，影响其他变量的状态……系统所经历的一系列状态，就是形式与环境相互适应的记录或历程，展现了运转中的形式建构过程”[⑤]。变量之间的互动变化就在于变量间不仅有独立性，更有依存性，它们之间是相互关联的要素（变量），且每个要素都是严格整体的和系统的，并在某种内在约束力作用下相互之间具有黏合性与共同性的指向，即系统由要素构

① ［南非］保罗·西利亚斯：《复杂性与后现代主义：理解复杂系统》，曾国屏译，上海科技教育出版社2006年版，第2页。

② ［英］G·卡伦：《城市景观艺术》，刘杰、周湘津等编译，天津大学出版社1992年版，第110页。

③ ［法］列维－斯特劳斯：《野性的思维》，李幼蒸译，商务印书馆1987年版，第65页。

④ ［美］克里斯托弗·亚历山大：《形式综合论》，王蔚、曾引译，华中科技大学出版社2010年版，第22页。

⑤ ［美］克里斯托弗·亚历山大：《形式综合论》，王蔚、曾引译，华中科技大学出版社2010年版，第21页。

成，要素间的不同关系又构成功能，形式系统内某个要素与其他系统中的相似要素之间的关系则构成自主功能，而形式系统内的诸要素关系则形成综合功能。让·皮亚杰（Jane Piaget）在论述“生物学结构”时强调了一个生命结构包含一种与有机体在其整体方面相联系的机能作用，且这个生命结构也担负或包含了一个在生物学意义上可以用子结构相对于整体结构所起的作用来确定的功能：

> 现代生物学结构主义的主要成就之一，就是已经能够抛弃掉把一个基因团作为许多孤立基因的聚合体来看的形象，而是看成一个系统，在系统里，这些基因像多布赞斯基（Dobzhansky）所说的，不再“像独奏者，而是像一个乐队”似地起作用，特别是有一些起协调作用的基因，使好多个基因仅为某一个性质协同地起作用，或者是一个基因为几个性质起作用，等等。[①]

形式问题的复杂性就在于形式是一个相对独立、自在的系统。一个艺术品就是一个相对独立、静止的自在艺术形式系统，而且艺术形式系统包括“有形的”“外显的”显性子系统——形相子系统（Appearance，外观呈现），与“无形的”“内蕴的”隐性子系统——意义子系统（Meaning，符号表征）、结构子系统（Structure，类型存在）、功能子系统（Function，功用需要）。唐纳德·亚瑟·诺曼（Donald Arthur Norman）在《设计心理学》（*The Design of Everyday Things*）中就“把物品的可视部分称为系统表象（system image）”[②]，而系统表象又“基于系统的物理结构”[③]。诺曼的“物理结构”实质上已经包含了功能预设、结构与意义赋予。“形相”子系统是外显于形式系统表层的，而“功能、结构、意义”子系统则是内蕴于形式系统深层的，这四大子系统的耦合具有高度的灵活性，形式系统的建构过程就是对这四大子系统的秩序化组织和整体化设计的过程。

“当查尔斯·依姆斯设计出他的椅子之时，他其实并不是设计了一把椅子，而是设计了一种坐的方式。也就是说，他设计了一种功能，而不是为了一种功能而设计。他认为功能不是一种生理的、物理的系统，而是一种文化系统。”[④]被誉为“思想系统的历史学家”的法国哲学家福柯为阐述其“权力—

① ［瑞士］皮亚杰：《结构主义》，倪连生、王琳译，商务印书馆1984年版，第39—40页。
② ［美］唐纳德·A·诺曼：《设计心理学》，梅琼译，中信出版社2003年版，第18页。
③ ［美］唐纳德·A·诺曼：《设计心理学》，梅琼译，中信出版社2003年版，第19页。
④ 韩巍编著：《孟菲斯设计》，江苏美术出版社2001年版，第151—152页。

空间”理论而创造了“全景敞视主义”(Panopticism)这一术语，此术语借用了杰里米·边沁(Jeremy Bentham)的“全景敞视建筑”(Panopticon)(图2-4)作为例证来说明规训权力的运作机制：环形建筑围绕着中心的一座瞭望塔，而瞭望塔有一圈正对着环形建筑的大窗户，且环形建筑被分成了许多小囚室，每个囚室均贯穿建筑物的横切面。各囚室都有两个窗户，一个对着里面，与塔的窗户相对，另一个对着外面，能使光亮从囚室的一端照到另一端。因此，通过逆光效果，中心瞭望塔的监督者就可以从瞭望塔与光源恰好相反的角度，观察四周囚室里被关进的疯人、病人或罪犯。图2-5为阿鲁·罗曼(N.Harou-Romain)1840年的教养院设计图(*Plan for a Penitentiary*)，他设想了一个犯人面向中央瞭望塔在自己的单人囚室里做祈祷。福柯认为此种类型的建筑设计“推翻了牢狱的原则，或者更准确地说，推翻了它的三个功能——封闭、剥夺光线和隐藏。它只保留下第一个功能，消除了另外两个功能。充分的光线和监督者的注视比黑暗更能有效地捕捉囚禁者，因为黑暗说到底是保证被囚禁者的。可见性就是一个捕捉器”。如此向心型结构的建筑形式被建构的意义在于“在被囚禁者身上造成一种有意识的和持续的可见状态，从而确保权力自动地发挥作用”。换句话说，就是作为强制力的权力主导了一种分解观看/被观看二元统一体的机制，权力生产了这种具有特殊功能的形式系统，而且福柯也将其与17世纪法国建筑师勒沃(Le Vaux)设计的路易十四时期的凡尔赛动物园(图2-6)进行了类比——“全景敞视建筑就是一个皇家动物园”①。

因而，形式系统建构的关键在于整合其子系统及其要素之间的关系。而纯粹的“形式化”则消解了形式系统内蕴的“功能、结构、意义”三大子系统——仅将外显于形式系统表层的“形相”子系统作为唯一重要的对象进行的一种表象复制行为，亦即纯形式或纯粹表面形式的操作，本质上来说这算不上一种“创造”行为。“形式化”就是对“形相”的表象复制，但有诸多观点则是将“形式创造”与“形式化”的表象复制相等同，如“建筑就是应当模仿自然界有机体的形式，从而和自然环境保持和谐一致的关系”②。由此，纯粹的“形式化”与“形式主义”相类同，它们均与形式系统的整体建构、创造无关，安吉拉·默克罗比(Angela Mcrobbie)说：“对表层的关注越来越彰

① [法]米歇尔·福柯:《规训与惩罚:监狱的诞生》,刘北成、杨远婴译,生活·读书·新知三联书店2003年版,第224—228页。

② 彭一刚:《建筑空间组合论》,中国建筑工业出版社1998年版,第70页。

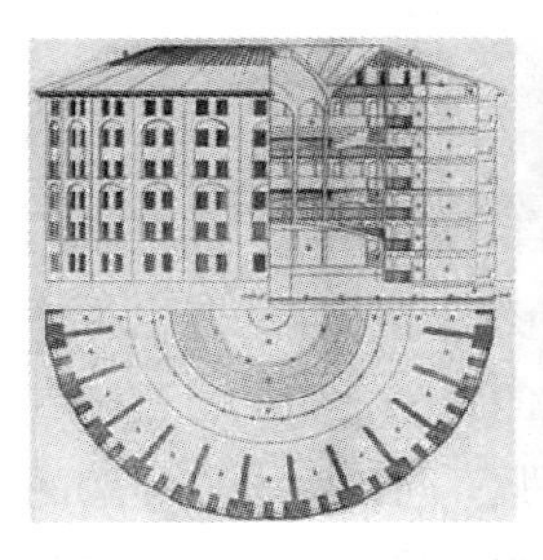

图2-4　杰里米·边沁的全景敞视建筑

图2-5　阿鲁·罗曼的教养院设计图

图2-6　法国建筑师勒沃设计的凡尔赛动物园

显，意义被炫示为一种有意为之的表层现象。”[①] 也正如克劳德·列维–斯特劳斯（Claude Levi–Strauss）所说的“形式主义摧毁了它的客体”[②]，劳里·欧林（Laurie Olin）于《景观艺术的形式、意义与表达》一文中对美国现当代景观艺术的形式问题论述得就极为精妙：

> 领悟该领域形式的可能性、类型系统和潜在内容（寓意、图像、符号、象征）的失败的产生，部分原因是历史被反知识和反历史的偏见以及被分布范围极广的建成作品所支持，这种情况已经渗透进美国社会和行业之中。困难在于伴随着参观散落于各地的作品所必要的旅行数，以及描述和记录场所现象本身的困难即要掌握其最小复杂性与微妙性，而这两种困难又被叠加了起来。据我所知，绝大多数从业者都信奉一个功能与“解决问题”的理论，尽管它在某种意义上对社会有益，这种理论实际上断定在人类环境的创造中单一的功用性就足够了，却回避了如果一个人也渴望以艺术水准来创造这一更棘手问题的提出。[③]

---

① ［英］安吉拉·默克罗比：《后现代主义与大众文化》，田晓菲译，中央编译出版社2001年版，第4页。

② ［法］克劳德·列维–斯特劳斯：《结构人类学：巫术·宗教·艺术·神话》，陆晓禾、黄锡光等译，文化艺术出版社1989年版，第131页。

③ Laurie Olin，“Form，meaning and expression in Landscape Architecture”，*Landscape Journal*，1988（2），pp.149–168.

一、形式是内容的“凝固”

“不存在只有形式自身的形式，也不存在只有内容自身的内容”[①]，艺术作品的内容与形式无法分离，形式是内容的“凝固”，形式与内容是合二为一的，“我们的思想、内容、意境……是结合在自己形式的骨髓之中的，是随着形式的诞生而诞生的，也随着形式的被破坏而消失，那不同于为之作注脚的文字的内容”[②]。潘诺夫斯基也强调了在一件艺术作品中，形式不能与内容分离，色彩、线条、光线、形状、体积与平面的分布，不论在视觉上多么赏心悦目，都必须被理解为承载着多种含义。[③]须指出的是，潘诺夫斯基着重指出的色彩、线条、形状等仅是形式的“形相层”而已，但形式是承载着含义的，即“艺术形式具有一种非常特殊的内容，即它的意义”[④]。诚如克罗齐所说的“艺术作品的整一性与不可分性”[⑤]，“形式”本质上就是艺术的本体，“内容从其结构获得其实在性，称为形式的东西是内容包括在其中的结构框架的‘结构形成’”[⑥]。阿多诺在《美学理论》中针对“形式与内容”说得更为深刻：“显现在作品中的一切，在潜在意义上既是内容又是形式；但确切说来，形式是现象性通过它得以规定的东西，而内容则是规定自身的东西。”[⑦]

在此，“内容”即是本书所指出的“形相、结构、功能、意义”，这四大子系统均是艺术的“内容”，且一旦形式系统内部的四大子系统之间的循环交互作用达到“一种暂时的平衡”[⑧]后即固化为表层的形态呈现和暂时静止稳定的结构，被系统性地建构呈现出来的“形式”也就诞生了，这一过程即为“凝固”的过程。因此，“凝固”的过程就是形式系统的生成与建构过程，且“凝固”须以“形式”呈现出来，并最终形成牢固的“有序状态”。而且，一

① ［瑞士］皮亚杰：《结构主义》，倪连生、王琳译，商务印书馆1984年版，第28页。

② 詹建俊、陈丹青、吴冠中、靳尚谊、袁运生、闻立鹏：《北京市举行油画学术讨论会》，《美术》1981年第3期。

③ 参见［美］E·潘诺夫斯基《视觉艺术的含义》，傅志强译，辽宁人民出版社1987年版，第195页。

④ ［美］苏珊·朗格：《情感与形式》，刘大基等译，中国社会科学出版社1986年版，第62—63页。

⑤ ［意］克罗齐：《美学原理》，朱光潜译，上海人民出版社2007年版，第31页。

⑥ ［法］克劳德·列维－斯特劳斯：《结构人类学：巫术·宗教·艺术·神话》，陆晓禾、黄锡光等译，文化艺术出版社1989年版，第130页。

⑦ ［德］阿多诺：《美学理论》，王柯平译，四川人民出版社1998年版，第253—254页。

⑧ ［南非］保罗·西利亚斯：《复杂性与后现代主义：理解复杂系统》，曾国屏译，上海科技教育出版社2006年版，第7页。

旦“凝固”之后，就进入了“形式的王国”——形式成为艺术作品的唯一本体、“一种面对现实的方式”[①]，杜威说：“除了在思维之中之外，不可能在形式与实质之间做出区分。作品本身是被形式改造成审美实质的质料。”[②]因而，“形式”是从布克哈特意义上“意的凝固”，转向了“内容的凝固”，进而以相对静止的“形式”这一状态呈现出来，且“形式”亦具备一种系统的动态的稳定性，“本质与形式不可分，形式与本质亦然。这便是有机体，因为其作为有机体的本质与形式的稳定性不可分”[③]，皮亚杰曾说：“事实上，一个内容永远是下一级内容的形式，而一个形式永远是比它更高级的形式的内容。”[④]

同时，功能子系统与意义子系统是内嵌于形式系统中的，而功能与意义也就是从形式中不断衍生的，在此衍生中也存在着诸多可能性——即意义不是单一的、功能不是固定的，功能与意义的显现虽有着先在预置性，但也伴随着系统内其他子系统与因素所引致的随机性、偶发性。不能被明确预设的功能子系统与意义子系统只能诞生于形式系统之中，而作为形式系统表象的形相子系统——显性子系统，则是艺术作品呈现的最终结果与形态。德国哲学家齐奥尔格·西美尔（Georg Simmel）的关于内容与形式的辩证性论断就颇具启发性：

> 从历史发展来看，艺术形式决定于许许多多的偶然事件，常常是片面的而且受到专业上优缺点的影响，因而它决不会同样地把所有的现实内容都变成艺术。相反，艺术形式会和这些内容中的某一些更紧密一点，而和其他一些更疏远一点。有些内容无须太明显的努力就显现出艺术的形式，好像造化就是为了这个目的创造它们的，而另外一些内容，好像造化故意要把它们创造得不一样，它们不可能转化成既定的艺术形式。[⑤]

形式系统的内部动力机制的“内容的凝固”即形式系统暂时进入一种有序结构并处于平衡状态，而这一动力机制就是中国传统艺术理论中所一直强调的“和”。“‘和’便是协调分歧，达成和睦一致。”[⑥]《易传》之《系辞传》中

① ［意］阿尔多·罗西：《城市建筑学》，黄士钧译，中国建筑工业出版社2006年版，第171页。
② ［美］杜威：《艺术即经验》，高建平译，商务印书馆2005年版，第119页。
③ ［德］弗·威·约·封·谢林：《艺术哲学》，魏庆征译，中国社会出版社1997年版，第43页。
④ ［瑞士］皮亚杰：《结构主义》，倪连生、王琳译，商务印书馆1984年版，第121页。
⑤ ［德］齐奥尔格·西美尔：《时尚的哲学》，费勇、吴謇译，文化艺术出版社2001年版，第91页。
⑥ 冯友兰：《中国哲学简史》，赵复三译，天津社会科学院出版社2005年版，第153页。

即有“一阴一阳之谓道”“刚柔相摩，八卦相荡”“刚柔相推，变在其中矣”等关于动态平衡之“和”论。先秦的州鸠在谈到音乐时亦云：“声应相保曰和，细大不逾曰平”[①]，李泽厚、刘纲纪就此解释为“各种声互相呼应协和叫做‘和’”[②]。且州鸠认为五声中宫音最低而洪厚，为主音，羽音高而尖细，为细音，即“细过其主妨于正”。也就是说，主细共存，各司其职而又互相协应，组成一种和谐有序的状态，这就是音乐的“和”。“和”因而就是“一系统内各种不同或对立因素间的动态关系或关系结构”[③]。晏婴就反对“同”，他认为“音乐要动听，必须有多方面矛盾因素的相称相济”[④]：“一气，二体，三类，四物，五声，六律，七音，八风，九歌，以相成也。清浊，大小，短长，疾徐，哀乐，刚柔，迟速，高下，出入，周疏，以相济也……同之不可也如是也。”（《左传》昭公二十年）晏婴又曰：“和如羹焉，水火醯醢盐梅以烹鱼肉，燀之以薪。宰夫和之，齐之以味，济其不及，以泄其过。”也就是说，在“五味”构成的烹调系统内，诸多不同或对立的要素各从自己原初的位置、状态出发，依一定的标准向特定的基点流动，互济不及，相泄其过，融合互渗，共同构成了和谐关系结构的系统本身。

米兰·昆德拉在《小说的艺术》（*L'Art du Roman*）的“第四章 关于结构艺术的谈话”中亦曾将贝多芬视作“最伟大的音乐建筑师”：“他所继承的奏鸣曲被看作是四个乐章的组成，它们通常是被随意专横地凑在一起，其中的第一乐章（按奏鸣曲式写成）总是要比其它后面的乐章具有更重要的意义。贝多芬全部艺术生涯都被一个意志所影响，即要把这种拼凑变成一个真正的协调……但与此同时，他试图在这种协调中引入最大的形式的多样。”[⑤]而且，形式系统的生成即在于形式系统内部诸力达到均衡的力动状态，形式系统在本质上就是一个平衡的“引力场”——四大子系统的合力所致的“形式”，如同“放在磁场中的铁屑会聚成一定形状的图形，也就是我们所说的形式，原因在于铁屑处在不同质的场中。如果世界是完全规则和同质的，就没有作用力，也不存在形式，任何东西都将不能成形。而一个不规则的世界却

① 吉联抗辑译：《春秋战国音乐史料》，上海文艺出版社1980年版，第43页。
② 李泽厚、刘纲纪主编：《中国美学史（第一卷）》，中国社会科学出版社1984年版，第91页。
③ 张国庆：《中和之美——普遍艺术和谐观与特定艺术风格论》，中央编译出版社2009年版，第25页。
④ 叶朗：《中国美学史大纲》，上海人民出版社1985年版，第48页。
⑤ ［捷］米兰·昆德拉：《小说的艺术》，孟湄译，生活·读书·新知三联书店1992年版，第90页。

试图通过自身的协调来抵消这种不规则性，于是就呈现出形式”[①]。此时，磁场是具有了形式的铁屑的内部作用系统，铁屑及其形状、材料、色彩等只是其形式的表层——形相（外观）呈现。德国逻辑实证主义的创始人莫里茨·石里克（Moritz Schlick）也指出了经典物理学中典型的自然律就是这样的一种公式，它以某一点上事件对于其紧邻事件的依赖关系来表示该事件，此即“场方程”。“场”指的是一个空间区域，它的每一个点上的状态完全由某些量的值所决定。[②]

形式的创造在于形式系统内部诸力之一的“力”占据了力动状态的主导，无论是威尼斯渔网悬垂着待干所隆凸的图形（图 2–7），还是自然精灵蜘蛛结网之构建形式（图 2–8），均呈现出完美、和谐的创造形式即形式的生成，亦即一个景观艺术作品被构筑完成，在于其景观艺术形式系统内部各子系统、各要素之间必将达到系统的平衡、稳定。此处的“力”并非“场过程”本身的一个名称，而这种命名法将是不适当的，“要是我们不把‘力’这个词解释为指一个过程，而是用它来指过程中的某种规则性”，那么就与笔者关于形式系统的界定更好符合了，同时“力不是被设想为某种处于物体本身的运动之中的东西；而是某种既在运动的原因之中，又在决定运动的场过程之中的东西……此时，为了定义力的概念，我们得要考虑全部有关物体的总的构象，而力就得被设想为是对这些物体总的行为规则性的描述”[③]。关于形式作为一个复杂系统，保罗·西利亚斯（Paul Cilliers）则说得更为清晰：“在非常稳定的系统中，可能只有一个或若干个强吸引子，系统会很快地达到稳定状态之一，并将不再轻易地移向其他状态……另一方面，在非常不稳定的系统中，没有强吸引子，系统将只是混沌地来回跳动……而且，从一个稳定态运动到另一个稳定态也将需要非常强的扰动。因此，系统对于环境中变化的反应也将是迟缓的。”[④]

---

① ［美］克里斯托弗·亚历山大：《形式综合论》，王蔚、曾引译，华中科技大学出版社 2010 年版，第 9 页。

② 参见［德］莫里茨·石里克《自然哲学》，陈维杭译，商务印书馆 1984 年版，第 47 页。

③ ［德］莫里茨·石里克：《自然哲学》，陈维杭译，商务印书馆 1984 年版，第 71—73 页。

④ ［南非］保罗·西利亚斯：《复杂性与后现代主义：理解复杂系统》，曾国屏译，上海科技教育出版社 2006 年版，第 134 页。

图 2-7　悬垂的渔网

图 2-8　蜘蛛网

不仅在人造的艺术世界中，哪怕蜘蛛网、非洲白蚁塔这些自然界生物的栖居形式系统上也仍然能将艺术形式系统之“形相、功能、结构”与其对应比较，因“意义”是较之于人类的文化性而言的，抑或可以将其排除。蜘蛛网的形式建构特质奇妙之处在于若有一只小昆虫撞在蜘蛛网上，无论其如何拼命地挣扎，蜘蛛网虽会发生形变，但小昆虫却不能将蜘蛛网撞破，因为蜘蛛网在变形的过程中，网丝因具有很高的强度和柔性可以将运动产生的力分散掉。因而，对蜘蛛网的研究也成为了仿生学（Bionics）的热点设计研究——“仿生学研究制造具有生物特征的人工系统，并非一门独立的专业科学”。可以说蜘蛛网就是自然界中的悬索结构，如悬索桥中的悬索结构体系就是人们看到很细的蜘蛛网丝跨越很大的跨度而产生的灵感。同时，“每一个物种都因其各自的、为了生存繁衍而产生的独特需要，产生了相应的独特形式……对于有自制能力的并且高度社会化的有机生物，形式的核心就不再是个体化的问题了，而是由群体决定的了，共同的目标是为了能够提供更广泛的适应性进化以满足本物种的需要问题。比如蜜蜂们建造的蜂巢和水獭修筑的小水坝都是这类有机物中非常高级的例子。然而，和昆虫不同的是，人类对环境的适应性由于其自身的半社会化、半个体化的特征而变得无限的复杂，人类的不平衡进化发展的过程和人类分布在广阔的地质地形和气候条件下的特征也造成了人类独特的形体和生存方式”[①]。刘易斯·芒福德（Lewis Murnford）在《艺术与技术》(*Art and technics*）中亦云：“人类的技术发明与

① ［美］盖瑞特·埃克博、丹·U·凯利、詹姆斯·C·罗斯：《都市环境下的景观设计》，载［美］马克·特雷布编《现代景观——一次批判性的回顾》，丁力扬译，中国建筑工业出版社2008年版，第90页。

其他生物的有组织活动之间存在着很多的类似之处：蜜蜂按照工程学的原理来筑巢，电鳗能够产生电压很高的电击，蝙蝠早在人类之前就懂得使用它们的雷达在夜间飞行。”[①]“所有的自然生存形式都经过自然选择，而演变成适合于特殊环境下生存的有效设计、材料和结构。”[②]休谟也认为：“最精致的文词作品比起最粗糙的有机体来，包含着远为少的组成部分和复杂性。”[③]

二、从“瓦解”到再次“凝固”

当然，一旦“形式系统内部的平衡被打破而形成新的另一平衡”，即内容就从凝固走向瓦解后再次凝固，另一形式系统随即生成——“在一个动态环境（稳定状态）中在一段时间内保持典型结构，或者由于来自环境的输入导致结构的渐进变异（进化）”[④]。建立在四大子系统平衡之上的形式系统的动态变化过程是永恒存在的，如化学中的碳与金刚石，其内部的排列组合的结构性差异，导致其形相以至被赋予的意义、功能都有着巨大的差异。德国著名学者、协同学创始人赫尔曼·哈肯（Hermann Haken）的理论要义之一就是“相变”[⑤]，他在《协同学——大自然构成的奥秘》(*Erfolgsgeheimnisse Der Natur Synergetik：die Lehre Vom Zusammenwirken*）中就从物理学的视角而将不同的聚集状态——固态、液态、气态——称为“相”，将不同“相”之间的转变称为“相变”，“当我们把水冷却到一定程度时水会变成冰，或更确切地说，会形成冰晶体……水的例子清楚地说明，不同的相——水蒸气、水和冰晶体——所含的分子完全一样。在微观上，不同的相之间的区别只在于分子间的相对位置不同。在水蒸气中，这些分子四向纷飞，速度很快（每秒约620米）。这时除了分子的相撞外，分子之间几乎并无力的作用。在液相中，原子相离很近，并受到吸引力的作用。但分子还能够相互移动。然而，在晶体中，各分子则排列在一个严格的周期性‘点阵’中……相变的另一个性质也应该

---

① Lewis Murnford，*Art and technics*，New York：Columbia University Press，1952，p.17.

② ［英］罗伯特·克雷：《设计之美》，尹弢译，山东画报出版社2010年版，第88页。

③ ［英］休谟：《自然宗教对话录》，陈修斋、曹棉之译，商务印书馆1962年版，第30页。

④ ［美］欧文·拉兹洛：《系统哲学引论——一种当代思想的新范式》，钱兆华等译，商务印书馆1998年版，第52页。

⑤ 相变理论可以看作物理学的自组织理论，系统地解释了物质三态转变的机理，即它是关于自组织现象的定量描述，但限于物理学范围，且只能描述平衡过程的自组织。参见许国志主编《系统科学》，上海科技教育出版社2000年版，第216页。

提一提。在其他条件，如压力不变的情况下，相变发生在一个精确规定的温度下，这个温度称为临界温度，例如水在100℃沸腾并在0℃结冰（摄氏温度计就是根据0—100设计的）”①。

因此，形式系统又是一个流动、变化、开放的变量系统。当一个景观艺术被构筑完成，其景观艺术形式系统内部各子系统、各要素之间即达到系统的平衡、稳定，但随着岁月的流逝以及人为的破坏（如战争暴力、自然力等摧毁），其形相子系统或结构子系统一旦严重受损，形式系统即失衡，随之可能形成一个以“废墟”的形式而存在——走向了“变形”的形式——“废墟形式系统”内部的“形相、功能、结构、意义”这四大子系统又达到了另一平衡、处于一种新的有序结构，即“每一形式的各部分彼此之间必定有关系，与全体也必定有关系：全体的自身必定与宇宙其他部分有关系；与形式所存于其中的元素也有关系；与形式所借以弥补损耗和腐败的质料也有关系；与所有其他的敌对或友好的形式也有关系。这些项目中任何一项有缺陷就要毁坏形式；形式所借以组成的物质也就解体，而投入不规则的运动和骚乱，一直等到它将自己统一成某种另外的有规则的形式为止”②。北宋李格非《洛阳名园记》有载：

> 方唐贞观、开元之间，公卿贵戚开馆列第于东都者，号千有余邸，及其乱离，继以五季之酷，其池塘竹树，兵车蹂践，废而为丘墟；高亭大榭，烟火焚燎，化而为灰烬，与唐共灭俱亡者，无余处矣。③

“只要自我创造的、平衡的构形存在，诸作用力就是平衡的。但是，一旦构形不再平衡，这些作用力就留在系统之中，无法疏解、失去控制、失去平衡，直到整个系统最终崩溃。”④因而，“形式系统亦可被视作为一种‘力量的图解’”⑤，任何形式系统都处在不断发展变化的过程中，它既是从旧的系统发展而来，其发展的结果又必将被新的系统所取代而进入新的“有序状态”，正如欧文·拉兹洛（Ervin Laszlo）关于“自然系统：适应性自稳”所说的：“如果一个系统完全被一些固定的力所控制，那么这些力所强加的恒定约束会造成一种

① ［德］赫尔曼·哈肯：《协同学——大自然构成的奥秘》，凌复华译，上海译文出版社2005年版，第19—21页。

② ［英］休谟：《自然宗教对话录》，陈修斋、曹棉之译，商务印书馆1962年版，第61页。

③ 陈植、张公弛选注：《中国历代名园记选注》，安徽科学技术出版社1983年版，第54页。

④ ［美］C·亚历山大：《建筑的永恒之道》，赵冰译，知识产权出版社2004年版，第103页。

⑤ ［美］威廉·斯莫克：《包豪斯理想》，周明瑞译，山东画报出版社2010年版，第72页。

不变的稳定状态。然而，如果在系统中还有一些不受约束的力和固定的力一起存在，那么系统就能通过存在于其中并作用于其上的力的相互作用而改进。系统中存在着某些固定的力就足以造成一种状态，当系统中对应于那些不受约束的力的所有流体消失时，这种状态可以在时间上持续下去（‘稳态’）。系统中的任何波动将会产生力，使系统回到其稳定状态。”[①] 这就是形式系统耗散结构“不断消亡和不断重建的过程”[②]，其共同特性是系统处于有序状态，小的涨落和扰动难以改变系统的稳定性，也不可能形成新的有序结构，只有在涨落或突变时，系统才有可能失稳，才有可能进入一个新的稳定有序状态。（图 2–9）亚历山大在《建筑的永恒之道》（*The Timeless Way of Building*）中就将“树”与“山谷”加以比较：树木和树枝构成了整体，阵风吹过，它们便弯曲了。而此时，系统中的所有的力，甚至风的强力都还保持平衡，因为它们是平衡的，它们不相冲突，也不会出现破坏，树弯曲的结构使它们能自我保持。但一片正在发生侵蚀的严重浸泡的土地，没有足够的树根把土壤抓在一起，下雨时，骤雨把泥土带进溪流，形成了溪谷，泥土还是没有结合在一起，因为那儿没有足够的植物，风一吹，侵蚀更严重了，下一次水再来时，又从溪谷中流过，加深并拓宽了谷道。这个系统的结构，其自身产生的力在其中呈现出来，结果破坏了系统，系统是自毁的，它没有能力保持自身产生的力。[③]

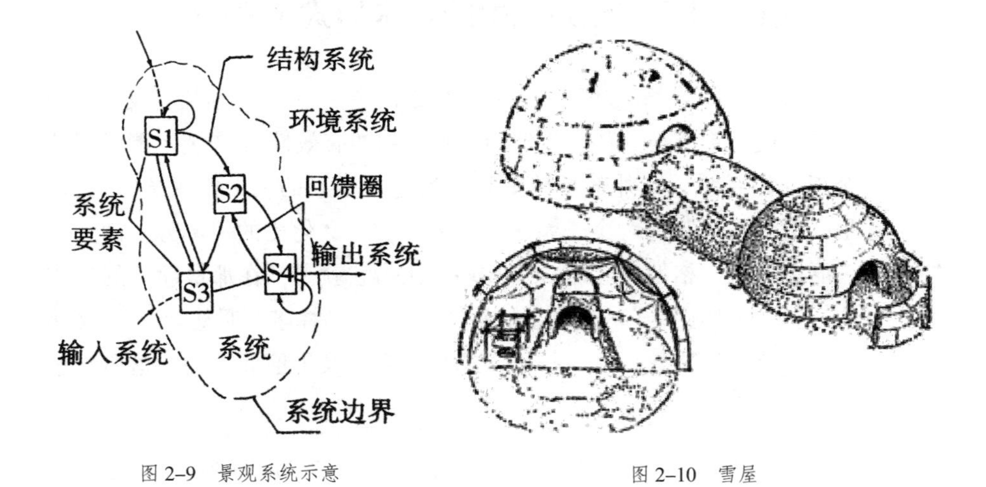

图 2–9　景观系统示意　　　　图 2–10　雪屋

① ［美］欧文·拉兹洛：《系统哲学引论——一种当代思想的新范式》，钱兆华等译，商务印书馆 1998 年版，第 52—53 页。

② ［美］苏珊·朗格：《艺术问题》，滕守尧、朱疆源译，中国社会科学出版社 1983 年版，第 46 页。

③ 参见［美］C·亚历山大《建筑的永恒之道》，赵冰译，知识产权出版社 2004 年版，第 25 页。

爱斯基摩人的造物艺术形式也为论证以上论点提供了相关依据，“积冰和长夜中只有单调乏味的雪野，没有任何鲜明突出的形象。爱斯基摩人构造出来的东西，很快就会被反复抹平消失：他们所拥有的，是每一个行动或陈述、每一个雕刻或歌唱都被征服了的世界，所有完成了的行为，很快就会消失……卡彭特推论道，给他们的雕刻物以明确的形式，这就是艺术性的行为，而且是重要的行为；一旦创造完成，对象就被抛弃：‘当精灵降临，雪屋融化时，旧的住所就被弃置荒废，包括造型美丽的工具和很小的象牙制品，它们虽然不会被抹平消失，但没人再关心它们，也就恰如失去了一样。’……‘这样去假设是没有意义的，即当我们收集起这些帐篷，静物雕刻品，我们就已收集起了爱斯基摩人的艺术。’”[①] 同时，可从“形相、功能、结构、意义”四大维度来审视爱斯基摩人的雪屋（图2-10），即它是用干雪砌成，当室外平均温度为 -30℃时，厚度500毫米的墙体可以保持室内温度为 -5℃以上，若将兽皮衬在雪屋内表面，通过鲸油灯采暖，则可使室内温度达到15℃，且爱斯基摩人的圆顶房屋保存热量的入口和雪块墙都依据隔离空气流通的原理。当然，他们必须创造封闭的区域，却并不使用矩形，转而建造复杂的、由许多空间组成的冰窟，大小不一，布局自由。

第二节　文化系统中的艺术形式子系统

“系统所有状态的状况，不可能由系统内部决定……”[②]“恰恰相反，系统的成功主要取决于系统与其环境之间的相互作用的有效性。”[③] 艺术形式系统不是一个孤立的系统，其外部系统则是作为绝对变量的“文化系统”，也可以说它是“文化系统”的一个子系统——艺术史是文化史的一部分。而关于“文化”，厄恩斯特·格罗塞（Ernst Grosse）认为它就是“在那最简单的形式里，也是一个包涵无限因子的极复杂的整体”[④]。在马林诺夫斯基看来，“文化是指那一群传统的器物，货品，技术，思想，习惯及价值而言的，这概念包

---

① ［美］罗伯特 · 莱顿：《艺术人类学》，靳大成、袁阳、韦兰春、周庆明、知寒译，文化艺术出版社1992年版，第34—35页。

② ［南非］保罗 · 西利亚斯：《复杂性与后现代主义：理解复杂系统》，曾国屏译，上海科技教育出版社2006年版，第34页。

③ ［南非］保罗 · 西利亚斯：《复杂性与后现代主义：理解复杂系统》，曾国屏译，上海科技教育出版社2006年版，第111页。

④ ［德］格罗塞：《艺术的起源》，蔡慕晖译，商务印书馆1984年版，第28页。

容着及调节着一切社会科学”[①]。“文化是一个组织严密的体系，同时它可以分成基本的两方面，器物和风俗，由此可进而再分成较细的部分或单位。”[②]莫伊谢依·萨莫伊洛维奇·卡冈（M. S. Kagan）将“文化”划分成三种相对独立的层次，即物质层次、精神层次和艺术层次，由之认为艺术双重地归属于文化：“一方面，作为文化所产生的并且在文化中发展的艺术活动方式，作为由艺术创造者和艺术消费者的共同努力而实现的人对世界的艺术形象掌握的方式归属于文化，另一方面，作为在文化中对象化的、固定的、得到储存的具有艺术价值的艺术活动成果归属于文化。”[③]马克思在《〈政治经济学批判〉导言》中亦将人对对象世界的四种不同的“掌握方式”概括为：总体/理论的，宗教的，艺术的与实践的。阿诺德·约瑟夫·汤因比（Arnold Joseph Toynbee）则采用了美国现代人类文化学家菲利普·巴格比（Philip Bagby）对文化所下的定义，即文化是“一个社会成员内在和外在行为的规则，但那些原本是明显遗传下来的规则不算文化”[④]。巴格比在其《文化：历史的投影——比较文明研究》(*Culture and history: prolegomena to the comparative study of civilization*)的中亦明确指出“文化特质和文化集结的聚合，构成了一种文化规则”，“文化不再被看作是社会、机体、活动物体或不可见的精神，它们是复杂的生活方式，是大群人的行为特征的风格。这些方式和风格在它们各种各样的组合因素中，展现着不同组别的基本观念和价值，因而被合并或区分”[⑤]。

其实，文化本身就是一个复杂的巨系统，若用埃德蒙德·胡塞尔（Edmund Husserl）的哲学话语来描述即是“生活世界”，“作为唯一实在的、通过知觉实际地被给予的、被经验到并能被经验到的世界，即我们的日常生活世界”[⑥]。维莱亚努尔·苏布拉马尼安·拉马钱德兰（Vilayanur Subramanian Ramachandran）教授曾指出：“90%的艺术差异是由文化的多样性造成，而剩余的10%受相同的普遍规律支配，这正如人类在出生时会学会某种语言，而

① ［英］马林诺夫斯基：《文化论》，费孝通等译，中国民间文艺出版社1987年版，第2页。
② ［英］马林诺夫斯基：《文化论》，费孝通等译，中国民间文艺出版社1987年版，第11页。
③ ［苏］莫伊谢依·萨莫伊洛维奇·卡冈：《美学和系统方法》，凌继尧译，中国文联出版公司1985年版，第114页。
④ ［英］阿诺德·汤因比：《历史研究（修订插图本）》，刘北成、郭小凌译，上海人民出版社2000年版，第19页。
⑤ ［美］菲利普·巴格比：《文化：历史的投影》，夏克、李天纲、陈江岚译，上海人民出版社1987年版，第145—146页。
⑥ ［德］胡塞尔：《胡塞尔选集》，倪梁康选编，上海三联书店1997年版，第1027页。

具体语言的学习则受到所处文化的支配。”[①] 中国古代文化亦为“自发地组成各要素（子系统）相互作用、相互依存、相互补充和相互制约的文化巨系统”[②]。（图 2–11）梁从诚在 1986 年《面向未来》(第 2 辑）中的《不重合的圈——从百科全书看中西文化》一文中图绘了“《艺文类聚》的知识秩序”(图 2–12)。且不同的“文化”会强调或使用不同的标准，依据特定文化的价值观和准则进行判断，每一文化在其自己的指意系统中的“意义赋予”的主要影响因素为历史与文化环境，即当一个不同的文化圈和本土的文化圈在交往的时候（例如，我们今天吸收国外的，或者是我们今天吸收古代的，其实都是一个不同“文化圈”交往的过程)，“文明中的各种元素从来都不会达到完全的平衡，总会有推力和阻力”[③]。如同罗伯特·克雷的论断：“无论一种文化、一个社会所信仰的是怎样的价值观体系——采取何种形式，是神灵、来生、基督教、佛教，还是科学、技术及艺术风格——这些社会中最佳的作品对于任何其他文化中的任何其他旁观者来说，通常都是印象深刻的。”[④]

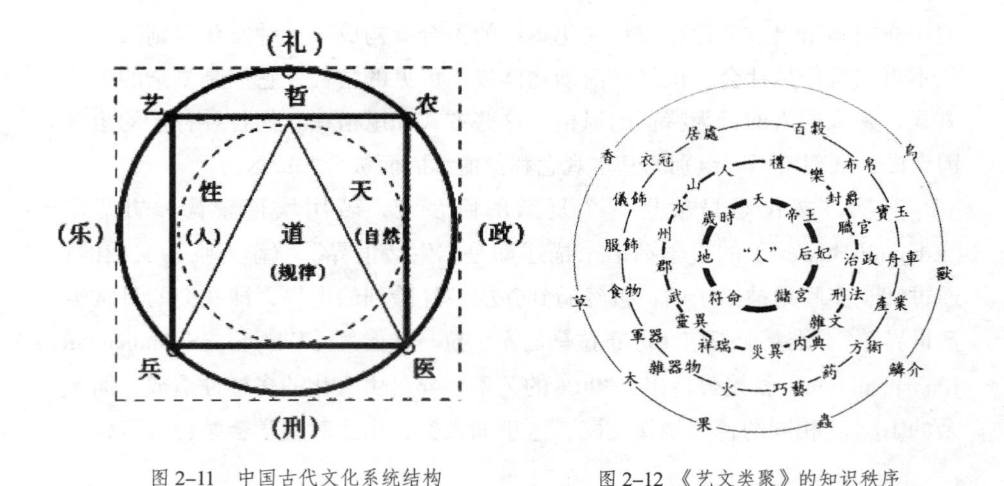

图 2–11　中国古代文化系统结构

图 2–12 《艺文类聚》的知识秩序

艺术虽是表现个性的，但各个时代却总有一个总体特征，由于人们无法

① 转引自［英］罗伯特·克雷《设计之美》，尹弢译，山东画报出版社 2010 年版，第 11 页。

② 龚红月:《中国传统文化系统结构》,《暨南学报》(哲学社会科学版）1995 年第 7 期。

③ ［美］刘易斯·芒福德:《技术与文明》，陈允明、王克仁、李华山译，中国建筑工业出版社 2009 年版，第 64 页。

④ ［英］罗伯特·克雷:《设计之美》，尹弢译，山东画报出版社 2010 年版，第 6—7 页。

摆脱时代文化的笼罩，人们的思考会趋向于同一，文化的象征性框定了艺术形式，这也是主体心理深层结构的趋同性，即艺术形式系统也暗合着文化系统心理结构，也是为了保持稳定性和保卫自身同一性的群体意志反映的文化系统的延续性。史蒂文·布拉萨将其称为“作为文化规则基础的文化同一性和稳定性”“文化规则的一致性和多样性”[①]。景观就是这样一种艺术形式，通过景观文化群体寻求创造和保存它们的同一性，即按照群体[②]的意愿进行生存环境的设计控制来强化他们的同一性的审美控制。

美国景观艺术大师欧林亦曾指出景观艺术的“形式表达受限的首要原因是主流文化方面的，尽管构筑材料和物理介入的某些限制超越了艺术和技术二者。水往低处流；一旦植物的生理需要无法满足，它将死亡。然而，如何选用构筑材料——土、石、纸板、锡等——几乎只由社会因素（经济、安全）和文化因素（美学）决定。设计中由革新者创造的变动通常是由他们在文化上被认可的越轨——关于材料、形式、组合方面的选择——所导致的”[③]。因而，“‘文化’不是作为‘物’而存在的，它是一种观点、概念和构想，是人们对思索、信仰认知与从事的诸多事物（及其处理方法）的一种描述性称谓。”[④]处于“文化系统”之内的“艺术形式系统”又是一个由四大子系统（四大变量）相交织的、动态的演进系统，其中的每个子系统都同其他子系统相互影响，而形式系统最终一定会达到平衡状态。在具体研究中，可把“形相、结构、功能、意义”这四大子系统从形式系统中暂时独立出来，并从其他所有影响和冲突中分离出来，因为“想要在有限时间内使一个系统达到适合，就必须先使每个子系统分别达到适合，而且子系统之间要相互独立”[⑤]。而且，文化系统中的器物设计形式绝大多数是由特定的社会文化意义决定的，而非技术、功能、材料等，拉普卜特就相当肯定形式自主性主要是由文化的力量所左右，并认为宅屋形式的生成是相对独立于材料和构造的，“材料、结构和技术最好被当作形式的修正因素，而非决定因素，它们既不能决定要建造什

---

① ［美］史蒂文·布拉萨：《景观美学》，彭锋译，北京大学出版社2008年版，第128—133页。

② “群体”的意思是指分享一些共同特性的个体集合，因而景观艺术创作不仅是单独的个体行为，更是涵括于一种群体行为当中的。

③ Laurie Olin, “Form, meaning and expression in Landscape Architecture”, *Landscape Journal*, 1988（2）, pp.149－168.

④ ［美］阿摩斯·拉普卜特：《文化特性与建筑设计》，常青、张昕、张鹏译，中国建筑工业出版社2004年版，第72页。

⑤ ［美］克里斯托弗·亚历山大：《形式综合论》，王蔚、曾引译，华中科技大学出版社2010年版，第22页。

么，也不能决定用哪种形式。在其他原因决定了空间的组织以后，材料和技术的因素使这个空间得以实现，也可能对其稍加修改。它们可以实现一些决定，或否决一些决定，但它们从来不决定宅屋的形式”[①]。由此，处于文化系统（Cultural system）中的景观艺术也是一种“文化景观”（Cultural landscape），美国文化地理学家卡尔·索尔（Carl O. Sauer）在《景观的形态》（*The morphology of landscape*）一文中就指出：“文化景观是任何特定时期内形成的构成某一地域特征的自然与人文因素的综合体，它随人类活动的作用而不断变化。”[②]

景观艺术形式系统又是一个“关系到特定文化及其社会机制、生活方式、行事规则及其建成环境的复杂系统”[③]，且“我们不是依靠真实的环境，而是依靠传统的主观意识来理解事物。这些环境已经成为这样一种物质，它因人类的创造力而开花结果，并被赋予形式”[④]。如在原始性社会中，所有的房子在形式上都是相似的，房屋的形式陈陈相因，忌讳变化，这样的社会因而异常守旧，形式与文化的关系根深蒂固，一些形式特征亦源远流长。“这是在完成了对文化、物质和生存需求的调适后而产生的定型模式”[⑤]，它完全是一个整体的结构，恰如马克思所说：“在不同的所有制形式下，在生存的社会条件下，耸立着各种不同的情感、幻想、思想方式和世界观构成的上层建筑。整个阶级在它的物质条件和相应的社会关系的基础上创造和构成这一切。”[⑥] 以西亚伊斯兰为重心的中部文明中，景观艺术形式创造就是人类面对着一个蛮荒的世界而对灌溉与农作所产生的神奇效应进行的思索，产生了最初的景观艺术形式设想，并从此形成了中部文明里尘世园林的基本形式：这块按照农业科学加以模式化布局的富饶的绿洲，像一块巨型地毯铺延在两河流域之间，而园林就是这种理想化景观的再现。西亚园林往往设有围墙，以几何形为基本形，基本内容就是灌溉水

---

① ［美］阿摩斯·拉普卜特：《宅形与文化》，常青、徐菁、李颖春、张昕译，中国建筑工业出版社2007年版，第23—24页。

② Carl O. Sauer, *The morphology of landscape*, CA : University of California Press, 1974, pp.210-241.

③ ［美］阿摩斯·拉普卜特：《文化特性与建筑设计》，常青、张昕、张鹏译，中国建筑工业出版社2004年版，第4页。

④ ［德］戈特弗里德·森佩尔：《建筑四要素》，罗德胤、赵雯雯、包志禹译，中国建筑工业出版社2009年版，第270页。

⑤ ［美］阿摩斯·拉普卜特：《宅形与文化》，常青、徐菁、李颖春、张昕译，中国建筑工业出版社2007年版，第3页。

⑥ ［德］马克思、恩格斯：《马克思恩格斯全集（第8卷）》，中共中央编译局译，人民出版社1961年版，第149—150页。

渠和可斜倚其间的树木，而树的那种生命力则总是崇拜的对象。就伊甸园的单纯性而言，它只是一块围合起来的方形平面，用来抗御这个敌对的世界，象征天国四条河流的水渠穿越了花园，并且在理论上，伊甸乐园里面植有尘世间所有的瓜果。[①] 图 2–13 为费因园（Bagh–i–Fin）的平面图，图 2–14 为波斯地毯上所绘的庭园图案，图 2–15 为科尔多瓦清真寺（Cordoba Mosque）平面图。

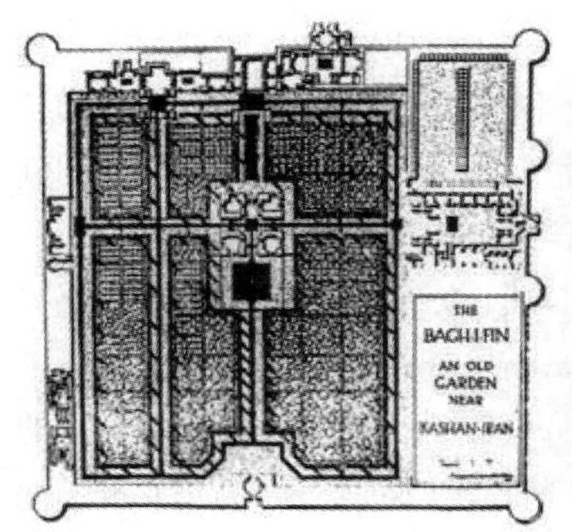

图 2–13　费因园平面图

图 2–14　波斯地毯

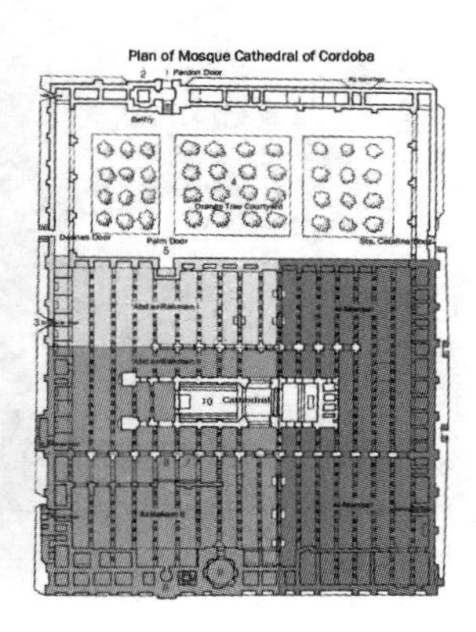

图 2–15　科尔多瓦清真寺平面图

而且，灌溉系统之于西亚而言是极其重要的，阿拉伯人即把自己的生存寄托于精心建造的灌溉系统，如被称为科纳特斯（Qanats）的地下水渠等就滋养了沙漠绿洲，是人类在沙漠中能够生存的关键，而我国新疆吐鲁番地区的“坎儿井”作法也很可能是从中东地区移植而来的，“坎儿井”水渠的线路就是按水的重力流线来安排供水节点的。再如坐落于伊朗中部高原一大片贫瘠大漠荒郊之上的花园城市伊斯法罕（Isfahan）却花木扶疏，香气袭人，可将它视作一个规模宏大的园林、宫殿和清真寺的综合体，另从伊斯法罕的整个城市平面构思设想而言，若将其缩小来审视，该城市的组成要素就像阿卡 · 米拉克（Aqa Mirak）[②] 绘制的 16 世纪波斯皇家花园纳兹玛 · 卡赫姆希（Khamseh of Nizami）

① 参见［英］Geoffrey and Susan Jellicoe《图解人类景观 —— 环境塑造史论》，刘滨谊主译，同济大学出版社 2006 年版，第 33 页。参见吴家骅《环境设计史纲》，重庆大学出版社 2002 年版，第 27 页。

② 阿卡 · 米拉克是塔哈马斯普（Shah Tahmasp）统治时期的主要皇室艺术家之一，他绘制的许多插图以明晰的风格和充满活力的调色板为主要艺术特征。他是个多才多艺的人，除了制作手稿插图之外，在清真寺和宫殿装饰方面也颇有造诣。作为一名色彩设计师和颜料制作者，他有着特殊的技能，这些技能有助于他画得特别明亮和清晰。同时，他也是波斯国王塔哈马斯普的亲密伙伴，并受到同行艺术家的高度评价。

图 2–16　16 世纪“波斯园林中的亭子”

那样——单株的梧桐树象征了整个树林，树丛阴影减弱了炽热的太阳光照（图 2–16）。穆罕默德·加里波尔（Mohammad Gharipour）在《波斯园林与亭子：历史、诗歌与艺术的思考》(*Persian Gardens and Pavilions: Reflections in History, Poetry and the Arts*）一书中即以此图作为封面，相关学者对此书的评论为：“从萨马尔罕的蒂穆尔帐篷（Timur's Tent in Samarqand）到伊斯法罕的阿巴斯宫殿（Shah 'Abbas's Palace in Isfahan），再到德里的胡马云陵墓（Humayun's Tomb in Delhi），这座亭子（the Pavilion）从公元前 6 世纪帕萨加达的阿契曼尼德花园（the Achaemenid Garden in Pasargadae）开始就是波斯园林（Persianate Gardens）不可分割的一部分。在此，穆罕默德·加里波尔将花园和亭子置于其历史、文学和艺术环境中，强调了亭子的重要性，然而它在伊朗历史建筑研究中却被忽视了……加里波尔强调了园林的精神、象征和宗教方面，以及它们更多的社会和经济功能，反映了赞助和所有权的模式（Patterns of Patronage and Ownership）。这本书追溯了波斯丰富的历史，探讨了人类与其国内环境的关系，对于艺术史、建筑和伊朗研究将是有价值的参考资料。”[①] 图 2–17 为伊斯法罕的纳格什耶 – 贾汉广场（Naghsh–e–Jahan Square），图 2–18 为 1725 年由彼得·凡·德·拉（Pieter van der Aa）出版的《我的世界画廊（……）第一卷非洲》[*La galerie agreable du monde(...). Tome premier des d' Afrique*] 中的版画《波斯王国首都伊斯法罕》(*Ispahan, capitale du Royaume de Perse*)。

摩洛哥学者穆罕默德 – 埃 – 法耶兹（Mohammed El Faïz）则将 11 世纪建城伊始直至 20 世纪初的马拉克奇什（Marrakech）[②] 视作摩洛哥城市花园的

---

① Mohammad Gharipour, *Persian Gardens and Pavilions : Reflections in History, Poetry and the Arts*, London : I.B.Tauris & Company, 2013.

② 这座位于摩洛哥南方的重要古都，是摩洛哥四大皇城之一，北距首都拉巴特320公里，东距峰顶终年积雪的阿特拉斯山50公里，虽然地处沙漠边缘，但气候温和，林木葱郁，花果繁茂，以众多的名胜古迹和幽静的园林驰名于世，被誉为“摩洛哥南部明珠”。

典范：城市的中心是一个以果园和菜地所构成的圆环，城墙以外则遍布棕榈园，有 1.7 万公顷的棕榈树，以及其他各类果树及相间作物。这些绿色圆环层层排列，一系列的耕地和果园一直延伸到作为城市西部边界的尼菲斯季节河，“必须指出的是，使这些生态财富的创造成为可能，全赖于对水利技术的掌握。地下排水道（坎大哈）和引水渠的发展保证了水资源的有效利用，并从而保证了在干旱国家实现花园建设目标的成功条件”[①]。图 2–19 为坐落在摩洛哥马拉喀什西部、阿特拉斯山的入口处的梅纳拉花园（Menara Gardens），是由建立阿蒙哈德（Almohad）王朝的第一个哈里发阿卜杜勒·慕敏（Abd al–Mu’min）在公元 1130 年主持修建的。同时，在阿拉伯语里，“马拉喀什”则意为“红颜色的”，其原因是当年的城墙采用赭红色岩石砌成，迄今基本保存完好。（图 2–20）

图 2–17　纳格什耶 – 贾汉广场

图 2–18　版画《波斯王国首都伊斯法罕》

图 2–19　摩洛哥梅纳拉花园

图 2–20　马拉喀什老城的城墙

① ［摩洛哥］穆罕默德 – 埃 – 法耶兹：《马拉克奇：一个生态学的奇迹及它的惨遭破坏》，载［法］米歇尔 · 柯南、［中］陈望衡主编《城市与园林 —— 园林对城市生活和文化的贡献》，武汉大学出版社 2006 年版，第 308—309 页。

同时，形式系统一旦被伦理化，该系统的动态力动就会转换为静止状态而成为“形制”，而伦理（Ethics）一词来自希腊语 ethos，意思是惯例，伦理是指一般的信念、态度或指导惯例行为的标准。任何社会都有确定惯例的典型的信念、态度和社会标准，因而任何社会都有其伦理。中国儒家伦理和道家哲理渗入传统人居环境设计中亦是一个典型。[①]且“形制”实际上就是伦理在形式系统上的画面投影的定格，因而形制所承载的意义、功能与结构是特定的，有着明确的指向，郝大维（David L.Hall）与安乐哲（Roger T.Ames）在《中国园林的宇宙论背景》（*The Cosmological Setting of Chinese Gardens*）一文中深刻地指出了中国园林并非试图要创造一个镜像于自然外域的人工世界，“一个中国的带修辞色彩的景观是一个其自身的世界，在该词汇最深刻的意义上拥有同‘自然’外域相同的本体论地位”[②]。因为在中国人主导思维方式中缺乏自然和人工之间的强烈差别，作为艺术作品的园林营造所涉及的是对自然的教化，这种教化或培育保持着自然和人工之间的连续性。

中国园林不是有机的而是有组织的（Organized）一个艺术形式系统——受道家和儒家（甚至禅宗）多重影响的形式组织：儒家通过诉诸根植于传统重要性中的类比进行组织，道家则依据“特定焦点”（Particular Focus）——“形式结构的中心”对拥有其自身持续的分项进行动态的组织，而各分项又是通过相互尊重的行为得到组织和协调的。因此，由于大量性、多样性和特定性都得到保持，其结果不是任何意义上的“有机”。中国园林的形式建构秩序存在于整体的特定焦点之中，景观形式在儒家和道家之间的关联语境（Context）中被整合、被组织，这也恰恰印证了马林诺夫斯基的论断：“人类文化，不论在什么地方，总是把人类兴趣和活动的原料组织起来成为标准的和传统的风俗。在人类一切传统中，我们都见到人类乃在许多可能性中作一种固定的选择……原料又在这里供给了许多可能的方法，传统即在这些方法中加以选择，固定了一种特殊的类型，然后予以社会价值的印记。”[③]

---

① 在儒家思想中，“礼”的含义十分广泛，它可以意味着仪式、礼节或社会行为准则。“为使社会组织起来，人们需要有共同的行为准则。因此而需要有礼（用礼来规范人和人之间的关系，如何相待，制定日常生活的共同准则）。儒家一般说来，都重视仪礼，荀子对此更加强调。”参见冯友兰《中国哲学简史》，赵复三译，天津社会科学院出版社2005年版，第129—130页。

② ［美］郝大维、安乐哲：《中国园林的宇宙论背景》，顾凯译，载童明、董豫赣、葛明编《园林与建筑》，中国水利水电出版社、知识产权出版社2009年版，第162页。

③ ［英］马林诺夫斯基：《文化论》，费孝通等译，中国民间文艺出版社1987年版，第69页。

第三节　景观艺术形式系统的“自组织”与建构

一、关于“自组织”

“自组织”（Self-organization）理论是20世纪60年代末期开始建立并发展起来的研究系统内在自动机制的一种理论。“自组织研究集中注意的是系统在内部结构和复杂性增加的相变期间所表现出来的行为……所有自组织过程是相似的，不管系统是由什么性质的组分构成，也不管它是处在哪一个组织层次上。处在热力学非平衡状态的系统都表现出相似的行为总体型式，不管它们是物理的，生物的，人的，还是社会的系统。”① 从系统论的视角来看，“自组织”是指一个系统在内在机制的驱动下，自行从简单向复杂、从粗糙向细致方向发展，不断地提高自身的复杂度和精细度的过程；从热力学的观点来说，“自组织”是指一个系统通过与外界交换物质、能量和信息，而不断地降低自身的熵含量，提高其有序度的过程；就进化论的观点而言，“自组织”是指一个系统在遗传、变异和优胜劣汰机制作用下，其组织结构和运行模式不断地自我完善，从而不断提高其对于环境的适应能力的过程；从结构论－泛进化理论的观点来说，“自组织”是指一个开放系统的结构稳态从低层次系统向高层次系统的构造过程，因系统的物质、能量和信息的量度增加而形成比如生物系统的分子系统、细胞系统到器官系统乃至生态系统的组织化度增加，基因数量和种类自组织化及基因时空表达调控等导致生物的进化与发育的过程。②

因此，“自组织”主要是研究复杂系统（如生命系统等）的自主性形成和自调节发展机制问题，即在一定条件下，系统是如何自动地由无序走向有序，由低级有序走向高级有序的。系统自身的自决定和自维生，涉及系统结构的开放性和可塑性，即作为一个自组织和自调节的自维生系统内具有“自产生和自我更新”的特征。“自维生”指的是活系统“连续地更新自身，并不断地调节这个过程以保持其结构的整合性”③。而所谓自组织系统即指那种无需外界

---

① ［美］E· 拉兹洛：《系统哲学讲演集》，闵家胤等译，中国社会科学出版社1991年版，第48页。

② 参见杨贵华《自组织：社区能力建设的新视域——城市社区自组织能力研究》，社会科学文献出版社2010年版，第5页。

③ ［美］埃里克 · 詹奇：《自组织的宇宙观》，曾国屏等译，中国社会科学出版社1992年版，第11页。

特定指令便能自行组织、自行创生、自行演化，能够自主地从无序走向有序，形成有结构的系统。[①]自组织系统是面向环境的开放系统，它们随时可能与环境交换物质、能量和信息，其系统逻辑也总是表现为循环组织，自组织动力学的观点还承认，系统的自由度越高在富有弹性的结构基础上建立的自组织动力学的展开也就越丰富、越多样化。埃里克·詹奇（Erich Jantsch）认为自组织就是一种动力学原理："它是构成了生物的、经济的、社会的和文化的结构的丰富多彩的形式世界的基础。"[②]当然，自组织的动力学本性，也是不可能求助于某一个起源或某个永恒的原理来加以解释的，在此系统的结构由于偶发的、外部的因素以及历史的、内部的因素的相互作用而不断地发生着变化。[③]

且"自组织"是相对于"被组织""他组织"而言的，而"被组织"就是一种"建构"，即"必须要有一个系统的组织者，通常事前有一个目标，有预定的计划、方案等，组织者组织系统使其按事前确定的计划、方案变化，达到预定的目标"[④]。因此，按照事物本身如何"组织"起来的方式进行划分，应有两种方式：一种即"自组织"——无外界特定干预自演化，另一种即"被组织"——在外界特定干预下演化。[⑤]

二、景观艺术形式系统的建构策略

路易·康说："形式效忠实现梦想或信念的欲望。形式本身意味着各部分、各要素的不可分割性。设计就是努力把这些部分、要素发展成彼此和谐的形状，使之成为一个整体，拥有一个名字。事实是，每个人心目中的形式都是不一样的。自然的实现、形式和形状不是设计操作过程的一部分。在设计中有着令人赞叹的实现：结构的秩序、建造的顺序、时间的顺序、空间的秩序都起作用。"[⑥]处理秩序和关系问题即是一个具折中性质的系统化设计过程，"设计实际是一个对表面上相互冲突的各种要求进行协调的过程……所有

---

① 参见吴彤《自组织方法论研究》，清华大学出版社2001年版，第3页。

② ［美］埃里克·詹奇：《自组织的宇宙观》，曾国屏等译，中国社会科学出版社1992年版，第26页。

③ 参见［南非］保罗·西利亚斯《复杂性与后现代主义：理解复杂系统》，曾国屏译，上海科技教育出版社2006年版，第145页。

④ 许国志主编：《系统科学》，上海科技教育出版社2000年版，第216页。

⑤ 参见吴彤《自组织方法论研究》，清华大学出版社2001年版，第7页。

⑥ ［英］汤因比、［美］马尔库塞等：《艺术的未来》，王治河译，广西师范大学出版社2002年版，第18—19页。

伟大的设计都是在艺术美、可靠性、安全性、易用性、成本和功能之间需求平衡与和谐"[①]。弗拉维奥·孔蒂（Flavio Conti）认为公元前8—公元前4世纪的希腊与其殖民地的文明在性质上是一致的："这首先体现在它对理性的崇尚和对美的追求上，而美则被认为是以外表和真实相协调的形式表现出来的事物之间的高度和谐。"[②]"外表"即"形相"，"真实"即"结构、功能、意义"，也只有外表与真实一致乃至和谐，即"形相、结构、功能、意义"这四大子系统之间达到动态的平衡，"形式美"方才得以诞生，而非仅是外表、外观、外形之美，如同马歇尔·布劳耶（Marcel Breuer）在1935年《我们的立场在哪》的论文中所说："我们不需要靠外来形式的、纯装饰的、或由未经设计的结构构件所装饰出来的美；也不需要对某种尺度的任意夸张、靠纯属昙花一现的时髦来获得的美。"[③]

"外形坦率地反映内在功能"[④]，荷加斯（William Hogarth）的《美的分析》（*The analysis of beauty*）就敏锐地分析了设计之美应以满足功用需要为目的，他在"论适应"一章中认为设计每个组成部分的合目的性使设计得以形成，同时也是达到整体美的重要因素，仅就造船而言，船的每一部分亦是为适应航海这一目的而设计的，"当一只船航行顺利时，船员们总是称它为美人"[⑤]。"'平衡之美'是一切设计中的基本思想，因为平衡的原则具有普遍的意义。"[⑥]其实，任何一种形式的表现，都跟许许多多的环境有关，必须同这些环境妥善地取得平衡与协调。否则，形式的表现不仅将丧失其优点，还会产生相反的效果，如音乐的和弦是由相互协调的音交融组成的，必须在恰当的时刻和在恰当的调性整体中发出奏鸣，因此，若把它独立地掺入乐曲中，就一定会引起不和谐的效果。普森（N. Poussin）的油画《艾利才和利百加》(*Eliezer et Rebecca*)(图2-21）则是一幅关于《创世记》24章的宗教题材作品，利百加（Rebecca）与艾利才（Eliezer）均是旧约中的人物，前者是以撒的妻子，后者是亚伯拉罕派去为儿子以撒娶妻的仆人，他求神施恩，在井旁遇到利百加。

---

① ［美］唐纳德·A·诺曼:《设计心理学》，梅琼译，中信出版社2003年版，第XI页。

② ［意］弗拉维奥·孔蒂:《希腊艺术鉴赏》，陈卫平译，北京大学出版社1988年版，第3—5页。

③ 转引自［英］尼古拉斯·佩夫斯纳、J·M·理查兹、丹尼斯·夏普编著《反理性主义者与理性主义者》，邓敬、王俊、杨矫、崔珩、邓鸿成译，中国建筑工业出版社2003年版，第5页。

④ ［美］约翰·奥姆斯比·西蒙兹:《启迪：风景园林大师西蒙兹考察笔记》，方薇、王欣编译，中国建筑工业出版社2010年版，第106页。

⑤ ［英］威廉·荷加斯:《美的分析》，杨成寅译，广西师范大学出版社2005年版，第11—12页。

⑥ ［美］伊利尔·沙里宁:《形式的探索——一条处理艺术问题的基本途径》，顾启源译，中国建筑工业出版社1989年版，第274页。

这幅画在整体场景上看，存在着稳定与不稳定的两种画面结构——背景静止地融入自然风景的建筑群以及画面前景右边三名静穆的妇女、画面前景左面动态的一群激动的妇女。在克洛德·列维－斯特劳斯看来，画家普森在这一形式系统的组织上有着相当精妙的建构策略：“若把每个人物形象分别开来的话，都是一幅杰作；每组人物群又构成另一种杰作；组成全图的整体人物也是杰作。3个层次的结构互相接合，每个层次达到同样完美的境界；以至整体的美具有一种特殊的密度。”[①] 由之，普森采用的其实就是一种系统化设计方法在二维平面中的完美建构。

图 2–21　油画《艾利才和利百加》

“形相、结构、意义与功能”这四种独立亦关联的变量在其形式系统内部互相强化，所有子系统内部的要素也对形式系统起作用，即“要素间偶然的连接”[②] 的这一普遍情况导引了艺术形式建构的复杂性，须在形式生成方面综合考量“形相、意义、结构、功能”这四大维度。尼古拉斯·雷舍尔（Nicholas Rescher）曾明确指出系统的复杂性是“关乎系统组成要素的数量和多样性的问题，是关乎组织构造和运作构造的相互关系精巧性的问题”[③]。形

① ［法］克洛德·列维－斯特劳斯：《看·听·读》，顾嘉琛译，生活·读书·新知三联书店1996年版，第17页。

② ［英］马林诺夫斯基：《文化论》，费孝通等译，中国民间文艺出版社1987年版，第13页。

③ ［美］尼古拉斯·雷舍尔：《复杂性——一种哲学概观》，吴彤译，上海科技教育出版社2007年版，第8页。

式的多样性之原因也就在于其四大子系统（四大变量）之间互相组构的无限变化性，如具有相同的结构，却可以表现出不同的形态。艺术史家雷德侯认为荟萃了上古的预言与智慧的名著《易经》中八卦形式系统的建构策略就是“二进制代码”[①]，即仅用两个要素——“一条间断的线与一条不断的线”——的结合来建立起单元，并用八种不同的方式将三条线段排列为一组，八卦亦两两相重，成为由六条线组成的图形，便可形成六十四种不同的形式组合系统。此种无限的进一步转换与变化，据说可以衍生“万物”，亦即宇宙中无穷无尽的种种现象。（图 2–22）李约瑟（Joseph Needham）在《中国科学技术史》（*Science And Civilisation In China*）中则把《易经》评论为一个关联的有机论思维系统和庞大的宇宙“归档系统”，即“人类社会和自然界的图景都包含着一种坐标系统、一种表格结构或一种等级化的基层，其中每件事物各有其位，并通过‘适当渠道’而与其他一切事物相联系。一方面，有国家的各个部门（组成一个坐标轴）和九品官制（组成另一个坐标轴）。另一方面，与此相对则有五行或八卦或六十四卦（组成一个坐标轴）和在它们中间被划分开来并且每一个个体对它们都有感应的万事万物（组成另一个坐标轴）”[②]。

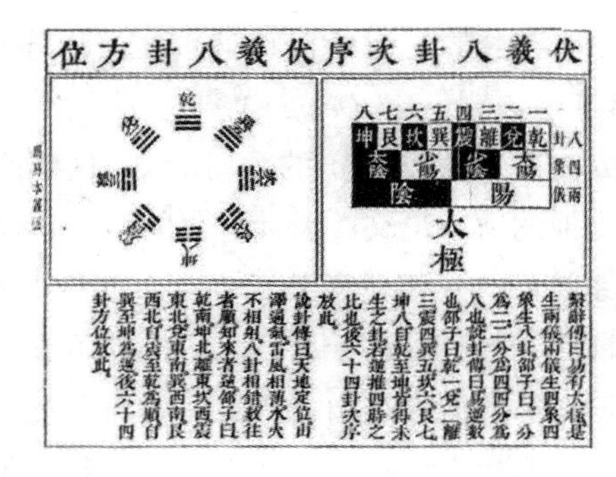

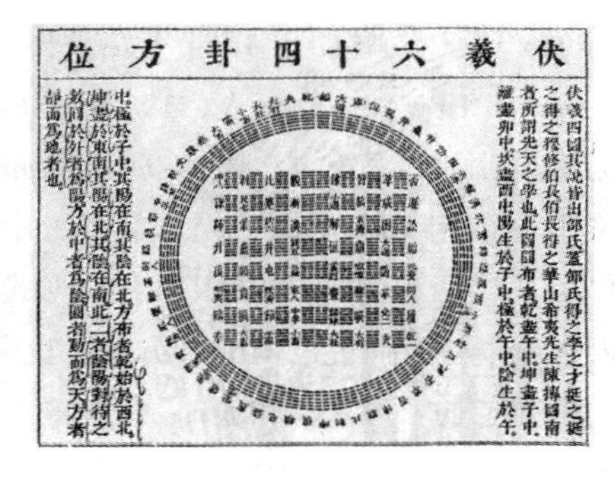

图 2–22 《易经》中的八卦形式系统

因此，艺术形式系统的建构过程就是对“形相、功能、结构、意义”的组织与调整，以达到系统匹配[③]的全过程，使得每个部分都能找到它们确定的

① ［德］雷德侯：《万物：中国艺术中的模件化和规模化生产》，张总等译，生活 · 读书 · 新知三联书店2005年版，第5页。

② ［英］李约瑟：《中国科学技术史（第二卷 · 科学思想史）》，何兆武等译，科学出版社1990年版，第338—339页。

③ 系统匹配就是指系统内相关联要素之间的和谐对位关系。

关系，即“形式和过程是一个单一现象不可分的两个方面。这就是一个东西的外表样子是这个东西的一个重要方面”[①]。拉普卜特曾论：“形式也可以在功能问题和解决手段中得以调适，根本不用刻意于美学风格的追求。”[②]杜安·普雷布尔（Duane Preble）与萨拉·普雷布尔（Sarah Preble）在《艺术形式》（*Art Forms*）中指出：“一个建筑的雕塑般形式，如果是从内部生成的——即由结构旨在发挥的功用决定的，那么，这一形式便充分发挥了它的作用。”[③]老子亦有一著名的论断：“三十辐共一毂，当其无，有车之用。埏埴以为器，当其无，有器之用。凿户牖以为室，当其无，有室之用。故有之以为利，无之以为用。”（《老子》道德经第十一章）而“毂、器、室”的形式系统在“形相、功能、结构、意义”子系统上分别表现为“三十辐、埏埴、户牖”与“车之用、器之用、室之用”、“无”与“车、器、室”。须知，“一物的形式决定于其基本及衍生的性质”是一个普遍的原则，“形式上有些要素是不变的，它们是规定于它所有用的活动的性质；有些要素是可以变异的，这变异或是起于同一问题可有种种不同的办法，或是起于任何解决所附带的不十分紧要的细节”[④]。

系统论影响下的设计方法，即“试图将各自的设计观点系统化并转化为一种简化的设计方法，其中的代表人物如布鲁斯·阿彻（L. Bruce Archer）”[⑤]。阿彻于1964年在英国皇家艺术学院担任设计研究室（Design Research Unit）的负责人，1963—1964年在《设计》（*Design*）杂志发表了题为《设计师的系统方法》（*Systematic method for designers*）的系列论文，这些论文于1965年结集出版为同名书籍，并为他的博士论文《设计过程的结构》提供了基础。[⑥]（图2-23）其实，对形式系统的“形相、意义、结构、功能”这四大维度进行研究的“分析方法”也可以扩展为一种“设计理念”，进而形成一种独特的“形式操作策略”，即将“形相、功能、结构、意义”这四大子系统视作形式系统的参数变量，可把景观形式设计作为一个总的参数函数，在这一函数方程式中，改变其中任一相关参数变量的值，就可获得新解，亦即

---

① ［美］I·L·麦克哈格：《设计结合自然》，芮经纬译，中国建筑工业出版社1992年版，第234页。

② ［美］阿摩斯·拉普卜特：《宅形与文化》，常青、徐菁、李颖春、张昕译，中国建筑工业出版社2007年版，第4—5页。

③ ［美］杜安·普雷布尔、萨拉·普雷布尔：《艺术形式》，武坚等译，山西人民出版社1992年版，第117页。

④ ［英］马林诺夫斯基：《文化论》，费孝通等译，中国民间文艺出版社1987年版，第21页。

⑤ 鲁安东：《“设计研究”在建筑教育中的兴起及其当代因应》，《时代建筑》2017年第3期。

⑥ Archer，L.Bruce，“Systematic method for designers：Part one：Aesthetics and logic”，*Design*，1963（172），pp.46－49.

动态的形式系统的设计方案。且形式系统内的要素遵循系统内部的一定规则而构成了复杂作用的非线性的交互关系，因而动态的形式系统建构过程就是一种“受限生成”的复杂系统组构与参数整合。同时，形式系统建构也受外部的环境所影响，并呈现在基于内外因素复杂的交互作用下的子系统与系统要素之间“非线性”复杂的构合性关系。彼得·福西特（Peter Fawcett）针对建筑艺术创作即指出：“设计者将不得不去考虑许多同时出现的问题，甚至要或多或少地重新考虑在设计过程中已经解决了的问题，以至于解决一个相对简单的建筑问题也要经历一个复杂的过程，而不是简单的直线模式。”①

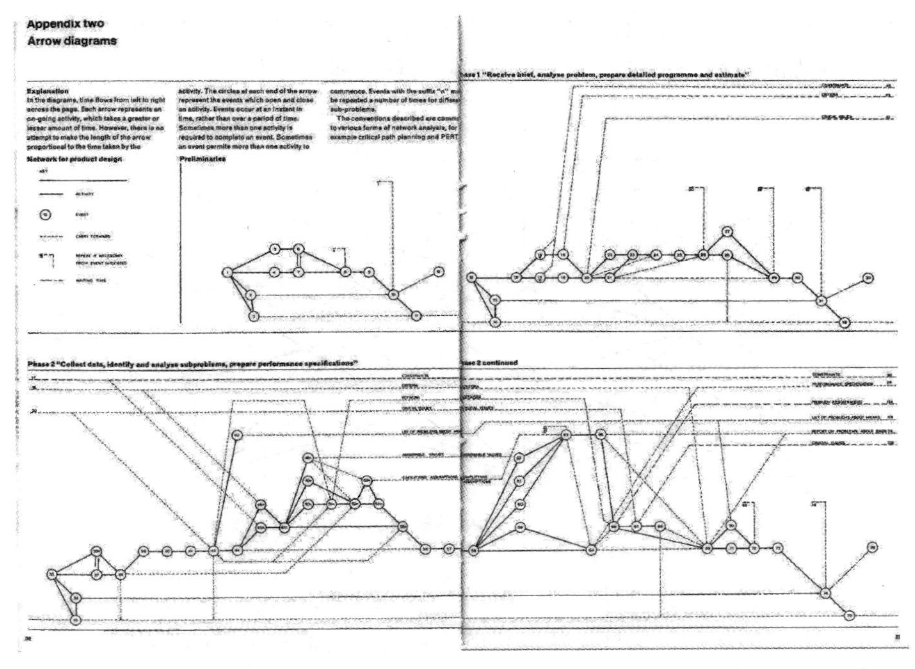

图 2-23 在示意图中，时间流从左向右，不同箭头代表着不同活动，箭头连接着的圆圈代表着不同事件

图 2-24 为形式操作策略的简化图解，其中每一线条都具有某种相伴的、相互反射性的权重张力，并能引发特定的联结性反馈和回路，形式系统乃由其四大子系统之间的动力学相互交织作用关系中形成的。因之，景观艺术形式系统的生成和发展也就成为外部与内部各种影响设计的参数变量相互作用

① ［英］A· 彼得 · 福西特：《建筑设计笔记》，林源译，中国建筑工业出版社2004年版，第11页。

逻辑化的结果，也是外部各种复杂因素影响及内部各种动态的机制与需求综合作用下的结果，其“形式操作策略”也就是一种网络状的“内外参数交互生成策略”、一个不断根据系统的反馈进行调整的多解的过程。值得注意的是，在某些门类艺术形式的构成及表现中，仍然离不开“内容与形式”、“感性与理性”和“主观与客观”的统一，不能将其中一个方面孤立地看待，同时笔者所提出的“形式操作策略”和“内外参数交互生成策略”的设计方法论仍然属于一种“设计创作规律的解释性框架”，必须注意避免陷入艺术创作方法的“机械主义”问题，这也恰如约翰斯顿所说：“在实在论研究中，所研究规律的普遍趋势是在其特性不能被预测的特定偶然条件下实现的，因此排除了对假设趋势的任何绝对检验……理论都必须通过指出经验材料的试验性和误差来加以评价……这些评价必须是在解释性框架层次上。”①

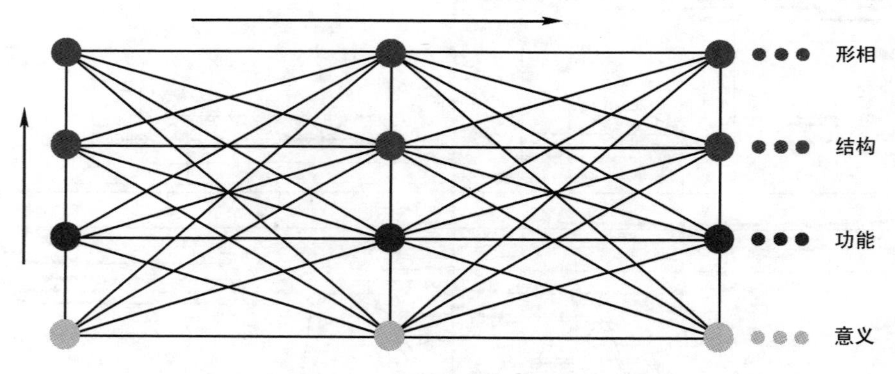

图 2–24　形式操作策略的简化图解

微观尺度而言的经典案例，如非洲乍得湖畔（Lake Tchad）的莫斯古姆（Mousgoum）部落拥有呈蜂巢状曲折的土坯房，其形式系统的建构亦为基于功能子系统、结构子系统以及意义子系统的“拼贴”（Bricolage）式操作，形相子系统（材料、外观等）最终得以呈现出来，而其形式要素也被整合进形式系统成为不可独立分割的一部分，该土坯房亦以达到四大子系统的平衡状态为建构终点。（图 2–25）“拼贴”这一术语在列维 – 斯特劳斯《野性的思维》（*The Savage Mind*）② 中被提出，该术语亦被泰伦斯·霍克斯（Terence Hawkes）描述为一种“具体科学”，因而也就还原了它本初的人类学含义：“[拼贴] 指

---

① ［英］R.J. 约翰斯顿：《哲学与人文地理学》，蔡运龙、江涛译，商务印书馆 2001 年版，第 220 页。
② ［法］列维 – 斯特劳斯：《野性的思维》，李幼蒸译，商务印书馆 1987 年版，第 23 页。

图 2-25　莫斯古姆部落呈蜂巢状曲折的棚屋

的是那些所谓的既没有读写能力，也没有专门技术的‘原始人’对周围世界的回应方式，这个过程包含一种‘具体科学’（和我们‘文明的’、‘抽象的’科学相对立）。这种科学绝非缺乏逻辑，事实上，它以一套和我们截然不同的‘逻辑’，仔细而精确地将丰富多彩的物质世界的一分一毫加以整理、分类、定位。这些‘即兴的拼凑’或者拼凑（Made Up）的结构（这些是拼贴的过程的大体描述），作为对环境的特别回应，被用来在自然秩序与社会秩序之间建立起同构（homologies）和相类似的关系，从而可以令人信服地‘解释’世界，并得以在其中安身立命。”① 虽然只是一代代简单地重复相同的经验，建造行为被习惯所支配，但其棚屋形式系统的建构却与其自然环境之间形成了轻松对话与和谐共存，发挥着功能、意义等方面的效应。若从“土材土工”“粗材细作”的技术标准角度来审视这种半球状土坯房，“这种原始性文化里的房屋显得非常简陋，而事实上建造者的智能与我们并没有什么不同，都是在用所能掌控的全部资源来造房子”②。首先，这种半球状小棚为最小热传递提供了最有效的表面，使居于其间的人免受赤道附近烈日的强烈炙烤。其次，一系列垂直辅助更稳固了它的形状。除了辅助支撑主体结构外，这些辅助还起

① ［美］迪克·赫伯迪格：《亚文化：风格的意义》，陆道夫、胡疆锋译，北京大学出版社2009年版，第129页。

② ［美］阿摩斯·拉普卜特：《宅形与文化》，常青、徐菁、李颖春、张昕译，中国建筑工业出版社2007年版，第3页。

着雨水引流作用，并在建造过程中作为脚手架让修建者上到更高一些的地方。因为当地木材很缺乏，所以并未采用一次性脚手架，脚手架本身就是结构的一部分，在一段时间以后当主人要上去维修棚屋时，这些支架仍然在那里，莫斯古姆人“用同一双手建房也修房，房屋所遇到的任何突发情况都如同最初建造时一样，是形式形成过程的一部分”[①]。同时，每个棚屋都恰当地坐落于凹下和狭窄之处，这是因为它的结构同下面的土层一样不牢靠，任何由大意选址所致的异质与不连续性，都会使其无法免受侵蚀。而且这些棚屋所构成的组群反映了其社会习俗所要求的社会秩序，即每个男性成员的棚屋都被其妻子和从属的棚屋所环绕。通过这种方式，那些附属棚屋亦成为了主棚屋的围墙，可保护成员不受野兽和入侵者的侵袭。

西班牙设计师哈维·冯特（Xavier Font）于2000—2004年间修复设计完成了巴塞罗那圣特瑟·罗尼（Sant Celoni）小镇的断桥（图2-26a、b），其中，最关键之处在于冯特以钢结构“唤醒”了断桥原来的形式。在第14和第15世纪之间的中世纪时期建造的断桥本是一个哥特式桥梁，其主要拱形结构在1811年的拿破仑战争期间遭到了破坏，从那时起，只有部分废墟，因而赢得了其名字“断桥”。在随后的约190年间，没有任何修复的尝试，一直以废墟的形态向世界呈现着。直到1996年，该桥所连接的两个村庄的居民决心建立“罗马桥梁协会2000”以筹集资金来进行修复。设计师冯特采取了一种与先前截然不同的方式来建造残缺的部分，即选用现代材料——钢以及当代结构技术以恢复桥梁的功能，其重建策略是使钢结构的桥拱与原有石材桥拱在几何曲度上保持一致，运用了材质对比的方式着重凸显了桥梁遗骸和新的形式系统的再生产，而不是设法创造一个仿制品。因此从某种意义上说，它仍然是一座“断桥”。由之，一件艺术作品形式的形成取决于艺术家的创作动机和所使用材料的特性，艺术家通过作品的形式来与欣赏者交流。形式产生的根源和创造者是艺术家，而作品则是传达情感的中介物。但形式并不是靠材料与构造来表现的，而是靠材料与构造所具有的比例与节奏——内在的形式结构关系来表现的，亦如大自然造物之鹦鹉螺的内在曲率结构所呈现的韵律之美。（图2-27）

---

① ［美］克里斯托弗·亚历山大：《形式综合论》，王蔚、曾引译，华中科技大学出版社2010年版，第17页。

图 2-26a 修复后的巴塞罗那圣特瑟·罗尼断桥组图

图 2-26b 修复前的巴塞罗那圣特瑟·罗尼断桥

图 2-27 鹦鹉螺贝壳曲线

景观艺术形式系统建构在宏观尺度层面的典型案例是位于荷兰[①]阿姆斯特丹（图 2-28）郊区库伊（Gooi）地区的纳尔登（Naarden）小镇（图 2-29），它坐落在伊塞尔迈尔湖（Ijsselmeer）的南端，其 17 世纪的城市重建即由六角星形状的要塞环绕，厚重的城墙以及宽阔的护城河共同组成了这座筑垒。这个堡垒形状比较特别，在外围还增加了护城河，鸟瞰该镇好像有一只乌龟趴在水面中，不过这种结构的防御能力变得更强了。在刘易斯·芒福德看来，纳尔登是“始生代技术鼎盛时期城市建设和防御工事的一个出色例子……城市轮廓清晰，与周围的乡村形成鲜明的对比，比随后出现的任何一种城市规划都要先进得多”[②]。丹纳在 19 世纪后半叶则如此评价了阿姆斯特丹：“给

① 荷兰在日耳曼语中叫尼德兰，意为“低洼之国”。由于国土狭小，地势偏低，所以荷兰人采取了兴修水利、围海造田等诸多不同的措施来改造并维持这片土地的宜居性。荷兰人与自然之间的共生关系，使得他们对自然之本质的理解更加透彻，如何顺应与改造自然，同时又建构一个适宜生存的栖居家园是他们在景观艺术中竭力营造的两大向度。迁延至今，现代荷兰景观设计形成了艺术感性与功能理性相融的处理景观问题的法式。参见刘力《从 WEST8 透视荷兰景观》，《华中建筑》2009 年第 9 期。

② ［美］刘易斯· 芒福德:《技术与文明》，陈允明、王克仁、李华山译，中国建筑工业出版社 2009 年版，第 141 页。

人的印象是那块地方被人用手和技巧从上到下改造过了，有时竟是整块的制造出来，直到那地方变得舒服与富饶为止。”[①] 且荷兰纳尔登小镇的景观形式与15世纪的意大利建筑师和雕塑家费拉雷特（Antonio Averlino Filarete）在《论建筑》(*Trattato d' architettura*）一书中所描绘的“理想城市”——斯福辛达（Sforzinda）[②] 在形式系统建构意匠上也有着惊人的相似（图2-30），因为文艺复兴时期“设计的理想城市是服务于军事工程标准化的城市模式，有多层的街道成为对未来的设想”[③]。

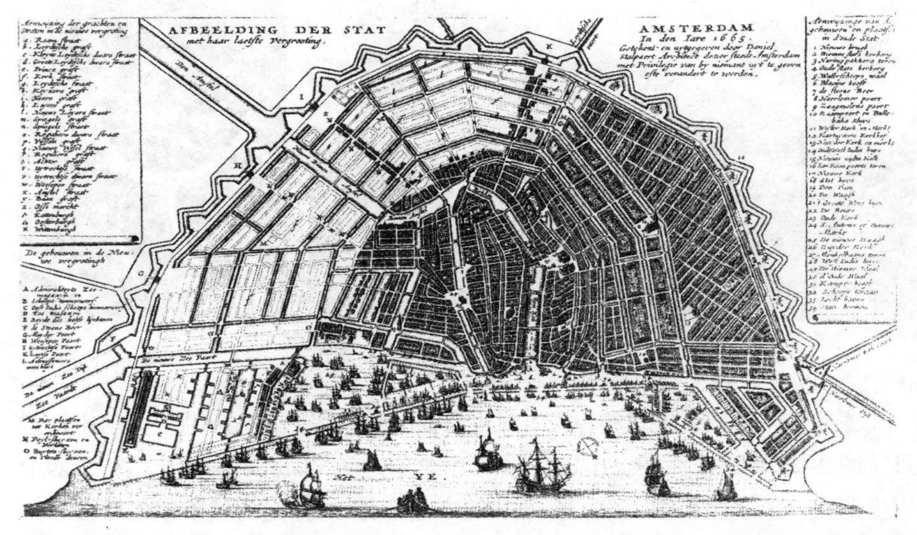

Fig. 72. Amsterdam in 1665 by the town architect Daniel Stalpaert. The extent of the built-up area is clearly seen. The Nieuwe Werk was already crammed with working-class housing, but development east of the Leidsegracht had scarcely begun. (Photograph: Topografische Atlas, Gem. Archiefdienst, Amsterdam.)

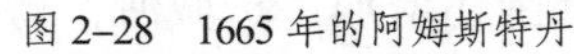
图 2-28　1665 年的阿姆斯特丹

图 2-29　荷兰纳尔登小镇

① ［法］丹纳：《艺术哲学》，傅雷译，人民文学出版社1986年版，第167页。

② 斯福辛达（Sforzinda）后被米兰公爵命名为弗朗切斯科·斯福尔扎（Francesco Sforza）。

③ 荆其敏、张丽安编著：《生态的城市与建筑》，中国建筑工业出版社2005年版，第27页。

虽然斯福辛达从未建成，但其设计的某些方面仍被相当详细地描述。这个城市的基本布局是被一个圆形护城河所围护的八角星形状的坚固围墙，城市中心为一长方形，大教堂和皇宫安排在长方形的两条短边上，商人区和食品市场安排在两条长边上，16 条由中心而来的放射街道上，都有一个副中心，其中 8 个安排在有教区一级的教堂，另外 8 个留作专业商品市场。这种形状的构成可能与费拉雷特对几何所具有的护身符般的魔法力量以及占星术的观念密切相关，“通过这样一个层次（一种地位与功能的次序），美好建设的城市才能得以实现”[①]。系统化的、有关宇宙的艺术作品，其主要特点就是以几何图形为中心构思的编排，但“无论怎样的组织化，全都基于近接性，连续性、闭合性原理，而且还证明其结果，诸要素的集合具有形成多簇状（Cluster）、列、圆环或这三种结构组合的顺序”[②]。在 1593 年威尼斯共和国建造的一个新城镇帕尔马·诺瓦（Palma Nuova）（图 2-31）中，斯福辛达的原型表达式秩序被真正建构出来了，其亦与纳尔登小镇在形式结构原理层面存在着亲缘关系。

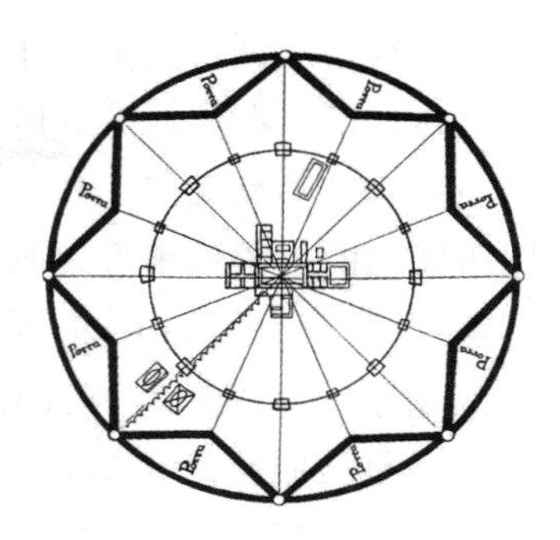

图 2-30　“理想城市”斯福辛达

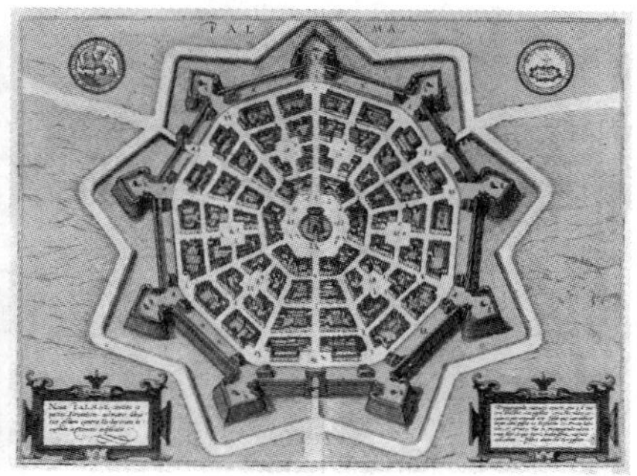

图 2-31　1593 年威尼斯城镇帕尔马·诺瓦

① ［美］柯林·罗、弗瑞德·科特:《拼贴城市》，童明译，中国建筑工业出版社 2003 年版，第 88 页。

② ［挪威］诺伯格·舒尔兹:《存在·空间·建筑》，尹培桐译，中国建筑工业出版社 1990 年版，第 106 页。

相较于欧洲传统的城市设计[①]，中国则更加强调“自然与城市”之间的整体和谐，在从庭院到区域的各个层次都渗透着对“自然”的观照、因借与融合。吴良镛先生在《寻找失去的东方城市设计传统——从一幅古地图所展示的中国城市设计艺术谈起》中即以其珍藏的《福州图》为典型案例解析了福州城的山水环境与城市的建设经营：“中国传统城镇的构成明显区别于西方城镇，有其独特的美学原则……中国古代建筑，无论官式建筑还是民间建筑，都有一定的‘制度’，但最终还是形成了各类富有特色的地方建筑和千差万别的城市形态，其关键就在于杰出的城市设计的布局。”福州位于福建闽江流域的福州平原，西汉初（约公元前202年）闽越国建都冶城，是为建城之始；经过历代的经营发展，到这幅地图（图2-32）所标志的明清时代，已臻极盛。地图绘制于嘉庆二十二年，即公元1817年，从中我们可以看出城市布局的特色。[②]

吴良镛1988年于哈佛大学燕京图书馆依据美国汉学家伯顿·F·比尔斯（Burton F. Beers）的《旧照片中的中国镜像（1860—1910）》(*China*: *In Old Photographs*, *1860-1910*)[③]中的福州城老照片（图2-33）所绘制的钢笔画草图（图2-34），图中表现了于山白塔（右）、乌石山石塔（左）和南门，可看出城市空间布局之旧貌。“兹借福州城丰富的美学创造，并进一步加以分析。城市布局的美学格局源远流长，其形成发展有着复杂的政治、经济、社会、地理、文化背景。每个时代的政治、经济、社会背景不一，城市发展即是在此基础上顺应自然地理条件，因地制宜，逐步推进的。在这种推进过程中，人工景观与自然景观逐步结合。如

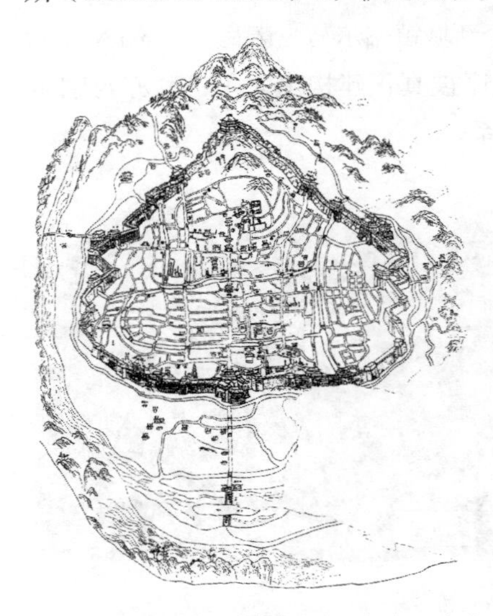

图2-32　清代福州图［嘉庆二十二年（1817）］

① 清华大学建筑学院景观学系杨锐教授认为19世纪前的西方城市设计和19世纪后的城市设计是有区别的，这种区别是由工业革命所造成的。

② 参见吴良镛《寻找失去的东方城市设计传统——从一幅古地图所展示的中国城市设计艺术谈起》，《建筑史论文集》2000年第1期。

③ Burton F.Beers，*China：In Old Photographs*，*1860-1910*，New York：Simon&Schuster，1978.

图 2-33　福州南城左右阙门的照片

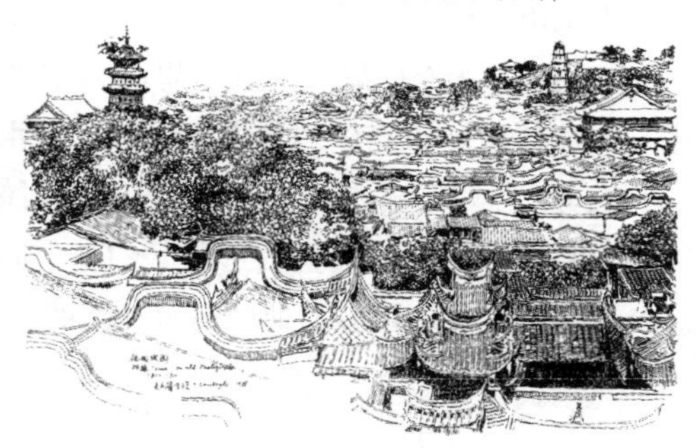

图 2-34　吴良镛的钢笔画草图

前述‘镇海楼’，明初在越王山建，据风水家云：‘会楼四面群山环绕，惟正北一隅势称缺，故以楼补之’(《榕城考古略》)，也就是说，以处理某幢重点建筑物来强化整个城市北部的山水—建筑构图。可见，人工景观与自然景观的结合是逐步取得的，是在不断变化中谋求完整而取得的，是‘人工建筑’(Architecture of Man)与‘自然建筑’(Architecture of Nature)逐步的最佳的结合。在城市发展过程中，上述‘人工建筑’与‘自然建筑’相结合的取得，在于遵循不断追求整体性或完整性的原则(Creating the Growing Wholeness)，逐步达到最佳结合。这是城市设计的一条重要的原则，在福州城的历史发展过程中已经得到了明显的展示。福州城这种不断追求而取得的整体性或完整性是城市设计、建筑、园林规划建设综合的结果。从整个城市构图到大小不一的重点建筑群，可以说都是‘三位一体’，做到了综合的创造……古福州城的城市设计成就还在于它是‘没有城市设计者的城市设计’(Urban Design Without Designers)，是世代隐世埋名的匠师以其敏锐的目光和生活体验，在尊重前人创造的基础上增补而成的。”[①]

“中国多山地和丘陵，也多大江大河，山水是中国人对国土自然环境的基本认知，也因传统文化中的山岳崇拜、封禅制度和神仙思想而得到进一步强化。除了都城外，大多数中国古代城市的尺度并不大，然而中国古人的营城实践却是在更广阔的区域视野下进行的。风景的尺度远远大于城市的尺度。古代方志多详细记载了城内外空间的发展和变迁，而舆图则通过图式描述了古人对于城市与环境之间关系的认知。许多舆图将画面的大部分都留给了山水，城市只占画面很小的范围，这说明古人始终将山水环境视为城市营造的基础，而城市营建的核心在于寻求城市与山水的呼应关系上。”[②]（图 2–35）杨锐与袁琳在《从“山—水—城”营建透视“景观都市主义”思潮》中则更加明确地提出了对“山水”的关注是中国传统城市营建的首要出发点，山水“形胜”是城市存在的首要标准，历代各地方志都将“形胜”作为志书编写体例中的固定部分，显示着城市营建对山水环境的重视，而且“形胜”的基本原则开启了城市营建中对山水秩序的追求，城市营建体现着与地域山水脉络的有机联系。[③]

图 2–35　永嘉县城与周围环境

王向荣与林箐即以《国土景观视野下的中国传统山—水—田—城体系》为研究主题探讨了“农业与城市”之间的系统建构逻辑：

---

① 吴良镛:《寻找失去的东方城市设计传统 —— 从一幅古地图所展示的中国城市设计艺术谈起》,《建筑史论文集》2000年第1期。

② 王向荣、林箐:《国土景观视野下的中国传统山 — 水 — 田 — 城体系》,《风景园林》2018年第9期。

③ 参见杨锐、袁琳《从“山 — 水 — 城”营建透视“景观都市主义”思潮》，载《明日的风景园林学国际学术会议论文集》，中国风景园林学会2013年版，第129—140页。

水利和农业系统是区域景观结构的基底，而区域的山－水－田网络结构也是城市结构的基础。各地依据不同的自然条件创造出的农业生产的支撑系统，如陂塘、运河、灌渠、海塘等，实际上也是城市的环境支撑系统。比如位于水网地带的城市，城市水网与城外塘浦系统相连相通，由此分割的城市地块与城外的圩田具有相似的尺度和形态，成为广阔水乡中的一个节点。位于太湖南岸的湖州，处于天目山发源的苕溪水系、杭嘉湖平原的运河水系以及环太湖溇港塘浦水系交会融合之处，密集的水网和大大小小的岛状圩田构成了典型的江南水乡农业景观。从地图上看，清代湖州府城就是坐落于一系列岛屿之上的水城。[①]（图 2–36）

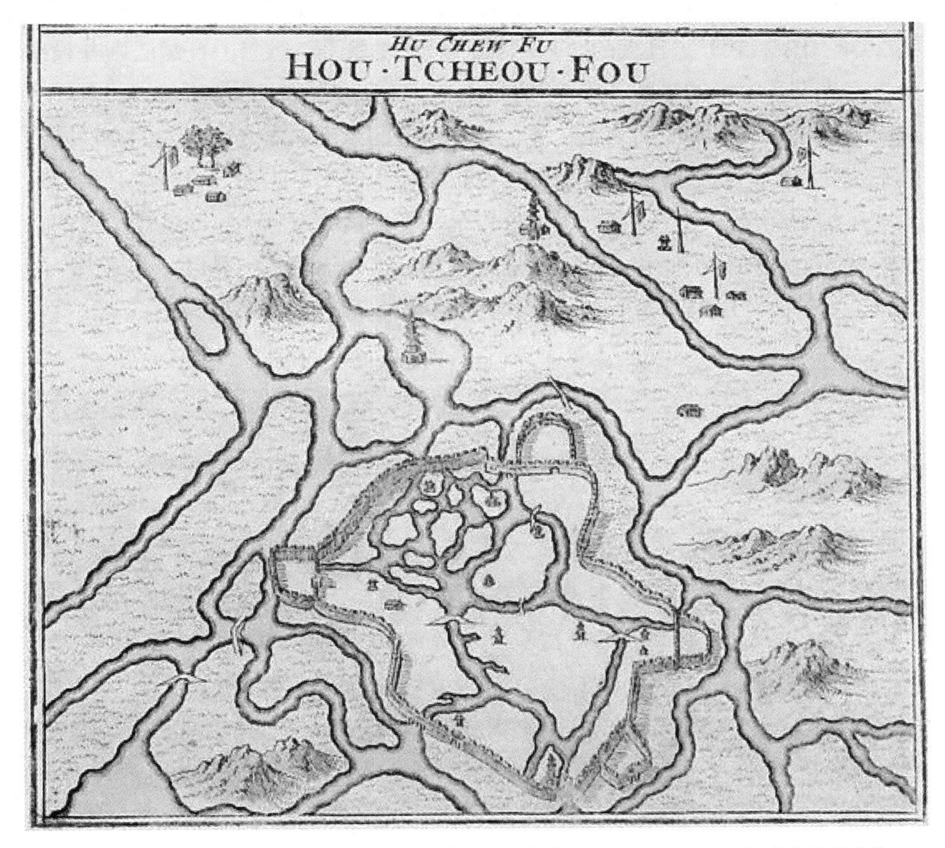

图 2–36　1750 年法国地理学家雅克·尼古拉斯·贝林（Jacques Nicolas Bellin）所作湖州府城古地图

① 王向荣、林箐：《国土景观视野下的中国传统山—水—田—城体系》，《风景园林》2018 年第 9 期。

三、走向“自组织”的景观艺术形式

走向“自组织”意味着形式系统的“被组织”是按照“自组织”方式进行建构的，如坐落于四川成都平原西部岷江上的都江堰就是一项我国劳动人民几千年前建造的人工水利景观组织系统，建于2000多年前但沿用至今的“与洪水为友的生存艺术”的水利设施，“它是以自然为友并利用自然力的典范”①。都江堰始建于秦昭王末年（约公元前256—前251），是蜀郡太守李冰父子在前人鳖灵开凿的基础上组织修建的大型水利工程，都江堰渠首枢纽主要由“鱼嘴”“飞沙堰”“宝瓶口”三大主体工程构成，三者有机配合，相互制约，协调运行，引水灌田，分洪减灾，具有“分四六，平潦旱”的功用。（图2–37、图2–38、图2–39）一旦人的“艺术意志／设计意图”适应于自然法则并投射至自然生态系统中的过程完成（“他组织”的人工基体），自然表象即将其“自组织”的自然母体特征归纳至从属于文化系统的景观艺术之中，人们亦认同它的系统完整性达到了最优化。因此，这也是一个典型的走向“自组织”的形式系统建构的绝佳案例——自组织过程也是一个自适应过程——即遵循了成都岷江附近的自然环境条件和大自然的运行规律，换句话说，它是以“自组织”的规律为基础而“建构”起来的，所以至今它仍然系统完善、运行良好。

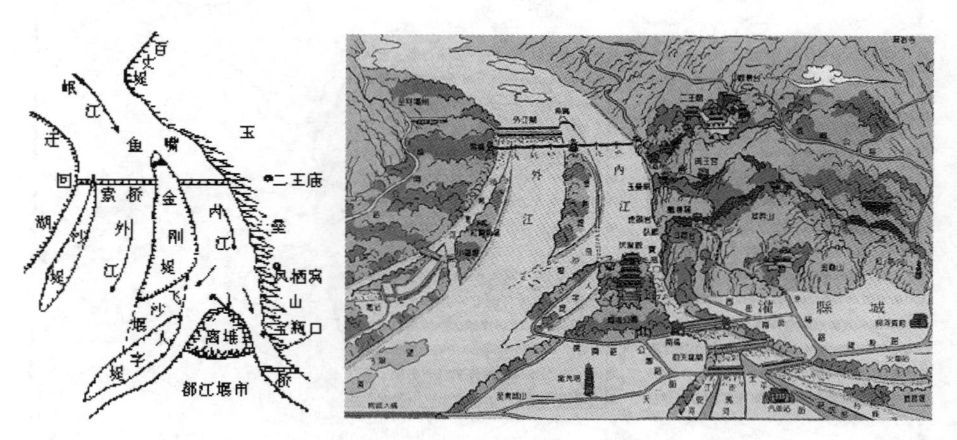

图2–37 都江堰水利系统工程原理图

① 俞孔坚:《回到土地》, 生活·读书·新知三联书店2014年版，第29—30页。

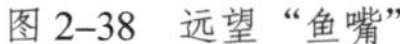
图2-38 远望“鱼嘴”

图2-39 “离堆锁峡”

景观艺术形式系统作为一种介于文化与自然之间的系统，它至少有一部分是某种程度的自组织和自调节的产物，因为“系统组成之间、系统与环境之间具有相互作用的复杂系统，则具有这样的属性：作为整体的系统不可能只通过分析其组分而得到完全理解。而且，这样的一些关系并非固定不变的，而是流动着、变化着，常常是作为自组织的结果”，此乃“由于系统必须应对环境中的不可预测的变化，系统结构的发展也就不可能包含在某种控制着系统行为的刚性程序中。系统必须是‘可塑的’”[①]。而“人性化景观中的有机形式”（Organic form in the Humanized Landscape）这一设计语汇就可以说是介于促成“生长的”（Growth）和“改变的”（Change）自然的动态能量以及为人类表达“某个意图的组织”（Organization for a Purpose）之间的形式系统建构的产物，作为承载这些语汇的景观艺术作品也将成为“连接人与自然的桥梁”，即在与环境交换能量和物质的开放的景观艺术形式系统中，“它可以由某种特殊的生物能量过程通道组成，例如光合作用，或是由一个生态系统不同小生境之间相互关系的进化的宏观分支所组成”[②]。

（一）“自由地生长”

“黑暗的中世纪”的城市较之于古典时期希腊－罗马的城市以及当今城市在形式上更显生动，缘何如此？当中世纪城市的断面被切开时，所呈现的剖面却并不“黑暗”，相反，它们是多姿多彩的，其机缘就在于“自组织”机制是城市景观艺术形式生成的主要内在动力源之一。中世纪的许多城

① ［南非］保罗·西利亚斯：《复杂性与后现代主义：理解复杂系统》，曾国屏译，上海科技教育出版社2006年版，第16—17页。

② ［美］埃里克·詹奇：《自组织的宇宙观》，曾国屏等译，中国社会科学出版社1992年版，第244—245页。

镇是由早先的村庄或古典时期大城市的边缘地带发展而来的，一部分罗马时期遗留下的奴隶转变为工匠，成为自由市民。当这些村庄获得城镇的合法地位后，产生了特有的政治单元——小教区，即以教堂为核心的城镇组织形成了一种引力平衡，并成为居民们赖以团结、常常相聚的“社区中心”。同时，中世纪一成不变的生活方式和稳定的传统也造成了以人类生活需求为准绳的环境，“居民点伸入自然环境及罗马人遗留下来的城市景观中。它们自如而均衡地利用不规则地形，使与罗马城市设施那规律的线型导向相呼应，但并不遵循已有的规则和传统，通过微小的不规律来影响精确的古典道路体系和纪念性建筑物。农村住宅区却因与丘陵带、河流、盆地和海湾等自然状况相适应，从而将一定的体系引入大自然，其结果是自然与几何学之间的差距越来越小，直到最后几乎完全消失”[①]。

这些独自发展起来的小城镇（中世纪后期）的城市形态，摆脱了古典时期以行政特权为功能的城市，更摆脱了罗马风（Romanesque）的城市布局，它们是因地制宜的结果，是“自然而然”的景观。许多中世纪城市呈现不规则的有机规划，它们扎根于大地、形成与自然地貌的融合。芒福德在评述“中世纪城市规划的原理”时即说：“有机规划并不是一开始就有个预先定下的发展目标；它是从需要出发，随机而遇，按需要进行建设，不断地修正，以适应需要，这样就日益变成连贯而有目的性，以致能产生一个最后的复杂的设计，这个设计和谐而统一，不下于事先制定的几何形图案。”[②] 从形式系统之“形相、结构、功能、意义”四大维度来审视中世纪城市，虽具有许许多多的形相差异，但它们却都具有一个普遍的统一协调的有机形式结构，亦有超越表面相似性的相像——“对土地的每一种利用都反映其本身的内在价值”[③]。也正是由于它们的变化和不规则，乃基于建成的景观和自然环境之间关系的深刻领悟（人完全是其环境中的固有部分，而且他们始终不断地研究着自己周围的环境），完美亦精巧熟练地把实际功用需要和高度的审美力融为一体，自然现象在其总体设计中也常作为“起组织作用”的影响因子。利奥纳多·贝纳沃罗（Leonardo Benevolo）在《世界城市史》(*Die geschichte der stadt*）中曾如此评价：“中世纪文化不同于古典文化，它并不坚持外形上具有一定的

---

① ［意］L. 贝纳沃罗:《世界城市史》，薛钟灵等译，科学技术出版社2000年版，第333页。

② ［美］刘易斯·芒福德:《城市发展史——起源、演变和前景》，宋俊岭、倪文彦译，中国建筑工业出版社2005年版，第322页。

③ 俞孔坚:《回到土地》，生活·读书·新知三联书店2014年版，第60页。

模式，因而，不存在统一的、典型的中世纪城市面貌。对此，我们所发现的形式是不同的，因为城市总是以自己的形式和某种方式来适应地理及历史条件，正如我们已说明的那样。”[①]

芒福德在《城市文化》（*The culture of cities*）中也极度赞扬了中世纪城镇的规划师“巧妙利用了不规则地形、自然因素、偶然因素，以及意想不到的情况。当然，规划师同样也不反对采用对称和规则形态，尤其在边境布防城镇的规划建筑中，如果这座城镇可以建筑在一条新开辟的地块上”[②]。上文所提及的帕尔马·诺瓦、纳尔登等均是对称和规则的景观形态，再如法国的蒙塞居尔（Montsegur）（图 2–40），它在采用矩形街区做规划单元的同时，又对矩形街区稍事修改，很巧妙地适应了当地的地貌特征和边界走向，是一种“附属于土地”的景观形式，即有意识地通过巧妙的场地设计来回应土地和周围环境的各种条件，亦如同计成《园冶》关于景观建构原理的叙述：“今予所构曲廊，之字曲者，随形而弯，依势而曲。或蟠山腰，或穷水际，通花渡壑，蜿蜒无尽。”[③]

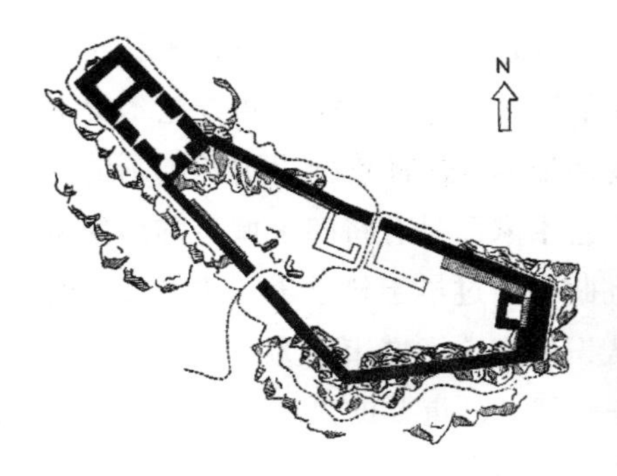

图 2–40　法国蒙塞居尔

米利都城市规划的基本特征是方格网，这也是城市规划设计中最为有利的方法，即规则的几何形网状道路系统，将特定的区域分成若干正方形或长方形的街区，其中一些可以留给特殊的建筑或者特殊目的之用，其余的进一步划分成单独的小块地，以适应需求。从规划师的观点来看，这种格网方法的最大优

① ［意］L. 贝纳沃罗：《世界城市史》，薛钟灵等译，科学技术出版社2000年版，第352页。
② ［美］刘易斯·芒福德：《城市文化》，宋俊岭、李翔宁、周鸣浩译，中国建筑工业出版社2009年版，第60页。
③ 陈植注释：《园冶注释》，中国建筑工业出版社1998年版，第91页。

势就在于它是刚性的秩序，可以忽略地形上的特征差别，换句话说就是它能够很容易地应用于任何地方（至少在理论上如此）。一个逐渐富裕的村庄都是顺着自然地形的等高线逐步发展，成为一个小镇。城市一般是围绕着一个山丘或者是沿着一条河逐渐形成，而且无疑都尽可能地不使用主要的农田。但是方格网的规划者简化了地形的不规则，或性质上的差别，直截了当地以几何形态划出方形、矩形的街区和小块地块，其大小（和价值）正好可以预先确定。毫不奇怪，这种方法深深吸引了那些渴望在一片空地上新建城市的人，或者是希望在原有随意建设的城市环境上强加一种可控之条理性的人。①

因此，中世纪市镇形态最大的特征在于：规划不是将预先设计好的如同古希腊建筑师希波达莫斯（Hippodamos）所倡导的城市"理性几何"的"棋盘街"（Milesian Plan）作为发展目标（图 2–41），而是一种土生土长的、丰富的总体设计下具"可自由增生"特征的整体系统②（当然，这种"自由地生长"规划思想在米利都老城的形成中亦占据着主导地位），自然形态与建成形态之间的界线模糊，即在一些城镇内便自然形成了不同功能的混合区域（不同于古典城市机械的功能分区），正如安布罗乔·洛伦采蒂（Ambrogio Lorenzetti）创作于 1335 年著名的木板蛋彩画——《靠海的城市》（即锡耶纳）中所描绘的那样（图 2–42）。该作品通常也被认为是西方艺术史上第一个真正的城市景观画，虽然缺乏透视而依靠多色的平涂，这幅绘画的技巧却彰显了视觉表现上的一大进步，因为艺术家已具有将整个城市的形象从鸟瞰的视点投放在一张画面上的能力，且此画通过早于科学透视法许多年的轴测投影法的表现亦暗示了洛伦采蒂已认识到应该把城市作为一个有机的统一体——城市空间和体量彼此相互关联——但"最重要的是这座城市看来是一个统一体……这种整体的形象正是中世纪城市设计最重要的贡献之一"③。在

① 参见［英］约翰·里德《城市的故事》，郝笑丛译，生活·读书·新知三联书店2016年版，第255—256页。

② "当我们说某些事物整体发展，是指它自身的整体性，是它的出生地、起源以及连续生长过程中的不断繁衍。新的生长是由原有具体的、特殊的结构属性产生的。它是一个独立的整体，这种整体的内在规律以及它的发展支配着事物的连续性，并控制着事物向更高阶段发展。如果经历了那些有机整体的城镇，我们就能十分强烈地感觉到这种特性。在某种程度上，我们可以知道它是一种历史现象。同时，也可以简单地在现时结构中感觉到它是一种历史的沉积。"参见［美］C·亚历山大、H·奈斯、A·安尼诺、I·金《城市设计新理论》，陈治业、童丽萍译，知识产权出版社2002年版，第8页。

③ ［美］埃德蒙·N·培根:《城市设计》，黄富厢、朱琪译，中国建筑工业出版社2003年版，第93页。

亚历山大看来，“这种整体性发展现象不仅在古城镇中存在，在所有生长的有机体中也总是存在（这就是为什么我们总感到老城镇是那么有机的，只是因为它们和有机体一样，享有这种自我确定和内部调节的整体性发展）。这种整体发展还存在于所有的艺术佳作中”①。

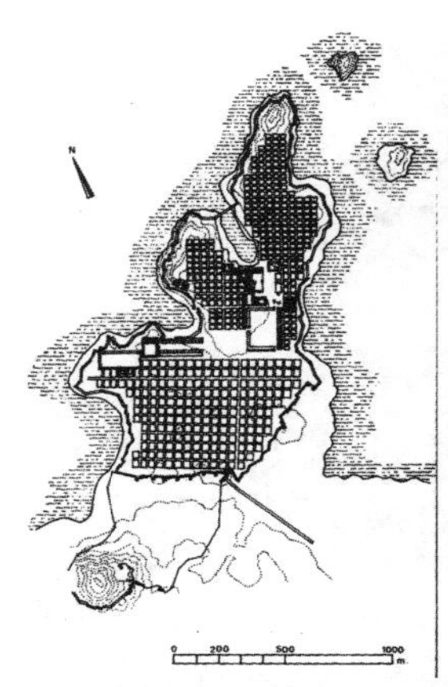

图 2–41　希波达莫斯规划的滨海城市米利都

图 2–42　木板蛋彩画《靠海的城市》

而毫不考虑当地地形的棋盘街是早期希腊对外殖民化的城市布局，它是一种低级的城市“几何秩序”，笔直交叉的街道是为了殖民化城市的管理效率，但斯宾格勒（Oswald Spengler）却把棋盘格规划解释为纯粹是一种进入文明的文化最后固定化的产物，当然，此观点遭到了芒福德的激烈反对，因为“每一个中世纪的城镇都是在一个非常好的地理位置上发展起来的，为各种力量提供了一个非常好的格局，在它的规划中产生了一个非常好的解决办法”②。我们从德国最古老的市镇特里尔（Trier）12 世纪前后的平面图（图 2–43）中即可读解出网格部分标示着的古罗马时代该城布局的机械、刻板以及与自然相对立的建构立场，但从图 2–44 中却可见特里尔城的景观处于不断地有机自由生长过程中，德国新理性主义者昂格斯（Mathias Ungers）依据类型学转换原理曾如此评述特里尔：“转换的原理在自然、生命和艺术各个领域中都活

① ［美］C・亚历山大、H・奈斯、A・安尼诺、I・金:《城市设计新理论》, 陈治业、童丽萍译, 知识产权出版社 2002 年版, 第 8 页。

② ［美］刘易斯・芒福德:《城市发展史 —— 起源、演变和前景》, 宋俊岭、倪文彦译, 中国建筑工业出版社 2005 年版, 第 322 页。

跃。它把各种分散的要素按照 Gestaltungprinzip（生成导则）组织成一个规划良好的整体。于是转换原理——可以从特里尔镇规划的历史转换作为案例来掌握——把一个给定的稳定组织转变为混沌，而最终随着机遇定律又转变为一种新的秩序。一种有多类差异而良好规划的组织会随着时间的转移沉没于机遇性及自发性之中，但最终又产生一种与原来确实不同和相反的组织：一种符合当前和实用性需求的组织。”①

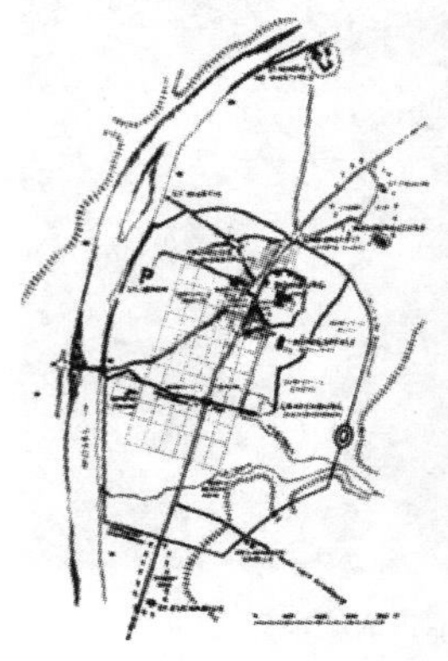

图 2–43　德国特里尔 12 世纪前后的平面图

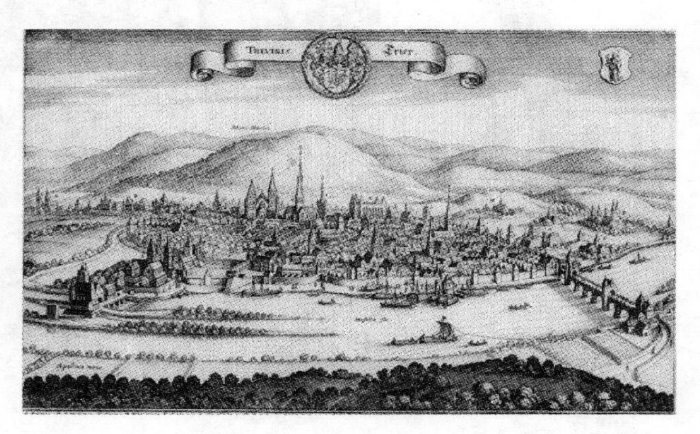

图 2–44　1649 年左右的特里尔城景观

（二）“让自然做主”

景观艺术乃基于“自然意志与人类创造性想象之间的重新对话”，自然亘古不息地形塑着大地，但在不断显现出来的变动中，“自然总是会打上人类曾在此生活过、参观过和工作过的新烙印”②，景观艺术亦终将返归至自然母体“自主秩序”的怀抱，其形成过程也总是发生的（Generative），正如弗雷德里克·劳·奥姆斯特德（Frederick Law Olmsted）所说：“景观设计的使命是在自然元素通过艺术或者其他人工的媒体转化为新媒介时，并且在仍得以保存自然方面主导性的前提下，满足人类同环境进行交流的终极目的。”③自然过程的复杂性导引着景观艺术形式系统的不稳定性与复杂性，即“无论

① 转引自［美］肯尼斯·弗兰姆普敦《现代建筑：一部批判的历史》，张钦楠等译，生活·读书·新知三联书店 2004 年版，第 334 页。

② ［法］米歇尔·柯南：《穿越岩石景观——贝尔纳·拉絮斯的景观言说方式》，赵红梅、李悦盈译，湖南科学技术出版社 2006 年版，第 18 页。

③ 转引自［美］凯瑟琳·豪威特《现代主义和美国景观设计》，载［美］马克·特雷布编《现代景观——一次批判性的回顾》，丁力扬译，中国建筑工业出版社 2008 年版，第 24 页。

是连续的（完整的）还是不连续的（片段的）系统都打上了自然与人造的烙印”①。汤因比也将恢复到旧有宇宙洪荒状态的玛雅文明遗迹（图 2-45）的形式生成原因之一归结为人的消隐与自然力量的强大涌入，即艺术形式从建构系统逐渐走向自组织系统：

> 今天，马雅人的成就早已成了昔日黄花，他们幸存下来的唯一的纪念物是规模庞大、装饰华丽的公共建筑的废墟，它们位于热带雨林的深处，远离任何现代人类的居住地。森林就像是某条大蟒蛇，已将它们完全吞没，而现在则在悠然自得地“肢解”它们，也就是利用自己的根须分离那些经过精心打制、紧密排列的石块。但这些马雅人的建筑杰作，现在虽被森林“扼杀”，过去却一定是为了联合周围的社会而使用剩余劳动力建造起来的非生产性建筑物，这片森林也被改造为物产丰富的田地。它们都是人类征服大自然的战利品，当它们矗立起来的时刻，那个遭到溃败、被人征服、其边缘向后退却的森林敌人，大概在人的视野内已很少能见到了。对于那些从当时优势的角度来观察世界的人类而言，人对自然的胜利似乎已经取得了充分的保障。但人类成就的短暂性和人类愿望的虚幻性，却由于森林的最终回归而暴露无遗。②

约翰·奥姆斯比·西蒙兹（John Ormsbee Simonds）在 1940 年考察吴哥（Angkor）③遗址（图 2-46）时也描述过类似情形：

> 它曾经是一座宏伟的城市，从突然荒废到现在几乎未受任何损伤。它的大部分依旧在地下沉睡，只有几英亩的地方被法国人揭开了面纱。这座曾经繁华井然的大都市仍然淹没在密集的丛林中，隐藏在繁茂的叶子、蔓延的爬藤和丛林垃圾下。巨大的菩提树和木棉树的树干周长一般

---

① ［美］加文·金尼:《第二自然 —— 当代美国景观》，孙晶译，中国电力出版社2007年版，第26页。

② ［英］阿诺德·汤因比:《历史研究（修订插图本）》，刘北成、郭小凌译，上海人民出版社2000年版，第92页。

③ 源于梵语 Nagara，意为都市，是9—15世纪东南亚高棉王国都城。高棉人也称“柬埔寨人”，是柬埔寨的主体民族。

有40英尺或更长，它们从古建筑的铺砌地和墙上生长出来。[①]

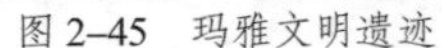
图2–45　玛雅文明遗迹

图2–46　柬埔寨吴哥遗址

这些观点是非常明智的，因为自然界的景象是一种无数种自然界生态力量非常复杂而又微妙地追求平衡的结果，内嵌于自然环境的景观艺术形式系统亦是地球整体生态系统中的一个人文性生态子系统。景观艺术形式系统达到自我平衡在于自然与人共同成为景观艺术形式的创作者，当人类（其实人类也是自然力的一部分）逐渐退出景观形式创造舞台时，自然就拿到接力棒以其威力无比的自然力来创造自然形式系统，并主导了景观艺术形式系统的自主性——“自我更新与自我组织”，即“任何闭合系统的恒定的总能量随着该系统相对于进行测量的系统的运动状态而变化”[②]。诚如日本学者冈大路（Oka Oji）1934年在东京发表的《中国宫苑园林史考》中所说的第一句话：“园林经久得不到修整，将会变得树木丛生，池泉、石垣等也将淹没于自然之中，常随岁月推移而几至形迹皆无。”[③]也就是说，经过“他组织”的景观艺术形式系统有序状态的建立，也相对地在无序状态区就同时开始了吸收外界“能量”的系统自组织过程，因为“成形与重新成形是自然界的一种持续不断

① ［美］约翰·奥姆斯比·西蒙兹:《启迪:风景园林大师西蒙兹考察笔记》，方薇、王欣编译，中国建筑工业出版社2010年版，第58页。

② ［德］莫里茨·石里克:《自然哲学》，陈维杭译，商务印书馆1984年版，第89页。“有机体内所有过程都是以一种使该有机体得以维持下去的方式而互相连锁着。有机体的再生能力可以被当成是这方面的一个例子……这里，再生能力一词应指受干扰时的恢复能力……有机体内的过程是相互协调的，一旦受到伤害，某些排除损害的过程会自动开始作用……对于自然哲学而言，有机体不过就是一些特殊的具有复杂结构的系统，它们被包含在物理世界图象的完美和谐的秩序之中。”参见［德］莫里茨·石里克《自然哲学》，陈维杭译，商务印书馆1984年版，第64—68页。

③ ［日］冈大路:《中国宫苑园林史考（插图本）》，瀛生译，学苑出版社2008年版，第1页。

的过程”[1]，“自然的本性就是变化”[2]，而自然作为景观艺术的创造者之一，它的“自组织”特质就在于“时间性”，即“一种永恒的形成，一种永不间断的创造过程”[3]，且“自组织从根本上改变一个系统的现存结构”[4]，其原理也可以用一个公式来表示：“外部压力→内部约束力＝适应性自组”[5]。

“作为设计作品，人类想像力和技能在制作景观过程中的作用应当得到承认，也值得我们尊重和关注”[6]，但是“随着时间的推移，最初将设计景观定义为艺术作品的性质变得越来越不明显了，因为自然力似乎取代了人类设计景观的意图和技能。苔藓和地衣生在岩石和混凝土上，生长在脆弱的人行道边缘、墙角和建筑物的风化处；清澈的水中生存着许多种生命形式；色彩随着日晒和盐类的侵蚀而黯淡下来，植物发育、成熟、衰老、死亡、再生或无法再生。建筑和道路也会发生改变，除非是专业人士，常人的眼光是很难辨认出构成景观的各种物体哪些是人类劳动的成果，哪些是自然力作用的结果……人类使用和自然循环相互作用构成了景观的品质，正是因为这一点，景观设计师们都力求达到一种和谐，即随着时间的流逝，景观各个部分仍能协调一致。预测和设计景观所发生的变化是最大的挑战之一，因为景观设计是一种颇具整体性的艺术，它将新旧景观结合起来……”[7]明代叠石造山圣手张南垣就相当重视自然造化与艺术创作二者之间的合力作用，亦有主张“与自然一起设计”之意——“艺术应该为自然服务，而不应一味追求奴役、束缚自然”[8]，且在张南垣看来，“惟夫平冈小坂，陵阜陂陁，版筑之功，可计日

---

① ［美］伊利尔·沙里宁：《形式的探索——一条处理艺术问题的基本途径》，顾启源译，中国建筑工业出版社1989年版，第133页。

② ［美］John · L · Motloch：《景观设计理论与技法》，李静宇、李硕、武秀伟译，大连理工大学出版社2007年版，第2页。

③ ［美］M.H. 艾布拉姆斯：《镜与灯：浪漫主义文论及批评传统》，郦稚牛、张照进、童庆生译，北京大学出版社1989年版，第333页。

④ ［美］欧文·拉兹洛：《系统哲学引论——一种当代思想的新范式》，钱兆华等译，商务印书馆1998年版，第60页。

⑤ ［美］欧文·拉兹洛：《系统哲学引论——一种当代思想的新范式》，钱兆华等译，商务印书馆1998年版，第57页。

⑥ ［澳］凯瑟琳·布尔：《历史与现代的对话——当代澳大利亚景观设计》，倪琪、陈敏红译，中国建筑工业出版社2003年版，第16页。

⑦ ［澳］凯瑟琳·布尔：《历史与现代的对话——当代澳大利亚景观设计》，倪琪、陈敏红译，中国建筑工业出版社2003年版，第10页。

⑧ ［摩洛哥］穆罕默德－埃－法耶兹：《马拉克奇：一个生态学的奇迹及它的惨遭破坏》，载［法］米歇尔·柯南、［中］陈望衡主编《城市与园林——园林对城市生活和文化的贡献》，武汉大学出版社2006年版，第310页。

以就。然后错之以石，棋置其间，缭以短垣，翳以密篆，若似乎奇峰绝嶂，累累乎墙外，而人或见之也”[①]。此语点明了造山须假借土坡、植物与人工山石的混融，将自然力引入景观艺术形式的生成之中，而非仅仅是以石头堆叠来模仿山形，若这样不就是“岂知为山者耶！”，而这样又哪里还是山呢？

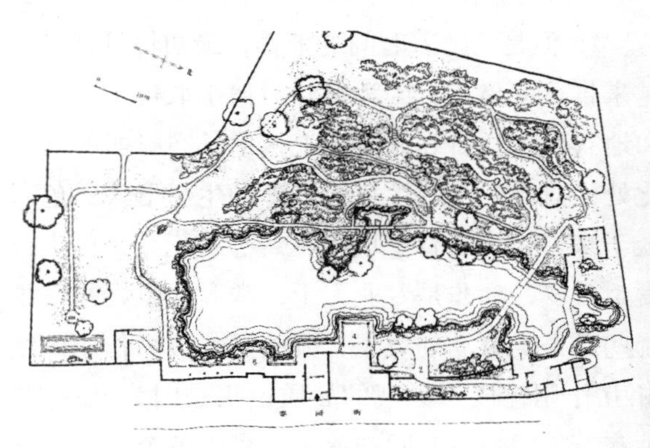

图 2–47 无锡寄畅园“八音涧”

张南垣的侄子张鉽得其叠山艺术之“土包石”创作真传，在其所叠的无锡寄畅园八音涧[②]假山中就着眼于引入自然力来组织景观艺术形式（图 2–47），即依惠山之东麓山势作余脉状，而将人工创造之力（“他组织”）无形地融入自然形式的“自组织”之中，西高东低，茂林在上，古拙的老树盘根错节地与山岩相争，又构筑曲涧，引“天下第二泉”伏流注于其中，潺潺有声，犹如八音齐奏，因而世称“八音涧”，又名“三叠泉”“悬淙涧”。“八音涧”自然幽谷溪涧的景观营造效果，亦恰如清代文人俞樾描绘杭州西湖美景中九溪十八涧的诗句意境：“重重叠叠山，曲曲弯弯路，叮叮咚咚泉，高高下下树。”李渔对此营造精要也颇有体会：“用以土代石之法，既减人工，又省物力，且有天然委曲之妙。混假山于真山之中，使人不能辨者，其法莫妙于此。”[③]“景观是随着时间而慢慢变化的，景观的效果取决于长期的多种交流形式，即景观、群落、设计者、使用者之间的交流，所有这一切都是动态演

① （清）吴伟业：《张南垣传》，《四部丛刊》本《梅村家藏稿》。

② 南北长、东西狭的无锡寄畅园以惠山为背景，其整体布局以一池一假山为中心，而郁盘亭廊、知鱼槛、七星桥、涵碧亭及清御廊等则绕曲池“锦汇漪”而构，并与“八音涧”黄石大假山相映成趣。以“巧于因借”“混合自然”为创作导向的寄畅园内大树参天、竹影婆娑、苍凉廓落、古朴清幽、野趣横生，是江南古典园林典型的翳然山林景观艺术形式。

③ （清）李渔：《闲情偶寄图说》，王连海注释，山东画报出版社2003年版，第230页。

化过程的一部分。”[①] 由之，景观艺术形式的“首要动力来源：自然”[②] 所具的自组织特性也有力地提示着艺术家处理人与自然之间关系的立场与态度应如计成在《园冶》相地篇中早已论述的那样：“园地为山林胜，有高有凹，有曲有深，有峻而悬，有平而坦，自成天然之趣，不烦人事之工。”[③]

美国景观艺术家阿兰·桑菲斯特（Alan Sonfist）也认为自然环境是城市历史的一部分，自然是需要生态修复和值得纪念的，而不是驯服或控制。桑菲斯特于1965年提出了景观艺术项目《时间景观：格林威治村》(*Time landscape: greenwich village*)（图2–48a、b），并于1978年在曼哈顿休斯敦大街（Houston Street）和拉瓜地亚广场（LaGuardia Place）之间一个占地8000平方米的角落上，通过对纽约植物、地质、历史的广泛研究，大量使用了乡土树种、灌木、野草、鲜花、岩石等，而他创作的最终结果则是一个缓慢发展的森林景观，即随着重新种植的树林作为人类与大自然之间的一个景观生态合作项目将不断生长和变化。因此，也可以说它是一个有生命的、具自主结构的“纪念碑”，并成为一个自我维持、自我存续的系统——促进当地物种的生长，与地域景观融为一体。在过去的三个半世纪以来，农业、住宅、商业、机构和工业发展过程中以城市景观取代了该区域原本的自然湿地，虽然许多人造特征（如建筑物和街道）保存了18、19和20世纪的格林尼治村，但是“时间景观”却成为了17世纪及之前的一个自然地标，该森林区域邀请着城市定居者（包括昆虫、鸟类、人和其他动物）一起体验过去的曼哈顿。

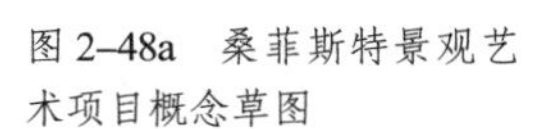

图2–48a　桑菲斯特景观艺术项目概念草图

图2–48b　桑菲斯特景观艺术项目实景照片

更重要的是，“自组织是复杂系统的一种能力，它使得系统可以自发

① ［澳］凯瑟琳·布尔：《历史与现代的对话——当代澳大利亚景观设计》，倪琪、陈敏红译，中国建筑工业出版社2003年版，第142页。

② Laurie Olin, “Form, meaning and expression in Landscape Architecture”, *Landscape Journal*, 1988 (2), pp.149–168.

③ 陈植注释：《园冶注释》，中国建筑工业出版社1998年版，第58页。

地、适应性地发展或改变其内部结构，以更好地应付或处理它们的环境”[①]。乔治・哈格里夫斯（George Hargreaves）设计的位于美国旧金山海湾边上的比克斯比（Byxbee）废料填埋场公园（图 2-49），其景观艺术的“新陈代谢”形式操作策略即为在生态设计思想导引下的“让自然做主”——“设计者不应该模仿自然的外表，而应该运用自然的内在法则”[②]，让景观像生命体一样能够进行不断的自我更新、自我组织、自我适应，成为一种“活动艺术”（Living Art）[③]——随着时间的推移而不断发展与变化的艺术，由自然界对其塑造、美化，以替代那种在理想状态下被保养维护的艺术。易言之，作为一个发生系统的景观艺术应匹配有机和自然的过程，“若只是直接地模仿环境，将不可能在那环境中发挥作用，因为它将完全受环境支配。要能够解释其环境，系统就必须具有至少如下两种属性：某种抵制变化的形式，以及某种比较不同条件的机制（用以决定在此是否有足够的变化以保证某种反应）”[④]。

图 2-49　美国比克斯比废料填埋场公园

“形式设计的个性刻画可以从三个方面入手。首先，景观媒介不断变化；其次，作为系统组成部分，媒介组成元素亦随着整体一起变化，有些元素甚至因为不断的变化而被看作‘流动’过程，而非固定形式；再次，人在运动中与景观相遇，这是形式设计的第三个表现途径……某种程度上来说，元素、形式和媒介这三个术语在使用上没有什么区别……或许每一个元素在设

① ［南非］保罗・西利亚斯：《复杂性与后现代主义：理解复杂系统》，曾国屏译，上海科技教育出版社 2006 年版，第 125 页。

② ［英］E.H. 贡布里希：《秩序感——装饰艺术的心理学研究》，范景中、杨思梁、徐一维译，湖南科学技术出版社 2006 年版，第 60 页。

③ ［加］卡菲・凯丽：《艺术与生存：帕特丽夏・约翰松的环境工程》，陈国雄译，湖南科学技术出版社 2008 年版，第 44 页。

④ ［南非］保罗・西利亚斯：《复杂性与后现代主义：理解复杂系统》，曾国屏译，上海科技教育出版社 2006 年版，第 137 页。

计中都以独立形式呈现，但这丝毫不影响元素之间错综复杂关系的本质；土壤、水和植物，这些元素之间没有明显的界限。所以说，媒介、形式和元素本质上没有什么不同。”[①]促进自然环境更新复苏的设计原理契合了景观艺术形式系统开放的“无序—他组织—自组织—有序”的耗散结构理论：该公园的场地原状位于该海湾潮汐沼泽区、附近机场以及现存的一个垃圾处理工作区之间占地 12 公顷约 5.5 米深的填埋场，且所有垃圾都被掩埋在泥土中，其上覆有 30 厘米厚的表层土。废料填埋场的土地改造利用限定了公园的形式和植被——无法种植树木，因为树根会穿透泥土覆盖表层，由之该景观艺术形式被构建为一种大地艺术作品，导向了一种控制山坡水土流失的植被系统的设计——“天然草场”——整个公园覆以当地产的矮形草，主要是针状叶草，春天翠绿而夏天金黄，与海湾湿地的绿草形成对比，也辅助种植麦草用以帮助形成草皮，但它们将在 2—3 年内死掉。另外，从垃圾腐烂过程中散发的沼气也需要被导出并燃烧掉，因此在公园中心设有沼气燃烧器。同时，附近机场跑道在公园中也得到了线性的延伸，预制的道路横标排列成“请勿降落”的地对空标志形式，且这些形式感很强的混凝土路障可以减慢雨水流速，并为野生植被创造潮湿的生长空间，而其东北坡则被设计为排列整齐的电报杆，杆顶被平削成一个水平面，与高低起伏的地面形成强烈的造型对比。

① ［英］Catherine Dee：《设计景观：艺术、自然与功用》，陈晓宇译，电子工业出版社2013年版，第15页。

第三章　景观艺术形式的类型与风格

如果我们意欲从部分和整体上来理解诸神世界形象的巨大意义。对艺术体现说来，其魅力以及其效果实则首先在于：他们被严格限制，这一和那一神中相互排斥的征象因而相互摈斥并绝对区分，而且在于：在这一限制中，每一形式将整个神性包蕴于自身。[①]

——弗·威·约·封·谢林

分类意识和行为是人类理智活动的根本特性。在自然科学中的分类行为被称为“分类学”，它起始于18世纪的生物分类学；而在人文社会科学领域中的分类行为则称为“类型学”（Typology）。二者既有区别又有联系。如同分类学，类型学也要求系统内的元素和类型具有“排他性”和“概全性”。也就是说，诸类型间互不交叉，而它们的集合却可完整地表明一种更高一级的类属性；其次，类型学也要依赖于研究者的意图和从相应组织的现象中抽出的特定秩序——分类的尺度——这种秩序限定了材料被诠释的方法。但是，分类学不能对变化过程中的各种情势作精细的研究，而类型学却可以用来研究可变性与过渡性问题，类属间变化愈细微，限定自然类属的区别因素就愈困难，所以分类学就愈不胜任，分类学通常只能在研究类属间的变化中作为初级阶段。因之，在艺术研究中由于意义、结构、功能等方面的区别并不像“属”与“类”这类概念那样具有分明的界限，所以在艺术学范畴中讨论景观艺术形式的分类行为应该是类型学的而不是分类学的，景观艺术形式一般也

① ［德］弗·威·约·封·谢林:《艺术哲学》，魏庆征译，中国社会出版社1997年版，第49页。

是通过类型来分类的。

同时，“类型学”可简单被定义为“按相同的形式结构对具有特性化的一组对象所进行描述的理论”[1]。《简明不列颠百科全书》中则将“类型学”界定为：“一种分组归类方法（例如‘地方缙绅’或‘雨林’）的体系，通常称为类型。类型的各成分是用假设的各个特别属性来识别的，这些属性彼此之间互相排斥而集合起来却又包罗无遗——这种分组归类方法因在各种现象之间建立有限的关系而有助于论证和探索。”[2]就“艺术类型”而言，竹内敏雄认为：“类型的概念特别对美学和艺术学具有极为重要的意义。实际上，美和艺术是在具体个别的形态中显现本质的东西，所以，在某种意义上可以说，其存在方式本身就是类型的……类型学研究得到最有效应用的是艺术领域。这大概是因为艺术作为一定范围里的个别存在群容易得到把握的缘故。”[3]关于艺术类型学的具体研究方法，李心峰等学者曾明确指出：“艺术类型学的研究，不外乎这样两个基本方面，一是对艺术类型共时存在系统的描述、梳理，建构艺术类型的体系；一是对艺术类型的历时性的演变加以描述、梳理，总结它在内部与外部诸种因素交互作用中演化发展的基本规律。”[4]

而寄寓于形式的风格对于艺术来说则是可以直接感知的形式特征，艺术风格作为艺术形式系统的符号表征子系统之要素既包含了超越个体表现与局部形式的整体性，又强调了经过思维抽象而呈现出的独特性。但是，艺术家们独特的创作个性又总是蕴于一个时代的、地域的总的艺术风格之中的，即“风格也总是具有某种来自传统的，即来自集体的语言模式”[5]。康定斯基说：“每个时代都有它的特定任务，即特定时代的可能表现。这种时间性的因素在作品中反映为风格。”[6]同时，风格在很大程度上是基于一种“理想化”的思路，也就是一种类型或者是一组事物的“综合性图像”，有其套路可循，有程式可资借鉴，有一套固定的创作程序和技法来实现，即同一艺术风格运用相同的样式体系，“然而风格也不只是在人的精神中潜在的东西，而是其不停流

---

① 汪丽君、舒平：《类型学建筑》，天津大学出版社2004年版，第4页。

② 中国大百科全书出版社《简明不列颠百科全书》编辑部译编：《简明不列颠百科全书（第5卷）》中国大百科全书出版社1986年版，第184页。

③ ［日］竹内敏雄主编：《美学百科辞典》，刘晓路、何志明、林文军译，湖南人民出版社1988年版，第185—186页。

④ 李心峰主编：《艺术类型学》，文化艺术出版社1998年版，第44页。

⑤ ［法］罗兰·巴尔特：《符号学原理》，李幼蒸译，中国人民大学出版社2008年版，第9页。

⑥ ［俄］康定斯基：《康定斯基：文论与作品》，查立译，中国社会科学出版社2003年版，第55页。

动的生命活动的趋向，在作品的形态上被客观化了的东西"[①]。杜威就说："所谓'古典'代表的是体现在作品中的客观秩序与关系；而所谓'浪漫'代表的来自个性的清新性与自发性。在不同的时期，在不同的艺术家那里，此种或彼种倾向被贯彻到了极端。如果出现了明显的失去平衡，倒向这一边或那一边，该作品就失败了；古典成为死的、单调或做作的；浪漫成了荒唐古怪的。"[②]

第一节　景观艺术的类型与形式

一、关于"类型"

"类型"（Type）一词有着久远的历史，但其含义却一直在变化，它在现代词汇中更加强调方法论的特征，即作为一种形式创造手段。"类型即是某个对象类别或组群的特征化范式或例证……类型的划分意味着在所研究的对象组群中判断出共同的特征……无论是什么类型，要在各种原型之间划出精确的界限，即使不是毫无可能至少也是很困难的……"[③]类型在艺术史中具有典范性，每个时代的艺术家们总在试图努力先于风格之前的艺术创新，布克哈特在《世界历史沉思录》（*Weltgeschichtliche Betrachtungen*）中就写道："在圣殿里，他们[艺术家]起步走向崇高，他们学会了如何排除形式中的偶然因素。类型开始出现；最终产生了第一批典范。"[④]而德·昆西（Q. D. Quincy）通过将"Type"（类型）这一词汇与"Model"（模型、模式、式样、铸模等）加以区别而定义了"Type"（类型）的概念，"类型一词代表完全去复制或模仿一事物的意欲，而不是相同形象。形象自身应该就是一个规则或模式。这样，人们就不会说（或至少不应该说）依照样品完成的雕塑或图画的构图起到了类型的作用。但是，当一个片段、一个草图、一个大师的思想或者或多或少含糊的描绘，在一个艺术家的意向中，赋予作品以新生的时候，人们便可以说类型给予了他这样或那样的想法，这样或那样的主旨，这样或那样的意欲"，所以，"模式，如同一个艺术家在实际实施中所了解的，是

---

① ［日］竹内敏雄：《艺术理论》，卞崇道等译，中国人民大学出版社1990年版，第177页。

② ［美］杜威：《艺术即经验》，高建平译，商务印书馆2005年版，第313页。

③ ［英］克利夫·芒福汀、泰纳·欧克、史蒂文·蒂斯迪尔：《美化与装饰》，韩冬青、李东、屠苏南译，中国建筑工业出版社2004年版，第59页。

④ 转引自［意］阿尔多·罗西《城市建筑学》，黄士钧译，中国建筑工业出版社2006年版，第107页。

一个应该依之而被重复的对象。相反，类型是一个目的，依仿它，每一个艺术家都可以构想出并非完全相像的作品。”[①] 王澍则聚焦于“类比与类型”这一对设计哲学术语，引用了宋人韩拙在《山水纯全集》中借洪谷子之口对“山”[②] 的描述而指出：“洪谷子用纯粹的描述法写出了一种山体类型学，一个结构性非常强的对象……当我们能用一个部件替换掉另一个的方式叫出事物的名字，就像语词的聚合关系那样，我们就已建造起一个世界。用同样的方法去描述房屋，就会产生宋《营造法式》这样的书。这就是我为什么说应该把《营造法式》当作理论读物来读，读出它的‘物观’和‘组构性’来。‘类型’是我喜欢的一个词，它凝聚着人们身体的生活经验，但无外在形象，它什么都决定了，但又没决定什么，洪谷子的一群‘山’的构建都是只有形状而没有决定具体形式的，关键在于身心投入其中的活用，不是简单类比的复制，也不是怎样都行的所谓‘变形’，而是一种看似简单的结构上的相宜性，以及同形性的互反比例、矛盾的并置、让人不安的斜视、颠倒的叠印、层次的打乱。这种活动肯定不会是意义重大的，傲慢的，而后是看似平淡的，喜悦的。《园冶》中用‘小中见大，大中见小’来描述它。”[③]

注重类型学对景观艺术形式的分析作用，亦如罗伯特·莱顿（Robert Layton）在《艺术人类学》（*The an thropology of art*）中所说：“我们需要从遍及世界的艺术传统中所能见到的形式里，找出抽象的方法，某些规律的基本模式，通过它建立系统比较的基础。”[④] 更为重要的是，类型学可以使人们从“历时性”和“共时性”两种角度来感知艺术，即类型学的历时性可以用来研究艺术形式特征的历史变化与发展，类型学的共时性则可以用来研究艺术形式系统的建构途径与方法。彼得·埃森曼（Peter Eisenman）在《城市建筑学》的英文版编者序言中就认为类型学可作为一种“度量时间的‘仪器’”工具，即“类型不再是历史中的中性结构，而是可以成为作用于历史构架的一种分析和实验的结构，一种度量的仪器”，也就是说被考察的艺术形式“总有一种初始和真实的意义，尽管这种意义在类型上是事先注定的，但却常常无法预见”[⑤]。基于逻辑演绎的新古典主义建筑师和教育家迪朗（J. N. L. Durand）的图

① Geoffrey Broadbent, *Emerging Concepts in Urban Space Design*, New York : Van Nostrand Reinhold, 1990, pp.90–91.

② 参见俞建华《中国古代画论类编》，人民美术出版社2004年版。

③ 王澍：《造房子》，湖南美术出版社2016年版，第76—77页。

④ ［美］罗伯特·莱顿：《艺术人类学》，靳大成、袁阳、韦兰春、周庆明、知寒译，文化艺术出版社1992年版，第20页。

⑤ ［意］阿尔多·罗西：《城市建筑学》，黄士钧译，中国建筑工业出版社2006年版，第10页。

解中（图 3–1），通过对自主的（Autonomous）建筑原理或深层结构的逻辑推演，为设计提供了近乎无限开放的可能性。不同于第一范式所注重的先例分析（及归纳法），第二范式关注普遍性的原理，一种对建筑知识的系统化，进而建构一种建筑设计的科学。① 正如迪朗的名言："建筑师应该关注计划，而不是其他任何东西。"

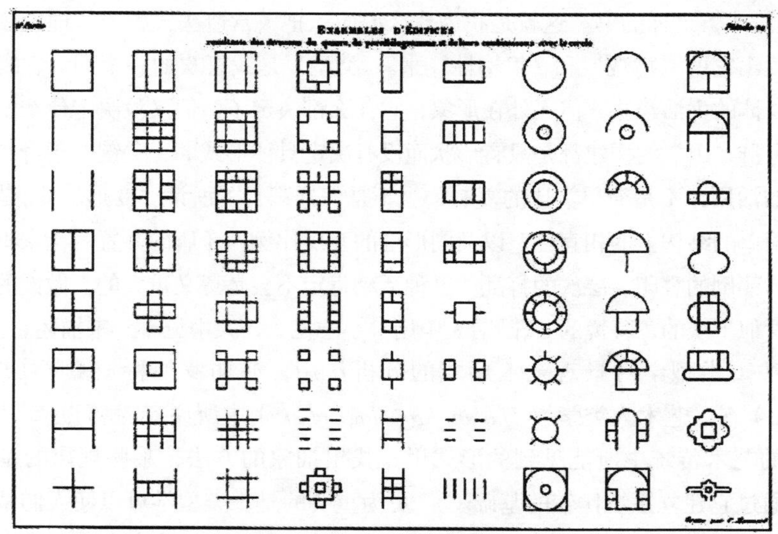

图 3–1 J.N.L. 迪朗，《简明建筑学教程》，表 20，1802/5②

二、"类型"与"形式"

"通过一定的'形'呈现出来的类的'型'——这就是类型"③，但类型不可能只等同于一种形式，没有一种类型与一种形式等同，类型的具体表现形式是千变万化的，且所有的艺术形式都可以被逻辑地缩减还原为类型④，也可以说，同一种类型亦可以有多种变体形式，抑或如莱顿所说的"一个类型，

---

① 参见鲁安东《"设计研究"在建筑教育中的兴起及其当代因应》，《时代建筑》2017年第3期。

② 鲁安东：《"设计研究"在建筑教育中的兴起及其当代因应》，《时代建筑》2017年第3期。

③ ［日］竹内敏雄：《艺术理论》，卞崇道等译，中国人民大学出版社1990年版，第81页。

④ 在罗西看来，简化还原的步骤是一个必须的、逻辑的过程，没有这样的先决条件，形式问题的讨论是不可能的。

多种象征”[①]。贡布里希也明确告知我们：“无论你研究的工艺学、宗教，还是社会制度，你随时都可能会碰到许多变异的东西，其中绝大多数是不成功而被淘汰的，而另一些则是被接受而生存下来的。”[②]同时，历史因物体的形式不再包含其初始功能而结束，类型因而从历史领域进入记忆天地，如一个景观艺术家在提出“类型”的时候，他是在寻求“意念”，寻求以先存的景观艺术类型为基础的意念。但是一旦“意念”被唤起，它便将自身放弃，因为景观艺术家在创作具体的景观艺术形式时，这一形式决非等同于这一类型，也不可能等同于这一没有具体形象的类型，它只能是类型的一个变体，亦如列维－斯特劳斯关于“基本类型”[③]的推论——“原本形式和派生形式”[④]。

因而，“类型”并不意味事物形象的抄袭和完美的模仿，而是意味着某一种因素的观念，这种观念本身就是形成“模型”的法则。“模型”，就其艺术的实践范围来说是事物原原本本的重复，而类型则是人们据此能够划出种种不完全相似的作品的概念。就“模型”来说，一切都精确明晰，而“类型”多少有些模糊不清，“类型”所模拟的总是情感和精神所认可的事物。而昆西意义上的“类型”与柏拉图意义上的“理想形式”（即“理式”）、叔本华意义上的“意志”（即“理念”）等均有同构的内涵意蕴，叔本华说过：“艺术复制着由纯粹观审而掌握的永恒理念，复制着世界一切现象中本质的和常住的东西；而各按用以复制的材料〔是什么〕，可以是造型艺术，是文艺或音乐。艺术的唯一源泉就是对理念的认识，它唯一的目标就是传达这一认识……只有本质的东西，理念，是艺术的对象。”[⑤]黑格尔亦基于“美就是理念的感性显现”[⑥]的美学观将艺术划分为象征型、古典型、浪漫型三种类型。而斯宾格勒在《西方的没落》第一卷“现实与形式”中认为“数学是一种真正的艺术，是可与雕刻和音乐并驾齐驱的，因为它也需要灵感的指导，而且是在伟大的形式传统下发展起来的”，并以“数字”为例说明了文化的类型，他如此写道：“数字本身并不存在，也不可能存在。所存在的乃是多个数字世

---

① ［美］罗伯特·莱顿：《艺术人类学》，靳大成、袁阳、韦兰春、周庆明、知寒译，文化艺术出版社1992年版，第32页。

② ［英］贡布里希：《各类艺术中的实验和经验》，载范景中选编《贡布里希论设计》，湖南科学技术出版社2004年版，第172页。

③ 将艺术形式的发展归结于其基本类型上，我们将这种类型学说称为“基本类型学”（Fundamental Type）。

④ ［法］列维－斯特劳斯：《野性的思维》，李幼蒸译，商务印书馆1987年版，第92页。

⑤ ［德］叔本华：《作为意志和表象的世界》，石冲白译，商务印书馆2004年版，第258—259页。

⑥ ［德］黑格尔：《美学（第一卷）》，朱光潜译，商务印书馆1979年版，第142页。

界，如同多种文化的存在一样。我们发现的是一种印度数学思想、一种阿拉伯数学思想、一种古典数学思想、一种西方数学思想，与这每一种数学思想相对应的是一种数学类型，而每一类型根本上都是特殊的和独一无二的，是一种特定的世界感的表现，是一种有着特定的有效性，甚至能科学地定义的象征，是一种排列既成之物的原则，这原则反映着一种且仅仅一种心灵亦即那一特殊文化的心灵的核心本质。由此言之，世上不只有一种数学。"①

"类型"作为艺术形式生成中一种以永恒和普遍方式产生作用的力量，它却不受时间影响地永恒存在，亦与费尔迪南·德·索绪尔（Ferdinand de Saussure）关于语言学中"固定结构"在转变的经久过程复杂性方面相当类似，即类型形式因其自主性和对现实的影响能量而具有一种法则的特性。亚历山大在《建筑的永恒之道》中所提及的"模式"即与阿尔多·罗西意义上的"类型"相近："一个建筑基本由几十种模式限定的，而且像伦敦或巴黎这样巨大的城市最多由几百种模式限定。总之，模式有巨大的力量与足够的深度；它们有能力创造一个几乎无穷的变化，它们是如此的深入、如此的普遍，以致可以以成千上万种不同的方式结合，达到了这样的程度，即当我们漫步在巴黎，我们多半被这种变化所淹没；存在着一些深层不变的模式，隐于巨大的变化之后，并产生了巨大变化，这一事实真令人震惊。"②

当然，作为一个恒量（或者说一个常数）的类型可以在景观艺术形式中呈现和被辨认出来，并成为景观艺术表意性的传达与沟通媒介，瓦尔特·格罗皮乌斯（Walter Gropius）在《包豪斯：1919—1928》中论及"类型"时就说："在历史上许多伟大的时期，标准的存在——亦即有意识地使用类型（Type-Forms）——始终是一个完美而有序的社会的准则，因为世人皆知同一事物为同一目的的重复，对人们的心灵产生了安定和教化效果。"③事实上，景观艺术依照类型进行设计，就是将其纳入一种永恒概念的具体显现这样一种思想中，这种永恒性是通过所谓的集体意识、历史和记忆附着沉积于形式上，而具有一种能够表达人类不断更新的内在体验和精神要求的"历史理性"，亦

---

① ［德］奥斯瓦尔德·斯宾格勒：《西方的没落（第一卷）》，吴琼译，上海三联书店2006年版，第57页。

② ［美］C·亚历山大：《建筑的永恒之道》，赵冰译，知识产权出版社2004年版，第76—77页。

③ ［德］瓦尔特·格罗皮乌斯：《新建筑与包豪斯学派》，载［法］福柯、［德］哈贝马斯、［法］布尔迪厄等《激进的美学锋芒》，周宪译，中国人民大学出版社2003年版，第226页。

即“表现为一种超越时间维度的跨历史形式（Transhistorical Form）”[①]。因而，我们也可以把它看作抽掉历史之维的“历史主义”即“类型学意义上的同质性”[②]导引下共同的设计思想渊源、主题指向和建构态度与策略，从而铸就出薪火相传的类型形式。罗西就认为建筑类型来自历史中的建筑形式，他深知从历史典型的建筑形式中抽取出来的必然是某种简化和还原的产物，这些被抽取出来的类型是经过了历史的淘汰与过滤，是人类生存及传统习俗的积淀，具有自身的意义和强大的生命力，且罗西所指的被抽取出来的类型正是“形式的深层结构”，它具有历史因素，至少在本质上与历史相关而具有更多的历史意义和文化内涵。由之，“完全从形式本身出发来运用类型”[③]，提取形式深层结构的类型学方法可以作为继承传统艺术精华的路径选择之一，因为一种抽象而深厚的“结构从本性上来说是非时间性的”[④]，它具有强烈的派生性、转换性。

三、中西景观艺术形式的基本类型——“洲屿”与“剧场”

“类型”是经久而复杂的，是一种“先于形式且构成形式的逻辑原则”[⑤]，类型之间的差别就是根本性的拓扑差别（本质的区别），此“逻辑原则”在任何艺术中均适用，且这种原则不是人为规定的，而是在人类世世代代的发展中形成的，它凝聚了人类最基本的生活方式，其中也包含人类与自然界做斗争的心理经验的长期积累。景观艺术形式的内在本质即为文化习俗的产物，文化的一部分编译到表现的形式中，而绝大部分则编译进“类型”之中，成为整个景观艺术形式变化中的某些共同的根本特征的拓扑的形式组织和造型表达，具有不变的结构——同类型结构就具有相同的拓扑性，且景观艺术类型形式的拓扑结构的共同之处就在于组成要素的各个部分之间的相互关系模式，不管色彩、质地、大小等这种形式表象之间的差异，其核心则在于各个部分之间的空间关系是相似的，即结构模式与相互关系是相似的。类型即一类事物的普遍形式或理想形式，其普遍性来自类特征，类特征使类

---

① ［美］肯尼思·弗兰姆普敦：《建构文化研究——论19世纪和20世纪建筑中的建造诗学》，王骏阳译，中国建筑工业出版社2007年版，第165页。

② ［意］阿尔多·罗西：《城市建筑学》，黄士钧译，中国建筑工业出版社2006年版，第65页。

③ ［意］阿尔多·罗西：《城市建筑学》，黄士钧译，中国建筑工业出版社2006年版，第171页。

④ ［瑞士］皮亚杰：《结构主义》，倪连生、王琳译，商务印书馆1984年版，第6页。

⑤ ［意］阿尔多·罗西：《城市建筑学》，黄士钧译，中国建筑工业出版社2006年版，第42页。

型取得普遍意义。类型形式就是遵循某一形式结构的建构逻辑的分类，具有同一种形式结构的相同结构特征，即形式建构的各个组成部分之间的关系都是相当固定的。基于类型的景观艺术共同的形式逻辑就可以把某一种结构与拥有这种结构的景观艺术联系起来，继而可把这二者之间对应的形式或二者之间共有的逻辑形式确定下来。程大锦先生在《建筑：形式、空间和秩序》中亦精准地指出："研究建筑学与研究其他学科一样，应该正规地研究它的历史，研究前人的经验、他们的努力和取得的成就，从中我们可以学习和借鉴到许多东西。变换原理接受以上观点……但是，变换原理允许设计者选择一个其形式结构及要素秩序都是合理适当的典型建筑模式，通过一系列的具体处理，将其变换成符合当时的实际情况和周围环境的建筑设计……如果典型模式的秩序体系能够被感知和理解，那么通过一系列有限的置换，最初的设计概念能够被明确、加强并以此为基础进行建设，而不是将它毁掉。"[①]结构的守恒性就在于"一个结构所固有的各种转换不会越出结构的边界之外，只会产生总是属于这个结构并保存该结构的规律的成分"[②]。这样，表现就是表层结构——"形相层"，类型则是深层结构——"结构层、功能层、意义层"，它与形式系统的结构要素、功能要素、意义要素密切相关。因此，景观艺术类型是抽象的，它是生产某种景观艺术形式的法则，但景观艺术形式本身却是具体的、可感知的。因此，建构景观艺术形式不可能脱离历史上产生的景观艺术形式而独立存在，它只能存在于原先的景观艺术类型之中。一个景观艺术类型可导致多种景观艺术形式出现，但每一景观艺术形式却只能被还原成一种景观艺术类型，且类型更多体现了结构象征意义，而不是结构技术意义。

景观艺术乃从最古老的、最基本的类型中不断生发、不断重现，由起源、创新到变形进而生发了景观艺术形式的无限多样性。但是，对由不同文化系统生成出来的艺术进行比较研究时，仍须注意的一点就是："假若我们试图根据我们自己的标准去判断其他文化，我们必须小心从事。其他文化的理性的一个尺度是看其世界观的内在一致性所达到的程度。"[③]文章在此依据汤因比在《历史研究》（*A study of history*）中把人类当作一个整体来加以考

---

① 程大锦：《建筑：形式、空间和秩序》，天津大学出版社2005年版，第370页。

② ［瑞士］皮亚杰：《结构主义》，倪连生、王琳译，商务印书馆1984年版，第10页。

③ ［美］罗伯特·莱顿：《艺术人类学》，靳大成、袁阳、韦兰春、周庆明、知寒译，文化艺术出版社1992年版，第43页。

察，将世界文明划分为大于国界的不同文明单位进行的比较研究中所界定的“希腊模式”与“中国模式”作为研究对象的参照坐标[①]，且汤因比认为这两种主要模式乃是理解一切人类文明的关键。亦源于周武忠教授的关键启发：“世界各民族都有自己的造园活动，而且各具不同的艺术风格。为什么不把中国园林艺术与之一一比较，而只与西方园林作比较呢？这不仅因为中外园林艺术比较是一项跨国界、超文化（Cross-Cultures）的复杂的研究课题，要将中国园林艺术与不同的园林体系逐一比较，与其说难度很大，不如说不大可能。更主要的还在于中、西两大园林体系，其传统的风格恰好处在相反的两极上……”[②]俞孔坚在《景观理想与生态经验——从理想景观模式看中国园林美之本质》一文中也认为圆明园和法国的凡尔赛分别代表了中西方文化中同时代的两个典型的准理想景观模式，因而“圆明园模式”和“凡尔赛模式”具有可比性（图3-2），他认为：“中西方两大古典园林风格之间之最大差异是自然和规则形式之间的差异。实际上这种差异只是表面的，而非本质。两者的根本差异在于：由于不同的文化生态经验，使某些理想景观结构在不同文化的理想景观模式中被强化了或是被弱化了；而由于这种结构上的比重差异，导致了景观审美感受上的差异。”[③]基于类型形式研究和景观艺术创作之间的关系，通过对景观艺术史整体的形式考察，仅就中西景观艺术的基本类型形式的比较而言，可提炼出两种“基本类型”——理想景观艺术形式的范式：“洲屿”与“剧场”，抑或也可称其为两种理想类型（Ideal type）。须指出的是，笔者将“剧场”与“洲屿”分别视作中西景观艺术的基本类型形式，是从一般意义上来说明中西景观艺术形式的主流差异，在具体适用到特定的个案类型中亦有不相吻合之处，本书没有拘泥于相关的中西景观艺术的个案特质规定。

① 汤因比建立“希腊－中国复合模式”的原因在于：“希腊模式广泛适用于各文明史的早期阶段，中国模式则广泛适用于各文明史的晚后阶段。我们可以把中国模式的晚后阶段同希腊模式的早期阶段结合在一起，组建成一个改良的模式。”参见［英］阿诺德·汤因比《历史研究（修订插图本）》，刘北成、郭小凌译，上海人民出版社2000年版，第39页。

② 周武忠：《心境的栖园：中国园林文化》，济南出版社2004年版，第51页。

③ 俞孔坚：《景观：文化、生态与感知》，科学出版社1998年版，第97页。

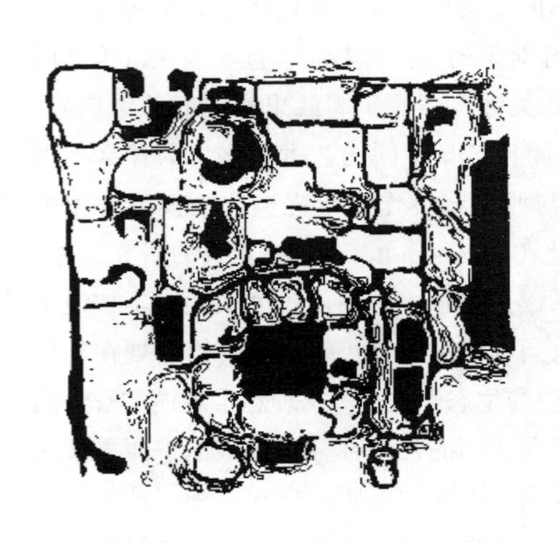

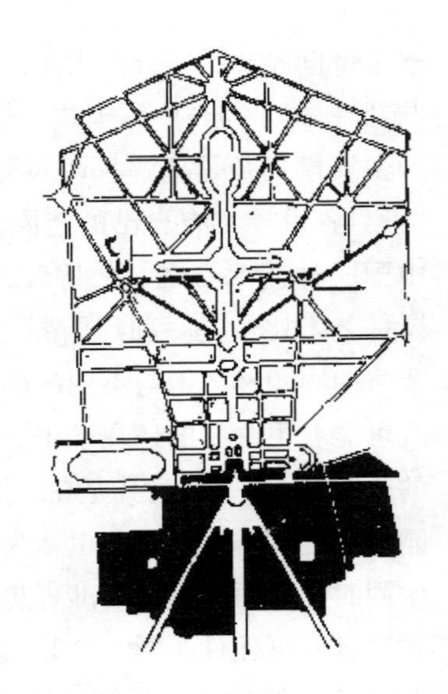

图 3–2 “圆明园模式”和“凡尔赛模式”

（一）“洲屿”（或称“池岛”）

“对许多访问中国的外国人来说，这里的文化景观的多样性就像一个大花园中镶嵌着堤坝、梯田和原野一样。这与埃及人大不一样，他们居住在沙漠边缘，他们设计的园林所用的理性，如同他们的果园或者麦田一样。然而，中国人从来不会在园林中复制他们的这种文化景观。在传统的中国园林设计中，不是用人工的理性和几何方式来创造景观，而是用他们所熟悉的自然景物来创造一个微缩的自然景观。花园象征着宇宙——‘一壶天地’（摘引自唐朝 618—907 年的一个学者的话），因为它有很多的风景元素，例如小溪、山岗、泉水、池塘、岛屿、亭阁、植物和悬崖等。”[①] 这是国外学者以感性的景观体验比较了埃及与中国景观艺术之间的差别，并敏锐地察觉了“池岛”这一风景元素，而它恰恰是中国传统景观艺术的基本类型。在中国景观艺术中，不仅玄武湖、西湖、颐和园、避暑山庄等大型风景名胜景观的基本特征是“山水与洲屿”，而且在“芥子纳须弥”的明清江南私家园林壶中天地式景观营造中，“岛”亦始终成为心理学意义上的艺术原型，而玄武湖独具个性的景观形式特征在于五洲及与其相连的堤岸、洲岛。

“池岛”亦是“自然山水”的浓缩与微观化，但对“山水”的热爱源头

① ［德］安蒂·施托克曼、史戴芬·鲁傅：《景观设计展望：国际性和中国特色》，刘辉译，《建筑学报》2006年第5期。

却须溯及流行于春秋时期“君子比德”的思想，它导致人们从伦理、功利的角度来认识大自然，孔子即云：“知者乐水，仁者乐山。知者动，仁者静。”其后汉代的董仲舒在《春秋繁露·山川颂》中更是将孔子的思想加以发挥，把泽及万民的理想的君子德行赋予大自然而形成山水的风格，而且“中国自古以来即把‘高山流水’作为品德高洁的象征，‘山水’成了自然风景的代称。园林从一开始便重视筑山和理水，甚至‘台’也是山的摹拟。那么，园林发展之必然遵循风景式的方向，亦是不言而喻的了”①。在《诗经》中亦早已镜像了古人理想风景模式的择取倾向：“笃公刘，既溥既长，既景乃冈，相其阴阳，观其流泉。其军三单，度其隰原，彻田为粮。度其夕阳，豳居允荒。笃公刘，于豳斯馆。涉渭为乱，取厉取锻。止基乃理，爰众爰有。夹其皇涧，止旅乃密，芮鞫之即。”(《大雅·公刘》)

另据周维权先生考证，中国古典园林中首先出现的一个类型就是皇家园林，而历史上最早的皇家园林则是商朝末代帝王殷纣王所建的“沙丘苑台”和周的开国帝王周文王所建的“灵囿”“灵台”“灵沼”——三者共同组成了一个规模甚大的园林。其中“灵沼”就是一个大尺度的开阔水面，至春秋吴王夫差也筑“天池”,《述异记》载：“夫差作天池，池中造青龙舟，舟中盛陈妓乐，日与西施为水嬉。”秦始皇则在上林苑“兰池宫”内挖池筑岛、模拟海上仙山的形象，以满足他追求长生不老、接近神仙的愿望，且“这种心理上的向往慢慢地成为园林中的一种追求，他们将现实生活中得不到的东西作为风景在花园中创造出来。于是蓬莱三山成为苑囿中不可缺少的寓意性风景”②。因此，从某种意义上来说，“虚构”式隐喻、象征在造园艺术中占有重要地位，不能单纯地说其为模仿自然，而是另筑了一个“世界”。建于汉代武帝太初元年的建章宫，其苑林区内亦有一大池——“太液池”，武帝即仿效秦始皇的做法，在太液池中堆筑了三个岛屿以象征东海的瀛洲、蓬莱、方丈三座仙山，“揽沧海之汤汤，扬波涛于碣石，激神岳之嶈嶈，滥瀛洲与方壶，蓬莱起乎中央”(班固《西都赋》)。

建章宫苑林区的独特意义与价值在于它是历史上第一座具有完整的三仙山的仙苑式皇家园林，“一池三山”的园林艺术形式也成为后世皇家园林营造的具“类型”意义的典范模式，成为景观艺术创作中“预先设定的类型”③。罗西又说道：“建设一个大型和历时的独特工程的过程中，人们可以运用某些变

① 周维权:《中国古典园林史》，清华大学出版社1990年版，第22页。

② 刘天华:《画境文心：中国古典园林之美》，生活·读书·新知三联书店1994年版，第8页。

③ [意]阿尔多·罗西:《城市建筑学》，黄士钧译，中国建筑工业出版社2006年版，第176页。

化极为缓慢的元素，来稳步地达到创新的目的。在这些元素中，类型的形式具有特别的意义。”[①] 陈志华曾说：“在中国，从汉到清，整整两千年时间，皇家园林里总要仿造蓬瀛三岛，那是神仙居住的地方，长满了长生不老之药。”[②] 周武忠指出：“中国帝王宫苑的意识形态是有神论的，神话传说中的蓬莱仙岛或神庙佛塔构成了苑中主景。”[③] 吴家骅亦认为：“中国园林设计的源头却来自于一个关于海外仙山的神话故事。在中国，有意识的景观设计来源于长生不老的梦想。据说长生不老的灵药是由仙山上的奇花异草炼制而成的。因此，‘海外仙山’的模式是这类人工环境的原型：通常在中央有一个池塘，象征着大海，在池塘中有三个小岛，象征了海外三座仙山：蓬莱、方丈和瀛洲。这种布局是中国园林最早期的也是最基本的模式。”[④] 且一池一岛、一池二岛也好，一池四岛或二池三岛也罢，甚至就是一池也可，不管如何变化，总是“池・岛”基本类型的变体，即在艺术形式传递过程中，当然有变异，但也有根本的、不变的东西，这就是“类型”。（图 3–3）尽管这种思想看来非常简单：它来源于对永生的盲目追求，然而随着帝王们一代代死去，这种园林模式却代代相传，或许是“因为美学目的才是隐藏在这些设计行为背后的真正动机”[⑤]。类型模仿亦有两种方式：一种是对类型样式的直接模仿，另一种则是对结构或意义的关系模仿。

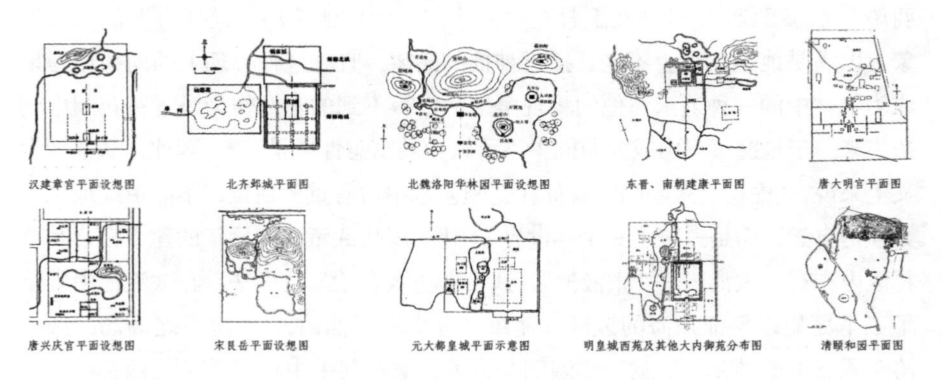

图 3–3 皇家园林“池・岛”基本类型分析

① ［意］阿尔多・罗西：《城市建筑学》，黄士钧译，中国建筑工业出版社2006年版，第170页。

② 陈志华：《外国造园艺术》，河南科学技术出版社2001年版，第3页。

③ 周武忠：《心境的栖园：中国园林文化》，济南出版社2004年版，第31页。

④ 吴家骅编著：《环境设计史纲》，重庆大学出版社2002年版，第60页。

⑤ 吴家骅先生即认为“一池三山”是中国园林最早期的也是最基本的模式，而且通过这种布局安排，通过不同层次的地形和树木，平展的水面景色也得到了极大的丰富，“池・岛”因而是增加景观多样性、变化性的有力手段。参见吴家骅《景观形态学：景观美学比较研究》，叶南译，中国建筑工业出版社1999年版，第136—137页。

那为何“池·岛”能够成为私家园林营造的原型呢？抑或在普通古人的内心中不也有着追求“长生不老”仙境的可能性吗？只不过在形式表达上更加隐晦，变形得也更加厉害，而不像在皇家园林中直接以此为符号表征着皇家至高无上的权力与威严，“富于暗示而不是一泻无余，这是中国诗歌、绘画等各种艺术所追求的目标”①。这一原型亦应牢牢地印刻在上至帝王世家、下至普罗布衣的心灵世界中了（图 3-4），正如中国造园史研究大家童寯先生所云的“吾国历代私园，每步武帝王之离宫别馆”②，俞孔坚则以批判的眼光、激进的立场来审视：“从中国的第一个皇家园林和第一个文人园林开始，乡土便遭到了上层文化的阉割。奇异、矫揉造作和排场成为造园的主流，它们与周围寻常的环境以及市井生活大相径庭。在‘混乱’的、寻常的海洋中，创造一个奇异的、‘天堂般’的岛屿，这便是一切古典造园活动的根本出发点，在中国和西方都一样。”③

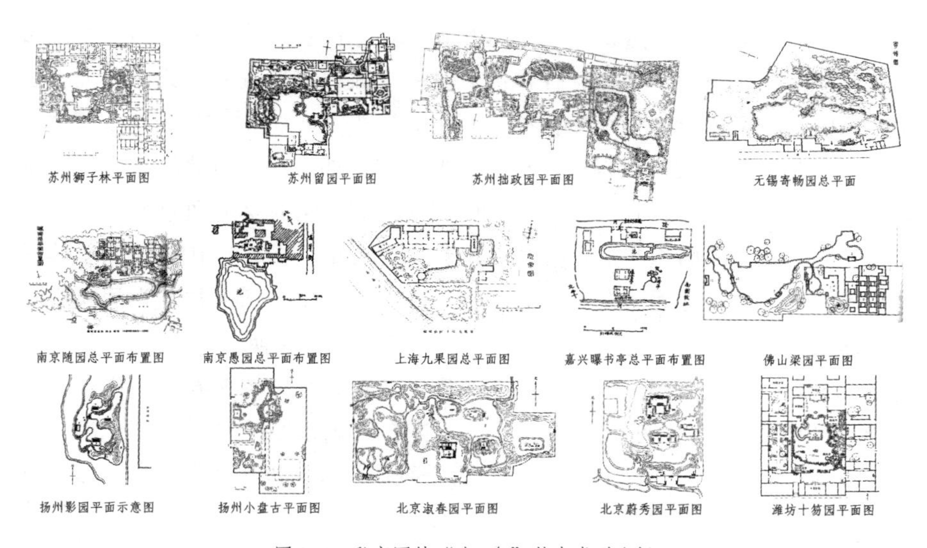

图 3-4　私家园林“池·岛”基本类型分析

另一个更重要的原因在于中国艺术追求“师法自然”的情趣，即私家园林中不仅是在形式创作上要以自然为原型，“更重要的是追求一种自然的生活”④，

① 冯友兰：《中国哲学简史》，赵复三译，天津社会科学院出版社2005年版，第11页。
② 童寯：《江南园林志》，中国建筑工业出版社1984年版，第21页。
③ 俞孔坚：《回到土地》，生活·读书·新知三联书店2014年版，第37页。
④ 陈志华：《北窗杂记：建筑学术随笔》，河南科学技术出版社1999年版，第337页。

“追求心灵的自由流动”[①]，向往道家的“逍遥”，沉迷于山林之间，自适于泉壑之下，就要有湖、有岛、有“钓鱼闲处”来卧游其间，“卜居动静之间，不以山水为忘。庭起半丘半壑，听以目达心想”[②]。陶潜曰：“静念园林好，人间良可辞。”郭熙在《林泉高致》中亦云“水之渔艇钓竿以足人意”，目的皆为效仿庄子“独与天地精神往来”的崇高理想，追求虚极静笃的返璞归真境界：

> 刻意尚行，离世异俗，高论怨诽，为亢而已矣；此山谷之士，非士之人，枯槁赴渊者之所好也……就薮泽，处闲旷，钓鱼闲处，无为而已矣；此江海之士，避世之人，闲暇者之所好也。（《庄子・刻意》）

一方面它是对自然景观形态的剪裁、提炼和典型化，“中国艺术既不是对客观世界简单的描摹，也不是臆想式的拼贴。艺术，作为观察的结果，对内在和外在世界的分析和对自然规律的认识，是对自然本质的表达”[③]。冯友兰就曾指出顺乎自然、把自然看为最高理想是中国艺术无穷灵感的源泉：“在许多山水画里，山脚下、溪水边，往往能看见一个人，静坐沉醉在天地的大美之中，从中领会超越于自然和人生之上的妙道。”[④]另一方面，“渔”在中国文人山水画中是一个表现文士隐遁归田的经典符码，如现藏于台北故宫博物院唐寅的《溪山渔隐图卷》（图 3–5），再如苏州网师园的花园入口处即有题刻“渔隐”二字，在该园面积非常有限的水面上亦漂浮着“半岛”，因考虑到整体景观艺术效果，也实在无法在水中置下一个独立的“岛”。苏州同里退思园亦更直接地表达了“泊舟之退”的意思，不过是以“舫”替换了“岛”，但该舫伸出水面实际上就是一个“半岛”，是一替代景观元素。图 3–6 为明代邵弥的《贻鹤寄书图》，“岛、舟、池、林”等元素皆存画面之中，“人”则优游于简洁淡泊的山林野趣之间，王渔洋曰：“舍筏登岸，禅家以为悟境，诗家以为化境，诗禅一致，等无差别。”（《带经堂诗话》）

---

① 冯友兰：《中国哲学简史》，赵复三译，天津社会科学院出版社2005年版，第20页。

② 范祥雍校注：《洛阳伽蓝记校注》，上海古籍出版社1978年版，第101页。

③ 吴家骅：《环境设计史纲》，重庆大学出版社2002年版，第69页。

④ 冯友兰：《中国哲学简史》，赵复三译，天津社会科学院出版社2005年版，第20页。

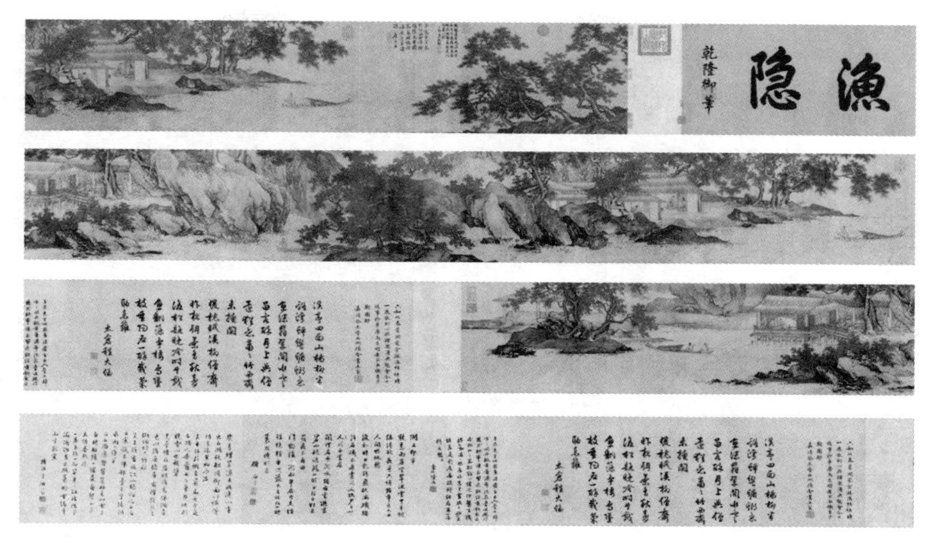

图 3–5　明代唐寅《溪山渔隐图卷》

图 3–7 为仇英的《枫溪垂钓图》，展示了深秋辽阔山川郊野的壮丽景色："远处的楼阁隐现于山间的丛林和流动的白云之中，增加了远景的活力和动感，中景处层峦叠嶂，山间云雾缭绕，悬崖上的栈道栉比，亭阁依稀，衬以苍松古柏，茂林红枫，显得气势雄伟。近景红枫映掩，溪水上一叶轻舟，身上一素色朝服的士大夫静坐垂钓，神情默然专注，右后方，放着一本翻动过的书，在舱内，一书童正为之理书备茶，整个画面显现出生活的情趣。画面高嶂巨壁、丘壑深远……使观赏者如置身大自然之中，使人有心旷神怡之感。"[①] 仇英的另一幅《秋江待渡图》(图 3–8) 则画青松红树与崇山环抱中延伸至水岸的"岛"："山中白云缭绕，变幻莫测。江中轻舟数叶，徐徐缓行。彼岸数人似焦急如焚，等待渡船，以点出主题……此画所展现给我们的是一种诗一般的意境：一条茫茫的秋水，远岸实实的山峦，中间环山的云彩，白云下面的房舍，树林精工细小。画面不大，但景界开阔，有咫尺千里之妙，同时也将无限寥廓的秋色展现于画面之上。"[②]

① 龙轩美术网:《仇英〈枫溪垂钓图〉》，http：//www.aihuahua.net/guohua/shanshui/5414.html，2018 年 10 月 25 日 。

② 华夏收藏网:《台北故宫藏明代仇英〈秋江待渡图〉》，http：//news.cang.com/info/536623.html，2018 年 10 月 25 日 。

图 3–6　明代邵弥《贻鹤寄书图》

图 3–7　明代仇英《枫溪垂钓图》

图 3–8　明代仇英《秋江待渡图》

而在拙政园、留园等景观空间更大的园林中，“岛”更是传统造景艺术中无法失却的类型形式——“理想的模式只能是具有普遍性的”[①]，诚如拉普卜特所说：“只要既存模式少有变异，就会导致形式的持久生命力。”[②]童寯先生在论及中国园林类型形式时即点明：“吾国园林，名义上虽有祠园、墓园、寺园之别，又或属于会馆，或傍于衙署，或附于书院，惟其布局构造，并不因之而异。仅有大小之别，初无体式之殊。”[③]以画论为营造导则的中国传统园林中也必将要有“岛”，它亦是以山水画为粉本的立体景观。北宋沈括在《梦溪笔谈》中载其园林生活时就描述了“渔于泉，舫于渊，俯仰于茂木美荫之间”这一园林化场景，司马光在《独乐园记》[④]中亦曾记有“弄水轩”“钓鱼庵”等与“渔”有关的景点：

孟子曰：“独乐乐不如与人乐乐，与少乐乐不如与众乐乐”，此王公大人之乐，非贫贱者所及也。孔子曰：“饭蔬食饮水，曲肱而枕之，乐在其中矣。”颜子“一箪食，一瓢饮”，“不改其乐”。此圣贤之乐，非愚者

① ［法］A·J·格雷马斯：《符号学与社会科学》，徐伟民译，百花文艺出版社2009年版，第182页。

② ［美］阿摩斯·拉普卜特：《宅形与文化》，常青、徐菁、李颖春、张昕译，中国建筑工业出版社2007年版，第13页。

③ 童寯：《江南园林志》，中国建筑工业出版社1984年版，第12页。

④ 《独乐园记》描绘了司马光在洛阳的宅园景观设计概览，而且独乐园遗址在今天的洛阳伊滨区司马村，遗址展览馆亦有现藏于美国克利夫兰美术馆仇英的《独乐园图》复制件。

所及也。若夫“鷦鹩巢林，不过一枝；偃鼠饮河，不过满腹”，各尽其分而安之。此乃迂叟之所乐也。

熙宁四年迂叟始家洛，六年买田二十亩于尊贤坊北关，以为园。其中为堂，聚书出五千卷，命之曰**读书堂**。堂南有屋一区，引水北流，贯宇下，中央为沼，方深各三尺。疏水为五派，注沼中，若虎爪。自沼北伏流出北阶，悬注庭中，若象鼻。自是分而为二渠，绕庭四隅，会于西北而出，命之曰**弄水轩**。堂北为沼，中央有岛，岛上植竹，圆若玉玦，围三丈，揽结其杪，如渔人之庐，命之曰**钓鱼庵**。沼北横屋六楹，厚其墉茨，以御烈日。开户东出，南北轩牖，以延凉飔，前后多植美竹，为清暑之所，命之曰**种竹斋**。沼东治地为百有二十畦，杂莳草药，辨其名物而揭之。畦北植竹，方若棋局，径一丈，屈其杪，交桐掩以为屋。植竹于其前，夹道如步廊，皆以蔓药覆之，四周植木药为藩援，命之曰**采药圃**。圃南为六栏，芍药、牡丹、杂花，各居其二，每种止植两本，识其名状而已，不求多也。栏北为亭，命之曰**浇花亭**。洛城距山不远，而林薄茂密，常若不得见，乃于园中筑台，构屋其上，以望万安、轘辕，至于太室，命之曰**见山台**。

迂叟平日多处堂中读书，上师圣人，下友群贤，窥仁义之源，探礼乐之绪，自未始有形之前，暨四达无穷之外，事物之理，举集目前。所病者，学之未至，夫又何求于人，何待于外哉！志倦体疲，则投竿取鱼，执纴采药，决渠灌花，操斧伐竹，濯热盥手，临高纵目，逍遥相羊，惟意所适。明月时至，清风自来，行无所牵，止无所柅，耳目肺肠，悉为己有。踽踽焉，洋洋焉，不知天壤之间复有何乐可以代此也。因合而命之曰独乐园。

或咎迂叟曰：“吾闻君子所乐必与人共之，今吾子独取足于己不及人，其可乎？”迂叟谢曰：“叟愚，何得比君子？自乐恐不足，安能及人？况叟之所乐者薄陋鄙野，皆世之所弃也，虽推以与人，人且不取，岂得强之乎？必也有人肯同此乐，则再拜而献之矣，安敢专之哉！”

台北故宫博物院所藏的行书长卷《独乐园图并书记》（图 3-9）为文征明 89 岁之暮年以王蒙笔法绘司马光独乐园图，用笔多圆转、秀妩温润，意亦较滞，并行书独乐园记，画中绘有“村居篱落，临水而筑。篱前立苍松，屋后植修竹。敞轩之中，士人倚窗凝视，远水遥岑”，而且画面中亦囊括了文玩（琴棋书画）、篱笆、围墙、松、竹、亭、孩童、房舍、水榭、柏、耕织渔猎、茅草屋、石磴、栈道、溪涧、湍泉、侍从（侍女、童仆）、高士（士人、隐士）等诸多田园诗意的“生活世界”之构成要素。

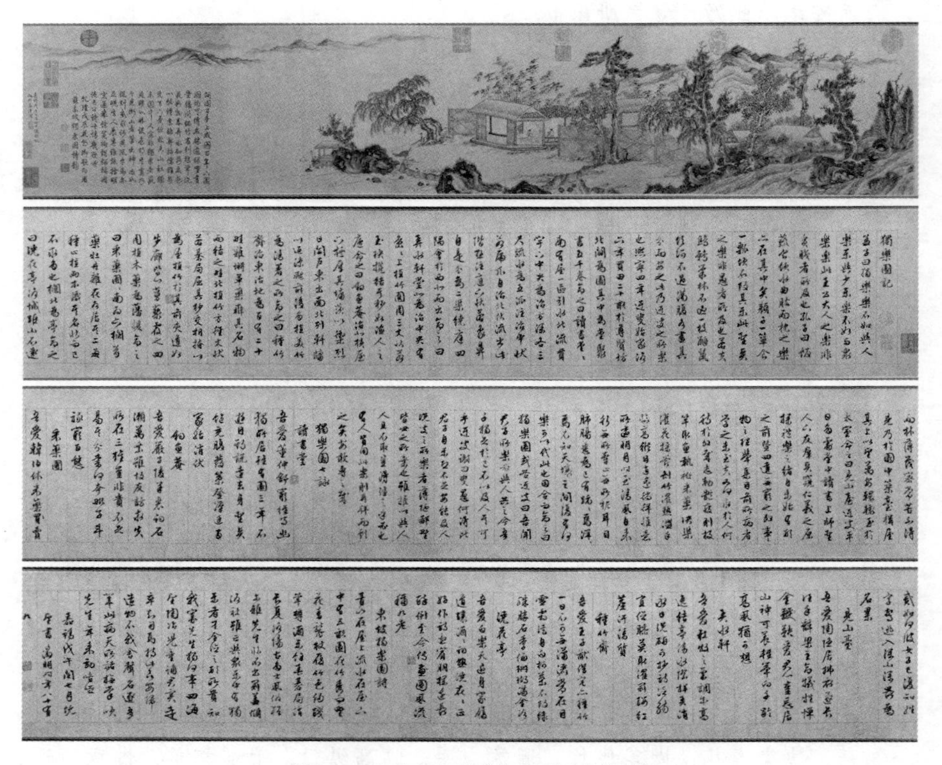

图 3–9　明代文征明《独乐园图并书记》

仇英的《独乐园图》(图 3–10 至图 3–17）亦为横卷式构图，画卷从右至左，描绘了司马光《独乐园记》中提到的主要园景，“司马温公在洛阳自号迂叟，谓园为独乐园。亭中身着白衣倚坐于榻者为司马光。巨松三株，满绕藤萝，覆盖亭上。”四周围有花圃四五，各花盛开，童仆担水，正浇花施肥。前岩帝栽修竹三株，杂树一二。画中以竹林分隔，司马光携鹤坐于虎皮褥上，丛竹如幕蔽天，卧而游之，有怡然自得之乐。畦间花草仅画出一株，以显其园艺之特殊。最右方竹林后，得见草堂，以示平日晏居，可随兴之所至，傲啸林木之间。作画甚工，笔法着色均为仇英面貌，然山石林木造型与一般仇英不甚相似，应属仇英临古作品。司马光一人，同时在画面中反复出现，体现出他的“独乐”之趣。

作为许多现代景观设计师与建筑师追崇的《独乐园图》，它体现了古人非常朴素的，天人合一的山水观。在每一幅画里都有主人司马光的身影，或抚琴、或饮茶、或垂钓，完全沉浸于园中景色。古画里的建筑一般都与松、竹、柳等有姿态的、细腻的树搭配，将古建衬托得更加精致。

图 3–10　画卷起首："弄水轩"

通透的建筑，能直接看到户外的一组芭蕉。中层植物由于符合人的视线尺度，更容易营造氛围。芭蕉本身粗糙的质感，能给人放松、休闲、轻松的感受。例如旅人蕉、鹤望兰等。竹篱笆里面是松，竹篱笆外是芭蕉。古人在园林中的感官：看、听、闻，在这一画面中体现得淋漓尽致。

用竹子围合成一个空间，韵味十足。身体直接与自然产生互动，回归自然却不失一种高级感。

打动了无数的建筑师的画面——竹林围合中的休憩空间，古人的奢华享受。

图 3–11　"读书堂"

图 3-12 “钓鱼庵”

图 3-13 “种竹斋”

图 3-14 “采药圃”

图 3–15　“浇花亭”

古松搭配古建，坐在亭子中，观赏花池中的芍药，闻着花香，悠闲惬意。

小桥流水，棕榈植物搭配奇石，别有一番野趣。古人造园擅长以小见大，运用植物稍加编排和搭配，就能呈现出不同的感觉。所有的景色中，只有小型的建筑搭配植物，显得更加幽静。

图 3–16　“浇花亭”到“见山台”之间的过渡

靠岸的植物垂入水中，高处的植物向上伸长，表现了空间的拉扯感。造型树的点植，更加衬托古建的风味。[①]

① 筑龙园林景观网:《从宋徽宗到独乐园，浅析中国古代文人的高端园林设计》，http：//www.sohu.com/a/256936435_160211，2018年10月25日。

图 3–17 “见山台”

而亨利·霍尔（Henry Hoare）为自己所设计的斯托海德风景园（1740—1760年）当属18世纪上半叶欧洲造园艺术“中国热”的典型作品之一，“池·岛”基本类型强烈地影响亦建构着其景观形式的深层结构（图3–18）。正如艾萨克·沃尔（Isaac Ware）在1768年出版的《建筑学大全》（*A complete body of architecture*）中所说的“中国人是自然风致园的创造者”[①]。深受中国文化影响的日本传统景观艺术之形式结构的“池·岛”基本类型——“那种中国式的自然主义象征手法”[②]，则征显了日本园林与中国园林同属一个类型，即“与中国一样，日本的园林也是自然景观的缩影”[③]。例如日本兴造于17世纪的京都桂离宫（Katsura Imperial Palace）（图3–19）为皇室别墅，在这块只有40000平方米的小块土地上，依借地形运用弯曲内折的手法，却形成了一个复杂的自然微观世界，且至少保留有两个古代象征（二者都是长寿象征）：一个是乌龟形的岛，另一个就是展翅高飞的仙鹤状的湖。

日本庭园最早出现在公元五六世纪，其设计受到了中国文化的影响，且在建造时使用了大量中国和韩国的工程技术。中国古典园林历史悠久，对园林设计最重要的影响之一就是道教的蓬莱仙岛。（道教源于中国，是一种社会关系松散但哲学和宗教上复杂的宗教形式。）这些传说中的仙岛据说位于中国的东北海岸，起初是五个，其中两个据说因一场海啸被淹没，只剩下了蓬莱三仙岛——蓬莱、方丈、瀛洲。这些遥远的仙岛据说是道教神仙的居所，这

① 转引自陈志华《中国造园艺术在欧洲的影响》，山东画报出版社2006年版，第51页。

② 吴家骅编著：《环境设计史纲》，重庆大学出版社2002年版，第92页。

③ ［英］Geoffrey and Susan Jellicoe：《图解人类景观——环境塑造史论》，刘滨谊主译，同济大学出版社2006年版，第85页。

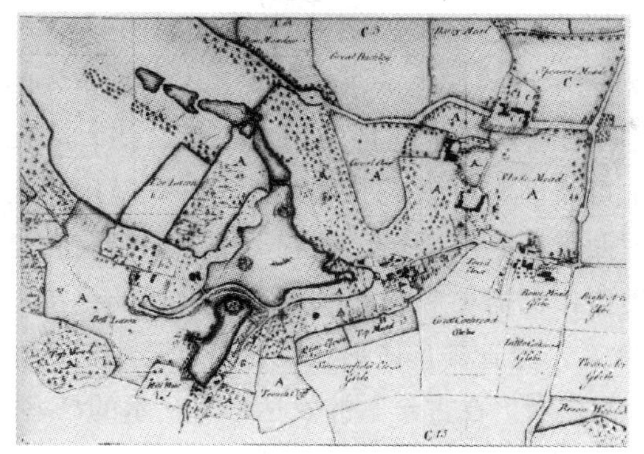

图 3–18　英国斯托海德风景园总平面图

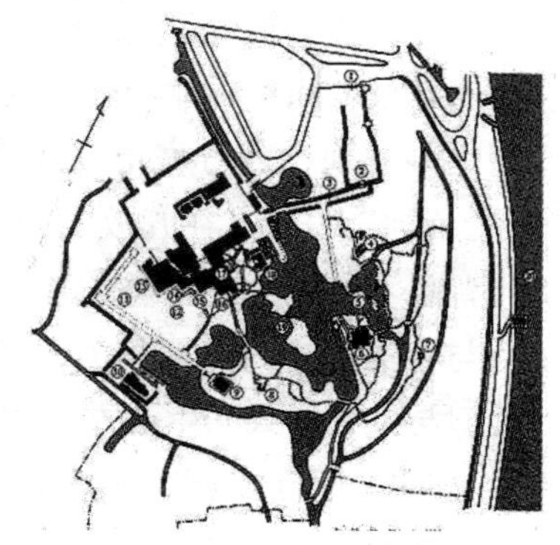

图 3–19　日本桂离宫“池 · 岛”结构分析图

些仙人永恒不朽且掌握了长生不老的秘诀。将仙岛的思想体现在园林中的传统出现在秦汉时期的中国，即公元前 3 世纪至公元 3 世纪之间。实际而言，加入仙岛的元素意味着精美的池庭开始用小岛进行点缀。

道教思想被传入日本后，海面上星罗棋布的仙岛的景象深深吸引了当地人，使他们迫切地想成为岛上居民。神秘的中国仙岛成为他们心目中的理想家园。尽管中国人拥有自己的名山大川，但蓬莱仙岛还是为他们留下了想象的空间。日本人很快学会用更自然的方式表现仙岛，这种方式不禁令人想起日本本国的海岛景色。池水中的岛——无论它们是大到能栽下几棵松树，还是小到不过是一块陡峭的巨石——成为日本庭园中的核心元素，到 7 世纪时，日语“岛（Shima）”一词开始被用来特指整个庭园。

大石块对庭园景观的构建起到了十分重要的作用，但这并不是它们存在的唯一目的。一块块独立的石头通常被用作视觉上的装饰。中国人拥有很悠久的赏石传统，这很大程度上促进了日本美学的发展。与此同时，神道教的影响也不容忽视，山石崇拜一直是日本本土宗教的一部分，一些砾石和圆石被视为神圣的。[①]

（二）“剧场”

起初，大概只是在公共市场临时搭起的木台上演出的剧场作为城市的一种惯例，与体育场大约于相同时期进入了希腊城市。“剧场是从一些宗教性的

① 参见［日］川口洋子编著《日本禅境景观》，王琨译，江苏凤凰科学技术出版社2016年版，第20页。

节庆活动中发展而来的"[①]，它是希腊建筑艺术的另一个杰出的创造，它是一种在自然开放空间中构建的公共景观艺术形式，也是西方景观艺术中最重要的原型之一。现代西方城市开放空间的景观艺术建构的精神主旨之一，亦是"剧场精神"——人在开放空间中可表演与观赏、驻足与休憩——呈现特定文化背景下人的"生活方式"。罗西就认为"剧场"具有类型上的意义，且类型与人类的生活方式相关，"类型根据需要和对美的追求而发展的；特定的类型与某种形式和生活方式相联系，尽管其具体形状在各个社会中极不相同"[②]。也正由于戏剧（尤其是悲剧艺术）在古希腊的发达、辩论术的昌盛、酒神精神的狂欢与肆意等，这些均需要室外开放空间作为展演的场所，剧场的诞生也成为必然，且剧场的艺术教化功能在西方景观艺术中相当重要。同时，"剧场"也成为西方人在自由与民主传统导向下交流、接触的平台。盖瑞特·埃克博等景观艺术大师早在1939年的《建筑实录》杂志中就指出露天剧场"以其自身的特点和长处可以算是一种长期以来从没有被颠覆过的空间形式"[③]。

任何研究西方景观艺术的学者需要高度重视"剧场"在景观艺术形式系统建构中的功用、意义与结构的探索。"希腊剧场面向自然、布局实用，杰出地体现了'波里斯（Polis）'——即自由希腊城邦的生活这一推动和统一海伦人的精神的力量。希腊剧场作为它的创造者们的独创精神的纪念碑，至今仍然是人类建筑史上著名的创举之一。"[④]孔蒂亦指出："作为建造者，希腊人以其富有光彩的装饰艺术而经常受到称赞，但也因缺乏支配空间的意识而受到批评。然而，对于他们创造的剧场，这种创造的剧场，这种非难就不再适用了。剧场是世界建筑艺术中最令人感到兴趣的系统性的结构之一。"[⑤]丹纳在《艺术哲学》中也高度赞扬了希腊剧场，并将其与1862—1874年间建造的巴黎歌剧院相比较，他如此写道："在希腊，一个剧场可以容纳三万到五万观众，造价比我们的便宜二十倍，因为一切都由自然界包办：在山腰上凿一个

---

① ［美］刘易斯·芒福德：《城市发展史——起源、演变和前景》，宋俊岭、倪文彦译，中国建筑工业出版社2005年版，第149页。

② ［意］阿尔多·罗西：《城市建筑学》，黄士钧译，中国建筑工业出版社2006年版，第37页。

③ ［美］盖瑞特·埃克博、丹·U·凯利、詹姆斯·C·罗斯：《田园环境下的景观设计》，载［美］马克·特雷布编《现代景观——一次批判性的回顾》，丁力扬译，中国建筑工业出版社2008年版，第99页。

④ ［意］弗拉维奥·孔蒂：《希腊艺术鉴赏》，陈卫平译，北京大学出版社1988年版，第29—30页。

⑤ ［意］弗拉维奥·孔蒂：《希腊艺术鉴赏》，陈卫平译，北京大学出版社1988年版，第28页。

圆的梯形看台，下面在圆周的中央筑一个台，立一座有雕塑装饰的大墙，像奥朗日的那样，反射演员的声音；太阳就是剧场的灯光，远处的布景不是一片闪闪发亮的海，便是躺在阳光之下的一带山脉。他们用俭省的办法取得豪华的效果，供应娱乐的方式像办正事一样的完善，这都是我们花了大量金钱而得不到的。”①

特尔斐的小型竞技场就是希腊剧场的优秀范例（图 3–20），同希腊人的思想相一致，他们并不选择那种封闭起来的空间，而是选择一个开阔的山坡。在这里凿出了一排排整齐的半圆形阶梯座位，它面对着一个供合唱队表演和歌唱用的中心区，即所谓的合唱队席（Orchestra）。合唱队席可以是圆形的，也可以是半圆形的。但不论它是圆形的还是半圆形的，包括所有后来的剧场，它总是和希腊剧场的第三种基本组成部分紧挨着的。这个基本组成部分就是石台幕布（Skene），一种供男演员作背景使用的简朴的天幕。石台幕布后来被改成由圆柱围绕着的长方形空间，这一改变后的形式一直延续到我们今天。这种剧场结构简单，完全是实用性的。它十分清楚地显示出共同组成其整体的各个部分之间的关系，这些部分是：“围有圆柱的舞台、半圆形的合唱队席以及在山坡上凿出的阶梯座位。”② 直至如今，佛罗伦萨附近的费索尔（Fiesole）山坡上，许多石凳组成的半圆形，俯瞰前方的一片谷地，远眺郊外高耸的山峦，这格局几乎再现了希腊剧场的一般形式，散发着产生这种剧场的那种古代文化的微弱气息，亦是有秩序的宇宙中有序空间所具有的美。（图 3–21）

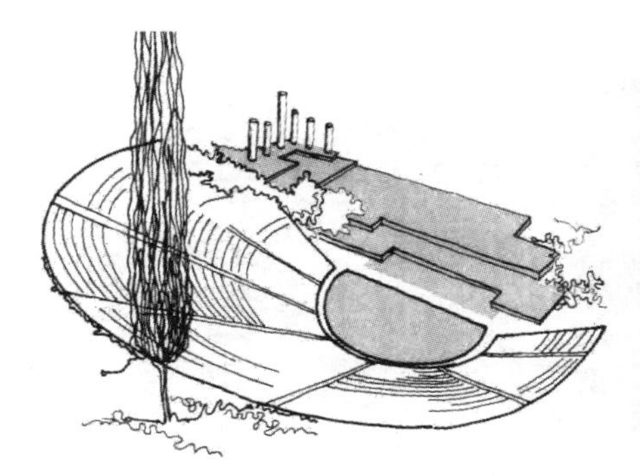

图 3–20　希腊特尔斐的小型竞技场

① ［法］丹纳：《艺术哲学》，傅雷译，人民文学出版社 1986 年版，第 279 页。
② ［意］弗拉维奥 · 孔蒂：《希腊艺术鉴赏》，陈卫平译，北京大学出版社 1988 年版，第 29 页。

图 3-21　意大利佛罗伦萨费索尔剧场

罗马人又进一步将剧场加以发展和装饰，将布局扩大了一倍，把它改造成圆形剧场，并且完全脱离了山坡。他们之所以能够这样做，是因为他们的建筑技术已能做到使阶梯座位完全由砖石结构支承。公元前 1 世纪罗马共和国时期的古罗马人在普埃内斯特（Palestrina）[①]的弗图纳神殿（Temple of Fortuna）（图 3-22），则是通过主轴线掌控了其整体景观环境建构的主要方向不是向内而是向上，其整个景观是由平台、门廊、踏步、坡道、喷泉所构成，且“这一向上运动，是结构化空间中的一个力，在总体布置以及与周围环境关系中，获得了显示自己的高度自由表现”[②]。图 3-23 为意大利文艺复兴晚期最重要的建筑师安德烈·帕拉蒂奥（Andrea Palladio）绘制的弗图纳神殿正立面图。

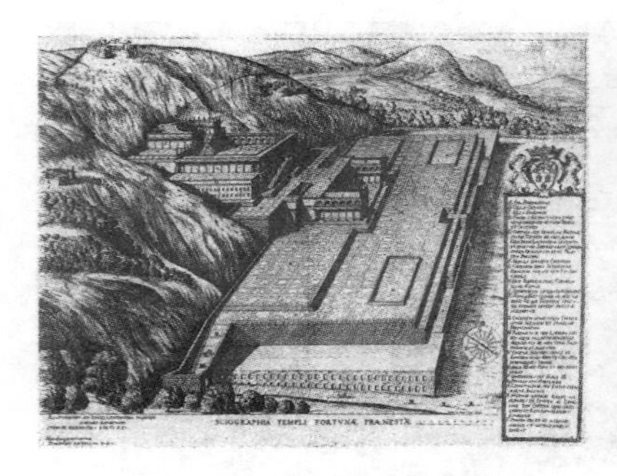

图 3-22　古罗马弗图纳神殿

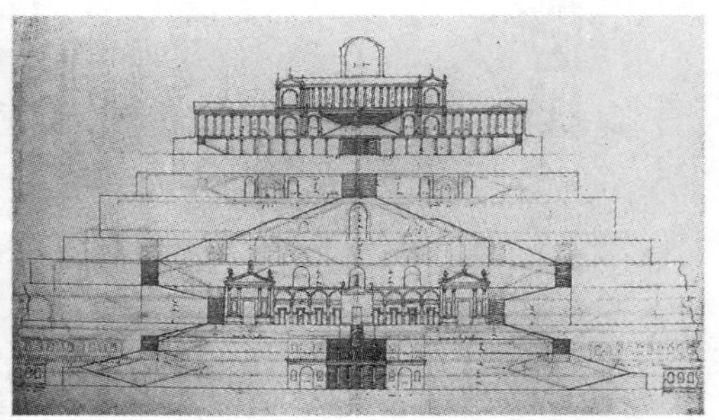

图 3-23　帕拉蒂奥绘制的弗图纳神殿正立面图

① 今巴勒斯坦境内。

② ［挪威］诺伯格·舒尔兹：《存在·空间·建筑》，尹培桐译，中国建筑工业出版社 1990 年版，第 76 页。

意大利台地园、法国凡尔赛式园林等也可被视作“剧场”基本类型形式的变体，究其核心就在于以“竖向建构”与“对称格局”为其景观艺术创作主轴，即如彼得·埃森曼所说的“与历史融为一体的记忆所赋予类型形式的意义，超出了初始功能给予形式的意义”[①]，但是变形或改变的意义却是有限的。意大利文艺复兴中期的艺术巨匠布拉曼特（Bramante）开创了平台建筑式造园样式即台地园，此后的意大利庭园亦都以建筑式构成为主，即以宽大的平台、连接各层平台的台阶、绘着壁画的凉亭、青铜或大理石的喷泉、古代的雕像等等来装点——“沿着一根中轴线组织建筑，这根中轴线将一个门廊向南边的风景敞开，而一个凉廊则向北开放……这两个方向的景观都属于所有包容于园林内的事物中的相对简洁的一个部分，就像是自然天成的。当园林被定义为建筑学上的一个沿着视觉的中轴线安排好的空间时，那原本难以调和的景观就变得可欣赏了……景观的构造使园林的建筑物通过一系列的水平面连接在一起（这常常通过建造阳台来实现）”[②]。

布拉曼特最具代表性的造园作品是贝尔维德雷园（*Giardino Belvedere*）（图 3–24），其创作构思为：将长约 306 米、宽约 75 米的长方形场地划分成三层平台，与园亭相连接的顶层露台被全部辟为装饰园，且由于场地长边尽端处的园亭过于狭小，所以在园亭内设置了高约 26 米的巨大半圆形壁龛，壁龛也通过带半圆形天井的柱廊成为环视罗马城周围景色的最佳瞭望台。庭园两侧的柱廊均向内侧敞开，外侧则围着高墙，以保持庭园环境的安静。庭园动工后的第二年，又在其中央设置了古代样式的贝壳形喷泉，且在最低层的宫殿中也附加了半圆形的端部，使它与顶层平台上的半圆形壁龛遥相呼应。底层的中庭被用作竞技场，半圆形部分是它的看台，而中庭宽大的台阶则一直通向第二层平台，这里仍设有看台，据说足可容纳六万人。此园后历经庇护四世、庇护五世、西克塔斯五世的改扩建，而其顶层平台在 17 世纪时则被装点得最为华丽，保罗五世将青铜制的松果形喷泉装饰在布拉曼特设计的大壁龛之前，这座喷泉高约 3.5 米，这个庭园此后也被称为“松果园”。（图 3–25）继布拉曼特的贝尔维德雷园之后的著名台地园作品如：埃斯特别墅（Villa d’ Este，Tivoli）有 8 层台地（图 3–26、图 3–27）、阿尔多布兰迪尼别

① ［意］阿尔多·罗西：《城市建筑学》，黄士钧译，中国建筑工业出版社 2006 年版，第 10 页。

② ［意］劳诺·玛格兰尼：《热那亚园林：政治与娱乐的结合》，载［法］米歇尔·柯南、［中］陈望衡主编《城市与园林——园林对城市生活和文化的贡献》，武汉大学出版社 2006 年版，第 110—111 页。

墅（Villa Aldobrandini，Frascati）有7层（图3–28）、朗特别墅（Villa Lante，Bagnaia）（图3–29）有5层等。

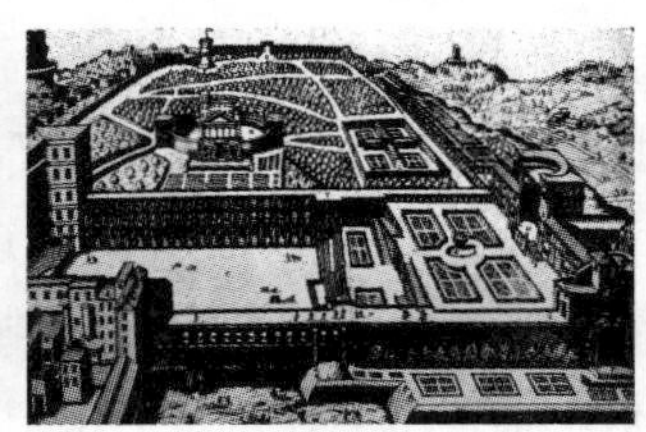

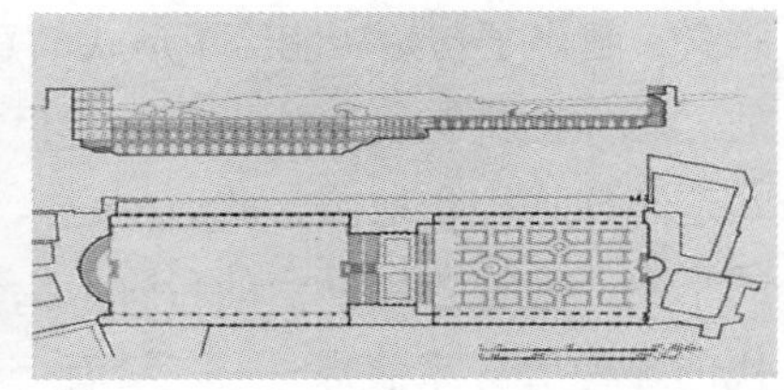

图3–24　布拉曼特作品贝尔维德雷园组图

图3–25　贝尔维德雷园亦称“松果园”

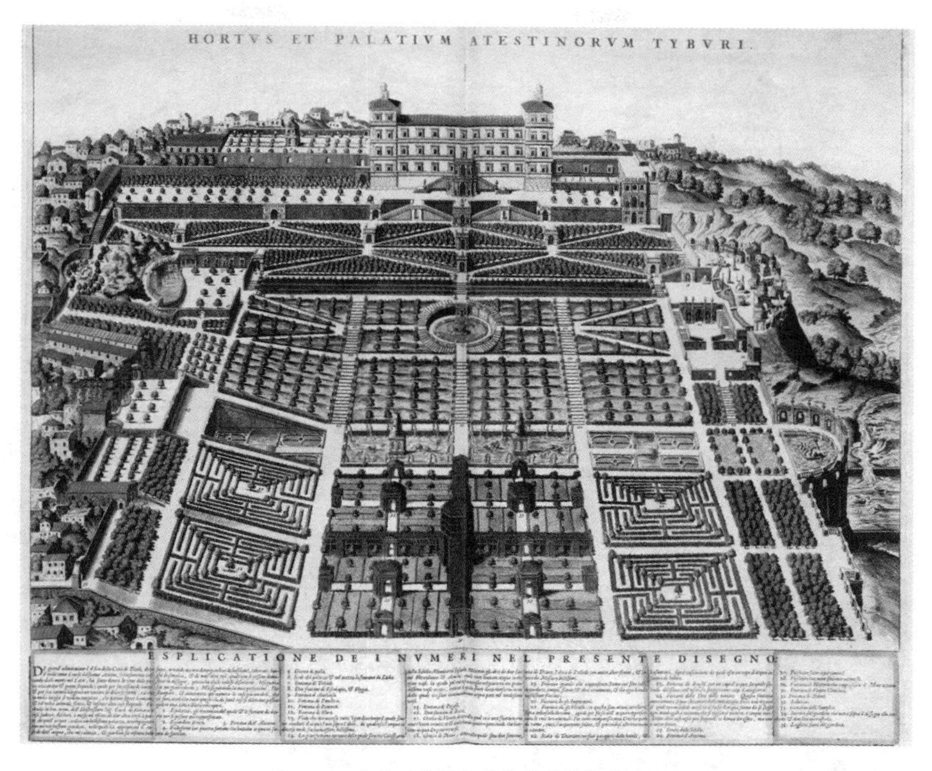

图 3–26　著名台地园作品埃斯特别墅设计图

图 3–27　埃斯特别墅

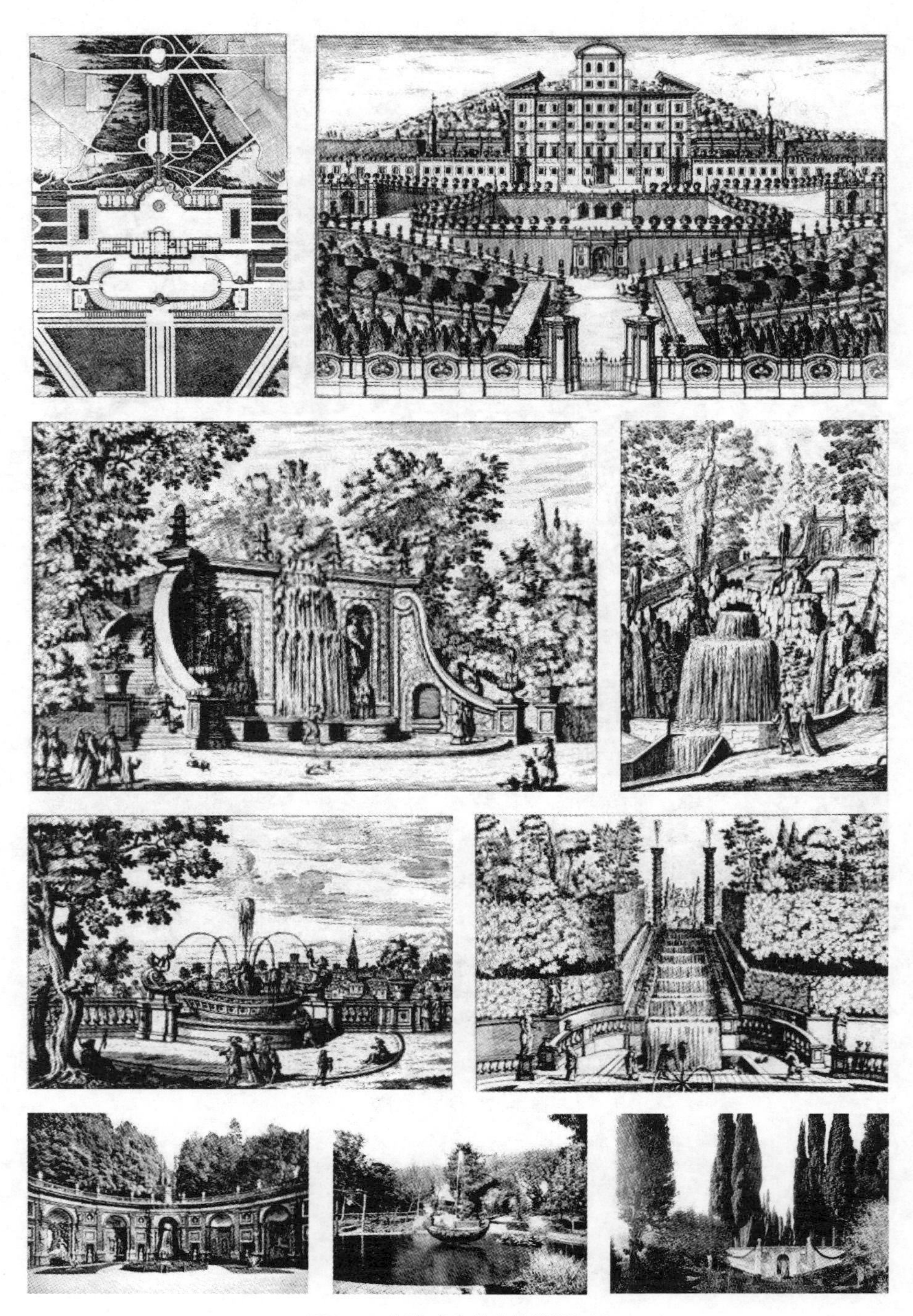

图 3–28　阿尔多布兰迪尼别墅组图

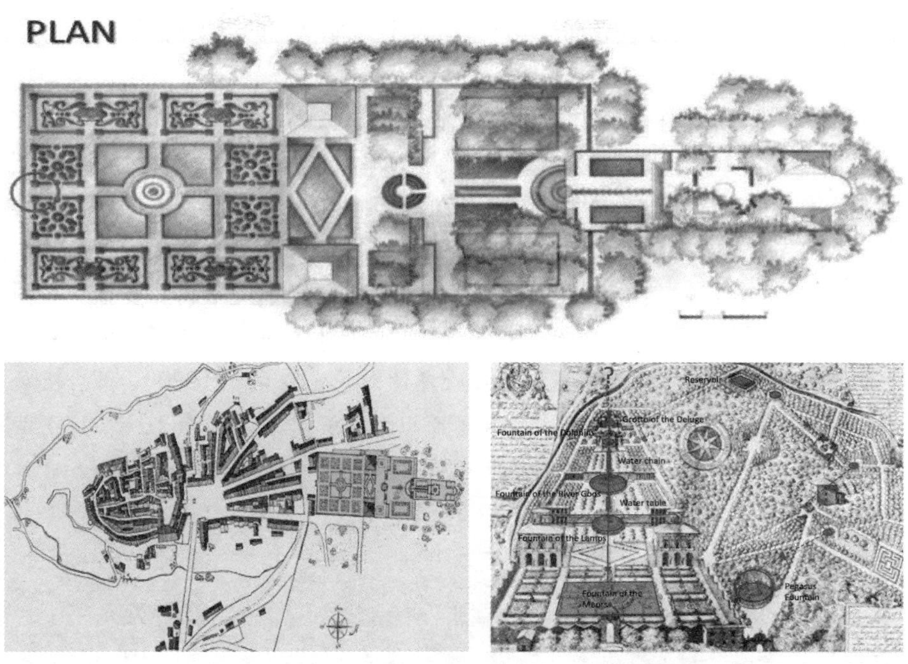

图 3-29　朗特别墅组图

温迪·J. 达比（Wendy Joy Darby）在《风景与认同：英国民族与阶级地理》（*Landscape and identity: geographies of nation & class in england*）中即以“风

景与早期剧场”为论述命题而展开了“剧场景观原型”的深度阐释：

在欧洲精英读者中，风景作为剧场（landscape-as-theatre）的比喻甚为流行——16世纪、17世纪与土地相关的印刷品中，以“剧场”为题的文章频繁出现，便是这一点的佐证。这些作品包括宇宙志、地理志、城市图说以及土地使用手册。说到土地使用手册，忒奥克利托和维吉尔堪称这一范畴的创始者（肖特1991）。同时，随着商业资本主义的兴起，剧场风景的比喻成为常用词，而剧场本身变得与其说是空间幻想和魔术奇观，倒不如说是戏剧或心理的对抗（杰克逊1980）。舞台上展现的人类激情兴趣就是“人性详尽而坦白的解剖”（赫西曼1977：15）的例证，其时，人类激情及兴趣尚未被后来的资本主义驯服和压制。[①]

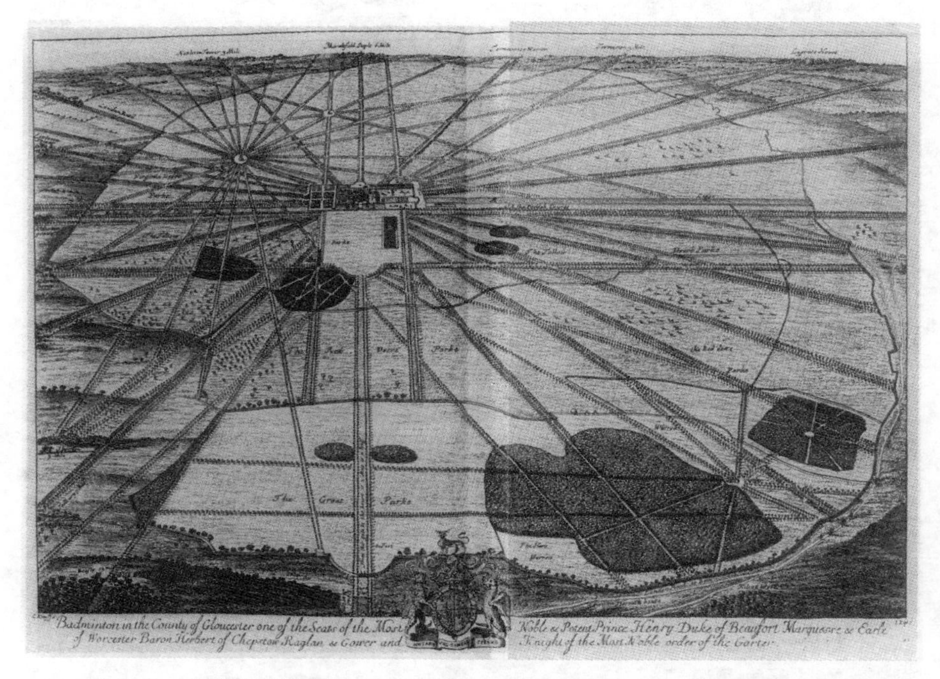

图3–30 《英国新剧场》图版12，“波弗特公爵的别墅之一，格洛斯特郡的巴德明顿”

① ［美］温迪·J. 达比：《风景与认同：英国民族与阶级地理》，张箭飞、赵红英译，译林出版社2011年版，第15页。

达比在“权力的印刷与印记”中亦以“印记”[①]为关键词对1708年在伦敦出版的对开本大小的《英国新剧场》(*Nouveau theatrede la grande bretagne*，基普和尼弗)[②]（图3-30）进行了“剧场”景观原型的社会学意义解读：

> 翻看第一版《新剧场》里一幅又一幅图画，看着一个又一个别墅的景色：俨然而立的树木、修剪齐整的灌木、对称摆放的胸像及一排排雕像，你会忽然觉得它们像沉默的观众，等待着空旷的巴洛克式花园里空荡荡的舞台被激活。画面上偶尔会出现一群男人在玩滚球，一两个人在宽敞的路上踱步，骑马的随从紧跟着奇异的马车，马和猎犬跑过远处的田野。但大多时候，这些风景里空无一人。（图3-31、图3-32、图3-33）

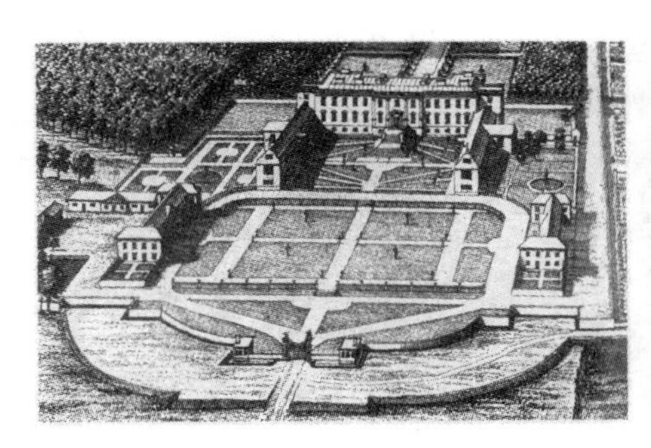

图3-31 《英国新剧场》图版41（局部），“威斯特摩兰郡的劳瑟别墅”

图3-32 《英国新剧场》图版58（局部），“剑桥郡……哈特利·圣乔治”

① “印记”（Imprint）一词有多层含义。它可以指印在书本卷首插画上出版者的名字和地址（插画一般对着书名页），也指一座房屋在土地上的实物标记，某一特定阶层持久的文化符号，或一种永恒的“印象”——也是书本和印刷世界词汇的一部分。所有这些含义汇聚在一种印刷出来的意象之中。这些反映了权力印记的印刷品，也就是鸟瞰图（Bird' s -Eye View），是透视性凝视的象征。尽管在欧洲其他国也可以发现它的踪影，但在此讨论的鸟瞰图主要与英国风景相关。的确，在英语用法里，“鸟瞰图”是“风景”的一个定义（《牛津字典》1971）。参见［美］温迪·J. 达比《风景与认同：英国民族与阶级地理》，张箭飞、赵红英译，译林出版社2011年版，第17页。

② 可称为最全面的英国郡县图解。开章第一篇描述了林林总总的乡村别墅，是用法语写的。这样一来，就拉开了文化精英与印刷图像的距离——这本图解是为文化精英们量身定造；而图像的语言形式更为民主，易于理解。达官贵人预付订金以确保他们的乡村别墅能够入选，被描画出来或雕版印刷出来。

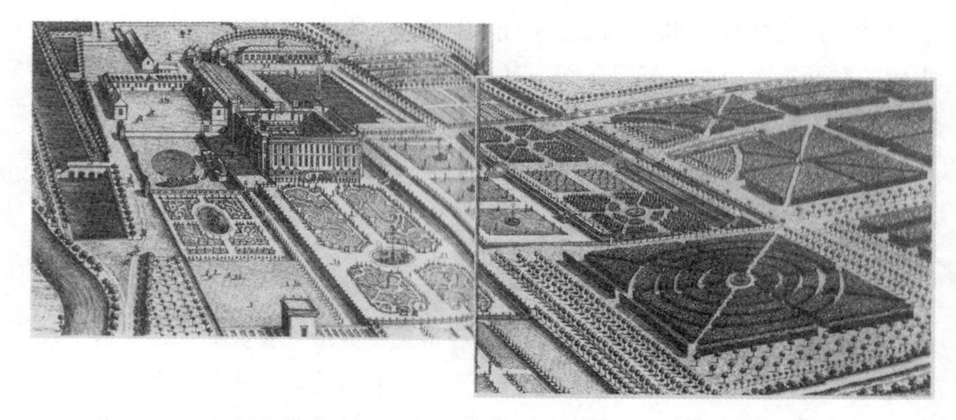

图 3-33 《英国新剧场》图版 17（局部），“德文郡威廉公爵和伯爵……查兹沃思别墅”

即使在以农耕为背景的绘画中，人烟也很稀少。鲜有耕作者出现，即便有，即便在收获季节，有大量农活需要劳动者来完成，也只见寥寥几个男女在广阔无垠的田野上收割，好像永远也干不完手上的活计。无论是收割，耙草，还是装运，他们实际上和比喻意义上都是外围的点缀——身处画面的远处，秩序井然的庄园的边缘，在堪为国家堡垒的地产的外沿。这种乡村绘画忽略了构成风景基础的人类劳动，留下太多需要解释的空白，而这一解释与最终人们进入风景相关。（图 3-34、图 3-35）

图 3-34 《英国新剧场》图版 78（局部），“约克郡西区的维克斯里别墅”

图 3-35 《英国新剧场》图版 64（局部），“克利夫兰的阿克兰穆别墅”

《新剧场》可以作为一本政治的而不只是美学的文本来阅读。能得到这种鸟瞰图的人不是订户或购买者，就是接受赠书的赞助团体的成员。他们很清楚收割是非常艰巨的农活。绘画表现了收割时节，但劳动者缺席，这一现象并非只是艺术的疏漏。整个策划取材意在地形描摹。

银行家亨利·霍尔二世（Henry Hoare Ⅱ，1705—1785）就资助了贵族们18世纪早期风景再造的狂热（伍德布里奇1989）。《新剧场》所描摹的中轴布局的巴洛克式花园和林地被开阔的伪自然主义的林园（parkland）所取代。大量放贷和从事奴隶贸易给霍尔带来滚滚钱财，使他能够投资建造自己位于威尔特郡的斯托尔德庄园的主要景观。现在被称为英国国民托管组织（National Trust）"皇冠上的珠宝"的斯托尔海德，按照罗马风格重建，是阿卡狄亚的华美翻版。霍尔成功地将奴隶财产转换成庄园地位，把物质形式赋予"心灵铸造的镣铐"（布莱克1794，阿伯拉姆1986）中新的一环，遂使建立在国外的奴役或国内的贫穷之上的社会关系隐匿起来。[①]（图3-36）

图3-36　斯托尔海德风景园：小桥湖泊与万神殿[②]

而且，达比更是将从英国地方性景观形式建构的"剧场"原型溯及至意大利，并界定为一种"文化模仿"："无论是17世纪古典风景绘画，还是18世纪早期布局严谨的风景黑白鸟瞰图，或是18世纪后期以湖泊、洞穴、希腊庙宇等为背景，展现如画的缓坡林园的绘画，风景俨然成为一座实有的或抽象的宝库，蕴藏着纵横交错的观念，而这些观念根植于一个更大的先前存在

① ［美］温迪·J. 达比：《风景与认同：英国民族与阶级地理》，张箭飞、赵红英译，译林出版社2011年版，第18—27页。

② 斯托尔海德风景园中的万神殿建造于1753—1754年，建筑师为亨利·弗里特克罗夫特（Henry Flitcroft）。

的意识形态体系之中。”①

> 教育和旅行一起强化了18世纪牛津和剑桥精英们按照绘画和文学标准智化风景的方式。半义务性质的意大利修业旅行（Grand Tour），使得英国年轻的鉴赏家们，或所谓的业余爱好者（dilettanti），不仅能购买到一些古董（有时是赝品），而且还能收集大量的17世纪末期的风景画，这些风景画通常描摹了以古典神话形象、洞穴、神庙和建筑废墟为背景的理想的、古典的意大利乡村景色。
>
> 为了与他们所了解的阿卡狄亚美学吻合，人们改建英国乡村别墅的巴洛克置景。这种美学引导他们获取无与伦比的收藏——克劳德、普桑、杜盖等人的古典田园绘画作品，从中得到的教育又强化了阿卡狄亚美学。在古典田园文学（也就是忒奥克利托的《牧歌》，经由维吉尔的《牧歌集》，还有萨纳扎罗的《阿卡狄亚》）及其图绘的熏陶之下，人们重新布置英国乡村别墅的景观。其结果就是田园风格的如画林园环绕着新古典主义风格的建筑。

风景可以具有权力剧场的功用，这一点在基普和尼弗的不断演进的雕版画中尤为突出。改造过的风景，比起过去，其剧场权力不是更小而是更自然，进一步使实际的权力关系神秘化了。②

“户外剧场不论从历史角度还是从建筑的角度而言，都是非常有意思的景观构成。组成古希腊、古罗马和文艺复兴时代的经典范例都是顶级艺术天才们携手完成的具有最高艺术价值的艺术品。事实上，就算它们只留下了大概的轮廓，在一些介绍早期文化的精华的书籍里也经常用它们作为范本。按学院派的版本的描述——‘圆形剧场’这个词——是为一些仪式如毕业典礼、户外运动、大型演出及歌剧、音乐演出提供看座。”③同时，因类型元素在时间中的改变而能激发创新，记忆对类型的影响也使得新的设计过程成为可能，从弗莱彻·斯蒂尔（Fletcher Steele）建成于1938年的“蓝色阶梯”（*Blue Steps*）（图3–37）这个作品中我们也可阅读出“剧场”或“台地园”的影子，

---

① ［美］温迪·J. 达比：《风景与认同：英国民族与阶级地理》，张箭飞、赵红英译，译林出版社2011年版，第38页。

② 参见［美］温迪·J. 达比《风景与认同：英国民族与阶级地理》，张箭飞、赵红英译，译林出版社2011年版，第27—29页。

③ ［美］理查德·P. 多贝尔：《校园景观——功能·形式·实例》，北京世纪英闻翻译有限公司译，中国水利水电出版社、知识产权出版社2006年版，第220页。

精心设计过的规则的台阶与乱中有序的白桦林形成了鲜明的对比。马克·特雷布（Marc Treib）在《现代景观设计的原则》一文中即提及了斯蒂尔“从意大利风格中寻找设计的源泉”[①] 创作方法论。埃克博 1937 年 9 月在《铅笔尖》（*Pencil points*）上发表的《城市中的小花园：它们的设计可能性研究》一文中列举了 18 种平面和轴测图的方案，其中的一幅为在斜坡上安排了缓缓踏步的竖向设计方案（图 3-38），正暗合了西方景观艺术史“剧场”原型的深刻影响，也可以看成一种经典的传统形式语言的延续和发展。凯瑟琳·迪伊（Catherine Dee）就从“和而不同”的视角论述了“剧场”原型的形态“变异”，认为原型演化具备形式结构层面的本质共同性和功能趋同性：“原型可以用一个简单的形式来描述，或者是人类和物质空间的排列。由于执行相同的功能，这种空间排列方式而被重复或拷贝无数次，它可以作为普遍或一般要素来考虑。比如圆形剧场可以被描述为一个原型形式，因为在不同的文脉环境中这种形式已经超越时间因素，对于相似的目标有一致性的使用。”[②]

而且这种景观艺术的类型形式仍然“投射”到了今下的西方城市开放空间的建造中，如美国的卡波尼艺术公园（Caponi Art Park）、弗兰克·盖里（Frank Owen Gehry）设计的芝加哥千禧公园露天音乐厅（*Jay Pritzker Music Pavilion*）（图 3-39）等。剧场是与戏剧、舞蹈、音乐、诗歌等密切关联的综合性载体型艺术，发展到今日就是“城市艺术公园”（Urban Art Park）[③]，可以说景观艺术就是一个承载艺术、载体艺术，承载所有艺术门类的“容器”、承载人的活动（交流、艺术欣赏、表演）的“容器”——这个容器是开放的、包容的。如卡波尼艺术公园坐落在明尼苏达州伊根约 24.28 公顷树木繁茂的丘陵之上，其三大功能区域之一的“林中剧场”就是一个坐落在公园丘陵景观上由树丛林冠构成亲密性氛围的大型户外圆形剧场，具有相当亲密的、十足的吸引力。它是一种适宜戏剧、音乐和文学表演的独特装置，拥有一个大体量的露天开放空间舞台、完美的音响、丰富的草地座位，以及伊根中部的北方

---

① ［美］马克·特雷布：《现代景观设计的原则》，载［美］马克·特雷布编《现代景观——一次批判性的回顾》，丁力扬译，中国建筑工业出版社2008年版，第46页。

② ［英］凯瑟琳·迪伊：《景观建筑形式与纹理》，周剑云、唐孝祥、侯雅娟译，浙江科学技术出版社2004年版，第41页。

③ 具体案例解读可详见笔者在《中国园林》杂志2011年第1期上的文章《国外城市艺术公园（Urban Art Park）案例评析》一文中两个案例，以及《设计艺术》（山东工艺美术学院学报）杂志2010年第5期的文章《艺术介入城市的景观表达——以城市艺术公园（Urban Art-Park）的释读为例》一文中的另外3个案例。

图 3–37 “蓝色阶梯”实景与草图

图 3–38 埃克博的方案

林地的感觉，在该剧场内的活动包括夏季表演系列、莎士比亚戏剧节、青少年公园诗人大赛等。(图 3–40)

图 3–39 美国芝加哥千禧公园露天音乐厅

图 3–40 美国卡波尼艺术公园的“林中剧场”

图 3–41　法国“幻想花园”的“圆形剧场”

另由凯瑟琳·古斯塔夫森（Kathryn Gustafson）设计的法国道多纳省佩里戈地区中心地带的泰拉松·拉维勒迪约市的“幻想花园”（*The Jardins de l' Imaginaire*）中亦尤以模块、青草和钢铁建成的露天“圆形剧场”（Le théâtre de verdure）敞现在一大片空旷草地上，以供观演（图 3–41），若以阿尔多·罗西的视角来审视此作品的创作路径就是一种从历史中移植类型来联系场所和记忆，而在艺术创作中的“类型借取”实质上就是对现有艺术语言的一种参照。景观学者朱建宁认为该景观艺术作品的设计师凯瑟琳是有意地避开了后现代主义仿制手法的旧套路，以及过时的表现自然的文学辞藻，其“设计方案着重以现代语言阐释园林起源及具有象征性的标志景观上”①。很明显，朱建宁已借由此景观艺术形式而阅读到了其“类型”的投射存在。的确，“表现和梦想过去的生活”即意味着“创生”的开始。过去的生活已经不再是“过去”，经过人类的表现、梦想，它直指将来。未来是“环形”的未来，过去孕育着未来，未来是“过去”的继续。②

第二节　景观艺术的风格与形式

一、作为类型现象的艺术风格

风格与艺术品的形式特征有关，它是艺术作品的一个组成部分。风格源自形式，形式彰显风格，风格是形式的内在文化性符号，形式中含有一种精

---

① 朱建宁、丁珂：《法国现代园林景观设计理念及其启示》，《中国园林》2004年第3期。

② 参见［德］马蒂尔斯·霍尔茨《未来宣言：我们应如何为二十一世纪作准备》，王滨滨译，云南人民出版社2001年版，第19—20页。

神上的参考要素即风度、格调——“风格的历史就是审美情趣的历史”[①]。一种形式的风格“突出地表现为它所描绘的主题范围，表现为这些主题的要素被转化而成的规范的形式，而且表现为该艺术品的成分被组织成一件作品的方式。严格地说，风格与要素的意义或者说与整个作品的意义无关，它们毋宁说是肖像学或视觉法则的主题”[②]。与艺术形式无法剥离、通过形式来表达含义的风格可以作为艺术形式划分的类型标准之一，竹内敏雄在《艺术理论》中就指出：“由于风格按照其作为类型的本义，是创作者精神活动的趋向在作品形态上的体现，虽然离开客观存在的作品也无法把握它，但规定它的根据却在于创作主体的精神的特殊性乃至个性的人格的统一。与此相对照，种类不用说也是从创作者的精神中产生、分化出来的，但它自身却不由时代、民族的精神结构或艺术家的性格所规定，而是在类型的统一中把握到的构成作品自身的素材、形式、内容各种契机以及就创作的目的来看具有相同特征的作品群。”[③]

艺术形式的风格类型大致又可分为时代风格、地域风格、民族风格、流派风格、作品风格、设计师个人风格几类，其中前三者是从宏观上进行风格研究的主要课题，如意大利文艺复兴庭院或者18世纪英国园林的风格特征等。而在中国古代艺术理论中，“体”则往往被用于指代某一艺术门类中的各种不同的风格和体例，由于艺术风格的演变极为丰富多样，因而选定“体”的标准也各不相同：以诗歌艺术来说，从大类看，有风雅、离骚、西汉五言、歌行杂体等；以时期来分，则有建安体、太康体、永明体、唐初体、大历体、晚唐体等。约翰·约阿辛·温克尔曼（Johan Joachin Winckelmann）在《古代艺术史》（*Geschichteder kunst im alterthums*）中则依据时间作为分类标准而把希腊艺术的发展划分为四个阶段和四种类型的风格，即“远古风格、崇高风格、典雅风格、模仿风格”[④]。勒·柯布西埃（Le Corbusier）曾凝练了西方建筑文化史上四种最典型的艺术风格——“古希腊罗马的庙宇、哥特式大教堂、文艺复兴教堂以

---

① ［法］罗伯特·杜歇：《风格的特征》，司徒双、完永祥译，生活·读书·新知三联书店2003年版，第2页。

② ［美］罗伯特·莱顿：《艺术人类学》，靳大成、袁阳、韦兰春、周庆明、知寒译，文化艺术出版社1992年版，第155页。

③ ［日］竹内敏雄：《艺术理论》，卞崇道等译，中国人民大学出版社1990年版，第88页。

④ ［德］温克尔曼：《论古代艺术》，邵大箴译，中国人民大学出版社1989年版，第201页。

及现代钢筋混凝土建筑”[①]，并图绘了四种典型建筑的三种组合方案。(图 3–42)门罗在《走向科学的美学》中亦认为艺术风格是一种复合的描述性类型：“它要求较多的个别特征，对其做出明确的界定。它是由种种特性或特点结合而成的，这些特性或特点倾向于一起出现在不同的艺术作品之中，或者已经一起出现在某些地方或某些时期的艺术之中。它是一种反复出现的特性复合体——一种互有关联的特性的群集或结构，并且带有某种侧重点或连续性，作为各种实例的一种构成原则出现，具体实例离开了这种原则，会变得面目全非。”[②]

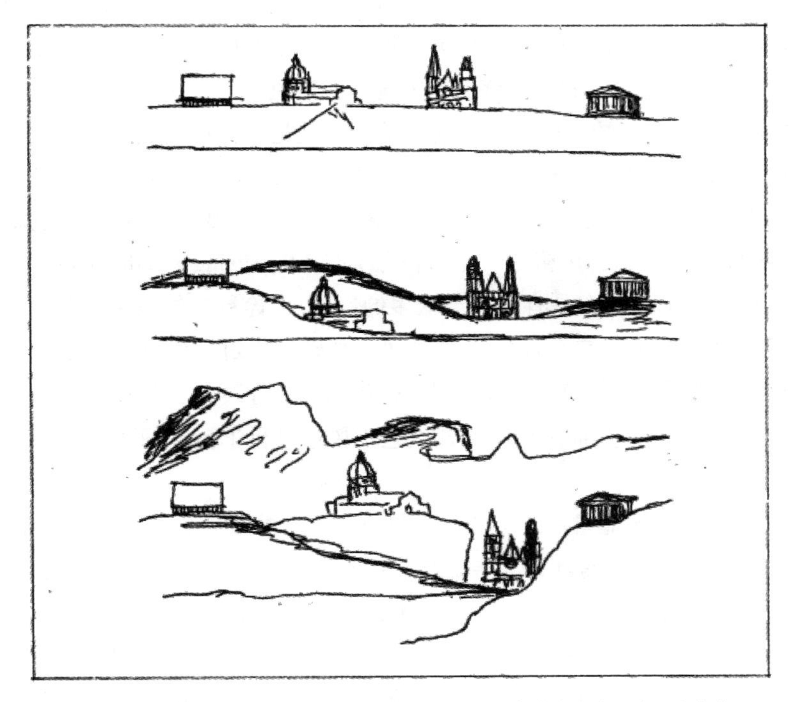

图 3–42 柯布西埃图绘的西方建筑文化史上四种典型建筑的三种组合方案

① 柯布西埃1945年在其所著《城市建筑的基本问题》一书中提出了该观点，并以插图手稿的方式图绘了西方建筑文化史上四种典型建筑的三种组合方案，“方案一中，它们处于同一水平面，方案二是丘陵地带，方案三则处于山脉中，不难看出，造型全然不同的建筑物在任一方案中都能统一地组合在一起，即使是简单地处于同一水平上也同样令人感到亲切。这种奇迹的产生是由于存在着一种力量：创造建筑的文化 …… 在被认为‘和谐’时代的过去，建筑的传播如同交通工具的速度一种缓慢。随着精神力量的增强，建筑形式以巨大的力量和意外的方式作远距离的广泛传播，并令人震惊地与当地风格相统一：中世纪起控制作用的拜占庭艺术，罗马文化，法国的哥特风格。”参见俞靖芝《勒·柯布西埃手稿》，《世界建筑》1987年第3期。

② [美]托马斯·门罗：《走向科学的美学》，石天曙、滕守尧译，中国文联出版公司1985年版，第287页。

二、风格的意蕴

“风格”(Style)一词源于拉丁词stilus，原意为长度大于宽度的固定的直线体，后来专指能写能画的金属雕刻刀即“一种书写工具”，也译为技巧、手法，而书写的观念体现的就是一种个人性格的直接表现。至18世纪后半期，德国学者将它引入艺术学，指艺术作品在整体上呈现出的具有代表性的独特面貌。弗雷德里希·冯·施莱格尔(Friedrich von Schlegel)在《论独特的现代性》(*Der Philologe in der moderne*)中即指出风格是“按照美的统一规律所作出的非个人的表达方式”[①]。苏联美学家鲍列夫认为：“风格是创作过程的一个因素，它统一着这一过程，将其纳入统一的轨道。”[②]金兹堡将“风格”理解为：“某些共同的、统一的前提，这些前提就是把整体结晶起来并把它固结在一起的东西，也就是广义的风格的统一性……风格这个字的意思是指给予人类活动的一切表现以独有的特点的某些种类的自然现象。”[③]迪克·赫伯迪格(Dick Hebdige)则认为风格是“作为表意实践(Signifying Practice)的风格”[④]。艺术风格这一术语实在是有着相当众多的诠释，“诠释它的数量之多，使得怀疑论者已经意欲否定它有任何清楚的理论基础。不过，所有艺术家和真正的鉴赏家都感觉得到它的整体意义，尽管很难用文字将其表达出来”[⑤]。森佩尔对“风格”的界定即从其词源出发对建筑艺术风格进行了精辟阐述：

> 风格，就是艺术品与其根源相一致，与其形成的前提及环境相一致。当我们从风格的角度来看待这件物品时，我们不会把它当做完全的物品，而是一个结果。风格就是一支铁笔，一件古人用来写和画的工具。因此，对于艺术形式与其起源史之间的关系而言，它是富有启发性的一个词汇。开始时，工具受手支配，手又被意念指挥。然后这些又暗指了艺术创作中的技术和个人因素。于是乎，以金属锤打为例，它要求有一种不同于

---

① 转引自[美]M.H.艾布拉姆斯《镜与灯：浪漫主义文论及批评传统》，郦稚牛、张照进、童庆生译，北京大学出版社1989年版，第377页。

② [苏]鲍列夫：《美学》，乔修业、常谢枫译，中国文联出版公司1986年版，第284页。

③ [苏]金兹堡：《风格与时代》，陈志华译，中国建筑工业出版社1991年版，第6—7页。

④ [美]迪克·赫伯迪格：《亚文化：风格的意义》，陆道夫、胡疆锋译，北京大学出版社2009年版，第148页。

⑤ [德]戈特弗里德·森佩尔：《建筑四要素》，罗德胤、赵雯雯、包志禹译，中国建筑工业出版社2009年版，第136页。

金属锻造的风格……除了工具和手引导着它之外，材料也需要处理，从无形变为有形。首先，每一项艺术品的创作都应该反映它的外观，要把材料当做是一种有形的物质。于是，以希腊神庙为例，用大理石做材料时的风格，是不同于那些典型的用多孔石建造的神庙的。由此而推，我们可以列出木材风格、砖材风格和方石风格等。①

"风格是自然形成的吗？不！风格从来是自觉创造的结果。"②它的"可以识别的天然的一致性"，使得艺术作品独立于同一时期、地点或流派的其他作品，这就是风格内具的"自我规范性"和"排他区分性"，即有其独特的、与众不同的形式规则。同时，风格也是艺术家创作成熟的标志之一，正如托伯特·哈姆林所言，风格是一种格调，它"以某种可以认识的方法与别的格调相区别"③。黑格尔在《美学》中也明确指出了风格为艺术家创作个性的标签，"法国人有一句名言：'风格就是人本身。'风格在这里一般指的是个别艺术家在表现方式和笔调曲折等方面完全见出他的人格的一些特点"④。黑格尔所指的法国人为18世纪的自然主义者布封，他有一句著名论断"风格即人"。总之，艺术风格至少具备"共性"与"个性"这两个层面的内涵，一般也由两方面因素构成：一方面是时代主题与社会共同审美理想，即风格是"建立在某个历史背景中的一个时间段的文化的表现，这使得一个时代的所有作品似乎都是那一时期普遍样式的一部分"⑤。另一方面则是艺术家的创作特质，每个艺术家在其作品中都灌注着"他的血气"⑥，亦即帕洛夫斯基在《作为象征形式的透视》一文中所提及的"风格的要素永远摆脱不了某某个人的要素"⑦，如一些艺术家往往随每件作品而改变他们的目的，或者在各个阶段改变姿态，因而改变了他们自身的创作风格，即沃尔夫林宣称的"风格的双重根源"⑧，"个人风格必须加上流派地区、种族的风格"。也就是说，各种个性风格是在共性风格

---

① ［德］戈特弗里德·森佩尔：《建筑四要素》，罗德胤、赵雯雯、包志禹译，中国建筑工业出版社2009年版，第269—270页。
② 陈志华：《北窗杂记——建筑学术随笔》，河南科学技术出版社1999年版，第7页。
③ ［美］托伯特·哈姆林：《建筑形式美的原则》，邹德侬译，中国建筑工业出版社1982年版，第196页。
④ ［德］黑格尔：《美学（第一卷）》，朱光潜译，商务印书馆1979年版，第372页。
⑤ ［美］乔治·H·马库斯：《今天的设计》，张长征、袁音译，四川人民出版社2009年版，第20页。
⑥ ［瑞士］沃尔夫林：《美术史的原则》，潘耀昌译，《美术译丛》1984年第2期。
⑦ 转引自［法］莫里斯·梅洛－庞蒂《眼与心》，杨大春译，商务印书馆2007年版，第61页。
⑧ ［瑞士］H·沃尔夫林：《艺术风格学》，潘耀昌译，辽宁人民出版社1987年版，第1页。

的笼罩下演变出来的，风格并非自身独立发展的结果，甚至不完全是艺术家的创造，风格也并非是一种绝对的价值判断标准。

而且，景观形式风格的复杂性亦如同德国的园艺设计研究者拉尔斯·魏格尔特（Lars Weigelt）针对景观植物与生俱来的风格辨识性特质而说："风格单一纯正的园林并不多见。不论是闻名遐迩的凡尔赛宫、千泉宫的花园设计，或是大型的英国式自然风致园林的布局，我们都能从中领会并解读出凸显主题造型的设计元素。即便是在中世纪的园林中，尤其是在那些修道院里，种植着草药、香草和蔬果的花园里，观赏者也常常灵光乍现，体会到园子原本的布局思路。时至今日，设计思路中不同元素的过渡通常已经相当流畅和自然了。布置园林时，对植物种类和所需材料的选择，一般来说总是折射出鲜明的地域特征，要选取恰当的植物与材料，就应当充分考虑花园所处的地理位置，以及它周遭的环境，这一点相当重要。尽管如此，最终真正赋予每一座园林与众不同的生命力的，仍然恰恰在于它们千差万别的形式语言，以及它们从一开始就拥有的，对园林艺术不同的诠释方式。"另外，在魏格尔特看来，"通过植物来作为园林的结构性分界，是一种非常重要的风格特征，它直接影响花园的整体观感。独植的树木、绿篱、视线屏障，以及植物造型雕塑，都有很强的设计能力"①。"……除了独植的树木之外，绿篱也能营造花园空间作为遮蔽视线和挡风的屏障，并为不同的造景元素提供舞台背景，尤其是成片的植物绿地。树篱本身也能设计出独特的风味。通过造型修剪，或是匠心独运的形态设计，可以做到这一点。利用树篱，您可以完美地重现轮廓、线条和形状，并将它们传递到地面和您的花园中去——或者也能刻意将它从整体环境中剥离出来，设置一个风格独立、自身效果突出的绿篱区"②。

三、风格的呈现

（一）形式的风格化：经典形成

艺术形式是按照特定时代与地域的基本特征，在长期的创造过程中演变而成的，它缓慢地演变着，最后定形而变成一种固定的风格——变成一种几

① ［德］拉尔斯·魏格尔特：《花园设计：理念、灵感与框架的结合》，谭琳译，译林出版社2016年版，第12页。

② ［德］拉尔斯·魏格尔特：《花园设计：理念、灵感与框架的结合》，谭琳译，译林出版社2016年版，第304页。

乎没有个人痕迹而显示出时代与民族特征的风格，但其中仍然积淀着某些个人在从事艺术创作时的笔迹。艺术形式中的各种风格如古代的古典主义、中世纪的罗马风、哥特式等的形式在当初刚刚诞生之时，当它们都还保持自然的乡土气息时，都具有一种内在的创造性本质，且这种创造性本质跟它们所代表的文明形式中内在的精神体系是一致的，那时的"风格"正处于最完美的形式，"但它们一旦脱离了自己真正的土壤，而且——在千百年以后——被任意地和脱离根源地搬移到完全陌生的生活环境中去时，这些风格的内在本质必然要消失，而只能剩下一具空洞肤浅和枯燥乏味的装饰性外壳了"[①]。也就是说，艺术形式在演变时会不断出现逐步成熟的风格表现，即某种类型的艺术形式发展到成熟与典型时必然走向风格化[②]。一旦某种形式演变为一种类型风格之后，它就成为"经典"，且一个典型的、成功的形式会成为样式、风格或"风格化的理想模式"（Stylistic Ideas），就有可能被作为一种普遍性的东西进行推广——"风格的渗透性"[③]，从而成为某种类似某某主义意义上的抽象标准而起作用，这即是托马斯·库恩（Thomas S. Kuhn）所意指的从艺术个体创造性到形成某种巨大的艺术潮流。[④]风格就是在循序渐进的过程中一系列自发的但有促进作用的行动所形成的结果，这些行动则是由于时代和人民的物质与精神特征而出现的。风格是逐步成长起来的，而且是在成长过程中直觉地选择其精华的结果。

就集体创造的意义而言，风格的成长与民歌的形成很相似，且在风格的形成过程中，有意识的干预是徒劳无益的。正如基本形式向某个方向的发展，

---

① ［美］伊利尔·沙里宁：《形式的探索——一条处理艺术问题的基本途径》，顾启源译，中国建筑工业出版社1989年版，第20页。

② 风格化（Stylized）这一术语用于艺术时，一般指那种运用程式化样式、线条的节奏、单纯化手法或定型形式来再现自然对象的艺术类型。且风格化的形式是名词，指代一种形式的类别，而形式的风格化则是一个动词，表明是一个过程与动态趋势。

③ ［英］E.H. 贡布里希：《秩序感——装饰艺术的心理学研究》，范景中、杨思梁、徐一维译，湖南科学技术出版社2006年版，第220页。

④ 库恩亦指出："文学史家、音乐史家、艺术史家、政治发展史家以及许多其他人类活动的历史学家，早就以同样的方式来描述他们的学科。以风格、口味、建制结构等方面的革命性间断来分期，是他们的标准方法之一。如果说我对像这样的概念有什么创见的话，那主要是我把它们应用到科学这一过去广泛被认为是以不同方式发展的领域。可以设想，我的第二个贡献是范式作为一个具体成就，一个范例这个概念。例如，我猜想：假如绘画能被看成彼此模仿而不是以符合某个抽象的风格规则来创作的话，艺术上一些围绕风格概念而产生的著名困难就会消失。"参见［美］托马斯·库恩《科学革命的结构》，金吾伦、胡新和译，北京大学出版社2003年版，第187页。

并不取决于人们的意志一样，风格在向某个方向演变时——在基本形式的基础上——任何人都无法理性地加以控制，而每个人都不得不跟着它走，恰如法国著名艺术家埃米尔·加莱（Emile Galle）所言的那样，“当我们发现一种新风格的存在时，它已成为历史并已让位给替代它的风格了”①。形式与风格似一对永不分离的冤家，形式想突破风格的束缚，一旦突破后，风格又能征服它，也就是说风格的滥觞与形式创造之间的角力永恒存在，而风格化的形式——“准确地再现服从于一个被期待的设计方式”②——亦有可能流入本性狰狞的“主义”“流派”的陷阱之中，风格的照搬套用即成为了“伪风格”，形式的自由创新程度会越来越受到僵化的风格束缚。

一旦这样，也就同真正的艺术创造毫不相干了。而促进新风格产生的最重要因素是人类的创造精神或自由意志，一个崭新的艺术风格的形成需要艺术家突破过往风格的束缚与压制，以自发的对传统或现有风格的疏远、背离、改造和创新为标志，在这一从个别艺术形式上升为风格的进程中，以原创精神完成对定势风格的扬弃和对新风格的塑造，即“经典的再经典化”，“风格还来自破格的创作……‘破格’通常就是指他们在本应如此或本来不应该如此的地方进行了自由不羁的创作”③。

因此，“破格”是创造性的、演化式的和生产性的，是关于艺术风格的一种增值、延伸和展开，正如沙里宁所说：“古典形式毕竟不是一种适用于当代的形式，而我们的时代必须创造自己的建筑形式。”④当然，经典风格的历史样式从来都不会消失，它会从诸多断裂中再生出来，“许多艺术风格从它们在有规律的样式中与它们所描述的物体视觉特征一起发生作用的这一方式中得到很多影响。”⑤史蒂文·贝利（Stephen Bayley）在其1983年的《品味：记一次关于价值的设计展》的前言中就写道：

---

① ［法］罗伯特·杜歇：《风格的特征》，司徒双、完永祥译，生活·读书·新知三联书店2003年版，第4页。

② ［美］保罗·泽兰斯基、玛丽·帕特·费希尔：《三维创造动力学》，潘耀昌、钟鸣、倪凌云、魏冰清、季晓惠、吕坚译，上海人民美术出版社2005年版，第23页。

③ ［美］舍尔·伯林纳德：《设计原理基础教程》，周飞译，上海人民美术出版社2004年版，第194页。

④ ［美］伊利尔·沙里宁：《形式的探索——一条处理艺术问题的基本途径》，顾启源译，中国建筑工业出版社1989年版，第1页。

⑤ ［美］罗伯特·莱顿：《艺术人类学》，靳大成、袁阳、韦兰春、周庆明、知寒译，文化艺术出版社1992年版，第109页。

虽然事物的实际风格可能会随着时代变化而有所不同，但那些被后人所推崇的风格却有如下共同特性：

1．形式的可理解性，因此你可以理解它们的意图；

2．形式和细节之间的连贯与和谐；

3．为了功能而适当挑选的材料；

4．建造和构思之间巧妙的平衡，因此可以使运用的技术发挥到极致。①

在赫伯迪格看来，对经典风格的借兹（非因袭）就是基于一种“有意图的沟通”，“它自成一体，是一种显而易见的建构，是一种意味深长的选择”②。詹克斯在《后现代建筑语言》中认为激进折中主义异于现代主义之处在于其“运用所有交流手段的完整色谱——从隐喻到符号，从空间到形式。与传统的折衷主义类似，它选择正确的风格，或者派生的体系，只要合用”③。海尔·福斯特（Hal Foster）也论道：“在后现代主义艺术和建筑中，拼贴的运用不仅把风格和特定的语境剥离开来，而且把风格和历史感分离开来：通过剥去如此之多的典型特征，以一种局部拟仿的形式来复制各种风格。”事实上，把装饰要素汇编在一起也并不能全部涵括风格的特征，“这些装饰成分也并不专属于某个艺术时期，许多要素在历代都多次重现。真正使风格具备特点的是传达形式时所采用的手法和基调”④。

这就是经典风格所持有的“时空跨越”特质，“实际上就时间而言，所有的风格都是互相重叠的”⑤，伽达默尔就相信“经典”总是能够跨越时空的间距而一直对我们诉说着什么，即不同地域与时代的艺术风格能够作为异质因子而“经典”地重现于另一地域和时代，多样的风格在同一个时期、同一个地域或同一个作品中都有可能并存。但凯瑟琳·布尔（Catherin Bull）却强烈地批判了澳大利亚丑陋的“异国情调”，原因在于其景观艺术形式根本谈不上创造，仅是对“经典”景观艺术形式之“形相层”的拷贝而已，即风格化的形

① ［英］罗伯特·克雷：《设计之美》，尹弢译，山东画报出版社2010年版，第13页。

② ［美］迪克·赫伯迪格：《亚文化：风格的意义》，陆道夫、胡疆锋译，北京大学出版社2009年版，第100—101页。

③ ［英］查尔斯·詹克斯：《后现代建筑语言》，李大夏摘译，中国建筑工业出版社1988年版，第47—48页。

④ ［法］罗伯特·杜歇：《风格的特征》，司徒双、完永祥译，生活·读书·新知三联书店2003年版，第2页。

⑤ ［挪威］拉斯·史文德森：《时尚的哲学》，李漫译，北京大学出版社2010年版，第27页。

相照抄："其他地方的著名设计景观常被用作设计新景观的模式，尤其是英国拜占庭式的如画的美丽景观——修剪整齐的草坪、起伏的草地和小路、成片的树林和广阔的湖泊，这些景观再现于当今盛行的景观设计潮流中，在早期公园、大型别墅、乡村田园及其他地方也随处可见，并且这些形式逐渐小型化，采用栽种外来树种、种植标本树、建造假山园的形式填充到郊区景观中，然后再装饰一些象征维多利亚时代和爱德华时代的饰品。二战后，地中海和亚洲移民不断迁入，又增加了一丝异国风情，实用的前花园和多产的后院的融合更明显，表现了早期的花园特征。结果，澳大利亚的景观变成了一部充满异国情调和异域形式的重写稿。"[①] 就此艺术现象，保罗·泽兰斯基（Paul Zelanski）敏锐察觉道："在再现的作品中，从现实中生发的另一个变种就是高度的风格化（Stylized）。在这些作品中，形式已被简化并被改变以符合于一种特定的历史风格，或以强调特定的设计特征。"[②] 这也就是泽兰斯基所说的"经典的吸引力"："某些设计构思之所以可以长时间存在，是因为它们超越了同时代的审美倾向，表达了更加普遍的美或真的标准。"[③]

但是，"历史总是在重复着相似的现象，尤其是在不同民族文化的交流过程中，先进文明的扩散就是在不同的文化区域不断重复自身的历史，这种重复除了因民族文化的差异使其失去了原有的外貌特征外，还因经验的积累大大缩短了这一过程。"[④] 同时，成为了"经典"的风格在传播过程中会存在"变异"的情况（即经典的"变格"），其自身往往也会形成一个为艺术家艺术创作所参鉴的样式谱系或"形式宝库"[⑤]，因为"任何艺术家都师法其他艺术家的风格，

---

① ［澳］凯瑟琳·布尔：《历史与现代的对话——当代澳大利亚景观设计》，倪琪、陈敏红译，中国建筑工业出版社2003年版，第11页。

② ［美］保罗·泽兰斯基、玛丽·帕特·费希尔：《三维创造动力学》，潘耀昌、钟鸣、倪凌云、魏冰清、季晓蕙、吕坚译，上海人民美术出版社2005年版，第90—91页。

③ ［美］保罗·泽兰斯基、玛丽·帕特·费希尔：《三维创造动力学》，潘耀昌、钟鸣、倪凌云、魏冰清、季晓蕙、吕坚译，上海人民美术出版社2005年版，第179页。

④ 易英：《形式与精神的抵牾》，《美术》1988年第10期。

⑤ ［英］E.H. 贡布里希：《秩序感——装饰艺术的心理学研究》，范景中、杨思梁、徐一维译，湖南科学技术出版社2006年版，第233页。弗雷德·弗里斯特（Fred Forest）也认为："每一种真正的创造和发明，必定要打破早已确定的秩序。最基本的艺术创造必须从已有的知识库藏中汲取营养，但又必须得到每一个艺术家之创造活动的丰富。"参见［法］弗雷德·弗里斯特《"自我－时尚"技术：超越工业产品的普及型和变化性》，载［法］马克·第亚尼编著《非物质社会——后工业世界的设计、文化与技术》，滕守尧译，四川人民出版社1998年版，第155页。

采用其他艺术家用过的素材，象其他人已经处理过的方式那样处理它们”①。

亦须知，艺术形式必须具有更深的含意，其风格不能随便炮制和任意加以模仿，“不同风格是特定的文化和其相应的物理环境的产物。如果我们在气候、功用等方面同特定的历史风格相似的条件下进行设计，那我们应用一种或者更多种风格是有一定说服力的”②。因此，仅就景观艺术而言，必须要创造性、批判性地把已有的经典形式风格调整到适合当地原有景观、适合实际设计项目和条件的状态、适合当今的生活需求中来。景观艺术设计的原创性之一抑或就是将被认可的前辈设计师们的设计手法进行有创造的再加工，将成为“经典”的风格重新进行变革从而创造出原风格的异体，这样异体与产生它们的历史文本之间的联系也会呈现出越来越薄弱的趋势。勒－迪克（Viollet-le-Duc）在为《11到16世纪法兰西建筑词典》（*Dictionnaire raisonné de l'architecture française du Xie Au Xvie Siècle*）所写的论风格的文章中亦从风格整体性、文化正统性及结构理性的视角提出了颇令人深思的观点：

> 我们无法采用希腊人的风格，因为我们不是雅典人。我们不可能重建中世纪先辈们的风格，因为时代已经前进了。我们只能冒充希腊人或中世纪大师们的风格，也就是说，我们只能去创造一种混合体。不过，我们必须做他们所做过的，至少按他们的步骤去做，也就是说，像他们一样透过现象看到真实的和自然的原理。如果我们这样做了，我们的作品就会自然而然地具有风格。③

勒－迪克所要说明的是每一种伟大风格的逻辑内聚力——把这些伟大的风格看成一个庞大的演绎体系。由此意义而言，贡布里希亦指出了风格“是一种自发的形式的扩散”，“一旦某一群艺术家和手工艺人完全受到了这种逻辑原理的影响——各种形式都是人们通过这些逻辑原理从物品的效用中推导出来的——这种风格就会在所有手工创造物，从最普通的罐子到最高级的纪

① ［英］罗宾·乔治·科林伍德：《艺术原理》，王至元等译，中国社会科学出版社1985年版，第325页。

② ［美］卢本·M·瑞尼：《“人化景观中的有机形式”：盖瑞特·埃克博的生活化景观》，载［美］马克·特雷布编《现代景观——一次批判性的回顾》，丁力扬译，中国建筑工业出版社2008年版，第211页。

③ 转引自［英］E.H.贡布里希《秩序感——装饰艺术的心理学研究》，范景中、杨思梁、徐一维译，湖南科学技术出版社2006年版，第221页。

念碑中表现出来”[①]。

(二)风格的形式化:时尚生产

马克思在《〈政治经济学批判〉导言》中针对“希腊艺术”这一特定对象即深刻指出:“就某些艺术形式,例如史诗来说,甚至谁都承认:当艺术生产一旦作为艺术生产出现,它们就再不能以那种在世界上划时代的、古典的形式创造出来;因此,在艺术本身的领域内,某些有重大意义的艺术形式只有在艺术发展的不发达阶段上才是可能的。如果说在艺术本身的领域内部的不同艺术种类的关系有这种情形,那么,在整个艺术领域同社会一般发展的关系上有这种情形,就不足为奇了。困难只在于对这些矛盾作一般的表述。一旦它们的特殊性被确定了,它们也就被解释明白了。”[②]流行时尚即有其流行性和流变性,即在某一时尚所及的社会成员中,人们互相感染、互相模仿,在一段时期产生一致性的行为心态和行为模式。时尚有两个显著的特点:一是新颖性,就是要和以往的东西不同,即所谓“标新”;另一是珍贵性,即要比别人的价值高,不会立即普及,从而在一段时期受旁人钦羡。过一阵子,这种时尚普及后,失去新颖性和珍贵性,更新的时尚就出现了。[③]图3-43为藏于日本圣福寺的唐人摹本的《辋川图》,生动体现了唐代重要的文人园林王维的辋川别业之景观意象而成为彼时的时尚景观图像生产的代表作之一,在设计学意义上,其景观形式风格也为后世所不断模仿——“在自然中探寻美的秩序”。

而且,“风格”也能成为一种生产时尚的工具,艺术形式呈现为“追求风格的过程中所凝结的时尚”[④],即以追随、模仿、借鉴为基础,以有意识地贴近目标风格为特征。“无论什么时候都可以发现偏爱视觉效果而采用手法主义的人,而且会有整整一个时期完全受这类美学倾向的控制。文艺复兴时期追求纯朴风格的作品,如同它的古典原型一般,给人以均衡与协调。紧接着便是一个全欧艺术家都卷入的矫饰的时期。它的到来自然而然是作为前一时代的连续而不是断裂。此时,艺术家们不顾一切地用相同的形式进行创作。”[⑤]纪

① [英]E.H.贡布里希:《秩序感——装饰艺术的心理学研究》,范景中、杨思梁、徐一维译,湖南科学技术出版社2006年版,第221页。

② [德]马克思、恩格斯:《马克思恩格斯全集(第四十六卷上)》,人民出版社1979年版,第48页。

③ 参见吴焕加《中国建筑·传统与新统》,东南大学出版社2003年版,第117页。

④ 杭间:《设计道:中国设计的基本问题》,重庆大学出版社2009年版,第267页。

⑤ [丹麦]S·E·拉斯姆森:《建筑体验》,刘亚芬译,知识产权出版社2003年版,第48页。

图 3–43　藏于日本圣福寺的唐人摹本《辋川图》局部

尧姆·让诺（Guillaume Jeannot）在《风格的特征》(*La caractéristique des styles*)“导言”中论及风格与时尚时就写道：“它们像有生命之物一样，在一定的条件下诞生、繁育、消亡。事实上它们融入与其息息相关的社会和伦理生活，并极为真实地对之加以反映，像照片一般记录下时尚的进化过程，而时尚和习俗一样，以不规则并难以预料和盲目的方式演化……时尚一旦确立，便成为风格，事实上所谓风格，不就是一种成功的时尚吗？”① 英国学者克雷也明确指出了品位、时尚和设计是密不可分的，但品位不会过多地涉及事物的外观，却更多地关注导致这种外观的观念，“文化和品位也随着时间的推移和审美观念的演变而演变，其它卓越的形式也是随着一代代变化的思想和时尚而产生。”②

另一种关于“风格的时尚生产”在中国传统书画领域中则可称之为“作

① ［法］罗伯特·杜歇:《风格的特征》，司徒双、完永祥译，生活·读书·新知三联书店2003年版，第1页。

② ［英］罗伯特·克雷:《设计之美》，尹弢译，山东画报出版社2010年版，第89页。

图 3–44 （传）五代南唐周文矩的《荷亭弈钓仕女图》轴

伪"，譬如图 3–44 为《美成在久》杂志[①]（*ORIENTATIONS* 中文版）中所收录的藏于台北故宫博物院相传为五代南唐周文矩的《荷亭弈钓仕女图》——"界画亭榭临池，前后碧柳四垂，二女亭中对弈。亭外池荷盛开，翠叶田田。仕女或倚栏垂钓或持扇观荷，一派夏日悠闲景象。通幅屋界、衣饰刻画精细，粉花绿叶着色清丽，本幅旧传为南唐周文矩之作，唯笔墨、器用皆显露出明清习气"。可以断定，此作即为"苏州片"[②]所生产的"艺术商品"——"（传）唐周昉的《麟趾图》卷和（传）五代南唐周文矩的《荷亭弈钓仕女图》轴中，就摘取了各种仇英《汉宫春晓图》中的图式与元素，明明满眼都是'仇英'，但他们却随心所欲安上了各种朝代的作者。并且，这些苏州片还对清宫院画产生了不小的影响（图 3–45 至图 3–48）。清代冷枚有一卷《仿仇英汉

---

① ORIENTATIONS 创刊于1969年，在香港出版，主要发行于美洲、欧洲及亚洲等地区。该刊专注于亚洲古物与艺术，是一本面向收藏家及鉴赏家的杂志，四十余年来在海外收藏界享有盛誉。ORIENTATIONS 的中文版《美成在久》已于2014年9月由美成在久杂志社正式出版。

② 明万历年间至清代中期，苏州山塘街专诸巷和桃花坞一带聚集着一批民间作画高手，专以制作假画为业，这些假画后来被统称为"苏州片"。谈及"苏州片"，许多人第一反应就是明末清初非常烂的伪作。事实上，即便是"苏州片"也有档次之分。书画鉴定家杨仁恺谈及苏州片曾说："对苏州片的概念似宜分别对待，不当一概排斥。这些年来看过不知多少此类的作品，确有佳品，有不亚于二三类画家的，如果长此收藏起来，不加研究和展出，未免可惜。"而且，在明清时期，论及中国最大的书画造假中心，或非苏州莫属。苏州的假画制作规模之大之广，流散极多，这些假画都统称为"苏州片"。参见台北故宫博物院《伪好物：16—18世纪苏州片及其影响》，http：//www.360doc.com/content/18/0328/22/7872436_741104857.shtml，2018年7月10日。

宫春晓图》，虽是仿仇英题材的作品，但画面完全不是仇英那种清雅风格，而更趋向于苏州片的品味（图 3–49）。另有一件白描的苏州片作品——（传）明仇英《西园雅集图》(图 3–50)，到了清宫后，便有了一张彩色版的宫廷画家作品——丁观鹏的《摹仇英西园雅集图》轴（图 3–51）。在清代，来自苏州画坊的仿古作品，颜色鲜艳、细节丰富，一时形成了消费热潮”。（图 3–52）

2018 年 4 月在台北故宫博物院举办的“‘伪好物：16—18 世纪苏州片的及其影响’特展”中就展出了《荷亭弈钓仕女图》《仿仇英汉宫春晓图》等“苏州片”画作——有着典型的“苏州片”美女华丽的图式风格，在建筑、衣物、家具等物件上都装饰了极为细致靓丽的纹饰——仇英的《汉宫春晓图》亦是当时人气非常高的“苏州片”仿作范本之一。策展人之一的台湾师范大学艺术史研究所林丽江教授认为因为如今研究时空与过去已完全不同了，“如果大家能够在画作前面，细细地看出这些画的佳处，画家用心经营之处，这些画就是‘好物’，从看画中得到的快乐，也应该是真实不伪。”而在另一策展人台北故宫博物院书画处邱士华研究员看来，“伪好物”的灵感，其实来自北宋大书画收藏家米芾对一件传为钟繇《黄庭经》的评价。那件作品虽是唐代摹本，但因临写极佳，米芾便以“伪好物”称之，肯定这件摹本的艺术价值。这些商品时代制作精良的苏州片，亦然。台北故宫博物院此次集结了这一批颇具水准、制作于 16—18 世纪、与苏州风格相关的伪古书画作品，则试图告诉观众——虽是“伪作”，仍有“好物”。[①]

图 3–45a　明代仇英《汉宫春晓图》卷局部，台北故宫博物院藏

① 新浪收藏:《“伪好物”特展 台北故宫开展“假画集团”》，http：//news.96hq.com/a/20180403/25576.html，2018年7月10日。

图 3–45b　清代冷枚《仿仇英汉宫春晓图》卷局部，台北故宫博物院藏

图 3–46　仇英《汉宫春晓》(左图）与冷枚《汉宫春晓》(右图）的比较

图 3–47　明代仇英《汉宫春晓图》卷局部组图

图 3–48　明代仇英《汉宫春晓图》卷局部放大图

图 3–49 清代冷枚《仿仇英汉宫春晓图》卷局部组图

图 3–50 （传）明代仇英的《西园雅集图》轴局部

图 3–51 清代丁观鹏《摹仇英西园雅集图》轴局部

图 3–52 清代丁观鹏《仿仇英汉宫春晓图》局部组图

“这类冠上唐、宋、元、明书画名家头衔的伪作，无论质量精粗，在近代即笼统地被称为‘苏州片’。由于它们被视为赝品，即使大量存在于公私收藏中，却长期受到忽略。什么是‘苏州片’呢？学者各有看法，而本次展览即使无法确定为苏州地区制作，亦是特别标榜苏州品味与苏州文士认证的作品。它们多以明代苏州著名画家的风格制作，或是伴随真伪相参的苏州文士名流收藏印或题跋，意图以苏州为标榜。这些题材缤纷且为数众多的‘苏州片’，正反映出明末清初‘古物热’与书画消费蓬勃的氛围。借由本院典藏的明末清初‘伪好物’，可以展现当时商业作坊如何以古代大师为名，进行再制，同时借用文征明（1470—1559）、唐寅（1470—1524）、仇英（约 1494—1552）等苏州名家的风格来回应这波需求，提供消费者对于著名诗文经典或讨喜吉庆主题等种种的活泼想象，打造出许多如《清明上河图》、《上林图》等热门商品。‘苏州片’原本属于商业性的仿作，然由于数量上的优势与不可忽视的流通量，反而成为明中期以来讯息传播、古代想象与建构知识的重要载体。苏州片甚至成功地进入清代宫廷，直接影响到宫廷院体的形成，对绘画史的发展，具有前人未曾关注到的重要性。”[①]而且，“展件中‘一稿多本’的现象，揭示了‘苏州片’商业作坊大量生产的实况；品质粗细有别的同稿之作，暗示着当时售价上的可能差异；不同主题但画风、题跋、款印雷同者，则提供了‘苏州片’作坊作伪题材与范围的讯息。”[②]“苏州从明中后期，已成为江南甚至是全国的文化与时尚中心，苏样时装、苏式家具与器用、苏州园林与绘画，甚至点心，都是各地竞相模仿的对象。苏州原本就拥有深厚的文化资本，画家们利用江南地区丰富的文物收藏，从学习与临摹古画中，逐渐发展出各自的面貌，而成为画坛主流。例如《明皇幸蜀图》曾被著名的项元汴（1525—1590）家族收藏，著名的苏州职业画家仇英就曾在项家临摹学习古画后创制出不少新作。透过文人的聚会品题，苏州的书画品味与知识也逐渐深化与扩散。由于当时江南经济繁荣，许多人都有意愿及财力收藏书画。在丰厚利益诱惑下，苏州当地出现不少古画作坊，甚至部分文人画家也加入了造假行列”[③]。美国学者卜寿珊（Susan Bush）亦认为在明代，院体画和文人画最终在南方的苏州等地开始融合，并进一步指出“理论上说，从一开始文人绘画就是少数受教育之人的特权，仅仅在经过选择的亲密小圈子里开展和鉴赏。然而不管这种绘画的精英起源，它越来越为人们所接受，到了晚明，文人的风格、实践和观念成为公认的艺术及思想典范”[④]，“……实际上，从现代视角来看，流行风尚由一小部分特殊群体来制定，获得大众追捧，或者知识精英的观念最终获得所有阶层的接受，这并不奇怪。”[⑤]

然而，以“摩登、时髦”为“集体品味”标签的流行艺术形式的原创性相对薄弱，“一种‘风格’有可能是一套产生于复合张力（Complex Tensions）的程式”[⑥]，而这就是“风格的惰性”“时尚的非理性”，创新设计也就随之停止了它的脚步而转向一种盲崇的“流行式样”、为了变化而变化（为了新而新）

① 邱世华等:《伪好物：16—18世纪苏州片及其影响》，台北故宫博物院2018年版，第13页。
② 邱世华等:《伪好物：16—18世纪苏州片及其影响》，台北故宫博物院2018年版，第159页。
③ 邱世华等:《伪好物：16—18世纪苏州片及其影响》，台北故宫博物院2018年版，第51页。
④ [美]卜寿珊:《心画：中国文人画五百年》，皮佳佳译，北京大学出版社2017年版，第247页。
⑤ [美]卜寿珊:《心画：中国文人画五百年》，皮佳佳译，北京大学出版社2017年版，第301—302页。
⑥ [英]贡布里希:《木马沉思录：论艺术形式的根源》，范景中等译，《美术译丛》1985年第4期。

的模仿[①]，成为拘泥于形式系统的形相层而忽视其内部作用力的“风格的刻板运用”和装饰性的折中产物。附庸风雅的风格化外表就往往会遮蔽掉许多截然有别的深层意向，以至于最终只是提供了一种图像化的基础为懒惰的人们所用。徐小虎（Joan Stanley-Baker）即论道：“到了晚明，文征明画派的作品已演化出一种近乎装饰性与甜腻的逸事性样式。”[②]正如清人李渔所云：“乃至兴造一事，则必肖人之堂以为堂，窥人之户以立户，稍有不合，不以为得，而反以为耻。”[③]齐奥尔格·西美尔曾清醒地指出：“模仿可以被视作一种心理遗传，以及群体生命向个体生命的过渡。它的吸引力首先在于：即使在明显地没有个性与创造性之处，它也容许有目的的和有意义的行为……不论何时当我们模仿，我们不仅仅放弃了对创造性活动的要求，而且也放弃了对我们自己以及其他人的行为的责任。这样，个体就不需要作出什么选择，只是群体的创造物，以及社会内容的容器。”[④]格罗塞对此亦高呼：“差不多每一种伟大艺术的创作，都不是要投合而是要反抗流行的好尚。差不多每一个伟大的艺术家，都不被公众所推选而反被他们所摒弃；他的终能在生存竞争中保留生命，并不是由于公众的疏忽。伟大的艺术品往往是受神恩保护的女王而不是受公众恩待的奴隶。”[⑤]

同时，“时尚”作为一种历史现象的出现，也可被看作一种总体性的社会机制或者一种集体意识形态逻辑，一个真正时尚的风格必须是被少数人推崇，并且正在逐渐被大多数人（或者至少很多人）欣赏的过程之中，它与现代性有一个相同的主要特征：与传统的割裂以及不断逐“新”的努力。在瓦尔特·本雅明看来，时尚就是“永恒重生的新”，康德亦说：“所有的时尚，

---

① 亚当·斯密在1759年的《道德情操论》(*The theory of moral sentiments*)中论及了“时尚”根源于“模仿”：“正是由于我们钦佩富人和大人物，从而加以模仿的倾向，使得他们能够树立所谓时髦的风尚。他们的衣饰成了时髦的衣饰；他们交谈时所用的语言成了一种时髦的语调；他们的举止风度成了一种时髦的仪态，甚至他们的罪恶和愚蠢也成了时髦的东西。大部分人以模仿这种品质和具有类似的品质为荣，而正是这种品质玷污和贬低了他们。”或许是受斯密的影响，康德在《实用人类学》(*Anthropology from a pragmatic point of view*)亦曰：“人的一种自然倾向是，将自己的行为举止与某个更重要的人物作比较（孩子与大人相比较，较卑微的人与较高贵的人相比较），并且模仿他的行为方式。这种模仿仅仅是为了显得不比别人更卑微，进一步则还要取得别人毫无用处的青睐，这种模仿的法则就叫时尚。”康德也强调“延迟”的存在，因为时尚“在被上流社会抛弃之后，被下层社会捡拾起来”。康德因而确立了关于时尚的基本理论模型。参见［挪威］拉斯·史文德森《时尚的哲学》，李漫译，北京大学出版社2010年版，第35—36页。

② 徐小虎：《南画的形成：中国文人画东传日本初期研究》，刘智远译，广西师范大学出版社2017年版，第225页。

③（清）李渔：《闲情偶寄图说》，王连海注释，山东画报出版社2003年版，第187页。

④［德］齐奥尔格·西美尔：《时尚的哲学》，费勇、吴謇译，文化艺术出版社2001年版，第71页。

⑤［德］格罗塞：《艺术的起源》，蔡慕晖译，商务印书馆1984年版，第13页。

就其本质而言，就是生活之多变的方式。”“新颖性使得时尚具有吸引力。”托马斯·卡莱尔（Thomas Carlyle）在《拼凑的裁缝》（*Sartor resartus*）中认为：“任何感觉到存在的东西，任何灵魂到灵魂的代表，就是衣服，就是服装，应时而穿，过时而弃。因此在这样一个意味深长的有关服装的话题中，如果理解正确，就包含了人类所思、所梦、所做、所成其为人的一切。”因而，“新”取代“美”占据了审美标准的中心地位，它刺激着时尚的生产，时尚完全是一种控制形式的关键要素，且“时尚的目标隐晦地暗示着没有终点，那就是它要创造无限的（Ad Infinitum）新形式和新格局。”[①] 罗兰·巴特（Roland Barthes）也以“时装”为例审视了主流价值取向的时尚风格变迁，他认为时尚本身是一个文化性质上的意义体系，“如果从一个相对较长的历史时期来看，时装变化是有规律的，如果我们把这段时期缩短，仅比我们自身所处的这个年代早那么几年的话，时装变化就显得没有那么规则了。远看井然有序，近观却是一片混乱。”[②] 恰如服装艺术大师乔瓦尼·詹尼·范思哲（Giovanni Ginanni Versace）在表达其设计理念时所说：“时尚潮流必须愉悦身体与视觉，而容不下任何的造作。”[③]

西美尔从建构时尚的统合与分化这两种本质性社会倾向阐述了时尚形成的疆域：“时尚的变化反映了对强烈刺激的迟钝程度：越是容易激动的年代，时尚的变化就越迅速，只是因为需要将自己与他人区别开来的诉求，而这正是所有时尚最重要的因素之一，然后，随着冲动力的减弱而渐次发展。”[④] 贡布里希则从卡尔·波普尔（Karl Popper）“情境逻辑”（Situational Logic）出发在《名利场逻辑——在时尚、风格、趣味的研究中历史决定论的替代理论》一文中提点了对时尚的形成起着决定作用的各种影响之间的那些微妙关联，他认为艺术家社会生活的情境逻辑包含着一种隐藏的机制——竞争的刺激迫使艺术家们追求某种惊人的、新颖的东西，这就很容易导致追求时尚。“时尚的旋转木马也将在名利场转动……那些不再停泊于实用功能上的艺术将轻而易举地卷进这场急速旋转的运动，其原因就蕴涵在情境逻辑之中。这是从实用功

---

① ［挪威］拉斯·史文德森：《时尚的哲学》，李漫译，北京大学出版社2010年版，第24页。

② ［法］罗兰·巴特：《流行体系——符号学与服饰符码》，敖军译，上海人民出版社2000年版，第329页。

③ 转引自沈伟《摄影艺术八题》，载西安美术馆编著《西安美术馆·3》，陕西旅游出版社2010年版，第53页。

④ ［德］齐奥尔格·西美尔：《时尚的哲学》，费勇、吴謇译，文化艺术出版社2001年版，第76页。

能的桎梏中解放出来而引出的非故意的结果之一……”① 的确，时髦风尚有其特定的流行周期，时尚始终蕴含着自身消亡的因素，一个时尚接连着被另一个所取代，“时尚的发展壮大导致的是它自己的死亡，因为它的发展壮大即它的广泛流行抵消了它的独特性”②，周而复始、循环不止。“时尚的本质是短暂的……时尚总是循环往复地转圈。每一次循环，就是转一个圈，这个圈就是一段特定的时间，在这段时间里，包含着从一种时尚产生到它被另一种新的时尚所取代的整个过程。”③ 也就是说，时尚会不断地回到旧风格中去，而这些旧风格又是曾经的时尚。“一旦较早的时尚已从记忆中被抹去了部分内容，那么，为什么不能允许它重新受到人们的喜爱，重新获得构成时尚本质的差异性魅力？”④

由此，“名利场逻辑”导引下的风格即能变身为一种风格主义（Mannerist）意义之时尚，成为一种纯形式的语境主义风格，强力主导着特定时间与地域之人的群体审美趣味、流行观念的“时尚逻辑”，亦因为“时尚是自文艺复兴以来西方文明中影响最深远的现象之一……时尚一直那么有影响力（事实上它就是那么有影响力）”⑤。丹纳就曾指出法国路易十四时期上层贵族的精神风气、趣味择取有着两个要求标准：高尚与端整。“大家对一切外表都要求高尚与端整”⑥ 成为了一种生活理想认同构建的标准，成为那个时代关于形式的时尚标准。就“按照时尚改变景观的能力”⑦ 这一议题而言，丹纳即认为 17 世纪所有的艺术品都受着这种趣味的熏陶，如普桑和勒舒欧的绘画均讲究中和、高雅、严肃，芒沙和贝罗的建筑亦以庄重、华丽、雕琢为主，勒诺特的园林则以气概雄壮、四平八稳为美，“从贝兰尔，勒格兰，里谷，南端伊和许多别的作家的版画中，可以看出当时的服装，家具，室内装饰，车辆，无一不留着那种趣味的痕迹。只要看那一组组端庄的神象，对称的角树，表现神话题材的喷泉，人工开凿的水池，修剪得整整齐齐，专为衬托建筑物而布置的树木，就可以说凡尔赛园林是这一类艺术的杰作：它的宫殿与花坛，样样都是为重

① 转引自孔令伟《〈美术译丛〉与中国美术史学的发展与建设》，载关山月美术馆《开放与传播：改革开放30年中国美术批评论坛文集》，广西美术出版社2009年版，第306页。

② ［德］齐奥尔格·西美尔：《时尚的哲学》，费勇、吴䜣译，文化艺术出版社2001年版，第77页。

③ ［挪威］拉斯·史文德森：《时尚的哲学》，李漫译，北京大学出版社2010年版，第25—26页。

④ ［德］齐奥尔格·西美尔：《时尚的哲学》，费勇、吴䜣译，文化艺术出版社2001年版，第90页。

⑤ ［挪威］拉斯·史文德森：《时尚的哲学》，李漫译，北京大学出版社2010年版，第1页。

⑥ ［法］丹纳：《艺术哲学》，傅雷译，人民文学出版社1986年版，第57页。

⑦ ［意］劳诺·玛格兰尼：《热那亚园林：政治与娱乐的结合》，载［法］米歇尔·柯南、［中］陈望衡主编《城市与园林——园林对城市生活和文化的贡献》，武汉大学出版社2006年版，第109页。

身分，讲究体统的人建造的”[1]。

园林的年代问题经常引起争论，也会使最博学的园林历史学家感到迷惑。一个如此大的花园由不断变化的材料构成，如树木、植物和水，无法确定它完成的具体时间。花园处在不断变化的状态中，比如植物随着季节更替而不断生长变化，最终不可避免地死去。再加上园主继承者新的需求以及时尚的新变化，使得这个问题进一步复杂化！

现存最早的一个园林规划记录来自古埃及（公元前2000年），当然，这不代表在这之前不存在园林。我们确认的“园林”已经出现了很多个世纪，而且出现在世界上很多不同的地区，可以想象一下它们之间有多大的差异，因此，确定园林的年代就成了越来越重要的问题。为了简化问题，认真地观察眼前的园林，问问自己：这是新建的吗？如果不是，这个园林存在多久了？如果它秉承着严谨的历史风貌，它是当时的原始设计还是后来的再创造？这个花园随着时间的演变，是不是受到了不同风格的影响？

事实上园林建造者设计相当混杂，他们会肆意借鉴各个时期和地方的设计元素与形式，通常很少关注其一致性。从这个角度分析，没有几个园林是“纯正的”和“原貌的”。当代的参观者甚至也不知道某个园林的出处。法国人长期所谓的术语“18世纪英国风景园”，实际上是当时英国园林的中式风格，这正是这种混乱的一个完美的例子！

还要记住，对于一个园林设计师来说，艺术效果以及高超的园艺技术比历史的准确性更为重要。所以不难发现，现代植物的外衣杂交着17世纪花园布局的身骨。这种明显的漠视不一定是由于粗心大意，原来的植物列表可能无法找到，如果有，上面的品种可能也不存在了。参观园林也许能让游客直接了解到许多历史和风格趋势，而不会变得过于关注真实性。就其本质而言，园林是活生生的不断变化的事物。所以，最重要的是享受和欣赏所有你参观的园林，不管它们是什么年代的！[2]

譬如荷兰阿培尔顿的罗宫（Het Loo Palace，Apeldoorn，the Netherlands）[3]常常

① ［法］丹纳：《艺术哲学》，傅雷译，人民文学出版社1986年版，第56页。
② ［英］洛林·哈里森：《如何读懂园林》，江婷译，辽宁科学技术出版社2015年版，第12—13页。
③ 罗宫装饰华丽，具有浓郁的巴洛克风格，是由奥兰治的威廉三世（William Ⅲ of Orange）和玛丽二世（Mary Ⅱ Stuart）创建的。

被称作“荷兰的凡尔赛”(Versailles of Holland),其历史可以追溯到17世纪80年代,而我们今天所看到的罗宫则是20世纪70年代恢复和重建的(图3-53),然而,与宏伟的法式风格不同,17世纪荷兰的小型园林则呈现出另一番景象:修剪的树篱、灌木、雕像,当然还有水渠和郁金香。“罗宫花园(Gardens at Het Loo Palace)是由勒·诺特的侄子克劳德·德斯戈茨(Claude Desgotz)设计的。大花园(Great Garden)有一个中心轴以及桔树点缀的小径,它们是奥兰治亲王(The Prince of Orange)的徽章。在18世纪,威廉的巴洛克风格的花园被摧毁,而创造了一个新的、受到英国建筑影响的公园。‘绿色房间’(Green Rooms)被切割成绿色的,亦是对凡尔赛宫现存小房间(Existing Cabinets at Versailles)的仿制品,并向我们展示了雕刻品在罗宫是如何被实施的。”① 因此,风格随着我们所生活的社会秩序的客观的潮流自然而然地转变,风格的形式化就是一种类型的时尚生产,“时尚特有的有趣而刺激的吸引力在于它同时具有的广阔的分布性与彻底的短暂性之间的对比”②。

罗宫　　花园风景　　宫殿和花园的风景

花园鸟瞰

① Maria Morari, “THE MOST BEAUTIFUL GARDENS IN THE WORLD / GARDENS AT HET LOO PALACE”, http://www.bestourism.com/items/di/1301?title=Gardens-at-Het-Loo-Palace&b=198, 2018年5月4日。

② [德]齐奥尔格·西美尔:《时尚的哲学》,费勇、吴謷译,文化艺术出版社2001年版,第92页。

花园全视

意大利风格的长廊

图 3–53　罗宫花园组图

> 一个成熟的风格观念是园林设计成功的至关重要因素。对于参观园林的人来说，了解一些历史风格的关键元素是很有必要的。准确地确定园林的年代可能是非常困难的事，例如，你可能身处一个不是原始的荷兰巴洛克风格的花园，而是更后期的一个，你会说："这是一种……风格。"然而，一旦确定了它的风格后你可能开始问这样的问题："这是真的吗？如果不是，为什么选择这种风格？它的建造者想表达什么？"
>
> 正如任何中世纪早期的遗迹那样，14 世纪和 15 世纪的园林几乎肯定会被后来的设计所遮盖或破坏，园林参观者是最有可能遭遇这种再创造或复制品的。幸运的是，这些园林风格由于它们的周期性流行而得以保存。这种风格园林的特点是规则式对称，通常有很复杂的比例；有宏伟的花园、护城河、迷宫和螺旋形坡道。其他线索包括短暂性的趣味，如芬芳的鲜花和草药——这也是在卫生条件无法保证时期的必然选择！[①]

这表明了风格流布的广度与瞬时，且"流行则是任何风格为了改变而创造的暂时的外表不同而进行的肤浅操作"[②]。在当代建筑理论大师柯林·罗看来，类同于凡尔赛的众多花园即有一种陷入"主义"泥泞的危险，形式的锤炼存在着一种生搬硬套样式化的流行风格语言的倾向，风格的桎梏与阻挠会使得景观艺术成为一种搬弄风格的形式主义，即凡尔赛"可能曾经是一种贵族式的迪士尼世界，它或许最终必然被诠释为一种巴洛克的方式，来完成 15

① ［英］洛林·哈里森：《如何读懂园林》，江婷译，辽宁科学技术出版社2015年版，第46—48页。

② ［美］詹姆斯·C·罗斯：《庭院中的自由度》，载［美］马克·特雷布编《现代景观——一次批判性的回顾》，丁力扬译，中国建筑工业出版社2008年版，第80页。

世纪的理想；而且由于它拥有了这种景色（静止的，偶尔庄重的），我们不得不认识到一种费拉雷特风格的乌托邦仍然可以完全用树木来再现。但是，如果凡尔赛可以诠释成一种反动的乌托邦，我们仍然会惊讶地看到柏拉图式的、隐喻的乌托邦（一般认为在意大利是这样的），在这里可以达到这种理论中的极限”[①]。“艺术作品就其与风格的关系来看是力场（Fields of Force）”，阿多诺说道，“时尚是艺术的一种永久性表白，表白自己并非自己所假扮的那种东西，同时也表白自己达不到它理想中的高度”。时尚也不单单是利用艺术作品，“它透过作品，入乎其内……时尚是历史变化影响感官的方式之一，从而也是间接（哪怕是最低程度）地影响艺术作品的方式之一。它躲藏在艺术特征之中，无法轻易辨别出来。”[②] 这些均暗示了时尚会成为艺术创作中的一种观念、一种标准，艺术也必须在一种双重运动中与时尚相关联，即认识到时尚的力量并且知道自己服从于时尚，同时与这种力量作出抗争。

另外，当“奢华”“个性”等字眼大行其道于当下，我们需放下突兀的“艺术性格”而回归到现实生活的平实之中，以“低”的心态阐释时尚。低调的时尚需要简约而务实的理念；低调的时尚需要对景观艺术形式深刻的理解。去掉冗繁表面修饰，以惜墨如金的时尚态度，用精准的空间分割、严谨的结构造型在“取”与“舍”之间寻求平衡，让低调时尚巧妙地运用于景观的整体，时尚内涵亦可不经意间渗透到每个细节，以独到的设计理念铸成鲜明的景观时尚风格。尤其对于现代主义风格的景观设计而言，即强调其本体的实用性，往往以实用主义、简约主义为设计原则，极力追求明快的线条，舍弃无关紧要的烦琐细节，不浮夸、不造作，亦运用匠心独特的流动空间结构建构，突出现代景观开放性、透明性和视觉性特点，更在平实中见特色。同时，现代主义风格的景观营造注重各种设计元素的和谐统一、刚柔相济，表达的是一种从容淡定的景观艺术气质，一种民主化的空间包容性——模糊阶层差异，颠覆阶层特权，让每一个积极向上、热爱生活的人都能享受景观本体所带来的时尚魅力，且尊重人性、追求生态性、强调功能性就是现代景观艺术的一贯时尚主张。

---

① ［美］柯林·罗、弗瑞德·科特:《拼贴城市》，童明译，中国建筑工业出版社2003年版，第90页。

② ［德］阿多诺:《美学理论》，王柯平译，四川人民出版社1998年版，第354页。

第四章　景观艺术形式的表征与感知

每个人都应该说出他所途经的道路，十字路口和路边长凳。每个人都应该起草一份关于他失落的田园的地籍册。①

——加斯东·巴什拉

第一节　景观艺术的形式表征

一、关于"表征"

"representation"一词在英语中有多种意思，贡布里希在《木马沉思录——论艺术形式的根源》(*Meditations on a hobby horse, or the roots of artistic form*) 中就引述了《袖珍牛津英语词典》(*Pocket Oxford Dictionary*) 中对"represent"的界定："通过描述，描绘，或想象来唤起，用图表示；把某物的摹状〔likeness〕置于心境或感觉中；充当或被用作某物的摹状；代表；当作样品；代替；是某物的替代物。"② 因而，范景中等学者将"representation"一词的中文译名确定为"再现"，但其更多的则是被译为"表征"③，如斯图亚特·霍尔（Stuart Hall）对"representation"(表征）的解释则是"意义的生

① ［法］加斯东·巴什拉:《空间的诗学》，张逸婧译，上海译文出版社2009年版，第10页。

② 参见［英］贡布里希《木马沉思录——论艺术形式的根源》，载范景中编选《艺术与人文科学：贡布里希文选》，范景中译，浙江摄影出版社1989年版，第19—20页。

③ "表征"一词在古汉语中，若作为名词意为"征象""迹象"等；作为动词则意为"使……具有征象"或"阐明"等。

产”[①]，即“通过语言生产意义”[②]，作为动词的“表征”是指拿一物（符号）代表另一物体或观念的行为，其中，作为替代品的符号与被代表物或观念的关系是任意的；而且，作为一个系统的组成部分，它们有其自身的逻辑和规则。因而，建立在表征基础上的各种文化表象并不具有实质性，并不等于它们的代表物，同时，用符号生产意义的过程也就成了符号系统内的某种操作实践，即意指实践的过程。

丹尼·卡瓦拉罗（Dani Cavallaro）在《文化理论关键词》（*Critical and cultural theory*）中也深刻指出了“表征”研究必须考虑到文化现象、哲学视角和意识形态规划的广泛的多样性，他发人深省地设问：“为什么生活在根本不同的文化和历史语境中的人们，都有表征他们自身及其生存环境的愿望呢？为什么有一些文化公开地承认其表征的建构性和虚构性，而另一些文化却要把表征冒充成自然和真实的呢？关于创制表征的社会、群体和个人，不同的表征形式能告诉我们什么？表征所涉及或针对的又是谁？”他的回答则是：“表征只有得到解释才成其为表征，而且最终要能引起广泛的联想，也就是说，它应该有大量潜在的表征内涵……此外，表征和潜在的现实（Underlying Reality）并不是直接而清晰地联系在一起的。”[③]一方面人永远无法靠经验直接获得事物的本质，而总是通过可以接触到的由不同社会创造出来的不同的象征物来获得事物的本质，另一方面“那些将人们内心真实表达出来的外在事物就是表征”[④]，而且“每一社会都会使用对自己重要的特定象征和符号，可能这在来自其他社会和时代的旁观者看来是没有任何意义的……相同的艺术手法会因时代的发展而对不同的欣赏者产生不同的含义”[⑤]。

因此，“表征”意味着用语言向他人就这个世界说出某种有意义的话来，或有意义地表述这个世界，有其独特的指代性与约定俗成性，即“规约相关意义、体现形式和所引起脉络的选择和通整之原则”[⑥]，“表征”还意味着象

① ［英］斯图尔特·霍尔：《表征——文化表象与意指实践》，徐亮、陆兴华译，商务印书馆2003年版，第10页。

② ［英］斯图尔特·霍尔：《表征——文化表象与意指实践》，徐亮、陆兴华译，商务印书馆2003年版，第16页。

③ ［英］丹尼·卡瓦拉罗：《文化理论关键词》，张卫东、张生、赵顺宏译，江苏人民出版社2006年版，第39—40页。

④ 周尚意、吴莉萍、苑伟超：《景观表征权力与地方文化演替的关系——以北京前门—大栅栏商业区景观改造为例》，《人文地理》2010年第5期。

⑤ ［英］罗伯特·克雷：《设计之美》，尹弢译，山东画报出版社2010年版，第7页。

⑥ Basil Bernstein，*The structuring of pedagogic discourse*，London：Routledge，2000，p.3.

征、代表、做标本或替代。而表征和表征物之间的一种关系在语言学中就是能指与所指之间的一种关系，且语言是由组织为各种不同关系的符号所组成，语言能使用符号去象征、代表或指称所谓“现实”的世界中的各种物、人及事。艺术形式的表征问题或如黑格尔意义上的将生气灌注于形式之中，但大卫·贝斯特（David Best）却说：“当一种艺术形式出现时，象征的意义可以在其中表现出来，然而假定创造艺术是为了表现象征的意义却是没道理的。”[①]果真如此？本书认为形式所蕴藏的意义却是可以事先预置的，而被预置的意义能否在艺术形式中得以显现则是有多种可能，同时意义的阐释也不是预置就能解决的，它也有着多种阐发结果。“意义绝非仅仅是呈现，因此我们不可能逃离解释过程，甚至当言说者立于我们面前时也是如此”[②]，“……一个表征理论，本质上是一个意义理论。”[③]“表征”始终与艺术形式内蕴的意义相关联，而“意义”则是以交流为目的而产生并用各种语言来传达的，一般而言是以形式系统内部的结构、符号等作为媒介在某种严格的逻辑序列中建构完成的。

二、结构表征

（一）两种结构秩序

“一个表征系统以符号来工作。要使符号具有意义，它们首先必须形成结构……不相关符号的集合是没有意义的”[④]，且“艺术是‘秩序’”，马里奥·佩尔尼奥拉（Mario Perniola）如此说道：“虽然希腊字 techne 时而指的是充满激情的作品的强调意义，时而指的又是工艺作品的技巧，但是拉丁文 ars 则得以避免了这种限定。它源自印欧语系的词根 ar-，代表‘秩序’，由此还衍生出 artus 和 ritus 两个词。”[⑤]而关于“秩序”，列维－斯特劳斯先是赞同了森姆帕逊（G.G.Simpson）在《动物分类原理》(*Principles of animal taxonomy*）中的分析：“科学最基本的假定是，大自然本身是有秩序的”，后又援引了一

① ［英］大卫·贝斯特：《艺术·情感·理性》，李惠斌等译，工人出版社1988年版，第9—10页。

② ［南非］保罗·西利亚斯：《复杂性与后现代主义：理解复杂系统》，曾国屏译，上海科技教育出版社2006年版，第59页。

③ ［南非］保罗·西利亚斯：《复杂性与后现代主义：理解复杂系统》，曾国屏译，上海科技教育出版社2006年版，第81页。

④ ［南非］保罗·西利亚斯：《复杂性与后现代主义：理解复杂系统》，曾国屏译，上海科技教育出版社2006年版，第46页。

⑤ ［意］马里奥·佩尔尼奥拉：《仪式思维：性、死亡和世界》，吕捷译，商务印书馆2006年版，第89页。

位土著思想家的见解："一切神圣事物都应有其位置"，对此论断斯特劳斯继而阐述为："人们甚至可以这样说，使得它们成为神圣的东西就是各有其位，因为如果废除其位，哪怕只是在思想中，宇宙的整个秩序就会被摧毁。因此神圣事物由于占据着分配给它们的位置而有助于维持宇宙的秩序。"[①]"为人类环境建立秩序和关系，这就是建筑师的任务"[②]，"一个秩序井然的世界，正像一种和谐而清楚的语言一样，仍会被看作设计与意向的不容争辩的证明"[③]。格罗塞也以石块与建筑之关系论述了"秩序"问题，他写道："正如一堆建筑用的石块当不起建筑的名称一样。一堆石块，不成其为建筑，除非有些石头已经依照一定的建筑秩序排列起来。"[④]同时，"系统的结构不可能是由要素的随机集合组成；它们必定具有某种意义……这意味着，系统必须要'表征'出对于其存在具有重要性的信息"[⑤]。也可以说，"秩序"就是艺术形式系统内部的一种结构子系统的表征，它反映的是形式要素之间的一种建构关系，同时"秩序"也体现了建构主体对整体性的追求，即按照特定逻辑的关联将形式要素组织起来，亦没有比在物中确立一个秩序的过程更具探索性、经验性的了，但"深埋于表象之下的秩序必定是含蓄的、隐匿的，是游动的、滑腻的"[⑥]，福柯就断定了"秩序的功能就在于清理各种混乱"[⑦]。

克里斯托弗·亚历山大在《城市并非树形》(*A city is not a tree*)中主张"城市具有半网络结构，而不是树形结构"，且较之于树形[⑧]，"半网络"是一个更为复杂抽象的结构（图4-1、图4-2）。他亦将那些在漫长的岁月中或多或少地自然生长起来的城市视为有着半网络结构的"自然城市"(Natural City)，而那些由设计师和规划师精心创建的城市和一些城市中那样的部分为"人造城市"(Artificial City)则采用了树形结构，恰如米切尔·席沃扎（Mitchell Schwarzer）所说："现代性的发展历程多以要求秩序、处理其与传统的相悖之

① ［法］列维－斯特劳斯：《野性的思维》，李幼蒸译，商务印书馆1987年版，第14页。

② ［丹麦］S·E·拉斯姆森：《建筑体验》，刘亚芬译，知识产权出版社2003年版，第24页。

③ ［英］休谟：《自然宗教对话录》，陈修斋、曹棉之译，商务印书馆1962年版，第32页。

④ ［德］格罗塞：《艺术的起源》，蔡慕晖译，商务印书馆1984年版，第2页。

⑤ ［南非］保罗·西利亚斯：《复杂性与后现代主义：理解复杂系统》，曾国屏译，上海科技教育出版社2006年版，第15页。

⑥ 童明：《迷宫与镜像：关于建筑话语的印象》，载童明、董豫赣、葛明编《园林与建筑》，中国水利水电出版社、知识产权出版社2009年版，第10页。

⑦ ［法］米歇尔·福柯：《规训与惩罚：监狱的诞生》，刘北成、杨远婴译，生活·读书·新知三联书店2003年版，第221页。

⑧ 此树并非长有绿叶的树，而是一种抽象结构的名字。

处为特征。”[①] 而在亚历山大看来，树形和半网络都是关于许多个小系统的组合将如何形成大而复杂系统的思维方法，它们都是集合的结构名称，“当一个集合中的元素，由于它们在一定程度上合作或一起发挥作用而属一类时，我们就称这些元素的集合为一个系统”[②]。因而，“秩序”既是人为的界定与人的意志所赋予的，又是作为物的内在规律和确定了物相互间遭遇的方式的隐蔽网络而在物中被给定的，半网络形结构处于动态亦模糊式交叠的结构异化与功能衍生的永续生成（Becoming）过程之中，而树形结构则反映了人更精确地规定了自己的环境，意图使环境构造（Making）为一个结构化的整体而形成“几何秩序”。

当两个互相交叠的集合属于一个组合，并且二者的公共元素的集合也属于此组合时，这种集合的组合形成半网络结构。由图 4–1 可见，半网络形结构中的（234）和（345）都属于同一组合，并且它们的公共部分（34）也属这一组合，且不管两个单元在何处交叠，此交叠区域本身也必是一个单元。而对于任两个属于同一组合的集合而言，当要么一个集合完全包含另一个，要么二者彼此完全不相干时，这样的集合的组合就形成了树形结构。图 4–2 中所示，树形结构排斥了有交叠集合的可能性。并非仅仅交叠使这两个重要结构有所差异，更为重要的是半网络结构是潜在的，具有比树形结构更复杂、更微妙的特质，例如一个基于 20 个元素的树形结构最多能包括此 20 个元素的 19 个更深一层的子集，而基于同样 20 个元素的半网络，则能包括多于上百万个不同的子集。亚历山大也清晰地说明了一个等级制的树形结构之于城市的缺陷：“无论何时我们有树形结构，这都意味着在这个结构中，没有任一单元的任何部分曾和其他单元有连接，除非以整个这一单元为媒介。这种限制的危害究竟有多大是难以领悟的。这有点儿像一个家庭中的成员不能自由地和外人交朋友，除非整个家庭和外界交友一样。”[③]

---

① ［美］席沃扎：《建筑学的建构哲学》，载丁沃沃、胡恒主编《建筑文化研究（第1辑）》，中央编译出版社2009年版，第27页。

② ［美］克里斯托弗·亚历山大：《城市并非树形》，严小婴译，《建筑师》1985年第24期。

③ ［美］克里斯托弗·亚历山大：《城市并非树形》，严小婴译，《建筑师》1985年第24期。

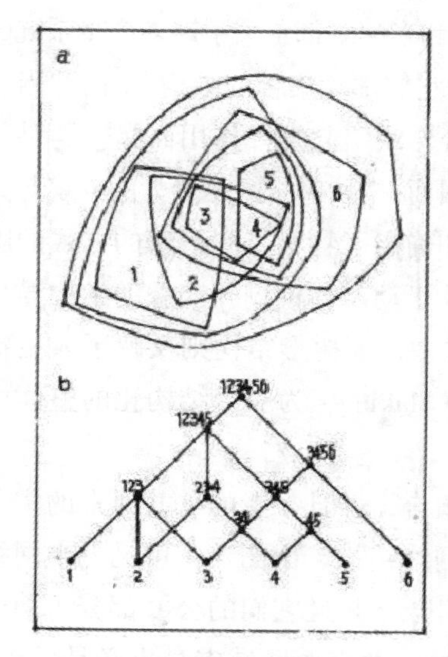

图 4–1　半网络结构图解

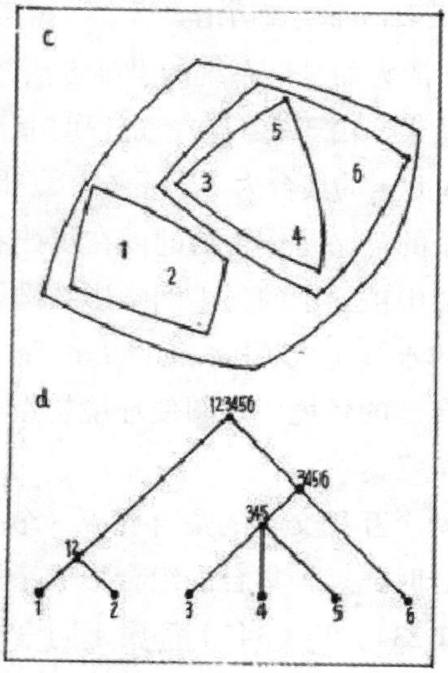

图 4–2　树形结构图解

（二）权力的表征

1. 轴线式对称结构——“表现性等级秩序”

秩序是形式系统内部隐藏着的、不可见的一种深层结构，东西方景观艺术形式不同就在于其内在的结构原理相异。“所谓秩序，一般是指在全体中的各个部分结合方法的强度。部分必须是在一定的秩序下保持内在的相互结合，构成一个系统的整体。”① 景观艺术的整体形态是由基本形式依一定的结构式样组成的，景观艺术的形式结构反映了其形态构成的秩序，它从总体上控制着形式的表达。而且形式结构本身具有简洁性的特质，各种形式、不同层次上的形式结构都具有简单、规则的图形特征，一些表面复杂的景观艺术，其形式结构也是由基本的结构类型组合而成的。同时，景观艺术形式结构具有恒常性，它可以跨越历史为不同时代的艺术家们所共同使用，即“在形形色色的文化中，反复出现的某些恒常性因素会显得格外有意义”②。从亚历山大的结构模型推演至景观艺术形式的结构秩序分析亦能获得很大的启发③：“树形的结

---

① ［日］小形研三、高原荣重：《园林设计——造园意匠论》，索靖之、任震方、王恩庆译，中国建筑工业出版社1984年版，第7页。

② ［美］阿摩斯·拉普卜特：《宅形与文化》，常青、徐菁、李颖春、张昕译，中国建筑工业出版社2007年版，第12页。

③ 《城市并非树形》中译本的校者汪坦先生即认为“这是一篇探讨设计思想方法的论文，其原则并不限于城市规划”。

构简化性就好似为简洁有序而坚持强求壁炉上的烛台应绝对笔直和绝对对称于中心。相比之下，半网络是一种复杂组织的结构形式；这是具有活力的事物的结构——是美妙的绘画和交响乐的结构。”①

而且“权力系统不仅要求艺术的表现与权力感要一致”②，权力还能改变艺术的方向以及促使和助长某一种风格的蔓延和确立。如《峄山碑》③的秦朝小篆字体即体现的是秦始皇“车同轨，书同文”的理想，那种整齐划一再现了秦始皇要求秩序的想法，字与字之间处于相互独立、不相关联、非互相限制的均等地位，有着“树形”结构特点（图 4–3），而这与草书中强调字与字之间的大小变化、间距变化、连接变化等形式系统之要素间的总体关系秩序又是迥然不同的。法国 17 世纪的传统景观艺术即具备特定的严格精确性，具备逻辑的、清晰的和等级化的特征，其严格的线性几何形式结构的中轴对称系统亦是对权力的表征，勒·诺特设计的高度结构化的凡尔赛宫花园（*Château de Versailles*）（图 4–4a、b）整体控制的理性秩序“是独裁的最高典范，它代表了一种绝对的政治权力”④，其“静谧的节制和对称和巴罗克式的豪华与宏伟气派平衡了起来”⑤，其形式结构与树形结构相当类似，巨大、整齐的花园及其绵延数英里的修剪整齐的树篱显示出国王路易十四甚至要统治自然的欲望，“因为从几何学表达的角度来看，内与外的辩证法依赖于一种强烈的几何主义，它把边界变成了壁垒”⑥。

---

① ［美］克里斯托弗·亚历山大：《城市并非树形》，严小婴译，《建筑师》1985年第24期。

② 胡传海：《法度 形式 观念》，上海书画出版社2005年版，第21页。

③ 《峄山碑》是秦始皇统一中国（前221年）次年东巡到峄山，为炫耀其文治武功，命丞相李斯等书写并镌刻的第一块刻石。《峄山碑》原石已失，也无原碑拓本传世，现流行的各种刻本均为“摹刻”（原石毁于唐朝，翻刻本是北宋时依据徐铉摹本上石）。《峄山碑》分为两部分，前一部分为“皇帝诏”，计144字，刻于公元前219年。后一部分为“二世诏”（即“皇帝曰”之后），计79字，刻于公元前209年。由于封建等级制度原因，帝王把书法看作建立秩序的手段，由之“二世诏”字要略小一些。

④ ［美］柯林·罗、弗瑞德·科特：《拼贴城市》，童明译，中国建筑工业出版社2003年版，第92页。

⑤ ［美］杜安·普雷布尔、萨拉·普雷布尔：《艺术形式》，武坚等译，山西人民出版社1992年版，第187页。

⑥ ［法］加斯东·巴什拉：《空间的诗学》，张逸婧译，上海译文出版社2009年版，第235页。

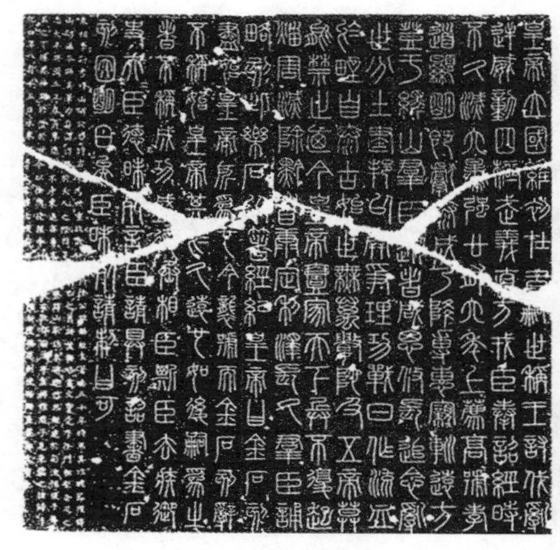

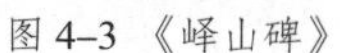

图 4–3 《峄山碑》

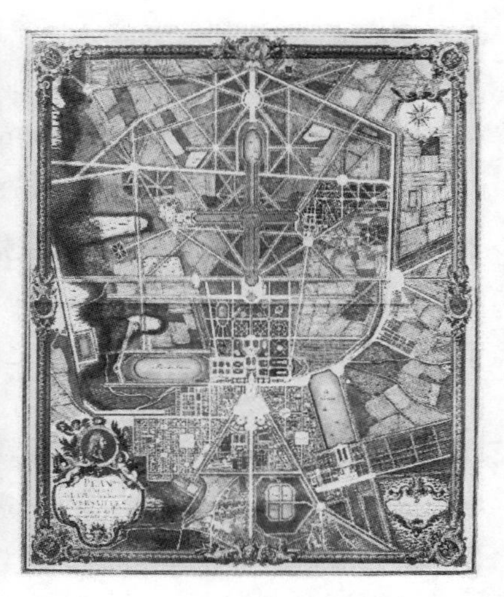

图 4–4a　法国凡尔赛宫花园平面图

图 4–4b　帕特尔 1668 年绘制的凡尔赛宫花园

“凡尔赛宫可称为欧洲极权统治最典型的标志”[①]，其最基本的形式结构秩

① ［英］比尔 · 里斯贝罗：《西方建筑：从远古到现代》，陈健译，江苏人民出版社 2001 年版，第 151 页。

序是一个绝对对称的宏伟轴线平衡体系（代表专制）——宫殿的前面是一条通往凡尔赛的天道，象征着国王权力的扩张，以及由此而来的诸多相交叉的轴线系统——其他的道路则向外呈放射状，通向周围各景点。且在这一建构过程中，形式结构逻辑与空间逻辑相照应，即从理性化结构逻辑主导了整饬化和条理化的空间建构，空间被分割成了许多部分，每一部分都按照权力表征的方式，按照他自己的标准、他自己的比例来分割，且在一个抽象的空间上处理微观与宏观、近端秩序与远端秩序、分邻与交流等连接问题。

“轴线极少有谦让性。轴线是强有力的且要求很高，结果，事物通常都沿轴线前进。轴线具方向性。轴线是有秩序的。轴线占统治地位。轴线通常有点单调。”景观艺术理论家西蒙兹如此写道：“但在那些要显示皇权的存在或使人屈服于至高无上的神权、专制或武力的地方，就要机敏地运用轴线。譬如，宽广而庄严的军事大道从城门一直延伸到昔日皇帝的金顶紫禁城，树木成行的轴线大道从北面的景山顶向南延伸，穿过御花园、宫殿群、繁忙的城市中心，一直到紫禁城的皇家大门，且继续前行，越过阅兵场、田野和森林——这一条动态的权力之线，使整个城市和乡村都服从于端坐在玉石宝座上专制皇帝的意志和威严。”①（图 4–5）意大利当代哲学家佩尔尼奥拉就说：“其实，在奠基、建造、从无到有地建立这类观念中，本身就带有一种本体论上的暴力，一种傲气，一种骄傲自满，这一点对古人来说是众人皆知、不言而喻的。”②而凯文·林奇在《总体设计》中就总结为：“中国总体设计的语汇包括这样一些概念，如中轴线、行进序列通道、主要建筑以朝南为主、穿入基地所感受到的层次分明的私密性梯度、以墙围合土地范围、基本方向联想天地寰宇，以及一系列其它的谋略等等。”③

---

① ［美］约翰·O·西蒙兹：《景观设计学——场地规划与设计手册》，俞孔坚等译，中国建筑工业出版社2009年版，第228页。

② ［意］马里奥·佩尔尼奥拉：《仪式思维：性、死亡和世界》，吕捷译，商务印书馆2006年版，第77页。

③ ［美］凯文·林奇、加里·海克：《总体设计》，黄富厢、朱琪、吴小亚译，中国建筑工业出版社1999年版，第10页。

图 4-5　紫禁城

中国古代的风水学说深刻地影响了古代城市的建设发展。风水为山水建立起一定的秩序，以山水秩序统领人工与自然的关系，直接影响了城邑选址、城市结构和建筑方位。风水范式中背山面水、山凹护卫、状若簸箕、形如座椅的地势，体现的是优良的小气候、安全的水文环境、内敛的空间形态和适宜的空间尺度。风水理论要求古人必须全面、详实地寻察山水特征，更清晰准确地认知整体环境的山形水系，高度概括山水空间的总体面貌，推论城市发展的总体结构和趋势，使得城市的人工建造融入区域环境的“势”中，形成浑然一体的城市与山川的总体构图。而都城的建设出于对皇权和礼制象征的考虑，更是以大范围的区域环境为基础，构建城市与山水之间的轴线关系，如汉长安城子午谷—城市—长陵轴线的对位关系、隋唐洛阳与龙门伊阙的对位关系。[①]（图 4-6）

同时，“轴线”作为树形结构的主要实际操作工具之一，代表了“清晰、比例、理性的设计”，即“轴线”的形式结构控制使得其作为空间秩序的一个组织者控制了空间要素围绕着它进行有序、相等或近似的排列与组合，占主导地位的轴线以其强大的秩序控制力使得周边的一切景观要素必

① 王向荣、林箐:《国土景观视野下的中国传统山 — 水 — 田 — 城体系》,《风景园林》2018年第9期。

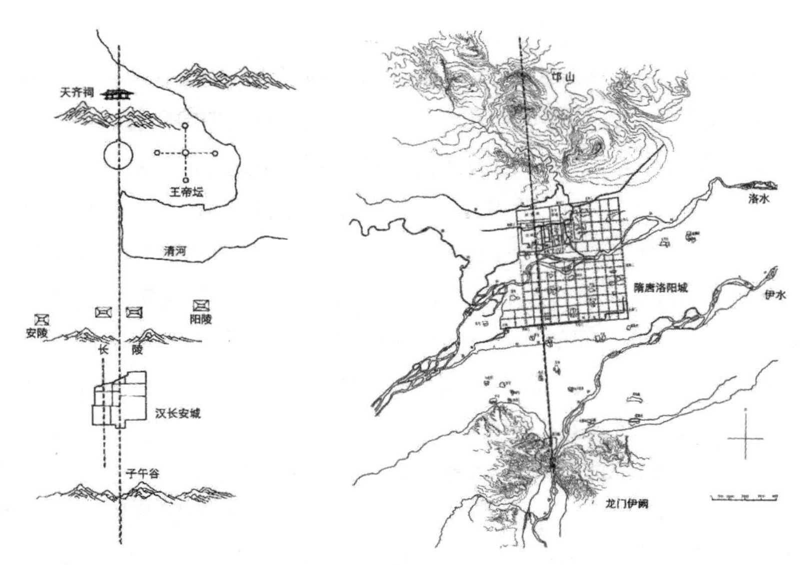

图 4-6　汉长安、隋唐洛阳区域轴线示意图

须直接或间接地与其发生联系，并服从于它，以达到静态的稳定。在自然景观中，由于布局对称是极少见的，景观艺术形式轴线结构[①]之一的轴线对称结构也通常意味着一种强加的秩序系统，其关键词是“强加”，即西蒙兹宣称的“对称的专制性”。“对称”使得景观规划要素服从于一种僵硬或公式化的平面布局，相关对称框架中的事物的意义主要源于它们与整体构图的关系，其本质上则是对静止的平面图像而非真实空间的狂热意识。对于景观艺术形式结构而言，自然环境就变成了一个场景或背景。经过巧妙处理的对称平面形式亦可用于渲染某种观念或引发一种纪律感、高度秩序感，甚至还有无可挑剔的完美感：“大多情况下，对称规划被视为一种设计的权宜之计，一种涂抹而成的几何形状。这种规划重复多见且令人乏味，简直同它们的作者一样毫无生气。当几何布局确实很得体时，我们会发现这种对称作为功能最高最佳的表达方式，是通过有意识地将所有规划形式综合到对称规划的安排中而产生的。在有限的区域内，恰如其分、明智地运用

① 当然，轴线并不是完全的、严格意义上的对称与沿轴线布置，即不规则均衡（“动态对称”）布置。不规则均衡是以杠杆平衡为原理，中心（支点）两边分量仅仅是相近，而不可能完全相同，通过这样的非对称式的轴线控制方式，景观设计师也可以使空间具有秩序感与不完全对称的平衡感。

对称，它会成为一种令人信服的规划形式。”[①]

“对称轴线”亦为列斐伏尔在《空间与政治》(*Espace et Politique*)中认为的“中心”，中心是权力的彰显，中心是已经存在的、相对静态的、稳定的，在其周围分布着一些从属性的、被等级化的空间，这些空间同时被“中心”统治着，是一种“聚集、集中和共时化的形式”，“如果没有一个中心（Centre）的话：也就是说，如果在空间中出现的和生产出的东西没有被集中，所有的‘客体’与‘主体’都没有进行任何现实的或者可能的集中对话”[②]。追求空间的不朽纪念价值，存在于想象的和真实的空间中原始的或者终极的同一性，“勒诺特那华美的风格不管是对花园的设计还是城市的规划影响都非同凡响。自 17 世纪以来，欧洲城市中心的重建设计以及海外殖民地的新建都能找到勒诺特的设计艺术原理：长长的通道，道路向四面铺开或者交叉形成一个广场。”[③] 控制空间、让空间服从权力，如同乔治－欧仁·豪斯曼（Georges-Eugène Haussmann）所构想的那种对都市加以控制的政治——“豪斯曼巴黎更新计划（1853—1870）”(*Haussmann's Renovation of Paris*)——“1852 年，拿破仑三世称帝，建立第二帝国，继而指派他的大巴黎总管豪斯曼男爵，对中世纪以来形成的老巴黎进行重建。从 1853 年到 1870 年拿破仑三世为平复民怨将豪斯曼免职为止，这段时间史家称作‘豪斯曼计划时期’(the Period of Haussmannization)。豪斯曼奉旨对新巴黎的规划，独尊几何理念而摒弃人文精神。他将巴黎重新划分为 20 个行政区，用笔直和超宽的标准改建道路，整治了破旧和脏乱，也销毁了代表巴黎文化的街区，重创了巴黎的市民社会（Civil Society，又译为公民社会）。”[④]

拓宽街道是豪斯曼计划中最大的项目，他规划了城市的南北中轴线，并且用东西南北的主干道将中古时期的巴黎分成不同板块，并将几何对称的理念首次带入现代城市规划中。图 4-7 中的红色线条是由拿破仑三世（Napoléon Ⅲ）和豪斯曼在法兰西第二帝国时期修建的大道，同

---

① ［美］约翰·O·西蒙兹：《景观设计学——场地规划与设计手册》，俞孔坚等译，中国建筑工业出版社，2009 年版，第 233—241 页。

② ［法］亨利·列斐伏尔：《空间与政治》，李春译，上海人民出版社 2008 年版，第 17 页。

③ ［英］比尔·里斯贝罗：《西方建筑：从远古到现代》，陈健译，江苏人民出版社 2001 年版，第 151 页。

④ 上海市发展和改革委员会：《豪斯曼计划：城市现代化的警训》，http：//www.shdrc.gov.cn/fzgggz/sswgg/xwbd/shghwxbs/24727.htm，2018 年 10 月 15 日。

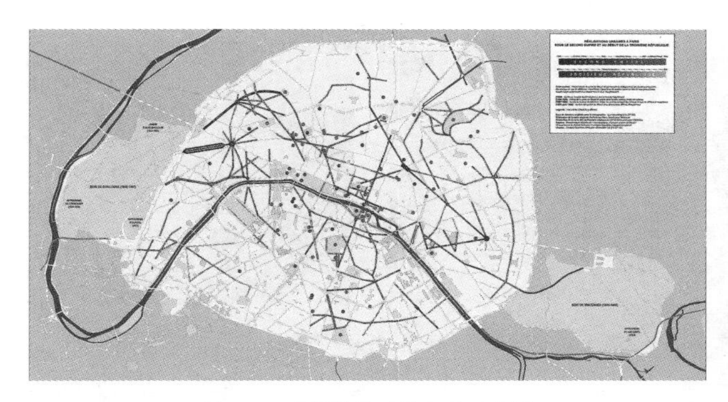

图 4-7 豪斯曼修建的大道示意图

图 4-8 1855 年的巴黎大街景观

图 4-9 中世纪时期的街道

图 4-10 破旧的房屋

图 4-11 狭窄的街道

图 4-12 贾德里路

时还建成许多公园和广场，如里沃利大街（rue de Rivoli）即为豪斯曼建造的第一个林荫大道并成为其后所有林荫大道建设的典范，图 4-8 为 1855 年的巴黎大街景观。列斐伏尔亦云：“建筑学的实践，可以追溯到资本主义以前，这是肯定的。它服从于（就像城市规划一样，两者没什么区别）（在一定程度上）知识渊博的统治者的命令。建筑师、艺术家，作为有学问的人，接受了一条重要信息：宗教或者政治性建筑的不朽性和重要性，以及它相对于‘居住’的优先性。在工业化时期，建筑学挣脱了宗教和政治的不恰当的限制，但它又跌入了意识形态的圈套中。它的功能贫乏了，它的结构单一化了，它的形式凝固了。”①（图 4-9 至图 4-14）

① ［法］亨利·列斐伏尔：《空间与政治》，李春译，上海人民出版社 2008 年版，第 8 页。

图 4–13　豪斯曼对道路系统及房屋立面的改造

图 4–14　豪斯曼巴黎改造更新的示意图

2. 环状式叠合结构——“协调性关系秩序”

其实，法国和意大利园林在本质上也都是一种封闭的园林，均存有操纵自然的企图，如与凡尔赛轴线对称的权力表征形成鲜明对比的蒂沃利[①]的阿德良[②]离宫（Villa Adriana）(图 4–15)，在柯林 · 罗看来，阿德良明显是无组织的、随意性的，他构想了对任何“整体”的改变，他似乎只需要一些零散的理想片段，虽然“阿德良在本质上与路易十四同样的独裁，但是也许他不是由于同样的冲动而

① 蒂沃利（Tivoli）：意大利中部城市，位于罗马以东，有古罗马遗迹。

② 阿德良（Pulius Aelius Hadrianus）：罗马皇帝，公元117—138年在位。阿德良离宫常常被认为是古罗马帝王宫苑中最迷人的一个，其迷人之处首先表现在建筑、园林和周围大自然的完美结合之上。

如此这般坚持展示他的独裁……”[①] 凡尔赛宫可被视为统一整体设计的宏大展示，即围绕着一个权力表征的符号——对称轴线构造出一条地平线，将它展开，然后围拢、封闭而确定的一个“中心化”的空间；而阿德良离宫则是努力消除来自任何控制思想的影响转而向“混沌”的形式结构靠拢——“中心的消解”。若将凡尔赛宫看作完全统一的模式，阿德良离宫则显然是没有协调好的互不相干热情的混杂。

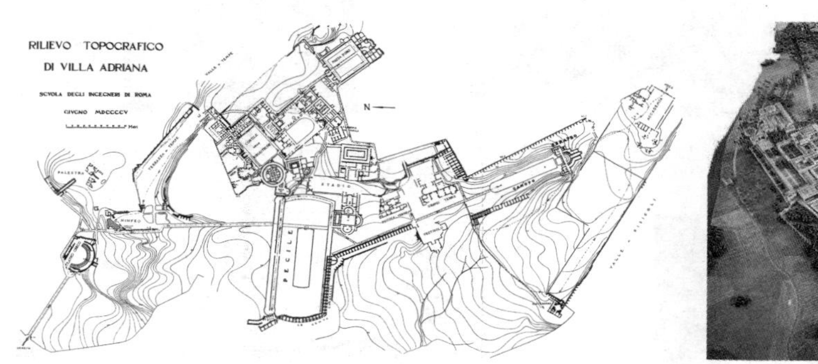

图 4–15　阿德良离宫平面图与模型

但“整体设计和整体无设计，都是同样‘整体的’”[②]，亦呈显为一种特别精致而又特别杂混的半网络结构，阿德良别墅的空间结构有两组直角体系，它们彼此扭转一定的角度，相互形成对峙关系，且当这种关系形成之时，结构组织间出现了缝合空间，它们同时属于不同的参照系而被绞合在一起。因之，权力表征下的轴线对称系统往往追求空间的几何化，而适意向往下的环状散点系统则趋于半网格化形式关系的相互交织和相互作用，其“动态的空间形式”（The Dynamic Space Form）[③] 即呈现出无中心和等级秩序的消失。本・尼科尔森(Ben Nicholson)1941 年的抽象画《组合》(*Composition*)（图 4–16）以及马塞尔・杜尚（Marcel Duchamp）1911 年的《下楼梯的裸女》(*Nude descending a staircase*)（图 4–17）、毕加索 1910 年的《卡恩韦勒的肖像》(*Portrait of kahnweiler*)（图 4–18）等均表现了交叠（图 4–19）的形式结构所引致的艺术形式丰富性。

---

① ［美］柯林・罗、弗瑞德・科特:《拼贴城市》，童明译，中国建筑工业出版社2003年版，第91—92页。

② ［美］柯林・罗、弗瑞德・科特:《拼贴城市》，童明译，中国建筑工业出版社2003年版，第100页。

③ ［美］肯尼思・弗兰姆普敦:《建构文化研究——论19世纪和20世纪建筑中的建造诗学》，王骏阳译，中国建筑工业出版社2007年版，第173页。

图 4–16　抽象画《组合》

图 4–17　马塞尔·杜尚的《下楼梯的裸女》

图 4–18　毕加索的《卡恩韦勒的肖像》

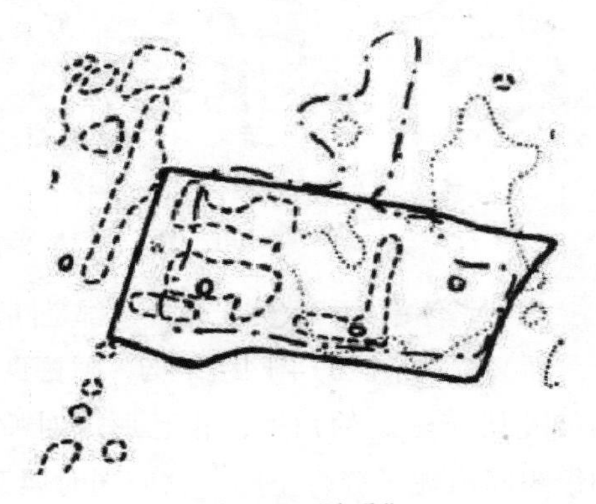

图 4–19　“交叠”

李约瑟（Joseph Needham）在《中国科学技术史》（*Science and civilisation in China*）中认为：“欧洲人只能以德谟克利特的机械唯物主义或柏拉图的神学唯灵主义进行思考。对于一种 machina（机制），人们总是一定要找出一个 deus（上帝）。生命、圆极、灵魂、原生等等观念相继地在欧洲思想史上登台表演过。当活动物的有机体，象人们所领会的野兽、其他的人和自己，被投射到宇宙的时候，欧洲人受到人格神的上帝或神明的观念的支配，主要关切的是急于找出那条‘主导的原理’……然而，这正是中国哲学所不曾采取的途径……有机体各个组成部分之间的合作就不是被迫的，而是绝对自发的，甚至于不是有意的。”[①] 艺术理论中也常以“散点”一词来阐述中国传统

① ［英］李约瑟：《中国科学技术史（第二卷·科学思想史）》，何兆武等译，科学出版社 1990 年版，第 327—328 页。

绘画的形式结构，其内涵即与“交叠”相一致。“离散结构”的互相交叠性质指明景观艺术形式的“富有活力”(但也有可能造成一片杂乱无章)的系统可形成一个半网络，这取决于对待“自然”的立场是征服还是合一，因为“在任何情况下自然结构均为半网络”[①]。半网络结构的复杂性即由相互渗透和交叠产生的多重形态与景观艺术形式丰富性相一一对应，“交叠”也成为了结构的有生命的生成器。“一个风景园林师或建筑师应该这样设计空间和路径：创造一种自然的、建筑的和其他的‘雕塑’形体的连续变化的景观，并丰富它们。”[②]

环状式叠合结构是异于中心轴线构图(并列结构)的另一种均衡构图(交叠结构)，“非对称规划使我们和大自然更加和谐统一。脱离了对称规划布局的呆板，每个地域都可在更为周全地考虑了自然的景观特征后，再行发展。路线更为自由，风景变化无穷……非对称规划对自然或已建成的景观干扰较少。因为它以慈悲之心开发场地……”[③]。中国传统园林和部分西方古典园林的形式结构秩序就类似于半网络结构，这是一种有机主义的结构逻辑下“混沌”[④]的秩序，但它不代表没有形式建构规则，恰恰它是另一种结构关系，即它不以线性结构而以“交叠”作为形式结构的主要特质，“交叠”导引了一个更密集、更紧凑、更精细和更复杂的形式结构，如中国清代皇家园林之“颐和园是为奢侈娱乐而规划的，它整个神话般怡人的场地上，简直不能发现明显的轴线”[⑤]，却最终形成了一个奇妙协作而又富有秩序的整体，苏州古典园林的空间秩序也“非其表面形态所显现的‘感性与随意’，隐藏在其空间形式背后似乎有一个不易被察觉的、重要的空间结构规律，即‘放射环

---

① [美]克里斯托弗·亚历山大:《城市并非树形》，严小婴译，《建筑师》1985年第24期。

② [美]约翰·奥姆斯比·西蒙兹:《启迪:风景园林大师西蒙兹考察笔记》，方薇、王欣编译，中国建筑工业出版社2010年版，第32页。

③ [美]约翰·O·西蒙兹:《景观设计学——场地规划与设计手册》，俞孔坚等译，中国建筑工业出版社2009年版，第234页。

④ “混沌”不是混乱，混沌是形式结构秩序的一种，类似于半网络结构，它们的共同之处在于无限的“交叠与循环”。德国著名哲学家谢林在《艺术哲学》中即认为:“正是无定形者对我们说来最直接地成为崇高者，即名副其实的无限者之象征……所谓‘混沌’，是对崇高者的基本直观;须知，甚至对我们的感性直观说来不可企及的庞然大物，或者对我们体魄之力说来不可抗拒的可怖之力，我们在直观中只是视为混沌;正因为如此，混沌对我们说来成为无限者的象征。”参见[德]弗·威·约·封·谢林《艺术哲学》，魏庆征译，中国社会出版社1997年版，第30页。

⑤ [美]约翰·O·西蒙兹:《景观设计学——场地规划与设计手册》，俞孔坚等译，中国建筑工业出版社2009年版，第228页。

型’的隐性空间结构形态”[①]，该园中的假山、建筑、植物等实体对360度视域的遮挡，又恰恰形成了虚虚实实、若隐若现、画面无限交叠的“无中心”循环型叠合景观结构——正如法国学者甘丹·梅亚苏（Quentin Meillassoux）在《形而上学与科学外世界的虚构》（*Métaphysique et fiction des mondes hors-science*）中的论断：“事实上，任何表现出来的不规则都不足以证明没有隐藏在无序的表面之下的法则存在。不论无序如何表现，我们总是能够，如柏格森在莱布尼茨之后强调的那样，在其中揭示一个未知的秩序，或者是不符合我们期望的秩序。”[②]而“无中心”恰恰表明了有无限的中心且无数的局部互相重叠、穿插，形成了没有等级秩序的“关联与差异”——将散在的“碎片”全部兼收并蓄，它们也构成了一种均质的、无方向的、交互对照的逻辑联结关系。（图4-20）但这些内在联系激动人心之处，却大多不能以二维地图表达出来，必须进行实地感受——“运动的事物会创造出一种影像上互相渗透的状态。定格于画面，构建于立体的各种事物之间相互贯穿，互相重叠……各部分之间相互渗透彼此重合，生成一个较为模糊的整体。”[③]

“圆形这个仅有的称呼，在它的中心、在它的简洁中被把握，可它是多么完整！……圆形的存在扩散了它的圆形，扩散了一切圆形所具有的平静。”[④]由无数的互相交叠的圈子共同形成的半网络形式结构亦可被视作一种有着丰富模糊性的、持续地自内更新的“混沌”秩序，即在模糊的秩序性、完整的连续性、明晰的差异性、动态的易变性导引下“关系集合”的复杂组合系统。这种组合提供了一种相互指引的情况，完全互换性的、相对自由的情况，且它并不抑制或破坏自我调整、自我组织的过程，相反而是激发它，循环、重复、叠合的“关系至上”是其最主要的特征，恰如谢尔盖·M.爱森斯坦（Sergei M.Eisenstein）的观点：“对于单一视点的电影来说，这就是造型结构。对于多视点的电影来说，这就是蒙太奇结构。”[⑤]图4-21为1932年岩南山胁（Iwao Yamawaki）的摄影蒙太奇作品“包豪斯政变”（*The End of the Dessau Bauhaus*），

---

① ［法］甘丹·梅亚苏：《形而上学与科学外世界的虚构》，马莎译，河南大学出版社2017年版，第43页。

② 郐杰、陆铧：《理想景观图式的空间投影——苏州传统园林空间设计的理论分析》，《城市规划学刊》2008年第4期。

③ ［日］原广司：《空间——从功能到形态》，张伦译，江苏凤凰科学技术出版社2017年版，第74—75页。

④ ［法］加斯东·巴什拉：《空间的诗学》，张逸婧译，上海译文出版社2009年版，第261页。

⑤ ［俄］C.M. 爱森斯坦：《蒙太奇论》，富澜译，中国电影出版社1998年版，第5页。

类似蒙太奇（Montage）[①] 叠合结构的混沌秩序因之有如蜂巢一般的丰富模糊性，这种动态的、开放的、不定形的结构秩序并不把规定秩序同所成秩序分离开，而是把变化的能量置于混沌自身之中，换句话说，是把混沌置于秩序自身的边界之中。“混沌”秩序是反射性的（Reflexive），它自我组织、自我更新了，它是“自然而然”的——均匀、混合、复杂、丰富、开放——随时随地发生相互渗透、相互交叠的动态状态，“混沌”是一种连续性的、无等级的均衡秩序体系，亦随其自身的重置复杂性于整体关联的结构之中而展开。在此，至少就涉及两种类型的逻辑性景观构造，第一种为“向心性构造——中心性”：大圆内含小圆的同心圆式（多重闭合曲线式）构图代表的是向心性和多重性重合，这是一种展现关系的几何学配置、整体布局。[②] 第二种为“离散性构造—非连续性 · 离散性”：离散空间，也可以叫作拓扑空间。所谓离散空间，首先，它是一个部分集合，它的每一个点都有意义；其次，每个部分集合自身也有其意义存在，这种“部分和整体的逻辑”构想已趋于理想化。[③]

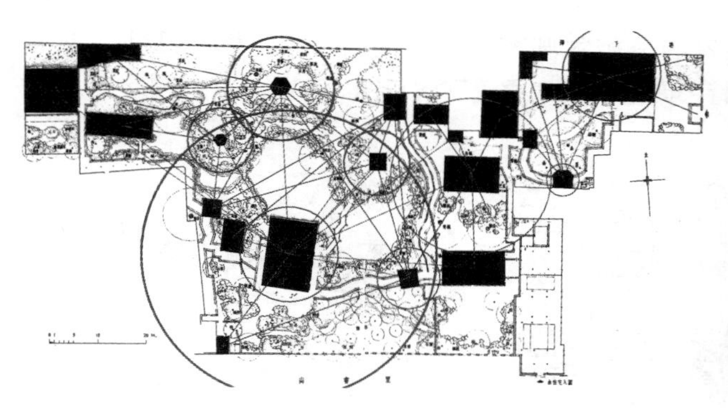

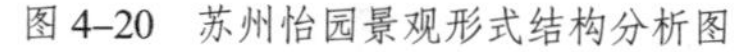

图 4–20　苏州怡园景观形式结构分析图

图 4–21　“包豪斯政变”

在 1982—1998 年的巴黎拉 · 维莱特公园（*Le Parc de la Villette*）的设计

---

① 蒙太奇一词，来自法文 montage 的译音，原是法语建筑学上的一个术语，意为构成和装配，即建筑将看似无关的构造和材料装配在一起，构成一个整体，创造一种新的空间含义。后来，这个名词被借用到电影艺术上来，引申用在电影上就是剪辑和组合，表示镜头的组接，意为“装配”“处理”“组合”“构建”等之意。蒙太奇作为一种强有力的创造性手段，它在日常生活中使我们对空间的理解叠加一种批判性的感知。

② 参见［日］原广司《空间 —— 从功能到形态》，张伦译，江苏凤凰科学技术出版社 2017 年版，第 86—90 页。

③ 参见［日］原广司《空间 —— 从功能到形态》，张伦译，江苏凤凰科学技术出版社 2017 年版，第 94 页。

中，伯纳德·屈米（Bernard Tschumi）即再次呼应了蒙太奇的设计方法论——用蒙太奇的手法加入或并列多个层次，用一个新的层次破坏或颠覆其他的层——他所追求的“时间序列”通过来自蒙太奇的“叠加”“并置”手法，并具体化为点、线、面的建筑元素。“我感兴趣的是蒙太奇，而不是构成。我认为公园在功能和视觉上与场地周围的建筑都相处得很和谐。场地本身就充满了不同的建筑风格，我们使用的疯狂物能够整合并提升整体效果。”在1981年屈米发表的《建筑的暴力》（*Violence of Architecture*）中，屈米就首次将空间与时间联系到一起，他宣称“没有行为就没有建筑，没有时间就没有建筑，没有计划就没有建筑”。实质上他所指的“暴力”并不是指破坏行为，而是暗示建筑里的动态时间对空间的强力塑造。在屈米看来，建筑是关于动态而不是关于静止的，于是引入了新的组成成分——“事件”——实质上这是对现代主义倡导的“形式追随功能”概念的一次颠覆，即“空间”是由空间中人的运动以及将会产生的事件所决定的。[①] 图4–22为拉·维莱特公园平面结构层的“叠置”（Layering）解析图，图4–23为拉·维莱特公园中的蒙太奇，图4–24为拉·维莱特公园电影长廊素描，图4–25为雷姆·库哈斯（Rem Koolhaas）对拉·维莱特公园的剖面“叠置”解析图。

图4–22　拉·维莱特公园“叠置”解析图

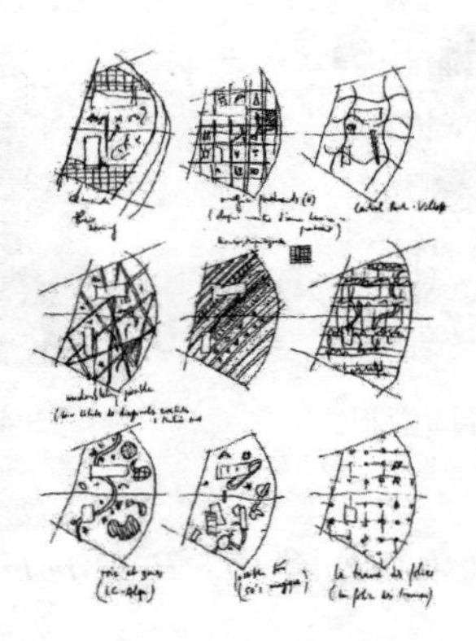
图4–23　拉·维莱特公园蒙太奇解析图

图4–24　拉·维莱特公园电影长廊素描

① 从“多角度概述建筑蒙太奇叙事手法”的相关论述，参见 http://www.sohu.com/a/258056769_679498。

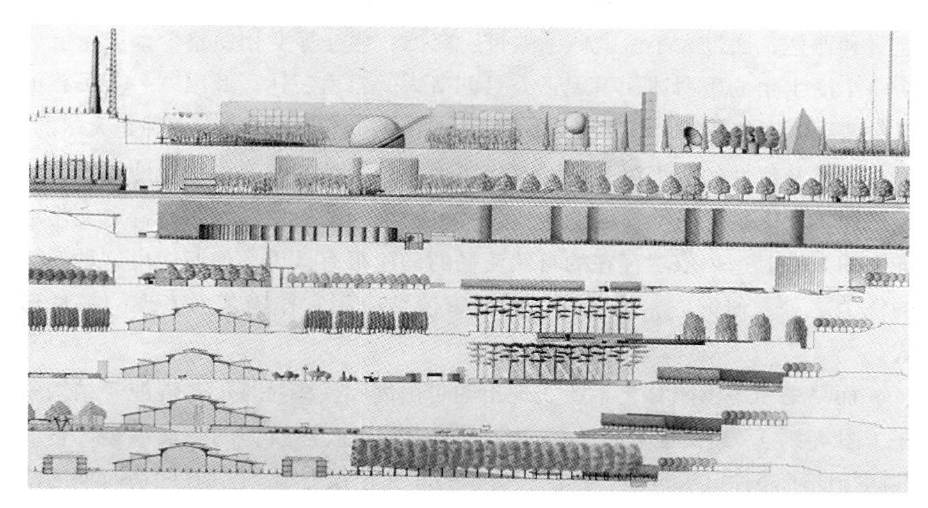

图 4–25　库哈斯对拉·维莱特公园的剖面“叠置”解析图

任何一种艺术越将它的特性发挥到极致就越能显出它的本质特征，中国传统园林艺术的形式结构就表现为一种聚散分合“关系至上”的“混沌”秩序，它虽是“模糊”的、非精确的，却不是随意的，即摒弃了严格的对称装饰性平面构图而以建构空间关系的内在联结为出发点，它是一种环状式循环的半网络结构，它抛弃了对称性的轴线化的平衡布局，生成了一系列互相重叠的空间序列，即一种联系着整个宇宙而超越自身内部连贯性的空间体系，其松散联结的“空间关系”基于结构和组织上的整体秩序，而表现为自由性、灵活性、整体性和穿透性，并具有各自有机组织上的特点。而从形式结构视角来看中国书法，其视觉序列是自上而下的，因而上下排列是至关重要的，并获得了书法[①]中的“势”，尤其是草书更强调上下连接，使单个字与上下之间的字发生了联系，把每一单个的元素联系了起来并关注形式总体的章法处理，它聚焦于“关系”的操作。

“关系至上”的草书艺术（图 4–26）“打破了方块造型以及线条运动的约束”[②]，草书的特点就是打破字、行之间较为独立的成立方式，而将其更改为

① 笔者认为：字是书法的根，真正的书法创作终将走向字的形式创造。“形”对“字”的塑造，永远是心灵的造化、直觉的外化，书法就是从汉字的文化传播与文明承续功能中另将其视觉图像作为跳板，跃向了艺术精神层面的形式品赏，亦即张怀瓘所说的“深识书者，惟观神采，不见字形”。

② 胡传海：《法度 形式 观念》，上海书画出版社 2005 年版，第 30 页。

连贯和通达，通过大小、欹侧、映带、穿插、顿挫等变化使整个章法系统成为一个活生生的生命体，呈现了人对创造力的自由表达。此因“一个民族可以有两种不同的韵律：一种是自由的，另一种是合乎格律的；一种是天然的，另一种是礼仪性的。很多人在同时代所采用的一种韵律不可避免地要依循某种格律，无论是寺庙礼仪的韵律还是军事操练的韵律。可是在一特定文化水准上的人们对迄今依然存在的自然流畅的韵律很有认识，他们找出这种韵律的优美之处，研究它，模仿它，并且审慎地应用它作为艺术表现的一种形式”①。

而草书与中国园林艺术所表现出的自由度和模糊特性的“混沌”结构秩序（图 4–27），其实也是权力的表征，但不同于政治权力的凸显欲望，它们共同指向了一种追求自适、自足、自乐的“文化权力”。尤其在明清时期的江南园林这一“迷宫”中，“真与假”“通与堵”开启了人在此空间中将一直处于“兜来兜去”的游戏状态，迂回与远幽、错视与幻觉引触了一系列期待的、迷惑的、惊喜的发现。丹麦建筑理论家拉斯姆森就深刻指出：“中国园林决不是仅仅避免礼仪性而已。它正如对称布置的庙宇一样是经过深思熟虑的构思的，它也是一种礼拜的形式。在中国花园里，中国人精心布置自然，就像他们在诗歌中赞美自然，在美术中描绘自然那样。欧洲也有它的自然风致园，部分受中国的影响。19 世纪的花园采用了一种固定的，有着蜿蜒小径的风格化形式。即便我们并不深入了解，我们还是有理由认为自然风致园便是为了一种欢快而流畅的韵律，改变一下我们维多利亚祖先稳重文静的举止行动。”②学者顾铮对中国古典园林艺术创作手法亦有着精彩评论，他认为中国古典园林是用自然材料造出了完全不自然、充溢着人工意图与想象的景观世界：“中国园林，是一种对于自然的模仿，但‘造园’一词也恰恰暴露了文人对于自然的想象与文化再造，而园林经过他们之手同时成为一种伪自然，成为自然的化石形态。中国园林，它是一种文化理想与美学标准，也是一种在空间的构筑中形成展开的三度空间的传统。它是在封闭的空间中来营造无限空灵幽深的幻觉。而其深层，则是一种文化意义上的将自然盆景化，既对自然实施了一种扭曲，也对于空间施展了一种文化权力。”③列斐伏尔的论断也实在是极

① ［丹麦］S·E·拉斯姆森：《建筑体验》，刘亚芬译，知识产权出版社2003年版，第126页。
② ［丹麦］S·E·拉斯姆森：《建筑体验》，刘亚芬译，知识产权出版社2003年版，第126页。
③ 顾铮：《毁花灭鸟的迷恋》，《读书》2006年第11期。

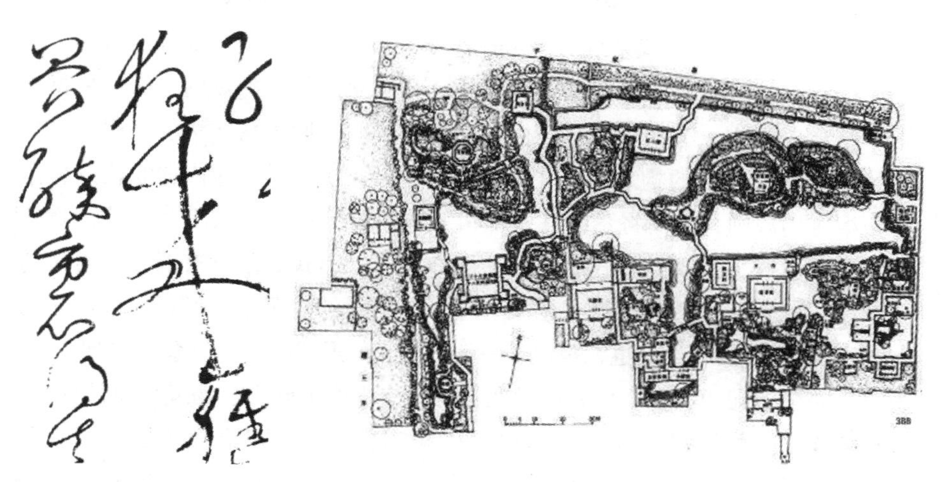

图 4–26　怀素作品局部　　　　图 4–27　苏州拙政园中部与西部平面图

其精妙："权力的滥用是不存在的，因为权力永远而且处处都在被滥用。"[①] 法国著名园林文化学者米歇尔·柯南（Michel Conan）亦道："任何体制都创造和维护着自己的空间，这些空间由物质结构和特定的功能形式组成，以有效实施制度和操纵处于该空间中的人……每一体制化的空间都拥有相同行为和情感的成员、使用者和来访者，避免异类进入。"[②]

三、符号表征

保罗·西利亚斯曾有力地指出"符号系统的本性是由符号所表征的东西所决定的，而不是由系统被操作的方式来决定"[③]，他亦就形式符号系统的基

① ［法］亨利·列斐伏尔：《空间与政治》，李春译，上海人民出版社2008年版，第3—4页。"权力"的行使在人类关系的所有层面上，都可以见到，权力是每个社会表演者的属性（标志）。也就是说，每个人都行使权力，同时也服从一定的权力。我们每一个人，从孩童时代起就曾经被迫顺从周围环境。每一个人都发现，在自己行使权力的体系内部，有必要按照一种行为战略行事，不管是有意的还是无意的。参见［法］弗雷德·弗里斯特《"自我－时尚"技术：超越工业产品的普及型和变化性》，载［法］马克·第亚尼编著《非物质社会——后工业世界的设计、文化与技术》，滕守尧译，四川人民出版社1998年版，第156页。

② ［法］米歇尔·柯南：《皇家花园与巴黎的城市生活》，载［法］米歇尔·柯南、［中］陈望衡主编《城市与园林——园林对城市生活和文化的贡献》，武汉大学出版社2006年版，第150—151页。

③ ［南非］保罗·西利亚斯：《复杂性与后现代主义：理解复杂系统》，曾国屏译，上海科技教育出版社2006年版，第44页。

本特征宣称："一个形式系统，是由一些记号或符号组成的，如同游戏中的棋子。这些符号可通过一组定义了允许什么和不允许什么的规则（例如象棋规则）结合成模式。这些规则是严格的形式的，即它们遵从严格的逻辑。在任一特定时刻，符号的构型组成了系统的一种'状态'。一种特定的状态将激活一组应用规则，从而将系统从一种状态转移成另一种状态。"[①] 形式的意蕴即意义的承载与呈现，形式的表征功能亦在于"形式必须具有意义。否认这一点，正如否认生活本身具有意义一样。在不同的情况下，形式就以不同的方式表现它的意义"[②]。也就是说，一切有意义的形式都是符号系统，"形式作为符号完全不同于文字，后者可以在任何时空中作为同类事物或现象的标记，形式是特定艺术家和民族审美意识的专利，它随着时代的发展而发展。"[③] 克劳斯·克里彭多夫在《设计：语意学转向》(*The semantic turn: a new foundation for design*）中从"设计（Design）、符号（Sign）和意指（Designate）"三者相同的词源出发，指出"设计"的语源可以追溯到拉丁文 de+signare，意思是通过将其分配给用途、使用者或拥有者从而标记出、区分开来或赋予意义，基于此，克里彭多夫下了一个明确的定义："设计赋予物体以意义。"布鲁斯·阿克（Bruce Archer）亦精准评述了《设计：语意学转向》中内含的"系统设计方法"："回顾了有关设计语意的历史，陈述了其哲学根基，清晰地介绍了一些令人信服的设计方法，强化了克劳斯·克里彭多夫认为的不言自明的以人为中心的设计——人们不会向物体的物理性质（它们的形状、结构和功能）做出回应，但会对它们的个体和文化意义做出回应。这个假设根本上打破了设计上的实用主义者传统。"[④]

在查尔斯·桑德斯·皮尔斯（Charles Sanders Peirce）看来，任一符号都由媒介关联物、对象关联物和解释关联物这三种关联要素构成，任何事物若没有表现出这三种关联要素，它就不是一个完整的符号，也就是说，不仅要

① ［南非］保罗·西利亚斯：《复杂性与后现代主义：理解复杂系统》，曾国屏译，上海科技教育出版社2006年版，第19页。

② ［美］伊利尔·沙里宁：《形式的探索——一条处理艺术问题的基本途径》，顾启源译，中国建筑工业出版社1989年版，第26页。

③ 易英：《形式与精神的抵牾》，《美术》1988年第10期。

④ ［美］克劳斯·克里彭多夫：《设计：语意学转向》，胡飞、高飞、黄小南译，中国建筑工业出版社2017年版，第Ⅻ—ⅪⅤ页。

研究符号本身，也要研究符号之间的关系。[1]在任何符号表征中，关键是被表征物与表征物之间的关系，“任何表征，无论是符号表征还是语言表征，都是一种替代。人们得到的并不是本意，因为表征（暗示表现和象征）总要经过外部的表现象征。”[2]媒介关联物、对象关联物和解释关联物共同作用而构成了一个表征系统，在这个系统中，每个符号只有在与其他符号的差别中才能产生联系并确定其自身的意义，同时，这种意义又具有约定性，而约定是指依据一套规则编排成的被文化共同体所认可和接受的规则系统，也正是通过这种约定方使得联系能够合理解释。用符号学的方法分析设计象征符号系统所承载的意义应追溯到20世纪50年代法国罗兰·巴尔特（Roland Barthes）所著的《神话》(*Mythologies*)，他认为设计的对象及其形象不仅仅代表设计作品的基本功能，同时还载有“隐喻”的意义（Meta-meaning），它们带着广泛的联想，起着“符号”的作用，符号的约定性和差异性也证明了符号是表现为三个关联物的完整系统，三个关联物亦只有在全部联系中才能构成符号。同时，符号作为意义对象，只有在一定的环境中才能发挥解释的作用，符号也只有作为系统才能体现出其意义。[3]“就造型设计而言，后现代主义是一种组织完善的符号体系”[4]，芒福德亦高度重视历史上的形式与装饰的符号意义，并发出了对现代主义强烈的批判声音：“由于完全拒绝古代的符号，他们……也拒绝了人类的需要、兴趣、敏感、价值等这些在每一座完整的建筑都必须得到充分对待的东西。”[5]

“而景观作为一种呈现方式，完全可以被抽象为一种意义”[6]，景观艺术形式系统就是一个符号表征系统、意义表达系统，“象征的、神话的和宗教的，会更隐秘地决定景观特点”[7]。格兰特·里德就认为日本传统园林富于表征特质

---

① 皮尔斯将“符号”概念明确界定为：“符号，或者说代表项，在某种程度上向某人代表某一样东西。它是针对某个人而言的。也就是说，它在那个人的头脑里激起一个相应的符号，或者一个更加发达的符号。我把这个后产生的符号称为第一个符号的解释项。符号代表某样东西，即它的对象。它不是在所有方面，而是通过指称某种观念来代表那个对象的。”参见丁尔苏《语言的符号性》，外语教学与研究出版社2000年版，第58—59页。

② 顾明栋：《〈周易〉明象与现代语言哲学及诠释学》，《中山大学学报》（社会科学版）2009年第4期。

③ 参见李幼蒸《理论符号学导论》，社会科学文献出版社1996年版，第6页。

④ ［日］原研哉：《设计中的设计》，朱锷译，山东人民出版社2006年版，第30页。

⑤ Lewis Mumford，*Art and technics*，New York:Columbia University Press, 1952，p. 86.

⑥ 王葎：《消费社会的身份幻象》，《北京师范大学学报》（社会科学版）2011年第1期。

⑦ ［加］卡尔松：《环境美学——自然、艺术与建筑的鉴赏》，杨平译，四川人民出版社2006年版，第198页。

而能给人以丰富的遐想，如沙中的石块在一些人眼里是大海中的航船，但在另一些人眼里就是白云中飘浮不定的游子，其形式符号系统的意义表征能给景观空间带来一种特定的内涵，“因为它们能增加一种神秘的色彩并且对不同的人有不同的理解”①。日本枯山水园林实为禅宗思想的物化艺术形态，几块石头亦欲表达“天、地、人”的关系，这是以极端的感情力表现于极端纯粹的形式符号上，京都龙安寺（Ryoan–ji）当属日本禅宗冥想园林中最为玄奥的典型（图 4–28）：龙安寺景色被限制在严格的景区框架之内，其中一边是用于冥想的凉廊。地面铺设的是发亮的来自河床的石英砂，并且除耙砂的艺术家之外，不允许别人在上面走动。院内共有 15 块石头，分别用 5 块、2 块、3 块、2 块和 3 块组成了 5 组石群。石群看起来好像是随意放置的，事实上，它们是由数学关系控制着的，包括：“花园外围的大小，岩石的高度及它们之间的距离，岩石与观者之间的距离，相对这个距离而言岩石如山一般的高度，耙过的沙沟的宽度，以及以许多同心圆环绕岩石小岛的耙过的沙地的比例。”②作品各个方面相互间存在着完美的比例关系，它给观看者在潜意识中传达了一种和谐静谧的现实感觉，一种万物皆合乎自然的感觉，此亦表明了“意义不是由符号与某个外部概念或对象的一一关联所赋予的，而是由系统自身的结构组分之间的关系所赋予的”③。然而，在对自然本身的冥想中，像在濑户内海（图 4–29），这样的感觉却只存在于想象与内隐认知之中。

（一）景观符号的意义指向

意义是整体的，它内蕴于表征的形式符号系统并呈显出来的——“所有的设计都在向我们诉说着什么”④、“不同的形式有不同的意义”⑤，然而“意义并不是直接的和透明的，在经由表征化过程后仍丝毫未被触动。它是随语境、

---

① ［美］格兰特 · W · 里德：《园林景观设计：从概念到形式》，陈建业、赵寅译，中国建筑工业出版社 2004 年版，第 3 页。

② ［美］保罗 · 泽兰斯基、玛丽 · 帕特 · 费希尔：《三维创造动力学》，潘耀昌、钟鸣、倪凌云、魏冰清、季晓蕙、吕坚译，上海人民美术出版社 2005 年版，第 74 页。

③ ［南非］保罗 · 西利亚斯：《复杂性与后现代主义：理解复杂系统》，曾国屏译，上海科技教育出版社 2006 年版，第 16 页。

④ ［美］乔治 · H · 马库斯：《今天的设计》，张长征、袁音译，四川人民出版社 2009 年版，第 69 页。

⑤ 吴焕加：《中国建筑 · 传统与新统》，东南大学出版社 2003 年版，第 108 页。

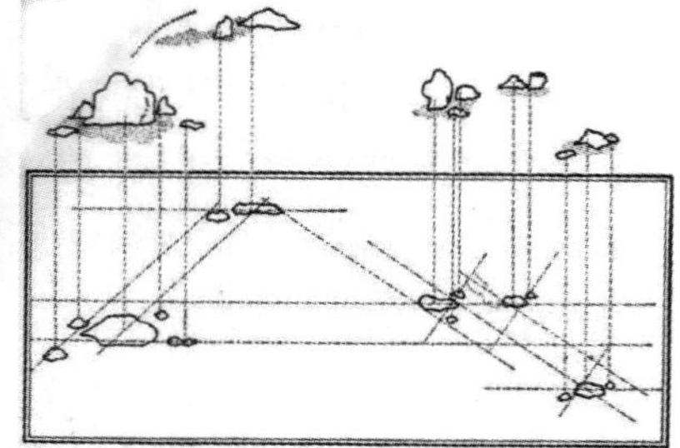

图 4–28　日本京都龙安寺枯山水实景与分析图

图 4–29　日本濑户内海的火山景观

用法和历史境遇的变化而变化的油滑的家伙。因而它从不最终固定下来"[①]。由之，"隐藏的意义"[②]在历史地变动着，并永远不会最终确立。"意义的获得"也必须包括一个积极的"阅读"和"解释"过程，"意义指向"也只属于一个被阅读者给予的一个偶然结果，意义在不间断地滑动中通向了不间断地新解释的生产，也就是说，意义具有偶成性和回弹性，因意义是不断滑动的，而且符号只会把我们引向更多的符号，但是这又涉及了"符号"的去语境化（Decontextualize）和再语境化（Recontextualize）问题。

巴尔特在《符号学原理》中明确将意指系统划分为两类：作为第一系统的直接意义系统（直指作用）和作为第二系统的间接意义系统（涵指作用），且第二系统是第一系统的延伸，"它包含着能指、所指和把二者结合在一起的过程（意指作用）"[③]。同时，符号的"能指"与"所指"的区别也可被视为一个符号的物质层面与它所蕴含的意义层面之间的分野，这二者之间的联系又

① ［英］斯图尔特 · 霍尔：《表征 —— 文化表象与意指实践》，徐亮、陆兴华译，商务印书馆2003年版，第10页。保罗 · 西利亚斯也明确指出："表征是把两层次的描述 —— 符号及其意义 —— 联系起来的过程。"参见［南非］保罗 · 西利亚斯《复杂性与后现代主义：理解复杂系统》，曾国屏译，上海科技教育出版社2006年版，第86页。

② ［法］A·J· 格雷马斯：《符号学与社会科学》，徐伟民译，百花文艺出版社2009年版，第39页。

③ ［法］罗兰 · 巴尔特：《符号学原理》，李幼蒸译，中国人民大学出版社2008年版，第55—56页。

是任意性的，并通过一种“法则”形成了一种规范化的关系而将能指与所指联系起来。卡瓦拉罗也认为“符号并不包含明确的意义或者观念，而只是为我们提供了某些线索，让我们能够借助解释去发现意义。只有当符号借助人们有意无意采用的文化惯例和规则得到破译，符号才会呈现出意义”[①]。史文德森则断定：“如果一个人希望在某个物体上增加符号价值，最简单的办法是，将这个物体与含有巨大符号价值的其他物体放在一起，因为这种价值是有‘传染性’的，但是，一旦某物体将这种符号价值传输给其他物体，它的自身价值就会在此过程中降低。”[②]

当代英国艺术史家约翰·伯格（John Berger）写于1978年的《法萨内拉与城市经验》一文中就拉尔夫·法萨内拉（Ralph Fasanella）关于曼哈顿的绘画作品（图4-30）有着如此描述：“典型的纽约天空，既高且远，天光与水光——来自海湾、哈得孙河（Hudson）及伊斯特河（East）——难以区分，而无论多么明亮，画面中的光线都像蒙了一重薄雾。还有店铺的门脸及其他粗陋的建筑物，它们的颜色有如败絮……在一个巨大的隐喻性模型中，曼哈顿岛被浓缩为一艘移民船，停泊靠岸，不再起航。每一套公寓就像是船上的卧铺，每一平方米的街道犹如甲板，摩天办公大楼好比船桥，哈勒姆（Harlem）和其他各区则是船舱。”伯格甚至认为纪念碑式的曼哈顿被法萨内拉构筑成了最为临时的、可随意出租的“替代空间”，他的作品也至少建构了四种“都市法则”的意义表征符号：一为“窗户”：城市像蜂巢一样成长，每扇窗就是一个“小蜂窝”，每个“小蜂窝”看起来似乎都不一样，每一扇窗都是个人或社交活动的舞台，每个框框都有生活经验的痕迹；二为“墙壁”：为了强调事物的外在性表象，法萨内拉时常把部分的墙壁改画出整个的生活空间，“整个城市倒像只被剖肠开肚的动物”，因为城市已经用掉所有内在可用的空间，空间被挤压掉了；三为“室内”：法萨内拉在《家庭晚餐》（*Family supper*）（图4-31）这样一幅体现家人亲密的作品中，“油毡被画得跟街墙一样，碗柜架上食物的排列跟商店橱窗很类似，没有灯罩的电灯泡像极了街灯，电表像消防栓，椅背像栏杆”；四为“时间”：“现在时间也被用来交换个人所缺乏的内涵”，“未来的幸福”的代价就是否定了“空间与时间”。[③]

---

① ［英］丹尼·卡瓦拉罗：《文化理论关键词》，张卫东、张生、赵顺宏译，江苏人民出版社2006年版，第16页。

② ［挪威］拉斯·史文德森：《时尚的哲学》，李漫译，北京大学出版社2010年版，第95页。

③ 参见［英］约翰·伯格《看》，刘惠媛译，广西师范大学出版社2005年版，第101—106页。

图 4–30　绘画作品 *Bread and Roses*

图 4–31　绘画作品《家庭晚餐》

景观艺术形式符号系统的表征具有强烈的意义指向功能，其象征符号较之任何视觉美的标准更为重要，如西班牙格拉纳达（Granada）城边建于公元 14 世纪前后的阿尔罕布拉宫（The Fortress Palace of the Alhambra），亦称为“红堡园”（图 4–32），由大小六个庭院和七个厅堂组成，其中“桃金娘中庭”是阿尔罕布拉宫最为重要的群体空间，是外交和政治活动的中心——这个名称是从 17 世纪才开始使用的，取名的原因是占据了宫殿大部分面积的直角形水池两边，都种满了经过修建的香桃木——庭中的水池由大理石砌成，水流平滑的上层几乎与这座宫殿的大理石地板持平，创造出一种宽阔的感觉，流水与建筑形成动与静的对比。（图 4–33）尤以 1377 年所造“狮庭”（Court of the Lions）最为精美（这里是妃子们居住的地方，严禁任何男子入内），且庭中只有橘树，用十字形水渠象征天堂，中心喷泉的底座则由十二石狮圈成一周，故名“狮庭”。（图 4–34）而日本京都的桂离宫（图 4–35）则由其旁的桂川河水疏入御园并被分成若干水面，且土地、流水、岩石、植物被精心组合为一整体，以其小规模的方式象征着山脉、河流、田野、小港、海滩等，“带有各种修饰性以及象征性艺术形式的种植系统和地形引入了与不同种类因素一致的一种设计语言”[①]。

① ［美］加文 · 金尼：《第二自然 —— 当代美国景观》，孙晶译，中国电力出版社 2007 年版，第 78 页。

图 4-32 “红堡园”

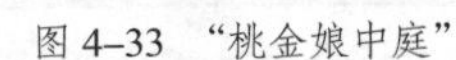

图 4-33 “桃金娘中庭”

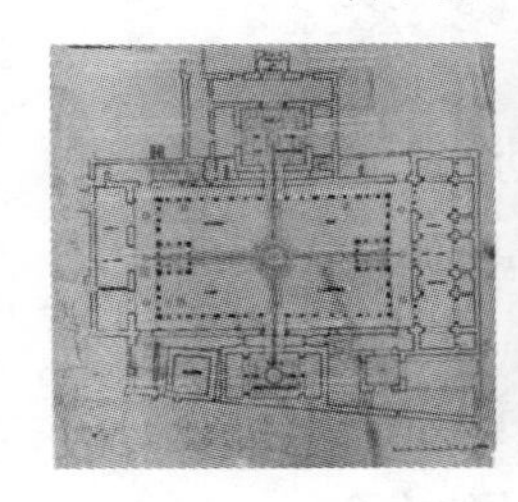

图 4-34 “狮庭”平面分析图与透视景观

现代建筑大师布鲁诺·陶特（Bruno Taut）、弗兰克·劳埃德·赖特（Frank Loyd Wright）和瓦尔特·格罗皮乌斯均在“建筑的集成模块化、灵活性的现代性以及其概念的透明性”层面上盛赞了桂离宫的“建筑现代性”，且在格罗皮乌斯看来，“这座传统的房子具有如此惊人的现代性，是因为它蕴含着完美的设计方案，虽历经数百年，仍可解决今天当代西方建筑师所面临的问题：全部可移动的外部和内部墙体的灵活性与可变性、空间的多用性、所有建筑部件的模块化的协调和预制”。马里亚布鲁纳·法布里齐（Mariabruna Fabrizi）亦从景观建筑学整体性空间建构的视角深刻指出：“建筑蔓延在一个不规则图案的场地之上，并与周围的花园连成整体，其中包括一个池塘和三个岛屿，将建筑内部和外部空间生成为一个不可分割的统一体。一条蜿蜒的小路穿过花园，把主楼和五个茶馆（传统茶道的房间）紧密地连接在一起。景观的特定视图框架（即‘框景’）不断获得，而几个外部滑动的分区则增强了这种视觉连接性。花园的存在亦占据了建筑的内部主导地位，在景观之上滑动的门廊与木甲板（Porches and the Wooden Decks Sliding on the Landscape）则提供了内部和外部空间之间的进一步联系。”[①]（图 4-36）桂离宫

① Mariabruna Fabrizi，“The Imperial Villa of Katsura, Japan (1616－1660)”，http://socks-studio.com/2016/05/15/the-imperial-villa-of-katsura-japan-1616-1660/, 2018年3月6日。

的顶级景观美学质量即如同堀内正树（Masaki Horiuchi）所云："德国建筑家布鲁诺·陶特在之后访日时曾对桂离宫给予了极高的评价，称其'美到让人流泪'。由此，桂离宫闻名于世界。"①

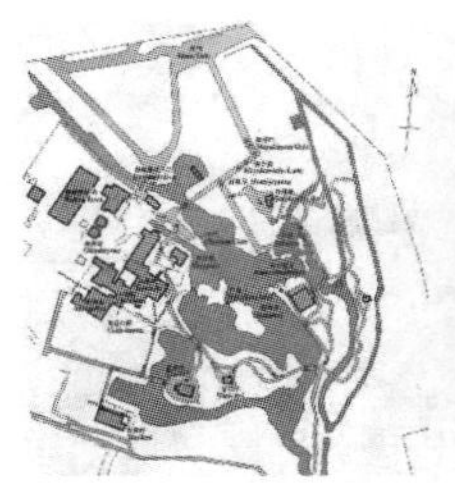

图 4–35　日本京都桂离宫

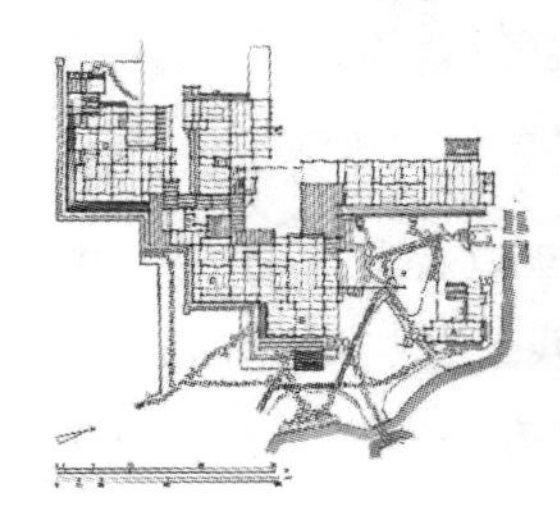

图 4–36　具有"现代性"的桂离宫建筑形式

而且，"在一切有象征意义的符号中，雕塑也许是最生动有力的。它天生就具有象征意义，通常都比较庞大。当人们绕着它走或者经过时，立体的雕塑就会向人们传达一系列的意象。此外，它通常是为某个场地而设计——以表达某种情感或是塑造某种品质，有时是为了强调场地存在的意义。"② 欧林在评述位于得州拉斯科利纳斯（Las Colinas）达拉斯机场附近由 SOM、SWA 和雕塑家罗伯特·格伦（Robert Glen）共同创作的威廉姆斯广场（*Williams Square*）（图 4–37）时指出它们均"可被视为通过试图恢复传统的意象与修辞而扩大了当下实践的表达范围，尤其是巴洛克水面雕塑群。这是一个修正主义的（甚至历史主义）片段，该片段主张今天的景观设计构成可包含形象化、叙事化元素，同时它们在规模上也可以是英雄主义的，使得外地人也能理解。具有民间艺术意象的作品'野马'以极端和魔幻式的呈现方式而得以提升到

① ［日］堀内正树：《图解日本园林》，张敏译，江苏凤凰科学技术出版社 2018 年版，第 126 页。
② ［美］约翰·奥姆斯比·西蒙兹：《启迪：风景园林大师西蒙兹考察笔记》，方薇、王欣编译，中国建筑工业出版社 2010 年版，第 100 页。

城市杰出艺术品的层次。被冻结的古希腊传统被贝尼尼（Bernini）复活，在万维特里（Vanvitelli）的作品中延续，如在卡塞塔（Caserta）的喷泉中艾龙（Acteon）和他的狗浮现在脑海中。”①

图 4–37 威廉姆斯广场的“野马”

图 4–38 《残破的方尖碑》

得克萨斯州休斯敦梅尼博物馆罗思科教堂（Rothko Chapel）外的巴内特·纽曼（Barnett Newman）创作的户外现代雕塑作品《残破的方尖碑》(*Broken obelisk*)(图 4–38）用平衡在金字塔尖顶的一块被倒置的方尖碑象征着一种对战争和暴力时代的恐惧，而“恐惧”二字又是纽曼等一批人对那个动乱时代的感觉的概括。此纪念性雕塑缘起于纪念前一年（1968 年）被暗杀的马丁·路德·金（Martin Luther King），以唤醒每年 2 月 26 日对金的怀念和记忆，并在雕塑的基座刻有来自耶稣的话——原谅他们，因为他们不知道他们在做什么。“现在，许多作品的意图是政治性的：对抗自满和固执，藐视主流品位标准，或维护受压制文化的合法性。”②如该件作品原本是打算安置在赫尔曼广场的市政厅前，但后来由于种种原因则由梅尼（Menil）购买捐赠于罗思科教堂外的水池之中。纽曼将古埃及金字塔、方尖碑以及耶稣的话语共同作为表征符号的引入，既是对一种永恒存在的唤醒，更是对现实世界如华盛顿方尖纪念碑（图 4–39）的后现代式象征意蕴的嘲讽，即“针对于过去已成经典的壁垒森严的等级作品作为后现代的反拨对象，它必然会带来全新的内容撤换，泛化的隐喻和广义的象征将成为重要的文化策略，尽管这一切对于今天而言，它要通过多向

① Laurie Olin，“Form,meaning and expression in Landscape Architecture”，*Landscape Journal*，1988(2)，pp. 149–168.

② [美]保罗·泽兰斯基、玛丽·帕特·费希尔：《三维创造动力学》，潘耀昌、钟鸣、倪凌云、魏冰清、季晓蕙、吕坚译，上海人民美术出版社2005年版，第61页。

的传媒手段传递出去，但却并不意味着对于情境指向的分化”[①]。

图 4–39　华盛顿方尖纪念碑

图 4–40　“玻璃金字塔”

表征就是在符号和意义之间建立起来的一种隐秘关系，对原型的回溯也成为了形式符号系统表征的重要途径之一，因为“最伟大的和最主观的艺术形式总是携带着一种形式的象征性，这种象征性是基于艺术家或者创造它的人们的心理活动”[②]。而且，“寻求创造抽象符号的人是真正关心理想化问题”[③]，贝聿铭巴黎卢浮宫扩建项目中构筑的玻璃金字塔（图 4–40）即是如此，玻璃金字塔是向西方文化艺术源头致敬的符号。但是通过符号即通过所指的意义等值物而指向了不同的现实，因为“科学按真实的比例工作，但通过专业发明的方式；而艺术按一缩小了的比例工作，借助于一个与该对象相似的形象。前一方法属于一种换喻秩序，它用其它的东西置换某件东西，用其原因置换一种结果；而后一方法则属于一种隐喻秩序”[④]。如同《红楼梦》第十七回中贾宝玉所说：“古人云‘天然图画’四字，正畏非其地而强为地，非其山而强为山，虽百般精巧而终不相宜……”[⑤] 作为表征符号的“天然图画”即暗指中国造园艺术之“效法自然”并不在于大比例尺度模仿真山真水，而在于依山水曲折、随形就势来创造一个有若自然的境地。

---

① 张强:《后现代书法的文化逻辑》, 重庆出版社 2007 年版, 第 142 页。

② [美]詹姆斯 · C · 罗斯:《景观设计中的明确形式》, 载[美]马克 · 特雷布编《现代景观——一次批判性的回顾》, 丁力扬译, 中国建筑工业出版社 2008 年版, 第 87 页。

③ [美]I·L· 麦克哈格:《设计结合自然》, 芮经纬译, 中国建筑工业出版社 1992 年版, 第 242 页。

④ [法]列维 – 斯特劳斯:《野性的思维》, 李幼蒸译, 商务印书馆 1987 年版, 第 32 页。

⑤ (清) 曹雪芹:《红楼梦八十回校本》, 俞平伯校订, 人民文学出版社 1993 年版, 第 167 页。

（二）景观符号的装饰物化

“装饰的非理性常常促使研究者去寻找它的象征根源”[①]，装饰及其作为表现手段的能力也可以被视作文化进程和社会价值的反映或标志，以此彰显出社会的意义。“装饰既是一种社会符号，又是社会结构的象征。例如，城市的装饰性天际线不仅代表着占据城市的社会符号，而且还能够提供关于其组织和权力结构的信息或线索。由此，装饰可以成为代表社会生活和价值观的社会标志。”[②]张永和认为：“装饰是符号的物质化，符号是文化的具象化，文化则作为意识形态的一部分构成意义，即：装饰＝符号＝文化＝意义。于是，不难发现，装饰与意义的并列。”[③]但“装饰化”与“装饰”之间却维持了一种微妙的区别：前者是外加的，与对象无关；而后者是由功能、结构等所决定的，并与对象结为一体。所罗门群岛的《独木舟船头装饰》(图 4–41）就使用了对于那种文化意义重大的象征主义手法，那是为了驾船与保证乘船者的安全而制作的。列维－布留尔（Levy–Bruhl）认为原始人类把它周围的实在感觉成神秘的实在，“在这种实在中的一切不是受规律的支配，而是受神秘的联系和互渗律的支配”[④]。

图 4–41 《独木舟船头装饰》

① ［英］E.H. 贡布里希：《秩序感——装饰艺术的心理学研究》，范景中、杨思梁、徐一维译，湖南科学技术出版社 2006 年版，第 265 页。

② ［英］克利夫·芒福汀、泰纳·欧克、史蒂文·蒂斯迪尔：《美化与装饰》，韩冬青、李东、屠苏南译，中国建筑工业出版社 2004 年版，第 22—23 页。

③ 张永和：《作文本》，生活·读书·新知三联书店 2005 年版，第 173 页。

④ ［法］列维－布留尔：《原始思维》，丁由译，商务印书馆 1981 年版，第 238 页。

世俗气息浓郁的装饰艺术品也可以像音乐那样陶冶我们的精神，即“一种装饰的动机，一种曲调，或一种雕刻物的意义或重要性，决不能在孤独状态，或与其境地隔离之下看得出来”[①]。因为装饰的观念深藏在人的心灵之中，装饰以其抽象的形式来体现人的精神。它把时代的节奏感，转换成用线条、形式与色彩组成的具有意义的图样。它从简单演变为丰富，从直率演变为象征。装饰在上述演变过程中吸取新的观念、新的思想和新的图样，直到它演变成包含植物和动物形式的装饰性花纹，以及人类喜闻乐见的所有图案。景观艺术装饰符号主要呈现出的是一种图案美，康德就说：“在建筑和庭园艺术里，就它们是美的艺术来说，本质的东西是图案设计，只有它才不是单纯地满足感官，而是通过它的形式来使人愉快。”[②]苏州沧浪亭全园漏窗共有108式，其图案花纹变化多端，无一雷同，构作精巧，且仅环山就有59个，这些装饰图案作为一种艺术符号在苏州古典园林中独树一帜，堪称天下一绝。（图4–42）且《园冶》中也图载了“瓦砌连钱、叠锭、鱼鳞”等类的花窗样式，但计成因嫌其俗而“一概屏之”，并另列菱花式、绦环式、竹节式、人字式等十六式（图4–43），而其他则均无名目，“惟取其坚固”，计成亦曰：“切忌雕镂门空，应当磨琢窗垣；处处邻虚，方方侧景。”[③]

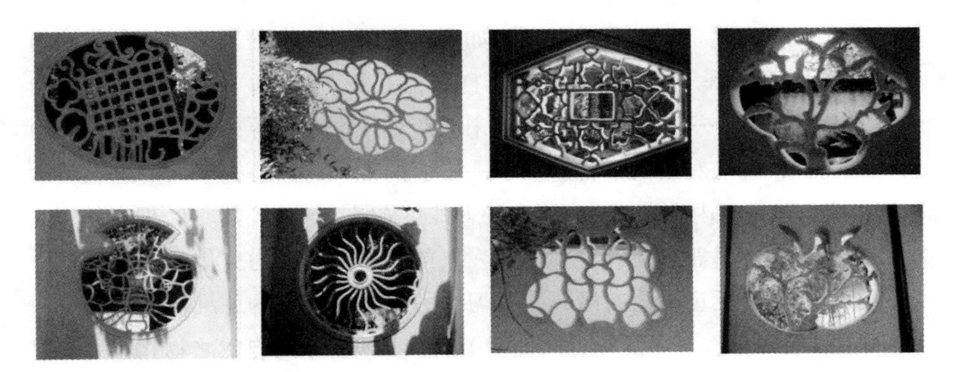

图4–42　苏州沧浪亭漏窗

① ［英］马林诺夫斯基：《文化论》，费孝通等译，中国民间文艺出版社1987年版，第88页。

② 转引自朱光潜《西方美学史（下卷）》，人民文学出版社1964年版，第18页。

③ 陈植注释：《园冶注释》，中国建筑工业出版社1998年版，第171页。

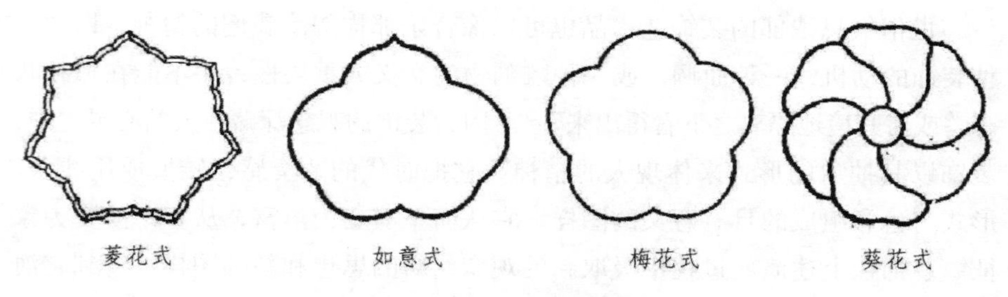

图 4–43 《园冶》中的漏窗装饰样式

（三）景观符号的语言体系

科林伍德在《艺术原理》（*The Principles of Art*）中指出："符号体系是理智化的语言。说它是语言，因为它表现了情感；说它是理智化的，因为它适合了理智化情感的表现。语言在其原始的想象性形式中可以说具有表现力，但是却没有意义；对于这种语言，我们不能分辨讲话人说的东西和他意指的东西……语言在其理智化形式中既有表现力又有意义，作为语言它表现了某种情感，作为符号体系它超出了那种情感而指向思维，而那种情感就是思维所具有情感负荷。"① 更重要的是，"语言的词汇和语法与使用这种语言的人怎样思考他们的世界和怎样去改造它具有很大的关系"②。同时，语言本身并不蕴藏着经验，它是一套发音的习惯，如皮亚杰所说的言语表达是一种集体制度："言语的规则是个人必须遵守的。自从有了人，言语就一代一代地以强制性方式传递下来……言语就是这样从未间断地从惟一来源或多种始初形式而来……而且，句法和语义学都包括了一整套的规则；当要把个人的思想表达给别人或自己进行内心表达时，个人的思维必须服从这些规则。"③ 但在任何人类社会中，它亦是跟着文化经验一同发展的，它因之成为文化经验中不能分离的部分。换句话说，语言既是一种习惯的资源和严格的思维模式，也是一种文化限制，"语言符号的任意性证明了语言并不源于对自然之物和效果的模

① ［英］罗宾·乔治·科林伍德：《艺术原理》，王至元等译，中国社会科学出版社1985年版，第275—276页。Robin George Collingwood 的"Collingwood"的中文译名常为"柯林伍德"，但由于其不同著作中译本的翻译原因，亦常被翻译为"科林伍德"。

② ［美］克劳斯·克里彭多夫：《设计：语意学转向》，胡飞、高飞、黄小南译，中国建筑工业出版社2017年版，第37页。

③ ［瑞士］皮亚杰：《结构主义》，倪连生、王琳译，商务印书馆1984年版，第63页。

仿；语言并不是原始的”[①]。

尽管每个人说话的具体形式可能不同，并且一句话可以这样说，也可以那样说，但是，每一具体形式都必须符合属于语言的逻辑的法则，否则这句话就不能被人所理解，也就不是语言，即“不存在私人语言。谁要是言说一种语言而无人能够理解，他就等于没有言说”[②]。原广司在1975年的《均质空间论》中即阐释了建筑形式与语言表达间不可割裂的设计性关联：“语言，仅仅承担着对空间的把握，其发挥的作用着实有限，但是，它同时也拥有着不可思议的号召力。我们设计了一个建筑，同时，它会给我们下一个建筑的构想带来灵感。我们要想把某种构想，换言之某个空间的平面图鲜明地表现出来，贴切的语言表达会发挥重要作用。在设计建筑的时候，任何表达者都一样，仿佛永远画不完的图稿，担心着也许这一次就真的完不成了。但终究还是会完结。在完成之际也会落下某些语句。而试图将它们替换为更精准的表达的意志则使我趋向下一张图稿。说到底，设计就是空间与语言的捉迷藏。也正因此，对于自己选定的言语也会有感情。比如‘首先存在封闭的空间’‘将住宅埋藏在城市中’‘跳出进而站立’等。如果我们已共享了一座建筑的拓展，在此基础上，这些措辞就显得有些隐喻了，不如‘均质空间’‘部分和整体’等更为一般化的概念，或者说‘边界模糊化’‘覆盖/重合’等具体的方法概念，来得更为贴切。但是，语言是一种非常可怕的东西。言论一旦出口，如果我创造的建筑不够好，作为表达者的我的言论必然不会被信任。即便我不是表达者，情况也是一样。”[③]

1. 景观艺术形式语言

“在意义的个别闪现中一个潜在的解释之不可穷尽性要求形诸语言”[④]，而且“每一种艺术都有自己的语言方式”[⑤]，可以说一切艺术都是语言，但它们不是文字符号的语言，而是直觉符号的语言，“艺术家们用不同的手段，把

---

① ［法］克洛德·列维－斯特劳斯：《看·听·读》，顾嘉琛译，生活·读书·新知三联书店1996年版，第90页。

② ［德］伽达默尔、杜特：《解释学 美学 实践哲学：伽达默尔与杜特对谈录》，金惠敏译，商务印书馆2005年版，第31页。

③ ［日］原广司：《空间——从功能到形态》，张伦译，江苏凤凰科学技术出版社2017年版，第6—7页。

④ ［德］伽达默尔、杜特：《解释学 美学 实践哲学：伽达默尔与杜特对谈录》，金惠敏译，商务印书馆2005年版，第23—24页。

⑤ ［美］杜威：《艺术即经验》，高建平译，商务印书馆2005年版，第106页。

其时代的目标和感情，转化为他们艺术的表现性语言”[①]。查尔斯·詹克斯坚信“建筑艺术的天性就如一种语言”[②]，并认为建筑艺术与语言有许多共享的类似方法，如“隐喻”“词汇”“句法”等，特纳也认为“我们可以将建筑环境视为是用建筑物——而不是单词——来表达意义的一种语言形式。因此，当我们看到一个地区的环境时，就有可能确认出那些传达着一定意义的特殊‘符号’”[③]。乌拉圭导演丹尼艾尔·阿里洪（Daniel Arijon）在《电影语言的语法》中将电影语言作为一种视觉交流系统：“一切语言都是某种既定的成规，一个被社会承认的、教会它的每一个成员来解释的某些具有完整含义的符号……艺术家或哲学家可以影响这个社会，他们可以引进新的符号和规则，并且摒弃过时的东西。电影的情况也是一样。”[④]关于景观艺术语言，加文·金尼则宣称：“景观作为哲学、自然科学和艺术的综合体，处于语言的超人类经验的门槛之上。景观知识在形式方面的融合是内在的形式，因为它把古老的语言结合到不同的形式之中，这些本来都是通过我们能够接近的这种世界的形式来表达的。”[⑤]

“事实上，在语言中起作用的基本关系，乃是符号和意义之间的对应关系。”[⑥]景观艺术创作也就是景观艺术形式语言的“书写”——“构造文本”，景观艺术的形式语言本身承担起了相当于文字语言的表述功能，同时，景观艺术家要创造出具有语言符号意义的景观就“需要通过‘形’与‘义’之间的转换途径实现，并且由于作为具体物象的景观和抽象的语言符号意义之间存在着本质的不同，因此完成其转化的过程必须借助于人脑的思维机能，需要涉及观赏者的社会经历、文化素养、知识范围、民族传统等等”[⑦]。如同语言的景观艺术具有代表符号和语义的双重含义，都是人类思维的产物，其“基

① ［美］伊利尔·沙里宁：《形式的探索——一条处理艺术问题的基本途径》，顾启源译，中国建筑工业出版社1989年版，第126页。

② ［英］查尔斯·詹克斯：《后现代建筑语言》，李大夏摘译，中国建筑工业出版社1986年版，第15页。

③ ［英］汤姆·特纳：《景观规划与环境影响设计》，王珏译，中国建筑工业出版社2006年版，第91页。

④ ［乌拉圭］丹尼艾尔·阿里洪：《电影语言的语法》，陈国铎等译，中国电影出版社1982年版，第3页。

⑤ ［美］加文·金尼：《第二自然——当代美国景观》，孙晶译，中国电力出版社2007年版，第75页。

⑥ ［瑞士］皮亚杰：《结构主义》，倪连生、王琳译，商务印书馆1984年版，第64页。

⑦ 成玉宁：《现代景观设计理论与方法》，东南大学出版社2010年版，第383页。

本的元件——音素——‘促使语言的段落从符号向语义上转变’。语言的这种基本要素存在于已经形成的每种语言之中——建筑语言或者其他形式的语言。语言也包括保持沉默的可能，这在符号的封闭世界中是一个颇具潜力的状态”[①]。

作为“一种语言体系”[②]的景观艺术通用形式语言即共同语，它是在形形色色的文化中反复出现的“某些恒常性因素”，即在任何类型景观中均普遍存在的共通性构造元素——地貌、植物、水和构筑物——是设计者创造景观艺术形式的基本物质材料，通过组合、分解等转换、整合手段建构成形式上的点、线、面、体等表现符号（Signifier）——人们通过感觉器官可以直接感知到的节奏、色彩、材质和密度等，并能依据句法规则[③]建造成一个新的“文句”及“文本”，而“地形、植物、水和构筑物等设计要素的精妙整合是设计的最高境界”[④]。当然，在景观艺术形式语言中的意义也不存在于“地形、植物、水和构筑物”构造元素本身，而在于它们在节拍和旋律的景观语法规则中实意符号（Signified）表达更深层意义的构造方式，此缘于“任何形式的精神质量，都建立其表现性的比例与节奏之中。由于这一点，不管我们选择何种形式作为研究对象，其结果都不会有什么差别”[⑤]。同时，转换、整合的方式就是构造文本的方式，并在句法规则下导引出了灵活、丰富、变化的艺术形式，其中，整体性源于整合的品质和场所设计的完整性。对于成功的设计，整合绝对是重要的，并且在诸多设计原则中整合是主导性原则：“设计必须考虑植物、地形、构筑物和水等要素是如何整合在一起的；以及空间、路径、边界、节点和中心的整合。通过所有已经设计的部分与其他部分的互补和并置去强化设计工作的整体性。总体上看，景观的形式与要素的总和远远大于

① ［美］加文·金尼:《第二自然——当代美国景观》，孙晶译，中国电力出版社2007年版，第76页。

② ［英］罗宾·乔治·科林伍德:《艺术原理》，王至元等译，中国社会科学出版社1985年版，第275—252页。

③ 实际“使用的”词汇都是被称为句子的较大单位中的组成部分。每个单词在特定句子里所经受的语法修正，是它对句子中或明显出现或暗中包含的其他词汇之间的关系的功能，确定这些功能的规则称为句法规则。

④ ［英］凯瑟琳·迪伊:《景观建筑形式与纹理》，周剑云、唐孝祥、侯雅娟译，浙江科学技术出版社2004年版，第2页。

⑤ ［美］伊利尔·沙里宁:《形式的探索——一条处理艺术问题的基本途径》，顾启源译，中国建筑工业出版社1989年版，第126页。

其组成部分。”[①]

2. 景观艺术形式方言

（1）方言特质——乡土精神

不同尺度的景观艺术有着完全不同的形式语言，呈现出完全不同的形式特征。景观艺术形式语言中也包含着很多方言、口音、古语、外来词和俚语。而“方言”（Vernacular）一词出自拉丁语“Vema”，源于地域性的农耕文明，意思是在领地的某一房子中出生的奴隶，后来由于多种学科的需要将其意涵不断延展。国内目前对“Vernacular”的翻译大致有两种：一为直接翻译成“方言”；二则译成“风土”“乡土”，取其长期自发形成之意。其实，无论是译为“方言”，还是翻成“乡土”，其理论要核就是“地域精神”与领土性（Territoriality）的独特性，即文化人类学家克利福德·吉尔兹（Clifford Geertze）论及的“地方性知识”（Local knowledge），亦如马林诺夫斯基所说：“语言是文化整体中的一部分，但是它并不是一个工具的体系，而是一套发音的风俗及精神文化的一部分。”[②]有几分类似民歌、地方戏曲的方言，是一种独特的本土文化，它传承千年，有着丰厚的文化底蕴。语言学中的方言主要指一种语言中跟标准语有区别的、只通行于一个地区的话，即口语上或口头上的地区性或区域性的语言变体，它是语言的地方变体。仅就“楚夏声异，南北语殊”的中国而言，就大致有北方方言、吴方言、客家方言、闽方言、粤方言、湘方言、赣方言等诸多类别，同时世界各地也均有自己的独特方言。每种方言在正确地说这种语言的人和听到这种语言的人之间建立起一种同样迅速、明白和容易的思想交流，每种方言都具有表白正确思想的民间约定俗成的明确手段，“表现为一种开放的、由话语参与双方订立契约的提出，而这一契约正是建立在双方共享的隐含认知的基础之上的。”[③]

方言从某种意义上说就是一种乡土精神与地域特质内蕴的话语体系，属于地域的权利、地域的他者或地域自身以及全球化下的地域拒绝，是对地域文化言语记忆丧失一元化趋势的本能抵抗，更是确立自我主体性和审美主体性的重要依据。胡适 1925 年在为顾颉刚《吴歌甲集》所作的序中曾说：“方言的文学越多，国语的文学越有取材的资料，越有浓富的内容和活泼的生

---

① ［英］凯瑟琳·迪伊：《景观建筑形式与纹理》，周剑云、唐孝祥、侯雅娟译，浙江科学技术出版社2004年版，第20页。

② ［英］马林诺夫斯基：《文化论》，费孝通等译，中国民间文艺出版社1987年版，第7页。

③ ［法］A·J·格雷马斯：《符号学与社会科学》，徐伟民译，百花文艺出版社2009年版，第18页。

命……国语的文学从方言的文学里出来，仍须要向方言的文学里去寻他的新材料、新血液、新生命。”[①] 约翰斯顿在论及地方感时亦感叹：“地方确实是世界上大多数存在的一个基本方面……对个人和对人的群体来说，地方都是安全感和身分认同的源泉……重要的是，经历、创造并维护各种重要地方的方法并没有丢失。但又有很多迹象表明，正是这些方法在消逝，而‘无地方感’——地区的淡化和地方经验的多样化——现在成为一种优势力量。”[②] 同时，以语音为中心的民间方言相对通用语言（共同语）而言，它具有更多的自我创生能力、繁殖能力和接纳能力，在方言言说者提供的特定社会语境中更容易变迁，即本土特征是很偶然随意的，它仅仅是对环境的一种适应，并随着环境的改变而改变，“本土化也源自事物应该被这么处理或应该看起来就是这样的一种感觉，因为它们已经被这么处理和看起来这个样子有很多年了”[③]。

“景观毕竟是众多带有强烈地域性的古老艺术形式之一”[④]，景观艺术的形式方言即地域性形式语言，显示了“作为设计中的人、造物、地域之间的系统关系”[⑤] 和其内在的语言弹性。它是在一定地域的文化情境中逐渐形成的特质形式语言，包含着独特的字、构词、词序、语音、语调、语法结构、形态以及与此有关的声韵旋律，有着充分的“地方性”，它也是一种地域性的识别工具，一种可以识别的稳定源（Stabilizer）和一种多元适应的手段。“方言景观”就如同方言一样，既代表沟通，又代表拒绝，且承载和言说地方性知识、地方价值和精神，亦经常完全适合于地方条件、气候、人文、风俗、民性以及相关实际需要，它的生长就像一棵植物的生长，能长出越来越多同样品种的叶子和花朵（图 4–44），例如在西非马里杰内的大清真寺（Great Mosque）（图 4–45）是于 1907 年以泥砖砌筑起来的，因为那里的气候罕见雨水。可是一旦下起雨来，定是倾盆大雨，不过这座清真寺至今仍安然无恙，仅有零星几处重新涂过泥灰——“手工制”的自发性建造，它扎根于现实场域、问道自然，将设计与建造融合在一起，探讨现实场域中的设计者、建造者与使用

---

① 胡适：《〈吴歌甲集〉序》，载姜义华主编《胡适学术文集 · 新文学运动》，中华书局 1993 年版，第 497 页。

② ［英］R.J. 约翰斯顿：《哲学与人文地理学》，蔡运龙、江涛译，商务印书馆 2001 年版，第 127 页。

③ ［美］肯尼思 · 科尔森：《大规划——城市设计的魅惑和荒诞》，游宏滔、饶传坤、王士兰译，中国建筑工业出版社 2006 年版，第 9 页。

④ Christopher Tunnard，“Modern Gardens for Modem Houses: Reflections on Current Trends in Landscape Design”，*Landscape Architecture*, 1942(1)，p.58.

⑤ 杭间：《设计“为人民服务”》，《读书》2010 年第 11 期。

者，且在这种基于非专业建筑行为而生长于自然和历史文化规律中的建造方式方法中，无论是细部、结构、材料、形式，都是其独特地理人文环境的直接反映，这些建造方式有着复杂而有序的系统，会随着建筑语境的变化而产生多样的变奏，它们表象独立，却又如此关联。

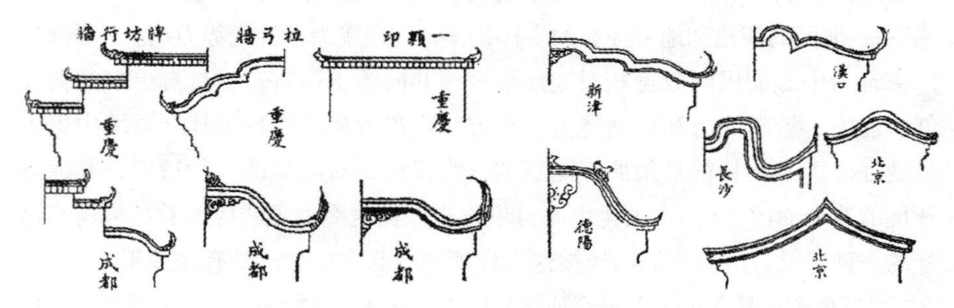

图 4–44　伊东忠太《中国建筑史》中图示的中国民居山墙的景观形式方言

图 4–45　西非马里杰内大清真寺

提倡景观艺术形式的“方言写作”与肯尼斯·弗兰姆普敦（Kenneth Frampton）主张的“批判的区域主义”（Critical Regionalism）指向一致：“从批判理论的角度看，我们应当把地域文化看作一种不是给定的、相对固定的事物，而恰好相反，是必须自我培植的。里柯建议，在未来要想维持任何类型的真实的文化，就取决于我们有无能力生成一种有活力的地域文化的形式，同时又在文化和文明两个层次上吸收外来影响。"① 同时，在批判的区域主义者看来，每个景观艺术的创作方案都没有一成不变的规则或风格可供遵循，都需要根据周围的具体情形做出恰当的判断，每次判断都只具有局部的意义，这就要求景观设计者们要深入细致地对当地的植物、地质、气温、水文等进行调查研究，亦须具备敏锐的判断力和果断的决策力来创作与地域本土文化相和谐一致的景观艺术作品，因而通过此路径创作出来的才是一种不可重复的、更能经受时间考验的艺术作品。可以说，批判的地域主义倾向于把景观艺术表现为一种地域性的构筑现实，而不是把建造环境还原为一系列杂乱无章的布景式插曲，"它总是强调某些与场地相关的特殊因素，从地形因素开始。它把地形视为一种需把结构物配置其中的三维母体。继而，它注重如何将当地的光线变幻性地照耀在结构物上。它把光线视为揭示其作品的容量和构筑价值的主要介质。"②（图 4–46）

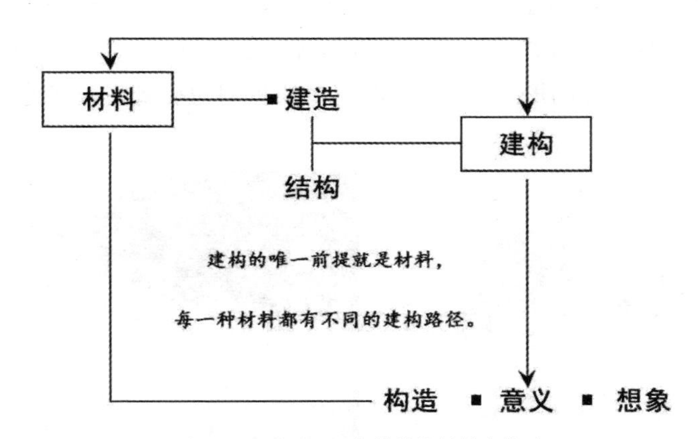

图 4–46　重返工匠与技艺的材料与构造

"当一个景观设计要表现一定的地方特色时，那么该地的特色景观，无论它是自然的还是人工的，都将被选作标志性元素而成为新的景观布局中的焦点或主体。这些要素成为当地的象征而倍受推崇，具有了纪念价值，成为当地的象征。"③ 方言景观是一种可识别的地域性艺术风格，如美国现代景观艺

---

① ［美］肯尼斯·弗兰姆普敦：《现代建筑：一部批判的历史》，张钦楠等译，生活·读书·新知三联书店2004年版，第355页。

② ［美］肯尼斯·弗兰姆普敦：《现代建筑：一部批判的历史》，张钦楠等译，生活·读书·新知三联书店2004年版，第370页。

③ ［澳］凯瑟琳·布尔：《历史与现代的对话——当代澳大利亚景观设计》，倪琪、陈敏红译，中国建筑工业出版社2003年版，第22页。

术设计史中的“加州风格”(Califonia Style)就被认为是一种能够表达其所在环境、时代和社会背景的艺术形式，被形容为“非正式的室外起居室”，其契合了加州的气候导向下倾向于室外活动的生活方式，即是一种“气候地域主义”的景观艺术，“泳池”亦为加州庭园景观的标签。“加州风格”的景观艺术家有托马斯·丘奇(Thomas Church)、罗伯特·罗斯顿(Robert Royston)、西奥多·奥斯曼德森(Theodore Osmundson)、道格拉斯·贝利斯(Douglas Baylis)等，其中尤以丘奇最具代表性。如丘奇在纳帕谷创作的菲利浦花园(*Phillips Garden in Napa Valley*)即把泳池作为一种确定的对称元素来建构整个庭院，且从这种形式化的轴线，逐渐转为与建筑垂直的关系，景观的构图连接于建筑的结构之上，产生了一种牢不可分的感觉；唐纳花园(*Donnell Garden*)(图4–47)则是丘奇最为世人称道的“加州风格”作品，他既保留了场地中原有的橡树林，亦添加了松柏灌木、九重葛、羊茂属草等植物材料，创造了一种在原有的生态与人工园艺植入间的微妙平衡，提供了一种理想化的田园风格的标准样板，更远离了传统对称的图案风格，而以室外活动的生活方式作为景观设计的形式主导，其设计语汇同时也受到了现代艺术的影响。

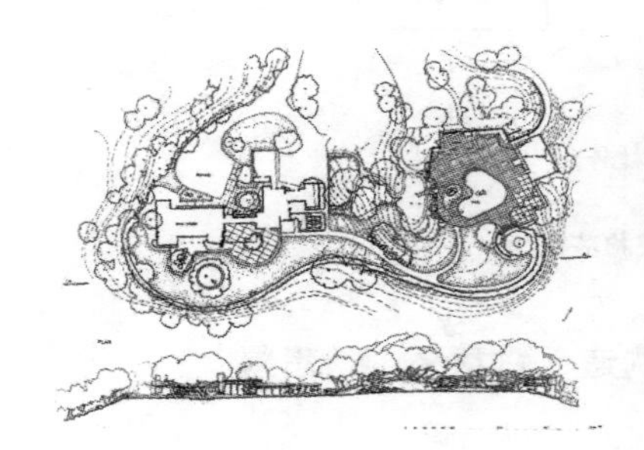

图4–47　美国唐纳花园

墨西哥“方言景观”艺术大师路易·巴拉甘(Luis Barragán)在其作品中则始终穿引着“场所—形式”的主线，从他1947年设计的位于墨西哥城塔库巴亚的第一栋有内庭院的自宅和工作室起(图4–48)，他就离开了国际风格的语言而回归了批判的墨西哥地域方言，在他精致的住宅设计(其中许多建在墨西哥城郊的皮德里哥)都具有一种地域的形式，同时他仍然致力于创造出具有我们时代特征的抽象形式。巴拉甘总是在寻求一种感官的和附着于土地的建筑，一种由围护结构、石柱、喷泉和水渠组成的建筑，一种安置在火山岩和青葱植被之间的建筑，一种间接参照墨西哥农庄的建筑。而巴拉甘将大型的、不可思议的平面插入景观的爱好，则最强烈地体现在他为拉斯·阿波里阿达斯（Las Arboledas）和洛斯·克鲁布斯（Los Clubes）设计的花园中。（图 4–49、图 4–50）

图 4–48　巴拉甘自宅　　图 4–49　阿波里阿达斯花园　　图 4–50　克鲁布斯花园

（2）方言语法——象征与隐喻

象征（Symbol）一词本源于希腊语，与表示“连成整体”或“合并”的动词“symballein”有关。据说它最初指希腊人用于确保相互辨认的一种方法：两位商人在分手前，把一片碎瓷片分成两半，各执其一，日后重聚时再把它们“合拢”（symballein），以作凭证，此类似我国《史记》中所述的虎符。显然，对外人来说这些碎瓷片无关紧要，因此它们的重要性不在于材料、颜色或形状，而在于它们的意义。象征亦只涉及意义如何显现，而不是意义本身的问题。“在形象和概念之间还存在着一个中介物”[①]即符号（Sign），在索绪尔看来，形象和概念分别起着能指者和所指者的作用，它们在一个特定的情境中起着符号的作用，并且只在这一情境中起作用。且符号是由媒介传输的、根据一定规则被编码成的指示一定意义的物质形式或语言形式，如按照黄金分割几何学进行设计的建筑师即采用了一套标准的象征，而这些象征也只会对那些熟悉这套体系的人才有意义，抑或在某些情况下，这种象征体系只有那些设计它的艺术家才可以理解。贡布里希曾设问：视觉象征符号何以如此经常地吸引着寻求神启的人？他给出了答案：“这些人觉得象征符号比理性说教传达了更多的东西，又比它隐藏了更多的东西。这种感觉之所以会持续地存在，原因之一显然是由于象征符号的示意图特征，即它能比一串串的

① ［法］列维－斯特劳斯：《野性的思维》，李幼蒸译，商务印书馆1987年版，第24页。

文字更快、更有效地传达各种关系。阴－阳符这一古代象征符号表明了这种潜力，并且说明了这个符号为什么成了默想的中心。”[①]

景观艺术形式方言亦常常经由“隐喻”的修辞性抽象转译而将景观艺术再现性象征形式语言转换为表现性隐喻形式语言。“景观作为比喻系统的原型，通过解释简短的符号表达了事物的主题。这些符号大多数借用以及包括了固有历史的属性。它们是世界范围内的语言符号，在比喻逻辑的抽象中代替了人类的体验。”[②]这是因为语法和修辞总是紧密地结合在一起的，修辞是关于思维的组织性艺术，“修辞机制遍及整个语言”[③]，而且“一旦这种紧密的结合得到承认，显然就不能再忽视修辞，把它看成是对日常话语的歪曲了。人们普遍承认，语法在语言的使用中扮演着至关重要的角色，它所制定的规则是恰当的命题赖以形成的基础。而修辞所扮演的角色却很少得到承认。然而，语法往往不可避免地融合了修辞，如果真正认识到了这一点，后者就会成为人类话语的一个同样重要的支柱”[④]。而且，“在语言中，隐喻大概是创造全新现实的最强大的修辞。诗人、发明家和政治家都把隐喻视如法宝。拉考夫（Lakoff）和约翰逊（Johnson）说：‘隐喻的实质是通过对一种事物的理解和体验而去理解和体验另一种事物’……大多数隐喻的命运都是终结，诗人们称之为‘死亡的隐喻’，图形艺术家则称之为‘陈词滥调’（clichés）。一个隐喻的终点并非不受欢迎，反而能简化认知、加速分类。当然，之后也会留下印记：一系列的相似点及不同点……视觉隐喻经常在不知不觉中促进认知。不论是一幅图像、一块展板，还是一尊雕塑，当我们面对某个意义不清的人工物，相信其中必然话里有话的时候，视觉隐喻常常浮现。所谓的‘缺憾感’或‘理解不足’就毫无疑问地表明了人工物缺乏容易有效的理想型。这种情况可能出于偶然，也可能出于有意设计……大多数视觉隐喻的关键在于人工物的一个或多个组件与某个熟悉领域的物品之间的相似性，从这个隐喻的源领域中汲取意义。”[⑤]

值得注意的是，对于总体形式，象征与隐喻的运用具有相似的特征，但又

① ［英］贡布里希：《视觉图像在信息交流中的地位》，载范景中选编《贡布里希论设计》，湖南科学技术出版社2004年版，第117页。

② ［美］加文·金尼：《第二自然——当代美国景观》，孙晶译，中国电力出版社2007年版，第77页。

③ ［英］丹尼·卡瓦拉罗：《文化理论关键词》，张卫东、张生、赵顺宏译，江苏人民出版社2006年版，第28页。

④ ［英］丹尼·卡瓦拉罗：《文化理论关键词》，张卫东、张生、赵顺宏译，江苏人民出版社2006年版，第37—38页。

⑤ ［美］克劳斯·克里彭多夫：《设计：语意学转向》，胡飞、高飞、黄小南译，中国建筑工业出版社2017年版，第78—80页。

有根本的不同。与隐喻不同，象征影响直觉，并且象征是谨慎地引入形式，这个形式自身能够直接与场所的历史相关联。“设计中象征主义运用的意图是使景观的使用者应当理解和回答象征的意义。按形式自身的形式来理解形式的意义是使用象征主义的趋势，没有为参加者（使用者）保留想像空间的象征是平淡和陈腐的。”① 列维－斯特劳斯就清晰地指出：“同被象征的事物相比，象征构成一个整体，这个整体的各种成份不同于事物中的各种成份，但在它们之间存在着相同的关系。因此，象征为永久地保持原样，它还需要同事物保持形体的联系：在相同的境况中，它必须有规则地复现。”② 而隐喻则是将景观艺术作为其他相当的事物来描述，隐喻的运用影响想象力，且隐喻不能按形式自身的“意义”来理解，因为隐喻将意义隐藏了起来，“隐喻有如透明的帐幔，我们能够看见它所掩盖的东西”③。隐喻也是创造意义的方法，如詹克斯认为中国园林有其实际的宗教上和哲学上的玄学背景，它是一个隐喻式建筑的惯用体系，因为“中国园林把成对的矛盾联结在一起，是一种介于两者之间（in-between）的，在永恒的乐园与尘世之间的空间。在这种空间中，正常的时空范畴，日常建筑艺术和日常行为中的社会性范畴、理性范畴，均为一种‘非理性’的或十分难于表诸文词的方式所代替”④。而在约翰斯顿看来，隐喻即意味着认知不纯粹是个人的而是共有的，不纯粹是智力上的而是经验上的，也不纯粹是理论的而是实践的，即隐喻在某种共享的特定关联域中得到经验与实践。⑤

对于景观艺术创作而言，它虽然“常由隐喻而引发，隐喻所包含的逻辑又引导它精心完成”⑥，但其创作所面临的挑战就是如何创造隐喻，即“如何很好地利用形式……运用流行的隐喻会出现陈腐的结果，新的隐喻是关于景观思维的新鲜的方式，因此，为了形式创新允许组织形式和意义”⑦。哈普林

---

① ［英］凯瑟琳·迪伊：《景观建筑形式与纹理》，周剑云、唐孝祥、侯雅娟译，浙江科学技术出版社2004年版，第39页。

② ［法］克洛德·列维－斯特劳斯：《看·听·读》，顾嘉琛译，生活·读书·新知三联书店1996年版，第154页。

③ ［美］M.H.艾布拉姆斯：《镜与灯：浪漫主义文论及批评传统》，郦稚牛、张照进、童庆生译，北京大学出版社1989年版，第460页。

④ ［英］查尔斯·詹克斯：《后现代建筑语言》，李大夏摘译，中国建筑工业出版社1986年版，第81—82页。

⑤ 参见［英］R.J.约翰斯顿《哲学与人文地理学》，蔡运龙、江涛译，商务印书馆2001年版，第209页。

⑥ ［美］凯文·林奇、加里·海克：《总体设计》，黄富厢、朱琪、吴小亚译，中国建筑工业出版社1999年版，第134页。

⑦ ［英］凯瑟琳·迪伊：《景观建筑形式与纹理》，周剑云、唐孝祥、侯雅娟译，浙江科学技术出版社2004年版，第39页。

1968年建成的位于俄勒冈州波特兰（Portland, Oregon）市中心的景观艺术作品爱悦喷泉公园（*Lovejoy Fountain Park*）①（图4-51）就是对地域乡土精神提炼、抽绎后的典型——以一系列的几何语言编织了一个庞大的隐喻景观形式系统，加文·金尼即论："景观中的现代性已经采用了逻辑以及实证的变性系统，抛弃了几何形式固有的象征以及潜在的图形语言。几何学作为哲学的前厅［新柏拉图哲学的解释］是一种形式上神秘的语言，并且非常明显地相互交织，部分是民族规则的一种综合语言……为了恢复固有属性，形式必须直接或者临时地在事实上有它们自己的语言、它们自己的方式。形式语言的这种评估是艺术以及建筑经常存在的潜能——从存在到缺少的恢复。"②"由于设计本身就在于不断求新，视觉隐喻可以引领用户温故而知新，让新设计能被理解。设计者可以自认为'发现'了一个合适的隐喻，但如果这个隐喻不能给新设计带来熟悉感，那么对于用户来说，这个隐喻没有任何意义。设计者完全可以通过精心地选择喻源，并把喻源的意义移植到新设计的整体或部分上，从而帮助用户理解一个意义不清的新设计。在此意义上，很多设计都具有隐喻性。"③因之，视觉隐喻激发和鼓励了直觉，此点在1981年的《劳伦斯·哈普林的速写本》(*The sketchbook of Lawrence Halprin*）中也有共鸣："这些设计中的行为活动从某种很真实的角度与波特兰地区的环境结合起来，如哥伦比亚河、瀑布、溪水以及高山草原。这些象征的元素是波特兰人精神的重要组成部分，他们以自己拥有的自然环境而自豪，随时都有逃离城市回归自然的可能。然而这些景观设计的城市属性也是必须承认的——设计的来源是自然形式，即是自然的形象被创造出来的过程。这些喷泉和广场的建立是为了使它们与自然界生生不息的体验联系起来，而不是简单的'模仿自然'。"

从形式的角度看，隐喻性设计就是"通过一种类比的、比喻的和非计算的意象排列，将自然语言作品特有的那种按步骤进行的、线性推导的语言符号链条，加以实体化和具体化"④。爱悦喷泉公园中的阶梯喷泉（Stair-step Fountain）就生动地隐喻了美国西北部的瀑布和自然风景——不同高度的瀑布造景将许多

---

① 该公园的名字来源于波特兰市镇建造的两个先驱者之一的亚撒·洛夫乔伊（Asa Lovejoy），而另一个则是弗朗西斯·佩蒂格罗夫（Francis Pettygrove）。

② ［美］加文·金尼：《第二自然——当代美国景观》，孙晶译，中国电力出版社2007年版，第77页。

③ ［美］克劳斯·克里彭多夫：《设计：语意学转向》，胡飞、高飞、黄小南译，中国建筑工业出版社2017年版，第83页。

④ ［法］丹尼尔·西迈奥尼：《语言程序和元语言迷惑》，载［法］马克·第亚尼编著《非物质社会——后工业世界的设计、文化与技术》，滕守尧译，四川人民出版社1998年版，第197—198页。

图 4-51　爱悦喷泉公园组图

高低错落的水池联系起来，而那些多变化与多层次的混凝土台阶和池边的设计也给人一种如同流水冲蚀过的感觉——从高原荒漠中得到的灵感：“在他设计这个喷泉之前，劳伦斯即已花费了数个夏天研究和草绘了塞拉山（Sierras）中的流水。”[①] 因而，该公园是对自然神秘感和神圣性的隐喻式建构，劳伦斯在其中设定了某种独特的符号体系。而在公园开放后不久的 1968 年 7 月第 3 期的美国《生活杂志》(*Life magazine*）即以“闹市中的山流溪涧”(Mid-city Mountain Stream）为题将其描述为“一个被转译和移植的俄勒冈州波特兰市荒野片段——干燥、潮湿、晶莹发光和静止的——强烈地吸引游人涉水、攀爬和沉思”[②]。哈普林在《劳伦斯 · 哈普林：笔记 1959—1971》(*Lawrence Halprin :notebooks 1959 to 1971*）中就“爱悦喷泉公园”这一特定案例亦写道：“当我建造场所的时候，‘值得记忆的’‘剧烈的’和‘热情的’是我偏爱的词汇”，“这就是我生活的核心，创造景观、构建场所。除此之外，还有什么值得我去做呢?”[③]

---

① Dora Jane Hamblin，“Mid-City Mountain Stream”，*Life Magazine*, 1968 (3)，pp. 72－74.

② Dora Jane Hamblin，“Mid-City Mountain Stream”，*Life Magazine*, 1968 (3)，pp. 72－74.

③ Portland Water Fountains，“Lovejoy Fountain”，http://www.portlandwaterfountains.com/lovejoy_fountain.html, 2011 年 4 月 29 日。

该公园的艺术创作充分显示了哈普林的创造力、掌控多样尺度的丰富经验以及扎实的专业知识，而这些恰恰保证了他能够建构出一个精致的喷泉景观作品以给予社会各阶层完美的景观体验。哈普林亦擅长将艺术品纳入现有环境的整体景观设计中——不是随意地堆置，而是“织补”进景观总体环境中成为一个完整有机体，如该公园的一个大型的以铜皮包裹的景观亭就是美国建筑师查尔斯·维德拉·摩尔（Charles Willard Moore）所设计。当然，对于哈普林而言，设计过程与最终形态呈现是同样重要的。爱悦喷泉以其有机的地形（Landform）融入广场整体景观轮廓，爱悦喷泉广场也可算作哈普林非线性的逻辑设计方法论导向下景观艺术形式生成的最佳案例：“毫无疑问，哈普林是预料到了此喷泉杰作的最终使用情景，因而战略性地将喷泉置于郁郁葱葱的参天林木之中，好似浸泡在一个自然公园般的环境中。”①

第二节　景观艺术的形式感知

一、关于“感知”

景观艺术形式系统的最大价值在于具有完整性，可形成一个整体的调节系统，而且不仅能形成一个相互融洽的内部系统，它的形式也是自我完善的。“空间”作为景观艺术形式系统之功能子系统中最为关键的要素，正如格雷马斯的精彩论述：“就其连续性和饱满性而言，充满自然的和人工的物体、并通过各种感觉途径向我们呈现的广延，可以被视为实体，而其一旦被赋形并加以改变，就转变为空间，也就是转变为形式，基于其结构，所以能够符号化。空间作为一种形式，因而是一种构建（Construction），它只抽取‘实在的’物体的某种属性和相关性（Pertinence）的可能程度，来代表（Signifier）实物。”② 空间的内向建构即被感知的空间亦常转化为“场景”，这与戏剧中的“场景”有着诸多类似，但也绝不能把它简单地看成为取悦时髦的参观者而设计的舞台式场景。“把舞台布景置于室外，能够体现一个特定环境的真实性吗？显然不能。”③ 因为场所的本质特征并非只是一系列景观的组合，这一系列

① Portland Water Fountains，“Lovejoy Fountain”，http://www.portlandwaterfountains.com/lovejoy_fountain.html，2011年4月29日。

② ［法］A·J·格雷马斯：《符号学与社会科学》，徐伟民译，百花文艺出版社2009年版，第120页。

③ ［英］G·卡伦：《城市景观艺术》，刘杰、周湘津等编译，天津大学出版社1992年版，第180页。

景观只能说明一个统一的几何形式。场所的本质特征也不是由平淡的视觉环境所能揭示的，它只有依据经验，经过一段时间后方能领悟其含义。整个场所的精髓在于由彼此紧密联系的景观要素限定出一系列相互结合的空间，所以只有当你走进其中，或者说了解了这个场所后，才能感知它。

仅就视知觉而言，西蒙兹认为“85% 的知觉是基于视觉的”①，现代主义大师勒·柯布西耶在《走向新建筑》中则如此写道：“我们的眼睛是生来观看光线下的各种形式的。基本的形式是美的形式，因为它们可以被辨认得一清二楚。”② 柯布西耶同时强调：“艺术作品必须形式清晰。”格式塔心理学的许多实验就表明：“当一种简单规律的形式呈现于眼前时，人们会感到极为舒服和平静，因为这样的图形与知觉追求的简化是一致的，它们绝对不会使知觉活动受阻，也不会引起任何紧张和憋闷的感受。”③ 但是，阿恩海姆却认为：“在大多数人的眼里，那种极为简单和规则的图形是没有多大意思的，相反，那种稍许复杂、稍微偏离一点和不对称的、无组织的图形，却似乎有更大的刺激性和吸引力。”④ 以上两种不同倾向的论点表明了在人类的感知活动中，同时存在着两种相互矛盾的追求。二者是缺一不可、相辅相成的。变化会引起兴奋，具有刺激性，对变化的欣赏反映了人的机体内部对运动、发展的需要。统一具有平衡、稳定、自在之感，对统一的欣赏则反映了人对舒适、宁静的需要。

但“看”绝不是一种简单的生物行为，“大脑观察不到的东西眼睛是看不到的”⑤，它受思维的控制和情感的影响，而且“在任何文明社会中，观看的方式都在某种程度上受到文化范式的训练和约束”⑥。也就是说，我们每个人都有自己的感知方式——我们自己的认知系统。然而，我们的感知在很大程度上取决于我们的社会文化感受方式。克劳德 – 尼古拉斯·勒杜（Claud –Nicolas Ledoux）为贝桑松剧院所绘制的《贝桑松剧院之瞥》（*Coup d'oeil du theatre de besancon*）（图 4–52），图纸中绘制了一个巨大的眼睛，瞳孔中透射了贝桑松剧院的观众厅室内场景，且有一束亮光从瞳孔由内而外地射出，暗示了眼睛既

---

① ［美］约翰·O·西蒙兹：《景观设计学——场地规划与设计手册》，俞孔坚等译，中国建筑工业出版社 2009 年版，第 237 页。

② ［法］勒·柯布西耶：《走向新建筑》，陈志华译，天津科学技术出版社 1991 年版，第 3 页。

③ 罗文媛、赵明耀：《建筑形式语言》，中国建筑工业出版社 2001 年版，第 9 页。

④ ［美］鲁道夫·阿恩海姆：《视觉思维》，滕守尧译，光明日报出版社 1986 年版，第 9—10 页。

⑤ ［美］杜安·普雷布尔、萨拉·普雷布尔：《艺术形式》，武坚等译，山西人民出版社 1992 年版，第 4 页。

⑥ 吴家骅：《景观形态学：景观美学比较研究》，叶南译，中国建筑工业出版社 1999 年版，第 27 页。

有接受也有施为的功能，目光连接了思想与外部世界，真实的世界也不过是我们思想的构造，“看”即建构了一个内在的现实感知世界，所谓的“寻求意义的努力”便会进入我们的视觉过程。①

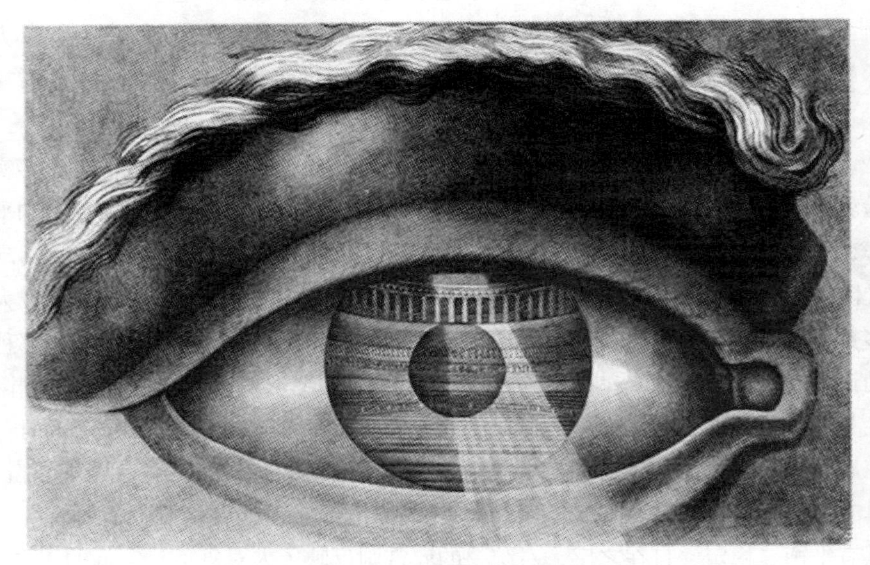

图 4–52 《贝桑松剧院之瞥》

“心智是一种器官，它的功能是尽量精确地描绘外部存在的世界。”②知觉心理学中的感知（Perception）涉及了视觉、嗅觉、听觉、味觉、触觉等需要通过全部的感观知觉刺激触媒去体验，老子即云：“五色令人目盲，五音令人耳聋，五味令人口爽。”现藏于台湾自然科学博物馆中的人体感官的敏感度小模型，即按人体各部分敏感度的高低依比例制作完成（图 4–53），我国古人亦有“五欲”之说，指耳、目、鼻、口、心或称色、声、香、味、触五方面的欲望，其中“五欲”之“心”主要指大脑③，因为“人不仅仅是一个感官主义的接收器官的组合，同时也是一个敏感的记忆再生装置，能够根据记忆在脑海中再现出各种形象。在人脑中出现的形象，是同时由几种感觉刺激和人

① 参见［英］E.H. 贡布里希：《秩序感——装饰艺术的心理学研究》，范景中、杨思梁、徐一维译，湖南科学技术出版社2006年版，第116页。

② ［美］克劳斯・克里彭多夫：《设计：语意学转向》，胡飞、高飞、黄小南译，中国建筑工业出版社2017年版，第35页。

③ 参见张道一《张道一选集》，东南大学出版社2009年版，第93页。

的再生记忆相互交织而成的一幅宏大图景"[①]。杜威就认为感知主体在经验对象的生产中做出的反应，其观察、欲望与情感的倾向是由先在的经验所塑造，他继而指出："一部艺术作品的范围是由被有机地吸收进此时此地的知觉之中的过去经验因素的数量和多样性来衡量的。这些因素的数量和多样性给艺术作品提供其实体和暗示性。它们常常来自于一些过于隐秘而无法以有意识记忆的方式来辨识的源泉之中，因此，它们创造出一种艺术品出没于其中的灵韵（Aura）与若隐若现（Penumbra）。"[②] 伽达默尔亦曰："我们身上总是带着印痕，谁也不是一张白纸。与母亲的相互理解远在婴儿说话之前就开始了；如我们现在知道的，早在母体之中的时候……我们的印痕既开启也制约着我们的视界。"[③]

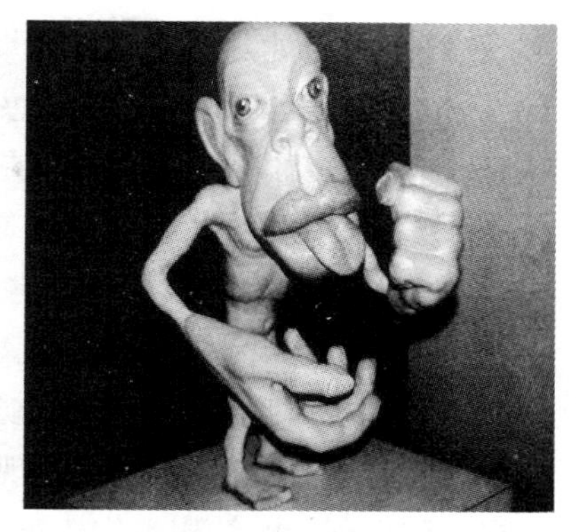
图 4–53　感官敏感度模型

因此，记忆也不是简单地再现过去，而是在接受外部信息的同时，依次被一一唤醒，彼此认证，再充实以新的信息，因而感知就是通过感觉器官接受外部刺激，并把这些刺激和人脑中原有的记忆组合、联系而生成的结果。感知意味着不断地把新经验与过去已经作为"经验"存储起来的东西联系起来。[④] 正如六朝刘义庆所说："简文入华林园，顾谓左右曰：'会心处不必在远，翳然林木，便自有濠濮间想也。不觉鸟兽禽鱼，自来亲人！'"(《世说新语·言语》）在人对景观的感受背后，亦"存在着完整的思想体系，它先于感受而发生作用，并且决定了人对景观的态度"[⑤]。换句话说，在人类的知觉中也必然会"投射一种预期的图像"，"当我们带着被过去经验唤起的兴趣扫描世界时，以前的印象和新进来的感觉会像两滴水一样，融合在一起，

---

① ［日］原研哉：《设计中的设计》，朱锷译，山东人民出版社2006年版，第72页。

② ［美］杜威：《艺术即经验》，高建平译，商务印书馆2005年版，第135页。

③ ［德］伽达默尔、杜特：《解释学 美学 实践哲学：伽达默尔与杜特对谈录》，金惠敏译，商务印书馆2005年版，第12—13页。且伽达默尔的"视界融合"的观点即认为文本中包含着作者最初的视界（即"初始视界"），而理解者本人则不可避免地具有从现今的具体时代氛围中形成的视界（即"现今视界"），伽达默尔主张将这种由于时间间距和历史情景变化而产生的视界融合，从而使理解者和理解对象都超越原来的视界，达到一种全新的视界。

④ 参见［德］赫尔曼·哈肯《协同学——大自然构成的奥秘》，凌复华译，上海译文出版社2005年版，第83页。

⑤ 吴家骅：《景观形态学：景观美学比较研究》，叶南译，中国建筑工业出版社1999年版，第10页。

形成一滴更大的水珠。”[①] 原研哉即以“信息的建筑思考方式”(Architecture of Information)为题眼指出了在“感觉认知的领域”中的复杂性问题：“人是一套极精密的接收器官，同时又是一个图像生成器官，它配备了活跃的记忆重播系统。人大脑中生成的图像是通过多个感觉刺激和重生的记忆复合的景象。”同时，他亦以“大脑中的建筑”做出如此判断：“设计师在其作品的受众的头脑中创造出一种信息建筑。其结构通过分类感觉认知渠道构成刺激。由视觉、触觉、听觉、嗅觉和味觉以及这些感觉的各种集合带来的刺激，在受众头脑中组装起来，在那里浮现出我们所谓的‘图像’。更重要的是，被这一在头脑中创造的结构当作建筑材料使用的，不仅有感官提供的外界输入，还有被外界输入所重新唤醒的记忆。实际上，后者可能是图像的主要材料。记忆不仅带领受众主动反思过去，并在大脑接受外界刺激时陆续想起，还给图像添枝加叶，让图像有血有肉，以理解新的信息。就是说，图像这种东西不仅结合、联系着感官传送的外界刺激，以及这些刺激所唤醒的记忆，从而生成假定为一种聚合的图像，而设计行为则意味着对此过程的积极参与。而之所以称之为信息建筑是因为此聚合图像的生成是有意为之的、经过计算的。”[②] 在图 4-54 中，第一张图意为大脑中的建筑材料来自各种感觉器官，大脑中积累的记忆同样是非常重要的建造材料；第二张图意为我们设想一下存在于身体各处的大脑，这是一个图示，不是一种理论。“相比于第一张图，第二张图以一种完全不同的概念表达方式显示了同样的东西。它看起来很像是针灸或是东方医学中使用的示意图。思维不是只位于头部，而是存在于全身各处，好像一个经络或穴位系统。我们就是以这种大脑的多重性为目标开展工作的。如果说信息建筑是一种西方的分析概念，那么这张图就是一种东方的解析。我不知道哪一个是真实的，但无论哪一个，这种图示都呈现了我们的工作领域：作为信息受众的人类个体性概念示意图。”[③]

而且，“人总是使其行为与其意义、价值和目的相联系。我们有着各自的知觉世界，这是在特定的社会组织中发展起来的，我们属于这种社群并且与社群中的成员在一定程度上共享某种知觉结构”[④]。因此，感知的人是风格化了

① [英]贡布里希:《通过艺术的视觉发现》,载范景中选编《贡布里希论设计》,湖南科学技术出版社 2004 年版,第 20 页。
② [日]原研哉:《设计中的设计 | 全本》,纪江红译,广西师范大学出版社 2010 年版,第 156—157 页。
③ [日]原研哉:《设计中的设计 | 全本》,纪江红译,广西师范大学出版社 2010 年版,第 158 页。
④ [英]克利夫·芒福汀、泰纳·欧克、史蒂文·蒂斯迪尔:《美化与装饰》,韩冬青、李东、屠苏南译,中国建筑工业出版社 2004 年版,第 19 页。

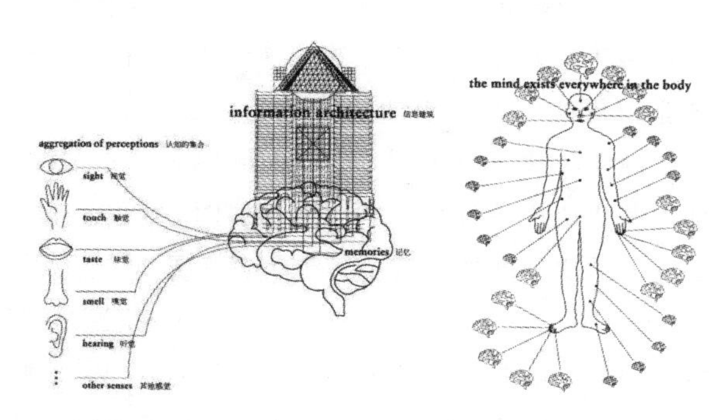

图 4–54　原研哉《设计中的设计》中召唤式感知示意

的经验和感觉世界中“感知整合的人”“整体思维的人”“整体把握世界的人”[①]，他们是以一种经过化合的、示意的、暧昧的和富有意义的方式来经历世界的，梅洛–庞蒂（Merleau–Ponty）在《知觉现象学》中形象地指出：“我们有一个当前的和现实的知觉场，一个与世界或永远扎根在世界的接触面，是因为这个知觉场不断地纠缠着和围绕着主体性，就像海浪围绕着在海滩上搁浅船只的残骸。一切知识都通过知觉处在开放的界域中。”[②]肯德尔·沃尔顿（Kendall Walton）在《艺术的范畴》(*Categories of art*）中亦道：“在一个特定的范畴中感知一件作品是感知作品的那个范畴的格式塔（Gestalt）。这需要某种解释。人们熟悉勃拉姆斯风格的音乐——也就是说，勃拉姆斯风格中的音乐［显著地，约翰尼斯·勃拉姆斯（Johannes Brahms）］——或者印象主义绘画，通过承认勃拉姆斯风格的音乐或印象主义格式塔特征通常能承认这些范畴的成员。这种承认依赖于特定特征的感知，相对于这些范畴，这些特征是标准的，但是它不是从这些特征的存在中推断出来的一个事实，那种存在表明一件作品是勃拉姆斯风格的或印象派的。”[③]路易·康在《建筑：静与光》的篇首中曾如此饱含激情地感知了古老的埃及金字塔：“且让我们从时间上回到修建金字塔的岁月，聆听一下劳动工地飞扬的尘土中传来的阵阵热情的劳动号子声。现在我们所看到的金字塔是完全建成了的，塔中渗透着沉默的感情。从这沉默的感情中我们可以感受到人的表现欲望，这种欲望在砌第一块石头之前就已经存在了。”[④]

---

① ［加］马歇尔·麦克卢汉：《理解媒介——论人的延伸》，何道宽译，商务印书馆2000年版，第96—97页。

② ［法］莫里斯·梅洛–庞蒂：《知觉现象学》，姜志辉译，商务印书馆2005年版，第266页。

③ Kendall L.Walton，“Categories of Art”，*Philosophical Review*, 1970(3)，pp. 334–367.

④ ［英］汤因比、［美］马尔库塞等：《艺术的未来》，王治河译，广西师范大学出版社2002年版，第17页。

景观艺术形式感知应如梅洛－庞蒂的身体现象学始终从身体经验出发来关注知觉和被知觉世界的关系，正如他在《眼与心》中说："当一种交织在看与可见之间、在触摸和被触摸之间、在一只眼睛和另一只眼睛之间、在手与手之间形成时，当感觉者—可感者的火花擦亮时，当这一不会停止燃烧的火着起来，直至身体的这种偶然瓦解了任何偶然都不足以瓦解的东西时，人的身体就出现在那里了……"[①] 晚明计成在《园冶》中所说的"虽由人作，宛自天开"[②] 就是指一种艺术创作导则，但其根本目的就是要让体验者对园林艺术形式的全方位感知有达到"宛自天开"的可能。形式在特定语境（Context）的情境（Situation）中被感知时就转化为"意象"，即景观艺术意象在欣赏者主体内部的"召唤与激发"式建构。且感知又具有随机、自然、非结构、非正式的特征，它是一种片段的、非连续的过程，但正是这"一件一闪的小插曲，一片风景的片面，或是一句偶然旁听的话，可能就是了解及解释整个区域的惟一关键所在"[③]。拉斯姆森在其名著《建筑体验》中也认为观察者的行为是创造性的，他经过努力把所观察到的现象再加工，对所见事物构成一幅完整的图像，这种再创造的行为对所有观察者来说都是很平常的，"这类再创造行为常常是以我们自己的想象来代替客观物体并与之融成一体的方式来实现的。在这一类例子中，我们的活动与其说像艺术家对他所观察到的外部事物进行创作，不如说更像演员在体验角色的情感"[④]。

这一建构过程可将文学文本中对景观艺术形式感知作为参照，加拿大美学家艾伦·卡尔松（Allen Carlson）在《景观与文学》一文中就提到了诸如"想象的描述和文化积淀"以及"审美相关性"等问题："通过我们在文学中发现的这些景观描述，追问这些描述与如此描述的那些景观的审美鉴赏之间的关联。"[⑤] 对于迈尼格（Meinig）来说，文学能够被用来提供"关于人类对环境经验的基本线索"，"作家们不仅描述这个世界，他们还帮助它的形成。他们非常形象地制造出一些强烈印象，影响着公众对我们景观和区域的态度"[⑥]。被誉为描写日常生活场景诗人的法国当代女作家雷

① ［法］莫里斯·梅洛－庞蒂：《眼与心》，杨大春译，商务印书馆2007年版，第38页。

② 陈植注释：《园冶注释》，中国建筑工业出版社1998年版，第51页。

③ ［法］列维－斯特劳斯：《忧郁的热带》，王志明译，生活·读书·新知三联书店2000年版，第44页。

④ ［丹麦］S·E·拉斯姆森：《建筑体验》，刘亚芬译，知识产权出版社2003年版，第26页。

⑤ ［加］卡尔松：《环境美学——自然、艺术与建筑的鉴赏》，杨平译，四川人民出版社2006年版，第310页。

⑥ ［英］R.J.约翰斯顿：《哲学与人文地理学》，蔡运龙、江涛译，商务印书馆2001年版，第110页。

吉娜·德当贝尔（Regine Detambel）在小说《封闭的花园》（*Le jardin clos*）中着力虚构了一个流浪汉在公园中对环境的感知，“文字”与“景观艺术”也通过想象性描述而联结，即运用场景情节文字来描述对景观艺术形式系统的感知。因此，这在本质上是一个环境行为心理分析的文学文本，实乃作家自己将其景观艺术知觉经验投射至由文字所创作的景观艺术文本中，即在其文化记忆中运用视觉、听觉、触觉和味觉等感官来感受和描述其虚构的身处其中的世界。

> 我一天两次在属于我的领地里转悠。我背着手、顺着墙走。在我沿着墙走时，围墙就不是一个永远单调的界线了。它什么也挡不住，也限制不了什么，它只不过是尽量把所有在这里表现出的内心冲动包容下来。①
>
> 一年两次，春分和秋分——这是真的，书中都这么讲，我们查过了——早晨的太阳光照射进拉美西斯大神庙，阳光首先照在二十二个狗头猴身塑像前面，然后离开柱顶的檐口，低垂下来，穿过入口处狭窄的门。阳光还要穿过两个大厅和一个前厅，最后照射在位于纵深六十三米的圣殿尽头的四尊神像雕上。二月二十日，十月二十日，我等待着这两天，因为它们是春分和秋分的日子。自从我在这里，在公园里生活以来，我已经度过了四个春分和秋分，每次我都在想，太阳正在那里升起，它在向狗头猴身像打招呼，然后一直照射到神庙那里，拉美西斯、阿蒙、卜塔和瑞，正在那里等待太阳光。②
>
> 十月二十日和二月二十日，在公园里，第一缕阳光从正门的栅栏中间照射进来，掠过雕塑马的马尾，照到喷水池的水柱上，穿过公园的第一条小径，跃过水池，照到第二条小径上，又移至W长椅宽大的椅背上，穿过光亮女神像的膝盖（女神像膝盖周围肌肉发达），然后照到墙根一块摇晃的石头上。虽然阳光照射的路程不如在阿布－西姆贝尔神庙中那么威严，虽然这里的土被踩结实了，这里的石头比神庙玫瑰色的砂岩更小更容易破碎，虽然喷水池中喷出的是自来水而非尼罗河水，虽然这里的人和马从未与赫梯人打过仗，我仍然很幸福地追逐着这缕阳光，因为它如今成了我惟一的向导，我所认识的最崇高的事物，惟一能让我为它而活着的有价值的东西。③

---

① ［法］雷吉娜·德当贝尔：《封闭的花园》，余乔乔译，百花文艺出版社2003年版，第15页。
② ［法］雷吉娜·德当贝尔：《封闭的花园》，余乔乔译，百花文艺出版社2003年版，第21页。
③ ［法］雷吉娜·德当贝尔：《封闭的花园》，余乔乔译，百花文艺出版社2003年版，第35页。

此时，一个相当古老的经典景观艺术作品——拉美西斯二世[①]的大神庙［又称阿布·辛拜勒神庙（Abu Simble），即上文所称的阿布·西姆贝尔神庙］（图4-55）随即跃入了读者的景观想象感知。它建于3000多年前的尼罗河畔，堪称众多埃及神庙中最富想象力的一座，因为整座神庙不是土石所建，而是在山岩中雕凿而出的，它本身就是一座巨大而精美的雕刻艺术作品。该神庙是献给埃及神话中诸神之王与法老守护神阿蒙（Amon）、太阳神瑞（Re）和万物创造者与工匠保护神卜塔（Ptah）的，并且还纪念拉美西斯二世本人，因此，它实际上是一座神庙和祭庙的结合体——“一个刻在岩石上的梦”和主体感知世界中“太阳升起的神庙”[②]。

图4-55　拉美西斯二世大神庙

其对“太阳运行轨迹的熟知与运用”，亦引发了笔者联想到英国的史前巨石阵（Stonehenge）[③]和印加人在秘鲁马丘比丘的《太阳的系留柱》（Hitching post of the sun），前者是水平地扎根于大地，并在每年冬至的黎明时分，第

① 拉美西斯二世（Rameses Ⅱ）（公元前1314年—公元前1237年）是古埃及最著名法老。

② 每年2月20日和10月20日（分别是拉美西斯二世的生日和加冕日）的日出时分，当尼罗河东岸的太阳升起时，一束灿烂夺目的金光必定会准时从神庙的进口处穿过黑幕笼罩着的神庙内厅（60余米长的大厅），而直射尽头圣坛上的神像，但永远不会照射到最左侧的第一尊雕像黑暗之神，它注定永远藏在黑暗中。因此，这束阳光准确地从第二尊雕像的脸部开始照亮，然后依次照亮拉美西斯二世和第四座雕像的脸部，整个照耀时间长达20分钟，不多不少。直到最后一秒，这束黎明的阳光便从第四尊雕像的脸上悄然逝去，神庙内的一切重又归于黑暗之中。遥远年代的古埃及人精妙地设计并建筑这一切，并将天体的运转与神庙的开凿准确地结合在一起而不差一分一毫，足令现代人甘拜下风，它是真正的“设计结合自然”。因为建造埃及阿斯旺大坝而被整体搬迁重建后的神庙虽与原来的方位一样，它乃根据星座和阿斯旺大坝建成后的尼罗河走向而定，却由于角度计算不够精确，太阳照入的时间延迟了一天（即每年的2月21日和10月21日），角度亦没有那么精准了。

③ 巨石阵又称索尔兹伯里石环、环状列石、太阳神庙、史前石桌、斯通亨治石栏、斯托肯立石圈等名，是欧洲著名的史前时代文化神庙遗址，位于英格兰威尔特郡索尔兹伯里平原，约建于公元前3100—前1100年，由一系列的同心圆形状的石碑圈组成，圆形柱上架着楣石，构成奇特的柱顶盘。

一缕阳光会穿过石门的中心，照射在中央祭坛上，从古到今，一直如此，永远向外延伸以迎接太阳（图 4–56）；后者是对太阳观察和崇拜的祭坛，由对天然山岩有锐利角度地雕凿而成的（图 4–57）。南希·霍尔特（Nancy Holt）1973—1976 年间的大地艺术作品《阳光隧道》（*Sun tunnels*）则将每只重 22 吨、管长 5.49 米、高 2.8 米的水泥管安置在美国犹他州大盆地沙漠的林肯纪念地，亦旨在至日（冬至日、夏至日）正好对着日出或日落的太阳，以此向日出日落表达崇敬之情。（图 4–58）

图 4–56　英国史前巨石阵

图 4–57　祭坛《太阳的系留柱》

图 4–58　艺术作品《阳光隧道》

二、现象感知

现象一词意味着显现者、公开者，它大白于世、置于光明中，而从现象学来理解景观艺术形式就是感知其空间形式与体验其场所精神，且“我们不能把形式的知觉和对环境的适应过程截然分开”[1]“现象环境的事实……由具有从其社会文化背景中承接下来的各种动机、偏好、思想方式和传统的人类来感知”[2]。同时，“每个知觉蕴涵着两种不同的实体，即外在于心灵

① ［英］E.H. 贡布里希：《秩序感——装饰艺术的心理学研究》，范景中、杨思梁、徐一维译，湖南科学技术出版社 2006 年版，第 116 页。

② ［英］R.J. 约翰斯顿：《哲学与人文地理学》，蔡运龙、江涛译，商务印书馆 2001 年版，第 108 页。

的对象和内在于心灵的表象"[①]，观赏者体验、感知景观艺术作品也就是一种沉浸于他自己心灵的艺术创造行为——在主体内部建构感知意向，且"意向对象是作为被感知的感知对象，作为被回忆的回忆片断，作为被判断的判断的事态"[②]，亦"仅当'意向活动'（即经验、体验、认识进行的相应的多样性）与'意向对象'（即自身被给予过程中的对象）相吻合时，某一类确定的对象才能原本地显现给我们"[③]。在美国当代景观营造大师托弗尔·德莱尼（Topher Delaney）[④]设计的花园中，触觉、听觉、视觉和嗅觉等关乎人所有的感知能力均能被调动起来，使其真正成为一个"体验空间"，并通过它们衍生出多样的时空与距离，营造出有生命脉动的景观：听觉的营造主要是通过水流和植物的摇曳，像簕竹叶、棕榈叶的沙沙声；视觉里则充满了丰富的色彩和景之纯化的哲学思考；混凝土、不锈钢、沙砾、磨砂玻璃演绎出工业文明的触觉；而蔷薇、百里香、薰衣草、栀子花等缥缈着鼻吸之香……德莱尼的景观作品将"文化、社会和艺术叙事以及场地精神的自然规诫（the Site Spiritual Precepts of 'Nature'），'缝合'（Seamed）在一起，以形成动态的物理装置（Dynamic Physical Installations）"[⑤]。赫尔曼·海塞（Herman Hesse）则在《漫游：笔记与草图》（*Wanderings: notes and sketches*）中以德莱尼在旧金山的私人庭园景观项目"在火线中"（*In the Line of Fire*）为对象，以"照亮变化的自然"（Illuminating the Nature of Transformation）为主题进行了个人体验式景观现象描述："对我来说，树一直是最具穿透力的传道人（Preachers）……当它们孤独的时候，我敬畏他们……没有什么比一棵美丽强壮的大树更神圣、更典型了，树木是避难所（Sanctuaries）。任何人都知道如何跟他们说话，任何人都知道如何聆听他们，都能从中可以了解真相。一棵树说：一个内核藏在我里面，一个火花、一个思想，我是来自永恒生命的生命。"[⑥]（图4–59）

---

① ［丹麦］丹·扎哈维：《胡塞尔现象学》，李忠伟译，上海译文出版社2007年版，第12页。

② ［丹麦］丹·扎哈维：《胡塞尔现象学》，李忠伟译，上海译文出版社2007年版，第59页。

③ ［英］彼得·柯林斯：《现代建筑设计的思想演变：1750—1950》，英若聪译，中国建筑工业出版社1987年版，第11页。

④ 她的个人公司名称即为"SEAM Studio"（缝合工作室）。

⑤ Therapeutic Landscapes Network，"Designers/Designers and Consultants Directory"，http://www.healinglandscapes.org/beta/designers–and–consultants–directory/#，2018年10月18日。

⑥ D+C，"DELANEY+CHIN–ADVENTUROUS,SPIRITED ARTISTS+ARTISANS"，http://delaneyandchin.com/，2018年10月19日。

图 4-59　景观项目“在火线中”组图

德莱尼以其“庇护花园”(Sanctuary Gardens)的设计类型而声名卓著，如图 4-60 为德莱尼设计的谢园（*Che Garden*）中的“水盘”，图 4-61 为启示花园（*Garden of Revelation*）中的磨砂玻璃景墙及其后的簌竹丛，图 4-62 为马林综合医院癌症中心冥想花园（*Meditation Garden Marin General Hospital Cancer Center*）的小型水景雕塑，图 4-63 为旧金山总医院雅芳乳癌中心花园（*San Francisco General Hospital Avon Breast Cancer Center*），图 4-64 为阿肯博尔多可食用花园（*Arcimboldo's Edible Garden*），图 4-65 为加州大学医学院植物园（*UCSF Medicial and Botanical Garden*）。

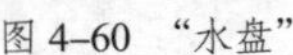

图 4–60 “水盘”

图 4–61 磨砂玻璃景墙

图 4-62 小型水景雕塑

图 4–63 雅芳乳癌中心花园组图

人对景观艺术形式的现象感知，是由人的知觉和运动特性决定的，包括动态意义上及静态意义上的感知——“游”与“止”——行走与沉淀的艺术鉴赏。柯林·罗即用“粘滞型空间”[①]一词来定义静止及运动占有空间的结合体，也就是说，景观艺术形式的感知序列的“基本结构可以理解为富有吸引力的节点（静观点）和这些节点之间的联线（游览线），它们构成了园林空间组织的拓扑关系，所谓空间对比、引导与暗示、疏与密、起伏与层次、虚与实、仰视与俯视、渗透与穿插，无非是这种关系的不同存在形式”[②]。“一件艺术品就是一件表现性的形式，这种创造出来的形式是供我们的感官去知觉或供我们想象的，而它所表现的东西就是人类的情感。”[③]

① [美]柯林·罗、弗瑞德·科特:《拼贴城市》，童明译，中国建筑工业出版社2003年版，第18页。

② 刘滨谊:《风景景观工程体系化》，中国建筑工业出版社1990年版，第98页。

③ [美]苏珊·朗格:《艺术问题》，滕守尧、朱疆源译，中国社会科学出版社1983年版，第13—14页。

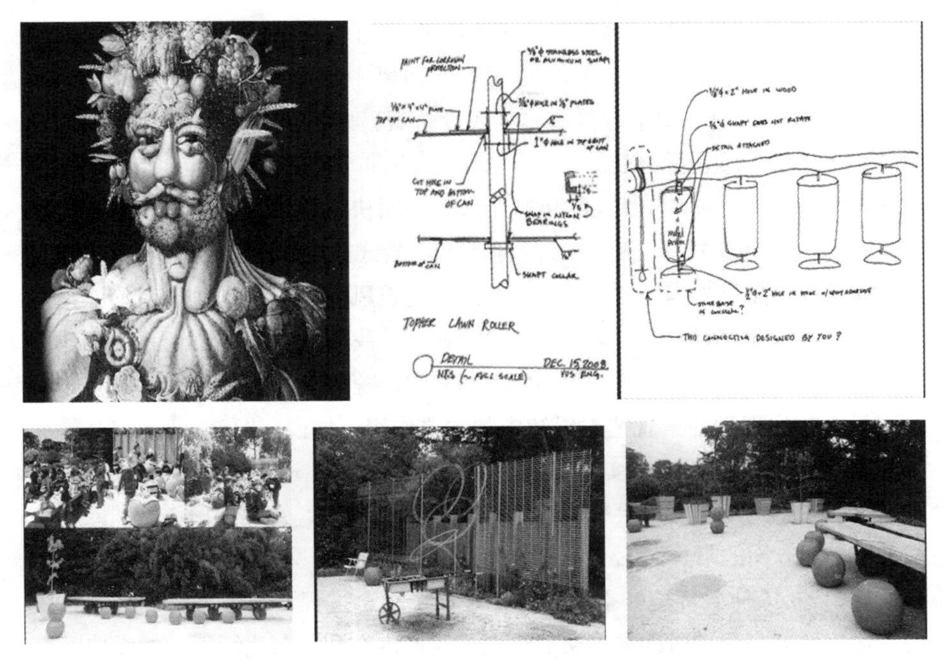

图 4–64　阿肯博尔多可食用花园组图

图 4–65　加州大学医学院植物园组图

而且，“我们有多少种感官知觉类型，我们就有多少种知觉空间”[①]，如英国美学家罗纳德·赫伯恩（Ronald Hepburn）在《自然的审美鉴赏》（*Aesthetic appreciation of nature*）中说：“有时他［观赏者］可能作为静止的、旁观的观赏者面对自然对象，然而更为典型的是对象在各个方面笼罩他。在一处森林之中，树木环绕他；他被山环绕，或者他伫立在一处平原中间。如果景观在变化，观赏者本身可能处在运动中，同时他的运动可能成为审美经验的重要

① ［德］莫里茨·石里克：《自然哲学》，陈维杭译，商务印书馆 1984 年版，第 28 页。

因素。”[①]清郑板桥就如此体验了一个小院落：“十笏茅斋，一方天井，修竹数竿，石笋数尺，其地无多，其费亦无多。而风中雨中有声，日中月中有影，诗中酒中有情，闲中闷中有伴，非唯我爱竹石，即竹石亦爱我也。”(《郑板桥集·竹石》）而弗里德里希·恩格斯（Friedrich Engels）在谈及他对建筑艺术的体验时曾写道：“希腊式的建筑使人感到明快，摩尔式的建筑使人觉得忧郁，哥特式的建筑神圣得令人心醉神迷；希腊式的建筑风格象艳阳天，摩尔式的建筑风格象星光闪烁的黄昏，哥特式的建筑风格象朝霞。”[②]卡尔松亦描述了他对日本园林的体验：“我经验这种园林时，我情不自禁地、毫无困难地沉浸在一种平静、宁静的无所为而为的状态之中，蕴含幸福的情感。”[③]戈登·卡伦则极为关注视觉在景观艺术感知中的主要作用，他说：“我们几乎完全是靠视觉来认识环境的……事实上，视觉不仅用于观察，还会唤醒我们的记忆体验以及那些一旦勾起就难再平息的情感波澜。”[④]同时，知觉作用作为“四度空间——时间方面的事件”[⑤]，“与其说我们经验到表象，不如说我们的经验是表象性的”[⑥]。人体验环境和空间知觉亦是一个复合过程，其中组合了各种各样的变化，且“一个场所的关键功能可以是我们内在和谐与连续感觉的支柱”[⑦]，“就如我们从来都与物自体（des choses en soi）无关，仅仅和表象有关系，主观的表象（经验的产物）和虚幻的表象（想象的产物）之间的不同，简化为按范畴来整理的表象（即因果范畴）和那些按照连续的任意性整理的表象（没有概念的空想）之间的区别。如果自然的事物不再服从因果的联系，一切会变成梦的样子，我们将在任何情况下都不能保证我们觉察到了某个奇异的现象，而更像是做了场梦或者沉溺于幻想”[⑧]。

因此，若从主体的感知状态来划分景观艺术形式的现象感知，大致包括静

---

① 转引自［加］卡尔松《环境美学——自然、艺术与建筑的鉴赏》，杨平译，四川人民出版社2006年版，第59页。

② ［德］马克思、恩格斯：《马克思恩格斯全集（第四十一卷）》，人民出版社1982年版，第139页。

③ ［加］卡尔松：《环境美学——自然、艺术与建筑的鉴赏》，杨平译，四川人民出版社2006年版，第252页。

④ ［英］G·卡伦：《城市景观艺术》，刘杰、周湘津等编译，天津大学出版社1992年版，第5页。

⑤ ［挪威］诺伯格·舒尔兹：《存在·空间·建筑》，尹培桐译，中国建筑工业出版社1990年版，第6页。

⑥ ［丹麦］丹·扎哈维：《胡塞尔现象学》，李忠伟译，上海译文出版社2007年版，第14页。

⑦ ［美］凯文·林奇、加里·海克：《总体设计》，黄富厢、朱琪、吴小亚译，中国建筑工业出版社1999年版，第75页。

⑧ ［法］甘丹·梅亚苏：《形而上学与科学外世界的虚构》，马莎译，河南大学出版社2017年版，第33页。

态画面感知、动态影像感知、戏剧性情节感知三种。且静态画面感知一般属于局部节点性面对感知，而动态影像感知则是需要主体沉浸入景观艺术之中，这种整体感知模式与电影艺术的镜头摄取与剪辑相当类似，因为在电影里，静止的画面以每秒 24 帧的速度连续放映，造成实际运动的感觉，即“电影同画一样，是以图象来运作的，它以增加图象的方式使图象在时间持续上拉长”[①]。但在某种意义上说，电影中的运动也是暗示与预置出来的，而不是实际的运动。另就一般而言，景观艺术形式之静态画面感知是动态影像感知的一个部分、片段、定格，其特征为感知者无法进入景观之中，而只能是外在于人的“远观”。

（一）静态画面感知

静态画面感知是景观艺术外在于人、从一个外在特定的角度来鉴赏的一种静态面对性感知与局部性节点感知，是一种“分离”（Detachment）式的静观感知状态，即“观察者是外在于作品的，不可能在物理意义上进入或与那另一个世界相接触”[②]，但仍可以有心理上的或情感上的接触。童寯在《江南园林志》中论及了感知日本园林艺术的方式即为画面式静观：“日本庭园，古无苑路。中峰本禅师咏天目诗所谓‘只堪图画不堪行’者也。”[③]可以说，至镰仓及室町时代的日本枯山水园林艺术也只是外在于体验者的一幅画而已，是不可以行走其间的，这与中国宋代禅宗思想下营造的园林是相当一致的，即假借于完全静止的画面感知途径。汲取了日本枯山水园林艺术精髓的野口勇（Isamu Noguchi）擅长将雕塑与景观设计相结合的艺术创作，致力于用雕塑的方法建构户外的空间，“我喜欢想象把园林当作空间的雕塑……人们可以进入这样一个空间，它是他周围真实的领域，当一些精心考虑的物体和线条被引入的时候，就具有了尺度和意义。这就是雕塑创造空间的原因。每一个要素的大小和形状是与整个空间和其它所有要素相关联的……它是影响我们意识的在空间的一个物体……我称这些雕塑为园林。”[④]（图 4–66）事实上，野口勇也曾深受中国传统绘画中“大写意”艺术风格的影响：“1930 年—1931 年间，他意外地访问了北京。在此期间，他创作了数百幅融合了形象与抽象的中国传统

---

① ［法］克洛德 · 列维 – 斯特劳斯：《看 · 听 · 读》，顾嘉琛译，生活 · 读书 · 新知三联书店 1996 年版，第 71 页。
② ［芬］约 · 瑟帕玛：《环境之美》，武小西、张宜译，湖南科学技术出版社 2006 年版，第 11 页。
③ 童寯：《江南园林志》，中国建筑工业出版社 1984 年版，第 45 页。
④ 转引自林箐《空间的雕塑 —— 艺术家野口勇的园林作品》，《中国园林》2002 年第 2 期。

水墨画，并最终在他的雕塑作品中发挥了重要作用。”[①]（图 4–67）他在 1961—1964 年为查斯·曼哈顿银行广场下沉庭院（*Sunken Garden for Chase Manhattan Bank Plaza*）的景观设计中即以“圆”为空间建构的主体骨架，似乎亦是他回应中国太极图式所运用的造型语言——“这个庭院显然是日本枯山水庭院的新版本。黑色的石头是专门从日本精心挑选而来的，石头下面的地面隆起成一个个小圆丘，花岗岩铺装铺成环状花纹和波浪曲线，好象耙过的沙地。夏天时，喷泉喷出细细的水柱，庭院里覆盖着薄薄一层水，散布的石峰仿佛是大海中的几座孤岛。野口勇将其称之为‘我的龙安寺’。龙安寺庭院是日本京都最著名的枯山水园林。”显而易见，这个内部下沉庭院就是用来观赏的而不是进入的，既可以定点式静态画面感知——用以冥想或沉思，又可以沿着圆形动线进行类似电影 360 度环形拍摄的多视点画面摄取感知。（图 4–68）

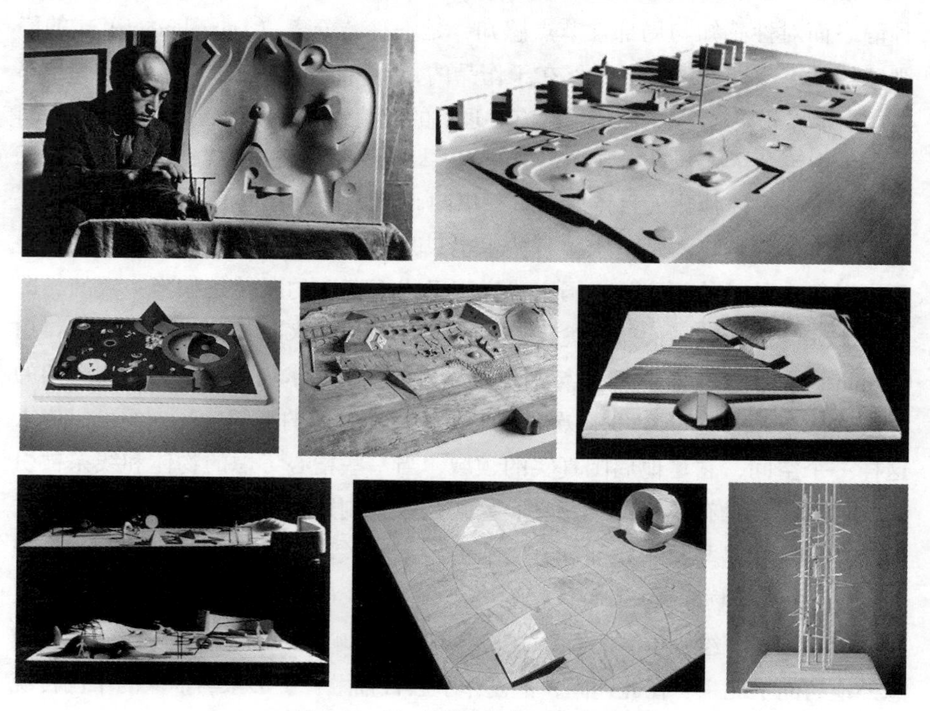

图 4–66　野口勇的雕塑作品模型组图

① Joanna Kawecki，“Isamu Noguchi: From Sculpture To The Body And Garden”，https://champ-magazine.com/art/isamu-noguchi-sculpture-body-garden/, 2018 年 10 月 19 日。 野口勇在北京住了 8 个月，跟随著名国画家齐白石学习中国画。笔者注。

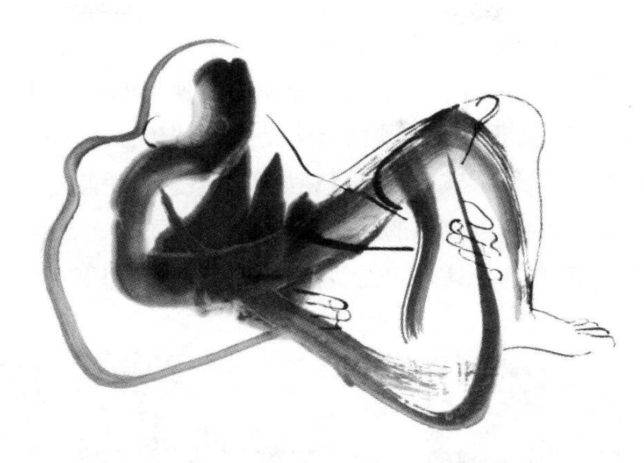

图 4–67　野口勇 1930 年在北京创作的水墨画

图 4–68　曼哈顿银行广场下沉庭院

且静态画面感知的关键在于视点和取景的角度——类似于照相机取景器的“框定”与“定格”，“典型地含有模拟三维空间的透视法的运用，以及逼真地描绘从景观中的一个特殊点上所看到的东西的企图。”① 可以说，一幅普桑的风景画就是一个视觉注意的猜想点，就是用一种特殊的构图方式捕捉世界的一小部分。从莱昂 · 巴蒂斯塔 · 阿尔伯蒂（Leon Battista Alberti）时代以来，西方艺术的视觉作品就以其布局的整体性得到人们的公认，这包含有各种各样的形式，但每一种都植根于焦点的选择、组织和理解可视世界的文化态度。画家只能够画出他在景观中看见的东西，玛克斯 · 德索（Max Dessoir）曾说：

① ［美］史蒂文 · 布拉萨:《景观美学》，彭锋译，北京大学出版社 2008 年版，第 8 页。

"每一件空间艺术品必须代表一个空间结合体，实际上就等于远处的客体被看作是空间的结合体一样。画家可以说是必须为他视野的一个部分提供框架与空间中心，而且还必须将其中的颜色当作是和谐的价值而不能当作分离的斑点。"① 如画般的景观艺术形式欣赏是景观如画的概念预先假定了一种体验景观的独特方式——模仿绘画景观前的静观，而在贝尔看来，"那凝视着艺术品的鉴赏家都正处身于艺术本身具有的强烈特殊意义的世界里"②。

图 4–69 绘画作品《黄石大峡谷》

图 4–70 绘画作品《雨天的巴黎街道》

图 4–71 摄影作品《纽约第五大道午餐时间的中城》

出生于英格兰博尔顿的美国风景画家托马斯·莫兰（Thomas Moran）倡导了一种"如画性"(Picturesque) 传统脉络下如自然般景观艺术形式欣赏的静态感知方式。莫兰于 1872 年在美国西部探险途中创作完成的《黄石大峡谷》(*Grand Canyon of the Yellowstone*)(图 4–69）等精美绝伦的自然风景绘画，成为了记录莫兰静态景观画面感知的图像文本。而在德国艺术家尤尔根·帕尔特海姆（Jurgen Partenheimer）看来，"画不是对瞬间的记录，画也不是对客观外在的替代或注解。在画里面体现的是感觉，是作者的意识，是对原因和原则的意识……画是我们感情的投射，是我们想像性感觉的象征，是我们所想像和观察的世界的一个理念"③。凝视法国画家古斯塔夫·加利波特（Gustave Caillebotte）的《雨天的巴黎街道》(图 4–70)，其中的建筑物、雨伞、铺路石板、马车、车轮以及街灯"向我们的眼睛呈现一种投影，一种类似于在普通知觉中事物在我们的眼睛里铭刻下的或将要铭刻的投影，它使我们在真实客体不在场时，就如同在生活中看真实的客体一样去看，它尤其让我们从并

① ［德］玛克斯·德索:《美学与艺术理论》，兰金仁译，中国社会科学出版社 1987 年版，第 26 页。
② ［英］克莱夫·贝尔:《艺术》，周金环、马钟元译，中国文艺联合出版公司 1984 年版，第 17 页。
③ 孙周兴编:《世界之轴：帕尔特海姆艺术》，中国美术学院出版社 2002 年版，第 26 页。

没有真实客体存在于其中的那个空间去看"[①]。铺路石板的肌理看上去亦是湿滑的，几乎让人滑倒，几何形态构成了自然形态（人物）的背景，成为"支持性"形态，与人物形态产生了对比。美国摄影艺术大师安德烈亚斯·芬尼格（Andreas Feininger）1948 年所拍摄的《纽约第五大道午餐时间的中城》（*Midtown Fifth Avenue during lunch hour, New York*）（图 4–71）则选取了略高于水平视线的视点而凝结了二战之后不久热闹非凡的纽约街头熙攘人群涌动的城市景观。他摄于 1951 年 12 月的另一幅著名摄影作品的画面是纽约联合国大厦前布鲁克林 – 昆士区的公墓（图 4–72），这些墓碑石叠落在一起很像美国城市中的摩天楼，恰如著名的费尔柴尔德（又译"仙童"）航空摄影公司（Fairchild Aerial Surveys）于 1951 年 8 月拍摄的向南鸟瞰曼哈顿中部照片的摩天楼群（图 4–73）。也正如芬尼格自己摄于 1940 年的作品《纽约帝国大厦》（*Empire State Building, New York*）（图 4–74）所显示的一样，当人们坐着飞机从高空俯视地面，即便是巨型摩天楼也只有一块条石那么高，不过是一尊雕塑品，并不是人们能够居住的真正的建筑物。

图 4–72　美国布鲁克林 – 昆士区公墓

图 4–73　鸟瞰纽约

图 4–74　摄影作品《纽约帝国大厦》

（二）动态影像感知

就主体感知的状态而言，动态影像感知是主体融入景观艺术之中的动态体验与连续的整体性界面感知，是一种"介入"（Engagement）式的动态印象的流动。且被动地让一幅画本身在眼睛的视网膜上成像亦不足以构成"看"，因为"视网膜像电影屏幕，连续变化的画面在它上面显现着，但是眼睛后面的

① ［法］莫里斯·梅洛 – 庞蒂：《眼与心》，杨大春译，商务印书馆 2007 年版，第 56 页。

心灵只意识到其中的少数画面”[①]。苏轼即有“横看成岭侧成峰”的诗句，而郭熙在《林泉高致》中亦主张“步换景移”动观方式，这即为“实现现实瞬时状态的三维截面在四维世界中沿着时间轴漫游”[②]。如再次审视图4–72与图4–73，若飞机从很高处降落时，刹那间这些建筑物完全改变了。突然它具备了人的尺度，变成了像我们这样的人类居住的房屋，再也不是从高处看到的小玩具，“这种奇怪的转换发生在这样一瞬间，建筑物的外形开始从地平线上升起，我们不再俯视建筑物而可以看到它们的侧面。这些房屋就进入一个新的存在阶段，即不再是漂亮的玩具而成为建筑——因为建筑不仅意味着从外面看到的形状，而且意味着在人们周围构成的形状，在里面生活时的形状”[③]。杜安·普雷布尔与萨拉·普雷布尔也共同认为：“为充分感受任何一件立体艺术作品的全貌，观赏者和物体中必须有一方、或双方是运动着的。雕塑和建筑的单一照片是没有这种状貌的，因为它们将观赏者限制在一种观感中。当我们看到空间中的一个实际物体时，我们会不由自主地感受到这一实体的各个平面之间发生的戏剧性交互作用，这些平面最后在记忆中留下一个完整的形象。”[④]马克·迪·苏韦罗（Mark di Suvero）的《高尔基的枕头》(*Gorky's pillow*)(图4–75）是一个长7.11米、宽2.9米、高4.72米的大型着色钢质装置艺术，如果“要从各个角度欣赏它，就必须沿着它的周长走64英尺（约19.52米）以上。我们也可以在它下面或在悬挂着的各种形式间走动，分别仔细观察它们”[⑤]。

“湖上笠翁”李渔在《闲情偶寄》“取景在借”一节中叙述了他欲购一个西湖船舫而开窗借景的故事，但他所设计的游船特点也只有窗格与别的船不同，即“事事犹人，不求稍异，止以窗格异之。人询其法，予曰：四面皆实，犹虚其中，而为‘便面’之形。实者用板，蒙以灰布，勿露一隙之光；虚者用木作框，上下皆曲而直其两旁，所谓便面是也。纯露空明，勿使有纤毫障翳。”《汉书·张敞传》注：“便面，所以障面，盖扇之类也。不欲见人，以此自障面，则得其便，故曰便面。”因之，“便面”之形就是扇形，李渔的游船窗格实际上就是一个扇形的“取景框”，其独特之处在于“是船之左右，止有二便面，便面之

① ［丹麦］S·E·拉斯姆森:《建筑体验》，刘亚芬译，知识产权出版社2003年版，第25页。
② ［德］莫里茨·石里克:《自然哲学》，陈维杭译，商务印书馆1984年版，第37页。
③ ［丹麦］S·E·拉斯姆森:《建筑体验》，刘亚芬译，知识产权出版社2003年版，第3页。
④ ［美］杜安·普雷布尔、萨拉·普雷布尔:《艺术形式》，武坚等译，山西人民出版社1992年版，第55页。
⑤ ［美］保罗·泽兰斯基、玛丽·帕特·费希尔:《三维创造动力学》，潘耀昌、钟鸣、倪凌云、魏冰清、季晓蕙、吕坚译，上海人民美术出版社2005年版，第166页。

图 4–75　装置艺术作品《高尔基的枕头》

图 4–76　“便面”游船

外，无他物矣。坐于其中，则两岸之湖光山色，寺观浮屠，云烟竹树，以及往来之樵人牧竖，醉翁游女，连人带马，尽入便面之中，作我天然图画”。而这种设计更加精妙之处是：“且又时时变幻，不为一定之形。非特舟行之际，摇一橹变一象，撑一篙换一景”，即使系缆泊舟时，“风摇水动，亦刻刻异形”。（图 4–76）李笠翁实乃深谙动态影像感知之道——“是一日之内现出百千万幅佳山佳水，总以便面收之”，且“便面”就是他的摄像机镜头，可谓李渔企图“一边拍电影，一边看电影”，而“便面之制，又绝无多费，不过曲木两条，直木两条而已”[①]。

阿里洪在《电影语言的语法》（*Grammar of the film language*）中则以影片《东方君主》（*El Senor del Este*）为例说明了在乌拉圭圣特里萨要塞中一个关于电影叙事的镜头摄取问题，其故事梗概为：“一个高卓人，身穿一个从被他打倒的葡萄牙军人那里夺来的军服，正准备穿过要塞的院子，向他计划要破坏的武器库走去。一个哨兵背对着院子在城墙上站岗。高卓人开始通过院子。”[②] 这场戏共分十个小段，由三个主镜头和两个单镜头组成，具体的镜头顺序如图 4–77 所示，此类平行剪辑的镜头摄取动态画面的穿插叠加，其感知的序列性特征“体现着积累的和动态的特征”[③]，正如雅克·拉康（Jaques Lacan）在《论凝视作为小对形》（*Gaze as objet petit a*）的文中所言：“在我们与物的关系中，就这一关系是由观看方式构成的而言，而且就其是以表征的形态被排列而言，总有某个东西在滑脱，在穿过，被传送，从一个舞台到另一个舞台，并总是在一

① （清）李渔：《闲情偶寄图说》，王连海注释，山东画报出版社 2003 年版，第 203 页。

② ［乌拉圭］丹尼艾尔 · 阿里洪：《电影语言的语法》，陈国铎等译，中国电影出版社 1982 年版，第 293 页。

③ ［美］柯林 · 罗、弗瑞德 · 科特：《拼贴城市》，童明译，中国建筑工业出版社 2003 年版，第 143 页。

定程度上被困在其中——这就是我们所说的凝视。”① 如同电影，放弃了固定视点的感知者随着场所的变化，景观可以（在镜头中）运动回缩，也可以连续扩张，（镜头中的）景观可以被无止境地再创造，感知意象可形成近乎真实、随机组合的动态影像，从中引发出的含义也将是随机性的，然而此“镜头”若经过编辑后形成了具有新秩序的存在，即可形成一种关系性的景观艺术感知。

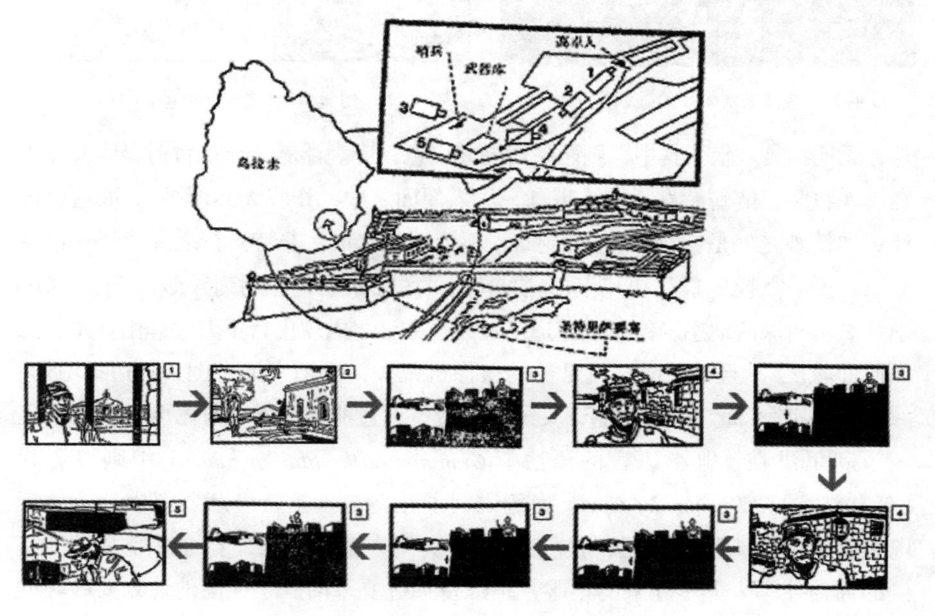

图 4–77　电影《东方君主》镜头剪辑图示

而且，在电影《超时空同居》② 的美术指导郑辰看来，“因为电影是大银幕观看，大银幕信息的传达会强化细节形成整体，画面的秩序感是足以带给观众潜移默化的建立，电影质感的重点也都在于此。观众的眼睛在处理一个画面的时候，可能焦点并没有在某个道具上，但是这个道具一样会带来直观的

① [法]拉康：《论凝视作为小对形》，载吴琼编《视觉文化的奇观：视觉文化总论》，中国人民大学出版社2005年版，第17页。

② 《超时空同居》于2018年5月18日在中国内地上映，讲述了“2018年一个想骗钱反被骗的失意女青年谷小焦（佟丽娅饰），1999年一个竭尽全力拉投资却卷进害老板事件的陆鸣（雷佳音饰），一觉醒来时空发生重叠两人睡在一张床上，更惊喜的是两人通过自己的房门可以将对方带到自己的年代”。从故事简介也能够看出此片涉及“穿越”，而这种题材在电影美术创作部分的工作往往比较多。

刺激。而这个刺激是潜意识的，是一种感受，但是它会影响到情绪。我们在表现内容上，为建立气氛和剧本要求去做的东西是两部分，但这两部分是并行发展的。能做强一点就要做强一点，这样观众才会有一个完整的观影过程。所以我还是比较坚持去做一个比较完整的场景出来。制景师、道具师，包括制片人，他们很有经验地去提这些建议，我也都会去采纳，但主场景建立的过程的每一个元素是不能省的"[①]。图 4–78、图 4–79 为电影《超时空同居》的室外场景"1999 年小卖铺气氛图"和"206 外街道 1999 年气氛图"，图 4–80 为剧中男女主角的室内场景气氛图。

图 4–78　电影《超时空同居》室外场景"1999 年小卖铺气氛图"

图 4–79　电影《超时空同居》室外场景"206 外街道 1999 年气氛图"(日、黄昏)

图 4–80　电影《超时空同居》室内场景"陆鸣与谷小焦家并置展开"

贡布里希亦宣称无论是在听曲子的时候，还是在看画的时候"巴特利特 [Bartlett] 所谓的'寻求意义的努力'都导致我们在时空中进行前后扫

① 郑辰:《电影美术手册：从概念设计到动手分工》，https://cinehello.com/articles/2454，2018 年 6 月 13 日。

描，导致可以被称为‘恰当的系列顺序’[the Appropriate Serial Orders] 的排定。惟有这种系列顺序才给图像以连贯性。换句话说，运动的印象正如空间的错觉一样，是一个复杂过程的结果，这个过程最好用图像读解这一熟悉术语来描述。”① 拉斯姆森则将建筑视作一门组织艺术，“房屋的建造犹如一部没有明星演员的电影，一部所有角色都由普通人扮演的记录影片”②。杨鸿勋先生亦认为在江南园林中的游园就是一个“我身在其中”③ 的连续与不连续观赏过程，更是一个时间组织的潜在无尽的段落过程：“诸景面展示的方位、久暂和程序，代表了园林艺术的内部结构。如同音乐在时间的过程中组织音阶、音色、音量等，从而产生旋律、节奏以表示一定的情趣一样，随着游园时间的推移，组织一系列重叠景面的印象，从而完成园林的艺术效果。”④ 同时，被感知的景观艺术形式对象又不像传统艺术作品，它是没有被“框定的”，它既有戏剧作品、音乐创作那样流动在时间之中的特性，也与绘画和雕塑那样伸展在空间之中相趋同，因而是一种“时空叠合与解体”框架并存的复杂多元感性体验——“时间率领着空间，因而成就了节奏化、音乐化了的‘时空合一体’”⑤。

其实，感知者的空间梭巡体验就是对一个复杂结构的形式系统的动态感知，亦提供了一系列永无止尽连续景观的生动场面、独特的场所感和纷现迭出的感知意象，即“一旦某物被人感知为一个复杂的结构，被感知的各个部分可以说是不能独立于整个结构的，这些部分尽管是在这个结构中被人感知的，却只能作为该结构的组成部分具体地为人所感知”⑥。查尔斯·詹克斯就将后现代建筑与中国园林从空间体验的角度进行了类比：“后现代就象中国园林的空间，把清晰的最终结果置在半空，以求一种曲径通幽的，永远达不到某种确定目的的‘路线’。”⑦ 也就是说，整体感知景观艺术形式必须紧密关联

---

① [英]贡布里希：《艺术中的瞬间和运动》，载范景中选编《贡布里希论设计》，湖南科学技术出版社2004年版，第32页。

② [丹麦] S·E·拉斯姆森：《建筑体验》，刘亚芬译，知识产权出版社2003年版，第5页。

③ [英] G·卡伦：《城市景观艺术》，刘杰、周湘津等编译，天津大学出版社1992年版，第4页。

④ 杨鸿勋：《江南古典园林艺术概论》，载中国建筑学会建筑历史学术委员会主编《建筑历史与理论（第二辑）》，江苏人民出版社1982年版，第144页。

⑤ 宗白华：《空间意识与空间美感：中国园林建筑艺术所表现的美学思想》，载江溶、王德胜编《中国园林艺术概观》，江苏人民出版社1987年版，第15页。

⑥ [英]奥斯本：《鉴赏的艺术》，王柯平等译，四川人民出版社2006年版，第50页。

⑦ [英]查尔斯·詹克斯：《后现代建筑语言》，李大夏摘译，中国建筑工业出版社1986年版，第81页。

时间——“步移景异”的时间流动——“与艺术相关的时间维度实际上是奠基性的”[①]，或如凯文·林奇所说的“中国园林惹人喜爱的品质之一是序列体验”[②]，即“时间”成为场所序列体验的组织力，我们在园林中所看到的每一个单一的风景形象均可视为在整体中存在的某个片段，在每个新的场所都能意外地遇到似曾相识的印象，“每前进一步，就过渡到了下一个顷刻，就会观赏到不同的形式。即使是对同一个风景，只要稍微改变欣赏的角度，也会获得不同的观感”[③]。体验者亦往往需在园之入口处之后穿越一段加以过渡的灰空间，然后才得以逐步转入园林主空间之中，因之他获得的空间感知变化十分丰富，景观的视觉序列在一系列连续的、意想不到的对比展现过程中引起了强烈的视觉快感。如苏州留园的入口处理（图4–81）即能给感知主体艺术地创造空间体验之变，其曲折的空间感知序列基本模式为“收—放”循环的游园节奏掌控。

图4–81　苏州留园入口空间序列

胡塞尔在他的《内在时间意识的现象学讲演录》中也着重强调了时间性：“一个对象作为一个空间对象，其所有可能的侧面组成了与一个动觉系统相对应的系统”[④]，并举了一例：“如果我围着一棵橡树转，想去获得对它的更彻底的表象，那么橡树的各个侧面并不作为分离的碎片而呈现自身，而是作为综合地整体化的环节被感知。这个综合化的过程在其本性上就是时间性的。”[⑤]事实上，一切事物都在移动和迅速变化，我们眼前的形象从来不是静止的，而是在不断地显现和消失，“如果视网膜保留某一图象，那么运动物体的影像便

① ［德］伽达默尔、杜特：《解释学 美学 实践哲学：伽达默尔与杜特对谈录》，金惠敏译，商务印书馆2005年版，第64—65页。

② ［美］凯文·林奇、加里·海克：《总体设计》，黄富厢、朱琪、吴小亚译，中国建筑工业出版社1999年版，第12页。

③ 刘天华：《〈拉奥孔〉与古典园林：浅论我国园林艺术的综合性》，载江溶、王德胜编《中国园林艺术概观》，江苏人民出版社1987年版，第29页。

④ ［丹麦］丹·扎哈维：《胡塞尔现象学》，李忠伟译，上海译文出版社2007年版，第82页。

⑤ ［丹麦］丹·扎哈维：《胡塞尔现象学》，李忠伟译，上海译文出版社2007年版，第105页。

会成倍地增多，当它们互相追赶时，就象在空中的振颤那样不断地改变着它们的形状”[①]。哈维·菲特（Harvey Fite）的占地6.5英亩的环境雕塑《作品40》（*Opus 40*）（图4–82）即利用石阶、墙面和平台控制观者在时空中的运动，当它们奇特地从视野里消失时，又引导着观者上上下下步入深深的围墙之内，时而穿越这座结构，时而在它周围行走，好像置身于一座建筑之内。

图4–82　环境雕塑《作品40》

李斗在《扬州画舫录》中亦以奇特的“语言拼图”勾描了在时间延展中的小洪园（即“卷石洞天”）“曲廊”，体验者穿梭其间的动态感知极似于迷宫中一般精巧繁复：

> 薜萝水榭之后，石路未平，或凸或凹，若踶若啮，蜿蜒隐见，绵亘数十丈。石路一折一层，至四五折，而碧梧翠柳，水木明瑟。中构小庐，极幽邃窈窕之趣，颜曰“契秋阁”……过此又折入廊，廊西又折，折渐多，廊渐宽，前三间，后三间，中作小巷通之，覆脊如“工”字。廊竟又折，非楼非阁，罗幔绮窗，小有位次。过此又折入廊中，翠阁红亭，隐跃栏槛。忽一折入东南阁子，躐步凌梯，数级而上，额曰“委宛山房”……阁旁一折再折，清韵丁丁，自竹中来。而折愈深，室愈小，到处粗可起居，所如顺适，启窗视之，月延四面，风招八方。近郭溪山，空明一片。游其间者，如蚁穿九曲珠，又如琉璃屏风，曲曲引人入胜也。[②]

① ［美］杜安·普雷布尔、萨拉·普雷布尔：《艺术形式》，武坚等译，山西人民出版社1992年版，第55页。

② （清）李斗：《扬州画舫录插图本》，王军评注，中华书局2007年版，第85页。

童寯在《江南园林志》“造园”的开篇亦云：

> 盖为园有三境界，评定其难易高下，亦以此次第焉。第一，疏密得宜；其次，曲折尽致；第三，眼前有景。试以苏州拙政园为喻。园周及入门处，回廊曲桥，紧而不挤。远香堂北，山池开朗，展高下之姿，兼屏障之势。疏中有密，密中有疏，弛张启阖，两得其宜，即第一境界也。然布置疏密，忌排偶而贵活变，此迂回曲折之必不可少也。放翁诗：“山重水复疑无路，柳暗花明又一村。”侧看成峰，横看成岭，山回路转，前后掩映，隐现无穷，借景对景，应接不暇，乃不觉而步入第三境界矣。斯园亭榭安排，于疏密、曲折、对景三者，由一境界入另一境界，可望可即，斜正参差，升堂入室，逐渐提高，左顾右盼，含蓄不尽。其经营位置，引人入胜，可谓无毫发遗憾者矣。①

对于此种造园艺术评价标准，王澍认为：“童先生之后，论园林的文字不可谓不多，但谈的多是解释、某种知识，对如何做好一个园子，基本没有帮助。这十二个字的标准里，后人最难解的，应该是‘眼前有景’四字。景要有真情趣，就应该是被发现和披露出来的，不是什么景致都能叫景的。而‘眼前’二字，指这景在漫游中经一转折停顿，突然出现，为特殊的事物、视线和氛围所激发。如此，可以理解黄公望何以说画山水时取画名是第一要紧事，取名既是发问，也是点醒，不问，无名，景就是沉默的。名字实际就是一条线索的线头，循它问去，看去，多少回忆就一一复活。”②

（三）戏剧性情节感知

感知仅仅是画面（静态画面与动态影像）感知吗？答案是否定的。感知与电影或戏剧中的情节体验与文化情境密切关联，即相对于静态画面感知与动态影像感知而言，戏剧性情节感知是对景观艺术主题叙事场景的“召唤式”体验，这既是一个共时性感知，也是一个历时性体验，且更是共时性与历时相融的、关乎艺术主题叙事的叠合性复杂感知，这与德国音乐家威廉·理查德·瓦格纳（Wilhelm Richard Wagner）所认为的音乐之所以令人感动并不

① 童寯：《江南园林志》，中国建筑工业出版社1984年版，第8页。
② 王澍：《造房子》，湖南美术出版社2016年版，第102页。

仅在于音乐本身，还在于与之相关的许多其他因素是息息相通的，亦即他所论及的“综合艺术品”(Gesamtkunstwerk)[①]。可见，景观感知理论（Landscape Perception Theory）中的“静态画面感知、动态影像感知、戏剧性情节感知”是一个由低到高、从感觉印象到知觉复合体的感知等级梯度，感知经验处于不断地编织过程中，环境艺术体验的丰富性与意义深度也随之越来越强烈，前二者是从画面摄取的视觉体验而言的（当然，绝不仅仅是视觉一个层面的），后者则是从涉及所有感官和思维的文化记忆性意境体验来说的（从直接的感官体验、记忆、创造性的想象空间到理性的分析），而且，诸多感知行为很可能是包含了这三种类型体验的一种复杂的交互作用。意大利文艺复兴晚期建筑理论家赛巴斯蒂亚诺·塞利奥（Sebastiano Serlio）则早已从感知的维度出发将城市景观与戏剧艺术进行比照，并提出了城市的喜剧场景、悲剧场景和郊外场景等概念（图4–83）。

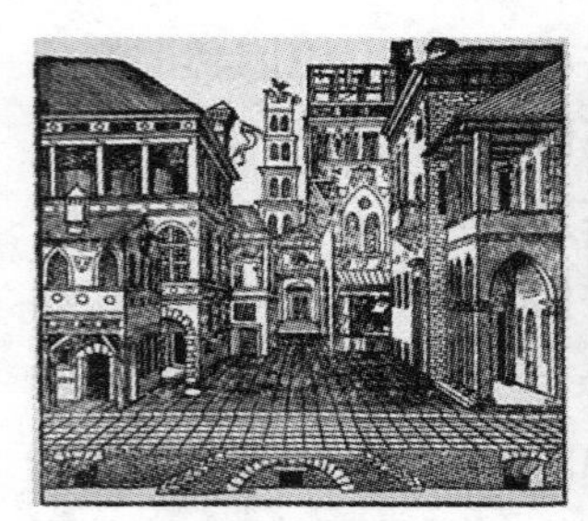

喜剧场景

悲剧场景

郊外场景

图 4–83　塞利奥场景组图

传统的艺术历史范例表明，古典的与中世纪的风景再现几乎无一例外地是“象征之风景”(Landscape of Symbols)，而不是能够传达感官印象的“事实风景”。唤起我们感知的现代风景，即反映空间感与光之效果的风景，最先出现在15世纪的佛兰德艺术和意大利艺术中。这一转变的驱动因素是经验主义的观察、科学的好奇心及数学计算。意大利文艺复兴时期科学透视法的出现，使画家能够借助于数学上正确的形式来表述视景的高度和纵深。据说当时这种精确性在欧洲以外的地方还没有发现。这一范例描绘了一种欧式的线性进步，认为新的观察方式产生了“真实

① “综合艺术品”是德国音乐家瓦格纳所提倡的在歌剧中可将故事情节、音乐、舞台场杂糅在一起的艺术概念。

> 的”风景，这种看法所显现的自满与天真被指责为意识形态神秘化。因为，受制于人为因素，“新的观察方式”遮蔽掉的东西可能如其显示的东西一样多。
>
> 几何和数学成为“透视目光——观察者总是从画面之外或之上凝视”的科学根源，而观察者事实上是从一个审美意义的图绘的角度进行凝视。受过教育的手和眼睛建构、接受、诠释一番景色，而忙碌的底层劳动者也在建构、接受、诠释另一番景色。经过社会与美学高低标准的过滤，透过表面意义和隐喻意义的“视角”，决定了哪些人能看到哪种景色。透视法与剧场在布景中相交，因为透视科学让舞台布景把新的空间幻觉表现出来。尽管画出来的风景传达了纵深与距离的幻觉，但它远远不是现实的。作为一种艺术类别，风景是通过建筑讨论进入意大利文艺复兴艺术理论的。意大利文艺复兴时期的剧场从幸存下来的维特鲁威《建筑十书》手稿的整理版本中获得灵感，使戏剧模式配合舞台布景。
>
> 《建筑十书》对建筑空间、风格、比例、结构、装饰以及这些建筑范畴整合起来之后所能表达的意义进行了详尽的梳理。在论及剧场建筑的具体实践时，维特鲁威概述了三种戏剧模式：悲剧、喜剧和讽刺剧。悲剧演出需要依托公共建筑的背景以反映公众人物的英雄事迹；喜剧演出需要依托家庭住宅的背景以反映公民的私人活动；而讽刺剧（包含牧羊人与农民，仙女与森林之神的理想世界）的上演则应在有风景的舞台上。人类宏伟行动的恰当背景不是风景，而是城市和市民。①

而且“动态影像感知”是作为“静态画面感知”向“戏剧性情节感知”过渡的中间环节，或者说“戏剧性情节感知”涵括了“静态画面感知”“动态影像感知”二者，同时在此感知的过程中又渗透了景观艺术主题意义的赋予与阐释、历史情境的还原感知与场景记忆等诸多关于隐喻式景观艺术的形式阅读，此种景观叙事性的情节体验与戏剧艺术中的事件、情节、段落经由主题叙事引线所串接的场景编排与转换相当类似：“像故事一样，旅行可以被想像为穿越时间和空间的有条理的故事。故事是一系列与人和环境有关的事件，而旅行则与旅行者游历的地方与景物有关，旅游的感受也是在旅途中产生的，故事是讲述给听众听的，戏剧要写成剧本表演给观众看，而旅行中的景观是

---

① ［美］温迪·J. 达比：《风景与认同：英国民族与阶级地理》，张箭飞、赵红英译，译林出版社2011年版，第13—14页。

可以设计的，通过选择旅行路线，改变路旁周围的环境，使游人得到享受。”[①]

亦因戏剧艺术在时间、地点和场景上的迅速转换，往往根据时间顺序进行线性呈现，或根据因果关系逐步展开，这决定了一种隐性的秩序感的生成与主体的串接式体验序列，也是穿越多形态空间里连续体的一系列线性运动。也就是说，“戏剧性情节感知”就是体验叙事性的景观艺术段落场景——感知的“剧场效应”与“戏剧性唤起（Dramatic Evocationl）”，由此我们也可以把景观艺术视作一出编排连贯完整的戏剧，但这种编排却“将无序的因素组织成能够引发情感的层次清晰的环境”[②]，景观艺术家也就成为了遵循“情境逻辑”（Situational Logic）[③]而布置场景的戏剧作家、系列体验的塑造者，他将戏剧情节的段落场景转译为景观艺术形式的结构秩序，即将场景设想为戏剧演员扮演各种角色的舞台，“舞台”引导着“演员”的“表演”行为方式。陕西长安南里王村韦氏家族墓墓室西壁的六扇屏风式的树下仕女图（图 4–84），即描述了一个贵妇在 6 个不同场景中的戏剧性段落情节，藏于伊斯坦布尔考古博物馆的公元前 4 世纪中叶“西顿石棺”（图 4–85）壁上的悲伤哭妇在爱奥尼克柱所框定的 6 个仪式化场景段落中摆弄着恸哭的形态；安徽绩溪湖村门楼砖雕（图 4–86）上将人物置于亭台楼阁的园林化的场景段落拼贴之中，其生硬串接的场景亦以古典戏文作为主要的情节结构，而这些均是一出凝固的“戏剧”。

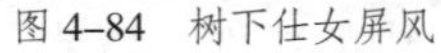

图 4–84　树下仕女屏风

图 4–85　西顿石棺

① ［澳］凯瑟琳・布尔：《历史与现代的对话 —— 当代澳大利亚景观设计》，倪琪、陈敏红译，中国建筑工业出版社 2003 年版，第 92 页。

② ［英］G・卡伦：《城市景观艺术》，刘杰、周湘津等编译，天津大学出版社 1992 年版，第 5 页。

③ 这一概念来自波普尔（Karl Popper，1902—1994），他主要是区别如下两种情境：一是行动者所理解的情境，一是实际发生、存在的情境。波普尔指出，在科学史上，经常有这样的事例：一个科学家实际上解决的问题，并不是他有意识解决的问题。贡布里希则借用了情境逻辑这个概念，并将之施用于艺术史与艺术批评领域。

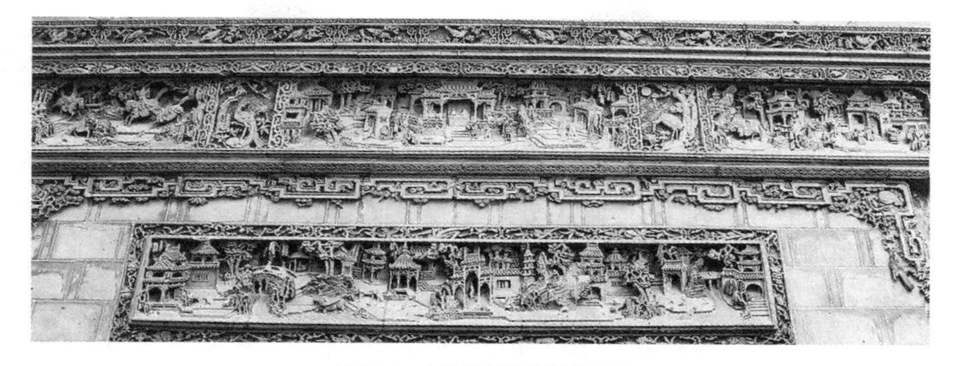

图 4–86　安徽绩溪湖村门楼砖雕

“现在的电影剧本形式和莎士比亚的戏剧非常相似。特别相似的是戏的展开。电影剧本必定有头有尾。在莎士比亚剧中，这一点是非常鲜明的。人们说，电影最重要的是头一场戏和最后一场戏。莎士比亚的所有作品也同样是以此为重点的。电影是以故事的展开为中心而写出戏来的。这和莎士比亚以故事的粗大线条贯穿始终恰好相似。莎士比亚的剧无疑是为了给广大观众看而写的，是露天剧，用边讲边描绘的方法。戏的展开和人的一生相似。这和电影剧本一样。对于电影剧本来说，恐怕再也没有象莎士比亚作品那么多可以直接借鉴的了。”① 此语是新藤兼人在《电影剧本的结构》中以莎士比亚的作品为例，将电影与戏剧相比照后的论断，强调了电影必须有戏，即起承转合且有组织体系的完整戏剧场景序列从第一场戏到最后一场戏，一般包括故事的序幕、发展、情节高潮以及终曲。

其实，有戏、有故事不仅是对电影艺术创作的要求，在景观艺术中亦有“叙事”的潜力与呼唤——“园林中的每一个结构都在叙述着园林的故事”②，而且“我们可以通过并列、比较、拼贴，把它们结合成序列以发展成某

① ［日］新藤兼人：《电影剧本的结构》，钱端义、吴代尧译，中国电影出版社1984年版，第7页。

② ［美］罗伯特·罗滕博格：《维也纳彼德麦式园林与中产阶级身份的自我塑造》，载［法］米歇尔·柯南、［中］陈望衡主编《城市与园林——园林对城市生活和文化的贡献》，武汉大学出版社2006年版，第189页。

个叙事情节"[①]。在以"为体验而设计"著称的美国罗斯福纪念公园(The F.D. Roosevelt Memorial)(图4-87)的景观艺术创作中即以4个"主题叙事"为景观轴点，整个公园共分为4个主题段落——以罗斯福总统在任的4个时期的时局作段落区分的依据——其景观场景的布局如同戏剧艺术中的结构构造、情节编排一样，从入口向内即以时间的线性进程为次序展开了4个段落转折：A段落(任期1933—1936年)(图4-88)、B段落(任期1937—1940年)(图4-89)、C段落(任期1941—1944年)(图4-90)、D段落(任期1945年)(图4-91)，而这4个串接式景观体验结构又以"石墙"为"幕布"的划分段落，即以石墙分隔成4个各自独立但又一气呵成的四幕大戏，叙述了罗斯福执政的4个时期，也是对他宣扬的四种自由(就业自由、言论自由、宗教自由和免于恐惧自由)的纪念。蜿蜒曲折、情感融入的花岗岩石墙、瀑布、雕塑、石刻记录了罗斯福最具影响力的思想语录，并且用众多的事件从侧面反映了那个时代的社会和精神，以展现对罗斯福总统的纪念。这座纪念公园式的纪念碑与华盛顿特区其他总统纪念建筑景观[②]相比，没有拔地而起的恢宏壮观的建筑，没有高高在上的雕塑，而以一个水平性纪念性空间替代了垂直性纪念物，恰如西蒙兹的话语："一个合适的纪念碑，不仅仅是对某一事件的纪念或对某个人的歌颂，它还让人们感受到这令人所作贡献的分量。"[③]

---

① [南非]保罗·西利亚斯:《复杂性与后现代主义：理解复杂系统》，曾国屏译，上海科技教育出版社2006年版，第111页。许亦农则以苏州园林之沧浪亭为例，认为北宋文人苏舜钦通过沧浪亭的建造、命名和赋诗而改变了旧园林的意义，因为"园林的结构像文学作品，它清晰地说出建造者或园主人的思想，表达他的价值观和理想，激发其诗文创作。同样，园林结构再现了诗文的精神、表达其新思想、体现其价值观和丰富涵义"。[澳]许亦农:《作为文化记忆的苏州园林(11—19世纪)》，载[法]米歇尔·柯南、[中]陈望衡主编《城市与园林——园林对城市生活和文化的贡献》，武汉大学出版社2006年版，第326页。

② 如华盛顿纪念方尖碑、林肯纪念堂、杰弗逊纪念堂等。

③ [美]约翰·奥姆斯比·西蒙兹:《启迪：风景园林大师西蒙兹考察笔记》，方薇、王欣编译，中国建筑工业出版社2010年版，第9页。

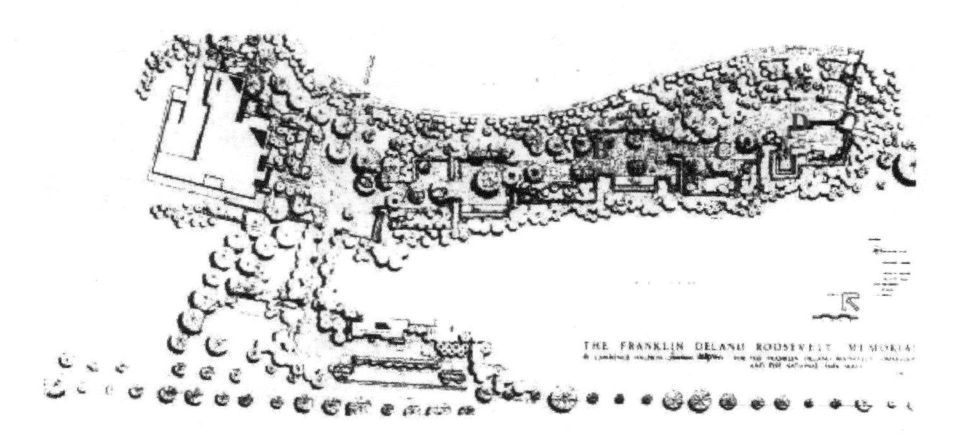

图 4–87　美国罗斯福纪念公园平面图

图 4–88　罗斯福纪念公园之“宣誓就职”

图 4–89　罗斯福纪念公园之“经济恐慌”

图 4–90　罗斯福纪念公园之“二次大战”

图 4–91　罗斯福纪念公园之“和平富足”

A 段落：宣誓就职。进入该段落场景获得的第一印象就是从岩石顶倾泻而下的水瀑，平顺有力，象征着罗斯福就任总统时所表露的那种乐观主义与一股振奋人心的惊人活力。

B 段落：经济恐慌。转入 B 段落后则让体验者很强烈地感知到当时全球经济大恐慌所带来的失业、贫穷、社会无助与金融危机等种种亟待解决的问题。该段场景主要用“绝望”“饥饿”“希望”三组雕像表现了大萧条时期的美国，同时容纳了著名雕刻家乔治 · 西格与罗伯特 · 格里汉姆的杰作。尤其是题为“面包队”与“炉边谈话”的作品：长长的等待领取面包的队伍，带着饥饿表情的憔悴的脸；聆听收音机中罗斯福每晚以乐观的语调谈话的百姓，沉思与希望的眼。在困苦的岁月里，罗斯福向民众传递着食物与精神，亦以一尊比真人大一倍的 2.7 米高的总统坐像为主题，罗斯福身披斗篷，面容坚毅，他的心爱宠物小狗法拉也陪伴在侧。

C 段落：二次大战。从 B 段落转入 C 段落的步道口，破败凋敝的花岗岩被不规则地零散置于两旁，恰如经过战争蹂躏一般残破断折——被炸毁墙面的乱石生动地呈现于眼前，象征着二次大战带给人民的惨状。水瀑在此区也变得更加激昂并具有威胁性，从石墙上喷涌而过并淹没了周围的其他声音，咆哮的水更像罗斯福总统爱好和平、痛恶战争的疾呼演说，而其厌恶战争的演说词也深深地刻痕于此区的乱石与壁面上。

D 段落：和平富足。C、D 段落过渡的标志是罗斯福总统最重要的工作伙伴、其夫人安娜 · 艾丽诺 · 罗斯福（Anna Eleanor Roosevelt）的雕像。此段场景描绘了历经经济恐慌与二次大战的浩劫后，转之而来的就是战后建设全面复苏。到处一片欣欣向荣的景象，空间也不再被墙和廊道所局限，而以宽广舒适的弧形广场空间形成开放辽阔的效果，对角端景则是动态有秩的水景衬以日本黑松，产生一种和谐太平的景致。且在纪念堂最后的壁龛上采用了一组浮雕描绘罗斯福葬礼的场景，作为整个设计的尾声。在公园出口，远眺杰弗逊的轴线步道旁，墙面的终点所刻的就是最令人向往的4项自由——言论、信仰、免于匮乏、免于恐惧的自由。

感知者将强烈地体验到该“叙事性景观”在亲切无声地讲述历史事件，它向体验者无限地敞开着，其场景编排导引了感知主体对重大历史事件下社会生活的追忆，即“意义不仅存在于场所中还与旁观者紧密相连”[①]。可以毫不夸张地说，罗斯福纪念公园是一部心情和序列空间互动的“舞蹈作品”、一场充满事件意味的“戏剧作品”。而且运用戏剧性情节感知的方式体验景观艺术形式的人，其内心所进行的思维过程也很类似景观设计师创作景观艺术时的思考过程。公园总设计师劳伦斯·哈普林认为纪念性是包含有意义的空间体验的一种结果，并明确指出了罗斯福纪念广场的设计目的并“不是建立一个孤立的象征物，而是从根本上追寻一种完全的体验。这种设计强调一种唯有通过时间和空间的体验才能创造出的特有品质，换言之，我们的根本目的是营造一种纯粹的体验式空间，而不是仅仅停留在视觉的层次上。这种体验式的空间设计着眼于景观的激发、互动功能，因而它也必然适合不同年代的所有人群”[②]。哈普林力图熔铸自己的身影与心理于作品中，诚如美国前卫戏剧家理查德·弗尔曼（Richard Forman）所说：“它不能将客体保持在思想中，但将物质呈现和表现在每一小份儿时间中……使每一种事物足够地寂静无声，好让真的正在发生的事发生。”[③]景观艺术家即景观戏剧作家，须力图使感知者在此景观艺术情境中的观念、激情、想象被创造、体现出来，一种“诗意般的体验”亦能被唤起，德索就曾如此说过：“艺术向我们显示世界与生活的本质，同时还展示供我们欣赏的事物的外表，表现那种让感官去获得的客体的纯粹的心理愉悦价值。艺术既是自然的拔高，又是情感的陶冶与满足。通过想象，它使我们从环境中摆脱出来，同时又将我们与内心经验的内容联系在一起。”[④]

---

① Marc Treib, “Must Landscapes Mean?”, *Landscape Journal*, 1995 (1).

② 转引自王中《公共艺术概论》，北京大学出版社2007年版，第188—189页。

③ 转引自［法］让－弗朗索瓦·利奥塔《非人——时间漫谈》，罗国祥译，商务印书馆2001年版，第147页。

④ ［德］玛克斯·德索：《美学与艺术理论》，兰金仁译，中国社会科学出版社1987年版，第27页。

三、审美判断

“艺术作品不象科学著作那样，要知觉者去研究它；不象技术设施那样，要知觉者去利用它；不象意识形态构成物那样，要知觉者去掌握它；不象游艺活动那样，要知觉者去观照它；艺术作品要知觉者去体验它。所谓体验，就是一个人从个人内心深处吸收他所知觉的对象的方式，这种方式也就是人们在现实生活中特殊的交往工具——因为爱、情感吸引力把互相作为主体的人引导到一起。”[①] 对艺术形式的现象感知与审美判断应是不可分割的同一体，为了便于着重研究“美”“审美”的需要而将其单列详述。审美判断即为现象感知的一个独特种类，美学之父鲍姆加登的美学也是“感知的”（Aisthetic），且该词源出自希腊语“aesthetikos”，而“aesthetikos”就等于感性的、知觉的，意味着“感性知觉”[②]。审美虽因人而异，但有些审美却是得到普遍认可的，美国环境美学家阿诺德·伯林特（Arnold Berleant）就认为：“审美不仅仅是对艺术的欣赏理论，更是关于感知能力的理论（Aesthetics as the Theory of Sensibility）。”[③] 而在英语中，审美的反义词是“麻木”，“审美这个词指的是美感以及一般的感官感觉”[④]，且审美判断比起我们的普通感官知觉来说，更为多样化，并且它属于一个更为复杂的层次，卡西尔就看到：“在感官知觉中，我们总是满足于认识我们周遭事物的一些共有不变的特征。与之相比，审美经验则是无比丰富。它孕育着在普通感觉经验中永远不可能实现的无限的可能性。在艺术家的作品中，这些可能性变成了现实性。”[⑤] 沃尔夫冈·韦尔施（Wolfgang Welsch）在《重构美学》（*Undoing aesthetics*）中确立了审美的三种“标准属性”：“艺术的”、“感知的”和“美—崇高的”，他亦认为“审美在向作为一种类型的转化中，审美的语义染色体系列同时也在改造自身。感觉、艺术、美和崇高等等，即审美的标准属性，都还依然可以被说明，但是其他视界现在走到了前面，像形构、想象、虚构，以及诸如外观、流动性和悬搁

---

① ［苏］莫伊谢依·萨莫伊洛维奇·卡冈：《美学和系统方法》，凌继尧译，中国文联出版公司1985年版，第253页。

② ［美］肯特·C·布鲁姆、查尔斯·W·摩尔：《身体，记忆与建筑》，成朝晖译，中国美术学院出版社2008年版，第31页。

③ 转引自鲁枢元《城市之困与环境美学——记与美国环境美学家阿诺德·伯林特的一次学术交流》，《艺术百家》2010年第6期。

④ ［美］杜安·普雷布尔、萨拉·普雷布尔：《艺术形式》，武坚等译，山西人民出版社1992年版，第6页。

⑤ ［德］恩斯特·卡西尔：《人论》，李琛译，光明日报出版社2009年版，第134—135页。

的设计等等”[①]。

具体到景观艺术形式审美判断的景观美学（Landscape Aesthetics）而言，它是基于人与自然的关系来探讨什么是环境中的美、人如何感受环境中的美以及“生活美学”的物质环境系统等问题。作为审美对象的景观也可以适当地被看作主体和客体之间的交互作用，因为“景观是日常生活的背景，因而，景观美学是一种日常经验美学”[②]。杜威在《艺术即经验》(*Art as experience*) 中就主张将艺术蕴含在所有日常经验内：“如果一位艺术家接近一片景色时能够不带有从他的先前的经验中汲取的趣味和态度，没有价值背景，他也许能，从理论上讲，专门根据它们作为线条与色彩的关系来观看线与色彩。但是，这是一个不可能实现的条件。不仅如此，在这种情况下，对于他来说就没有什么可以产生激情的。在一位艺术家能够根据他的绘画所独具的色彩和线条关系发展出他面前景色的重构之前，他观察到具有由先前经验将意义和价值引入他知觉之中的景色。”[③] 而且杜威认为“它们就像世界上的普通事物一样，不可避免地被不同文化和不同个性的人所经验”[④]。沃纳·诺埃（Werner Nohl）在《可持续景观利用与审美感知：对未来景观美学的初步思考》(*Sustainable landscape use and aesthetic perception:Preliminary reflections on future landscape aesthetics*）中精准地总结了景观美学感知由浅到深的4个层面：第一层面是感知层（Perceptual Level），指感知者通过视觉、听觉和嗅觉等，从一个场景直接获得相关信息；第二层面是表现层（Expressive Level），指所有的被感知的元素和结构都与感知者的感觉和情绪结合起来；第三层面是表征层（Symptomatic Level），指被感知的元素成为了一种符号或表达另一事物的含义；第四层面是符号层（Symbolic Level），指所有景观中的视觉元素都代表了另一事物。[⑤] 由之，“景观空间的建造是不能与特定的视觉、触觉等感官分离的，景观是一种在不同时期、不同社会的虚拟和实质的实践中蕴含和演变的介质。随着时间的流逝，景观产生层层新的再现而不可避免地增加和丰富其

---

① ［德］沃尔夫冈·韦尔施：《重构美学》，陆扬、张岩冰译，上海译文出版社2006年版，第41—42页。

② ［美］史蒂文·布拉萨：《景观美学》，彭锋译，北京大学出版社2008年版，第30页。

③ ［美］杜威：《艺术即经验》，高建平译，商务印书馆2005年版，第96页。

④ ［美］杜威：《艺术即经验》，高建平译，商务印书馆2005年版，第121页。

⑤ Werner Nohl, “Sustainable landscape use and aesthetic perception: Preliminary reflections on future landscape aesthetics”, *Landscape & Urban Planning*, 2001(1).

解释和可能性的范围。”[①]

（一）“美是一种价值判断”[②]

“在知觉各种审美属性——漂亮和畸形、美和丑、崇高和卑下、悲和喜及其深浅程度不同的无限多样的表现——的时候，理智参与到审美体验中。”[③]同时，在审美知觉和审美体验中，艺术作品只能被了解作品所使用的表达语言的人所欣赏，抑或如斯宾诺莎所说的美“与其说是被我们所观察的客体的一种性质，不如说是观察者身上所产生的一种印象”[④]。其实，所有关于美的评判及审美趣味完全取决于具体的文化背景，也就是说人们从自己的文化背景中获得了美的评判标准，而这些标准也很快形成了当地社会的流行审美观——我们逐渐地学会了欣赏那些需要我们欣赏的事物。由之，美在本质上是主观的事物，每个人都可以有自己的体验标准。[⑤]换言之，“评价一件艺术品的品质是没有绝对标准的。假如一件艺术品丰富了你的感受，那么，对你来说或许就是艺术。最终你必须自己决定任何作品的品质”[⑥]。坚称美是一种价值的乔治·桑塔耶纳（George Santayana）即声称：“不能想象它是作用于我们感官后我们才感知它的独立存在。它只存在于知觉中，不能存在于其他地方。”[⑦]列维－斯特劳斯主张美学判断如兴趣判断“具有主观性，但它又像知识判断一样，欲具有普遍的价值”[⑧]。但是，“对于不辨音律的耳朵说来，最美的音乐也毫无意义，音乐对他说来不是对象，因为我的对象只能是我的本质力量之一的确证……”[⑨]康德就认为“美就自身来看不是物的属性”[⑩]，审美就是对一个对

---

① ［美］詹姆士·科纳：《复兴景观是一场重要的文化运动》，载［美］詹姆士·科纳主编《论当代景观建筑学的复兴》，吴琨、韩晓晔译，中国建筑工业出版社2008年版，第6页。

② 汉宝德：《美，从茶杯开始：汉宝德谈美》，广西师范大学出版社2006年版，第147页。

③ ［苏］斯托洛维奇：《现实中和艺术中的审美》，凌继尧、金亚娜译，生活·读书·新知三联书店1985年版，第108页。

④ 北京大学哲学系美学教研室编：《西方美学家论美和美感》，商务印书馆1980年版，第135页。

⑤ 参见［英］罗伯特·克雷《设计之美》，尹弢译，山东画报出版社2010年版，第107页。

⑥ ［美］杜安·普雷布尔、萨拉·普雷布尔：《艺术形式》，武坚等译，山西人民出版社1992年版，第2页。

⑦ ［美］乔治·桑塔耶纳：《美感》，缪灵珠译，中国社会科学出版社1982年版，第30页。

⑧ ［法］克洛德·列维－斯特劳斯：《看·听·读》，顾嘉琛译，生活·读书·新知三联书店1996年版，第77页。

⑨ ［德］马克思：《马克思1844年经济学—哲学手稿》，刘丕坤译，人民出版社1979年版，第79页。

⑩ ［德］康德：《判断力批判（上卷）》，宗白华译，商务印书馆1964年版，第194页。

象的形式做无利害的静观，“审美的判断只把一个对象的表象连系于主体，并且不让我们注意到对象的性质，而只让我们注意到那决定与对象有关的表象诸能力的合目的的形式”。[①]

此类观点亦如宗白华曾云：“一切美的光是来自心灵的源泉：没有心灵的映射，是无所谓美的。”[②]德国古典主义建筑大师卡尔·弗里德里希·辛克尔（Karl Friedrich Schinkel）也主张“美是自然智慧的视觉证明”[③]，休谟则断定了“美不是事物本身的性质，它只存在于思考我们的头脑里面”[④]。黑格尔在其《美学》第一卷中把美装进了艺术的瓶中，认为只有在艺术中才能发现美，即美的审美属性只产生于理念和理念得以表现的具体可感的形式的辩证统一中，“当真在它的这种外在存在中直接呈现于意识，而且它的概念是直接和它的外在现象处于统一体时，理念就不仅是真的，而且是美的了。美因此可以下这样的定义：美就是理念的感性显现”[⑤]。对于自然美，他认为也只是人心灵的投射而已，“自然美只是为其他对象而美，这就是说，为我们，为审美的意识而美。”[⑥]日本老牌园林设计师小形研三也如黑格尔般论道：“自然美是自然界中存在的秩序，同主观想像力相一致时则感到优美。艺术是由人类创造出来的美的秩序。根据这个秩序使看到人受到了感动。”[⑦]

而在柏拉图的哲学中，美学不是独立的，他准确地看到了美与道德之间的紧密联系：善的东西就是感知的美的东西。亚里士多德在《修辞学》中亦将美视为一种善：“其所以引起快感，正因为它善。”《老子》第二章有云：“天下皆知美之为美，斯恶矣。皆知善之为善，斯不善矣。有无相生，难易相成，长短相形，高下相盈，音声相和，前后相随。恒也。”此即点明了“美”不是孤立地存在，“美”之判断乃基于特定“相反相成”是与“恶”比较下的价值判定，且以“相生、相成、相形、相盈、相和、相随”为达致的和谐目的状态。景观艺术是一种作用于公众的艺术形式，它必定比诸如绘画或文学

---

① ［德］康德:《判断力批判（上卷）》，宗白华译，商务印书馆1964年版，第35页。

② 宗白华:《美学与意境》，人民出版社1987年版，第210页。

③ ［美］肯尼思·弗兰姆普敦:《建构文化研究——论19世纪和20世纪建筑中的建造诗学》，王骏阳译，中国建筑工业出版社2007年版，第81页。

④ 转引自［英］大卫·贝斯特《艺术·情感·理性》，李惠斌等译，工人出版社1988年版，第21页。

⑤ ［德］黑格尔:《美学（第一卷）》，朱光潜译，商务印书馆1979年版，第142页。

⑥ ［德］黑格尔:《美学（第一卷）》，朱光潜译，商务印书馆1979年版，第160页。

⑦ ［日］小形研三、高原荣重:《园林设计——造园意匠论》，索靖之、任震方、王恩庆译，中国建筑工业出版社1984年版，第7页。

之类的艺术形式更有社会依赖性，将“善”引入景观艺术形式美学中即强调景观艺术形式“功能层次”的价值，是一项采取内在视角的美学行为，对于那些诸如制作公众艺术的艺术家，似乎应该有一种特别的责任将社会的和道德的价值考虑进去，这是从实践或道德的维度而论的。迈耶·夏皮罗（Meyer Schapiro）就宣称人们对于艺术品的审美态度“并不排除行动或欲望的主题”[①]，因而，“审美决定也必然是实践决定或道德决定。没有实践或道德的维度，美学的形式方面就失去了意义”[②]。“艺术应该功能化”“功能性艺术”[③]即是景观艺术家帕特丽夏·约翰松（Patricia Johanson）所持有的美学理念，亦正如她在2000年回忆其1981—1986年间设计的达拉斯泻湖游乐公园（*Fair Park Lagoon, Dallas*）（图4–92a、b）时所说：

> 为了寻求审美形式、实用设施与自然生态三者之间的统一，在公园里，每个要素都是更大的复杂系统的组成部分。这种造型形式可以防止堤岸遭受侵蚀、充作水上道路和桥梁，还可以为各种植物、鱼类、海龟和鸟类创造各种微生境。这里所有的动植物转而成为达拉斯自然历史博物馆天然的教育展品，而且，它们可以改善水质，并且作为食物链的一个组成部分而周而复始地存在。五个街区长的整个泻湖同时也是市区的一个泄洪湖，因此，大家所熟悉的形状和观光线路，因为水位的上下变动而常常变动。泻湖游乐公园提供了一个既具有观赏性，又具有一定功能的框架，在这个框架结构内，生态群落可以不断演化，复杂的生命可以繁衍生息，人类的创造亦将延续下去。[④]

约翰松在泻湖游乐公园中以“慈姑菌”与“凤尾草”作为形式创意原型而构筑了两个混凝土造型，她的艺术创作是在自然中用艺术雕刻自然，其景观形式美学亦完美地贴合了多元“功能价值”的需求。景观艺术形式不仅仅

① Meyer Schaprio，*Courbert and Popular Imagery*，New York: George Braziller, 1978，p. 17.

② ［美］史蒂文·布拉萨：《景观美学》，彭锋译，北京大学出版社2008年版，第188页。

③ ［加］卡菲·凯丽：《艺术与生存——帕特丽夏·约翰松的环境工程》，陈国雄译，湖南科学技术出版社2008年版，第95页。

④ ［加］卡菲·凯丽：《艺术与生存——帕特丽夏·约翰松的环境工程》，陈国雄译，湖南科学技术出版社2008年版，第21页。与达拉斯艺术博物馆、自然历史博物馆毗邻的泻湖本是一个位于城市中央污浊危险的眼中钉，湖岸冲蚀严重，湖水污浊不堪。公园管理部门正给草坪施肥，每当下雨的时候，肥料被冲进泻湖，湖藻因此大量繁殖，一层绿液覆盖着湖面。食物链断裂，湖中几乎没有任何植物、动物或鱼类。

是表皮形态的魅惑式呈现，更是沟通外界自然与人的心灵体验的媒介与桥梁，虽然美是“不能证明的”，却是可以“感知”的，美“只要有了形式性就能得到成立”，“尽管美的范畴同真和善的范畴不同，但可以用真和善的因果关系和目的关系的理论来理解美的问题”[①]。卡尔松亦指出：“一处被设计的景观的审美意义在于，其审美价值部分取决乎它如何设计，尤其是如何设计好的。”[②]因而，环境艺术审美的过程是一个多元化的感受与认识过程，“个性离不开一般意义的、功能上的普遍性；现实性离不开历史上的延续性和发展上的未来性；诗性离不开实用性。”[③]

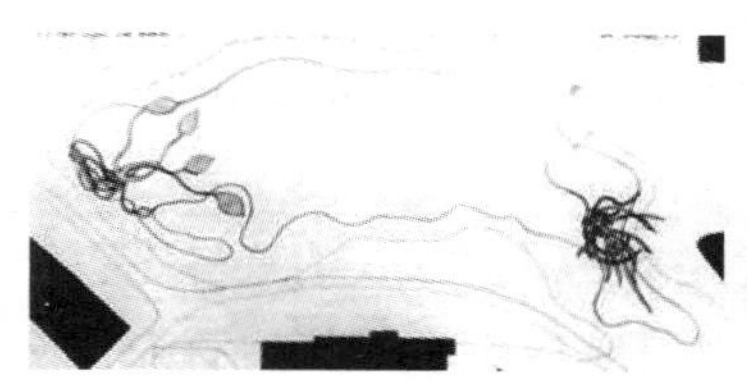

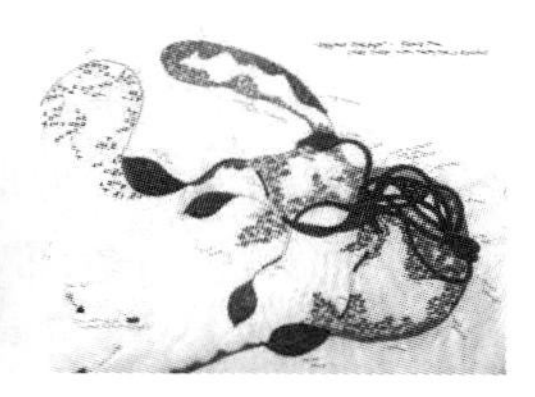

图 4–92a　泻湖游乐公园鸟瞰与设计图稿

“慈姑菌”造型　　“凤尾草”造型　　动物栖息地

图 4–92b　泻湖游乐公园实景

（二）审美图式和审美理想

“艺术欣赏一般来说倾向于打破知觉和理解习惯的惰性，这种习惯总体上来自于实践中已被证明有益的东西，但却阻塞了强烈愉悦的源泉。”[④]那么是

① ［日］小形研三、高原荣重：《园林设计 —— 造园意匠论》，索靖之、任震方、王恩庆译，中国建筑工业出版社 1984 年版，第 3 页。

② ［加］卡尔松：《环境美学 —— 自然、艺术与建筑的鉴赏》，杨平译，四川人民出版社 2006 年版，第 275 页。

③ 吴家骅编著：《环境设计史纲》，重庆大学出版社 2002 年版，第 8 页。“平淡天真”在吴家骅先生看来，不仅是一个抽象的形而上的美学概念，更是一个艺术创作方法论的中介，将艺术创作的理论与实践紧密地联系在一起了，且根据这一标准，“景观艺术实践的本质就是对真理、对恰当的表达方式的追求，对任何虚饰成分的摒弃。”参见吴家骅编著《环境设计史纲》，重庆大学出版社 2002 年版，第 66 页。

④ ［英］H.A. 梅内尔：《审美价值的本性》，刘敏译，商务印书馆 2001 年版，第 104—105 页。

否存有一种普遍的标准和尺度来界定景观艺术形式的审美判断呢？可以肯定地说，有！因人类的审美心理结构具有同一的倾向，即“美”在人类共通的文化心理层面上的普存性。换言之，“不仅存在指向单个对象的心灵活动，也存在意向普遍和观念性的东西的心灵活动”[①]，亦即集体无意识下的共性审美图式[②]，它就是一种有限制的形式审美标准，但不存在终极的美学标准。“人们之所以偏爱某种类型的景观结构或景观形式，是因为在人类大部分进化过程中，这类特征与有助于人类生存的居住环境有关。景观美学的生物学理论的倡导者主张，即使那些形式对生存不再重要，人类对那种景观也会具有天生的偏爱。”[③]诺伯格－舒尔兹就曾说：“单纯的现实主义者认为世界对我们一切人来说是共同的，但我们所知觉到的却不是那样的世界，而是我们的动机和过去各种体验所产生的形形色色的世界。”[④]

作为审美对象的艺术形式本体之美“又有独立性”[⑤]，“审美的事实就是形式，而且只是形式”[⑥]。弗莱则干脆说：“审美感情只是一种关于形式的感情”，雅克·马利坦在《艺术和经院哲学》中亦声称：“美是形式的光辉。”[⑦]审美图式也可被视作一种形式审美理想，其“独具的特征在于，它不是关于应有的和完善的东西的抽象表象，而是以具体可感的形式表现应有的和完善的东西的表象”[⑧]。审美理想作为人对现实的审美关系的一种类型，存在于人的意识中，作用于人的审美关系的其他种类、类型——知觉、体验、趣味。只有通过艺术才能够表现审美理想，使它被每个人的知觉所理解，艺术经由艺术家理想的棱镜反映审美属性，是人对现实的审美关系的最集中的类型。各种艺术样式都是对现实的审美关系的独特类型，因为在情感方面和理性方面、主观和客观的相互关系上，在具体可感的形象的性质上，文学不同于音乐，建

---

① ［丹麦］丹·扎哈维：《胡塞尔现象学》，李忠伟译，上海译文出版社2007年版，第35页。

② 关于“图式”，详见本书第五章第一节。

③ ［美］史蒂文·布拉萨：《景观美学》，彭锋译，北京大学出版社2008年版，第39—40页。

④ ［挪威］诺伯格·舒尔兹：《存在·空间·建筑》，尹培桐译，中国建筑工业出版社1990年版，第6页。

⑤ 詹建俊、陈丹青、吴冠中、靳尚谊、袁运生、闻立鹏：《北京市举行油画学术讨论会》，《美术》1981年第3期。

⑥ ［意］克罗齐：《美学原理 美学纲要》，朱光潜译，人民文学出版社1983年版，第20页。

⑦ 转引自［苏］斯托洛维奇《现实中和艺术中的审美》，凌继尧、金亚娜译，生活·读书·新知三联书店1985年版，第10页。

⑧ ［苏］斯托洛维奇：《现实中和艺术中的审美》，凌继尧、金亚娜译，生活·读书·新知三联书店1985年版，第128—129页。

20 世纪 20 年代的沧浪亭

20 世纪 30 年代的留园中部

20 世纪 30 年代的拙政园

20 世纪 30 年代的退思园

图 4–93　抗战前夕的部分苏州园林老照片

筑不同于绘画，等等。①桑塔耶纳的《美感》(*The sense of beauty*）中即讨论了景观的不确定形式，且对于桑塔耶纳来说，景观指的就是自然风景，一个被观看的景观形式系统必须是被内向建构的，他说：“自然风景是一种无定形的东西……要观赏一片风景就得加以组织，要爱好风景就得赋以德性……其实，从心理学来说，本无所谓风景这样的东西；我们之所谓风景是无穷无尽的不同片段和连接不断的一瞥景色而已。”②

童寯亦描述了他抗战前夕在濒于崩塌的苏州园林中的独特审美体验：“今虽狐鼠穿屋，藓苔蔽路，而山池天然，丹青淡剥，反觉逸趣横生。”③从中可知，童寯先生内心的个性审美图式在追求着“平淡天真”的自然萧散与质朴之美，因而审美判断是有语境差异、个体差异的。我们从苏州园林档案馆发行的“名园名景”苏州园林名胜老照片明信片④中亦可读解出一种略带“野性”的自然景观美学意味。(图 4–93、图 4–94）其实，在我国第一部诗歌总

① 参见[苏]斯托洛维奇《现实中和艺术中的审美》，凌继尧、金亚娜译，生活 · 读书 · 新知三联书店 1985 年版，第 128—129 页。
② [美]乔治 · 桑塔耶纳：《美感》，缪灵珠译，中国社会科学出版社 1982 年版，第 90 页。
③ 童寯：《江南园林志》，中国建筑工业出版社 1984 年版，第 29 页。
④ 这套明信片共十二枚，包括九个列入世界文化遗产的苏州古典园林和三处苏州名胜古迹。

集《诗经》中就早已确立了景观艺术形式恬淡素静的审美立场："葛之覃兮，施于中谷，维叶萋萋。黄鸟于飞，集于灌木，其鸣喈喈。"(《周南·葛覃》)。感受的差异性也暗示了审美的不同取向，美与审美情趣是彼此无法分离的。"美是艺术作品中内在的东西，它是被人创造出来和应该受到人们的理解和欣赏的。审美情趣则是在艺术作品的创造、理解与欣赏中，起着制约的作用。"[①] 格罗塞说："世界上决没有含有诗意或本身就是诗意的感情，而一经为了审美目的，用审美形式表现出来，又决没有什么不能作为诗意的感情。"[②]

（三）与生存、自然相联结的景观审美独特性

杰伊·阿普尔顿（Jay Appletond）在《景观经验》(*The Experience of Landscape*）中总结景观设计的不同审美传统时说："基督教、文艺复兴和禅宗的一切复杂性，都基于对人与其生存环境之间共同的基本关系的不同解释，而正是在此根本的、基础的层面上……我们一直在寻找一种景观美学的解释。"[③] 同时，"景观偏好与栖息地理论预示的偏好相一致"[④]，阿普尔顿也提出了著名的"瞭望－庇护"栖息地理论假设，他认为景观中的审美愉快源于观察者对满足他生物需要的环境的体验，同时，由于能看见而不被看见的能力是许多这种需要的满足中的中间环节，因此一个环境中保证实现这种功能的那种能力，就成了审美满足的一种更为直接的来源。[⑤] 如日本著名建筑理论大师芦原义信在《街道的美学》中即叙述了日本"市中心公园"的理想状况："造园家在市中心规划公园时，多把它们处理成在领域上自身独立的空间。因此在公园四周围以大树、栅栏或围墙，用周围的道路或环境加以隔断。"[⑥] 他认为这是来自日本的传统园林技法，另若从领域上考虑，以周围树木为界的公园，其自身独立而向内收敛的空间虽孤立于周围环境之中，对市民来说却是亲切而少有的——"是一个意想不到的市中心绿洲般的地方"。

加斯东·巴什拉（Gaston Bachelard）的《空间的诗学》(*The poetics of space*）亦为栖息和庇护的诗意形象提供了极好的例证，如巴什拉采用了"家

---

① ［美］伊利尔·沙里宁:《形式的探索——一条处理艺术问题的基本途径》，顾启源译，中国建筑工业出版社1989年版，第279页。

② ［德］格罗塞:《艺术的起源》，蔡慕晖译，商务印书馆1984年版，第185页。

③ Jay Appletond，*The Experience of Landscape*，New York: John Wiley and Sons, 1975，p.228.

④ ［美］史蒂文·布拉萨:《景观美学》，彭锋译，北京大学出版社2008年版，第99页。

⑤ Jay Appletond，*The Experience of Landscape*，New York: John Wiley and Sons, 1975，p.73.

⑥ ［日］芦原义信:《街道的美学》，尹培桐译，百花文艺出版社2006年版，第63页。

图 4–94　1982 年艺圃花园部分修复，图为修复前的延光阁

宅”“抽屉”“鸟巢”“贝壳”等意象，以及“内心空间的广阔性”“圆的现象学”等议题，我们可以引鉴一下他在“外与内的辩证法”中对“门”这一内外交界面的阐述：

> 在这简单的一个字“门”的主题下，有多少应该分析的梦想！门是一个半开放的宇宙。这至少是半开放的宇宙的初步形象，一个梦想的起源本身，这个梦想里积聚着欲望和企图，打开存在心底的企图，征服所有矜持的存在的欲望。门是两种强烈的可能性的图解，它们清楚地划分了两种梦想类型。有时候，门紧闭着，上了闩，上了锁。有时候，门开启着，也就是说大门洞开着。①

图 4–95　布鲁克林瞭望公园的恩戴尔拱形隧道

① ［法］加斯东·巴什拉：《空间的诗学》，张逸婧译，上海译文出版社2009年版，第243页。

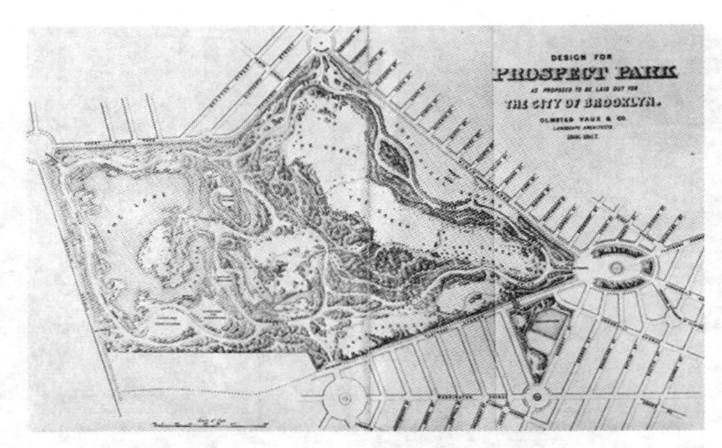

图 4-96 布鲁克林瞭望公园平面图

"瞭望 - 庇护"导引下的"门"之处理在景观艺术形式中的重要审美价值在沃克斯（Vaux）和奥姆斯特德（Olmsted）设计的布鲁克林瞭望公园（*Brooklyn's Prospect Park*）中即有着极佳的印证——"审美体验不仅要占据空间，而且也要占据时间"[①]，即从公园大门入口处通过名叫恩戴尔拱形（Endale Arch）隧道到长草地（Long Meadow）的延伸远景，当人们从隧道中出来时所遭遇到的那种"壮观的"转换（图 4-95、图 4-96）。而这与中国传统园林艺术审美中所强调"欲扬先抑"的障景形式处理在设计原理上也是相暗合的，这也正如布拉萨的论断："无论如何，景观设计的历史似乎没有提供任何与栖息地理论预言的不一致的明显反例。是否可能有一些重要的反例也不清楚，因为它们可以作为文化的畸变来解释。"[②]

图 4-97 摄影作品《耕地图案》

景观艺术形式的审美判断有其另一特质，即与"自然"的关系密切，

① ［美］保罗·泽兰斯基、玛丽·帕特·费希尔：《三维创造动力学》，潘耀昌、钟鸣、倪凌云、魏冰清、季晓蕙、吕坚译，上海人民美术出版社 2005 年版，第 164 页。

② ［美］史蒂文·布拉萨：《景观美学》，彭锋译，北京大学出版社 2008 年版，第 104 页。

在于对待自然的态度与立场，而“自然无往而不美……你看空中的光、色，那花草的动，云水的波澜，有什么艺术家能够完全表现得出？所以自然始终是一切美的源泉，是一切艺术的范本。艺术最后的目的，不外乎将这种瞬息变化，起灭无常的‘自然美的印象’，借着图画，雕刻的作用，扣留下来，使它普遍化，永久化”[①]。景观艺术形式的审美判断在本质上就是一种特殊的艺术感受，一种向自然和人为的外部世界经历和表达感受的方式，一种人类与外部世界关系的连接方式，一种文化积淀与传承的隐射表达。美国著名摄影家玛格丽特·伯克－怀特（Margaret Bourke-White）1954年为《生活杂志》(*Life Magazine*)所创作的摄影作品《耕地图案》(*Crop protective pattern, Walsh, Colorado*)(图4-97)就对人与自然世界的关系表现之一的乡村农业景观提出了新的审美理解：细腻丰富的、有节奏感地旋动的地沟线条组成的大曲线形体占了大部分画面，稍稍地增添了一点人的因素。空间飞行器为人提供了新的视角，从这些视角里既可以看到地球上的大自然之美，也可以看到人类行为的创造性兼破坏性的地景新形式，但人与自然仍处于互利互惠关系之上的和谐状态。斯蒂芬·丹尼尔（Stephen Daniels）和丹尼斯·克斯格洛甫（Denis Cosgrove）亦如此评论：“景观是一种文化图像，景观是一种环境被表现、结构或象征的图像方式。但这并不是说景观是非物质的，它们能呈现于多种材料的表面形态之上，如帆布上的绘画、纸上的写作、大地纸上的泥土、石头、水和植被。一个景观公园可能比一幅景观的油画或者诗歌更易感知，但并不更为真实和虚拟。事实上，语言中的、视觉中的以及已建的景观的意义之间有一个复杂的交织历史。”[②]

① 宗白华:《美学与意境》,人民出版社1987年版,第56—57页。

② Denis Cosgrove,Stephen Daniels, *The iconography of landscape: essays on the symbolic representation, design and use of past environments*, Cambridge: Cambridge University Press, 1988, p.1.

第五章　景观艺术形式的生成与创造

艺术的功用就在使现象的真实意蕴从这种虚幻世界的外形和幻相之中解脱出来，使现象具有更高的由心灵产生的实在。[①]

——黑格尔

建构景观艺术形式系统是一个理性而有逻辑的过程，其形式逻辑是开放性逻辑，在形式系统的结构组织、秩序生成上应持有包容性立场。作为一种艺术创作方法论而言，将复杂过程进行人为的分解则有利于加强实施的可操作性，在艺术创作中以显性与隐形的分野也更有利于减少缺憾：遵循艺术创作中“形式优先”的导向策略——从形式系统深层的结构、意义、功能这三大隐性（理性）子系统的“建构逻辑”出发，进而在形式系统表层的形相这一显性（感性）子系统上依据“建构逻辑”进行材料构造与形态编配，在本质上从隐性到显性——从抽象逻辑到形态呈现——是一个理论假设层面上程序递进的过程，是建立在建构逻辑基础之上的。但在实际艺术创作过程中往往以显性的形相子系统首先感性地被建构在艺术家的想象之中，显性与隐形之间相互作用、回返影响的实际过程涉及艺术创作心理学、艺术精神分析学中太多晦涩的东西，且这四大子系统之间存在着循环“诱导”的作用关系，因而这种交互过程非常复杂。[②]

彼得·福西特（Peter Fawcett）在《建筑设计笔记》(*Architecture design*

① ［德］黑格尔:《美学（第一卷）》，朱光潜译，商务印书馆1979年版，第12页。

② 参见［英］A·彼得·福西特《建筑设计笔记》，林源译，中国建筑工业出版社2004年版，第1—2页。

notebook）中认为在20世纪50年代晚期出现的大量关于“设计程序”“设计方法”相关理论的早期探索中，设计被认为是直线式的过程，从分析、综合到估价，似乎与决策的普遍过程相吻合。“然而，设计理论家们极力要求设计师们尽可能地把建筑的各方面问题都预想清楚后再进行创作，不要直接跳到‘形式创造’（Form-Making）上。可是每个实践中的建筑师都知道这种限制性的直线模式的设计程序是在公然反对所有的公认的经验——设计的现实同既定的程序无法吻合，因为它需要设计者或是在问题的各个方面以任何次序、任何时间来回跳跃思考，或是同时考虑若干问题，或是循环往复地研究直至得到明确的解答……设计这种行为一方面包含着极富逻辑性的分析，另一方面又包含着具有创造性的思维，二者都从根本上对‘形式创造’这一中心观念有所助益。”

且“生成”一词源自结构主义语言学，若从字面意思来理解“生成”就是生长和建构，该词暗示了在一种弹性预设的前提下艺术创作活动的展开过程中的一种动态的自主构建。“动态生成”的过程具有丰富性、结构性、多变性，“生成”也暗含了一种程序化的控制和基于建构意义上语言的自律性。“转换－生成学派”的创始人乔姆斯基（Chomskyan）在其语言学名著《句法结构》（*Syntactic structure*）中就从“形式”着眼而将自己的语言学结构方法称作“生成语法”，他站在理性主义的立场上反对描写语言学的经验主义并论证了语法的生成能力是语言最重要的一个特点。“一种语言是一个极其复杂的体系”[①]，而且他认为语法应该是一种装置（Device）[②]、一种能生成无限句子的有限规则系统，它为生成语言的全部句子提供了自动手段，且非经验主义和形式化是其“转换－生成语法”的首要标志。若从发生学的视角来审视“生成”，强调的是其动态的动作发生过程，对应于“generate”（动词：生成、发生。形容词：发生的）、“generation”（名词：生成）和“genetic”（形容词：起源的、发生的），而从本体论的视角来分析“生成”，注重的是生成的存在状

① ［美］诺姆·乔姆斯基：《句法结构》，邢公畹、庞秉钧、黄长著、林书武译，中国社会科学出版社1979年版，第12页。

② 此处的“装置”一词，不是通常所说的电子装置、机械装置或计算机里的硬件装置等，而是抽象意义的“装置”，且这种“装置”能产生所研究的对象语言的许多句子。乔姆斯基指出：“句法学是研究具体语言中构造句子所根据的原则和方法的学问。研究某一种语言的句法，其目的在于编写一部语法，这部语法可以看成用来产生被分析的这一语言的语句的某种手段（或者说‘某种装置’）。更一般地说，语言学家必须关心的问题就是怎样去确定那些成功的语法的基本性质。”参见［美］诺姆·乔姆斯基《句法结构》，邢公畹、庞秉钧、黄长著、林书武译，中国社会科学出版社1979年版，第4页。

态与形成的结果即形式，对应于“formation”一词，可见生成（Formation）与形式（Form）之间是存在相当紧密的内在逻辑关联的。

第一节　景观艺术形式的生成机制

艺术创作是认知世界和表达世界的一种既具模式化又具个性化特征的操作，艺术形式建构即从“意”，经过“匠”到“形”的生成过程。在任何艺术门类的创作中，“图式”关乎“认知”，与“意”有关，“法式”应与“匠”相通，“形式”即“意的凝固”。哲学层面、技术层面的因素影响着“形式”的生成与建构，应该存在着这样一个逻辑链：“图式→法式→形式”，即“形式”往往受到“图式”与“法式”两大层面的规限，“形式”背后的“图式”与“法式”在主导着形式的生成、决定了形式的存在面貌。“图式→法式→形式”的生成规律在本质上属于探究形式发生动因的预先假设的理论建构，可行否？格罗塞在《艺术科学的目的》一文中即告知：“我们确信任何事物都极有规律性，我们就是在规律性并不充分显现出来的时候，还是确信它极有规律性。对于一切现象都有普遍的规律性和可能性的确信，并非以任何经验的研究做基础，恰恰相反，倒是一切研究都是以先验的公律做基础。”[①]

“形式”的生成绝不是孤立的。研究艺术作品的形式建构原理也就是研究艺术创作之形式生成机制问题，亦即造物艺术研究中所说的“探制作之原始”[②]，必须关联艺术家内在的观念与思想——“图式”——是如何被表达出来的，是通过何种技艺操作层面——“法式”——的安排将“艺术意志”、内在“创作意图”物化成“艺术形式”的。就此论题，休谟论述得很精彩：“秩序、排列、或者最后因的安排，就其自身而说，都不足为造物设计作任何证明；只有在经验中体察到秩序、排列、或者最后因的安排是来自造物设计这个原则，才能作为造物设计这个原则的证明。就我们先天所能知道的，秩序的本源或起因可能就包含在物质自身之中，犹如它们包含在心灵自身之中一样；物质各个组成部分可由于一个内在的未知因而构成一个最精细的排列，正像物质各个组成部分的观念，在伟大的普遍心灵中，可由于同样的内在的未知因，而构成同样精细的排列，两者是同样不难想象的……将几块钢

① ［德］格罗塞：《艺术的起源》，蔡慕晖译，商务印书馆1984年版，第6页。
② 张光直：《中国考古学论文集》，生活·读书·新知三联书店1999年版，第6页。

片扔在一起，不加以形状或形式的规范，它们决不会将自己排列好而构成一只表的；石块、灰泥、木头，如果没有建筑师，也决不能建成一所房子。我们知道，只有人心中的概念，以一个不知的、不可解释的法则，将自己排列好而构成一只表或一所房子的设计。因此，经验证明秩序的原始原则是在心中，不是在物中。”[①] 由之，休谟所指的“不知的、不可解释的法则”即与下文着重分析的在艺术形式生成机制中“具有规范功能的图式”[②] 问题相关，同时下文亦将阐释作为导则的“法式”并试图建构艺术形式生成的一般性规律。

一、“图式”的先导性和主导性

（一）“一头牛”中蕴含的“图式”本质

藏于美国纽约大都会艺术博物馆的马克·坦西（Mark Tansey）布面油画《天真眼睛的验证》（*The innocent eye test*）（图 5–1）将“一头牛”这个媒介置入了画家的艺术哲学观念，该画面“形式”的表达关乎思想——“意”，且首先是画家的思想、观念被表达、被物化，充满哲学寓意的“形式”才被“建构”而呈现出来，“表现出画家智慧的思考和对复杂接受形式的带有艺术史意义的研究”[③]。坦西在《天真眼睛的验证》中所绘的“牛”，从画面进行直接解读就是“一头牛”正在看画中的牛——此为 17 世纪画家鲍勒斯·波特尔（Paulus Potter）1647 年的名作《公牛》。事实上，坦西在这幅画中将问题的答案悬置了起来，并没有明确地作答，而作为读者的我们，由于每个人持有着不同理论装备和武器，对《天真眼睛的验证》这一作品，因此可以有着如接受美学所说的各种各样的解读与设问，如“什么才是本质？”“本质之本质是什么？”“画家是在传达什么样的艺术史话题？”“哪一头牛是真的？”等。坦西的《天真眼睛的验证》与元刘贯道《消夏图》（图 5–2）中所描绘的一位闲适文人身处的两个生活场景——斜倚在私家园林里的凉榻上、端坐在画中书斋屏风前的凉榻上——相当神似。“画”与“画中画”所蕴含的是“现实的形象”“描绘的形象”“想象的形象”之间的种种关系，坦西是否欲告知我们，对

---

① ［英］休谟：《自然宗教对话录》，陈修斋、曹棉之译，商务印书馆 1962 年版，第 22 页。

② ［法］克劳德·列维–斯特劳斯：《结构人类学：巫术·宗教·艺术·神话》，陆晓禾、黄锡光等译，文化艺术出版社 1989 年版，第 170 页。

③ 江文：《马克·坦西的画中世界》，《世界美术》1994 年第 3 期。

艺术形式的判断不仅是存在于眼睛中，更存在于我们的心灵中，即“观看行为和认知行为之间”存在着“因缘纠葛”，高士明在《多义的视觉——图像化时代的观看制度》一文中说：“我们从来都不是用一只眼睛看世界，观看是两只眼睛不断调节，并且与观者的心理确认彼此修正的过程。”[①]

图 5–1 布面油画《天真眼睛的验证》

图 5–2 元代刘贯道《消夏图》

同时，在坦西的艺术创作中，我们也深刻感受到在对世界认知、表现时，艺术家的“艺术观念”“艺术意图”“艺术精神”在创作中起着主导作用，诚如柯林伍德所云：“观念主导着一切！一切思想皆为行动而存在。我们试图理解

① 高士明：《多义的视觉——图像化时代的观看制度》，载孙周兴、高士明编《视觉的思想：“现象学与艺术”国际学术研讨会论文集》，中国美术学院出版社2003年版，第137页。

自己以及我们的世界，其目的只是我们能够学会如何生活。”[①]其实，在所有门类艺术中，艺术家的“艺术观念”“艺术意图”“艺术精神”即本文所认定的艺术创作的“图式”——“意”——在表面看来纷繁复杂，却有一个核心未变，即总是在对“艺术本质”有着各自的表述方式，而坦西是这样阐述其“艺术观念”的：

> 我不是一个现实主义画家。在19世纪，摄影消解了现实主义画家的传统功能，即“现实”的忠实再现。因而现代主义抽象接管了现实主义作品，如同后来在汉斯霍夫曼的“真实的寻找”一书中所证明的那样。极简主义试图消除艺术和真实之间的隔阂。在此之后，作品本身走向非物质化。但对表现这个问题而言，除了记录真实之外，还应发现其他的功能。
>
> 在我的作品中，我一直在寻找图像的功能，这些功能是基于被描绘的图像，应知道它本身是隐喻、修辞、转型和虚构的观念。我不画实际上存在于世界上的图像。叙述从未真正发生。这对比的是一个现实的说法，我的作品审视了不同的现实是如何相互作用和磨合的，因而所理解的是磨合始于媒介本身。
>
> 我认为绘画乃作为我们面对“现实”这一概念问题的一种具体化。问题是何为现实？在一个绘画中，是被描述的现实呢，还是画面自身的现实，以及存在于艺术家和欣赏者中多维度的现实呢？而这三点都将矛头指向图像，就其自身而言是可疑的这一事实。这个问题不是一个可以或应该通过还原或纯粹的解决办法来根除。我们知道，为了成功地获得现实，需要破坏媒介，但更多的则是通过使用而不是破坏媒介来完成。[②]

“寻找”在坦西的艺术辞典中占据着相当重要的地位，也可以说是坦西不断在为他的“艺术观念”“艺术意图”“艺术精神”寻找一个可以寄寓的艺术形式，他的艺术“观念”与“形式”处于不断地匹配、磨合之中，但永远也达

---

① ［英］R.G.柯林伍德:《精神镜像：或知识地图》，赵志义、朱宁嘉译，广西师范大学出版社2006年版，第1页。

② Arthur Danto，“Mark Tansey：Visions and Revisions”，http：//www.101bananas.com/art/innocent.html，2011年1月20日。

不到完美，“总的来说，好的图画的深刻题材之一就是人类意图的组织。”[①]说它老套，是因为“他将以观念艺术为代表的当代艺术推回到了艺术的本原之处，将艺术观念还原为艺术感觉，这是他后现代主义在艺术本质上的回归”[②]。事实上，坦西在艺术创作上的“套路”相当老套，同时又相当震撼人心——追问艺术的本质，这一古老又困惑的议题，从西方哲学、西方艺术诞生即出现的“艺术是什么”。

美国观念艺术的旗手约瑟夫·科索斯（Joseph Kosuth）1965年的作品《一把椅子和三把椅子》（*One and three chairs*）（图5-3），就是将一把真实的木制椅子、椅子的全尺寸照片，以及字典上有关解释椅子的文字拷贝放大，三样东西合在一起展出，展示了椅子从实物到物的视觉形象，再到物的观念（符号）的全部可能性。从中即可发现柏拉图提出的“理式论”在艺术创作领域的影响至今仍然无所不在，柏拉图在其《理想国》第10卷中用“床”为例来说明其观点：“工匠制造每一件用具，床，桌，或是其他东西，都各按照那件用具的理式来制造。”[③]“床有三种，一种是床的理式，它是真实体，统摄许多个别的床。第二种是木匠制造的床，木匠不能制造‘床之所以为床’的理式，只能制造个别的床，个别的床只是近乎真实体的东西。第三种是画家画的床，他画的床和真实体相去更远。”[④]可以说在西方艺术史就是一部为“理式论”辩驳的历史，也正是对柏拉图理论的释读与故意误读，才保持着西方艺术史连贯性传统。因此，阿尔弗雷德·诺斯·怀特海（Alfred North Whitehead）从西方哲学发展史逻辑主轴而言的“回头必见柏拉图”“整个的西方哲学不过是对柏拉图的注解”也可用于凝视西方艺术史，即西方艺术精神之“理式”，乃作为一种“艺术意图”发展的逻辑主轴。

艺术创作应是“观念（内隐）→（物化）表达→形式（显现）”之过程，可以这样说，艺术形式就是艺术观念在艺术世界的投影，类似于里格尔所说的“艺术意志”（Kunstwollen）或贡布里希的“形式意志”（Will-to-form）、潘诺夫斯基的“艺术意图”（Artistic Attention）向艺术作品的“投射”。“请把你的眼睛考察一下，把它解剖一下：细察它的结构和设计，然后请告诉我，根

---

① ［英］巴克森德尔：《意图的模式》，曹意强、严军、严善錞译，中国美术学院出版社1997年版，第48页。

② 段炼：《后现代的理性写实与解构主义——纽约画家马克·坦西作品解读》，《世界美术》1994年第4期。

③ ［古希腊］柏拉图：《文艺对话集》，朱光潜译，人民文学出版社1963年版，第27页。

④ 凌继尧：《西方美学史》，北京大学出版社2004年版，第32页。

图 5-3　美国约瑟夫·科索斯的《一把椅子和三把椅子》

据你自己的感觉，是不是有一个设计者的观念以一种像感觉一样的力量立即印入你的心中。”[①] 如同曹意强指出的那样：“任何一个人类文明，其最具特色的生活方式和文化产品都是它特有的观念模式的镜像。若要理解某个文明的特性，就有必要在历史的框架之中辨析其主导性观念模式。”[②] 正是艺术观念决定了艺术家创作的方法、风格，决定了艺术作品的呈现形式和形态结构。从《一把椅子和三把椅子》中我们亦可看出：“对于艺术来说，在艺术家创作艺术作品的同时，艺术的整个现实主义倾向，则一直在促使艺术家从摄影般地再现易于被感觉感知的物体的自然状态这一原始的表现手法中解放出来。”[③]

（二）还“图式”的本来面目

“图式”（Schema）一词，在艺术学研究领域里常让人望文生义，觉得它

---

① ［英］休谟：《自然宗教对话录》，陈修斋、曹棉之译，商务印书馆1962年版，第31—32页。

② 曹意强：《什么是观念史？》，《新美术》2003年第4期。

③ ［英］马丁·约翰逊：《艺术与科学思维》，傅尚逵、刘子文译，工人出版社1988年版，第19页。

与如“图像”“模式”“程式”“样式”①“构图形式”②“图案”等词可以混同使用，那是否真可如此呢？

新柏拉图主义者康德在《纯粹理性批判》中率先使用了德语“schema”一词，“图式”这一概念，在康德看来是“潜藏在人类心灵深处的”一种技术、一种技巧，“没有先天的框架或‘存档系统’，我们就不可能感受和体验我们周围的世界，更不用说在这个世界里生存了”③。“schema”的由来不是凭空降临的，其理论源头要追溯至柏拉图与亚里士多德，而在艺术创作方面，对后世有着巨大影响的则是柏拉图的弟子亚里士多德，亦可将亚里士多德视为对艺术创作“图式”论述的真正源头。潘诺夫斯基认为由于亚里士多德在认识论领域用一般概念与个别、特殊的观念的综合相互作用取代了柏拉图的理念世界和表象世界彼此对立的二元论，在自然哲学和美学领域中则代之以形式与质料间的综合相互作用，因此，在亚里士多德对艺术的宽泛定义影响下，古代人就能够特别轻易地把“艺术观念”与理念等同起来，这尤其是因为亚里士多德为一般意义上的“形式”和特别意义上的、存在于艺术家心灵中，并通过艺术家的活动转移至质料中的“内在形式”保留了柏拉图的标签——“理念”。“就艺术品而言，它们之所以区别于自然物，仅仅是因为其形式在进入实体之前就已在人的心灵之中了。”④

“schema”在德语中的相关词汇有“schematismus”“kunstschema”“kernschema”等，而“schema”在当下国内有着诸多的中文译名，如蓝公武在1960年3月出版的康德《纯粹理性批判》中译本中将“schema/schematismus”翻译为“图型/图型说”⑤，王宪钿等人将皮亚杰《发生认识论原理》中的“schema/

① 如吴厚斌在《图式的选择与创造》一文中提道：“造型艺术领域中的所谓图式，系指图形的样式，它是艺术家借以表达情感理念所必须使用的具体而独特的符号，是个性化了的、凝固的媒介状态。”参见吴厚斌《图式的选择与创造》，《美术研究》1989年第3期。

② 如刘怡果即将“构图形式”等同于“图式”，“至南宋马远、夏圭等人又开创‘边角式’图式。马远的山水画图式打破了传统的鸟瞰式陈规，从远视取景”。参见刘怡果《宋代绘画图式的美学取向》，《国画家》2008年第6期。

③ [英] E.H. 贡布里希：《秩序感——装饰艺术的心理学研究》，范景中、杨思梁、徐一维译，湖南科学技术出版社2006年版，第1页。

④ [美]潘诺夫斯基：《理念：艺术理论中的一个概念》，载范景中、曹意强主编《美术史与观念史》，高士明译，南京师范大学出版社2003年版，第574—575页。

⑤ 蓝先生在“译者后记”中说该书翻译始于1933年终于1935年，且蓝先生将“schema”译为“图型”对后世影响甚大。参见[德]康德《纯粹理性批判》，蓝公武译，商务印书馆1960年版，第145页。

scheme”译为“格局”[①]，其原因译者在“中译者序”中也明确告知：“schema，一般译为图式，皮亚杰借用来指动态的可变结构，我们试译为‘格局’，以别于原意。”[②]而邓晓芒[③]、李秋零[④]、韦卓民[⑤]、郭大为[⑥]等人译为“图型/图型法”，鲁枢元、童庆炳在其主编的《文艺心理学大词典》中则将“schema”对应于“图式”一词。由此，我们须知在本书中的“图式”“图型”“格局”等中文译名所指向的均是“schema”，笔者个人倾向于采用“图式”的译名，因为“图型”[⑦]与“图形”“图案”“模型”容易混淆。借鉴王骏阳在《建构文化研究——论19世纪和20世纪建筑中的建造诗学》中（*Studies in tectonic culture-the poetics of construction in nineteenth and twentieth century architecture*）将“kunstform、kernform”译为“核心形式、艺术形式”[⑧]，笔者认为德语中的“kunstschema、kernschema”即可被译为“核心图式、艺术图式”。其中，“核心形式、艺术形式”的理论是由卡尔·博迪舍（Karl Botticher）于1843年和1852年间发表的三卷本巨著《希腊人的建构》（*Die tektonik der hellenen*）中开创性地提出的，他认为艺术形式的任务就是再现核心形式，艺术形式的外壳应该具有揭示和强化结构本体内核的作用[⑨]，且在博迪舍看来，真正的建构传统乃是一种“精神折中”（Electicism of the Spirit），它并不在于某种风格的外表，而取决于隐藏在外表背后的本体。[⑩]因之，“艺术形式”对应于笔者界定的形式之“形相层”，而“核心形式”则对应于形式之“结构层、功能层、意义层”。

关于“schema”的概念界定，可参见康德在《纯粹理性批判》的第二

---

① ［瑞士］皮亚杰：《发生认识论原理》，王宪钿等译，商务印书馆1981年版，第111页。
② ［瑞士］皮亚杰：《发生认识论原理》，王宪钿等译，商务印书馆1981年版，第7页。
③ ［德］康德：《纯粹理性批判》，邓晓芒译，人民出版社2004年版，第673页。
④ ［德］伊曼努尔·康德：《纯粹理性批判》，李秋零译，中国人民大学出版社2004年版，第630页。
⑤ ［德］伊·康德：《纯粹理性批判》，韦卓民译，华中师范大学出版社2004年版，第185页。
⑥ ［德］奥特弗里德·赫费：《康德的〈纯粹理性批判〉》，郭大为译，人民出版社2008年版，第401页。
⑦ 本书在使用“schema”一词作为研究工具时，文中出现的相关学者所界定的中文译名“图型”与笔者界定的“图式”都指“schema”，因而在含义上是一致的、通用的。
⑧ ［美］肯尼思·弗兰姆普敦：《建构文化研究——论19世纪和20世纪建筑中的建造诗学》，王骏阳译，中国建筑工业出版社2007年版，第74页。
⑨ 参见［美］肯尼思·弗兰姆普敦《建构文化研究——论19世纪和20世纪建筑中的建造诗学》，王骏阳译，中国建筑工业出版社2007年版，第5页。
⑩ 参见［美］肯尼思·弗兰姆普敦《建构文化研究——论19世纪和20世纪建筑中的建造诗学》，王骏阳译，中国建筑工业出版社2007年版，第85页。

卷“原理分析论”之第一章“纯粹知性概念的图型法”中对“schema”的描述：“图型就其本身来说，任何时候都只是想像力的产物；但由于想像力的综合不以任何单独的直观为目的，而仅仅以对感性作规定时的统一性为目的，所以图型毕竟要和形象区别开来……想像力为一个概念取得它的形象的某种普遍的处理方式的表象，我把它叫作这个概念的图型。”[①] 而在思维与认知领域有巨大贡献的瑞士心理学家、发生认识论者皮亚杰将“schema”视作认识结构的起点和核心，他以人的“图式→同化→顺应→平衡”的心理机制来说明人的认识的结构和建构，如他在《发生认识论原理》的“英译本序言”中所说：“认识的获得必须用一个将结构主义（Structurism）和建构主义（Constructivism）紧密地连结起来的理论来说明，也就是说，每一个结构都是心理发生的结果，而心理发生就是从一个较初级的结构过渡到一个不那么初级的（或较复杂的）结构。”[②] 皮亚杰在《结构主义》第四章“心理学的结构”中亦指出：“在行为的领域中，一个动作有重复的倾向（再生同化作用），从而产生一种图式，它有把有机体自己起作用所需要的新旧客体整合于自身的倾向（认知同化作用和统括同化作用）。”[③]

康德与皮亚杰所说的“schema”均关乎于想象力与心灵，“作为一种心像存在于艺术家的意识之中”[④]，必然就触及了心理学领域，正如英国著名艺术史家贡布里希在其名著《艺术与错觉》的“导论：心理学与风格之谜”的篇首即引用了马克斯·雅各布·弗里德伦德尔（Max Jakob Friedländer）《论艺术和鉴赏》（*On art and connoisseurship*）中的名句：“艺术是心灵之事，所以任何一项科学性的艺术研究必然属于心理学范畴。它也可能涉及其他领域，但是属于心理学范畴则永远不会改变。”[⑤] 那么，“schema”可否采用日内瓦学派的乔治·布莱（George Poulet）在其《批评意识》（*Critical consciousness*）中所认为的“深藏在我们内心中的形象”[⑥] 来描述呢？而对于潜藏于人心灵的形象世界，乔治·布莱对加斯东·巴什拉又有着这样的评述：“诗人是通过他借以在想像

---

① ［德］康德：《纯粹理性批判》，邓晓芒译，人民出版社2004年版，第140页。

② ［瑞士］皮亚杰：《发生认识论原理》，王宪钿等译，商务印书馆1981年版，第15页。

③ ［瑞士］皮亚杰：《结构主义》，倪连生、王琳译，商务印书馆1984年版，第61页。

④ ［美］潘诺夫斯基：《理念：艺术理论中的一个概念》，载范景中、曹意强主编《美术史与观念史》，高士明译，南京师范大学出版社2003年版，第569页。

⑤ 转引自［英］E.H. 贡布里希《艺术与错觉——图画再现的心理学研究》，林夕、李本正、范景中译，湖南科学技术出版社2009年版，第1页。

⑥ ［比］乔治·布莱：《批评意识》，郭宏安译，广西师范大学出版社2002年版，第182页。

世界时与世界相适应的那种同情来意识自我的……在内心深处唤醒一个个人形象的世界，他依靠这些形象实现了他自己的我思。”①

“schema”与“scheme”在一些文献中常互相通用，同时，“scheme”还有动/名词属性的“架构”“计划”“阴谋”的意思，在艺术创作应该意指“图式”在创作过程中的全局性规限与框架性主导作用，即在艺术创作之前、之中、完成以及艺术作品的呈现中，始终无法脱离“图式”的整体性“框架作用”——艺术创作是被预设了“框架”的创作，社会科学家欧文·戈夫曼就把“frames”（框架）与“schema”相联系——“框架控制人类行为”②。因之，“schema”与“skeleton”应有联系，“skeleton”在建筑学中即指“骨架”，在植物学中指（叶子的）“脉络、筋”，在文艺作品中也可指“梗概、轮廓”等。同时，“schema”与“sketch”一词又有着相当紧密的关联，“sketch”指向“素描”“草图、梗概”及动词“草拟”等意，认知科学家罗杰·希安克（Roger Schank）和鲍勃·埃布尔森（Bob Abelson）也认为“schema”与“scripts”（稿子）有关——“我们会遵循事先写好的‘稿子’（scripts）行事”③，而其他国外学者的相关文献则有《图像图式的生成：基于草图的一般逻辑对应于直观图像》（*Formalization of graphical schemas: General sketch-based logic vs. heuristic pictures*）、《草图数据模型、关联图式和数据规范》（*Sketch data models, relational schema and data specifications*）、《图像梯度的图式与过程》（*Schemas and processes for sketching the gradient of a graph*）等。因此，“schema”——“图式”应兼具名词属性和动词属性，即“图式”就是暗藏于艺术家内心的心灵草图——由心灵草绘的图式（schema sketched via spirit）或“人建立他自己的世界图像”④“头脑中所储存的各种形象”⑤，且“图式”又观念性地先导和主导着全程艺术创作——基于“图式”先导和主导的艺术创造（Schema-based Art Creating）。

由此，“schema”与“潜藏于人心灵的形象世界”之间可以划一个约等号“≈”，虽然前者涉及抽象的概念抽绎，后者表面看来是一个具体的形象但绝对不是具体的，它更加倾向于艺术家心灵中所固有的“艺术意志”“内心

① ［比］乔治·布莱：《批评意识》，郭宏安译，广西师范大学出版社2002年版，第181页。
② ［美］唐纳德·A·诺曼：《设计心理学》，梅琼译，中信出版社2003年版，第86页。
③ ［美］唐纳德·A·诺曼：《设计心理学》，梅琼译，中信出版社2003年版，第86页。
④ ［英］R.J.约翰斯顿：《哲学与人文地理学》，蔡运龙、江涛译，商务印书馆2001年版，第81页。
⑤ ［法］克洛德·列维-斯特劳斯：《看·听·读》，顾嘉琛译，生活·读书·新知三联书店1996年版，第35页。

视象"[①]，如同叶维廉在《东西方文学中"模子"的应用》一文中所说的"模子"，即"所有的心智活动，不论其在创作上或是在学理的推演上以及其最终的决定和判断，都有意无意的以某一种'模子'为起点"[②]。"模子"在哲学层面上来说，是人认知与改造客体的范式，在艺术创造中就表现为一种共通性、稳定性，具备对个体行为的哲学规限之效应。一个公式似乎能成立，"图式（Schema）"≈"潜藏于人心灵的形象世界"≈"模子"≈"心灵草图"。在艺术创作中，"心灵具有投射力和修改力"[③]，"图式"亦始终像高高悬在空中的一个明镜与标尺，对艺术创作的最终成果即艺术作品起着性质与范畴上的规限作用，亦即艺术品的产生与存在无论如何都无法逃脱"图式"对它的笼罩，"图式"在艺术家的创作中就像一个有着普遍约束力的艺术之法横亘于他们心中。列维－斯特劳斯在《野性的思维》中就说："它（画）也不只是一幅示意图或蓝图，它设法把这些固有的属性与那些依赖于时空环境的属性加以综合……画家总是居于图式（scheme）和轶事（anecdote）之间，他的天才在于把内部与外部的知识、把'存在'与'生成'统一起来；在于用他的画笔产生出一个并不如实存的对象，然而他却能够在其画布上把它创造出来：这是一种或多种人为的和自然的结构与一种或多种自然和社会事件的精妙综合。"[④]

（三）"图式"的作用机制——"原型与投影"

1."个性图式"和"共性图式"

"图式"是艺术家心灵与观念在艺术世界投影而成艺术品之"原型"[⑤]（Archetype），"在艺术家的心灵中一直栖居着一个美的辉煌原型，作为创造者，他内在的眼睛可以洞察此原型。尽管内在原型的绝对完美性不可能进入

---

① 陈丹青、段炼：《视觉经验与艺术观念——关于当代艺术中的文化问题》，《美术研究》1998年第1期。

② ［美］叶维廉：《东西方文学中"模子"的应用》，载温儒敏、李细尧编《寻求跨中西文化的共同文学规律：叶维廉比较文学论文选》，北京大学出版社1987年版，第1页。

③ ［美］M.H. 艾布拉姆斯：《镜与灯：浪漫主义文论及批评传统》，郦稚牛、张照进、童庆生译，北京大学出版社1989年版，第512页。

④ ［法］列维－斯特劳斯：《野性的思维》，李幼蒸译，商务印书馆1987年版，第38页。

⑤ "原型"一词，是荣格心理学中有关集体无意识的中心术语，后来被艾里克·纽曼（Erich Neumann）广泛应用在美术批评和文化人类学研究中。在罗杰·弗莱之后，原型也指被模仿的对象。但是，对原型的模仿，并不是复制，而是发展和变化的模仿，即"不同的复制"，包括戏谑的模仿，模仿的结果称为变型。参见段炼《后现代的理性写实与解构主义——纽约画家马克·坦西作品解读》，《世界美术》1994年第4期。

其作品之中，但他最终完成的作品将展示出一种美，这种美胜过对现实的单纯摹写（这种‘现实’只呈现给那些容易受骗的感官），也在某种意义上胜过‘真实’的简单映像，就其本质而言，这种真实只能被心智把握。”[①]

“图式”从其存在主体而言，可分为“个性图式”和“共性图式”两类。“个性图式”作为艺术家在创作时潜藏于心灵的“观念原型”，是内蕴于艺术创作中最底层、最核心的那部分东西，与“文化心理结构”“心源”等词相近，“每个人心中都有一种模式语言”[②]。而“形式”则作为“图式”得以显现的媒介，“图式”在艺术创作中的作用机制就是“原型与投影”之关系，“投影”就是艺术作品之“形式”，16世纪的建筑师和历史学家乔尔乔·瓦萨里（Giorgio Vasari）就“Disegno”（设计）曾宣称：“设计只不过是心智所具有的、在头脑中想像的、由理念而生的那个内在观念的视觉表现和诠释。”[③] 康德对“图式/图型”（Schema）的功能机制亦有其哲学限定——“我们知性的这个图型法就现象及其单纯形式而言，是在人类心灵深处隐藏着的一种技艺，它的真实操作方式我们任何时候都是很难从大自然那里猜测到、并将其毫无遮蔽地展示在眼前的。我们能够说出的只有这些：形象是再生的想像力这种经验性能力的产物，感性概念（作为空间中的图形）的图型则是纯粹先天的想像力的产物，并且仿佛是它的一个草图，各种形象是凭借并按照这个示意图才成为可能的，但这些形象不能不永远只有借助于它们所标明的图型才和概念联结起来，就其本身而言则是不与概念完全相重合的”[④]。

而“共性图式”应该与社会思潮、审美取向、普遍欣赏趣味等一系列荣格心理学所说的“集体无意识”有关，与罗伯特·莱顿的“风格和精神图式之间的一致”[⑤] 相符。列维–斯特劳斯说：“整个图式构成了一种概念性工具，它通过多重性透滤出统一性，又通过统一性透滤出多重性；通过同一性透滤出差异性，又通过差异性透滤出同一性。”[⑥] 亦与里格尔所说的集体“艺术意

① [美]潘诺夫斯基:《理念：艺术理论中的一个概念》，载范景中、曹意强主编《美术史与观念史》，高士明译，南京师范大学出版社2003年版，第570—571页。

② 亚历山大所言的“模式语言”与笔者所界定的“图式”有着相当的近似关联。参见[美]C·亚历山大《建筑的永恒之道》，赵冰译，知识产权出版社2004年版，第159—163页。

③ [美]潘诺夫斯基:《理念：艺术理论中的一个概念》，载范景中、曹意强主编《美术史与观念史》，高士明译，南京师范大学出版社2003年版，第607页。

④ [德]康德:《纯粹理性批判》，邓晓芒译，人民出版社2004年版，第141页。

⑤ [美]罗伯特·莱顿:《艺术人类学》，靳大成、袁阳、韦兰春、周庆明、知寒译，文化艺术出版社1992年版，第183页。

⑥ [法]列维–斯特劳斯:《野性的思维》，李幼蒸译，商务印书馆1987年版，第173页。

志”相应，如建筑史上“在 18 世纪晚期的欧洲，我们却发现另一种风气在形成的迹象，建筑师把形式创造建立在一些法则之上，而这些法则的依据是各种各样的手法和风格，如新都铎式、新古典主义、中国式及新哥特式”[①]。

也正是由于“个性图式”和“共性图式”共同内隐于艺术家的创作心灵之中，才决定了本书第三章所述的艺术风格应具有的个性与共性特质。柯林伍德即曰：“一个艺术家的想象和他作为事实世界中一个成员的经验之间的某种连续性是不可否认的。”[②]也就是说，一个艺术家在进行艺术创作时受到“个性图式”和“共性图式”的双重规限，且“个性图式”是归属在“共性图式”整体框架中的，又独具每个艺术家自己的个性标签，“艺术创作实系一个艺术个性在一定条件之下经营的正常产物”[③]。正是人的文化性决定了“原型”作为一种集体无意识对艺术家的创作有着深刻的影响，须知“神灵完全是人心造的产物，是种种凡俗世相的投影”[④]。而且，“原型”的投射还具有时空跨越的特征，即它成为一种文化基因流淌、积淀在后世人的文化血液之中了，抑或如俞孔坚所说的“文化基因上的图式”[⑤]。李泽厚在《美的历程》中关于贝尔的“有意味的形式”所提出的“历史积淀说”其实亦与“原型”在艺术原理上是一致的。

2.“图式”的变奏——“拓扑变型”

所谓“拓扑”，其概念本属于数学范畴，《辞海》对“拓扑学”（Topology）的定义是：“研究几何图形在一对一的双方连续变换下不变的性质，这种性质称为拓扑性质。”拓扑学是一种几何学，但它是不量尺寸的几何学，不研究其长度和角度等，它只研究图形各部分位置的相对次序，有时也可称它为“橡皮膜上的几何学”，因为橡皮膜上的图形可随意伸张、扭曲、拉伸、折叠，其

① ［美］克里斯托弗·亚历山大：《形式综合论》，王蔚、曾引译，华中科技大学出版社2010年版，第5页。

② ［英］R.G. 柯林伍德：《精神镜像：或知识地图》，赵志义、朱宁嘉译，广西师范大学出版社2006年版，第65页。

③ ［德］格罗塞：《艺术的起源》，蔡慕晖译，商务印书馆1984年版，第7页。

④ 廖海波：《世俗与神圣的对话——民间灶神信仰与传说研究》，博士学位论文，华东师范大学，2003年，第84页。

⑤ 俞孔坚：《理想景观探源——风水的文化意义》，商务印书馆1998年版，第132页。罗伯特·克雷在《设计之美》中也提及“文化基因”：“理查德·道金斯描述了文化演变的一种形式，类似于物理进化（只是进化速度快些）。人类作为社会动物，文化的演进会对人类的福利和前景产生相当大的影响。道金斯指出，‘文化基因’就等同于‘遗传基因’，不断地随时代发展而逐渐被改良。”参见［英］罗伯特·克雷《设计之美》，尹弢译，山东画报出版社2010年版，第89页。

长度、曲直、面积等都随其弹性运动而发生变化，但是其点、线、面等的数量及结构关系不变，即点变化后仍然是点，线变化后依旧是线，相交的图形绝不因橡皮的拉伸和弯曲而变得不相交。自身变更的拓扑结构意图在于关注联系而非组成，在这种几何中，当橡皮膜受到变形但不破裂或折叠时的“扭曲”或“拉长”则称为“拓扑变换”，图形在拓扑变换时保持不变的性质，称为“图形的拓扑性质”。

如图 5–4 所示的三角形和圆是两种截然不同的图形，在拓扑变换下，三角形能变成圆，三角形的内部变成了圆的内部，三角形的外部变成了圆的外部。这就是说，简单封闭曲线的内部和外部具有拓扑性质。具有拓扑性质的图形之间的关系即是拓扑变换关系或拓扑关系，经过拓扑变换的图形在结构上相同，两个或几个图形称为拓扑同构，安东尼 · 儒亚雷斯（Antonio Juarez）明确指出：“拓扑学之所以被称之为橡胶膜的几何，是缘于通过拓扑变形，一个正方形可以变为一个圆，球体可变为圆锥体，但不能变为圆环。开放、封闭、连接和非连接是这个法则的核心。”[①] 自称为“图形艺术家”的荷兰著名绘画大师莫里茨 · 科内利斯 · 埃舍尔（Maurits Cornelis Escher）也利用拓扑学领域中的对象和概念，其《画廊》（*Cordon Art–barrn*）（图 5–5）即是探索空间逻辑和拓扑变形的奇妙例子，该版画看来几乎好像是印刷在经过奇妙的拓扑变形的橡皮薄板上的。

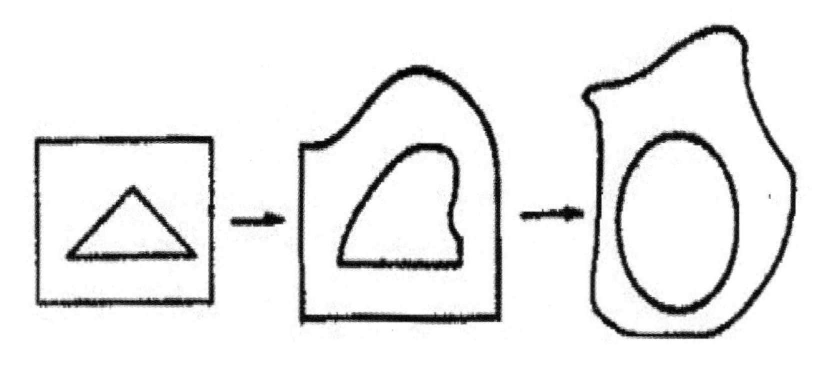

图 5–4　橡皮膜

① Manuel Gausa, *The Metapolis dictionary of advanced architecture : city, technology and society in the information age*, Barcelona : Printin Ingoprint SA.Actar, 2003, p.628.

图 5-5　绘画作品《画廊》

“模子”(即“图式”“潜藏于人心灵的形象世界”)所具备的“拓扑性质”决定了它不会一成不变、死守着它原有形态的，它会随着“时间·空间·人间”的延展发生着形态变异，“而当该‘模子’无法表达其所面临的经验的素材时，诗人或将‘模子’变体，增改衍化而成为一个新的‘模子’”[①]。无论新的“模子”形态发生了多大的变化，都无法脱离其最原始、最基本“模子”的框架结构，其艺术精神亦得以延续。同时，“模子”这一名词，在艺术学研究中最好用“原型”或“图式”来替换，“原型”“基本原型”(Fundamental Prototype)[②] 亦可派生出诸多与之内在关联的衍生形态(图 5-6)，均由其原型生发而来、具拓扑性质的艺术“变型”。亦类同于图像学所说的

① [美]叶维廉:《东西方文学中“模子”的应用》，载温儒敏、李细尧编《寻求跨中西文化的共同文学规律：叶维廉比较文学论文选》，北京大学出版社 1987 年版，第 2 页。

② [美]罗伯特·莱顿:《艺术人类学》，靳大成、袁阳、韦兰春、周庆明、知寒译，文化艺术出版社 1992 年版，第 35 页。

"母题"与"母题转换"，这一生发过程就是图式经过"时间·空间·人间"的"折射"后形成"变型"的投影，也正是由于诸多时空节点上的"投影"才构成了艺术史的发展主体脉络。

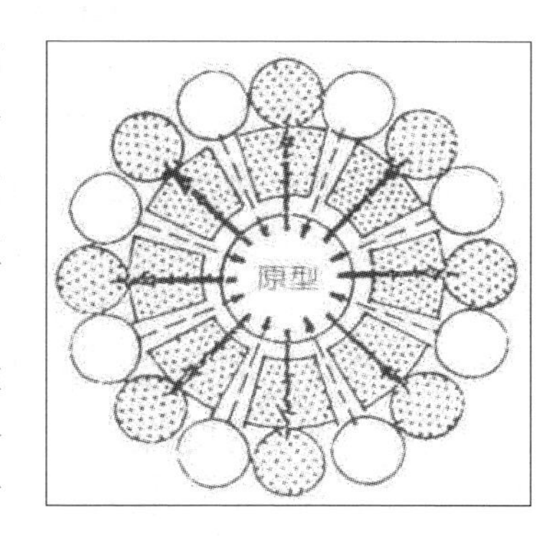

图 5-6 原型的派生

且"原型"亦实指人类世世代代普遍性心理经验的长期积累，它"沉积"在每一个人的无意识深处，其内容也不是个人的，而是集体的，是历史在"种族记忆"中的投影，而神话、图腾等往往"包含人类心理经验中一些反复出现的原始表象"。此"原始表象"被荣格称为"原型"，"有许许多多的原型，正象生活中有许多典型的情境。无穷无尽的重复已经将这些经验铭刻在我们心理构造中了，不是以充满着内容的形象的形式，而首先是作为'无内容的形式'表现着一种感知和行动的确定类型的可能性，当相应于某一特定原型的境况出现时，该原型便被激活起来成为强制性的显现，象本能冲动一样，对抗着所有的理性和意志为自己开辟道路。"① 凯瑟琳·迪伊（Catherine Dee）亦就"景观原型"这一命题探讨了"原型·形式"之内在关联："景观形式原型源自人类文化与具体环境的长期互动。包括封闭庭院、人行漫步道、围栏、坟丘、剧院、庭院、山峰、关口和门槛等。这些形式对于设计师的意义在于，它们同自然形式一样，能够适应任何全新的背景和现代环境。材料的内在物质属性同样为形式设计提供灵感……设计环境的外形有时源自设计师迎合功能需求的努力……其中的关系并不简单，形式并不是功能的附属：准确把握每一个环境背景的具体功用，至关重要……作为设计形式的来源或拥护者，自然模式和文化结构往往难于区分……景观设计常常有意创造此类界限模糊的形式，余下的就是特征鲜明的自然与迥异的文化形式的冲突并置，之前提到的简单几何形态就是一种常用策略。"②

而在皮亚杰看来，"图式"则是主体内部的一种动态的、可变的认知结构，他认为，图式虽然最初来自先天遗传，但一经和外界接触，在适应环境的过程中，图式就不断变化、丰富和发展起来，永远不会停留在一个水平

① 叶舒宪选编：《神话——原型批评》，陕西师范大学出版社1987年版，第104页。

② ［英］Catherine Dee：《设计景观：艺术、自然与功用》，陈晓宇译，电子工业出版社2013年版，第26页。

上。他对“图式”演进（即本书所说的拓扑变换）之理解则是将其划分为四类——“感知活动图式、表象图式、直观思维图式、运算思维图式”，即“人在认识客观事物时，主观上具有的某种已有结构即心理图式，决定了是通过纳入吸收外部刺激于图式中；还是通过使图式发生变化形成新图式以达到机体同环境的平衡。前者为同化的过程，后者为顺应的过程，个体之所以能对刺激作出这样或那样的反应，是由于个体具有能同化这种刺激的某种心理图式因而作出相应的反应；同时心理图式也因同化了刺激而得以丰富。个体心理之所以能够发展，既在于接纳了外界刺激而使心理图式丰富、巩固，更在于某种刺激使图式发生改变才能达到同环境的平衡而使心理图式发展。心理图式变化和丰富的过程，也就是心理发展、变化的过程”①。美国多元智能理论创始人霍华德·加德纳（Howard Gardner）对皮亚杰的这套理论有着如此评价：“（皮亚杰）他还认识到‘适应’绝不只是对环境的简单回应，而是一个积极的建构过程，在这一过程中，个人最初是通过感官系统和运动神经能力来解决问题，最终通过‘大脑内部’的逻辑运作逐渐发展到认知的高度。”②这也就是贡布里希在《艺术与错觉》里讨论再现风格时所反复强调的“图式和修正”（Schema and Modification）问题。

因此，艺术创作中的“图式”作为一种心智结构虽然不可见，却实实在在地发挥着其隐性的控制作用，它在某一时间段内具备一定的稳定性，但又具有一定的波动性、变奏性，它在演绎过程中不断更替，演绎出一种新的图式，同时，新旧图式之间也会叠加、重合生成另一种图式。潜在性、相对稳定性、波动性、叠加性是其基本特点。③贡布里希在《艺术与错觉》里也创造了“图式加矫正”（Schema Plus Correction）这个心理学公式。“图式”作为形而上的哲学认知体系之建构，其演变与适应关乎文化、地域、传统、风尚等一些大范畴，同时，又与人的心理、哲学取向、价值观择取、前理解与知识积淀、历史积淀等有着相当密切的关系，而且“图式的选择必然受时代的

---

① 鲁枢元、童庆炳、程克夷、张晧主编：《文艺心理学大辞典》，湖北人民出版社2001年版，第3页。

② ［美］霍华德·加德纳：《艺术·心理·创造力》，齐东海等译，中国人民大学出版社2008年版，第15页。

③ “我们的思想是变动的、不定的、一瞬即逝的、连续的、混杂的；如果我们除去这些情形，那我们就彻底毁坏了思想的本质，在这种情形下，再加以思想或理性这个名称，那就是名词的滥用了。”参见［英］休谟《自然宗教对话录》，陈修斋、曹棉之译，商务印书馆1962年版，第34页。

局限，受审美时尚的制约。每一个时代的评价者带着自认为十分高明而正确的前理解框限着正在进行中的艺术创造，而每一个真正的创造者并不计较这些，他只为表达自己的感悟和理念竭力奋争”[①]。当“旧图式”被“新图式”替代后，旧图式的实际功能则发生了变化，它往往成为“样式”“式样”等而存在，但也不可绝对地这样认知，因旧图式也会在一部分人群、社会中得以保留，因此，不能以“时间”为关键词来看待“新与旧”的问题，在任何一个时代、地域中，“新与旧”往往是并存的，不是非此即彼的逻辑关系，判断“新与旧”的标准应以何为“主流”为界，非主流即为“旧”。

3.“投影”原理——以“北京西北郊的园林”解读为例

物理学上“投影”的产生是由光的投射遇障碍物所致。而在本书中，则以“原型”的“投影维度”[②]来探析“图式”在艺术创作中的作用机制，在此亦借鉴物理学中的术语“镜像”“映像”“投射”“映射”来说明这一作用机制的复杂性与多义性。而人类的智慧、“人性的共同原理”[③]是相通的，虽然中西艺术理论在理解及表述方式上存在着差别，但对世界的认知却是殊途同归的。在此，本书尝试将西方艺术理论的“图式”作为释读中国传统造园艺术创作（以“北京西北郊的园林”为例）的工具，以说明“图式”的投影作用机制如同桑塔耶纳在《美感》中所说的“人性向物质东西的投影”[④]。“图式”作为一种心理认知形态、一种隐性的价值判断体系的抽象和演绎，亦以“心灵中的形式”[⑤]表现出来，抑或如斯托洛维奇所说的“在艺术创作中所感受的基本体验同作为创作过程结果的那些形象有机地联系在一起”[⑥]。

在明清两代“江南”已然成为了造园艺术操作者心目中“天堂如画美景”的风致营造典范，颇具江南情境的“诗情画意”也成为造园艺术创作在造型、意境等艺术神韵方面的判定标准，即“在自然中使我们的心灵对象化”[⑦]，“观念世界”与“现实世界”借助“园林”的中介而实现了从理想“虚构”到艺

① 吴厚斌：《图式的选择与创造》，《美术研究》1989年第3期。

② 荣格在艺术创作心理学中深刻地揭示了一个重要原理——“投影原理”，即“原型”在艺术创作中作为“意念”积淀在艺术家心灵之中，并投射至最终创作成果（即“形式”）之中。

③ [美]乔治·桑塔耶纳：《美感》，缪灵珠译，中国社会科学出版社1982年版，第9页。

④ [美]乔治·桑塔耶纳：《美感》，缪灵珠译，中国社会科学出版社1982年版，第93页。

⑤ [美]潘诺夫斯基：《理念：艺术理论中的一个概念》，载范景中、曹意强主编《美术史与观念史》，高士明译，南京师范大学出版社2003年版，第575页。

⑥ [苏]斯托洛维奇：《现实中和艺术中的审美》，凌继尧、金亚娜译，生活·读书·新知三联书店1985年版，第112页。

⑦ [美]乔治·桑塔耶纳：《美感》，缪灵珠译，中国社会科学出版社1982年版，第93页。

术“真实”的整合呈现，诺伯格·舒尔兹即认为：“阶梯体系的上层阶段由下层阶段表象，意味着上层阶段由下层阶段‘具体化’……下层的阶段由上层的阶段表象，意味着人把自己本身‘投射（project）’到环境上。首先，人若向环境传达某事，那么环境便根据它而统一到比人所有‘诸物’意义更深的脉络中。所以，人与环境的相互作用是由一方向内另一方向外的两个相辅相成的过程构成的，它正好相当皮亚杰所提出的同化与调节的原理。”①就“江南”（尤其是“杭州西湖”②）的风景意象作为“图式”而言，明万历间画家李流芳对“西湖”③的一段文字描述就更为清晰地点明了在造园操作的选址上极力追求着与“江南”相似的基地特征：“出西直门过高梁桥，可十余里，至元君祠。折而北，有平堤十里，夹道皆古柳，参差掩映。澄湖百顷，一望渺然。西山匌匒，与波光上下。远见功德古刹及玉泉亭榭，朱门碧瓦，青林翠障，互相缀发，湖中菰蒲寒乱，鸥鹭翩翩，如在江南画图中。”④似乎该基址风景的原生特质只要与“江南”情调挂上了钩，在其基础上的造园艺术创作也就成功了一半——在最起码的程度上提供天然山水的基础（图 5-7），我们从当时著名文人的山水诗词中亦可发现，都着重描写其酷似“江南”的风致特点：

玉泉东汇浸平沙，八月芙蓉尚有花，
曲岛下通鲛女室，晴波深映梵王家。
常时凫雁闻清呗，旧日鱼龙识翠华。
堤下连云粳稻熟，江南风物未宜夸。
——王直《西湖》

珠林翠阁倚长湖，倒映西山入画图。

① [挪威]诺伯格·舒尔兹：《存在·空间·建筑》，尹培桐译，中国建筑工业出版社1990年版，第49页。

② 元朝奥敦周卿：“西湖烟水茫茫，百顷风潭，十里荷香。宜雨宜晴，宜西施淡抹浓妆。尾尾相衔画舫，尽欢声无日不笙簧。春暖花香，岁稔时康。真乃上有天堂，下有苏杭。”这一曲《折桂令》常被视作第一个将苏杭比作“天堂”的文艺作品，而此曲作者眼中的西湖即其心灵中的完美“天堂”。

③ 该“西湖”元称瓮山泊，到明代改称西湖，因其在北京城之西，也可能寓意于杭州的西湖，所以瓮山在当时又叫作“西湖景”。清又改称“昆明湖”。明代的西湖比现在的昆明湖小，风景却很好，《宛署杂记》中记载：“西湖 …… 在玉泉山下，潴而为湖十余里，荷蒲菱芡与夫沙禽水鸟出没隐映于天光云影中，实佳景也。”

④ 转引自周维权《园林·风景·建筑》，百花文艺出版社2006年版，第9页。

若得轻舟泛明月，风流还似剡溪无。

——马汝骥《西湖》

左带平田右带湖，晴虹一路绕菰蒲。
波间柳影疏间密，云际山容有忽无。
遗臭丰碑旧阉竖，煎茶古寺老浮屠。
闲游宛似苏堤中。欲向桥边问酒垆。

——沈德潜《西湖堤散步诗》

明万历崇祯时有名的画家、诗人和书法家米万钟（官太仆寺少卿），曾在江南各地做官多年，看过不少江南名园，也营造了其著名的私园——勺园[①]。王铎在《米氏勺园》中用“郊外幽闲处，委蛇似浙村”的诗句来述及该园建筑外形之朴素，很像南方农村的民居。王思任《题勺园》中亦云：“才辞帝里入风烟，处处亭台镜里天。梦到江南深树底，吴儿歌板放秋船。”而沈德符在《野获编》中则更明确地指出：“米仲诏进士园，事事模效江南，几如桓温之于刘琨，无所不似。”这些文人几乎都已经看出地处北方的勺园“模仿”江南园林的明显迹象——“有意识地吸收江南园林长处以丰富北方造园艺术的内容，并结合北方的具体情况而加以融冶，这在明代是一个开端，也做出了良好的范例”[②]。

清代北京西北郊皇家园林的实际操作者——帝王的个人艺术意图中也将“江南”视作风景营造的范本，造就了清代皇家园林景观形态。“康熙即常以江南名园的造景技巧为范本，移植而又多有创新。”[③]而比起其祖父和父亲，乾隆帝的“西湖情结”更加浓厚，他一生中六次南巡，不但每次都要造访杭州西湖，而且连续六次为西湖十景一一题诗。乾隆帝继位之后就陆续在各大皇家园林中大肆仿建杭州西湖的各处景致，例如在圆明园中就先后兴建了模仿西湖小有天园、龙井、花神庙等名胜的景点，甚至还把园中另外九处景点也按照西湖十景来一一命名，凑成十景之全数。但以上这些模仿都是局部行为，有的只是借用西湖之名而已，远未让乾隆帝感到尽兴，亦唯有在清漪园

① 勺园的具体位置究竟在哪里，则有两种说法：一说在今北京大学未名湖一带，一说在未名湖的东南面。参见周维权《园林·风景·建筑》，百花文艺出版社2006年版，第13页。

② 周维权：《园林·风景·建筑》，百花文艺出版社2006年版，第14页。

③ 王其亨、崔山：《中国皇家造园思想家——康熙》，《中国园林》2006年第11期。

（颐和园的前身）的建设中，乾隆帝才真正有机会完整打造出一片与杭州西湖“形神皆似”的山水景观。乾隆在《万寿山即事》的御制诗“背山面水地，明湖仿浙西”[①]中就明示了昆明湖的扩建以杭州西湖为原型，且他在《御制诗五集》卷八十九的《题致远斋》中又说明了其“求其意而舍其形”的造园艺术创作原则：“略师其意，就其天然之势，不舍己之所长。”[②]此处的“形”就是形式的“形相”层面的含义，即外观的意思，“意”则是从“结构、功能、意义”层面而言的，“意形合一”也可被视作为“图式”。也就是说，作为景观艺术“总设计师”的乾隆是要求从艺术形式的生成机制原理的角度而进行景观艺术创作的，绝不是单纯地“形相”复制（图 5–8 至图 5–11）。而且，我们亦可发现清漪园的形式结构与本书第三章对中国景观艺术史整体的形式考察后所提炼出的“洲屿”这一“基本类型”形式，在园林文化结构上存在着高度的吻合与一致。

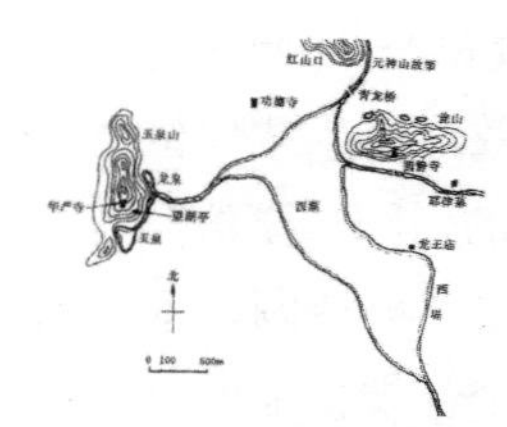

图 5–7 明代西湖

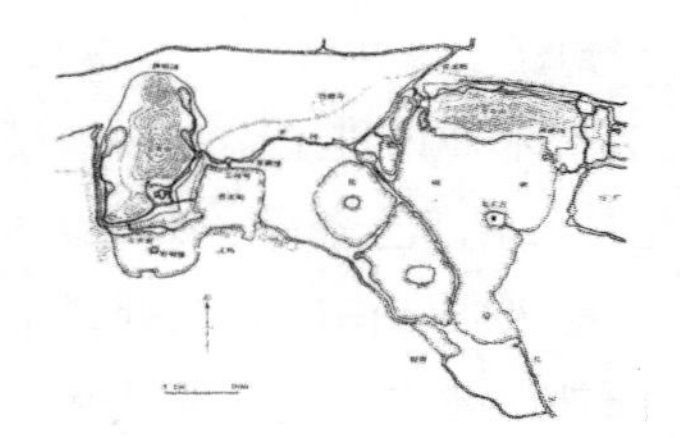

图 5–8 乾隆时期的清漪园

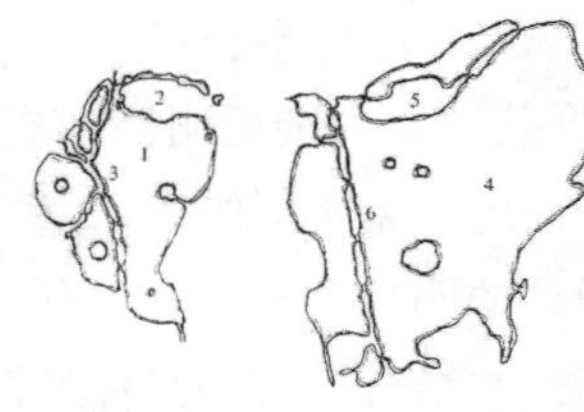

图 5–9 昆明湖与杭州西湖之比较

图 5–10 颐和园

图 5–11 杭州西湖

① 王其亨、邬东璠、吴葱：《石秀松蕤清赏外 新题旧咏静评中——乾隆御制诗中的园林意象》，载于倬云、朱诚如主编《中国紫禁城学会论文集（第三辑）》，紫禁城出版社 2004 年版，第 198 页。

② 王其亨、邬东璠、吴葱：《石秀松蕤清赏外 新题旧咏静评中——乾隆御制诗中的园林意象》，载于倬云、朱诚如主编《中国紫禁城学会论文集（第三辑）》，紫禁城出版社 2004 年版，第 199 页。

> 清漪园的功能是多方面的，蓄水、祝寿，皇家离宫型园林，这里包括帝王理政、生活、游乐等多种需求——根据这些功能在建设上首先要进行的是整体布局。为了蓄水必须扩大水面，将原有的西湖挖掘加大几近一倍。在扩大中有意留出三块陆地，在水中形成有象征性的神仙三岛。仿照杭州西湖的苏堤筑了一道西堤，将湖水分为中西两部分，并像苏堤上有六孔桥一样，在西堤上也建了六座桥。与此同时，把扩大湖面挖掘出来的土，将瓮山增高增大，并在山下北麓开掘水渠，将前湖之水引灌后山，如此一来形成了山临水、水绕山的总体格局。瓮山改称万寿山，西湖改称昆明湖，山湖相加总占地面积达290公顷，其中水面占四分之三。[①]

从上述的案例分析中可知，"江南"作为造园艺术家创作的"图式"→"形式"之间的逻辑关系："形式"是"图式"投射机制下的"投影"关系，而艺术创作中的"形式"就是对其"图式"的模仿，"形式"与"图式"之间存在着"映像"关系，是将集体无意识之理想景观图式纳入个人图式之中，同时还在于把个人图式转译成具体的景观艺术形式的塑造之中。"形式"虽由内而外地"投影"出来，但又是在"共性图式"的环境下进行的投射，因每一位艺术家的创作个性（"个性图式"）和投影都是特定的，由此产生了独特的艺术作品。贡布里希即认为用绘画再现同一个对象，不同的人会有不同的结果，不可能画得完全相同，产生差异的关键原因是每个人所参照的"预成图式"不同，并运用了"预成图式——匹配——修正"[②]的公式来说明艺术创作的过程，他也把这一公式推广为艺术史发展的基本公式。

"创造形式的意志"[③]"艺术家内心世界母题"[④]之"图式"从某种意义说，虽是"不可言说的"，它是潜在于经验秩序中的文化基本代码，是在艺术创作之前即已先在的东西，若用一种很明白的语言来表述"图式"的话，这本身就是一个矛盾，亦体现了语言的表述贫乏性。"图式"一旦被具体化了，就会陷入将它肤浅化的危险境地。虽然"危险"，但是"图式"在艺术理论研究中始

---

① 楼庆西：《极简中国古代建筑史》，人民美术出版社2017年版，第146—148页。

② ［英］E.H. 贡布里希：《艺术与错觉——图画再现的心理学研究》，林夕、李本正、范景中译，湖南科学技术出版社2009年版，第84—85页。

③ 宗白华：《美学与意境》，人民出版社1987年版，第71页。

④ ［英］贡布里希：《木马沉思录——论艺术形式的根源》，载范景中编选《艺术与人文科学：贡布里希文选》，范景中译，浙江摄影出版社1989年版，第25页。

终是无法回避的问题，将其尽可能阐明则是本书的形式研究的目标之一。本书将艺术创作“图式”的源头及其投射的作用机制回溯于柏拉图乃基于“柏拉图主义是关于我们的自然本能的最精密最优美的表述，它体现了我们的良知，说出了我们心灵深处的希望”①。同时，艺术的本质不仅是艺术家的自我表现，而且是一种长时期的交流，譬如“一个即便死去很久的艺人与承袭了他的艺术精神的人们之间，在其身后仍进行着交流。这种交流或者叫做协作，具体体现在对绘画、雕塑、诗歌或交响乐等一切艺术形式反应敏锐、提倡不仅热爱最早的艺术家而且热爱在他以后的其他艺术家上”②。

二、作为导则的“法式”

“图式”与“意”有关，“法式”与“匠”关联，即形而上之意、形而中之匠、形而下之相。“任何一种艺术的基础中都有一定的技术基础——它的复杂程度有时大些，有时小些，有时受到手工艺技术的限制，有时包含着机械、机器和仪器的工作。”③宋苏轼即十分重视高度纯熟的艺术技巧：“有道而不艺，则物虽形于心，不形于手。”(《书李伯时山庄图后》)

泽兰斯基曾说：

> 一切艺术皆萌发于艺术家头脑中的想法，并通过与媒介的对话而得到发展。要将这种演变着的想法变为现实，要创造出想像中的形式，就需要处理好大量的技术性细节。每个想法都需要具体的技术并考虑某些具体的实际问题……艺术家在处理这些技术细节时的谨慎与灵巧，这将使那些支离破碎或根本违背艺术家意愿的作品与那些对艺术家构想有上乘表现的作品之间出现天壤之别。④

虽然景观艺术创作成败很大程度上受到施工水平的影响，但主要仍决定

① ［美］乔治·桑塔耶纳：《美感》，缪灵珠译，中国社会科学出版社1982年版，第5—6页。

② ［英］马丁·约翰逊：《艺术与科学思维》，傅尚逵、刘子文译，工人出版社1988年版，第26页。

③ ［苏］莫·卡冈：《艺术形态学》，凌继尧、金亚娜译，生活·读书·新知三联书店1986年版，第261页。

④ 参见［美］保罗·泽兰斯基、玛丽·帕特·费希尔《三维创造动力学》，潘耀昌、钟鸣、倪凌云、魏冰清、季晓蕙、吕坚译，上海人民美术出版社2005年版，第33页。

于设计水平。晚明造园家计成在《园冶》中就说“三分匠，七分主人”，而“匠”是指工匠，“主人”则指“能主之人”，主要是直接参与造园活动的艺术家，且往往还要加上坚持具体意见的业主。计成亦云的“第园筑之主，犹须什九，而用匠什一”就强调了在园林艺术创作中所起的作用比重问题——造园艺术家的设计占到十分之九，工匠施工仅占十分之一，此处计成是主要针对因地制宜的现场性设计而言的。因此，本节主要就设计法式的技术层面上作主要探讨，讨论重点就在景观艺术形式的“匠法经营”上，因本项研究课题不是修技术专门史，诸项工程技术问题除在论述艺术问题时必要涉及者外，不拟作专门的探讨。先看一个约略与李渔同时代的一位叫东鲁古狂生写的《醉醒石》拟话本小说，其中的第七章就描写一个浪荡公子是如何造园的：

> 他每日兴工动作，起厅造楼，开池筑山。弄了几时，高台小榭，曲径幽蹊，也齐整了。一个不合意，从新又拆又造，没个宁日。况有了厅楼，就要厅楼的妆点；书房，书房的妆点；园亭，园亭的妆点。桌椅屏风，大小高低，各处成样。金漆黑漆，湘竹大理，各自成色。还有字画玩器、花觚鼎炉、盆景花竹，都任人脱骗，要妆个风流文雅公子。①

“又拆又造”这四字恰恰就是中国传统园林艺术建造的真实场景与操作法度，“从观念到施工是一体的”是其营造精神，清代诗人汪春田即有一首关于造园的绝句：“换却花篱补石阑，改园更比改诗难。果能字字吟来稳，小有亭台亦耐看。”② 而中国传统造园匠师在不拘于绳墨、没有精确图纸导向下只能是拆了又造、造了又拆，只能是凭借模糊哲学引导下艺术感觉的直观把握，直至达到造园操作者心目中的理想艺术形态为止，即“昔人绘图，经营位置，全凭主观。谓之为园林，无宁称为山水画”③。恰如李渔在《闲情偶寄·房舍第一》中所说的：“图有能绘，有不能绘者。不能绘者十之九，能绘者不过十之一。”④ 另外，在计成看来，“凡结林园，无分村郭，地偏为胜，景到随机，窗牖无拘，随宜合用；栏杆信画，因境而成，园基不拘方向，地势自有高低，

① 转引自陈志华《北窗杂记 —— 建筑学术随笔》，河南科学技术出版社1999年版，第60页。
② 转引自陈从周《园林谈丛》，上海文化出版社1980年版，第6页。
③ 童寯：《江南园林志》，中国建筑工业出版社1984年版，第3页。
④ （清）李渔：《闲情偶寄图说》，王连海注释，山东画报出版社2003年版，第188页。

涉门成趣，得景随形”①，因而造园艺术创作中的随机性、偶成性与绘画、作诗等类似，但亦须契合“境”“趣”等的艺术指向。罗哲文先生就说：“造园是‘艺’和‘术’的完美结合，是文人和匠师合作的结晶，两者缺一不可。譬如叠山：并非按图施工，如果没有对意境的构思，或者缺乏对意境的领悟并施之营造实践，终究是无法完成作品的。”②

此处的“法式”泛指技术操作层面的方法论问题，它是艺术创作中一种明确的、系统化的技能，可将其视作一个“过滤器”，即对艺术创作图式进行筛选、滤净，将某些“杂质”去除，并用艺术家自己的方式来填补其艺术文本的空白，因为“任何创造性活动的最终目标是构筑……建筑师、雕塑家、画家，都必须再次成为手工艺工匠……在艺术家和手工艺工匠之间没有根本的区别。艺术家是一个具有更高层意识的手工艺工匠……但一个手工艺工匠的基本技能对于各种艺术家来讲却是不可缺少的，它是各种创造性工作的重要源泉”③。列维－斯特劳斯在《野性的思维》中也描述了“拼贴匠”的创造性行为：“善于完成大批的、各种各样的工作，但是与工程师不同，他并不使每种工作都依赖于获得按设计方案去设想和提供的原料与工具：他的工具世界是封闭的，他的操作规则总是就手边现有之物来进行的，这就是在每一有限时刻里的一套参差不齐的工具和材料，因为这套东西所包含的内容与眼前的计划无关，另外与任何特殊的计划都没有关系，但它是以往出现的一切情况的偶然结果，这些情况连同先前的构造与分解过程的剩余内容，更新或丰富着工具的储备，或使其维持不变。”④

其实，在中国传统造园“法式”中就蕴藏着非依靠实践不可的、亦薪火相传的实际操作经验，即刘勰在《文心雕龙》“知音”篇说的“操千曲而后知音，观千剑而后识器”，它依赖着一种“活”的传承方式。李渔曾提及了造园技法运用的实际情况：“尽有丘壑填胸，烟云绕笔之韵士，命之画水题山，顷刻千岩万壑，及倩磊斋头片石，其技立穷，似向盲人问道者。故从来叠山名手，俱非能诗善绘之人；见其随举一石，颠倒置之，无不苍古成文，纡回如

---

① 陈植注释：《园冶注释》，中国建筑工业出版社1998年版，第51页。

② 苏州民族建筑学会、苏州园林发展股份有限公司编著：《苏州古典园林营造录》，中国建筑工业出版社2003年版，前言。

③ 这是格罗皮乌斯在1919年包豪斯学校发表的一篇宣言中对艺术创造活动的界定。参见［瑞士］约翰尼斯·伊顿《设计与形态》，朱国勤译，上海人民美术出版社1992年版，第10页。

④ ［法］列维－斯特劳斯：《野性的思维》，李幼蒸译，商务印书馆1987年版，第23页。

画，此正造物之巧于示奇也。”[①] 虽未完全上升至理论文本层面的口传心授亦尽在一举一动、一招一式之中了，却容易导致造园技艺的失传——“山梓匠人，不着一字”“园有异宜，无成法，不可得而传也”[②]。李渔点破了此中原委：“抑画家自秘其传，不欲公世耶?”以及“凡有能此者，悉皆剖腹藏珠，务求自秘，谓此法无人授我，我岂独肯传人”[③]。且“法式”的建立与著名匠师有关，中国造园匠师自有其相对成熟、稳定、经过实践考验的营造规矩、程式、套路，流传于民间的营造技法应当更自由、随性、感性，而不同于一般的官式做法。

造园“法式”在中国传统景观艺术营造活动中既有文本性质的文献资料，涉及具体的造园理论总结、心得总结、画论、造园笔记与歌赋、图谱资料（各类相关的工程图纸与设计规划样稿、烫样模型、山水界画、古籍插图等，这一点在清代著名匠师雷氏家族的《样式雷建筑图档》[④] 中表现得尤为突出）等，又有造园操作者（造园匠师、文人、造园主等）相关的口传心授的经验性总结，如营造口诀、民谚等口头资料；既有官方的官式做法，也有广泛流传于民间的俗式套路，或者是官式与俗式相结合的做法。然而，诸多民间的东西为什么无法提升为“法式”呢? 因为其中的游离性和不确定的因素太多，需要一个提炼和概括的过程，而这又需要具有理性意识的知识分子来完成。一般人的感觉和艺术家的感觉是全然不同的，其中的理性和感性的成分也不尽相同，艺术家在驾驭艺术形态时能很好地把握两者的统一，而一般人无法做到这一点。

因此,《园冶》《闲情偶寄》《长物志》等的确可算作中国传统园林艺术成熟后期对漫长过往园林营造方法中潜在规律的系统总结寻绎的理论文本。例如宋李诫作为《营造法式》的编撰召集人，其作为官员需要一套从上至下的法度条例、规矩做法为具体的施工加以指导。同时,《营造法式》将建筑营造纳入至宗法、等级的范畴中，加强对社会性营造活动的规束，且《营造

---

① （清）李渔:《闲情偶寄图说》, 王连海注释, 山东画报出版社2003年版, 第229页。

② 陈植注释:《园冶注释》, 中国建筑工业出版社 1998年版, 第37页。

③ （清）李渔:《闲情偶寄图说》, 王连海注释, 山东画报出版社2003年版, 第20页。

④ 《清代样式雷图档》是指雷氏家族绘制的建筑图样、建筑模型、工程做法及相关文献。雷氏家族从雷金玉到雷献彩，共有7代9人先后任清廷样式房掌案，雷家几十人供职样式房，负责皇家建筑、内檐装修及家具器物的设计，在建筑设计和工艺美术等多方面取得了杰出成就，是世界伟大的建筑世家，当时被誉称“样式雷”。样式雷图档存世有两万余件。参见国家图书馆编《中国传统建筑营造技艺展图录》, 国家图书馆出版社2012年版, 第3页。

法式》中的“图样”也不是一幅幅没有关联的建筑图纸，而是一个完整的建造系统；计成《园冶》的技术性与操作性则较弱，其重在其造园艺术创作思想层面的阐发，作为造园实践第一线的匠师，他有着丰富的造园技法、经验，在中国文化传统“重道轻技”的氛围中对其经验、套路、技术的总结相对来说虽不够重视，但他仍将造园设计法式上升至理论化、哲学化的高度了。

（一）“法式”的内涵阐释

“法式”涉及操作具体的方式和过程，因“艺术的创造是把技巧、知识、直觉感情与材料融合为一体而进行的”[①]。在艺术创作中起技术实现与操作规限作用的“法式”，就是在受限规矩下的一种有目的指向的自由艺术创作，但规矩[②]只是一种惯例、方法，若只按规矩而不尚技巧、创造力，也无法达到完美的艺术效果，即“法式”绝对不是构造技术的叠加。每一时代的艺术家在自己时代的艺术规范下进行的创作，其法式本身是看不见的，“只能在各种物性操作的镜像中才能间接地得以呈显”[③]，它也不是一个可以直接照搬的设计套路或定律，它与死守文章之“八股”不同，即它不是一个明确的完全设计手法，而只是一个导引、一种控制，景观艺术形式的千变万化就是在这一导引下进行很多方面的变化，所以才产生了非常有地域性、时代性和丰富性的景观艺术形式。

陈从周先生曾将“曲”式营造视作中国传统园林形式创作的经典法式：“曲与直是相对的，要曲中寓直，灵活运用，曲直自如……曲桥、曲径、曲廊，本来在交通意义上，是由一点到另一点而设置的。园林中两侧都有风景，随直曲折一下，使行者左右顾盼有景，信步其间使距程延长，趣味加深。由此可见，曲本直生，重在曲折有度。”[④]钱泳在《履园丛话》中亦提“曲”：“造园如作诗文，必使曲折有法，前后呼应，最忌错杂，方称佳构。”[⑤]沈复在《浮生六记》中则更准确地凝练了中国传统园林艺术创作之法度：“小中见大，大

---

① ［美］杜安·普雷布尔、萨拉·普雷布尔：《艺术形式》，武坚等译，山西人民出版社1992年版，第3页。

② 中国传统艺术是很讲究规矩的，清代蒋和在《学画杂论·用稿》中有云：“学习需从规矩入，神化亦从规矩出。离规矩则无理无法矣。”

③ 童明：《迷宫与镜像：关于建筑话语的印象》，载童明、董豫赣、葛明编《园林与建筑》，中国水利水电出版社、知识产权出版社2009年版，第11页。

④ 陈从周：《园林谈丛》，上海文化出版社1980年版，第4页。

⑤ （清）钱泳：《履园丛话》，中华书局1979年版，第545页。

中见小，虚中有实，实中有虚，或藏或露，或浅或深，不仅在周回曲折四字也。”[①] 沈三白先生所指出的“虚实”之辨是中国艺术最重要的“法式”之一，书法要“计白当黑”，戏曲有“刁窗”等虚空，画须“布白”，园林中更是注重布置空的空间，其实皆为老子“有无相生”哲学思想的艺术投影。我们从唐代书法家颜真卿追祭从侄颜季明的《祭侄文稿》的草稿[②] 中即可见识到一种随性真实的书写状态（图 5–12），亦未着意将书法的“书写之法式”运用其间：“横涂纵抹，圈点勾勒，重叠复潦草，说是满篇狼藉也不过分……书写时，颜真卿注意力都集聚于祭文的表达，并不在意书法如何，也就疏远了‘作书’的意识，这正是书法家常说的，‘无意于书’、‘心手两忘’的书写状态……颜真卿信笔写来，笔毫在麻纸上皴擦争折，渴笔很多，墨色将浓遂枯，带燥方润，颇有穷变化于毫端的神奇。颜真卿‘无心’于书法，随手写来，虽有潦草所致的‘变态’，但几十年积蓄的书法功夫，个人的书写习惯，隐秘地制约着‘变态’。”[③] 然而从黄庭坚七言诗作并行书的《松风阁诗帖》[④]（图 5–13）中却得以窥见一种“经过精心设计而熟练编排”的汉字图像。

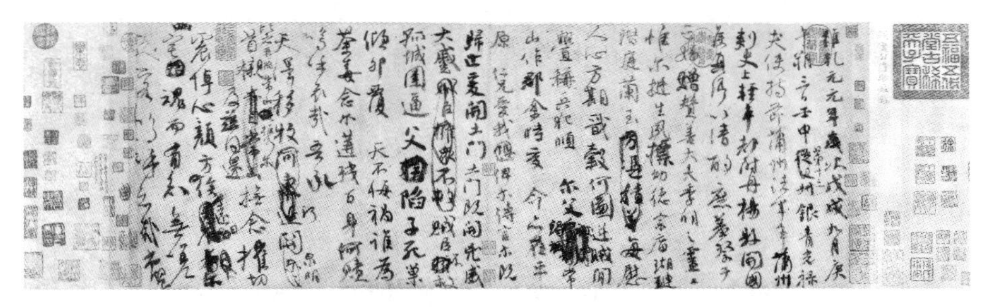

图 5–12　颜真卿《祭侄文稿》草稿

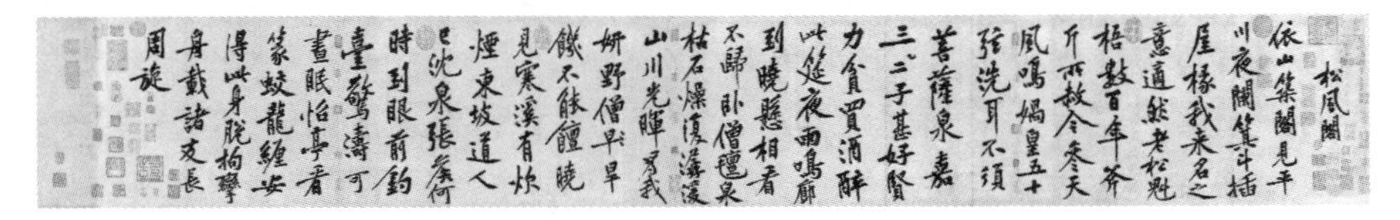

图 5–13　黄庭坚《松风阁诗帖》

① （清）沈复:《浮生六记》，外语教学与研究出版社 1999 年版，第 96 页。

② 行书纸本，纵 28.3 厘米，横 75.5 厘米，23 行，234 字（268 字，涂去了 34 字），书于唐乾元元年（758）。

③ 刘涛:《极简中国书法史》，人民美术出版社 2014 年版，第 129 页。

④ 墨迹纸本，纵 32.8 厘米，横 219.2 厘米，全文计 29 行，153 字，台北故宫博物院藏。

“法式”与科林伍德意义上的“技巧”有密切的关联，而且属于“技巧”范畴之内，“艺术家必须具备一定的专门化形式的技能即所谓技巧，他获得这种技巧就和工匠们一样，部分是通过个人经验，部分是通过分享他人的经验……伟大的艺术力量甚至在技巧有所欠缺的情况下也能产生出优美的艺术作品；而如果缺乏这种力量，即使最完美的技巧也不能产生出最优秀的作品。但是同样的，没有一定程度的技巧性技能，无论什么样的艺术作品也产生不出来。在其他条件相同的情况下，技巧越高，艺术作品越好。最伟大的艺术力量要得到恰如其分的显示，就需要有与艺术力量相当的第一流的技巧。”① 丹纳亦说：“艺术家需要一种必不可少的天赋，便是天大的苦功天大的耐性也补偿不了的一种天赋，否则只能成为临摹家与工匠。就是说艺术家在事物前面必须有独特的感觉：事物的特征给他一个刺激，使他得到一个强烈的特殊的印象。”② 而中国画论方面的创作技巧经验总结如谢赫的“气韵生动、骨法用笔、应物象形、随类赋彩、经营位置、传移模写”之“六法”，其实就是一个从“形神”（或“神貌”“皮骨”）合一的视角来阐述的艺术形式创作之“法式”。明末清初文坛翘楚吴伟业因为曾目睹张南垣的现场造园活动，他在《张南垣传》③ 中对张南垣的叠山造园绝技即有十分精彩的理论总结：

> 君为此技既久，土石草树，咸能识其性情。每创手之日，乱石林立，或卧或倚，君踌躇四顾，正势侧峰，横支竖理，皆默识在心，借成众手。常高坐一室，与客谈笑，呼役夫曰：“某树下某石，置某处。”目不转视，手不再指，若金在冶，不假斧凿。甚至施竿结顶，悬而下缒，尺寸勿爽，观者以此服其能矣。人有学其术者，以为曲折变化，此君生平之所长，尽其心力，以求仿佛，初见或似，久观辄非。而君独规模大势，使人于数日之内，寻丈之间，落落难合，及其既就，则天堕地出，得未曾有。曾于友人斋前作荆关老笔，对峙平城，已过五寻，不作一折，忽于其颠将数石盘亘得势，则全体飞动，苍然不群。所谓他人为之莫能及者，盖以此也。

---

① ［英］罗宾·乔治·科林伍德：《艺术原理》，王至元等译，中国社会科学出版社1985年版，第26页。

② ［法］丹纳：《艺术哲学》，傅雷译，人民文学出版社1986年版，第27页。

③ 取自《四部丛刊》本《梅村家藏稿》。

同时，“法式”不同于“法”，因“法”本身是固定的、死的，李渔就有“岂有执死法为文”[①]之说。“法式”要求艺术家在艺术创作自身中潜孕着一种“创新”与“活变”的因子——“选取、调理、整合或者改编”[②]，即计成所说的“巧于因借，精在体宜”之随形就势[③]的创作之道，否则也只能是“匠”而已了。德西迪里厄斯·奥班恩（Desiderlus Orban）就将自然、画匠和外行三者的关系进行了对照：“自然，就它的自身完善来说，只给画匠提供了可资模仿的模式。由于缺乏创造想象力，画匠被动地模仿自然。但只能夸耀自己的已有技术，有时作品的表面弄得很周到，而全不明白创造的内涵。外行醉心于画匠的技巧，对创造的涵义也是无知的。他们把技巧练达的作品的价值看得比任何创造性作品更高。除所有这一切之外，观众解释画匠的作品是不成问题的。但是，每幅创造性的作品对于观众都是一个震动，因为它为观众展开了前所未知的世界。”[④]童寯先生对此就相当明了：“盖园林排当，不拘泥于法式，而富有生机与弹性，非必衡以绳墨也。”[⑤]换句话说，法式本身是创造活力与创作程式相交织的匠艺复合，是进行形式创造的技法理论总结与艺术创作章法的理论化升华，且“法式”与“法原”相通，强调的都是原理性的操作规则、理想的准则、基本的规范，而非教条固归的条条框框。

在陈传席先生看来，黄宾虹是真正的大师，黄宾虹的画“法高于意”，这“法”不仅是笔法、方式，包含的内容更多，《荀子·劝学》中“礼乐法而不说”的“法”也包括在内（即正规、法规、严肃、模范等），黄宾虹练了80年笔力，而且他是在深悟传统奥妙基础上练的。而且，陈传席对“大师”界定包括三个层面——就作品而言，包前孕后；就作用而言，树立一代楷模；

---

① （清）李渔：《闲情偶寄图说》，王连海注释，山东画报出版社2003年版，第20页。

② 在绘画艺术形式创新的“法式”之“变”而言，潘天寿曾云：“凡事有常必有变。常，承也；变，革也。承易而革难。然常从非常来，变从有常起，非一朝一夕偶然得之。”齐白石57岁开始实行“衰年变法”，他亦说：“余作画数十年，未称己意。从此决心大变，不欲人知，即饿死京华，公等勿怜，乃余或可自问快心时也。”

③ 如计成对“因借”的解释，即从“因”与“借”两方面阐述“法”须“活变”方为“法式”的：“因者：随基势高下，体形之端正，碍木删桠，泉流石注，互相借资；宜亭斯亭，宜榭斯榭，不妨偏径，顿置婉转，斯谓‘精而合宜’者也。”“借者：园虽别内外，得景则无拘远近，晴峦耸秀，绀宇凌空；极目所至，俗则屏之，嘉则收之，不分町畽，尽为烟景，斯所谓‘巧而得体’者也。”参见陈植注释《园冶注释》，中国建筑工业出版社1998年版，第47—48页。

④ ［澳］德西迪里厄斯·奥班恩：《艺术的涵义》，孙浩良、林丽亚译，学林出版社1985年版，第12页。

⑤ 童寯此处提及的“法式”即“法”，此与笔者对“法式”的内涵界定是有区别的。参见童寯《江南园林志》，中国建筑工业出版社1984年版，第3页。

就影响而言，开启一代新风。最关键的就是“包前孕后”，后两个方面都包括在“包前孕后”之中。“20世纪的画家中，惟齐白石、黄宾虹二人可称大师。其他名家虽也各具特色，各自影响一批人，但都没有开启一代新风。有人认为我树立的‘大师’标准太严了，建议我再细分为一级大师和二级大师，那么，齐、黄之外的画家如果称大师，只能是二级大师。”（图5-14）“他的画用笔功力深厚，有内涵，有变化，起笔、运笔、收笔，法度颇严，可谓集古今大成。就用笔的法度和功力而论，齐白石亦不敢与之相比。其他人更无可比拟之资格。而且，古人当中，似乎也没有能超过黄宾虹者。董其昌及‘四王’用笔有其法度而无其质重，石涛、石溪画有其质重而无其法度。黄宾虹致裘柱常信说：‘……学敦煌壁画，犹是假石涛。即真石涛且不足学，论者以石涛用笔有放无收，于古法遒劲处，尚隔一尘耳。’黄以其法度之严，看出石涛的破绽。对于‘扬州八怪’的画，不合法度处，更是比比皆是，黄都能深刻地指出。黄又说：‘不沾沾于理法，而超出于理法者，又不得不先求理法之中。’黄边研究，边实践，集古今之大集成，无人能过。既贵重，学其笔墨又适用。今人学传统，能看懂黄宾虹，即说明你有很高的修养了，很多很有名的画家说黄画实际上并不好，‘黄宾虹我是不重视的’，讲的是真心话，但却是外行话。”因为黄宾虹一生致力于“法”，处处讲“法”，他的画之最大缺点也是“法高”带来的，过于讲“法”，留心留意于“法”，“他以‘法’眼看世界，处处是‘法’，则大自然的新鲜感对他刺激不大，所以他的画有点千篇一律，分不清那是哪里的山，这是什么心境下的产物，盖一切为‘法’所统，处处想到‘法’，则激情自然被泯灭，再新奇之境景也被法所笼罩”（图5-15），陈传席亦毫不留情地指出黄氏的画法也过于单一，仅几个套式而已，有点麻木不仁，而且，越是他的精心之作，越有麻木之感，“因为精心于法，反反复复”，引致这个画面已黑得透不过气来。[①]此因“法式”有其内在的创作惰性，即一旦把它冠以“法式”，就有把它陷入一种僵化的、万古不易、始终沿袭下来的理论与实践倾向。（图5-16、图5-17）

由之，既然作为“导则”的“法式”是一种理论层面的指导，是从形式创造实践的提炼的技法或经验的总结，是形式创造导引的集约式理论表现，因而不能固化、拘泥于“成法”，“式”（通“适”，强调“活变”）更意

① 参见陈传席《评现代名家和大家黄宾虹》，《江苏画刊》2001年第4期。

指在实际艺术创作中要灵活、变通地运用，达到亚历山大所说的“适合”[①]，因此，“法适”与“法式”应互通，“法式”即可拆解为“法”——定式或成法，“式”——通“适”，要求“活变”与“活用”，“法式”即可明确地界定为在艺术创作规律指引下灵活地根据特定场合活用创作技法以达到最适合的艺术形式，也就是说，“出新意于法度之中”[②]——以法度为创作准则而不拘法度，亦即“园林之制，每有欲变幻莫测，竟奇斗巧者”[③]。如果只是守成一种模式而抱着不放，那么这种守成就是僵死的、没有活力的，它也势必会困入各种窘境中。同时，“法式”也不是技术操作层面上的绝对标准，诚如奥班恩在《艺术的涵义》(*What is art all about?*) 中说：“在艺术家的作品里我们发现一种创造的想像，而在画匠的作品里，我们只看到技巧的呈现。”[④]

图 5-14　黄宾虹《黄山汤口》

图 5-15　黄宾虹《平远写意山水》

图 5-16　黄宾虹《湖山晓望图轴》

图 5-17　黄宾虹《峨眉图轴》

① ［美］克里斯托弗·亚历山大:《形式综合论》，王蔚、曾引译，华中科技大学出版社2010年版，第11页。

② 此语出自苏轼对吴道子评价:“道子画人物，如以灯取影，逆来顺往，旁见侧出，横斜平直，各相乘除，得自然之数，不差毫末，出新意于法度之中，寄妙理于豪放之外，所谓游刃余地，运斤成风，盖古今一人而已。”(《书吴道子画后》)

③ 童寯:《江南园林志》，中国建筑工业出版社1984年版，第46页。

④ ［澳］德西迪里厄斯·奥班恩:《艺术的涵义》，孙浩良、林丽亚译，学林出版社1985年版，第25页。

（二）“法式”与“惯例”

Convention一词可译为“程式”“惯例”等，究其本质，就是一种长年文化积淀下来的约定俗成，具有承袭性的相对固定的意义与作用的个体以及组合，简单地说，就是形式创造技巧经过提炼后的一种类似于套路的定式。[①] 当然，艺术家在造园中也必须熟稔程式，此因定式的目的恰恰是为了有效地进行变化，使种种变化具有良好的操作性与可预见性，如清嘉道年间江南造园匠师戈裕良所主张假山堆叠之法的即为：“只将大小石钩带联络，如造环桥法，可以千年不坏。要如真山洞壑一般，然后方称能事。”[②] 列维－斯特劳斯亦曾明确告知：“如果制作的难点被充分驾驭，目的就可以变得越来越精细和专门。”[③] 但技术的过分精熟也会使艺术程式的僵化性这一弱点凸显出来，因为过度的技术化是对艺术人文精神的压制，必须既熟悉程式又要突破程式的过度技术化倾向——消解与重构程式的顽固性。

而且“法式”的内涵之中确有“创作程式化”的意味——以经验传授为表征的程式系统，此处的“法式”的内涵之一即与“章法”“规矩”等类近，均与艺术形式的整体经营之套路相关，正如杨鸿勋先生在《江南古典园林艺术概论》一文中明确指出的：“江南园林的创作，也如京剧、写意画之艺术概括乃至必要的程式化。古典京剧脸谱的抽象图案揭示角色性格于面部，更给现在以强烈的真实的感染；借助一条马鞭、一只船桨的歌舞，可以烘托出特定的境界和情节。同样，江南园林的一道‘云墙’，可发人以山村的联想，一湾清水，几块山石，可予人以深山濠濮的印象。江南园林或模拟山水画，或借鉴自然、田园诗文，或以天然风景名胜为蓝本，总之，无论是林泉幽壑，还是淡泊湖山，或山村曲径；或水殿风荷，其艺术景象都是按照一定的思想主题而创作的。园林景象不是客观自然界，而是主观化了的东西。大自然更广阔、更生动、更丰富，而园林艺术则更概括、更理想、更富有情趣。”[④] 华

---

① 休谟在《自然宗教对话录》中亦述：“假如我们考查一只船，对于那个制造如此复杂、有用而美观的船的木匠的智巧，必然会有何等赞叹的意思？而当我们发现他原来只是一个愚笨的工匠，只是模仿其他工匠，照抄一种技术，而这种技术在长时期之内，经过许多的试验、错误、纠正、研究和争辩，逐渐才被改进的，我们必然又会何等惊异？”参见［英］休谟《自然宗教对话录》，陈修斋、曹棉之译，商务印书馆1962年版，第44页。

② （清）钱泳：《履园丛话》，中华书局1979年版，第330页。

③ ［法］列维－斯特劳斯：《野性的思维》，李幼蒸译，商务印书馆1987年版，第37页。

④ 杨鸿勋：《江南古典园林艺术概论》，载中国建筑学会建筑历史学术委员会主编《建筑历史与理论（第二辑）》，江苏人民出版社1982年版，第143页。

琳在《南宗抉祕》中就揭示了如何创作出“气韵生动”的章法秘密：“白即纸素之白凡山石之阳面处，石坡之平面处，及画外之水天空阔处，云屋空明处，山足之杳冥处，树头之虚灵处，以之作天、作水、作烟断、作云断、作道路、作日光，皆是此白。”[①] 清邹一桂在《小山画谱》中亦云：“章法者，以一幅之大势而言。幅无大小，必分宾主。一虚一实，一疏一密，一参一差，即阴阳昼夜消息之理也……大势既定，一花一叶，亦有章法……纵有化裁，不离规矩。”这既是画论，亦可说是园论，亦为总结了的中国传统景观艺术形式创造的理论导则。明人高濂《遵生八笺》之《起居安乐笺》就“煴阁、清秘阁云林堂、观雪庵、松轩”的设计也提出了其景观艺术创作的个性化章法：

> 松轩　宜择苑囿中向明爽之地构立，不用高峻，惟贵清幽。八窗玲珑，左右植以青松数株，须择枝干苍古，屈曲如画，有马远、盛子昭、郭熙状态甚妙。中立奇石，得石形瘦削，穿透多孔，头大腰细，袅娜有态者，立之松间，下植吉祥、蒲草、鹿葱等花，更置建兰一二盆，清胜雅观。外有隙地，种竹数竿，种梅一二，以助其清，共作岁寒友想，临轩外观，恍若在画图中矣。[②]

贡布里希也非常强调艺术家和艺术传统之间存在不可分割的内在联系，并认为可将程式化的符号介入艺术创作法式，他说：“回忆符号的能力当然有巨大的个人差异，但是，由于符号成分的简约性，所以它们非常便于从储存中拿来使用……凡是能用符号编码的东西，相对来说也就更容易追溯和回忆……艺术史上有许多种风格仅仅是用这些现成易记的代码进行创作。在这些风格中，艺术家按照一种经过反复验证的公式，从师傅那儿学习怎样再现一座山、一棵树或牲口槽里的一头公牛和驴子。实际上，大多数艺术传统都是以这种方式进行创作的。”[③] 而苏珊·朗格对于“技术”是如何形成“惯例”并介入艺术创作过程曾说：“艺术创造中的一切技术，都是在对原型进行的‘处理’中发展起来的。所谓技术，就是借助于它就可以达到一定效果的技

① 华琳：《南宗抉祕》，载俞剑华编著《中国古代画论类编》，人民美术出版社1998年版，第296页。

② （明）高濂：《遵生八笺》，王大淳校点，巴蜀书社1988年版，第269页。

③ ［英］贡布里希：《通过艺术的视觉发现》，载范景中选编《贡布里希论设计》，湖南科学技术出版社2004年版，第5页。

能。正因为如此，人们才极力地在每一门艺术中发展那些传统的‘模仿’手段，以便加强某些效果，亦即艺术家从原型中领悟到，继而又向那些能够透过艺术品感受到这种效果的人所传达的效果。这些传统的‘模仿’手段，就是我们平常视为‘惯例’的东西，它们决不能成为什么规则，因为世人并不一定要遵循它们。艺术家们之所以要遵循这些‘惯例’，是因为这些‘惯例’可以帮助艺术家达到自己想要达到的目的。当这些‘惯例’的功能已经竭尽的时候，它们便被艺术家们抛弃了，这就是‘惯例’为什么也会改变的原因。”① 我们从明天启年版《萝轩变古笺谱》的题名“变古”中即可读解出艺术创作中的一种变革力量——《萝轩变古笺谱》是我国古代拱花木刻彩印笺谱之首及我国目前传世笺谱中年代最早的一部，亦是多色套印技术与极富有创意的饾版、拱花技术的最优秀代表，而且《萝轩变古笺谱》的“变古”二字是改变过去的技法的意思。从《萝轩变古笺谱》山水小景的部分版画图像中，亦能从中提取出中国传统造园之核心基因。（图 5–18）

虽然“法式”与“惯例”二者密切相关，但“惯例”仅是“法式”的一个维度，“法式”在本质上更指向一种“导则”（字面理解就是指导原则），强调的是理性节制的一面，而“惯例”“程式”却更多地接近于“套路”——与操作程序、步骤直接相关，“套路”就是程式化的操作步骤，其操作程式是约定俗成的，而一旦程式走向极端即成为程式主义（Conventionalism）。中国传统山水画的相似性和模式化的多年承袭走向极端的案例如《芥子园画谱》中景物“式样”成为画家可随时调用的如零件一般符号，只需组装即可。王澍在《自然形态的叙事与几何》一文中即用“相似性的差别”这一中国传统艺术创造之道来评述明代画家陈老莲之“法”：“老莲自叙说其画学自古法，时人的评价是：‘奇怪而近理。’需要注意的是，同一题材，老莲会在一生中反复画几十幅。我体会，‘古法’二字并不是今天‘传统’一词的意思，它具体落在一个‘法’字上，学‘古法’就是学‘理’，学事物存在之理，而无论山川树石，花草鱼虫，人造物事，都被等价看待为‘自然事物’。同一题材，极相似地画几十张，以今天的个性审美标准，无异于在自我重复，但我相信，老莲的执着，在于对‘理’的追踪。”② 于此，王澍亦对其自创的术语“理型”进行了概念界定——“理型：关于格局的潜在原则，它决定格局，但并不

① ［美］苏珊·朗格：《艺术问题》，滕守尧、朱疆源译，中国社会科学出版社1983年版，第92—93页。

② 王澍：《造房子》，湖南美术出版社2016年版，第24页。

图 5–18 《萝轩变古笺谱》中的部分山水小景

一一对应地符合某个具体的格局”。他更以苏州沧浪亭之翠玲珑和看山楼为其“局部影响整体”设计图式的“建筑范型”[①]。

① 王澍对“范型”的概念界定为：决定一类事物形态的标准器。

> “曲折尽致”，作为童寯《江南园林志》中造园三境界说的第二点，一般理解是在谈园林的总体结构。但按我的体会，园林的本质是一种自然形态的生长模拟，它必然是从局部开始的。就像书法是一个字一个字去写的，山水也是从局部画起的。对笔法的强调，意味着局部出现在总体之前。园林作为一种“自然形态”的建筑学，它的要点在于“翠玲珑”这种局部“理型”的经营。没有这种局部“理型”，一味在总平面上扭来扭去就毫无意义。“总体”一词，指的是局部“理型”之间的反应与关联。“理型”的重点在“理据”，“范型”的重点在“做”。①

“形式”，即“form”这个词，指的并非只是外表审美造型，而是含有内在逻辑依据的“理型”，它显然借鉴了三维圆雕的做法。而在“翠玲珑”内，在一个简明的容积内，建筑分解为和地理方位以及外部观照对象有关的面。层次由平面层层界定。一幢平面为长方形的房子，四个面可以不同。以两两相对的方式，形成由身体近处向远方延伸的秩序。②由之，“法式”并不是一个需要固定死守与如法炮制的定例、营造步骤与程序，而是在艺术创造方向上的总体把握与控制，因之“法式”乃具有创作理论导引性与实际操作灵活性的特征——孔夫子所说的“从心所欲，不逾矩”，也正如朱光潜先生在《谈美》中就“诗”的创造所提及的“格律”：“格律的起源都是归纳的，格律的应用都是演绎的。”③朱先生同时指出循格律而能脱化格律绝非易事，而是艺术创造的极境——“大匠能予人规矩不能予人技巧”④，“古今大艺术家大半后来都做到脱化格律的境界。他们都从束缚中挣扎得自由，从整齐中酝酿出变化。格律是死方法，全赖人能活用。”⑤计成就认为“构园无格”，但若能因地制宜地进行艺术创造——“相地合宜，构园得体”“巧于因借，精在体宜”等，也有产生“虽由人作，宛自天开”的景观艺术效果的可能性，但其关键性的操作在于“合宜”“得体”“体宜”“巧”，即“宜亭斯亭，宜榭斯榭”⑥中的“宜”，

---

① 王澍：《造房子》，湖南美术出版社2016年版，第32页。

② 参见王澍《造房子》，湖南美术出版社2016年版，第36页。

③ 朱光潜：《谈美》，安徽教育出版社2006年版，第86页。

④ 章元凤编著：《造园八讲》，中国建筑工业出版社1991年版，第66页。

⑤ 朱光潜：《谈美》，安徽教育出版社2006年版，第91页。

⑥ 陈植注释：《园冶注释》，中国建筑工业出版社 1998年版，第47页。

而这些均指向了艺术创作中的“适”，亦是李渔所强调的“贵活变”[①]，且他本人置造园亭的法式就是“因地制宜，不拘成见，一榱一桷，必令出自己裁”[②]。在欧洲文艺复兴前后产生的“透视法”即可看作一种艺术创作之“法”，阿尔伯蒂的“透视法”只是为艺术家们提供了一种描绘世界的可能方式，却未能遏制住诸多伟大艺术家在“式”（即“适”）的无限“活变”之下的创造活力，即“法式”的规定性不仅体现在时代风格上，也体现在个体风格上，“法式”具有的游移性决定了“法式”的内在张力是“技与道”的张力，如庄子笔下的屠夫，运班斧如飞，把鼻子尖上的鼻屎削掉，这已经不仅是法而是神乎其技，神乎其技到一定程度也已经不是技巧的问题了，就达到一种道的境界了，中国书法的最高层面就是“法”向“道”的转化和升级——“书之气，必达乎道，同混元之理”。

（三）“法”与“式”的辩证

“制作技术的确关系到一件艺术对象的外形”[③]，作为下层的普遍经验系统和知识系统的“法式”是景观艺术形式得以呈现的中介桥梁。“只要作品受到某一特定用法的制约就总是如此，因为它将根据艺术家在创作作品时将要运用哪些潜在的样式和工序而定（因而将有意无意地把自己置于作品使用者的地位上）。”[④]这是从技术层面而言的，它既是一种技术操作程式，又是一种准科学的工程手段和艺术创意活动，同时，“法式”与技术操作层面虽有着极强的关联，但“法式”更与艺术家创作观念层面有关，也可以说是“观念中的法式”，它有着较强的创作精神导向性。郑元勋在给计成《园冶》的题词中说：“古人百艺，皆传于书，独无传造园者何？曰园有异宜，无成法不可得而传也。”这是从艺术创造规律的角度来说的。“成法”与“法式”间互有异同，“法式”不完全等同于“套路”，它有观念性、精神性的因素在其中，法式与章法接近，“有章有法”但它亦有“式”——与生活方式、观念形态等息息相关，“式”中也有意义、结构与功能的内蕴，就算是程式（化）亦有观念的意味。

---

① （清）李渔：《闲情偶寄图说》，王连海注释，山东画报出版社2003年版，第267页。

② （清）李渔：《闲情偶寄图说》，王连海注释，山东画报出版社2003年版，第188页。

③ ［美］罗伯特·莱顿：《艺术人类学》，靳大成、袁阳、韦兰春、周庆明、知寒译，文化艺术出版社1992年版，第155页。

④ ［法］列维－斯特劳斯：《野性的思维》，李幼蒸译，商务印书馆1987年版，第35页。

因此，“法式”作为艺术意图、艺术观念得以物化，形式得以创造实现的中介桥梁，其作为“导则”亦包含了两大方面的内涵：第一是技术实现方面原理性的东西，第二就是它内凝着人文观念方面的导向。“法式”也要求艺术家在具体的技术操作过程中有智慧迸发、创造性发挥。“艺术是情感的返照，它也有群性和个性的分别，它在变化之中也要有不变化者存在……变化就是创造，不变化就是因袭。把不变化者归纳成为原则，就是自然律。这种自然律可以用为规范律，因为它本来是人类共同的情感的需要。但是只有群性而无个性，只有整齐而无变化，只有因袭而无创造，也就不能产生艺术。末流忘记这个道理，所以往往把格律变成死板的形式。”① “法式”也包含艺术传统的影响因素，它在艺术史脉络上有其自身的发展逻辑，在艺术创作理论研究中是个颇为值得重视的议题，张道一先生认为“传统”之“传”即可理解为传布和流传，“统”即一脉相承的系统，每个时代有每个时代的文化，“但在时代的演进上不可能将以前的文化完全更换，与过去无缘，必然是有所选择，有所取舍，逐渐地除旧布新……”②

因而，艺术创新与创造均是源流传统之脉，传统渗入其中，很自然地流传下去成为其鉴镜的参照与借用的招式，由此，“法式”在艺术创作中具有绵延性的特点。如中国人尤爱在山水中设置空亭一所，而空亭实为山川灵气动荡吐纳的交点和山川精神聚积的处所，此“唯道集虚”的园林建筑也表现了中国人的宇宙意识即苏东坡《涵虚亭》诗所说的“惟有此亭无一物，坐观万景得天全”，亦即戴醇士云：“群山郁苍，群木荟蔚，空亭翼然，吐纳云气。”倪云林每画山水，也多置空亭，其名句有：“亭下不逢人，夕阳澹秋影。”而张宣题倪画《溪亭山色图》诗也道：“石滑岩前雨，泉香树杪风，江山无限景，都聚一亭中。”再如中国书法创作中的“欲上先下，欲左先右”“无垂不缩，无往不收”等传统口诀就通过一代代人的传承而得到了确认。也就是说，“法式”具备强烈的传承性特征，也具备时代特征的营造特色，因此，其也具备相对稳定性、变异性的特点，其建立有一个时间渐进的过程，每一时代在确立自己的“法式”主流时，都会从时间和空间寻找符合这个时代特征的有益因素。

在艺术创作中是“有法无式”的死板套路严守，还是“有法有式”的于传统脉络之中的艺术创新，还是在更高境界上“无法无式”的浑然忘我的

① 朱光潜：《谈美》，安徽教育出版社2006年版，第90页。
② 张道一：《张道一选集》，东南大学出版社2009年版，第13页。

艺术创作，这些“法与式”的辩证关系成为传统艺术理论关注的热点，形式即为“法与式”的媾和、缠绕、再生成而演化得来，抑或如纳尔逊·古德曼（Nelson Goodman）认定的“在程式的和非程式的之间没有明确的分界线”[①]。“法式”亦处于一个诞生、发展、成熟、衰落以致消亡的过程，但一个经典的法式却可以历经千年而日久弥新，如从《考工记》《营造法式》到《清工部工程做法则例》《营造法原》等中的建造法式。其实，造园较之于建筑而言，它没有那么多的“法”和规矩，它更具有“逍遥”的灵活性和艺术形式变化的丰富性。

三、景观艺术形式的生成规律——“图式·法式·形式”

在本质上，“图式·法式·形式”的景观艺术形式生成规律的理论建构是一个公式化的一般艺术形式生成的理论假设和逻辑推理，本书也承认这是一个有缺点的公式，换言之，文章对艺术形式生成规律的描述是一个预置的“假设—演绎”，在具体研究安排上，是将景观艺术的作品、理论、艺术家等艺术材料作为前置的佐证依据。当然，亦可将此理论建构纳入宏观艺术视野中进行存在性、普适性和差异性的论证，即从门类艺术中得出的艺术规律纳入一般艺术领域中进行“试错”，以期完善该理论的自体建构。

一般而论，“图式”在艺术创作中处于顶端的哲学认知层面，对“法式”和“形式”起着宏观的先导性和主导性的整体控制作用，而关于“认知”的重要性，列维－斯特劳斯曾明确指出：“人类学家将焦点聚集在文化的物质方面上，却忽视了理解文化的首要特性——即人类心理摄取信息，并将信息归类进而对其进行解释的方式。”[②]我们亦往往会单一地探究其艺术作品形式的表层——“形相”，因为它们是最直观的，固然容易引起我们的注视和关心，但是若忽视艺术家进行艺术创作时的思维、意图、思想及技术中介等方面的考量，其研究也只能止于表面而难达肌理。

---

① 转引自［英］贡布里希《图像与代码》，载范景中选编《贡布里希论设计》，湖南科学技术出版社2004年版，第228页。

② 列维－斯特劳斯在20世纪50年代初期参加的一次语言学家与人类学家的共同会议上提交的论文《语言学与人类学》中提出此问题。参见［美］霍华德·加德纳《艺术·心理·创造力》，齐东海等译，中国人民大学出版社2008年版，第27页。

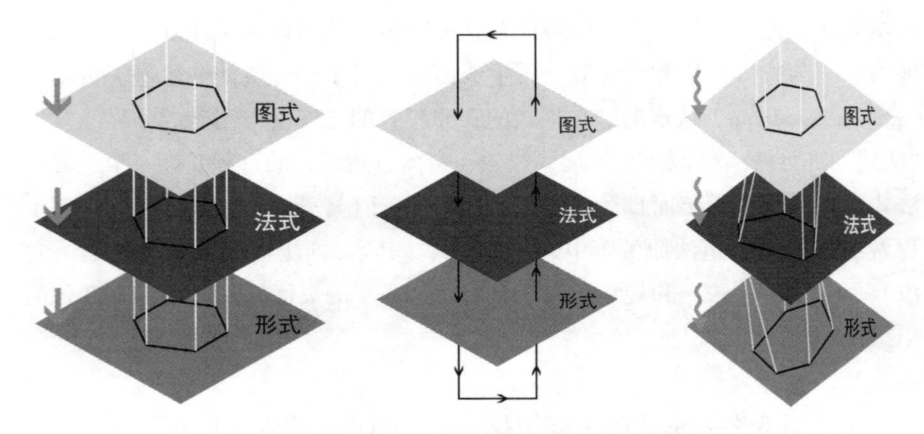

图 5-19 “直射”投影　　图 5-20 循环回返的“投影关系”　　图 5-21 “折射”投影

因此，我们需思考产生这些形式的思想根源和了解这些形式所归属的文化和精神领域，从“图式→法式→形式”的形式生成之道来研究艺术形式应是可行途径之一。又因“图式”、“法式”与“形式”之间存在着“认知→表达→建构”这样一种内在关联的逻辑链，须从这三个处于不同梯级的平面（图 5-19）来审视艺术创作规律，即“图式”属于形而上的哲学、美学、艺术思想等观念层面，“法式”属于形而中的技术操作层面，而“形式”则属于形而下的艺术形态层面，“图式·法式·形式”三者之间既存在着逻辑递换关系，又有“回返”的逆递换关系，甚至是三者之间相互循环交叉的复杂递换关系。（图 5-20）而在乔姆斯基看来，语言描写就得靠一种“多平面描述”系统来进行，“语言理论的中心概念就是‘语言平面’（或者称为‘语言层’）的概念。所谓‘语言平面’，如音位平面、词法平面、词组结构平面等，从本质上说，就是一套用于编写语法的描写装置。语言平面构成了某种表达话语的方法。”[①] “图式”→“形式”投影关系中“法式”中间层的介入作用，即“法式”作为艺术创作中“图式”向“形式”投影生成的中间媒介有着两种可能性——中间媒介的促进或阻碍，极大地引致了在技术表达方式与艺术形式生成上的不确定性。在“图式→法式→形式”的投影机制中也至少有三个逻辑链的存在：①“图式”对“法式”的规限；②“法式”对“图式”的异化；③“图式”与“法式”共同投影下的“形式”。

作为“中间层”的“法式”对“图式”的异化则可以视作“图式”向“形

① ［美］诺姆·乔姆斯基:《句法结构》，邢公畹、庞秉钧、黄长著、林书武译，中国社会科学出版社 1979 年版，第 12 页。

式”的投射机制（Projection Mechanism）中的“折射”变化，亦由于“形式”的实现需借助“法式”的中介，因而“图式”的投影则是被折射过的变形投影（Transformation Shadow）。（图 5–21）事实上，“图式·法式·形式”三者之间存在着一种相当复杂、动态的“循环投影关系”，这种关系更多属于艺术创作心理学和精神分析学的研究领域。“图式”与历史记忆积淀的机制、前理解、潜意识等关联紧密，且在一般结构的图式关系上，“图式”也动态地、自觉地加以构造和改动以联结与外部世界的关系，即诸多异质因子、影响因子的介入能使得相对稳定的图式体系结构发生变奏、异化。而图式也是一种主流/非主流的艺术形式价值判断体系的演绎与抽象，它可被看作一个多棱镜，即“图式”对现实艺术形式的抽绎也可被视作对多棱镜某一个侧面的选定，这一侧面以在人心灵世界中的映像而获得建立，现实的实体映像建构也得以完成，同时亦可将图式分为“理想景观的核心图式”与“艺术现实的艺术图式”两大类。例如《洛阳伽蓝记》所记载的北魏张伦的造山艺术作品——景阳山——“艺术现实的艺术图式”，它成为了后世叠石造山的完美典范：“园林山池之美，诸王莫及。伦造景阳山，有若自然。其中重岩复岭，嵚崟相属；深蹊洞壑，逦递连接。高林巨树，足使日月蔽亏；悬葛垂萝，能令风烟出入。崎岖石路，似壅而通，峥嵘涧道，盘纡复直。是以山情野兴之士，游以忘归。”[①] 完美亦理想的“有若自然”景观艺术形式可进入后世造园艺术家的心灵世界而内化为抽象的“理想景观的核心图式”，这其实就是一个“逆投影”的过程——形式“返照”图式的投影。

理想景观图式——设计哲学+设计创意——理念（Philosophy）层面——形而上

景观营造法式——技法（营造技术+营造观念）——技法（Tecnology）层面——形而中[②]

---

① 范祥雍校注：《洛阳伽蓝记校注》，上海古籍出版社1978年版，第100页。

② 高名潞在《意派论：一个颠覆再现的理论（四）》一文中也论及了他所理解的“形而中”：“所谓‘形而中’，就是‘形’蕴含在传达某一个道理的过程之中，所以理、识、形不可分。这里的‘形’不完全是日常经验意义上的可视的形，而是从现实经验中抽取出来的‘形’。”参见高名潞《意派论：一个颠覆再现的理论（四）》，《南京艺术学院学报（美术与设计版）》2010年第2期。徐复观则将《易传》中的“形而上者谓之道，形而下者谓之器”阐释为：“这里的‘道’，指的是天道；‘形’在战国中期指的是人的身体，即指人而言；‘器’是指为人所用的器物。这两句话的意思是说，在人之上者为天道，在人之下的是器物。这是以人为中心所分的上下。而人的心则在人体之中。假如按照原来的意思把话说完全，便应添一句：‘形而中者谓之心’。”参见徐复观《徐复观文集（第1卷）》，湖北人民出版社2002年版，第32—33页。

景观艺术形式——形式展现＋形式寓意——表征（Representation）层面——形而下

其实，也完全可以把“图式→法式→形式”的艺术形式生成机制视作艺术形式语言乔姆斯基意义上的“转换－生成语法”，二者在机制上是约等价的。在乔姆斯基看来，语言学的中心任务就是要确立人类语言共有的重要属性，即建立一种能应用于一切语言的语言结构理论——虽然这种理论是演绎性的。而乔姆斯基提出的转换语法模式的理论要旨在于“转换”即能够生成所有合乎语法的句子而不会生成不合乎语法的句子，并建构了一个按三分法排列的转换语法模式的设想（图 5–22）：“这一语法，在词组结构平面上有一套 X → Y 形式的规则序列，在低层平面上有一套同一基础形式的语素音位规则序列，还有一套转换规则序列把以上两个序列联系起来。”[①]

转换语法模式亦包括“无选转换与可选转换”两种，主要是由词组结构规则、转换规则和语素音位规则三套规则构成：词组结构规则有合并、递归、推导式三种，其基本形式是 X → Y ，且“→”读作“改写”（即本书所界定的“折射投影”），这个公式就是将 X 改写成 Y。词组结构规则生成的是“核心语符列”，而不经过转换直接由这种语符列得出的基本句型叫“核心句”，而“派生句”则是从稳定的“核心句”中抽绎出来的，亦即本书所意指的“艺术核心图式”→“理想艺术形式”，且此处“→”即为“无折射”的投影。转换规则包括移位、删略和添加，对应于本书前述的“图式”的动态更迭以及“法式”中介层面的“折射”后的双重叠加投影。最后运用语素音位规则得出实际说出的句子，在景观艺术形式语言中就表现出了其特有的艺术规定性。而且，在这三套规则中，最引人注目的是“语法转换规则”，又因为“转换”是一种创新，即“这些转换规律具有一种‘过滤’性的调节能力，能够淘汰某些造得不好的结构”[②]，它使得语法具有更强的解释力。因而，若将“图式→法式→形式”的形式生成

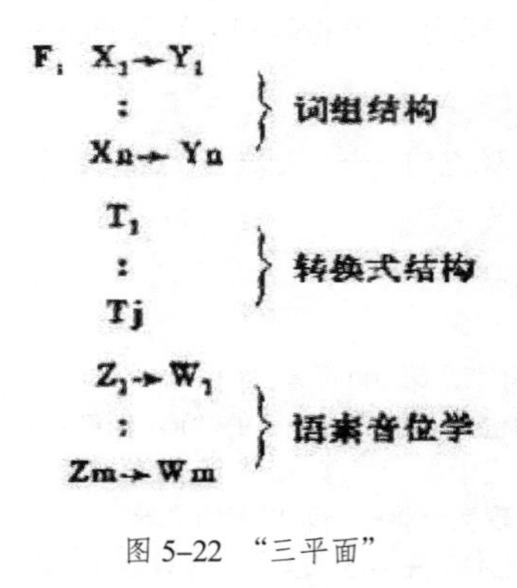

图 5–22 “三平面”

① ［美］诺姆·乔姆斯基：《句法结构》，邢公畹、庞秉钧、黄长著、林书武译，中国社会科学出版社 1979 年版，第 43 页。

② ［瑞士］皮亚杰：《结构主义》，倪连生、王琳译，商务印书馆 1984 年版，第 68 页。

分析方法引入景观艺术设计方法论之中，依据景观艺术形式语法生成规则的“转换”逻辑就能够生发出无限多变的“形式”可能性。

第二节　景观艺术形式的创造思维

倡导“纯可视性”（Pure Visibility）研究的康拉德·菲德勒（Konrad Fiedler）认为，艺术不是以客观地反映生活为目的，而是根据主观的知觉（视觉的过程）来创造艺术形式。受其影响的瑞士艺术史家沃尔夫林在其研究方法中注重采用“以创作过程的心理解释为基础的形式分析”，即不去过多地研究艺术家，而是紧紧地盯着具体艺术作品的形式特点本身。由此，该研究方法对此处所要论证的“景观艺术形式的创造思维”这一主题，就提供了这样的一个写作思路：仅将若干具备典型性意义的景观艺术作品的形式语言作为研究对象，对作品本身的形式及其思维生成进行相关分析。本节即以艺术作品本身的形式分析为主要研究方法，着重以绘画形式语言为主要研究对象，从设计思维和艺术形式表达的视角来审视绘画语言与景观艺术语言之间的密切关联。而语言和思维的关系在华生[①]看来，语言就是“出声的思维”，思维就是“无声的言语”，离开语言就无思维可言。

亦由于形象视觉化的过程，尤其是涉及想象的那部分，乃是创造性的源泉，而“想象就是在一个人的头脑中形成并组合对于各种感官实际上并不存在的形象，因而也是创造经验所不熟悉的独特形象。由于艺术必须创造出实在的形象或形式，因此，这些存在于大脑之中的形象，在视觉艺术中就变得可观，在音乐中可听、在文学中可读了”。[②]具有创造性的人能够在表面的无形之中看到有形，从混乱之中创造出秩序，诚如美国著名设计理论家诺曼所说：“我们所拥有的知识大多隐藏在思维表层下面，它们不为意识所察觉，而是主要通过行为表现出来。”[③]而在宗白华看来，“艺术创造的手续，是悬一个具体的优美的理想，然后把物质的材料照着这个理想创造去……艺术创造的作用，是使他的对象协和，整饬，优美，一致……总之，艺术创造的目的是

① 约翰·B. 华生（John B.Watson）：美国行为主义心理学家。

② ［美］杜安·普雷布尔、萨拉·普雷布尔：《艺术形式》，武坚等译，山西人民出版社1992年版，第7页。

③ ［美］唐纳德·A·诺曼：《设计心理学》，梅琼译，中信出版社2003年版，第120页。

一个优美高尚的艺术品……”[①] 杜安·普雷布尔曾说：“艺术家从自己的个人生活经验，包括对其他艺术的感受中创造形式。”[②] 同时，我们皆知创造过程不仅需要来自梦幻和想象力丰富的头脑的各种想法，还需要自由而有意识地使用、处理感觉经验因素的能力，即观察一个事物同时看到另一事物的能力，胡传海在论及书法创作时就如此说道：“艺术品的创作我以为有时就是理性大于情感，首先要思考，思考的成分越多，其作品的魅力含金量就越高，而情感只是一个激情孕育理性加以抒发的媒介。”[③]

而景观艺术创作作为一门实用艺术创作，它不同于纯艺术之处在于其核心价值为“修葺室外空间以艺术地栖游”——作为物质空间的实用功能与作为艺术作品的精神特质，且它又从现代绘画与传统绘画中汲取了丰富的形式语汇——景观艺术学科的知识是一种“整合性的、带有价值的、整体的、与设计密切相关的、用户回应的、创造性的以及完全独特的思考形式”[④]。从艺术造型角度而言，艺术与设计是同源的、具有共同的理论基础。若从“大设计”观念来说，任何艺术作品都需要经营、任何艺术门类都需要设计，“设计是对可能形式的创作构思”[⑤]，“设计师同形式展开对话——他几乎使形式拟人化，好像它是某种有生命的东西，能对他的设想作出反应，却又具有自己的主观意志。他获得了一个又一个发现，心中充满意象和类比”[⑥]。即使是画一幅油画，画面的经营布局、具体程序的操作等也都是需要设计的，杜威即指出：“‘设计’一词具有双重意义，这是意味深长的。这个词表示目的，也表示安排，构成方式。一个屋子的设计是计划，据此建筑房子，服务于住在它里面的人的目的。一幅画或一部小说的设计是其要素的安排，通过它，作品成为

---

① 宗白华：《美学与意境》，人民出版社1987年版，第33—34页。

② ［美］杜安·普雷布尔、萨拉·普雷布尔：《艺术形式》，武坚等译，山西人民出版社1992年版，第14页。

③ 胡传海：《法度 形式 观念：书法的艺术向度》，上海书画出版社2005年版，第122页。布莱恩·劳森（Bryan Lawson）在论及“思维类型”时也指出：“许多设计问题，即使是属于像工程学这样逻辑十分严密的学科，其解决方法也可以是非常富于创造力和想象力的。当然，艺术创作也可以逻辑清晰，并具有良好的结构体系，我们甚至还可以运用信息理论的逻辑，来研究艺术形式的内在结构。”参见［英］布莱恩·劳森《设计思维——建筑设计过程解析》，范文兵、范文莉译，知识产权出版社2007年版，第109页。

④ Caroline，Peter，“Launching the arq”，*arq*，1995（1）.

⑤ ［美］凯文·林奇、加里·海克：《总体设计》，黄富厢、朱琪、吴小亚译，中国建筑工业出版社1999年版，第9页。

⑥ ［美］凯文·林奇、加里·海克：《总体设计》，黄富厢、朱琪、吴小亚译，中国建筑工业出版社1999年版，第146页。

直接知觉中的表现性整体。在两种情况下，都存在着许多构成要素的有规则的关系。艺术设计的独特之处是将各部分合在一起的关系的紧密性……一件艺术品中，如果它们分开的话，这件艺术品就处于较低的层次，例如在小说中，情节——设计——被感到是附加在事件与人物之上，而不是它们相互间的动态关系。”[①] 事实上，无论在任何设计领域，新观念的产生都需要两个基本来源：“从本领域的历史进程中发展而来；从其他设计领域和学科以及社会环境中通过借鉴和调整逐渐发展而来。”[②] 另外，艺术创作也是在“艺术世界”中的创作，不可能脱离具体的创作语境，因而必然受到大众审美趣味、特定受众个体（委托人、赞助人等）的审美取向的影响。

一、平面化的现代景观设计思维与表达

现代景观设计的制图表达是以诞生了 200 多年的画法几何学作为基本理论核心的，而且画法几何学也是工业产品设计、机械设计、建筑设计等现代工程图学领域的基本理论核心。画法几何学是一门真正体现了几何思维主导下设计与建造精神的学科，它是以欧几里得几何学和笛卡尔坐标体系为基础，以三维空间的几何性质为研究对象，采用投影面为参照坐标系，基于二维正交投影的工程制图学，即“利用投影的方法论述用二维几何图形表达三维空间形象的作图方法和几何性质”[③]。在画法几何中，为利用正投影法在平面上表达空间形体，一般采用三个相互垂直的平面作为基本投影面，而投影面是物体投影所在的假想面。处于水平位置的称“水平投影面”，与水平位置垂直而处于正面位置的称“正立投影面”，与上述两投影面都垂直而处于侧面的称“侧立投影面”（图 5-23）。将物体投影至平面，用多面正投影图来表达空间形体，在平面上绘制空间形体图像的方法，体现了现代工程技术领域的一种平面化设计思维。

基于这种制图理论的图面表达，以讲究精确性的类型化、标准化、抽象化的大规模复制型生产为主要特征。现代主义建筑大师密斯·范·德·罗（Mies van der Rohe）于 1924 年创作的经典作品乡村砖造住宅平面图（图

---

① ［美］杜威：《艺术即经验》，高建平译，商务印书馆 2005 年版，第 128 页。

② ［美］马克·特雷布：《现代景观设计的原则》，载［美］马克·特雷布编《现代景观——一次批判性的回顾》，丁力扬译，中国建筑工业出版社 2008 年版，第 48—49 页。

③ 金英姬、李跃武：《画法几何之父——蒙日》，《数学通报》2008 年第 3 期。

5-24）和巴塞罗那博览会德国馆平面图（图5-25），一方面受到了20世纪初荷兰风格派画家特奥·凡·杜斯堡（Theo Van Doesburg）《俄罗斯舞蹈的韵律》（*Rhythms of a Russian Dance*）（图5-26）等在绘画构图上的强烈影响，另一方面亦迎合了20世纪初期西方建筑工业化大生产的内在需要：从“非标准走向标准”的设计和建造。柯林·罗说：“现代建筑主张的标准化、类型化和抽象化的霸权。”[①] 建筑材料和建筑技术也主导着建筑设计思维的走向，并倡导了一种新的审美价值，即建筑“各部分的平面简单朴素，成为现代主义两个最重要的标志之一”[②]（图5-27）。美国景观艺术家盖瑞特·埃克博于1940年创作的门罗公园（*Menlo park*）（图5-28）的景观设计方案也强烈地显示了这种建构思维，他以一系列相互垂直、平行的低矮灌木绿篱构造了类似密斯德国馆的墙体——“篱墙”，即如他本人所形容的“一种自由的四边形，和密斯的巴塞罗那德国馆的再现”。其实，在1939年得克萨斯州的威斯拉科（*Weslaco Unit*）的景观设计中“篱墙”这一景观元素即已出现（图5-29），而1946—1949年位于圣费尔南多谷（San Fernando Valley）的社区家园（*Community Homes*）景观设计（图5-30）中则以“树列”替代“篱墙”延续了埃克博的“垂直构件”。[③]

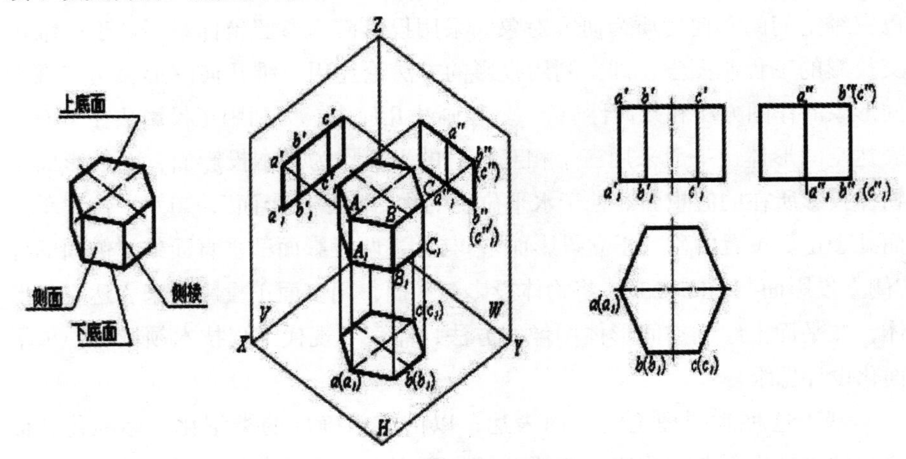

图5-23　正六棱柱的三视图

① ［美］柯林·罗、罗伯特·斯拉茨基：《透明性》，金秋野、王又佳译，中国建筑工业出版社2008年版，第22页。

② ［美］豪·鲍克斯：《像建筑师那样思考》，姜卫平、唐伟译，山东画报出版社2009年版，第45页。

③ Marc Treib, Dorothée Imbert, *Garrett Eckbo*: *Modern Landscapes for Living*, Berkeley: University of California Press, 1997, pp. 130–151.

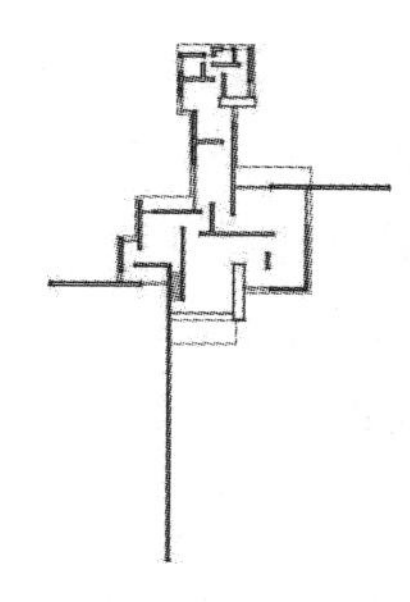

图 5-24　乡村砖造住宅

图 5-25　巴塞罗那博览会德国馆平面图

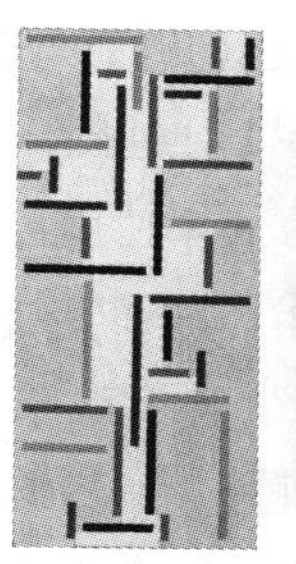

图 5-26《俄罗斯舞蹈的韵律》

图 5-27　巴塞罗那博览会德国馆

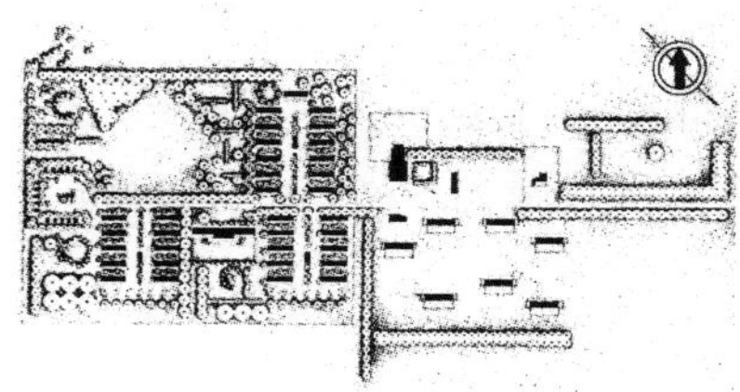

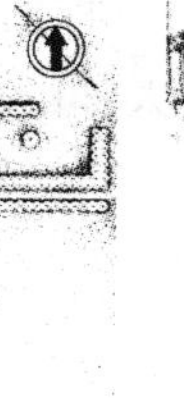

图 5-28　门罗公园的平面图

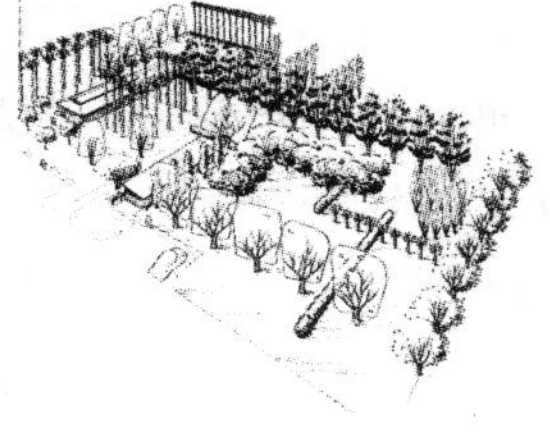

图 5-29　威斯拉科单元的鸟瞰透视图

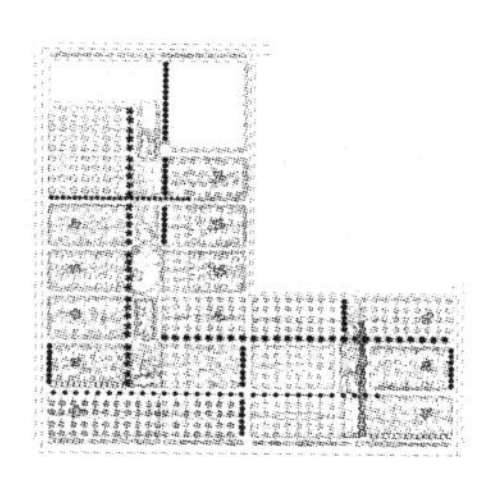

图 5-30　社区家园景观设计平面图

表达形式呈显着思维的导向特征，是一种意图清晰的思维过程，制图方法体现并引导着在景观设计中的平面化设计思维，即先从景观设计的总平面（即“水平投影面”）——“从上面俯视的布局图（Layouts）”[①]入手，对总平面的空间布局、构图形式、整体造型等方面进行优先思考的设计步骤——“平面布局形式的先导性”“平面成为设计生成的动因（Generator）”[②]，也正由于现代绘画与现代景观设计总平面图具有一个共同的性质——平面性，这就决定了现代艺术形式语言介入景观设计的平面构图成为可能，并成为景观设计丰富的形式资源。因此，在现实的景观设计作品中隐约可见现代艺术作品的形式语言。将现代绘画的平面形式挪用、覆盖，甚至直接套搬在景观设计

① ［美］保罗・泽兰斯基、玛丽・帕特・费希尔:《三维创造动力学》，潘耀昌、钟鸣、倪凌云、魏冰清、季晓蕙、吕坚译，上海人民美术出版社2005年版，第46页。

② ［美］肯尼思・弗兰姆普敦:《建构文化研究——论19世纪和20世纪建筑中的建造诗学》，王骏阳译，中国建筑工业出版社2007年版，第313页。托马斯・史密特（Thomas Schmid）也认为虽然“建筑首先和思维发生关系，然后才和绘图有关。这不等于说人们不能用绘图来进行思考”。参见［德］托马斯・史密特《建筑形式的逻辑概念》，肖毅强译，中国建筑工业出版社2003年版，第10页。

总平面上有诸多极端的追捧者[①]，如巴西著名艺术家及景观设计师罗伯特·布雷·马克斯（Roberto Burle Marx）往往对场地的自然地形不加考虑，不求与自然地形相契合，他以画家的方式来使用自由的形式，“他的景观作品往往会出现用来自于他自己的平面艺术作品而非场地上的地形现状来覆盖（blanket）的轮廓。也就是说他的作品很少有可被感知的来自于地形的形状的任何尝试。”马克斯1948年的作品伯顿·特雷梅恩（*Burton Tremaine*）住宅花园平面（图5–31）即取自其1938年绘画作品的构图形式语言（图5–32）。而法国景观设计师盖布里埃尔·盖佛瑞康（Gabriel Guevrēkian）1926年为查尔斯·得·诺阿耶（Charles de Noailles）子爵设计的海耶尔（Hyeres）庄园的三角形园林（图5–33）亦与曾任包豪斯形式大师的德国表现主义画家保罗·克利（Paul Klee）1919年的名作《南部（突尼西亚）花园》[*Southern*（*Tunisian*）*gardens*]（图5–34）在构图形式上存在着“映像”关系。

图5–31　特雷梅恩花园平面图

图5–32　马克斯绘画作品

图5–33　三角形园林

图5–34　绘画作品《南部花园》

对现代景观设计形式语言有着直接影响的，笔者认为包括蒙德里安的风格派绘画、米罗的超现实主义绘画、康定斯基的抽象绘画，它们代表了三种形式结构：几何形态、有机形态、几何与有机杂糅的形态。同时，这三大艺术家中又以康定斯基的艺术形式语言如其构图结构、线条色块等对现代景观设计的影响与启发最大，值得景观设计提取、借鉴与抽绎的形式语素相当多，此源于他在运用线条、色块组合上并没有固定的格式，“碎片的任意凝

① 在米兰·昆德拉看来，“现代艺术带着充满激情的狂迷，与现代世界认同。…… 现代世界被看作一个迷宫，人在里面失落了自己”。参见[捷]米兰·昆德拉《小说的艺术》，孟湄译，生活·读书·新知三联书店1992年版，第137页。

聚”——“点、线、面”在他几何抽象与抒情抽象中充满着无限变化的、非对称的多样组合与构成，“康定斯基特别的贡献是使平面性与非再现性分离的时间变得稍长一些”①。“放肆大胆的色彩、笔挺有力的直线、多样拼贴的几何图形、灵动放松的曲线”在二维平面空间中凸显着运动的张力，就其艺术现象而言，“拼贴”（Collage）是康定斯基艺术中的灵魂性造型结构法则，其绘画形式之形相层的形状与色彩均被拼贴在一个有框的平面中，如他1925年的《红色的小梦》（*Small dream in red*）（图5–35）和《摇摆》（*Swinging*）（图5–36）、1927年的《软化的构造》（*Softened construction*）（图5–37）等一系列作品。而“点、线、面”亦作为现代景观设计的元素以及平面化设计思维考量下最基本的空间形态，在现代景观设计作品中几乎均能见到其踪影，如康定斯基于1923年将抒情抽象与几何抽象有机结合的作品《横向的线》（*Transverse line*）（图5–38）与伯纳德·屈米1982年的拉·维莱特公园的景观结构层次（图5–39）以及安德烈·布卢姆（Andrea Blum）1990年在旧金山菲尔莫尔中心（Fillmore Center San Francisco）创作完成的景观艺术作品《沉没的网状系统和倒映的树枝》（*Sunken network system with mirrored arbor*）（图5–40）中深色灰泥充填的交叉线条、晚上被灯光从内部照亮的水槽光带等景观构图平面元素均相当类似。

图5–35 《红色的小梦》

图5–36 《摇摆》 图5–37 《软化的构造》

图5–38 《横向的线》

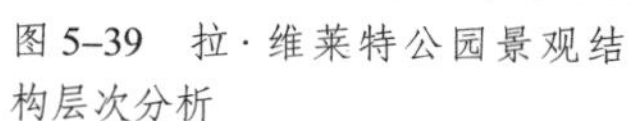

图5–39　拉·维莱特公园景观结构层次分析

图5–40　景观作品《沉没的网状系统和倒映的树枝》

① ［美］克莱门特·格林伯格：《艺术与文化》，沈语冰译，广西师范大学出版社2009年版，第139页。

现代绘画形式与设计形式间虽存在着特定的“映像”关系，但绘画的形式语言在被转译为景观设计的形式语言时，往往需要经过“修正、选择、删添、组构”——“重新形构”的思维与设计过程——“严格的条件限制可以为想像力和现实创造提供实际的出发点”[①]，即“它筛选，摒弃，使其精练”[②]。现代绘画语言中的各种色块、线条和几何图形的组合，在景观设计图纸的艺术表达中可被转译为绿地、路径、景观建筑等设计语言。艺术意图、造型构思在平面化设计思维主导下的景观设计中体现得相当显著，现代景观设计对作品的艺术造型、图案风格、色彩组合等视觉形态属性的强调，是其作为空间营造艺术的原因之一，例如方格网、直线、方形等强烈的几何图形常被作为美国现代景观艺术大师彼得·沃克（Peter Walker）的惯用景观设计语言，其简约式景观作品所独具的个性形式特征被总结为“叠合系统、同心圆、直线、锥形山、巨石、桧柏树和树篱”[③]。但在沃克先生看来，“形式只是一种途径，不是最重要的，尺度是最重要的。形式是个很难的东西，我也会在这上面下很多功夫，但形式本身不是我的目的，很多设计师因出彩的形式颇具盛名，但我不是。较之形式，我更关心使用者的感受，你是否觉得舒坦、开阔等。同时，我认为美本身就是一项功能，我们对美的需求绝不亚于其他任何像对空调一样的需求，我们需要美，我们的城市不应该是丑的”[④]。事实上，他在柏林索尼中心（*Sony Center*）（图5-41）、加州IBM广场大厦和城镇中心公园（*Plaza Tower and Town Center Park*）（图5-42）、得州伯内特公园（*Burnett Park*）（图5-43）、哈佛大学唐纳喷泉（*Tanner Fountain*）（图5-44）、纽约9·11国家纪念广场（*National 9/11 Memorial*）（图5-45）等诸多景观艺术创作中，平面化导向的形式组构始终是其内在的、一以贯之的创造法则，而皮克斯动画工厂（Pixar Animation Studios）（图5-46）的景观设计则可视为沃克在向西方景观艺术原型——“剧场”——致敬。

---

① ［英］A·彼得·福西特:《建筑设计笔记》，林源译，中国建筑工业出版社2004年版，第14页。

② ［法］罗伯特·杜歇:《风格的特征》，司徒双、完永祥译，生活·读书·新知三联书店2003年版，第2页。

③ 刘晓明、王朝忠:《美国风景园林大师彼得·沃克及其极简主义园林》，《中国园林》2000年第4期。

④ 此为彼得·沃克2009年到北京时在一次媒体见面会上的回答。参见李先军《借鉴与超越》，《城市环境设计》2010年第Z1期。

图 5–41　柏林索尼中心

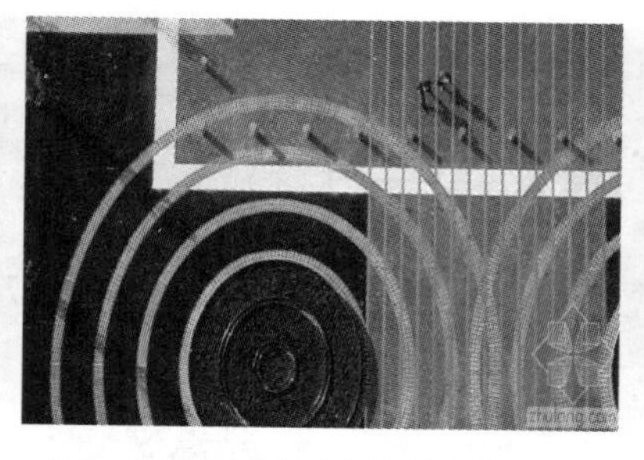

图 5–42　IBM 广场大厦和城镇中心公园

图 5–43　伯内特公园

尤其在“9・11 纪念公园”这一当代纪念性经典景观作品中，沃克探索了形式的原始纯净和精神力量，景观材料（自然、人工……）被纳入严谨的秩序之中，将几何元素的重复 / 节奏（等距、几何位数、代数……）置入景观结构之中，其景观形式亦追求极度简化，这与极简主义艺术家卡尔・安德烈（Carl Andre）1984 年的雕塑作品“*Peace of Munster*”（图 5–47）在形式结构[①]上对几何形体的纯粹抽象是何其相似!（图 5–48）安德烈的雕塑作品不仅对传统雕塑的技术、题材和位置提出了挑战，也将观众及其经验体会视作了艺术作品的一部分。他的作品是一种雕塑，是一种地点，是一种格言。安德烈的作品看起来很简单和纯粹，但是却有着很深的内涵和意义，他使用直接“不用雕”的素材媒介，呈现系列以及反复的作品形态。安德烈认为：“如果要切割素材，不如把它们直接拿来切割空间。”[②]

图 5–44　哈佛大学唐纳喷泉

① 荷兰自然美学景观设计领军者皮特・奥多夫（Piet Oudolf）即认为：“如果结构是正确的，花园就是成功的，颜色倒不那么重要。”

② 安德烈为美国当代艺术家，极简主义艺术的代表人物之一，他重新定义了当代雕塑。参见中国美术馆《雕塑作为场地 1985—2010：卡尔・安德烈回顾展》，http：//www.namoc.org/xwzx/gjzx/gjzx/201405/t20140508_276696.htm，2018 年 11 月 5 日。

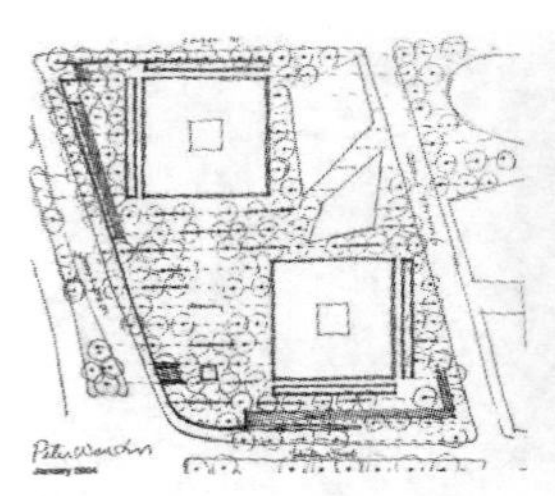

图 5–45　纽约 9 · 11 国家纪念广场

图 5–46　皮克斯动画工厂

图 5–47　雕塑作品 *Peace of Munster*

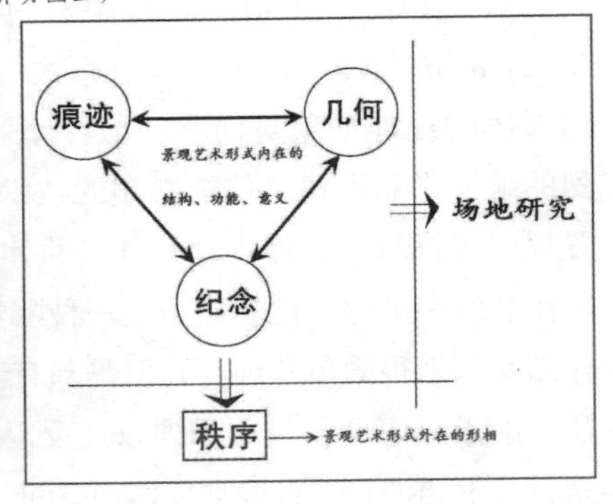

图 5–48　景观秩序与场所精神

图 5–49　金属作品《144 块正方形镁片》

图 5-50　金属作品《144 块正方形铅片》

卡尔·安德烈 1969 年创作了“144 块正方形”的金属系列作品，如《144 块正方形镁片》(*144 Magnesium Square*)（图 5-49），共有 12 行、每行 12 块正方形镁片，他还制作了分别为铝、铜、铅、钢、锌共五种版本的正方形砖块（图 5-50），共有 144 块。其中，镁砖都是 30 厘米见方，排列成一个大的正方形，横竖均为 3.6 米。一旦当参观者踩踏了安德烈建在地板上这些“144 块正方形”的雕塑，即“变成发生在自己身上的每件事情的记录者”。安德烈还希望踩踏镁砖的经历有助于参观者得到有关这种材料物理品质的感受。彼得·沃克所秉持的“景观形式的本质意涵”及其设计立场亦诚如英国景观学研究者凯瑟琳·迪伊（Catherine Dee）在《设计景观：艺术、自然与功用》（*To design landscape：art，nature& utility*）中聚焦于“形式”这一专业术语的精准阐释：“尽管景观本身是一个变化万千的系统，但我本人依然赞成基于形式的设计。因为没有形式的推动，再好的设计意图也不过是空中楼阁。其次，变化的景观依然要承担人类居住等功能，而这一点是相对不变的。换种说法，物质形式、理念、实用性与自然进程浑然一体。形式实践或许可以看作带着对时间的思考去雕塑空间。”①

二、形象化的传统景观设计思维与表达

传统景观艺术营造（设计与建造往往同时进行）多因处于农耕时代而属于个性化的手工操作，与工业化大生产的标准制图不同，即“这种景观造园

① ［英］Catherine Dee：《设计景观：艺术、自然与功用》，陈晓宇译，电子工业出版社 2013 年版，第 8 页。

从每个基地的自然特征中得到灵感，从而确保了每一建筑的个性”[①]。西方传统景观艺术就常以一张风景画作为设计图稿，体现了一种立体的、透视化的设计思维——“在二维平面上表现三维图像的各种原因及实现这种可能有着不同途径，其中包括：古埃及的技术制图，由希腊人发明的透视法，罗马人对透视法的（生硬的）重新发现以及布鲁内莱斯基（Brunelleschi）和阿尔贝蒂（Alberti）在意大利文艺复兴时期对透视法的完善”[②]——以讲究形象逼真的模拟；中国传统景观艺术则常将山水画视作营造蓝本，且此营造属于一种处于模糊控制下变动较大的建造。中西传统景观艺术形式表达的共同之处亦在于以感官性“景观如画”的意象操作为特征，均指向如画式景观设计思维——“形象化意象的主导性”，但也绝不是“物体的透视像与塑造的复制品”[③]之间那样简单的映像关联。

（一）西方传统景观艺术

芒福德就曾说：“过去的规划师总有一种将引人注目的景观形式挑选出来的趋势，这不可避免地受到了浪漫运动的影响，浪漫主义运动将自己和‘风景如画运动’紧紧联系在一起，而不喜欢形式整齐的人工雕琢的美。还没有一种可以与之相比的运动，可以影响其他类型景观并使其达到一种美学愉悦的高峰。”[④]奥姆斯特德1869年为芝加哥河滨郊区所做的规划设计即属“画意”型（图5-51），“事实上来自英国园林的传统才是逐渐成为他的很多作品的关键来源”[⑤]。而“如画”的景观美学情结在本质上就是一种艺术与设计思维，它体现了西方人观看其周围世界的方式、营造其生活环境的一种哲学取向，表现了一种绘画般自然的造园思想和赋予了景观审美的一种理想化模式，这种

---

① ［英］Geoffrey and Susan Jellicoe：《图解人类景观——环境塑造史论》，刘滨谊主译，同济大学出版社2006年版，第233页。

② ［英］罗伯特·克雷：《设计之美》，尹弢译，山东画报出版社2010年版，第208页。杨小彦亦认为对世界的理性观察和解释构成了西方艺术发展隐含的理念基础，如15世纪欧洲文艺复兴的重要成果——焦点透视法，而“这个透视法，表面看符合肉眼观看的一般规律，实质上，它却是建立视觉秩序的保证，是规训视觉世界的依据和前提”。参见杨小彦《视觉的全球化与图像的去魅化——观察主体的建构及其历史性变化》，《文艺研究》2009年第3期。

③ ［德］莫里茨·石里克：《自然哲学》，陈维杭译，商务印书馆1984年版，第37页。

④ ［美］刘易斯·芒福德：《城市文化》，宋俊岭、李翔宁、周鸣浩译，中国建筑工业出版社2009年版，第370—371页。

⑤ ［美］凯瑟琳·豪威特：《现代主义和美国景观设计》，载［美］马克·特雷布编《现代景观——一次批判性的回顾》，丁力扬译，中国建筑工业出版社2008年版，第24页。

思维模式恰如西班牙天才艺术家安东尼·高迪（Antoni Gaudi）所说的“没有图纸，我也能建造”，虽然他早期的作品都有精心绘制的图纸，但他向来不严格按照图纸施工，更乐意在工地直接指导工人建造，以后他仅画草图，主要靠模型推敲设计。

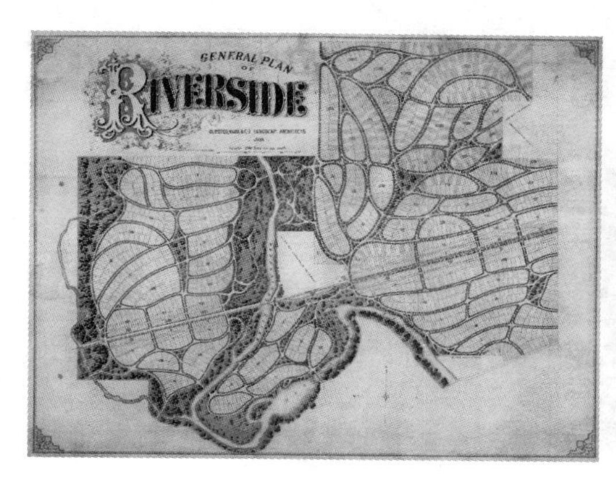

图 5-51 奥姆斯特德创作的芝加哥河滨公园

可以这样说，没有平面化的设计图纸不要紧，立体化、形象化的多角度透视画面在艺术家头脑中已经完美地形成了，此时的建造只是将大脑中的意象转化为实体的景观而已。威尼斯画派先驱者雅可布·贝里尼（Jacopo Bellini）约在1440 年创作的《受胎告知》(*Annunciation*）素描草图就是以一点透视法为基础的景观艺术场景虚构（图 5-52），其天使报喜的主题在这幅描绘想象中的文艺复兴建筑详图里几乎消失，显然，贝里尼更关心的是新发展起来的直线透视法艺术创作思维，其子乔凡尼·贝里尼（Giovanni Bellini）早期的作品《在花园里苦恼》(*Agony in the garden*)(图 5-53）则是威尼斯风景画派中的第一幅作品。而位于意大利罗马 1538 年才落成的卡比多里奥广场（*Piazza del Campidoglio*)(图 5-54）是由保罗教皇三世授权米开朗基罗设计并建造的，而米开朗基罗就运用了透视法则（图 5-55），以固定视点为依据对卡比多山进行了整体改造设计，三座文艺复兴时期建筑围绕着鲜花广场——广场正面的巴洛克式建筑是罗马市政厅，左右两侧分别是卡比多里诺博物馆和康塞瓦托里博物馆。

图 5-52 《受胎告知》素描草图

图 5-53 绘画作品《在花园里苦恼》

图 5-54 卡比多里奥广场

图 5-55 米开朗基罗的图稿版画

透视性凝视从多方面适应了商业资本主义对于秩序和法度的需要。其一，它涵盖了更广泛的内容，除了与土地相关的内容之外，包括从软装饰剧场到机械装置剧场的全部领域。其二，这种新的风景视角具有实用性，可以用于制图学和土地勘测——在这两个领域，光的艺术效果以及线性透视和空气透视的作用已经引起关注。威尼斯共和国制图方式记录了从航海经济向土地资本化的发展，是这种资本主义艺术形式的生动例证（科斯格罗夫 1988）。①

同时，以风景与园林为题材的绘画亦成为现实世界中园林艺术形式创作的依据与参考，"风景画与景观设计是一对孪生姐妹" ②，即绘画的造型语言成为景观艺术创作的参考坐标——在园林与绘画之间存在着"投射"关系，"真实"景观与"虚构"艺术之间有着双向刺激，二者之间在本质上是

① ［美］温迪 · J. 达比:《风景与认同：英国民族与阶级地理》，张箭飞、赵红英译，译林出版社2011年版，第15页。

② 吴家骅:《景观形态学：景观美学比较研究》，叶南译，中国建筑工业出版社1999年版，第22页。

相互映像的关系，这种“映像”却不等同于“镜像”，而属于一种有选择性的“设计”范畴，且“设计中包含着一种冒险，即用书画（graphisme）来代替物体，特别是代替人、代替身体、代替他们的姿势和行为。他是一个还原者（réducteur），然而在设计者自己看来，他不是”[①]。从1753—1759年乔凡尼·安东尼奥·卡纳莱托（Giovanni Antonio Canaletto）绘制的威尼斯“幻想”（*Capriccio*）（图5-56）景象中即可阅读出帕拉蒂奥的三个设计作品即维琴察的巴西利卡（*Basilica of Vicenza*）、威尼斯的里阿尔托桥（*Ponte di Rialto*）设计方案和奇埃里卡蒂府邸（*Palazzo Chiericati*）被并置在一起，虽然这三个作品都不在威尼斯，但它们却构成了类比的威尼斯，卡纳莱托也俨然成为了一个“城市景观设计师”，且卡纳莱托的这幅画“既能描绘已经存在的实体在画面上的表现，或反之，也能描绘存在于设计者脑海中一个想像的三维观念的投影。这两种状态彼此相互作用，观念影响结构，结构形成观念，交替作用以至无穷。设计者构想出一个个三维的形体，准备以后实地建筑起来。鉴于此，他对自己表现于二维绘画中的智力符号有了新的理解。然而，绘图与三维的现实之间终究存在一种矛盾”[②]。

图5-56　绘画作品中的“威尼斯‘幻想’”景象

---

① ［法］亨利·列斐伏尔：《空间与政治》，李春译，上海人民出版社2008年版，第12页。

② ［美］埃德蒙·N·培根：《城市设计》，黄富厢、朱琪译，中国建筑工业出版社2003年版，第30页。

然而，以自然素材作为绘画形式语言的风景画，与现实景观营造所需素材在视觉形式上是同一的，即可把绘画中的形式素材视作现实世界中可被观赏的景观素材，使其成为一种易于接受的绘画与设计中所共用的形式语言，从视觉相似性而言，风景画类同景观设计的透视表现图并能成为造园的蓝本。此种形象化的景观设计思维以18世纪英国自然风景园的营造为典型代表之一，讴歌自然之美、热衷自然的景观美学所涉及的审美对象即从古典走向浪漫、从人工走向自然，强调了对自然风景的仿照。当代景观生态规划大师伊恩·麦克哈格（Ian McHarg）曾说："十八世纪英国的风景艺术传统是另一座伟大的桥梁。这个运动起源于这个时期的诗人和作家，由他们发展了人和自然相互和谐的观念……由于对东方的发现，这些概念在一种新的美学中得到了肯定。在以上这些前提下，使英国由一个忍受贫困和土地贫瘠的国家转变成为今天景色优美的国家。"[①] 被视为风景式造园家鼻祖的史蒂芬·斯威特（Stephen Switzer）早在其1715年所著《乡愁或贵族、绅士及造园家的娱乐》（*Ichnographica rustica, or the nobleman's gentlemen's and gardener's recreation*）一书的序言中就如此写道："喜欢造园的人，就是喜欢眺望辽阔风光更甚于观赏郁金香的色彩的人吧。他们所观赏的风景就是谐调一致的或充满野趣的树丛、平缓蜿蜒的河水、急流、瀑布以及四周的山峦、海角等等。"[②] 图5-57为《乡愁或贵族、绅士及造园家的娱乐》第11版第2卷第1718页的插图——造园制图的一个场景。

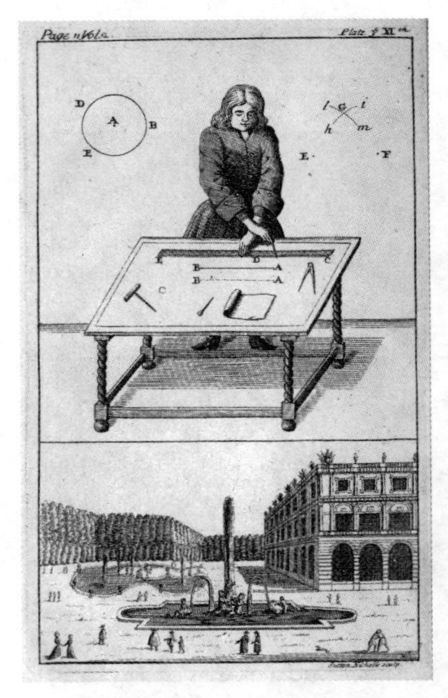

图5-57 《乡愁或贵族、绅士及造园家的娱乐》第11版第2卷第1718页的插图

对英国风景画、如画式风景运动有着直接深远影响的当属17世纪的荷兰风景画，这个画派以小幅构图表现荷兰典型的自然风光著称于世，而且荷兰的画家们使得最普通的物体如乡间小道、农舍等都在他们的绘画世界中也占据了一席之地，如

① ［美］I·L·麦克哈格：《设计结合自然》，芮经纬译，中国建筑工业出版社1992年版，第45页。

② 转引自［日］针之谷钟吉《西方造园变迁史》，邹洪灿译，中国建筑工业出版社1991年版，第240页。

梅因德尔特·霍白玛（Meindert Hobbema）的代表作《通向米德哈尼斯之路》（*The avenue: the road to middelharnis*）（图 5–58）通过对普通、平凡的乡村生活场景的记录式创作以及对称式构图、焦点透视的表现而使其成为具备“古典主义特色”的田园风景画，如阿尔柏特·古柏（Albert Cuyp）的《有骑马者和牧羊人的黄昏风景》（*Evening landscape with horsemen and Shepherds*）（图 5–59）即将人置于自然之中，人作为这个自然界的一部分共同成为风景绘画的题材，再如雅各布·凡·莱斯岱尔（Jacob van Ruisdael）的《有城堡废墟和乡村教堂的远景》（*An extensive landscape with ruined castle and village church*）（图 5–60），即以冷静的观察、不带感情色彩的表现手法，尊重和如实地表现自然的造化，似乎画家的能力不在于创造而在于对风景的忠实记录。杰弗瑞·杰里柯（Geoffrey Jellicoe）如此评述：“17 世纪的荷兰画家们，在无意识中认识到了地球大气层的充分重要和内在的美丽，这种认识和发现远远走在了科学的前面。”①

图 5–58　霍白玛作品《通向米德哈尼斯之路》

图 5–59　古柏作品《有骑马者和牧羊人的黄昏风景》

图 5–60　莱斯岱尔作品《有城堡废墟和乡村教堂的远景》

尼古拉斯·普桑（Nico-las Poussin）与克劳德·洛兰（Claude Lorrain）这两位 17 世纪的法国风景画家对田园般宁静的象征符号的赞美在英国风景式造园运动中影响甚大。在美术史上，普桑的风景画就有“理想的风景画”之称，而且“普桑艺术的理想化倾向和其绘画中的设计感从根本上影响了英国学派的发展”②。同时，18 世纪的英国以乔治·兰伯特（George Lambert）为始相继出现了理查德·威尔逊（Richard Wilson）、托马斯·庚斯博罗（Thomas Gainsborough）等风景画家，风景画于 18 世纪开始正式进入了英国的艺术领域，著名作品包括庚斯博罗的《日落·饮马》（*Sunset–Carthorses*

① ［英］Geoffrey and Susan Jellicoe :《图解人类景观——环境塑造史论》，刘滨谊主译，同济大学出版社 2006 年版，第 202 页。

② 吴家骅：《景观形态学：景观美学比较研究》，叶南译，中国建筑工业出版社 1999 年版，第 362 页。

Drinking at a Stream)(图 5-61)、约翰·康斯泰勃尔(John Constable)的《山谷农庄》(*The Valley Farm*)(图 5-62)等，尤其是康斯泰勃尔的许多作品所描绘的艺术对象体现了典型的英国艺术趣味、更贴近平民的日常生活，如乡间的入口、简陋的农庄、一片树林、一座小桥等均成为了风景中最重要的主题，而这些艺术主题在英国自然风景园中也是相当常见的。“如画”景观作为风景营造的标准与风格特征“在 18 世纪 60 或 70 年代以后在英国发展成为一种独特巧妙的理论化精要”，此期的英国景观艺术风格也获得了“如画”的称谓。英国作家威廉·马歇尔(William Marshall)则从西方现代工业和城市文明发展的视角对 18 世纪后期风景画盛行的缘故作了如下评述，亦可参见英国画家保罗·桑德比(Paul Sandby)1794 年的作品《古榉树》(*An Ancient Beech Tree*)(图 5-63)：

图 5-61 绘画作品《日落·饮马》

图 5-62 绘画作品《山谷农庄》

图 5-63 绘画作品《古榉树》

> 画家来到了群山的深处；搜寻他笔下的题材，从这些地方，他将景致带回家中，这些景致不但适合于他的艺术，因为它们比那些规规整整的景色更具动人之处……它们同时也更易于被顾客们所接受，因为相对于城市环境中的日常景色而言，这些景致是十分宜人的……确实，无论何时何地，风景画的妙处就在于能带来远方的景色——当这景致充满野趣和难以到达时，更是如此——将那景致带到一个充满教养的国度中的美化过的场所，呈现在观众的眼前；而这种再现已被当作了日常的必需品。[①]

而英国自然风景园的发展若根据其形式风格的演变，可分为四个时期：

① W. Marshall, *A Review of the Landscape, a didactic poem : Also of An essay on the picturesque, together with practical remarks on rural ornaments*, London : Thames & Hudson, 1975, p.255.

奥古斯都式的早期风景园、18世纪中期的布朗式风格、18世纪末的绘画派风格（浪漫主义风格）、风景园的“过渡”风格。早期风景园之所以被称作奥古斯都式，是源于造园艺术家们对罗马皇帝奥古斯都时期风景的想象，即“树林、水、草和经典建筑”是他们认为园林中应该有的经典风景元素。此期的代表人物是查尔斯·布里奇曼（Charles Bridgeman）和威廉·肯特（William Kent），布里奇曼的代表作斯陀园（*Stowe Park*）最显著的美学特征乃将美丽的森林原野风光引进庭园，而肯特也发现整个大自然都是庭园，并以画家的观点，像绘画一样来安排园林中的各个景观要素，这种景观艺术创作技法正如上文提及的布雷·马克斯所说的“我画我的园林”，区别在于肯特用的是自然风景画而马克斯用的是抽象装饰画。肯特的学生、风景派的一代宗师朗塞洛特·布朗（Lancelot Brown）开创了最典型的英国风景园，即18世纪中期的布朗式风格，“布朗由于将洛兰、罗扎、普桑画中所绘的景致变成了现实，所以当之无愧地堪称大画家”[①]，此风格的主要布局特征为：“房前一大片开阔的草地、小树丛，一个蜿蜒迂回的湖面，周围一圈围合的树木和贯通的几何式曲线的车道。”[②]而绘画派则过分强调了视觉艺术的影响，一直关注着如何将克劳德·洛兰（Claude Lorrain）画中所见的意匠再现于庭园之中，即聚焦于将洛兰绘画（图5-64a、b）的意匠应该表现到何种程度的问题（图5-65、图5-66）。安·伯明翰（Ann Bermingham）则基于“系统、秩序及抽象”的议题论及了景观设计的变化与18世纪末如画趣味改革间的关系：“在美学理论中，以布朗式园林或克劳德绘画为代表的远眺景观能够达到雷诺兹所说的‘宏伟风格’，因为它确实能超越某个具体景色里的个性特征，以把握整体效果。正如约翰·巴瑞尔所说的，不能从特别事物或事件中提炼一般原则的人，或者，以绘画为例，不能从自然的种种偶然和畸形中对自然做一般性描绘的艺术家，通常被认为是低等的，因为他们没有抽象推理的能力。”[③]

---

① ［日］针之谷钟吉：《西方造园变迁史》，邹洪灿译，中国建筑工业出版社1991年版，第248页。而清华大学景观学系朱育帆教授则如此总结了布朗式自然风景园造园的特点：追求极度纯净、杜绝一切直线的运用、理水（蛇形河流、师法自然）、塑造地形（培土、平整、抹光、修理，塑造完美地形）。

② 刘悦来：《英国园林的风格与渊源（上）》，《园林》2001年第4期。

③ ［美］安·伯明翰：《系统、秩序及抽象：1795年前后英国风景画的政治》，载［美］W.J.T. 米切尔编《风景与权力》，杨丽、万信琼译，译林出版社2014年版，第91页。

图 5–64a　绘画作品《克莱森萨的风景》

图 5–64b　绘画作品《波罗、缪斯们和河神的风景》

图 5–65　英国布伦海姆园

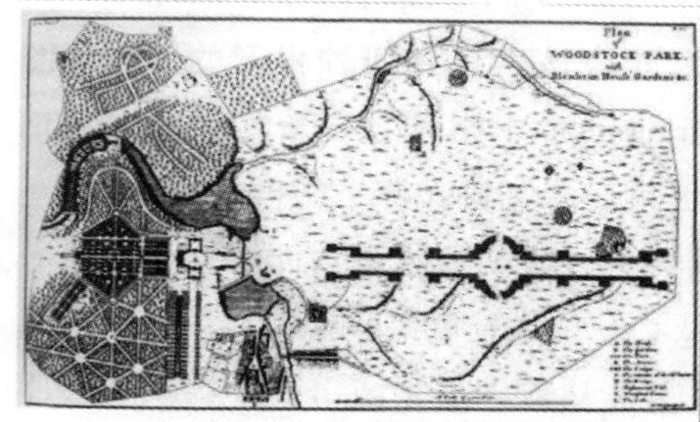

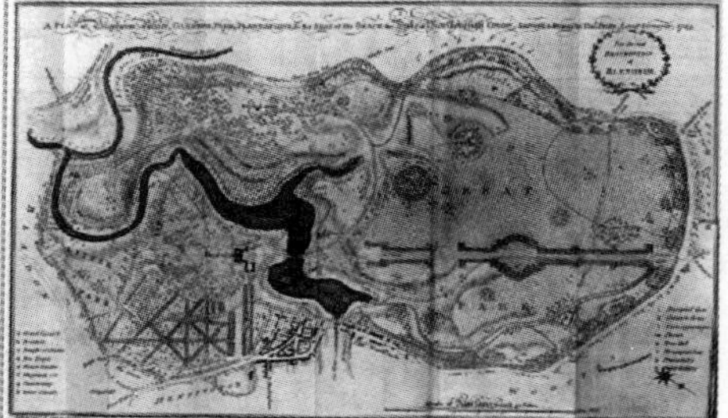

图 5–66　布伦海姆风景园格局演变沿革

风景式造园集大成者雷普顿（Humphry Repton）在景观设计方法论上的一大贡献——创立了“Slide 法”，即为了便于理解设计，单靠地图或平面图是难以一目了然的，为了弥补这个缺陷，他发明了所谓的“Slide 法”。这是一种叠合图法，即将经改造后的风景图与现状图贴在一起，这样就可以直接比较改造前后的状况了（图 5–67），此即点明了“景观艺术的基础——视觉科学和心理科学”[①]。雷普顿在其著名的《红皮书》（*Red Book for Blaise Castle*）的序言中就说：

① ［英］Geoffrey and Susan Jellicoe：《图解人类景观——环境塑造史论》，刘滨谊主译，同济大学出版社2006年版，第246页。

“我必须在头脑中勾勒出设计的轮廓，再通过速写反复推敲环境的主要特征，没有这些准备工作，就不可能最终完成这一系统化的创造和改造景观的工作。”因此，将改造前与改造后的画面进行比照的“Slide 法”，实质上就是如画式透视型景观设计方法，从“想象”到“形象”——此为基于“形式”的景观艺术创作方法之一，以艺术品“外观”可视性为导向——假想某人站立于园中某点时，此人视网膜上所捕获的二维焦点透视平面。透视法亦是画家们观察和定义空间的方法，体现出了更为明显的设计现场性和景观虚拟现实感，它从文艺复兴到 20 世纪早期一直影响着西方的设计发展，也正是由于运用透视法的不同方式，才使得东西方的风景画和景观设计中产生了如此丰富的差异性。

图 5–67　运用“Slide 法”的温特沃什改造前与后的比较

（二）中国传统景观艺术

中国传统园林营造与中国传统绘画之间存在着深层互动联系，中国传统造园范式之一应源于绘画，即在布局和造景理论上依附于绘画，在对自然的美好追求中始终囿于对诗情画意的追随。园林设计师首先需要像画家一样，先在想象中去漫游，然后通过画笔来表达出他理想中的园林。所以造园家一定要精通绘画，这是中国园林艺术固有的传统。而且中国传统的山水画和中国传统园林之间的内在关联并不能看作偶然而来的一种印象或者联想，事实上它们有着共同的美学意念、共同的艺术思想基础。中国历史上的画家、艺术家、文学家中都有人参加或主持过建筑设计，例如唐代著名的大画家阎立本、阎立德等都是著名的建筑设计负责人，故宫博物院藏的北宋佚名《会昌九老图》卷纵 28.2 厘米、横 245.5 厘米，描绘的是唐会昌五年（845）白居易居洛阳香山时与友人的“尚齿”之会，“虽以人物为题材，但建筑部分不论整体还是细部都描绘得准确精微，水榭、房舍、板桥、河堤、护栏、石凳乃至屋内的陈设交代得一清二楚，可谓‘咸取砖木诸匠本法，略不相背’，几乎可以按图构建。画家不仅对建筑的构造和做法至详至悉，而且已经开始注意通过高超的写实技巧和一定程度的透视画法在二维平面上更为真实地表现建筑物三维空间的立体感和通透感，达到使观者‘望之中虚，若可蹑足’的艺术效果。尤为重要的是，图中的建筑采用北宋的界画手法，匀细的线条有利于刻画建筑物复杂的结构和构件的细部，这种水墨白描的建筑画法延续至元代并发展到了极致”[①]。（图 5–68、图 5–69）

图 5–68　北宋佚名《会昌九老图》

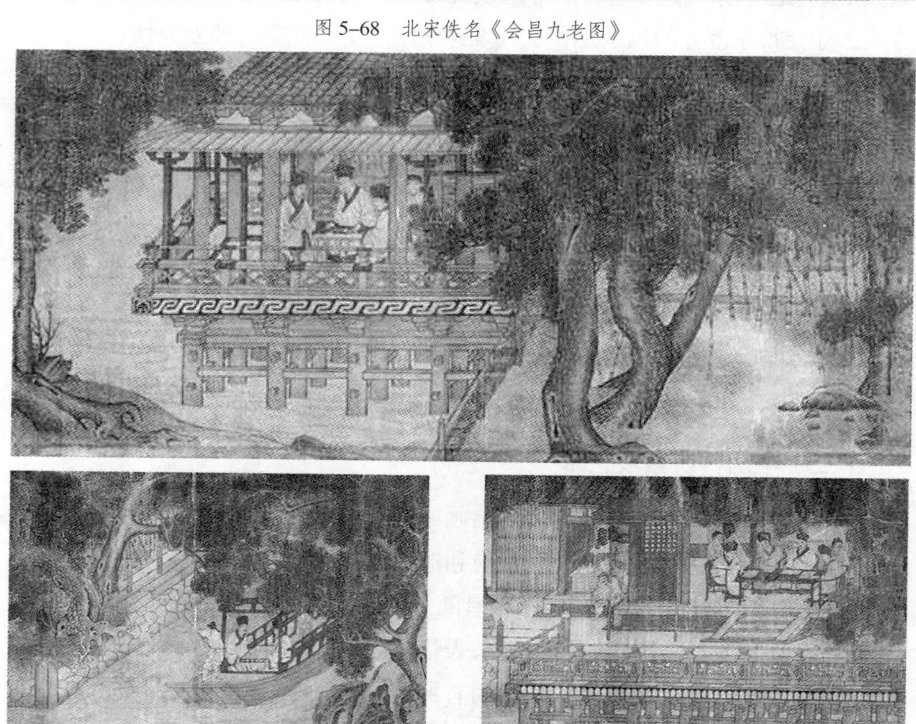

图 5–69　北宋佚名《会昌九老图》的局部放大组图

① 傅东光:《会昌九老图卷》，http：//www.dpm.org.cn/collection/paint/229089.html，2018年11月17日。

但是，自从山水画以至所谓“文人画”兴起之后，作为知识分子的画家和艺术家就较少投身建筑设计工作，大概认为建筑为制式所限，已经不成为一种创造性的艺术了。对于园林艺术却又当别论，园林的设计和布局被看作和绘画大体上相等的艺术，很多士人曾经在园林景观上发挥过才能和极尽心思。典型的、成功的园林意态是完全和当代的绘画思想、艺术风格相一致的，当中也注入了不少士大夫阶层的思想情趣，在园林艺术中所追求的正是当代诗画所追求的意境。日本学者冈大路在《中国宫苑园林史考》中就如此评点：“要详细了解中国园林的实际状况，必须研究画论。中国发展起来的以自然风景为主题的庭园，不但其制作和观赏的心情如同作画和赏画一样，而且自古以来凡园林内的山石草木等的设计几乎完全出自文人及画家之手。”冈大路在“画家画论与园林的关系”一节中更鲜明地指出：“园林构筑技术与绘画的关系甚为密切，若非画家则难掌握其要领。胜任园林构筑的人，也是能成一家的文士画家。这当然以山水画为主，而不是人物画和花鸟画。我们应当看到，建造园林是由画家，以画论的思想为指导而完成的……画家和画论的著者中，有不少人也是园林构筑的名家。”①

如被后世画家视为金科玉律的王维《画学秘诀》之《山水诀》中即有类似园林艺术创作指南的论断：“初铺水际，忌为浮泛之山；次布路岐，莫作连绵之道。主峰最宜高耸，客山须是奔趋。回抱处僧舍可安，水陆边人家可置。村庄着数树以成林，枝须抱体；山崖合一水而瀑泻，泉不乱流。渡口只宜寂寂，人行须是疏疏。泛舟楫之桥梁，且宜高耸；着渔人之钓艇，低乃无妨。悬崖险峻之间，好安怪木；峭壁巉岩之处，莫可通途。远岫与云容相接，遥天共水色交光。”② 再如明代才子文征明参与了“拙政园”的设计和建造，并于正德八年（1513）园圃建成之时绘制了《拙政园图》横幅，以及嘉靖十年（1531）、十二年（1533）绘成的《拙政园图咏》册页③（图 5–70），拙政园主王献臣亦邀名画家仇英根据文人王宠的两首咏拙政园五言律诗之诗意作《园居图》。（图 5–71）

---

① ［日］冈大路：《中国宫苑园林史考》，瀛生译，学苑出版社2008年版，第245页。

② 王维：《山水诀》，载俞剑华编著《中国古代画论类编》，人民美术出版社1998年版，第592页。

③ 嘉靖十年（1531），文征明为王氏作《拙政园图咏》册页，绘园中三十景，并各系以诗；1533年又补绘“玉泉”一景并系以诗，同时作《王氏拙政园记》。《记》中亦透露园名“拙政”系取义于晋潘岳《闲居赋》：“筑室种树，逍遥自得……灌园鬻蔬，以供朝夕之膳……此亦拙者之为政也。”因此，《拙政园图咏》册页又称“三十一景图”。

图 5–70 《拙政园图咏》册页

图 5–71 《园居图》

同时，中国传统园林景观意象的分层展现模式从一个层面来说类似于中国卷轴画，即观者正是通过卷轴的转动而获得了不断变化、更新的连续性二维画面感知。这是人获得空间知觉、感受景观意象的一种方法，如动态观赏与静态观赏相结合，选择合理的观赏距离、正确的观赏角度、适当的观赏时间等。因之，传统画卷式造园的景观意象分层展现模式可被视作中国传统园林的景观意象构造模式，亦可被称为传统造园的一种设计思维模式。巫鸿先生以元末明初文人画家姚彦卿的《有余闲斋图》（图 5–72）与元倪瓒和赵原合作的《狮子林图》卷（图 5–73）在手卷形制和基本构图上进行了类比，他认为“两幅画作相当接近，而且都在靠近画卷的结尾处画了空无一人的草堂。但《狮子林图》具有一种更为强烈的叙述性：画面引导观者对这个元末明初苏州文人最钟爱的景点进行了一次视觉之旅。当横幅画卷逐渐展开，观者会觉得他正进入园林的大门，沿着栏杆和树木之间的小径前行，最后到达狮子洞之下被层层岩石所包围的草堂。”[①] 相传倪瓒还曾参与了狮子林的营造，钱泳《履园丛话·园林》即载：“狮子林在吴郡齐女门内潘树巷，今画禅寺法堂后墙外。元至正间，僧天如、惟则延、朱德润、赵善长、倪元镇、徐幼文共商叠成，而元镇为之图，取佛书狮子座而名之，近人误以为倪云林所筑，非

① ［美］巫鸿:《重屏：中国绘画中的媒材与再现》，文丹译，上海人民出版社2009年版，第155—156页。

也。”① 日本学者中村苏人在《江南庭园：与造园人穿越时空的对话》中对倪瓒的《狮子林图》有着独到的见解：

图 5–72　元末明初姚彦卿《有余闲斋图》卷

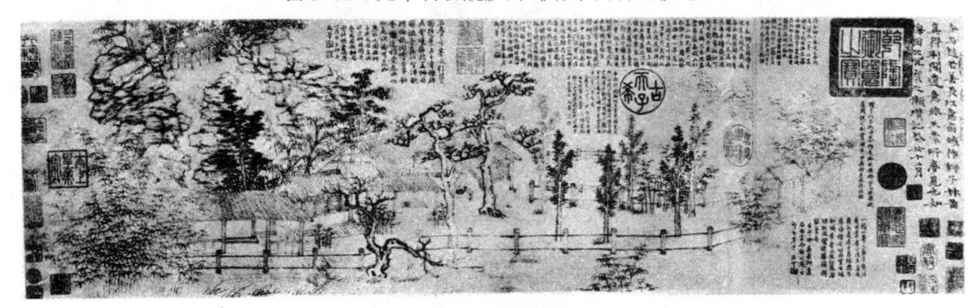

图 5–73　元代倪瓒与赵原合作《狮子林图》卷

看到这幅绘画的第一印象，就是普通的树林而看不见庭园。由此可知，初期的狮子林大概是再现宋代风格，相当朴素的庭园。然后看见树林周围有木栅栏环绕，木栅栏的右端好像有个门，这应该是寺院和庭园相连的门。所以，这座庭园是寺院所有的财产，与文人庭园独立于住宅一样，是从寺院中独立出来的。另外，整个画面从右向左上升形成细长的三角形构图，这一构图正好表示进门后面朝左方，向树林中探寻张望的视线方向，也就是环游的路线。在这条线路上，一边看过几间简素的建筑，一边登高前行，三角形构图的左上方形成一处高地，一座厅堂端立在最突出的石台上。如果在普通庭园中本该是座中空的四方厅，然而此处却是一座用墙壁隔开的堂，我想这也许是祭祀中峰的庙堂。换句话说，这种从右至左逐渐上扬的构图，是将祭祀中峰的庙堂作为最高潮，从而使人感受到宗教氛围的精心处理。在文人庭园中，这种庙堂会成为景色切换的转折点，但在这幅绘画中却无法明确读出

① （清）钱泳：《履园丛话》，中华书局 1979 年版，第 523 页。

这层含义。[①]

图 5-74　宋代郭熙《窠石平远图》

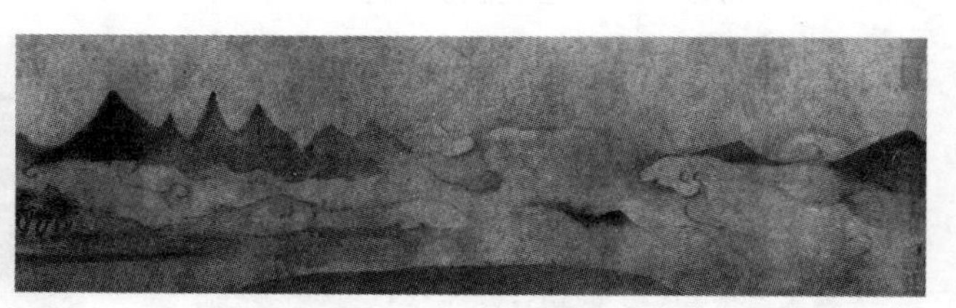

图 5-75　宋代米芾《潇湘奇观图》

图 5-76　明代董其昌《聚贤听琴图》

图 5-78　清代顾见龙《王时敏消夏图》

无论是宋张择端的《清明上河图》、郭熙的《窠石平远图》（图 5-74）、米芾的《潇湘奇观图》（图 5-75），还是明沈周的《仿倪云林山水卷》《碧山吟社图卷》《仿梅道人山水图卷》以及明董其昌的《聚贤听琴图》（图 5-76）、明刘俊的《周敦颐赏莲图》（图 5-77），清顾见龙的《王时敏消夏图》（图 5-78）、清章声的《屏山阁图》（图 5-79）、清佚名的《缂丝红楼梦图》（图 5-80）等，都充分表明了中国古代文人园林意境营造的“如画性传统”。但“绘画”与

① ［日］中村苏人：《江南庭园：与造园人穿越时空的对话》，刘彤彤译，江苏凤凰科学技术出版社 2018 年版，第 129 页。

"造园"二者又的确分属不同艺术建造领域，在实际营造过程中也有着些许错位关系，园林的实际建造效果并非一成不变地照抄画稿，而是有所变动、有所调整（甚至是较大范围的改动，但必须保留画稿的意蕴），文人与造园匠师在营造现场不断地进行松紧适度的布局，同济大学常青教授对此论述为"身体的园说"[①]。因此，对待"传统画卷式造园"这一论断不可片面地认为，古人是严格依据绘画进行造园的，如1789年建的避暑山庄"文园狮子林"这座水中小园是乾隆仿元代大画家倪瓒的《狮子林图》之画意而营筑的，原有狮子林、清閟阁、清淑斋等小筑就带有明显的江南园林风格。

图5-77　明代刘俊《周敦颐赏莲图》

图5-79　清代章声《屏山阁图》

图5-80　清代佚名《缂丝红楼梦图》

三、设计思维与艺术形式间的关联

威廉·科拜·劳卡德（William Kirby Lockard）在谈及"设计绘图与美术

① 中国传统园林的造园技艺和园林场景，确实是身体习惯与感性经验的生动例子，其中触感体验尤为关键。造园以诗情画意定高下、分雅俗，但善绘山水的文人画师对造园本身并非都见长，他们在叠石掇山的操作体验面前，往往"其技立穷"。这也说明了以纸面笔墨绘景和以触感经验造景完全是两回事，也可佐证"身体·主体"的说法。此观点可参见常青《建筑学的人类学视野》，《建筑师》2008年第6期。

和制图之间的关系”时界定了“三种绘画”类型：

我发现，说明设计绘图、美术和制图之间差异的最佳方式是比较它们的用途、方法和价值体系。

关于美术，绘画重视自我表达、主题的选择、名师技巧、多层传达（经常有意隐藏），尤其是绘画本身就是独一无二的真迹。绘画本身就是作品。在色彩、透视法和主题方面，真实性经常被有意扭曲，这种扭曲是作品表现价值的一部分。创作美术绘画还通常被认为是一种完整的有限行为，重画或更改会降低特定图画的价值，因为这表明画家的优柔寡断或弱点。美术对于绘画效率没有要求。事实上，它更重视绘画的艰辛。

艺术绘画是单一的创造行为的产物，根据其与现实和习俗的并列来评价。

关于制图，绘画重视机械准确性和效率，通过一组严格的正式的直线抽象概念（平面图、正视图、剖面图和等角图）与现实相联系。这些只是现有的或已确定的对象的制造记录或样式。制图或机械图纸的优点，就像你判断复印机的优点一样。除了字体风格或者指北箭头的选择和放置以外，这里没有自我表达或创造性思维的表达空间。

制图绘画是一种有效制作的机械上准确的并且遵循严格的正式规则的样式或记录。

关于设计绘图，绘画必须消除若干困惑。设计绘图应清晰完整地表现设计，同时又是临时的，可以改进的。它们可能不正规，但却必须准确。它们应展现设计存在于其周围环境中的样子，还要将设计作为围绕观众的环境展现设计本身。设计绘图应把设计作为一个综合对象迅速地、客观量化地表现出来，同时还要把设计作为要体验的环境主观定性地表现出来。最后，虽然它们在设计的产生、评价、改进和记录过程中绝对必不可少，但设计绘图本身是没有价值的——它们的唯一作用就是为设计过程服务。

设计绘图应主要供设计者使用，其次供他人使用。它们作为“透明观众”存在，通过它们设计者能够看到他们正在设计的东西。

最有价值的设计绘图是那些扩充和形成设计过程、准确表现设计的体验性质的绘画。[①]

“一个设计即是一次论证，它体现了设计师的深思熟虑以及他们用新的方式对知识加以整合，使其适应特定的条件和需求的努力。从这个意义上说，设计正成为一种新的实践理性和论证的学科……设计作为思考和论证的力量在于，它突破了语言的和象征性的论证的限制。设计思考中的论证导向符号、物件、行动和思想之间切实的互动和互联。每位设计师的草图、蓝图、表格、图解、三维模型或其他成果都构成了这一论证的证据。”[②]笔者所阐释的以上两种设计思维与艺术形式表达的分类属于对景观艺术形式创造所做出的构想性诠释，且必须要说明的一点是：二者之间不存在孰优孰劣、谁先进谁落后的问题。一个依靠现代科学技术的精确分析与定位，一个依靠个人经验世界对外部环境的感性创造，在构建艺术化生存场域上二者殊途同归，如凯文·林奇就主张：“作出基地透视草图以发掘和表达每个地段的特征，以期激发人们对建筑、道路如何与环境协调的想象。”[③]在历时性的景观艺术营造项目中，两种设计思维应该均有存于设计师形式创造过程中的可能性，列斐伏尔即云：“空间在纸面上和图样上的视觉投射，一开始就是虚假的，而正因为这些投射，这些规划就显得很清楚和正确。”[④]而意图的指向呈现于思想者之前，不同的设计思维所占据的主导与先导地位也造就了不同的艺术形式表达，此乃缘于“思维是一种状态匹配系统，它总是把解决问题的方法与过去的经验相类比，而不一定要遵循逻辑推理的步骤”[⑤]。

创造性过程是由“形式”赋予“幻想”而构成的，但把幻想变成可能的形式并不是唯一的任务，“要设想出这种形式，必须在通常被认识的层次上，至少在一种特定文化的框架之内才能做到。它必须与表演家和观众的最内在体验和记忆相一致。它必定不仅表现创造性艺术家的生命，而且也表现分享这种行动的其他人的生命。换言之，形式必定与共同的人类本性相联系着。这种联系或许由频率来传达，频率成为了艺术苦思冥想中的直接体验，它与

---

① [美]威廉·科拜·劳卡德：《设计手绘——理论与技法》，葛颂、邹德艳译，大连理工大学出版社2014年版，第15页。

② Buchanan, Richard, “Wicked Problems in Design Thinking”, *Design Issues*, 1992（2）.

③ [美]凯文·林奇、加里·海克：《总体设计》，黄富厢、朱琪、吴小亚译，中国建筑工业出版社1999年版，第20页。

④ [法]亨利·列斐伏尔：《空间与政治》，李春译，上海人民出版社2008年版，第6页。

⑤ [美]唐纳德·A·诺曼：《设计心理学》，梅琼译，中信出版社2003年版，第120页。

有机体的自然节律即代谢节律和神经节律发生共振。例如在音乐的‘呼吸’中，或在牵涉沉思者的绘画的动力学中，这是不言而喻的。”[①] 而且，设计思维与艺术形式间动态的映像关系，就因为“设计无法回避形式和价值评判这两大问题”[②]。“当人们在评价一件作品的高下优劣的时候，究竟是什么价值观在起作用？以什么为参照系？被肯定的是技术价值还是思潮价值？作品得以成立的原因是社会效应还是艺术作用？”[③] 诚如大卫·汤姆林逊（David Tomlinson）以“始于艺术的20世纪的园林设计”为题眼的论断：“在整个西方世界的历史上，园林设计的精髓表现在对同时期艺术、哲学和美学的理解。”[④] 亦如考杜拉·劳伊多-莱奇（Cordua Loidl-Reisch）在《景观建造》一文中所指出的：“作为地球表面动态细节的景观与建造之间的令人着迷的关系与相互作用。在这里，景观既是设计工作的‘基底’，又是与场地相关的‘基础’。景观与建造相辅相成。一方面，景观及其质量决定着总的建造条件；另一方面，景观建造又反过来影响景观的形成，而景观建造本身是由建设材料的特征所决定的。按字面意义来理解，建造就是将各种材料或非材料性结构经过建造、安装或制造组合在一起。‘construere’在拉丁语中是一个动词，包含多种意思，如理念、思想、原理、计算及为实现某种特定功能所进行的策划和建造过程（不管它是一台机器，还是一座建筑物）。这个词还含有使材料有序化、条理化，并赋予其形态的意思。”而且，“狭义理解，拉丁单词‘talea’是指‘切割的小枝’。但是，由它衍生而来的漂亮的法语单词‘détailler’（切割成小块）则对细部实现过程进行了恰当的描述。细部，就是划分成许多小部分的意思。细部，可以是某个特定的单一特征，也可以是较大整体中的一个更为专业化的组成单元，通常都是将该单元放大。因此，细部也意味着景观建造中各个方面的精确呈现。景观建造者都应该表现出对细部的强烈关注，细部建造是新建景观和景观未来发展的原动力。注意：细部往往会与琐碎混淆。艺术表现可以清楚地体现设计师的独特风格，而思想家则可以不受约束，自由驰骋。单从‘细部’一词的字面意义来理解，细部的设计和建造需要有解决难题的

---

① ［美］埃里克·詹奇：《自组织的宇宙观》，曾国屏等译，中国社会科学出版社1992年版，第335—336页。

② 万木春：《作为统一知识体的美术与设计》，《饰》2009年第1期。

③ 吴厚斌：《图式的选择与创造》，《美术研究》1989年第3期。

④ 转引自［日］针之谷钟吉《西洋著名园林》，章敬三译，上海文化出版社1991年版，第403页。

激情和执着的精神。只有这样，才能够创作出创新性的作品。”[①]

“将一些基本创新性思想从高深的理念中剔除之后，所剩下的就只是令人信服的细节、合理的材料组合、适当的表面及和谐的颜色搭配等。对于一块给定的场地，为了达到某种目的，从设计、建造到最终完成，在这一反复不断的过程中将使用一种将设计场地描述得清楚完美的特殊‘语言’。”[②] 回归景观艺术的形式问题就在于景观艺术的设计表达也同样面临“形式”生成机制及其评判的相关问题，如柯林·罗等得州游侠们遵循着“形式追随形式”[③]的设计方法论，亚伯拉罕·安德烈·摩勒斯（Abraham André Moles）则基于“功能最佳化原则”提出了“初创形式加变换”“变换式创造”的艺术理论。[④]“形式”作为艺术学所有门类之间所共有的、更高一层的表达结果，其又一重要特征在于它的继承性，即经典的、具突破性意义的艺术与设计形式一旦出现就不会是昙花一现，而是像幽灵一般时隐时现地影响着其后的艺术创作，它已作为一种文化基因深深地留存于艺术家的创作血液中了。设计思维与艺术形式表达的关系亦始终是建立在学习历史和吸收新观念的基础上，须将经典艺术形式作为今日艺术创作的参照谱系，并寻求景观艺术中仍然“活着的形式”与“具有新鲜的形式创造潜能”[⑤]，探究历史性的艺术源泉与设计方法在当下的启示与借鉴。

---

① ［德］阿斯特里德·茨莫曼编：《景观建造全书：材料·技术·结构》，杨至德译，华中科技大学出版社2016年版，第9—11页。

② ［德］阿斯特里德·茨莫曼编：《景观建造全书：材料·技术·结构》，杨至德译，华中科技大学出版社2016年版，第11页。

③ ［美］柯林·罗、罗伯特·斯拉茨基：《透明性》，金秋野、王又佳译，中国建筑工业出版社2008年版，第13页。

④ 参见［法］亚伯拉罕·安德烈·摩勒斯《设计与非物质性：后工业社会中设计是什么样子？》，载［法］马克·第亚尼编著《非物质社会——后工业世界的设计、文化与技术》，滕守尧译，四川人民出版社1998年版，第42页。

⑤ ［英］A·彼得·福西特：《建筑设计笔记》，林源译，中国建筑工业出版社2004年版，第11页。

第六章 景观艺术形式的案例与图解

哲学的任务并非扭正世间的谬论，而在于对世界的开拓。就此而言，马克思是完胜康德的。而关于建筑方面的言论，也是完全一样的道理。[①]

——原广司

在本章主题“景观艺术形式的案例与图解”的研究展开中，案例研究方法则是主要运用的研究工具，罗伯特·K. 殷（Robert K.Yin）在《案例研究：设计与方法》（*Case study research: design and methods*）中即探讨了“作为一种研究方法的案例研究”：“如果你的研究问题是寻求对一些既有现象的解释（例如一些社会现象如何形成，如何运行？），那么选择案例研究是很贴切的。如果你的研究问题需要对某一社会现象作纵深描述，那么案例研究方法也是贴切的……作为一种研究方法，案例研究可以被用于许多领域。个案分析可以使我们增进对于个人、组织、机构、社会、政治及其他相关领域的了解。毫无疑问，案例研究已经成为心理学、社会学、政治学、人类学、社会工作、商业、医护和社区规划方面的常用工具……人们之所以会采用案例研究法，是因为它能够帮助人们全面了解复杂的社会现象。”[②] 当然，在景观经典案例的具体解析研究过程中仍存在着案例选择的局限性问题，这也就是美国学者加里·金（Gary King）、罗伯特·基欧汉（Robert O. Keohane）和悉尼·维

① ［日］原广司：《空间——从功能到形态》，张伦译，江苏凤凰科学技术出版社2017年版，第6页。

② ［美］罗伯特·K. 殷：《案例研究：设计与方法》，周海涛、史少杰译，重庆大学出版社2017年版，第6—7页。

巴（Sidney Verba）在《社会科学中的研究设计》(*Designing social inquiry: scientific inference in qualitative research*）中所论及的“由于受到真实世界的影响而导致的样本选择偏差”，并明晰了一种“根据解释变量选择样本”的研究技术路线：

> 取样过程与被解释变量相关时偏差就会出现，如何避免该问题对于那些以历史记录作为证据来源的学者来说尤为困难。当然，该问题对任何社会科学领域来说都具有挑战性。之所以非常困难是因为研究者并不清楚其依据的历史证据为什么被记录下来。因此，了解这些信息的产生过程就非常重要了。让我们举一个其他领域的例子以便读者理解，有些文明擅长石雕艺术，而另一些文明则擅长木雕艺术品。如果时代久远的话，石雕可以保留下来，但是木雕都腐烂了。这就使得欧洲一些艺术研究者低估了早期非洲雕塑作品的质量及精致程度。之所以低估，正是因为非洲艺术品都是以木头为载体的。而“历史”却选择性地保存了石头雕塑但淘汰了木头雕塑。与此类似，细心的学者就必须常常审视手中的证据，评估是否存在样本选择偏差：哪些信息事件会被留存，而哪些信息则有可能被淘汰。[①]

然而，“形式・图解”的研究往往是在缺乏景观建筑艺术本体的实际体验的情况下，依靠图像进行的解析则似乎成了唯一的选择。它使我们获得一种抽象的认识，且这种分析可多层次地进行。另外，景观艺术设计作品的图像解析，亦可通过分解、简化和显现三个层次逐次进行意义剥解，在“背景”维度涉及设计师、景观建筑物；在“环境”维度涉及文化环境与物质环境、乡村与都市；在“景观建筑”维度涉及功能（计划）、空间、结构/形式、光、视线/景观、交通/路线、形相（形体的体块与体量、比例、材料、色彩）、细部（材料与建造、关系/概念）等。当然，图解也不可避免采用一种数理化的图形研究，其图形解析的内容包括：平面到剖面、重复到独特、单元到整体、加法和减法、对称和平衡、等级体系和基本构图。

---

① [美]加里・金、罗伯特・基欧汉、悉尼・维巴：《社会科学中的研究设计》，陈硕译，格致出版社、上海人民出版社2014年版，第131页。

第一节 景观美学理论的案例解析

景观艺术形式从美学角度来解析应隶属于应用审美学，而且景观艺术的形式和美感在历史进程中亦逐步层积和演化，由简单到复杂、从单向到多元。景观艺术形式美学至少可分为“表层·中层·深层”三个向度，景观形式美学亦是美学理论的重要内容之一，是景观艺术形式创作的重要依据，即利用美学的理论来找到景观的设计方法、设计途径。同时，景观美学就是一种关于“景观体验/体验景观”的美学理论体系，东西方间亦存在着不同的景观美学意识立场——西方体验美学的“沉浸”与中国古典体验美学的“感兴”，这恰如法国当代景观美学代表人物之一的卡特琳·古特（Catherine Grout）在《重返风景：当代艺术的地景再现》（*Représentations et expériences du paysage*）中所探讨的“风景中身体的感受”：“一方面是‘客观’的背景资料（历史、文化、社会阶层等等）；另一方面则是当事人心理和感官上的状态（当事人当时的心境以及思考和感觉地景的方式等等）。这极端的两者，可以由‘主体/客体’二元论所带来的客观性观察目光伴随强烈的掌控意愿所发现，或者在身体感受沉浸入这个世界时所产生的看法中得到。”①

一、传统景观美学的经典案例与图解

（一）“模式”

美国景观学者查尔斯·莫尔（CharlesW. Moore）、威廉·米歇尔（William J. Michel）和威廉·图布尔（William Turnbull，JR.）在《园林是一首诗》（*The poetics of gardens*）中以“模式”为关键词将印度传统园林的美学形态进行了高度凝练：“园林的外形，跟文学的形式一样，规模和形状都有不同。正如某些园林，就好像引人入胜的故事情节一样，通过有趣的事件来激发起人的惊讶感，因此可以引导我们。而另外一些园林又用它们的外形、对称和重复以及变化和整体来保持住我们的兴趣，就像韵文一样。园林基本的对称模式如我们所见的一样是四分的方块，中心有水或雕塑，有小径供人走动或水向东南西北各个方向流动，有规则和严实的周界抵挡住外面疯

① ［法］卡特琳·古特：《重返风景：当代艺术的地景再现》，黄金菊译，华东师范大学出版社2014年版，第85页。

狂的世界。其他园林在四分的方块当中是由小径构成的，它们本身也许还可以分成四个小方块，小方块兴许还能再分，就这样一直分割下去。这种模式至少早在波斯萨珊时代（公元 3—7 世纪）就存在了，在西方的中世纪全部历史当中，它就是园林的同义词。十四行诗节奏和韵律的对称框架并没有引人之处，但是，诗人用他们自己的词和形象一次又一次赋予它新的生命。因此，有模式的园林也是一样。我们并不是被主宰这些园林和很快就能够抓住的简单规则所吸引，而是因这些规则而得以进行的无穷变化和刺激的游戏所吸引。”[①]

图 6-1 印度拉姆园遗址

印度第一位莫卧儿（Mughal）皇帝巴布尔（Bâbur）[②]，也是伊斯兰艺术传统的继承人，他在阿格拉的亚穆纳河岸建造的“拉姆园”（Ram Bagh

① ［美］查尔斯·莫尔、威廉·米歇尔、威廉·图布尔：《园林是一首诗》，李斯译，四川科学技术出版社2017年版，第226—227页。

② 巴布尔（1483—1530），绰号“老虎”，印度莫卧儿帝国的开国君主。“Mughal”（莫卧儿）是帖木儿及其后代使用的名称，后者入侵了北印度。“Great Mughals”（伟大的莫卧儿人）指的是从1526年到 1707年间统治印度的六位皇帝。他们皆是伟大的建造者，也都对园林充满热情。详见汤姆·特纳（Tom Turner）在《亚洲园林：历史、信仰与设计》（*Asian gardens: history, beliefs and design*）中对伊斯兰园林之“莫卧儿园林”的解读。参见［英］Tom Turner《亚洲园林：历史、信仰与设计》，程玺译，电子工业出版社2015年版，第82页。

Garden）[①]（图 6-1），即是对波斯和撒马尔罕城的四重庭院 / 四格花园（图 6-2）的“园林翻版”——“经典”的伊斯兰编排方式，是在四条水渠的交汇处修建一座阁楼——而且，经由坎儿井从遥远的山脉中引来水源灌溉这些绿洲和园林，由河流构成的方形网格的拉姆园平面图（图 6-3）在形式结构上极力追求“秩序和对称”——“我们今天看到的已成废墟的拉姆园只能够暗示出先前的辉煌，但是，平面图仍然值得人反复玩味。它之所以有惊人的魅力，是因为它能够将亭子、娱乐地和显出极高工程水平的灌溉系统变成一个整齐划一和对称的构图的方法。建筑延伸成为一个园林，同时园林也延伸成为建筑，水的流动使它们彼此连接在一起……”[②]“形式园林的大师们跟规则诗句的大师们一样，都明白对称和对等可以支持意义的结构，因为它们可以形成一种设计的各部分之间的同等和对照，他们也懂得从一种模式或其中的变化当中得出的变种可以用来表示特别的意义，也明白一种有模式的片段可以指明更大的一个整体。”[③]（图 6-4）

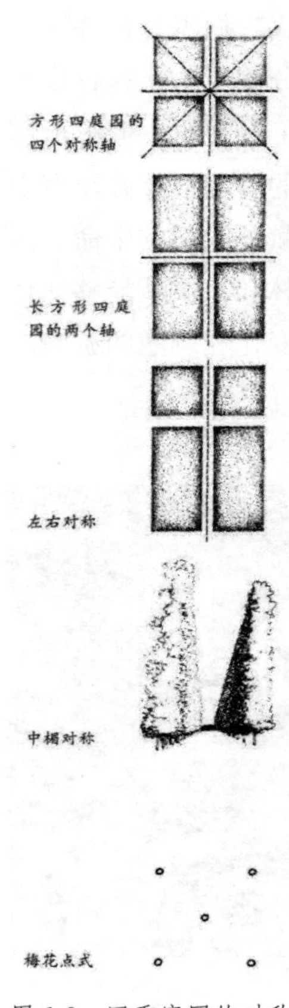

图 6-2　四重庭园的对称模式

巴布尔的对称式方形庭院也成为了莫卧儿后世继承人一直采用的“理想型”，譬如在克什米尔河谷[④]建

① 位于阿富汗喀布尔古城的西南面，依山而建，为印度莫卧儿王朝开国皇帝巴布尔所建，巴布尔死后被葬在山坡高处。100年后，在沙贾汗（Shah Jahan）统治时期经过了大幅改造，其风格更接近于传统波斯园林，而非印度的莫卧儿园林。

② ［美］查尔斯·莫尔、威廉·米歇尔、威廉·图布尔：《园林是一首诗》，李斯译，四川科学技术出版社2017年版，第230页。

③ ［美］查尔斯·莫尔、威廉·米歇尔、威廉·图布尔：《园林是一首诗》，李斯译，四川科学技术出版社2017年版，第234页。

④ 克什米尔河谷位于阿格拉和喜马拉雅山脚下的德里北边，克什米尔长约145千米，四周有高高的山峰和山脊。它向西南边倾斜，杰赫勒姆河流贯穿其中，在皮尔旁遮斯汇入一个峡谷，最后流入旁遮普平原。河谷谷地上有两座面积很大的浅湖——乌拉湖和达尔湖，湖畔有密密的芦苇和莲花。参见［美］查尔斯·莫尔、威廉·米歇尔、威廉·图布尔《园林是一首诗》，李斯译，四川科学技术出版社2017年版，第235页。

造的“夏利玛尔花园”（Shalimar Bagh）[①] 的基址在山坡上，溪流从山上流下，园林整体形态构图则由方形变成了山下的长方形，其反射对称只是围绕在中心水轴线的附近（图 6–5），图 6–6 为约 1780 年夏利玛尔花园的水彩透视图，图 6–7 为夏利玛尔花园的建筑、台地、水及种植的景观结构解析图。

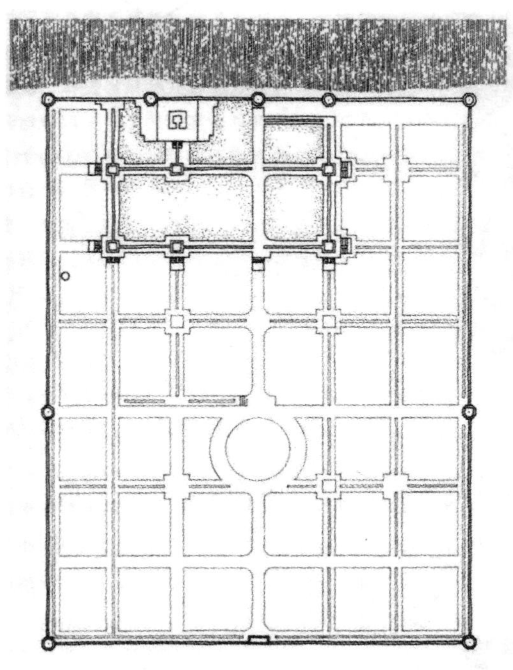

图 6–3　拉姆园的平面网格系统

图 6–4　莫卧儿皇帝巴布尔在监督造园

图 6–5　夏利玛尔花园

① 夏利玛尔花园位于今天的巴基斯坦拉合尔（Lahore，Pakistan），是最著名的莫卧儿时代的花园之一。

图 6-6　夏利玛尔花园水彩透视图

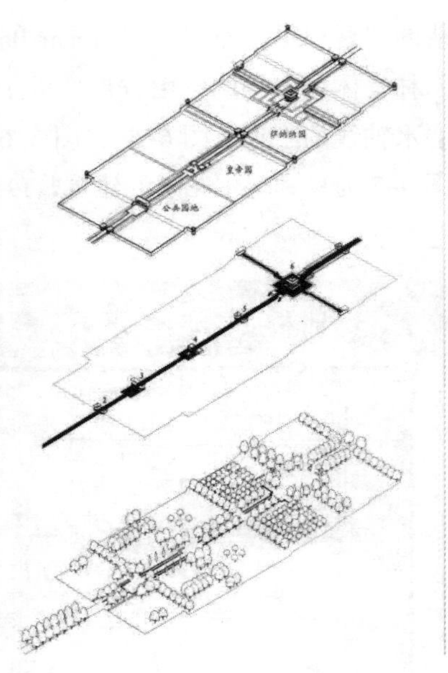

图 6-7　夏利玛尔花园景观结构解析图

（二）“想象”

我们从制作于 1688—1690 年的法国挂毯《历史上的中国皇帝：皇帝的巡游》（*L'histoire de l'empereur de Chine : le voyage de l'empereur*）（图 6-8）中看到了一个既熟悉又陌生、亦十分奇特的中国风景园林意象——“舞台位于一片郁郁葱葱的花园，附近有一个小的中国国旗。所有的女人都是欧洲式的。只有那些衣服、对象、旗帜和男性角色的性格给了这幅画亚洲东方的异国情调”①。中国园林图像成为当时挂毯设计的主要模型，而此织物图像则是根据让 - 巴蒂斯特 · 贝林（Jean-Baptiste Belin）和路易斯 · 费南赛尔（Louis vernansal）的油画制作而成的，亦可算作第一个“中国风”的挂毯。法国洛可可艺术（Rococo）的代表人

图 6-8　法国挂毯《历史上的中国皇帝：皇帝的巡游》

① PANORAMA DEL' ART.，“Le Jardin chinois”，http：//www.panoramadelart.com/boucher-le-jardin-chinois，2018年2月27日。

物弗朗索瓦·布歇（Francois Boucher）在1742年创作的充满东方中国园林意韵的系列油画《中国花园》（*Le Jardin chinois*）[①]（图6–9）、《中国皇帝御宴图》（*Le Banquet de l'empereur de la Chine*）（图6–10）、《中国捕鱼风光》（*La pêche chinoise*）（图6–11）、《中国舞蹈》（*Chinese dance*）（图6–12）、《中国皇帝上朝》（*Audience de l'empereur de Chine*）（图6–13）更是表达了"一种想象的中国园林"或称为"中国园林的幻想"（Un jardin chinois de fantaisie），呈现了"幻想中的日常生活题材的中国"："画面上出现了大量写实的中国物品，比如中国的青花瓷、花篮、团扇、中国伞等等，画中的人物装束很像是戏装，与当时的清朝装束还离得比较远，虽然中国特色很明显，但人物的明暗、光影、立体感，还是体现了西方风景人物画的效果，整体审美意趣还是与当时的文人画相差太远，布歇并没有来过中国，画中的人物形象看似是合乎事实的，其实则纯粹出自他的臆想，布歇的缺点在于不能深入研究对象的真实性，仅仅追其效果。狄德罗曾说道：'何等漂亮的色彩，何等丰富啊！他（布歇）拥有一切，除了真实。'"[②]

图6–9　油画《中国花园》

图6–10　油画《中国皇帝御宴图》

图6–11　油画《中国捕鱼风光》

图6–12　油画《中国舞蹈》

图6–13　油画《中国皇帝上朝》

布歇并没有来过中国，中国之于布歇只是一个"想象中的客体"，"画中的情

① 一个年轻的贵族女子坐在红漆椅子上，旁边有一个梳妆台，正精心打理头发和选择花的装饰。
② 成晓云：《"中国风物热"对18世纪西方绘画的影响》，《艺苑》2007年第3期。

节和形象有的是合乎事实的，有的则纯粹出自他的臆想或参考资料的记载。画家布歇既然没有来过中国，又要画中国，画中国人必然要有所凭据，那时也没有照片，画中的形象具体是从哪里来的呢？据说这可能和当时东印度公司频繁的商务活动有关，该公司把丰富的商品从东方带到了欧洲，布歇在巴黎可以轻易买到中国的物品，他是从中国的艺术品中见到了中国人和中国物品的形象……只是因为缺乏对中国人具体面貌的了解，画面中的人物只是穿上了中装的洋人，场景也并不是中国式的，显得有些滑稽可笑。"[①]可是，要想组合成一幅符合东方情调的画面，光有一些中国的物品是不够的，还需要符合真实情况的画面构思，而这又是不能凭空想象的。已知的、到过中国的传教士们关于中国的图画都是在布歇画完中国组画之后才为人所知的，由此看来，布歇对于中国形象的知识不是传教士那里得来的，这个谜团并不容易通过实证的方法加以解决，若把布歇的中国组画放到整个18世纪欧洲社会痴迷于"中国风"的大背景中来考察，布歇的作品也就不足为怪了。

但也有观点仍然认为布歇的灵感是"来自于17世纪中旬旅行图书中的版画"[②]，譬如奥地利建筑师约翰·伯恩哈德·费舍尔·冯·埃尔拉赫（Johann Bernhard Fischer von Erlach）作为欧洲巴洛克时期哈布斯堡王朝（Habsburg Monarchy）的重要建筑师之一，他的一些设计作品生动地表现出17—18世纪与中国之间的明显联系——奥地利"中国风"（Chinoiserie）建筑。同时，他也是欧洲最早公开出版的世界建筑史图册《历史性建筑的设计》（*A plan of civil and historical architecture*）[③]的作者，此书第一次将中国和泰国作为世界建筑的一部分进行比较研究。[④]美国学者荷雅丽（Harrer Alexandra）在《巴洛克建筑师约翰·伯恩哈德·费舍尔·冯·埃尔拉赫和奥地利"中国风"（Chinoiserie）建筑》一文中指出埃尔拉赫在《历史性建筑的设计》中所画的历史建筑插图皆采用铜版画印刷，如南京大报恩寺琉璃塔（图6–14）、"四座中国建筑"（图6–15）、紫禁城（图6–16）、陕西柱道（*Cientao*）及福建洛阳桥（图6–17）等。

---

① 曾昭强：《东风西渐 —— 中国艺术影响欧洲的一段历史》，《数位时尚（新视觉艺术）》2010年第2期。

② PANORAMA DEL' ART .，"Le Jardin chinois"，http：//www.panoramadelart.com/boucher-le-jardin-chinois，2018年2月27日。

③ 埃尔拉赫自1711年以来付出了巨大的努力，他的《历史性建筑的设计》事实上包括了"真实和想象"，作为对来自世界各地所有时代的历史建筑的一个重要的纲要，对各地建筑以及重建（或完全翻新）、消失的历史建筑进行了各种描述，而且出版于1721年的扩展版本中亦包括了匹配铜版画的非常详细的主要观点短文本。

④ 参见［美］荷雅丽《巴洛克建筑师约翰·伯恩哈德·费舍尔·冯·埃尔拉赫和奥地利"中国风"（Chinoiserie）建筑》，《建筑师》2010年第1期。

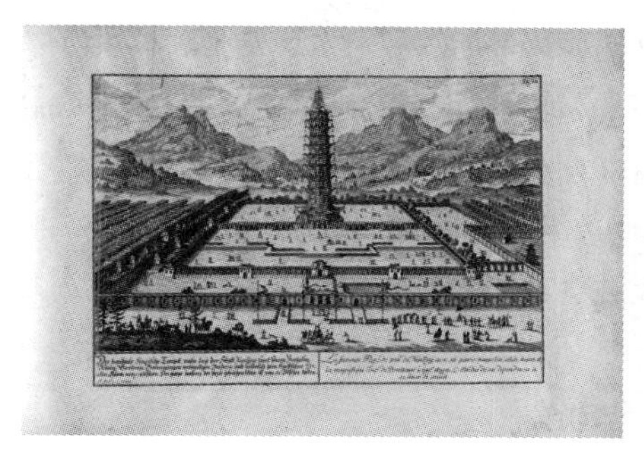

图 6–14 《历史性建筑的设计》插图之“南京大报恩寺琉璃塔”

图 6–15 《历史性建筑的设计》插图之“四座中国建筑”

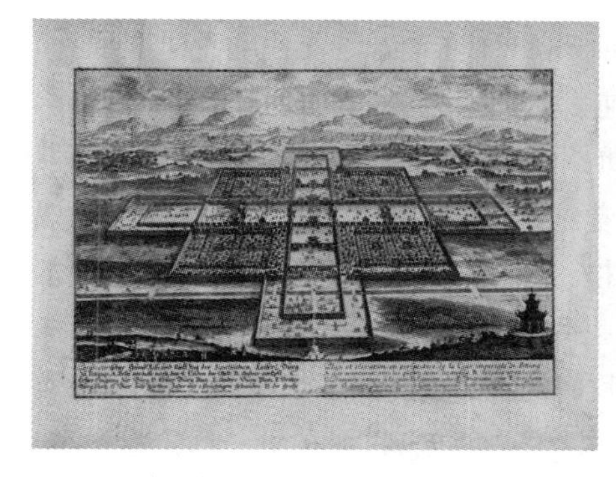

图 6–16 《历史性建筑的设计》插图之“紫禁城”

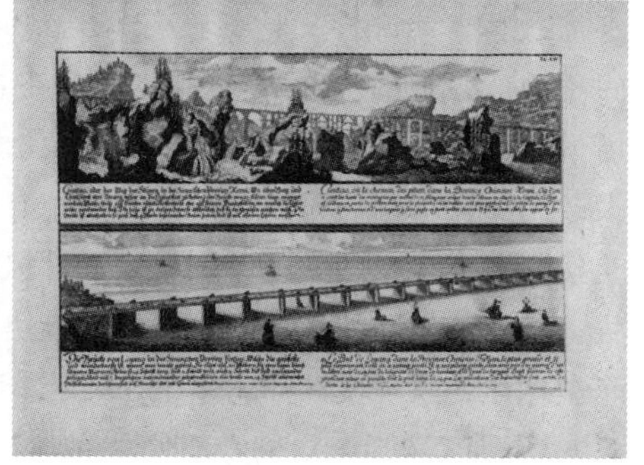

图 6–17 《历史性建筑的设计》插图之“陕西柱道（*Cientao*）及福建洛阳桥”

对东方景观形式与美学风格的想象性建构，与后殖民理论学者爱德华·沃第尔·萨义德（Edward Waefie Said）在《东方学》(*Orientalism*）中所提出的观点不谋而合，萨义德即认为“东方”乃是对东西方二元对立思维，“东方”是以“西方”自我（the Self）为中心投射出来的他者（the Other），东方的“身份”被本质化、定型化，然而通过这种文化和知识上定义他者的权力，欧洲也完成其主体的建构。萨义德亦以“想象的地域及其表述：东方化东方”为议题进行了深度阐释：“到 19 世纪中叶，东方学已经成为一个无所不包的巨大学术宝库。这一包罗万象、踌躇满志的学科的新发展有两个极好的标志。一个是雷蒙·史华伯在其《东方的复兴》中对东方学从大约 1765 年到 1850 年的发展所做的百科全书式的描述。这一时期的欧洲除了有学识渊博的专家对东方事物做出了许多科学发现之外，实际上还盛行着仰慕东方器物的风尚，这一风尚影响了这一时期的每一位大诗人、散文家和哲学家。史华伯的观点是，‘东方的’包含着对任何亚洲事物所表现出来的或专业或业余的热情，而‘亚洲的’则被奇妙地等同于异国情调的、神秘的、深奥的、含蓄的：这是文艺复兴盛期欧洲对古代希腊和拉丁所爆发的同一种热情向东方的转移……”① 而萨义德在《文化与帝国主义》(*Culture and imperialism*）中又这样论述了“西方”：“在欧洲 19 世纪的大部分时间，帝国具有多重功能，作为一个被编撰的，即使只是边缘可见的虚构存在，它是一个参照系，一个界定点，是一个合适的旅行、聚敛财富和服务的背景。”②

二、现代景观美学的经典案例与图解

（一）“控制”

德国学者乌多·达根巴赫（Udo Dagenbach）在论及“现代欧洲景观设计”时指出：“景观设计的全球化网络正飞速发展，但是各地的现状仍然深刻影响着景观设计。气候、文化、国家规模、地形差别、地区传统、政治体系差异以及政治文化等都对设计及设计的实施有着巨大的影响……有没有一种我们可以直接命名或定义的典型欧洲景观设计风格？即使有的话，我觉得它也会迅速消失。随着数据库的快速发展，我们能快速搜索和对比世界各地的景观设计。一个全球化的景观设计师团体正在集结，我们的作品也得到了快速的交流。”③ 而且，达根巴赫所意指的“现代”亦与“风格”紧密地联系在了一起：“对我来说，‘现代’意味着设计并不会重复旧风格或抄袭它们，而是会对其进行重新诠释……大型公园、临时园艺展、城市广场、校园、市政运动场以及其他混合公共空间的设计或多或少都会向极简主义倾斜，特别是在瑞士、荷兰、英国、德国、法国等地。南欧的国家气候干燥炎热，北欧国家则较为阴冷潮湿，出于气候原因，它们的景观设计更为简约，有时也更倾向于建筑设计风格……丰富而低调是欧洲景观设计的一大特色，瑞士的设计将其演绎到了极致。极简主义起源于 20 世纪早期的欧洲，因此大多数景观建筑师都深受其影响，让极简主义成为了欧洲设计的常用手段。”④

---

① ［美］爱德华·W. 萨义德：《东方学》，王宇根译，生活·读书·新知三联书店 1999 年版，第 63—64 页。

② ［美］爱德华·W. 萨义德：《文化与帝国主义》，李琨译，生活·读书·新知三联书店 2003 年版，第 85—86 页。

③ ［德］乌多·达根巴赫编：《现代欧洲景观设计》，常文心译，辽宁科学技术出版社 2015 年版，第 2 页。

④ ［德］乌多·达根巴赫编：《现代欧洲景观设计》，常文心译，辽宁科学技术出版社 2015 年版，第 2—3 页。

福斯科·卢卡雷利（Fosco Lucarelli）的《最早的大地艺术：赫伯特·拜尔[①]和弗雷兹·本尼迪克特的绿色丘陵和大理石花园（1954—1955）》[*Earliest land-art: Herbert Bayer and Fritz Benedict's green mound and marble garden（1954-1955）*][②]一文首先引述了赫伯特·拜尔在1984年10月21日《纽约时报》(*New York Times*）中的宣言："我相信艺术家必须对整个环境进行创造性的控制。"

科罗拉多州阿斯彭[③]的山地景观，被选择作为现代主义建筑复杂性的一个理想环境，与阿斯彭学院（the Aspen Institute for Humanistic Studies）的校园建构是注定存在着内部互动的逻辑关系。树木、石块的德国包豪斯式建造使得场地具有了向心性，场所中央聚集的建筑核心是"沙里宁的大帐篷"(*Eero Saarinen's Big Tent*)。

在没有一个总体规划的情况下，赫伯特·拜尔和弗雷兹·本尼迪克特作为建筑师的助手1953—1964年间设计和建造了一系列的平顶建筑，服务于校园的三个主要区域：住宿、学院行政管理活动和附属机构。

一个鲜为人知的但更有趣的现象出现在"建筑师的景观干预"中：1954年的土丘（*Earth Mound*）[④]和1955年的大理石花园（*Marble Garden*），这两组雕塑却构成了早于"大地艺术运动"(The Earthworks Art Movement）整整十年的先例。

这个土丘（图6-18）是一个直径42英尺（约13米）的环状的土堆护堤，包围着一个含有小山的草地、一个浅的凹陷和一个白色的岩石。环状山脊上的一个开口允许参观者进入。弗吉尼亚·德万（Virginia Dwan）将这个作品的照片收录于她1968年"大地"(*Earthworks*）的展览中，因而这个作品也得以于20世纪60年代在众多景观艺术家的群体中被广泛传播。马克（Jan van der Marck）在其书中说："赫伯特·拜尔：从类型到景观"，亦将这个作品称为："他第一次记录了作为雕塑的景观。"

---

① 拜尔是一位奥地利艺术家，于20世纪20—30年代在德国包豪斯学院求学及任教，1938年移居美国，1946年来到阿斯彭后，在阿斯彭学院担任建筑师，继续进行现代建筑的国际风格设计与研究。

② Fosco Lucarelli，"Earliest Land-Art：Herbert Bayer and Fritz Benedict's Green Mound and Marble Garden（1954—1955）"，http：//socks-studio.com/2015/07/12/earliest-land-art-herbert-bayer-and-fritz-benedicts-green-mound-and-marble-garden-1954-1955/，2018年2月28日。

③ 阿斯彭（Aspen）为科罗拉多中西部的一座城市，位于落基山脉的萨沃奇岭。约在1879年由银矿勘探者建立，现为一流行的滑雪胜地。

④ 该作品位于现在的安德森公园（Aspen's Anderson Park）。

图 6-18 景观作品“土丘”

大理石花园（图 6-19、图 6-20）是由一个小的中央池塘和许多不同形状、高度的大理石共同相嵌于一个大理石平台之上所构成的雕塑。阴影和灯光效果通过这些块的组成和自由排列来增强，可以让观察者发现不同的场景。而且，在土丘附近，1973 年拜耳则再次与“大地”相遇，创建了阿斯彭的安德森公园（*Aspen's Anderson Park*），并从土丘和大理石花园这两个作品中借用了造型元素而创造了几何草坪护堤小径、草皮和环，图 6-21 即为安德森公园内的土丘，图 6-22 位于安德森公园的西端，其北斗星座形状的立柱则由艺术家马蒂亚斯·格尔蒂兹（Matthias Goertiz）创作完成。

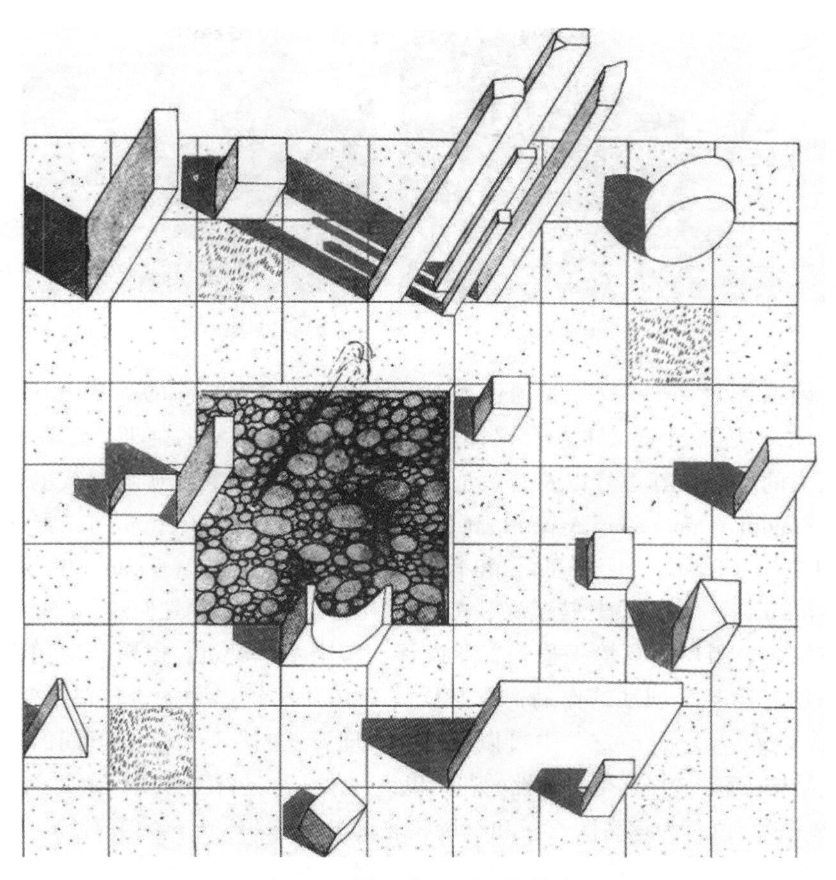

图 6–19　雕塑“大理石花园”轴测图

图 6–20　雕塑“大理石花园”

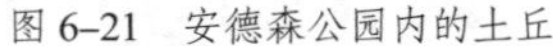

图 6-21 安德森公园内的土丘

图 6-22 安德森公园内北斗星座形状的立柱

阿斯彭学院——这一德国包豪斯设计移植到科罗拉多的落基山脉的现代校园，“从某种意义上说，严谨的包豪斯式现代环境的阿斯彭学院反映了高尚的思想在其边界以及有效地把它区隔于与维多利亚矿业时代的阿斯彭（Victorian mining-era Aspen）高山滑雪小镇（Ski-town Alpine），质朴的折中主义（Rustic eclecticism）和赖特的有机现代主义（Organic Wrightian modernism）”[①]，这就是其景观形式美学中层次关系的结构性使然。而且，拜尔在绘画、雕塑、环境工程、工业设计、印刷术、建筑、摄影和应用设计方面均有诸多开创性的作品，我们从其 1936 年的摄影蒙太奇作品《变态》（*Metamophosis*）（图 6-23）中可以发现“大理石花园”与《变态》间的基本形式结构关联，“在这个实验性的花园里，拜尔或许是首次将现代主义意象引入环境中。白色大理石的石板和石块就取材于附近一个废弃的采石场，这个三十八英尺见方的实验花园亦开始表明所有的花园都不过是三度的雕塑。”

图 6-23 摄影作品《变态》

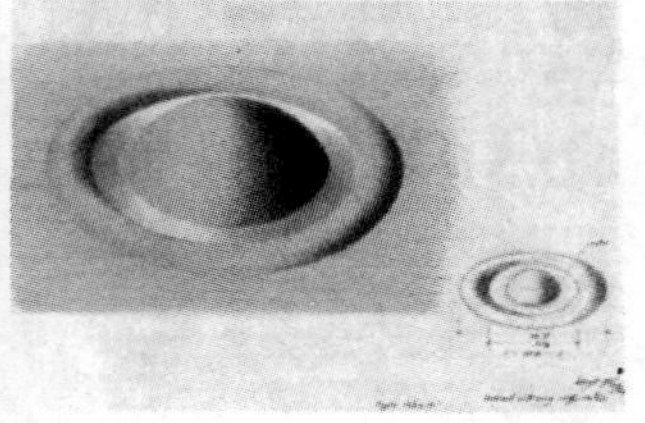

图 6-24 拜尔的大地艺术设计草图

① Aspen Modern，“ Marble Sculpture Garden”，http ://www.aspenmod.com/places/marble-sculpture-garden/，2018年2月28日。

图 6–25　磨溪峡谷大地艺术景观

土丘也被戏称为“草墩”（Grass Mound），这一作品则“激励了整整一代大地艺术家，并为今天的生态设计和恢复工程开创了基础”。（图 6–24）而且，建成于 1982 年的磨溪峡谷大地艺术（*Mill Creek Canyon Earthworks*）（图 6–25）使得“土方工程”（Earthworks）这一“设计关键词”在艺术和景观基础设施融合的方面取得了巨大反响，在景观设计师、建筑师、工程师和艺术家中成为了一个非同凡响的景观经典先例，这一作品的原始构思亦可在拜尔 1944 年的水粉画作品《层叠景观》（*Layered landscape*）（图 6–26）和 1969 年的雕塑作品《双向提升》（*Double ascension*）（图 6–27）中找到包豪斯风格设计的答案——“这一系列被雕塑的空间（Sculpted spaces）让人感觉既古老又现代，几何学意义的土方工程的纯形式（Earthworks' pure forms）——锥、圆、线和护堤——嵌入磨溪峡谷口冲积三角洲。草坪、混凝土、木桥和台阶，这些是作品形式建构的材料，并与磨溪（Mill Creek）本身的自然力量所连接。根据风景园林杂志（*Landscape Architecture magazine*）的介绍，华盛顿州肯特市艺术委员会和公园与娱乐部门委托这个项目旨在解决城市雨水径流和由此产生的土壤侵蚀问题。环境艺术（The environmental artwork）是一种介入现有公共空间的活跃方式——针对所提出的雨水蓄滞洪区规划和创造一个不同寻常的入口区。而该城市的目标是控制洪水、恢复鱼类的生存，并创造一个有助于提升公园品质的、在美学意义上令人愉悦的景观基础设施。”①

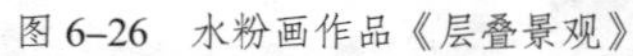

图 6-26　水粉画作品《层叠景观》

图 6-27　雕塑作品《双向提升》

（二）“回响”

“尽管欧式几何失去了流行地位，但仍然是设计师最重要的形式工具之一。方形和圆形等简单的几何图形拥有经久不衰的空间特色，因此成为设计中与自然一样常见的形式来源。几何图形为观看者指引方向，同时具有仪式功能。它们是神圣与世俗的象征，是在自然中嵌入人类场所的设计途径之一。自然的纷杂凌乱会愈发衬托出几何图形的简单静谧，这部分源自图形本质上的平稳静态，是人类体验活动沉默的护卫。方形、圆形和椭圆的边界往往被看作设计中意义非凡的界限，同时还与交叉点息息相关，有时还被看作设计中的节点构件。直角也是有效的设计形式。景观设计中，我们很少看到完全没有采用几何图形的案例。设计师的任务是保证每一个环境中几何图案都能形尽其用。艺术抽象与某一原型不断重复形成的抽象图案，是凸显特定文化背景的形式手段。景观设计中采用艺术抽象手法的例子屡见不鲜：托马斯·丘奇在加州唐纳德庄园里设计的肾形游泳池，伊斯兰艺术中通过不断重复地累加某一形式符号形成的复杂结构，格特鲁德·杰基尔设计的多年生植

① Todd Haiman Landscape Design Inc，“Herbert Bayer”，https：//www.toddhaimanlandscapedesign.com/blog/2011/01/herbert-bayer.html，2018年2月28日。

物种植漂浮块，以及日本枯山水园中的倾斜图案等。”[①] 对于这一观点，当代重要的艺术理论家、作家和园林设计师查尔斯·詹克斯（Charles Jencks）与他已故的妻子麦吉·凯西克（Maggie Keswick）于1989/1990年开始设计建造的私家花园——苏格兰宇宙思考花园（*The Garden of Cosmic Speculation*）就是最好的印证，也是赫伯特·拜尔大地景观艺术作品在当代景观艺术创作中的“形式美学的回响”。（图6–28）

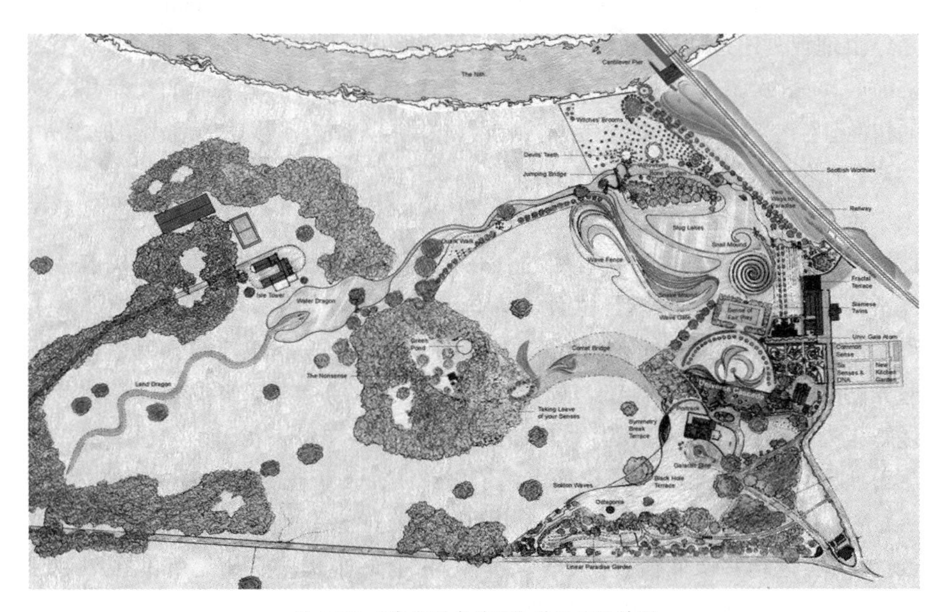

图6–28　“宇宙思考花园”总平面设计图

“宇宙思考花园”通常又叫“宇宙花园”，被评为世界上最令人惊艳的十大花园之首，其位于苏格兰西南部的邓弗里斯（Dumfries，Scotland），“该花园的设计以现代物理学的基本原理为指导，根据詹克斯本人的说法，亦提出了构成宇宙的基本要素。从1989年到詹克斯的妻子克斯维科（她是一位中国园林专家）去世的1995年，他们与诸多园艺家和科学家一起建构了将艺术、自然与科学相沟通的景观世界。从一个非常规的景观营造方法而言，花园设有一个头晕目眩的几何分形，揭示或至少是启发了黑洞概念、弦理论和‘大爆炸’。花园五大功能区（Five Major Areas）则由多个人工湖、桥梁和其他建筑作品相连

---

① ［英］Catherine Dee：《设计景观：艺术、自然与功用》，陈晓宇译，电子工业出版社2013年版，第25页。

接，包括大的白色楼梯、沿着绿色山坡蜿蜒而下的梯田，表征着宇宙的创造故事"[①]。显然，这个花园的建造设计源自科学和数学带来的形式建构灵感，且建造者充分利用地形、别样造型的池塘、错落有致的纹路等来表现主题，如黑洞、分形等——整个花园蕴藏着宇宙的奥秘，展现着不同寻常的思考、不同寻常的景观——"该花园景观共有四十个主要景点，包括：园林、桥梁、地貌、雕塑、梯田、栅栏和建筑工程……在苏格兰边境地区占地 130 英亩（约 526091 平方米），花园利用自然来庆祝自然（Uses nature to celebrate nature）——无论是经由理智，还是通过感官，甚至包括了幽默感。一连串导向水面的梯级（A water cascade of steps）讲述了宇宙的故事，台地显示了黑洞引起的空间和时间的扭曲，一个'夸克行走'（Quark walk）带着游人踏上了物质的最小组成部分，一系列地貌和湖泊则可令人回忆分形几何学（Fractal geometry）。"[②]

而且，在詹克斯看来，"宇宙的大部分是自我组织的，不可预见的、创造性的，像蝴蝶一样自我蜕变的"。扭曲的土丘在立面上剧烈地变化，构成一个复杂的，令人迷惑的景观，这种波动与叠合亦源自詹克斯对混沌理论和复杂科学的理解。小山和水面组成一个并置的、突然爆发和跃迁的、视觉和主题差异的景观，一个有活力的、不定的、不可预见的、自我组织的景观，而不是静止的、永恒的、普遍的、如画的景观。[③]"宇宙思考花园"创造了富有诗意的独特的视觉效果，物质化地表达了詹克斯在《跃迁的宇宙间的建筑》（*The architecture of the jumping universe*）中所倡导的"形式追随宇宙观"的美学论点："波浪运动，像非线性一样，在自然界中是如此重要和无所不在……因而，要强调它们在设计中的基础地位。"[④]

英国设计师阿妮塔·佩雷里（Anita Pereire）在《21 世纪庭园》（*Gardens for the 21st century*）的"第二章 科学激发灵感"以"再现宇宙景观"为主题论及了查尔斯·詹克斯的"宇宙思考花园"："有人告诉我如果不熟悉宇宙学、亚洲文化和综合科学的话，就不具备欣赏查尔斯·詹克斯和他已故的妻子麦吉·凯西克（Maggie Keswick）共同建造的庭院的能力……这个庭院简直再现了一个宇

---

① Atlas Obscura，"Garden of Cosmic Speculation"，https：//www.atlasobscura.com/places/garden-of-cosmic-speculation，2018 年 4 月 5 日。

② Charles Jencks，"The Garden of Cosmic Speculation"，https：//www.charlesjencks.com/the-garden-of-cosmic-speculation，2018 年 4 月 5 日。

③ 参见林箐、王向荣《詹克斯与克斯维科的私家花园》，《中国园林》1999 年第 4 期。

④ 张利：《跃迁的詹克斯和他的"跃迁的宇宙"——读查尔斯·詹克斯的〈跃迁的宇宙间的建筑〉》，《世界建筑》1997 年第 4 期。

宙的故事，不是从种植、宗教或历史的角度，也不是从达尔文式的视角，而是通过把这些新的科学命题转化成一种视觉方程的方式。查尔斯所进行的挑战是要以一种令人信服的静态庭院景观来再现这一动态的科学化过程。"[①]"他研究自然的基本形式，把包罗万象的宇宙语言和艺术的内在语言结合起来，从而扩展了美学范畴，'所有这些作品'，查尔斯说，'我确信，其灵感来自于科学的新发现及其各种新语言，也是出自于我们这些设计者；是一种方式，使得一种新的建筑和风景理念成为一种发现或是一种发明'。"[②]另外，查尔斯·詹克斯在1999—2002年苏格兰爱丁堡现代艺术画廊的"上田地形"[③]（*Landform Ueda, Gallery of Modern Art, Edinburgh, Scotland*）（图6–29）、2003—2010年苏格兰爱丁堡附近柯克纽顿的朱庇特·阿特兰"生命细胞"[④]（*Cells of Life, Jupiter Artland, Kirknewton, nr Edinburgh, Scotland*）（图6–30）、2005—2012年英格兰纽卡斯尔的"诺森伯兰"（*Northumberlandia, Newcastle, England*）（图6–31）的巨大"卧女"景观雕塑项目北方的女神（*The goddess of the North*）等作品中均一以贯之地探索了生命起源与宇宙运行的原理模型在景观艺术中的形式表达。

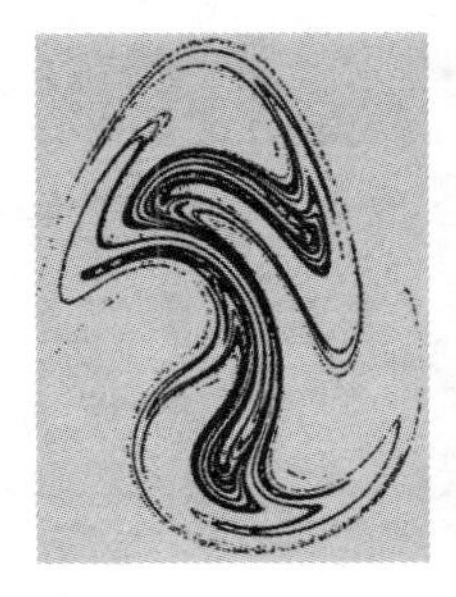
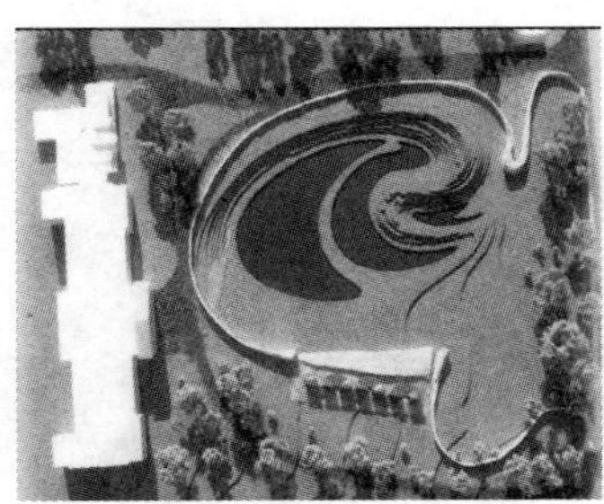

图6–29　景观作品"上田地形"

① ［英］阿妮塔·佩雷里编著：《21世纪庭园》，周丽华译，贵州科技出版社2002年版，第30—31页。

② ［英］阿妮塔·佩雷里编著：《21世纪庭园》，周丽华译，贵州科技出版社2002年版，第34—35页。

③ "上田地形"（Landform Ueda）连接的"S"形式来源于两个混沌吸引子（Chaotic attractors），即"上田"（Ueda）和"河南"（Henan）（分别由日本和法国的科学家而命名）。

④ 该作品由八个地形和一个连接的堤道环绕着四个湖泊和一个平坦的花坛用于雕塑展览。作品的主题是细胞的生命，细胞是生命的基本单位，一个细胞分为被称作有丝分裂（Mitosis）两个阶段（呈现在红砂岩细沟中）。弯曲的混凝土座椅是由列涩刚岩石（Liesegang rocks）包围的单元模型。它们的红铁同心圆与生命单位内部的许多细胞器有着不可思议的关系。鸟瞰作品，其整体布局呈现它们早期分裂的膜和细胞核的形态，作为生命基础的细胞是地形的形式来源。

图 6–30　景观作品“生命细胞”

图 6–31　景观作品“诺森伯兰”组图

而且，在2008年瑞士日内瓦欧洲核子研究中心的“宇宙环”(*Cosmic Rings of Cern, Geneva, Switzerland*)的景观设计中，查尔斯·詹克斯更是直接将科学模型图“覆盖”于整个场地，即该设计紧密环绕球体(The Globe)并将它与其南侧的高速交通进行隔离，为从任一侧面产生的噪声和工业景观提供缓冲。为了传达欧洲核子研究中心的发现，该设计开发了两个图示象征的方案(Iconographic Programmes)。其中一个是围绕宇宙边缘的圆形的土丘行走。这些也描绘了宇宙中所有大小的单位，从最小的物体到整体的宇宙。这个“环”涉及一个27公里的地下加速器，以及宇宙从夸克(The Quark)到长城(The Great Wall)的建筑结构。第二组符号呈现加速器的日常碰撞作为一个引人注目的图标，它直接涉及环绕爆炸的测量仪器。这也是一个很好的类比眼睛测量宇宙——一个新的眼科学(A New Eyeconology)。[①](图6–32)

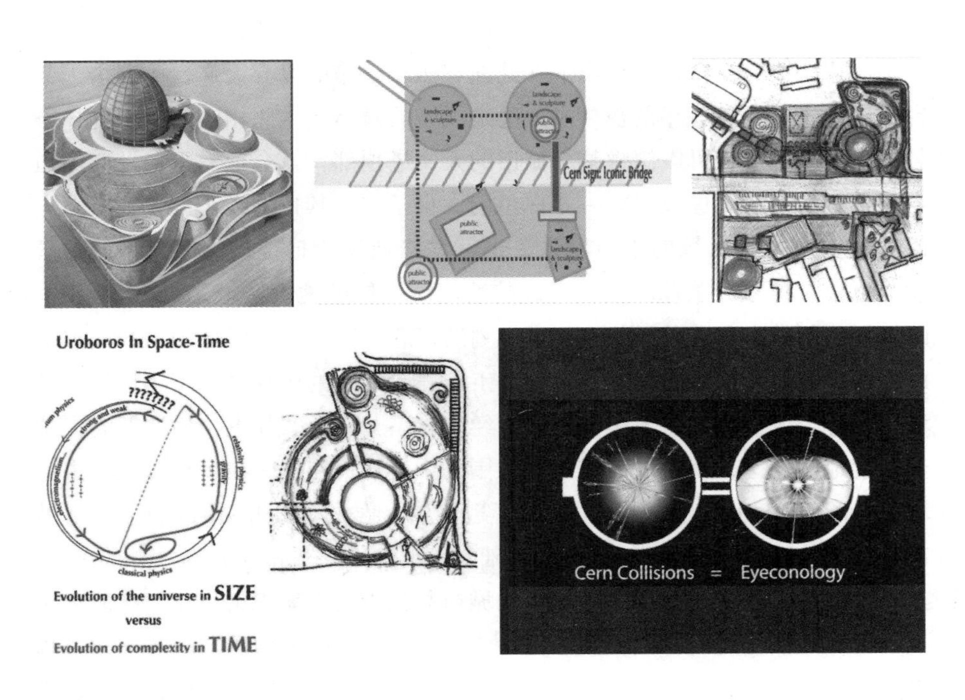

① Charles Jencks, “Cosmic Rings of Cern, Geneva, Switzerland”, https://www.charlesjencks.com/projects-cern, 2018年6月23日。

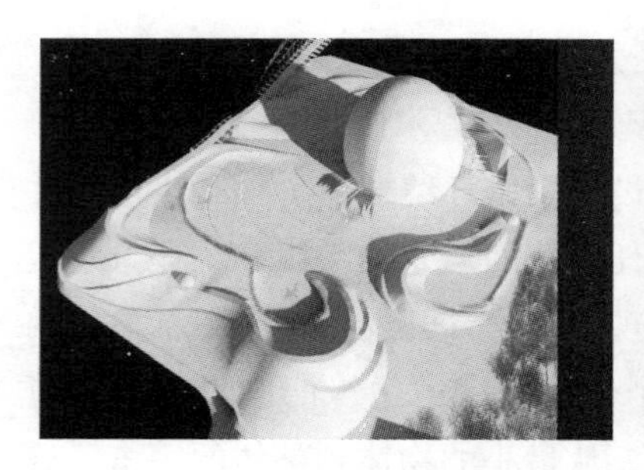

图 6–32　欧洲核子研究中心的“宇宙环”

第二节　景观生态学理论的案例解析

帕特里克·格迪斯（Patrick Geddes）在 19 世纪后期最具影响力的思想就是明确了“城市与其周围景观的相互依赖性，即城市与其腹地的关系”：“为了阐明这个观点，格迪斯租用了一处配有照相暗箱的废弃天文台。这个天文台临近爱丁堡一处城堡的位置——这是该城的最高点。照相暗箱是一种投影装置，把它架设在可以俯瞰整个城市的天文塔顶部，就会把爱丁堡及其周边乡村景观的全景影像投射在一张白色的大桌子上。其目的在于教育，即向人们揭示城市与其区域的本质联系，也就是格迪斯所描述的‘作为一种由气候、土壤、植被、工业和文化组成的特定统一体的地理区域’。格迪斯伟大的规划创新就来自这种思想：区域规划的概念，以及城市区域的三个基本组成要素，他对此描述为场地、人群及工作三者之间的内在联系（场地形成环境，人群组成社会，而工作发展成为经济体系）……实际上，格迪斯时代的苏格兰地区聚落，就是被区域景观包围的中心居民点——在乡村包围圈中的城市孔洞（hole）。”[①] 加拿大景观学者迈克尔·哈夫（Michael Hough）在《城市与自然过程——迈向可持续性的基础》(*Cities and natural process: a basis for sustainability*）中以德国鲁尔工业区的城市复兴为典型案例解析了“区域生态规划与棕地恢复间的自然关联”——“其关键在于认识物质空间和生物过程之间的关系”——在鲁尔河谷的区域尺度上，其主要工程包括埃姆舍流域生态重建、被渠化的溪流重新恢复自然，在条件具备、能够实施的地区建立生物多样性；整个流域建设了 6 座污水处理厂及 320 公里的地下排水管、暴雨

---

① ［加］迈克尔·哈夫:《城市与自然过程 —— 迈向可持续性的基础》，刘海龙、贾丽奇、赵智聪、庄优波、邬冬璠译，中国建筑工业出版社 2012 年版，第 219 页。

过滤系统及雨污分流系统；该工业遗产废弃区域的生态重建项目还包括了居住和工业发展、新的社会、文化和体育活动设施，以及对优秀工业遗产的保护和创造性再利用，使之变成剧院、艺术、游憩和旅游中心、文化机构等。[①]

生态学（Ecology）就是一门关于“所有生命体（包括人类）之间的相互关系及它们与所属生物物理环境之间相互作用关系”的复杂性学科。生态学的实质是通过相互关系理解现实，这也是景观规划设计中用到生态学的根本原因之一。[②] 福斯特·恩杜比斯（Forster Ndubisi）即认为：“生态规划（Ecological planning）是生态学知识的实际应用，在满足人类使用的同时制定可持续的景观利用、决策。另一个同类词——生态设计，是在生态学知识的基础上，运用艺术技能在景观镶嵌体中创造物体与空间。生态设计和生态规划密不可分，生态设计创造的物体与空间，能够营造并维护场所，在各种时空尺度上促进生态规划决策……”[③]“从景观生态学的角度来看，景观具备某些特征，它由异质元素或对象组成，如地形、植被及道路。景观具有从几米到几千米的多种尺度。塑造景观的各种过程（地形演化、自然干扰与人类影响）随时间推移，反复作用在广阔的土地镶嵌体上，创造了独特的视觉特征与文化认知。景观是由不同时空尺度上的生态过程支撑并维持。”[④]

“一个艺术作品是否‘创新’，这往往是一个主观的概念，在景观设计里也是如此。我们刚刚设计的或者新近竣工的项目，可能现在看起来是创新的，但是几年后可能就是过时的，甚至难以为继。跟其他的人造环境不同，景观是要面临自然的考验的。因此，创新的问题可能就不是只取决于环境的使用者或者创造者对它的看法，赋予它的意义，而是更多地看这个环境自身能否为继，经受时间的考验。”[⑤] 约翰·布瓦尔达（Johan Buwalda）即以“欧洲景观设计的新风”为议题呈现了他对当代城市景观设计形式的再思考：“近年来，景观设计面临了一些新的挑战，我们发现新的景观设计应当更富活力、更坚

① 参见［加］迈克尔·哈夫《城市与自然过程——迈向可持续性的基础》，刘海龙、贾丽奇、赵智聪、庄优波、邬冬璠译，中国建筑工业出版社2012年版，第246—247页。

② 参见［美］福斯特·恩杜比斯《生态规划历史比较与分析》，陈蔚镇、王云才译，中国建筑工业出版社2013年版，第Ⅶ页。

③ ［美］福斯特·恩杜比斯：《生态规划历史比较与分析》，陈蔚镇、王云才译，中国建筑工业出版社2013年版，第Ⅷ页。

④ ［美］福斯特·恩杜比斯：《生态规划历史比较与分析》，陈蔚镇、王云才译，中国建筑工业出版社2013年版，第162页。

⑤ ［英］坎农·艾弗斯编：《景观实录：生态海绵城市》，李婵译，辽宁科学技术出版社2016年版，第121页。

韧、更能适应城市和自然环境……在欧洲，我们将城市化看成一个持续的过程，但是有两个情况已经发生了变化：一是城市的发展必须比预期的更‘绿色’；二是乡村正面临着比预期更严重的城市化衰退过程。二者都为景观设计带来了新需求和新机遇。更绿色的城市化进程不仅是一个趋势。即使在经济衰退的这些年里，细粉尘、气候变化、保水性、水处理、城市农业、可持续发展、二氧化碳排放等主题在景观设计中仍然变得越来越重要。尽管一些人曾期望它们不会成为‘防衰退’的工具，但是事实却是如此。它们为景观设计带来了新的，或者至少是更深层次的维度。只有‘美’已经不够，景观设计师必须将这些必要的主题融入自己的设计。这些主题不仅要契合，还要实现可持续发展。于是，我们开始利用绿色设计来控制城市气温或细粉尘，利用花卉和树木来促进城市动物种群发展、促进人类健康、甚至是保证交通安全。景观设计变得越来越丰富多彩、充满乐趣。”①

一、景观生态学设计前沿理论与新思潮

（一）“多样性”

美国地产大亨、第45任美国总统唐纳德·约翰·特朗普（Donald John Trump）在其自传《永不放弃——特朗普自述》（*Trump never give: how I turned my biggest challenges into success*）中阐述了苏格兰特朗普国际高尔夫球场“生物多样性保护”的生态规划操作策略：

> 当我看到位于苏格兰东北部格兰屏地区（Grampian Region）的门尼庄园（Menie Estate）之后，我知道这就是自己一直苦苦等待的地方。门尼庄园和门尼城堡的历史可以追溯到14世纪，它位于苏格兰第三大城市阿伯丁的北部，两地的距离仅仅为12英里。更重要的是，我从来都没有见过这么一大片未曾破坏的海边胜景。这里有形态各异的海边沙丘，有3英里长的连绵海岸线，景色壮美，总面积达到1400英亩。这片圣地太让人心驰神往了，我为之感到兴奋不已。
>
> 我知道苏格兰向来都以开发和投资的环境良好著称，因此当开始在

① ［德］乌多·达根巴赫编：《现代欧洲景观设计》，常文心译，辽宁科学技术出版社2015年版，第4—5页。

那工作的时候我是兴冲冲的。但是，当我宣布了开发计划之后，却在当地引起了轩然大波。环境保护主义者立即就组织起了反对阵营。我记得人们在得知我的开发计划后当面嘲笑我的情形。无论是从环境方面，还是从历史保护方面，这块地域对苏格兰都有着重要意义，因此没人觉得我能最终拿下行政审批。门尼庄园地区的环保法规就有两本厚达5英寸的书之多。

环保主义者集中火力攻击我的问题也是之前我所没有碰到过的，那就是地形学。我们的环保专家和苏格兰国家遗产组织向我们提到了这一点。因为应对这一问题是成立筹划委员会的重要前提，也是项目开展遇到的主要障碍，所以我们必须非常严肃地对待，如饥似渴地学习所有这方面的知识。我们聘请了地形学方面最权威的专家，认真地考虑了所有细节。我觉得我们的关注程度和职业良知让每个人都感到不可思议，最终的决策者也发现了我们身上的坚韧和正直品格。

再来谈谈地形学，它所研究的是地形的变化、起源以及多年来的演变进程。门尼庄园的绵延沙丘是苏格兰的自然遗产，总面积为25英亩。受自然界的影响，它们的位置会移动，这对于高尔夫球场而言可谓是灾难了。我们查证了多年前的地图，发现整片25英亩的沙丘在自然力的作用下挪动到了另一个位置，因此我相信环保专家和我们的担忧并不是多余的。

我们在这方面进行了大量调研，终于找到了解决之道：如果在沙丘上种植能在大风和恶劣天气中生存扎根的滨草，那么草坪就能固定并保护沙丘，而且这片草坪还能成为一道亮丽的自然风景线。

除此以外，基于我们的环保研究，我们还提出了很多保护当地生态系统的建议，例如给水獭建造3片人工林，并提出了一项书面的水獭保护计划；根据新的调研结果，提出了一项野獾保护方案；为稀有鸟类建造一片新的栖息地；在门尼城堡搭建起许多鸟类栖息的窝巢；提出了保护掌状蝾螈、黑头海鸥、涉水鸟、棕野兔、无毛榆树等珍贵动植物的生物多样性方案；建议新的植物和动物栖息地的迁移方案，并为沙丘上的草坪准备草种。这些只是万千头绪的工作的一小部分而已，我已经说过门尼庄园地区的环保法规有两本厚达5英寸的书之多，我说的一点都没有夸张。如果你以为我是唐纳德·特朗普，一切就能轻松遂愿的话，那么我想提醒你做事根本没有你想象的那么简单。[①]

澳大利亚 GHDWoodheard 设计事务所首席设计师马丁·科伊尔（Martin Coyle）在《低能耗城市景观》（*Energy-efficient urban landscapes designs*）中对“低维护技术”原理进行了系统阐述：降低景观的维护需求，也是一种变相地降低景观耗能的技术手段。例如采用低维护材料、本土植物等。低维护的设计方法主要提供的不是技术手段，而是一种低维护的设计思维。从设计的一开始便对设计进行优化，为建设低能耗景观提供一种更长久的设计思路，从而使景观设计更加节能、更加耐久。[②]

吉尔·克莱芒（Gilles Clément）2003 年在法国所做的一个景观分析文本《第三景观的呈现》（*Manifeste du Tiers Paysage*）中提出“第三景观”这一概念，哈维尔·莫萨斯（Javier Mozas）在《公共空间就像一个战场》一文中论及此概念，这与“低维护技术”生态设计原理是息息相通的。（图 6–33）“荒地是被忽视的自然界中的宝藏。该项战略在‘第三景观’中有涉及，促使人们以可控的方式处理好自然界中的荒地，形成不受传统景观设计约束的自然空间。……在吉尔·克莱芒眼中，‘第三景观’的创造者和推动力量既非林地，也不是草地，而是那些未曾被占有过的空间，也就是他所说的‘没有特点的多样性’。这些空间是展示多样性的理想空间，不需要费尽心思赋予它什么特点，这种多样性不仅是指生物学意义上的多样性，也指文化多样性，这种多样性能帮助人们将理想变为现实……尽管这种多样性是其他景观环境所不齿的。”图 6–34 表示了持续变动的城市发展导致空间趋于网格状与膜 / 泡的形态，图 6–35 城市化的郊区趋于

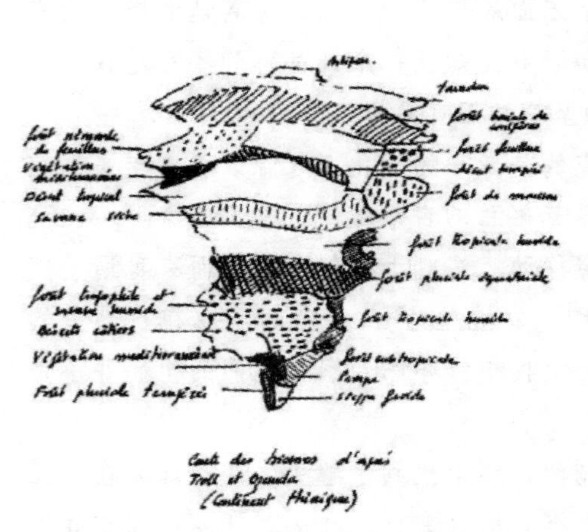

图 6–33　吉尔·克莱芒的“第三景观”

① ［美］唐纳德·特朗普、梅瑞迪丝·麦基沃：《永不放弃——特朗普自述》，蒋旭峰、刘佳译，上海译文出版社 2016 年版，第 41—43 页。

② 参见［澳］马丁·科伊尔编《低能耗城市景观》，潘潇潇、贺艳飞译，广西师范大学出版社 2017 年版，第 200—201 页。

一种封闭的网络，远离主要城市的网络仍然开放，随着网格不断闭合而形成“岛”（图 6–36），其生物连续性降低，多样性按比例减少。但网格结构中的任何“破损”都可以被看作一个生态重塑的机会——自然“空泡”之间生物走廊线的连接交换。克莱芒亦认为：“第三景观的呈现取决于土地边界设置的具体情况。因此，以下的边界区域的操作不容忽视：森林边缘 / 农业或城市；边界的丛林 / 农业或城市；灌木 / 农业或城市边界；沙漠 / 农业或城市边界；旧城区 / 农业或城市边缘。”[①]（图 6–37）

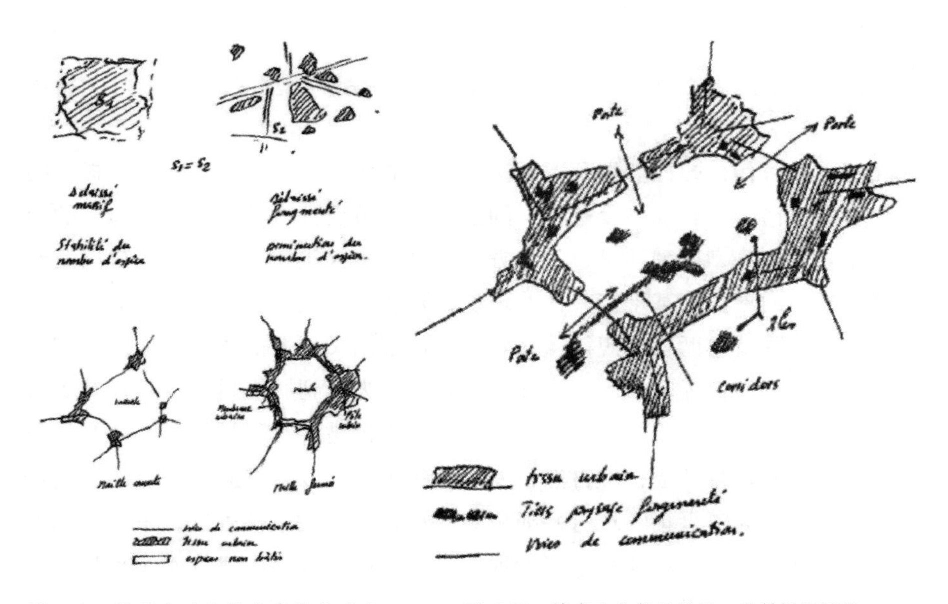

图 6–34　持续变动的城市发展导致空间趋于网格状与膜 / 泡的形态

图 6–35　城市化的郊区趋于一种封闭的网络

哈维尔 · 莫萨斯进一步指出：“第三景观”就是那些不被注意的土地，它会兀自出现在建筑旁、道路边、农田间的田埂上，被风或者动物带来的种子在这里生根发芽，这样的多样性在不受打扰的环境中滋生，而且，“很重要的一点是，人不需要做什么。在那些自然环境仍然存在的地方，只有当自然可以将自己的需求公之于众的时候，行动才有意义。对于吉尔 · 克莱芒而言，存在的问题就是，在那些城市忽略的地方，如何才能保持自然的本性呢？在

① Gilles Clément，“Manifeste du Tiers Paysage”，http：//www.gillesclement.com/fichiers/_tierspaypublications_92045_manifeste_du_tiers_paysage.pdf，2017 年 11 月 18 日。

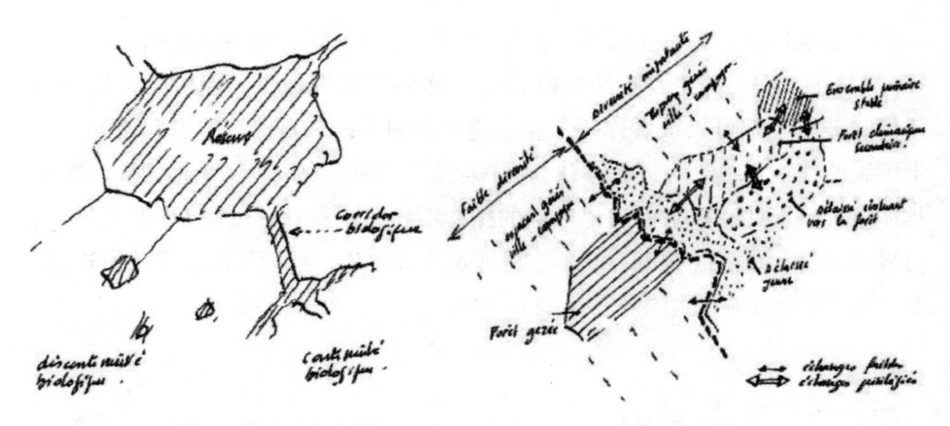

图 6–36　网格不断闭合形成“岛”　　　　图 6–37　边界区域的操作

欧洲相同的时代，即社会福利不断增长、对弱势群体的保护程度不断提升的时代，景观也关注着那些没有特点的地方、未被设计过的地块、被遗忘的角落以及未曾被重型机械涉足过的地方。在这些被人类遗忘的地方，自然反倒实现了自由的滋长。基于克莱芒的理论，要在景观建筑设计上采用对环境友好的方式，既要遵循自然规律，又要实现稳定而又均衡的体系。他的原则具有极高的标准性：提升水、土壤和空气质量；为达到所需目的要尽量减少野蛮的工作方式和机械干预；自然生长的非本土植被种类不被选用；将时间花在观察上，而非行动上；使自然自如地自我表达，以自然而又随意的方式控制设计过程。为了真正实现这些战略想法，要摒弃约束性因素，采用新的方式来重新面对直到现在还被遗忘的那些空间。这些战略的实施对于现代公共空间也具有一定的影响。”[①] 吉尔·克莱芒在《第三景观的呈现》中亦清醒地说：“第三景观所面临的挑战与生物多样性所面临的一样艰巨，因为第三景观中存储着这个星球的所有原始配置，代表着生物世界的未来。”[②]

另外，“低维护技术”设计原理在经历了退化和破坏的城市废弃空间中也是极具应用价值的——也就是吉尔·克莱芒所说的“第三景观”，艾伦·伯格（Alan Berger）在《废弃景观》（*Drosscape*）中即对“废弃景观”进行了内涵界定：“在当代水平扩张的城市中，景观不再是被塑造的一处场所，也不再

① ［西］奥罗拉·费尔南德斯·佩尔、哈维尔·莫萨斯：《设计兵法——公共空间设计战略与战术》，李美荣译，江苏科学技术出版社2014年版，第11页。

② Alan Berger, *Drosscape: Wasting Land in Urban America*, New York: Princeton Architectural Press, 2007.

是被凝固的媒介。它是破碎化了的，是无序分散的，已经丧失了整体性、客观性以及公共意识——而成为隐姓埋名的土地（Trrra incognita）……废弃景观（Drosscape）一词，暗含着‘无用之物’或‘废物’，或者在人们新的意图下需要被重新打磨和包装等意思。此外，废弃物（Dross）和景观（Scape）两个概念各有其特性。我这里所指的废弃物，实际上已经与勒鲁普首创该词时的含义相去甚远。该词暗示了它的词源，即与‘废弃的’（Waste）和‘大量的’（Vast）两个词都有渊源，而这两个词常被用来描述当代的水平向城市化的本质，并且与‘空虚的’（Vanity）、‘无价值的’（Vain）以及‘空白的’（Vacant）等词联系紧密。它们都通过空置的态势和形式，表明了与‘废弃’之间的关联。”而且，伯格也勾勒描绘了“废弃景观的前景”：“废弃景观的产生，取决于其他类型的开发在实现自身生存过程中所遗弃的景观。从这一点来讲，废弃景观可以被描述为一种在城市表面的缝隙间所形成的残留景观（Interstitial landscape remains）。设计师的工作往往是以一种自下而上的方式进行。他们在现场踏勘中通过收集相关数据，描述大范围的发展趋势及表现，从而对废弃景观进行判断。一旦废弃物被鉴别出来，设计师就会提出策略，创造性地把它们整合到设计过程中。”①

（二）“适应性”

“适应性”（Adaptation）这一生态学术语即指通过生物的遗传组成赋予某种生物的生存潜力，它决定此物种在自然选择压力下的性能。适应性这样一个特点不仅是指一个当前的状态，同时也指一个进程，在这个过程中机体对于变化的条件有自身的反应以达到平衡。景观生态学设计大师麦克哈格在其回忆录《生命·求索——麦克哈格自传》的第七章“环境运动的10年”中即提出了“解决方法：生态模型”：“一个健康的环境被描述成是一种本来就可以为任何系统或生物体提供最大的需求的东西。因此，成功的适应即一个生物体比所有其他竞争者都更省力。这种适应即是最小工作量、最大成功的解决方案。故在任何环境中，总会有一种生物体其需求由环境所提供、其进行适应所需付出的努力比其他竞争者都要小。这种对适应性的追求想必是适用于细胞、组织、器官、生物体、生态系统，当然还有所有类型的人类的机构……相应于人类的适应活动就是生态规划，即把环境按科学分解开来。每

---

① ［美］艾伦·伯格：《废弃景观》，载［美］查尔斯·瓦尔德海姆编《景观都市主义》，刘海龙、刘东云、孙璐译，中国建筑工业出版社2011年版，第190—191页。

一层的每一个构成因素都可以被解读为对某些特定的使用或使用者有利、中性或有害。那些所有或大部分有利因素存在的地方和没有或很少有害因素存在的地方，就被认为是最为健康的环境。换言之，那些具有最多合意的因素、没有不良因素的地点即构成了所选定的区域。在适应性上，它比其他任何方所花的功夫都要少。但除了选出最佳地点或生态系统之外，还要有更多的适应性工作要做。如果没有别的要改变的原因，还有必要对环境本身进行变通使其变得适应性更强，对其使用者亦然。”[①] 美国景观和城市规划学者福斯特·恩杜比斯（Forster Ndubisi）则非常突出“尺度”（Scale）在景观生态设计与研究中的重要性：“因为生态过程控制因素的重要性会随着空间尺度而改变。由于景观是由异质空间元素组成，其结构、功能与变化都由尺度决定。例如，在某一空间尺度下稳定的景观，在另一尺度下就不再稳定了。空间尺度还拥有时间维度（Temporal dimension）。通常，多数短期变化发生在小区域内，而长期变化则发生在更大的区域内……在景观尺度下，应该考虑生态系统的哪些特征？福尔曼与戈登提出三个特征：结构（Structure）、功能（Function）与变化（Change）。结构是指景观镶嵌体的异质组成元素的空间关系。景观功能指的是空间元素之间的相互作用，即组成元素间的能量、物质、物种流动。变化是一定时间内生态镶嵌体的结构与功能的改变。改变可能是由自然干扰、人为影响或两者共同引起的。”[②]

联合国人居署（UN-Habitat）提出了“全系统思维”城市规划新思想：“‘全系统思维’的设计方法势必带来‘积极考虑各系统之间的相互联系，并寻求同时解决多个问题的方案的一个过程’。对基础设施系统而言，这涉及把水、能源、废物和食物系统之间的交叉点视为契机，以实现对人类与环境的多重效益。全系统思维建立在这样一个认识基础上，即人类及其建成环境都依赖于运行的自然生态系统以获取水、食品和能源，破坏自然生态系统会对城市的存活力造成严重的负面影响。现今的城市形态、基础设施系统以及塑造它们的相关政策法规，存在着陷于受产业发展模式所绑定的特定思维方式的风险。其特点是无节制地开发利用可再生能源和不可再生资源——尤其是对化石燃料能源的严重依赖——它无视地球的限制，在本质上是不可持续

① ［英］伊恩·L·麦克哈格：《生命·求索——麦克哈格自传》，马劲武译，中国建筑工业出版社2016年版，第247—248页。

② ［美］福斯特·恩杜比斯：《生态规划历史比较与分析》，陈蔚镇、王云才译，中国建筑工业出版社2013年版，第163页。

的。"[①] 而加拿大景观生态与区域规划学者尼娜 - 玛利亚·李斯特（Nina-Marie Lister）亦给出了"如今生态已经成为表现当代景观的核心语言"这一鲜明论断，并提出了"关于生态都市主义的适应性设计"这一关键议题："需强调指出，现代景观项目中的战略内容跨越了一系列的干预因素，从整治、再利用和恢复到改造和重塑，这可以是一个关于适应性设计中逐步复杂的概念。适应性设计是我提出的一种形式。它是在 G.S. 霍林（G.S.Holling）的研究工作基础上演化而来的，这项工作涉及综合性的、全面性的、学习型的近似于人类与生态相互作用间的管理，通过这种明确的内在作用应用在规划干预及形成的设计形式之中。这些干预和它们这种形式必须不仅适合突然发生的、间断性的环境改变，而且对其有回弹作用。这里环境改变是一种正常的情况，但又不是确定无疑地可以被预测或者说可以被完全掌控的。长久的可持续性及良好的景观系统需要有自我恢复的能力——能够从外界干扰中恢复，适应各种改变，并且保持自身处于这种良好的景观系统状态上——因此，正常来看这是为了适应环境的改变，实际则常常局限于可预测的能力以及一些突发状况上。适应性的设计（或者说是恰当的、适合的生态设计）利用了现代的生态科学，它是对饱受资源竞争需求及土地使用需要的城市化景观的一种处理方式。适应性景观，从定义上讲，就是可持续的设计：人类的长期生存及其他物种需要恢复力这项基础能力，但是恢复力同时会因持续性而可能不仅仅受限于'存活'的生态环境中。"[②]

查尔斯·安德森（Charles Anderson）基于适应生态平衡的自然取向形态设计亦深刻指出："这个世纪对于景观的看法将会产生模式转移。城市景观越来越重视废物的处理和二氧化碳的排放。草坪受场地和草皮限制，而其他景观元素，如草原和园艺种植所受到的影响则较小。在景观设计中，艺术表现至关重要。最美的景观设计应该是鸟类、昆虫、兔子等小动物的栖息地，重塑我们与生物圈的联系。罗伯特·史密斯所设计的螺旋防波堤便是艺术与自然的完美结合。它是 21 世纪景观设计的典范：用最少的不可再生资源实现积极的重建。"[③] 迈克尔·雅各布（Michael Jakob）在

① 联合国人居署编著：《致力于绿色经济的城市模式：城市基础设施优化》，刘冰、周玉斌译，同济大学出版社 2013 年版，第 21 页。

② ［美］莫森·莫斯塔法维、加雷斯·多尔蒂编著：《生态都市主义》，俞孔坚等译，江苏科学技术出版社 2014 年版，第 536—539 页。

③ ［美］查尔斯·安德森景观建筑事务所、朱莉·戴克编：《生态景观之旅》，常文心译，辽宁科学技术出版社 2011 年版，第 21 页。

《发现景观及景观设计学在瑞士的崛起》(*The discovery of landscape and the rise of landscape architecture in switzerland*)一文的最后部分亦论及瑞士景观设计中时间及空间维度的“适应性”问题:“瑞士景观设计是自然的,但并不是先天生态的。自然作为一系列影像和一般概念而存在,瑞士作为‘自然花园’的这种观念,以及对自然的永久性构建和重建代表着在瑞士工作和塑造景观的每个人的共同点和出发点。瑞士景观设计的生态性并不是简单地通过利用一些抽象的概念表现出来,如可持续性,而是把每个项目都与大自然的全球理念联系在一起,具体地说,就是与自然的时间性和变化性特质联系在一起。在过去50年间所完成的许多重要项目都把复杂的时间层和过程考虑在内。这样做,这些项目不是为了标榜‘天然’,也没刻意地使用生态这一称号,它们更多地表现为未来生态学的象征,或者换句话说,它们是生命活生生的比喻。”①

二、景观生态规划设计作品与形式解读

(一)“自然的新秩序”

“当城市的发展或内部改造步伐减缓时,空白用地将面临这样一种机遇:用公共活动空间来暂时性地占用这些空间。这些空间较短的生命周期使得我们可以在空间外观上开展某项试验,同时使可逆性建筑解决方案与非常有限的预算相适应。”②“在过去的100年里,人们相信人们会住在建筑物所在的地方。然而,位置是决定一个区域吸引力更为重要的组成部分。因此,城市发展应该首先通过引入绿色的适应性价值来创造一个吸引人的场所——而不是建造房屋。自然的新秩序代表了一种全新的城市发展技术。它摒弃了以前建筑和基础设施被赋予的有限权,取而代之的是通过引入当代的弹性框架(resilient framework)在临时景观中优先考虑绿色的适应性价值,并能从一开始就对人们产生足够的吸引力。同时,根据使用者的具体需求,自然可以被移动、缩放和配置成不同的功能,因此,即使在建筑物设计之前,城市空间

① [瑞士]迈克尔·雅各布主编:《景观设计中的瑞士印迹》,翟俊译,江苏凤凰科学技术出版社2015年版,第30页。

② [西]奥罗拉·费尔南德斯·佩尔、哈维尔·莫萨斯:《设计兵法——公共空间设计战略与战术》,李美荣译,江苏科学技术出版社2014年版,第26页。

也变得更富有价值。”[①]2009—2010 年由 SLA 设计的丹麦腓特烈西亚 C 临时公园（*Fredericia C-Temporary Park*）（图 6-38），旨在“临时景观及其后续造景策略与实现”与“拼接式的临时性活动空间”设计，在这处达 14 公顷的原工业棕色地带上打造一座低成本的临时公园。该公园依据历史地图原有的城市肌理进行布局，“将过去转变成为设计发生器”——该项目的正式化外观源自于对该地区历史地图的仔细解读，该地图展示这个地区内第一座城市初建时的整体格局。该公园在城市荒地上重建了城市空间的景观，具有多功能用途的框架结构由使用者进行定义，该项目最终呈现出了后工业时代有“参与性”的空间特征，既有自由度，又暗含着很多机遇，且一直以来，此地块均被丰富多彩的功能区所占据，这就使得在其中开展与健康、健身相关的各种活动成为可能——使用者可以选择在公园中开展各项活动，且在不断变化的过程中，人们亦可以依据活动的参与度来对活动类型进行一些改变。[②]（图 6-39）

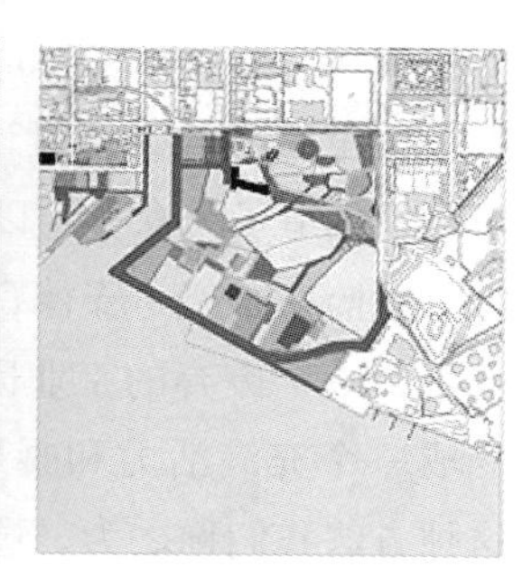

图 6-38　丹麦腓特烈西亚 C 临时公园场地分析

该景观项目在城市发展中充分利用“自然的过程”（Nature’s Processes），创造了自然的气候适应、公民参与、经济增值，甚至在第一块场地动工之前即在新区域建构了清晰的地方性、历史性特征。[③]而且，该项目将自然植被融入一种设计的“偶然性”——该项目并没有设计植被规划，所有的植物均是自然生长的；设计师也没有特别设计排水系统，只是在几个不同的地方

① SLA，“New order of nature - Fredericia C”，http：//www.sla.dk/en/projects/fredericia-c/，2018 年 3 月 12 日。

② SLA，“Strategy Space”，*a+t*，2011（37）.

③ Stig L. Andersson，“Fredericia C-Temporary park”，http：//www.landezine.com/index.php/2013/11/fredericia-c-temporary-park-by-sla/，2018 年 3 月 12 日。

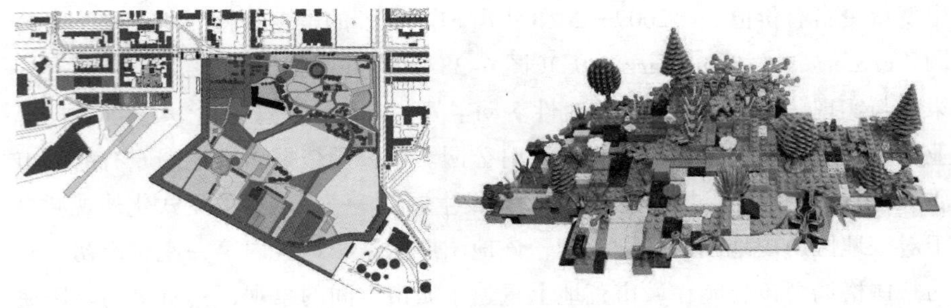

图 6-39　丹麦腓特烈西亚 C 临时公园设计总平面图与景观变动模型

设置蓄水池。在空间恢复层面，采用了“重叠元素”的概念，原有的地形并未改变，设计师将铺地直接设置在崎岖不平的地面上，沙地、泥土、混凝土板材、柏油和草地在地块上不同的空间区域相互并列、大小不一，如同“积木拼装般”移动式的混凝土板材、硬木板材和框架结构等景观设施便于拆除，可以轻松随意搬运到其他的地方。[①] 腓特烈西亚 C 临时公园就是一个“不断变化的景观”(an Ever-changing Landscape)。“自然净化污染”[②] 涉及一个全新的思考城市发展的景观设计方式，该项目将诗意的临时景观转变为永久景观的策略，创造了公众参与以及一个全新城市的社会、经济和气候可持续性。SLA 创意总监斯蒂格 · 安德森（ Stig L. Andersson ）说：“该项目展示了随着时间的推移，一个废弃的工业区如何在长期的城市发展中融入不断变化的自然而转变成一个充满活力和凝聚力的城市，并从一开始即为市民创造真正的价值。这种方法我们称之为‘过程城市主义’(Process urbanism)。通常人们认为，智慧城市概念为主要技术的解决方案，但在这里，我们展示了如何使用自然，不仅可以创建智慧城市（ Smarter cities ），而且是更好的城市（ Better cities ）。”[③]

因此，腓特烈西亚 C 临时公园亦是一个在自然恢复与城市建构间“适应性”特质极为显著的景观系统，南希 · 罗特（ Nancy Rattle ）与肯 · 尤科姆（ Ken Yocom ）在《生态景观设计》(*Basics landscape architecture: ecological*

---

① 参见［西］奥罗拉 · 费尔南德斯 · 佩尔、哈维尔 · 莫萨斯《设计兵法 —— 公共空间设计战略与战术》，李美荣译，江苏科学技术出版社2014年版，第63页。

② 在整个20世纪的腓特烈西亚港是以重工业为主。2004年，该港口最著名的化工厂之一的凯米拉（ Kemira Grow-How ）结束了运营，其场地现场变成了城市中的一个巨大的空白。Realdania 慈善基金会和腓特烈西亚市合资成立了 FredericiaC P/S 这一机构，旨在改造受污染的港口地区转变为一个全新的、充满吸引力的城市空间体。

③ AEDT，“FredericiaC | Fredericia Denmark | SLA”，https ://worldlandscapearchitect.com/fredericiac-fredericia-denmark-sla/#.Wg6VrLEYyRc，2018年3月12日。

design）中即指出："适应性设计估测未来可能出现的干扰因素如洪水、气候变化和人类对场地使用功能的改变，并促使被设计的场所在维持核心生态功能的同时能够应对变化。适应性设计遵循系统中的尺度层级。规划和设计的介入旨在改善整个生态系统的品质并支持生态系统所具有的避免基本系统超负荷和受到灾难性变动的功能……另一个将适应性规划融入城市环境的手段是多种交通系统的组织：汽车、公共交通、自行车和步行。尽管系统比较繁杂，但它对变动还是具有自由度的，并且当一个系统功能不能实现时，一个或更多系统可以满足使用者的需求。"[①]（图 6–40）

图 6–40　不断变化的景观

① ［美］南希 · 罗特、肯 · 尤科姆：《生态景观设计》，樊璐译，大连理工大学出版社 2014 年版，第 76 页。

（二）“过滤花园”

“可持续性设计是一门设计哲学，它用最小限度的能量消耗来寻求最大限度的舒适居住环境，并要排除那些对自然环境产生影响的消极因素。”[①] 夏绮林（Thierry Jacquet）[②] 以“新生态景观主义（Towards a New Eco-Landscaping）在自然资源修复中的应用”为议题，力图通过“过滤花园”使人类活动和自然资源之间的冲突达成和解，使自然资源得到修复与再生。“过滤花园”遵循“低维护技术”生态设计原理（低廉的投资运行和管理费用），是一种基于植物修复原则之上的污染处理技术，通过选择多样化的植物和滤料的搭配，对受到污染的水、土壤和空气进行净化。具体而言，即通过创建具有过滤作用的水生园林及半水生园林来净化污水、污染土壤及空气，体现了以自然资源修复和倍增为特征的新生态景观主义，城市与大自然也通过植物得以实现真正的平衡。而且，夏绮林所倡导的“过滤花园”景观艺术形式操作策略，不管是其景观艺术形式，还是其中应用的生物科技，都代表了一种全新的探索。

而且，夏绮林总结了“过滤花园”的五大生态技术原则：①施行的每一个解决方案都必须在处理结果上进行科学的测量、量化及评估。②每一个项目都必须是融入环境的景观创作，具有美观效果。③每一座过滤花园都必须成为动植物生物多样性的保护地，绝不能仅使用诸如芦苇的单一植物，在法国本土之外实现的不少项目就遇到过芦苇不存在或被禁止使用的情况，更说明这一原则的明智性。④施工材料必须根据当地的具体情况而有所调整。比如说有些地区没有黄沙或碎石，我们就用碎砖或碎水泥块、炉渣、椰子壳等替代，这一原则在实践中被证明十分具有必要性。⑤每一个项目都必须在初期就制订管理及维护计划，我们的目的不是重建一个自然区域，然后就放任自流，这些项目就像所有的园林那样，需要每年接受维护。[③]

作为“过滤花园”典型性作品之一的法国南泰尔（Nanterre）的岛屿

---

① ［英］格雷姆·布鲁克、莎莉·斯通：《建筑文脉与环境》，黄中浩、高好、王晶译，大连理工大学出版社2010年版，第125页。

② 夏绮林是法国滤园环境科技公司的创始人，也是过滤花园技术和污泥生态农场（新型的污泥堆肥中心）的发明人，在城市规划、环境保护及生物多样性领域研究及应用方面颇有建树，是欧洲知名的自然保护区、湿地和生物多样性专家。

③ 参见法国亦西文化编《新生态景观主义：法国滤园环境科技设计作品专辑：phytorestore thierry jacquet》，徐颖译，辽宁科学技术出版社2014年版，第7—11页。

小径公园（*Le parc du chemin de l'Île*）基址在2006年6月以前是面积达14公顷的巨大城市荒地，由“多变景观和城市规划”（Mutabilis Paysage et Urbanisme）等进行景观建筑的总体规划设计。（图6–41）“该公园坐落于塞纳河的上方，它利用河水作为公园的主要特色。通过使用‘阿基米德螺杆’（Archimedean screw）将水输送至公园，然后重力接管。水体是裸露的（各种水池、喷泉和溪流），而且用于灌溉，还通过一系列过滤花园（Purifying gardens）在输入点后立即进行过滤。公园中水体的输送与流动成为环境多样性和体验丰富性的最重要的工具。”[①]（图6–42）另外，现场留存的大量废弃材料，如用于封闭盆地的黏土、用于地基的混凝土板和水泥碎块等建筑废料以及玻璃、铁皮、铁路工字梁等都被重新利用，构成了一个新型的“变废为宝”的自然公共区域。

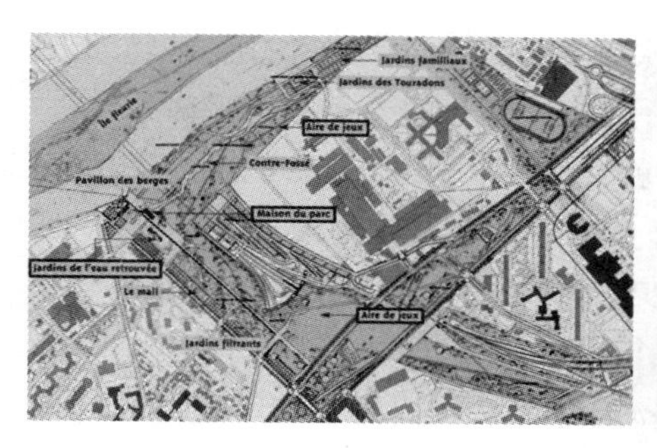

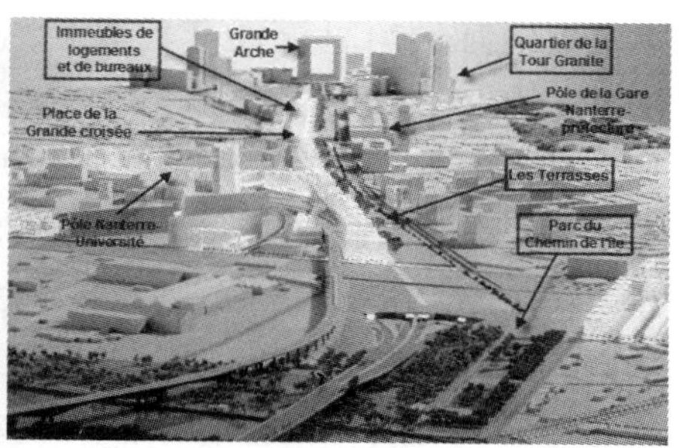

图6–41　法国岛屿小径公园规划图与鸟瞰效果图

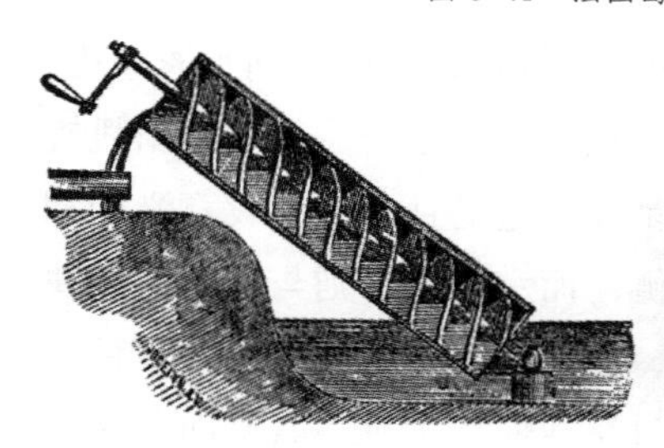

阿基米德螺杆

荷兰Kinderdijk的现代阿基米德螺杆

瑞典Vxj景观中的阿基米德螺杆

图6–42　阿基米德螺杆原理与景观设计应用

① Mutabilis Landscape Architecture，“Le Parc du Chemin de l'Ile”，http：//www.landezine.com/index.php/2015/10/le-parc-du-chemin-de-lile-by-mutabilis/，2018年3月12日。

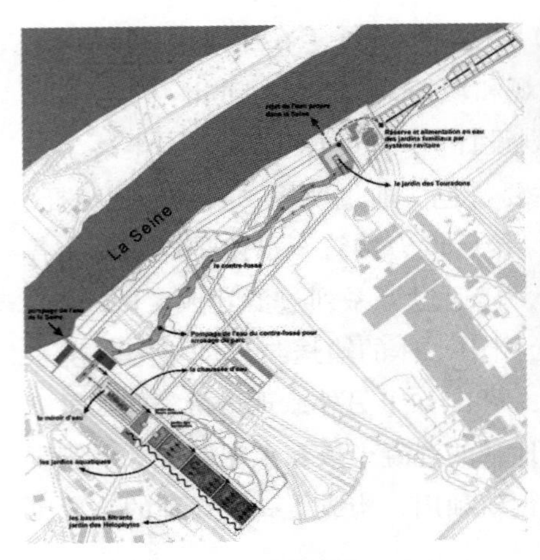

图 6–43　公园水体系统结构

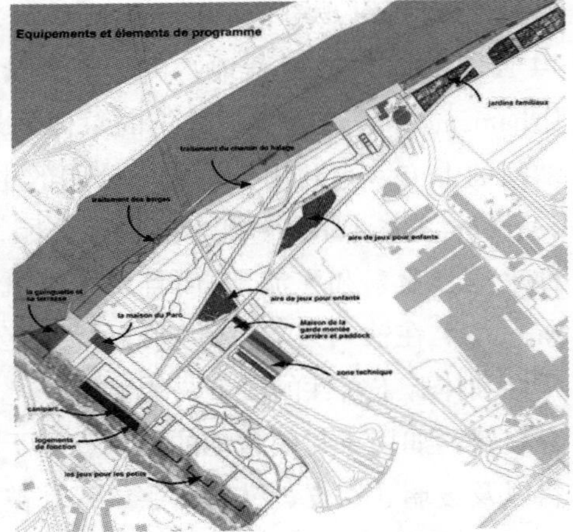

图 6–44　公园植物系统结构

塞纳河在 20 世纪 90 年代遭遇数次鱼类死亡的生态危机之后，巴黎市郊的“岛屿小径公园”的过滤花园开始行使起它修复塞纳河生态平衡的使命。原先只要一下大雨，这一段塞纳河中就会涌入平均每日 7800 立方米的受污染水体，让河水中的含氧量大幅下降，威胁局部的河流健康。公园位于“杜乐丽—拉德芳斯新凯旋门”的巴黎历史中轴线上，因此必须在保障生态功能的同时具有美观效果。方案设计了七个占地共 1.5 公顷的过滤池，可以全天候处理 25 万立方米的塞纳河水。这些河水被蓄积在面积 1.8 万平方米、深度 1.4 米的水渠中，然而从技术层面而言，净化这一段的塞纳河河水并不需要这么大面积的过滤花园。（图 6–43）尽管公园的生态景观设计要受到水质净化、水利及植物选择上的功能限制，然而造景的重点仍然在于与拉德芳斯新凯旋门及塞纳河的呼应上，每一组植物的选择也都与基地的社会和文化意义相和谐。高大的植物被放置在“新凯旋门”那一侧，而水生植物则与塞纳河相映照。水生植物的种植考虑到水质净化的目标，因此在第一级过滤池中栽种了抗性最强的品种，如再力花和芦苇。第二级过滤池使用了更多具有净化功能的品种，如蔗草、灯芯草、千屈菜等。最后一级过滤池使用对水质要求较高的植物，如荷花、睡莲等。设计师希望这些净化水质的植物同样具有显著的美观效果。塞纳河原先的水泥和钢板桩护岸都被自然化的生态整治所替代，从而为蛙类和鱼类提供了栖息地。自然化整治包括石笼及水生植物的设置，

有效保护河岸以抵御过往船只的水浪冲击。[①]（图 6–44、图 6–45）

图 6–45　水生植物花园的岛与游径

（三）“矿区废弃地”

德国佛莱贝格工业大学（Freiberg University of Mining and Technology）的简·克莱门斯·邦盖特斯（Jan Clemens J.Bongaerts）教授以《矿区、废弃地到新生的土地——德国矿区关闭后的修复》（*Mineland Wasteland Newland–Rehabilitation after mine closure in Germany*）为主旨的专题讲座中以“再生”（Recultivation）为关键词，从五个层面探索了他在矿区废弃地进行生态修复的技术操作路径——①采矿（Mining）、②再生的法律框架（Legal Framework for Recultivation）、③再生的规划始于采矿规划（Planning for Recultivation Begins with Planning for Mining）、④再生的实践（Practice of Recultivation）、⑤矿区关闭后的使用（Post–closure Uses），同时，明确了三项法律义务，即防止环境和健康危害、采矿土地的回收和再利用、水资源的再利用。

而且，他在矿区关闭规划（Mine Closure Plan）中强调了土地利用规划（Land use Planning）、生态与土壤保护（Ecology and Soil Protection）、水资源恢复（Water Resources Restauration）、再生期间和之后的健康和安全（Health and Safety During and After Recultivation）四个主要关键问题，并指出了“从

① 参见法国亦西文化编《新生态景观主义：法国滤园环境科技设计作品专辑：phytorestore thierry jacquet》，徐颖译，辽宁科学技术出版社2014年版，第14—15页。

废弃地到新生的土地"（Mineland è Newland）的规划要点——地面和地下水管理（Surface and Groundwater Management）、防洪（Flood Protection）、土壤修复（Soil Rehabilitation）、尘埃控制（Dust Control）、渔业（Fisheries）、农业（农作物和牛）（Agriculture：Crops and Cattle）、林业（Forestry）、自然区域（Nature Areas）、娱乐（Recreation）、交通基础设施（Transport Infrastructures）。图 6–46 为一个矿区生态恢复设计的图纸《再生——1965 年对 2010 年的展望》（*Recultivationé vision of 1965 for 2010*），图 6–47 为露天采矿（Open Cast Mining）的实景。图 6–48 为 2007 年哈姆巴赫矿区再生（Hambach mine Recultivation）的实景，原为高出地面 200 米的垃圾山，1978 年至 1991 年间搬运了 1.1 亿立方米的土方并种植了 1000 万棵树，现在已成为"森林山哈姆巴赫"（*Forest Hill Hambach*）。图 6–49 为贝尔伦拉特地区 / 莱茵兰的景观（*Landscape in Berrenrath Area / Rhineland*），图 6–50 为尾矿葡萄酒园（*Tailings Wine Garden*），图 6–51 为"莱茵河畔"矿坑（*Mine dump Rheinpreussen*）。

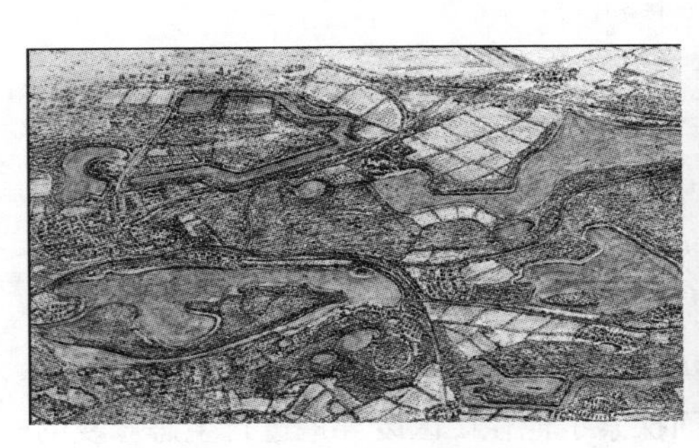

图 6–46 "再生"远景规划

图 6–47 露天采矿

图 6–48 "森林山哈姆巴赫"

图 6–49　莱茵兰的景观

图 6–50　尾矿葡萄酒园

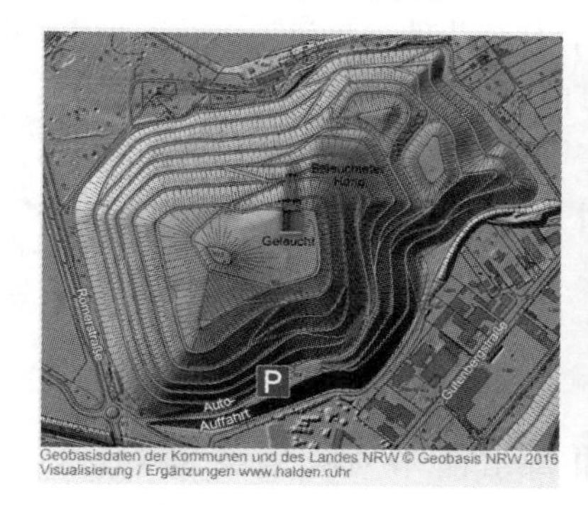

图 6–51　“莱茵河畔”矿坑

第三节　景观社会学理论的案例解析

一、社会学在景观规划设计中的介入与建构

（一）EcoSTEPSM 工具的引入

W・塞西尔・斯图尔德（W. Cecil Steward）和莎伦・B. 库斯卡（Sharon B.Kuska）在《可持续性计量法——以实现可持续发展为目标的设计、规划和公共管理》(*Sustainometricssm: measuring sustainability*）中清晰地界定了“可持续的城市和社区的五个领域的特征”(图 6–52)：

・环境（自然的以及人造的）

· 社会文化（历史、条件及情境）

· 技术（适当的、可持续的）

· 经济（在可持续环境中的产品、生产和服务，以及用于支持生产、交易、运营和维持的财政资源）

· 公共政策（政府，或者公共的规定和章程）①

斯图尔德和库斯卡从五个向度进一步提出了“可持续发展评价指标体系和EcoSTEPSM工具”，而可持续性计量法旨在实现设计、规划及公共管理中的可持续发展，即意味着每个指标从各个方向都必须是可持续的：“从环境保护的角度，从社会文化、人类生活质量角度，从适当的、可再生的技术角度，从经济货币和增值措施角度，从能够促进自由、革新和创造力的良好的政府以及公平的政策和监管环境等角度。当这些评价指标在既定的时间内得到满足，达到相互依存和相对平衡的关系状态时，就会实现良好的可持续发展的状态。”②

（二）瑞典城市景观规划的社会视角

米凯尔·尼尔松（Micael Nilsson）和乌尔丽卡·哈格莱德（Ulrika Hägred）在《社会可持续性城市发展》中提出了“社会可持续性城市发展的常见主题”：

· 整体视角：将地区更新视为城市整体发展的一部分，同时将物质空间措施和社会政策相结合

· 多样性：在功能、居住类型和设计方案方面更加多样化

· 关联性：将城市的各个部分联系起来

· 识别性：使邻里单元具有更好的可识别性，赋予其更清晰、更积极的公众形象

· 影响与合作：确保所有的地区更新都基于区内居民的实际诉求，

① ［美］W·塞西尔·斯图尔德、莎伦·B·库斯卡：《可持续性计量法——以实现可持续发展为目标的设计、规划和公共管理》，刘博译，中国建筑工业出版社2014年版，第26页。

② ［美］W·塞西尔·斯图尔德、莎伦·B·库斯卡：《可持续性计量法——以实现可持续发展为目标的设计、规划和公共管理》，刘博译，中国建筑工业出版社2014年版，第45页。

并在与利益相关方的共同引导下开展[①]

奥萨·达林（Åsa Dahlin）在《城市的可持续性和文化多样性》中强调了规划发展中文化价值的重要性。“因为它为规划提供了一个多层面、动态化的舞台和一个色彩斑斓的调色盘。通过妥善处理物质的和非物质的文化价值，最终制订的行动计划体现了对文化的高度重视，有利于加强城市的文化多样性，并减少不平等现象。至于怎样处理实际的规划情况和参与过程，以及如何在尊重文化的立场下进行决策，则仍需要持续的国际合作和深入的研究……在瑞典，迅猛的城市化进程是一个强大的推动力，但也在不同区域间、城市和农村地区间造成了不必要的隔阂和不平等，须要以新的方式来妥善应对。在这一方面，文化的决定性作用毋庸置疑，历史景观的视角也必不可少。”达林亦以“拉普兰（Lapland）矿区的景观”为典型案例，深刻指出了文化维度被认为是城市可持续性的“第四根支柱”，对文化遗产的尊重在城市发展中扮演了重要角色，促使人们同时考虑物质和非物质价值。而且，联合国教科文组织对城市历史景观的推荐亦表明，知识和规划工具应该在保护城市遗产属性的完整性和原真性方面发挥作用，同时也应该虑及文化影响和多样化的重要性，通过对变化的监控及管理提高生活水平和城市空间的质量。

托尔比约恩·安德松（Thorbjörn Andersson）在《公共空间：都市生活的复兴》中描述了瑞典的公共空间建设在走了几十年的下坡路后，已悄然开始了某种复兴：“自 20 世纪 80 年代以来，瑞典的公共空间严重衰败，公园与广场多半被流浪汉与瘾君子等社会边缘人群所占据。公共空间被人们视为畏途，人迹罕至。结果，公园逐渐沦落为缺乏恰当使用的弃置地或有待更好开发利用的空间。而如今，瑞典城市与乡镇中的公园和广场到处充满熙熙攘攘的人群与丰富多彩的活动内容。斯德哥尔摩公园再度成为儿童、家庭、老人以及青少年玩耍与社交的天堂，他们在这里或野餐，或踢球，或枕草而憩。人们在广场上晤面，夜间还可以享受各种活动。”安德松亦以斯德哥尔摩的霍恩斯伯格码头公园（*Hornsberg Quayside Park*）与马尔默西港区的丹尼亚公园（*Dania Park*）为例，阐释了“随着新城市文化日益受到关注，公共空间再次回到社会的聚光灯下，并成为当代城市品牌的主导元素之一”这一公共空间重构的核心观点。

---

① 参见［瑞典］马茨·约翰·伦德斯特伦、夏洛塔·弗雷德里克松·雅各布·维策尔《可持续的智慧——瑞典城市规划与发展之路》，王东宇、马琦伟、刘溪、尹莹译，江苏凤凰科学技术出版社2016年版，第115页。

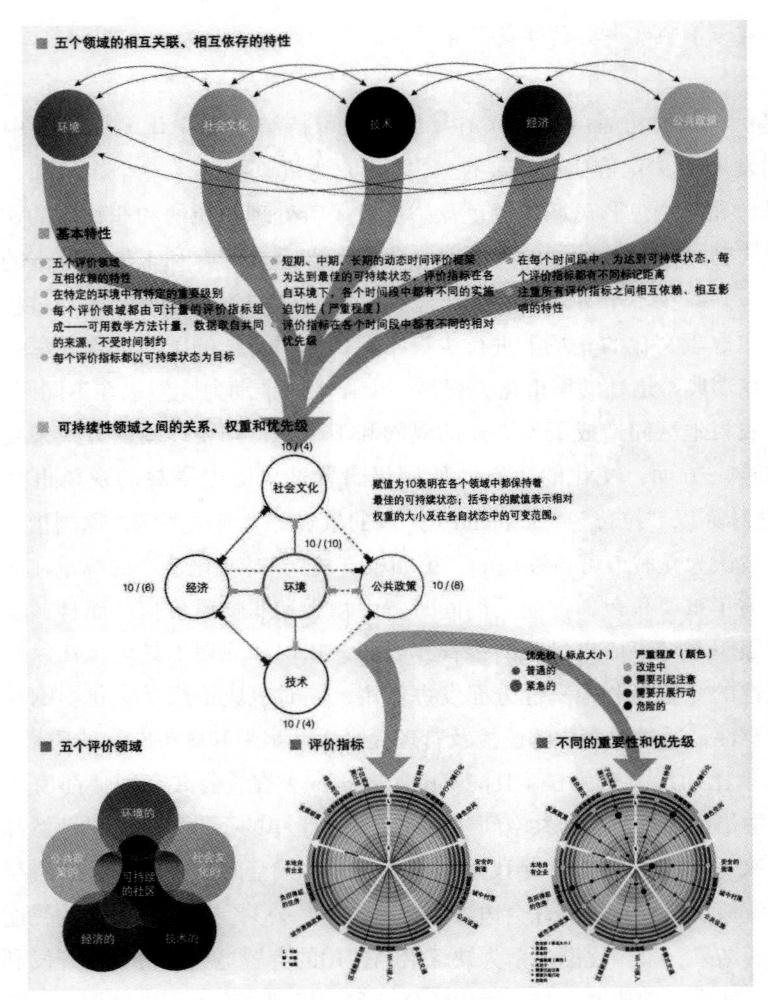

图 6–52　可持续性计量法 SM，可持续性的五个领域原则，以及 EcoSTEPSM 工具均为斯图尔德和库斯卡所创建[①]

（三）景观介入社会城市建构

“一项现实的城市规划绝不仅仅是一个人工物，它往往既是设计的产物又是自然的结果。”[②] 阿西姆·伊纳姆（Aseem Inam）在《城市转型设计》

① 参见［美］W· 塞西尔· 斯图尔德、莎伦 · B · 库斯卡《可持续性计量法 —— 以实现可持续发展为目标的设计、规划和公共管理》，刘博译，中国建筑工业出版社 2014 年版，第 127 页。

② ［美］R.E. 帕克 、E.N. 伯吉斯 、R.D. 麦肯齐 :《城市社会学 —— 芝加哥学派城市研究》，宋俊岭 、郑也夫译，商务印书馆 2012 年版，第 105 页 。

（*Designing urban transformation*）中基于社会学理论提出了“城市—设计—建造过程总是在适应变化的环境与各种新发现”的基本方法，将城市主义（Urbanism）定义为持续的城市—设计—建造过程及其空间产物，并认为常规的城市设计（Urban Design）往往被窄化为大尺度的建筑设计，设计者更多地关注美学和三维空间的对象，严重忽视了真正塑造城市的深层结构与动力。然而，物质城市不仅是一面诚实的镜子或一个中性容器，还是一段持续的过程，是社会性与空间性的对立统一，与此同时，持续的城市化进程与转型形成了一个不断变化的局面，经济、政治、社会与这些城市空间在其中彼此作用。如此一来，物质城市既是已建构的，又是在建构中的，物质城市不仅反映社会的基础结构，而且使这些结构得以持续合法存在。[①] 伊纳姆亦从“城市作为流体”这一议题出发，探讨了城市的时间维度——城市是变动不安的存在——这种把城市作为一种流体的视角，其意义则在于城市主义者能够在三维的物质性以外，主动认知并积极介入作为流体的城市。[②]

埃及开罗爱资哈尔公园（Al-Azhar Park）作为一个占地 30 公顷的城市开放空间（图 6-53），坐落于历史悠久的城市中心东部，靠近爱资哈尔清真寺（图 6-54），其前身是开罗一处位于高密度、低收入者的老住宅区中央的垃圾倾倒场。数百年来，生活和建筑垃圾堆在公园原址上，甚至堆出了一座 40 米高的垃圾山（图 6-55），因此成为开罗市最后一处未被使用的、潜力巨大的城市“翡翠肺”（Emerald lung）。（图 6-56）爱资哈尔公园在景观艺术形式的设计层面充分结合了伊斯兰花园的悠久传统与其所在城市的特性。伊斯兰园林的历史模式诱发了对称布局的形式，如公园的正中央是一条两侧植有高大棕榈树、宽达 7.9 米的线状大道，中间有一条贯穿了整座公园的景观水渠，一系列古典伊斯兰传统花园亦与大道垂直相交，

图 6-53　位于开罗城市边缘贫困区域的爱资哈尔公园

① 参见［美］阿西姆·伊纳姆编著《城市转型设计》，盛洋译，华中科技大学出版社 2016 年版，第 1—3 页。

② 参见［美］阿西姆·伊纳姆编著《城市转型设计》，盛洋译，华中科技大学出版社 2016 年版，第 36—40 页。

这些花园中包括了流水、喷泉和凉亭及几何栽种的果园，显然这些均汲取了西班牙的阿尔罕布拉宫、印度的莫卧儿花园等园林艺术风格要素（图 6–57）——“公园是由一根正式的轴线（Axis）或脊骨（Spine）连接在一起的，这根轴线和它的整个长度是用一条水道连接在一起的”。更重要的是，该公园场地西侧斜坡一直连接到历史悠久的达布阿玛（Darb Al–Ahmar）地区，在这一带开展大规模整理土地的工作时，人们发现了开罗中世纪的阿尤布城墙（Ayyubid Wall）（图 6–58），这还是早在 1176—1183 年撒拉丁大帝为防御欧洲军队而下令建造的。这道城墙长约 1.6 千米，有多处塔楼、地道，城门也仍维持原样，是过去十年来与伊斯兰王朝的埃及有关的最重大的考古发现之一。城墙的修复工程始于 1999 年，到 2007 年年底结束，最初的城门如今成了从达布阿玛地区进入公园的一道主门。随着阿尤布城墙的发现，最初的城市景观设计项目逐渐转变成历史保护项目，因此，爱资哈尔公园项目最重要的时间和空间流体就在达布阿玛内——“协调保护与发展是改善环境和文化敏感地区生活质量的先决条件。它要求引入适当的新职能，如重新利用历史结构、改善服务、城市开放公共场所的复兴、社区支持的历史住宅区改造和公园的创建”[①]。（图 6–59、图 6–60）

图 6–54　埃及爱资哈尔清真寺

图 6–55　爱资哈尔清真寺前身垃圾山

图 6–56　“翡翠肺”

图 6–57　伊斯兰传统花园风格的公园景观

① Aga Khan Trust for Culture，“Al–Azhar Park Cairo，Egypt”，https：//archnet.org/sites/5003/publications/4833，2018 年 3 月 23 日。

图 6-58　阿尤布城墙

阿迦汗文化信托基金会（Aga Khan Trust for Culture）的弗朗西斯科·希拉沃（Francesco Siravo）在《开罗爱资哈尔公园历史街区衰落的反转和达布阿玛的复兴》（*Reversing the decline of a historic district, in AI-Azhar Park, Cairo and the revitalisation of Darb AI-Ahmar*）中即指出达布阿玛地区拥有 10 万居民，这个地区的特性反映了整个开罗的面貌：家庭收入低、住宅条件恶劣、历史建筑长期受损、城市基础设施少有定期维护、公共领域的投资不足、重要社区配置和服务的缺位等。另一方面，这一区域也有显著的优势和机遇，例如以行人为导向的多功能土地利用的整合、拥有众多中世纪伊斯兰建筑和古迹、有一个高密度的居住核心、是大量能工巧匠和小型作坊的重要聚集地、社区成熟（超过 60% 的居民在此生活了 30 余年），且住户彼此挨得很近，许多木工和金属工艺的小作坊都紧邻着工匠自己的家，有 65 处登记在册的古迹与数百处尚未登记却有着 200 多年历史的建筑沿街排列。爱资哈尔公园的景观总设计师马厄·斯蒂诺（Maher Stino）在 2011 年第 4 期的《景观设计》（*Landscape architecture magazine*）杂志中以“革命性的理念”（*Revolutionary Idea*）为题回忆道：公园内的各类装置基本上都是由本地手工艺人与工匠完成的，虽然于埃及少有大型景观建筑工程，没有任何景观设施制造商或是能够提供所需苗圃的专门的花木场，但是他们还是成功地将这些挑战化为了机遇——美国大学开罗分校提供场地，建立起一个场地外的育苗场培育了物种的多样性，特别是埃及本土植物，为该地区的公园空间树立了新的基准，直接在邻近的达布阿玛地区制造所需设施。[①]

① Hala Nassar，“Revolutionary Idea”，*Landscape Architecture Magazine*，2011（4）.

图 6–59 爱资哈尔公园实景鸟瞰

“人类社区基本上是在周而复始的形式中发展的。在一定的自然资源和生产技艺条件下，一个社区可以在规模和结构上发展起来，直至其人口与该经济基础相适应为止……不论是哪种因素影响了社区的平衡，社区内部都会出现一次新的调节循环运动，其方式可能是积极的，但也可能是消极的。”① 在爱资哈尔公园项目的整个主动投入的过程中，社区里的年轻人接受了与修复相关的技术培训，例如石块工艺与木工，而这些恰恰是在埃及非常急需的技能；在运营公园和持续不断的古遗迹修复的过程中，阿迦汗信托基金会为 1000 余名社区居民提供了类似的培训；在诸如制鞋、街头装置与旅游产品的生产等其他方面，当地人也获得了提供工作培训与雇用机会；在汽车电子产业、移动电话、计算机、砌石、木工和日常办公等领域，还引入了学徒制。通过爱资哈尔公园、园艺和阿尤布城墙修缮项目，达布阿玛数百名年轻男女找到了工作；达布阿玛的第一小额信贷基金会（First MicroFinance Foundation）亦支持当地人自主创业，促进企业、传统工作坊和旅游业的发展，修缮居民老旧住宅，以保证地区复兴工作的可持续性。而修缮住宅的积极意义在于，在调整住房令其更宜居的同时，保护当地的历史特性，尽可能广泛地建立起当地人与地区复兴、古迹维护之间的关联，且早在 2004 年爱资哈尔公园尚未面向公众开放之时，这一社区就已规划出 19 处社区共有住宅，里面除了 70 户家庭之外，还有一个健康中心、一个商业中心，另外还完成了一所旧学校教学楼的修缮与两座宣礼塔的重建工作。②

---

① ［美］R.E. 帕克、E.N. 伯吉斯、R.D. 麦肯齐：《城市社会学——芝加哥学派城市研究》，宋俊岭、郑也夫译，商务印书馆 2012 年版，第 65 页。

② AKDN，“The Aga Khan Development Network in Egypt”，http：//www.akdn.org/，2018 年 3 月 23 日。

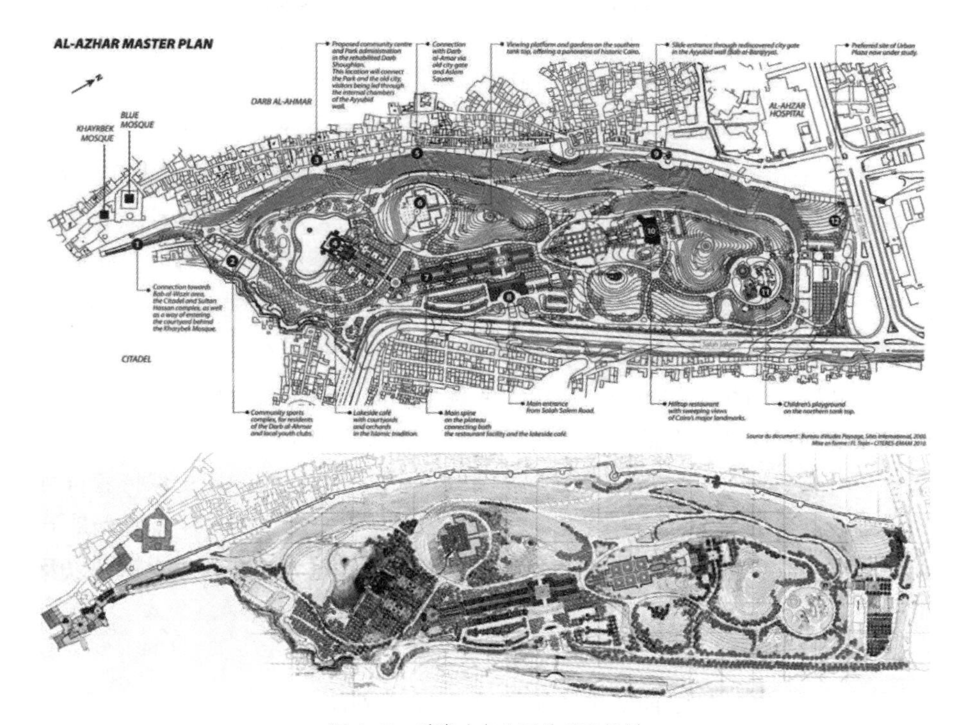

图 6–60　爱资哈尔公园总平面规划

透过“城市作为流体”这一理论来解析爱资哈尔公园项目，可发现“景观”所扮演的特殊角色，即该项目不仅是对公园进行景观设计，而且也深刻影响了邻近社区及其居民。这是一个最初自上而下的项目，终于通过直接回应居民需求，衍生出了一种和当地政府、国际基金会、社区团体之间的愈发“去中心化”的伙伴关系。同时，参观者需要支付一定的入场费来帮助公园实现经济上的可持续。尽管也有许多人认为这笔费用对开罗贫困居民而言并不公平，会加重他们的负担，但这已经是最小的花费，而且所有来自门票、停车、公园餐厅的收入不仅用于公园维护，还将用于支持邻近社区内的各种修复项目。这种自我维持的发展模式基于瓦克夫（或者说伊斯兰慈善）体系，用营利性商业来维持社区公共设施的运转。[①] 古城修复项目也让当地工匠有了用武之地（如大多数从事木材和大理石加工的工作坊、制作黄铜灯的手艺人来自当地），从而带动了传统技艺的复兴，促进了本地劳动力的就业，大大提高了这一贫困社区经济收入水平。[②] 因此，爱资哈尔公园也绝对不是“一个单

① Hala Nassar，“Revolutionary Idea”，*Landscape Architecture Magazine*，2011（4）.

② AKDN，“The Aga Khan Development Network in Egypt”，http：//www.akdn.org/，2018年3月23日。

纯的被设计的对象”，“它的背后是一个已经开始运作的长期的经济可持续机制”，公园由此也成为了“一种实现社会经济重大转变的工具”和“自我持续的城市更新项目的催化剂”[①]。该项目最成功之处就是社会学在城市景观复兴中的介入与建构，它让当地政府部门相信，无须将穷人们清除出阿尤布城墙，只要允许阿迦汗文化信托基金会介入修复当地住房，政府就能从社区修复和复兴的利益中分得一杯羹。[②] 于此，美国 20 世纪社会科学领域最有影响的芝加哥学派领军人物罗伯特·E. 帕克（Robert Ezra Park）曾富有远见地论断："随着时间的进一步发展，城市的每个区域都开始具有某种与该区域内居民的特性与品质密切相关的东西。城市中的各个部分都不可避免地染上了居民们的特殊情感。这就使那最初无甚内涵的地理区划转变为邻里（neighborhood），即一个具有感情、传统与自身历史的区域。在这个邻里中，历史保持着自身的延续。过去的一切形塑着现在，每一个邻里在自身动力的作用下不断展开新的生活，这种情形或多或少都会独立于邻里之外更大范围内的生活，以及与这种生活相关的利益。”[③]

二、城市公共艺术的社会化功能与形式创作

现代主义大师勒·柯布西耶认为，艺术作为理性和感性平衡的产物，是人类欢乐的伊甸园。而建筑是人类意志力的一种自觉体现，创造建筑就是创造秩序，即创造功能和目标。其中，空间、尺度和形式，室内空间和室内形式，室内的通道和室外的形式，还有室外的空间，包括数量、重量、距离、氛围等，都是人们赖以行动的因素。从这个角度而言，他将建筑和城市规划看作一个统一的概念，认为建筑无处不在，城市规划无处不在，其行动也出现在城市的创造中。而城市都是围绕其几何中心创造出来的，因为几何能赋予人特点。[④] 艺术、文化与城市规划的关联即在于需要从土地开发、项目运营、营销策划等各个更上游、更广阔的经济、政治、社会层面为城市设计以及城

① ［美］阿西姆·伊纳姆编著：《城市转型设计》，盛洋译，华中科技大学出版社 2016 年版，第 55—56 页。

② Cathryn Drake，“Spirit of Community”，*Metropolis*，2010（1）.

③ ［美］罗伯特·E. 帕克等：《城市：有关城市环境中人类行为研究的建议》，杭苏红译，商务印书馆 2016 年版，第 10—11 页。

④ 参见［法］勒·柯布西耶《精确性 —— 建筑与城市规划状态报告》，陈洁译，中国建筑工业出版社 2009 年版，第 65—66 页。

市公共艺术规划寻找存在逻辑。而自适应性城市（Adaptable City）作为一种由“动力学编织”（Dynamic Fabric）的织物，其经纬网格区域即从形式、流体、张力、铸造等意义层面凸显了“织物”的韧性与艺术弹性——韧性艺术城市，即聚焦作为一种先锋策略的“艺术”在后城市化时代中的地理角色和大规模、持续性城市空间的改造实验作用，以及“织补城市”所呈现出的社会文化景观特征。

城市公共艺术的社会化功能与形式创作即“艺术城市（Art-City）的系统建构”，其意义在于艺术直接与城市形态发生作用，艺术不仅仅是城市空间品质提升的“非标准”工具，还作为一种都市日常生活行为的方式，城市艺术空间系统充满着弹性和可变性。而且，高质量的城市公共空间首先是一个功能完善的设计系统，正如芒福德在《城市文化》中论述的一样，对于地球和城市两者而言，区域规划的任务是使区域可以维持人类最丰富的文化类型，最充分地扩展人类生活，建构各种文化景观类型，并为人类情感提供一个家园，创造并保护客观环境，以呼应人类更深层的主观需求。规划一个可以为人类所感知的、具有连续背景的栖息地，是优雅生活的基本必需 。[①]“介入是激发一个特殊空间潜在意义的过程。当建筑改建的所有灵感来源于原有建筑时，介入可以发挥重要的作用。”[②]而艺术介入下的城市设计主要关涉赋予环境地方感的“场所制造”（Place-Making），而这个“社会化”过程正是通过建立可识别的社区、独特的建筑、美观的公共场所和景观、可识别的地标（视觉焦点）及适度发展规模和持续公共管理规模的城市总体架构而得以完成的，其他场所制造的关键要素亦包括热闹的商业中心、与地面零售用途结合的复合发展程度、人的尺度和文脉敏感性设计、安全和有吸引力的公共区域、形象塑造、公共领域的装饰元素等。

（一）城市设计尺度下的公共艺术形式

理查德·韦勒（Richard Weller）在《实用的艺术：景观都市主义的思索》（*An art of instrumentality: Thinking through landscape urbanism*）一文中批判性地指出了城市的病症之一，“就传统意义而言，将城市浪漫地理解为一个艺

---

① 参见［美］刘易斯·芒福德《城市文化》，宋俊岭、李翔宁、周鸣浩译，中国建筑工业出版社2009年版，第374页。

② ［英］格雷姆·布鲁克、莎莉·斯通：《建筑文脉与环境》，黄中浩、高好、王晶译，大连理工大学出版社2010年版，第172页。

术作品的集合体本质上是不可能的。相反，当代与全球化紧密关联的大都市却成为一个贪婪、失去人性化特征的混乱体，其中诸多基础设施和规划的问题越来越屈从于基本动机。而且，即使我们在充分考虑环境限制和社会危机的情况下来发展城市，城市也依然保持着机械的特性，而非艺术。为了将艺术和实用工具这两个相去甚远的字眼结合起来，我有意识地回到景观学的理想主义上来，并回归其兼顾艺术和科学而成为一项整体性事业的定义"[①]。罗伯特·布鲁格曼（Robert Bruegmann）则认为，对城市蔓延最明显的早期异议是出于美学考虑，这些考虑从那时起就已经成为城市规划最重要的推动力。事实上，由于社会更加富有，并且用于保护事物（比如食品和庇护所）所花的时间和能量减少，美学问题不可避免地赫然出现并且越来越明显。[②]艺术城市的规划设计实践范围涵盖小型公共空间或街道与社区、城市大系统或整个区域，《创建和塑造城市和城镇的艺术》(*The art of creating and shaping cities and towns*）中即认为城市设计涉及建筑、公共空间、交通系统、服务和设施的设计和布局，城市设计是对整个街区和城市的建筑性质、形式与形状的预设过程，它是一个将要素部分植入街道、广场和街区的网络框架。城市设计融合了建筑、景观设计和城市规划的元素，使得城市区域更具功能性和吸引力；城市设计强化了人与场所、运动与城市形态、自然与建成环境肌理之间的联系；城市设计聚焦于场所营造、环境管理、社会公平和经济可行性，以创造城市独特的美学和特质。唐纳德·沃森（Donald Watson）亦从艺术的视野更精准地判定：城市设计和城市建设无疑是这个或任何时代最幸运的尝试，为生活、艺术、手工艺和文化构建了发展愿景，是设计师和制造者给未来的礼物。城市设计本质上是对城市空间价值逻辑的一种伦理实践——关乎公共利益优先、公平正义、以人为本、历史遗产等特殊价值判断体系的一种城市控制思想，借由公共艺术与建筑的视觉化及建设科学的具体化来共同呈现。[③]

1. 公共艺术的三种尺度类型

城市设计尺度下的公共艺术形式包括区域、社区和街区三种尺度，如《西澳大利亚宜居社区》(*Western Australian liveable neighbourhoods: community*)

---

① ［美］查尔斯·瓦尔德海姆编:《景观都市主义》，刘海龙、刘东云、孙璐译，中国建筑工业出版社2011年版，第53页。

② 参见［美］R.罗伯特·布鲁格曼《城市蔓延简史》，吕晓惠、许明修、孙晶译，中国电力出版社2009年版，第144—145页。

③ URBAN DESIGN，"The art of creating and shaping cities and towns"，http://www.urbandesign.org/，2016年6月10日。

明确指出活力社区（Activity areas）包括“社区、城镇、分区/区域”（Neighbourhood，Town，Subregion/Region）这三种城市设计尺度的公共艺术形式。（图 6–61）美国景观大师玛莎·舒瓦茨（Martha Schwartz）的设计实践范畴亦从在地装置艺术横跨到策略性规划层面的城市设计，她曾以“景观设计：艺术与可持续性”（*Landscape architecture：art & sustainability*）为议题探讨了规划视角下艺术城市（Art–city）建构的三大实践领域：宏观（Large–scale projects）的区域/城市（Region/City）领域、中观（Medium–scale Projects）的生态城镇（Eco–town）领域及微观（Small–scale projects）的公园（Park）领域等。①

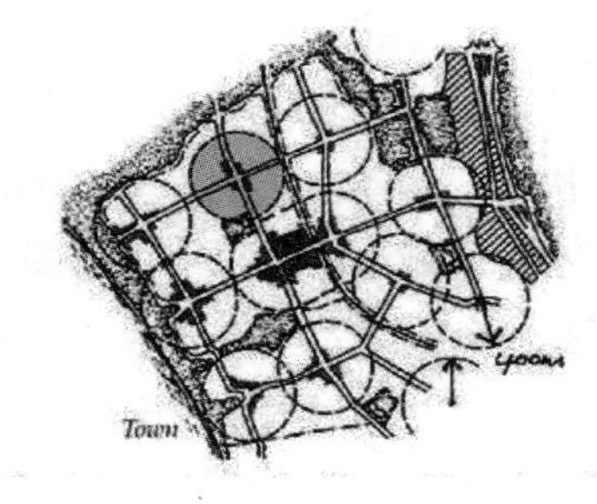

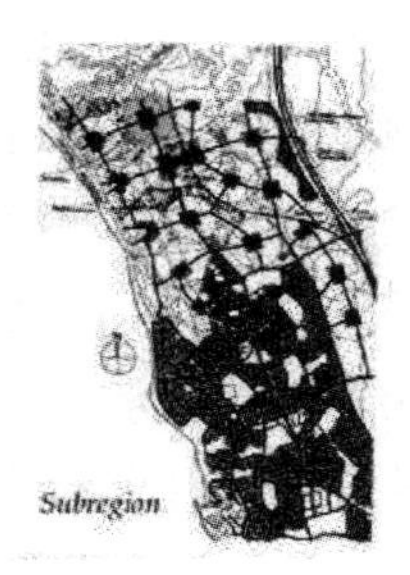

图 6–61 《西澳大利亚宜居社区》的三种城市设计尺度

（1）区域尺度的公共艺术

相对于传统城市的有机生长，现代城市是被构造出来的，如城市艺术系统基础设施即存在着一种多义性的性能和表现空间的城市张力关系（不是破坏力，而是诸多的可能性及内蕴的城市文化潜力），“公共艺术规划并非局限于某一具体的公共艺术品的设计，而是把握城市艺术的整体性以及城市各片区需要表达的艺术主题和形式”②。譬如，美国众多城市已经把公共艺术项目作为发展旅游业的一个磁铁，迈阿密–大德公共艺术计划（*Miami–Dade Art in Public Places Program*）即配套了总投资额的 1.5% 作为公共艺术建设费，通过国内和国际的艺术家作品将机场与通往市区的高速公路有机地连接起来。同时，更多的艺术家已经将公共艺术扩展至在城市设计尺度，如佛罗里达州布劳沃德县 1995 年制定了《东海岸 2% 的艺术条例》，该条例规定布劳沃德县须为艺术家提供设计资金，为广泛的资本改善项目提供专业设计知识，特别强

① 同济大学建筑与城市规划学院：《景观设计：艺术与可持续性》，http：//news.tongji–caup.org/news.php?id=5045，2016年6月12日。

② 张建强、林春梅、张依珊：《遗址公园公共艺术规划控制与引导》，《规划师》2013年第3期。

调改善城市设计方式。对于从棕榈滩县（Palm Beach County）到大德（Dade）、从大西洋到沼泽地等区域的无序城市发展，该条例鼓励艺术家积极参与城市设计，试图将公共艺术引入县域基础设施的设计中，主要包括在交通连接处和社区入口进行设计，使市民及游客均获得感知此独特场所的审美经验。

（2）社区尺度的公共艺术

城市空间形态是多元体系的城市公共服务产品与城市运营的综合体现，城市生活中的供需选择与价值判断过程则塑造了城市的特质与文化。城市设计作为整合与协调城市多元体系和创造高品质城市生活的工具性手段，如果单以空间形态为设计筹码或设计诉求，必然将面临设计无效或操作失衡的挑战。同时，城市作为一种运动的机制状态，由许多“流”组成，此时“空间”则演变为“流”，而“流”无任何形态，它是将不同社区镶嵌入城市空间而形成的一种特殊的深层结构形式和动力机制。而艺术作为一种工具性策略生成了公共空间，实现了艺术介入城市社区尺度的景观美学可视化呈现表达。在这里，艺术介入城市不是指将艺术品（雕塑、绘画等）简单地置入城市，而是更多地从“艺术策划”这一规划思维出发，将“艺术”作为一种地形学（Topography）视野中的操作策略来实施，以形成艺术城市的景观空间网络化格局，勾勒出一种城市视觉形象结构的框架。（图 6–62）这与阿诺德·伯林特（Arnold Berleant）的观点一致，他认为环境美学的范围超越了艺术作品——为了静观而创造的美学对象的传统界限。美学要素占支配地位的人类环境是美学环境，在此范围内，影响环境的美学价值的政策或行为就是环境艺术。在建筑学和景观设计领域，美感这一要素一直备受重视。然而，在其他（如城市和区域规划）领域，美感的重要性还未被关注，直到最近人们才认识到广义环境中的美学价值。如同人类的使用、城市的扩张破坏了自然景观一样，城市发展对这些价值的威胁日益严重，它们的重要性会变得更加突出。[①]

（3）街区尺度的公共艺术

后现代时期的雕塑、建筑、景观与城市之间的界限模糊，很难用“是”或“非”来界定，著名建筑师扎哈·哈迪德（Zaha Hadid）追求空间多维扭曲与极大复杂度的、流体雕塑般的建筑/城市巨构体，这充分表达了她的“艺术城市主义”或“城市艺术主义”。哈迪德在福林德斯火车站（*Flinders Street Station*）

① 参见［美］阿诺德·伯林特《生活在景观中——走向一种环境美学》，陈盼译，湖南科学技术出版社2006年版，第29页。

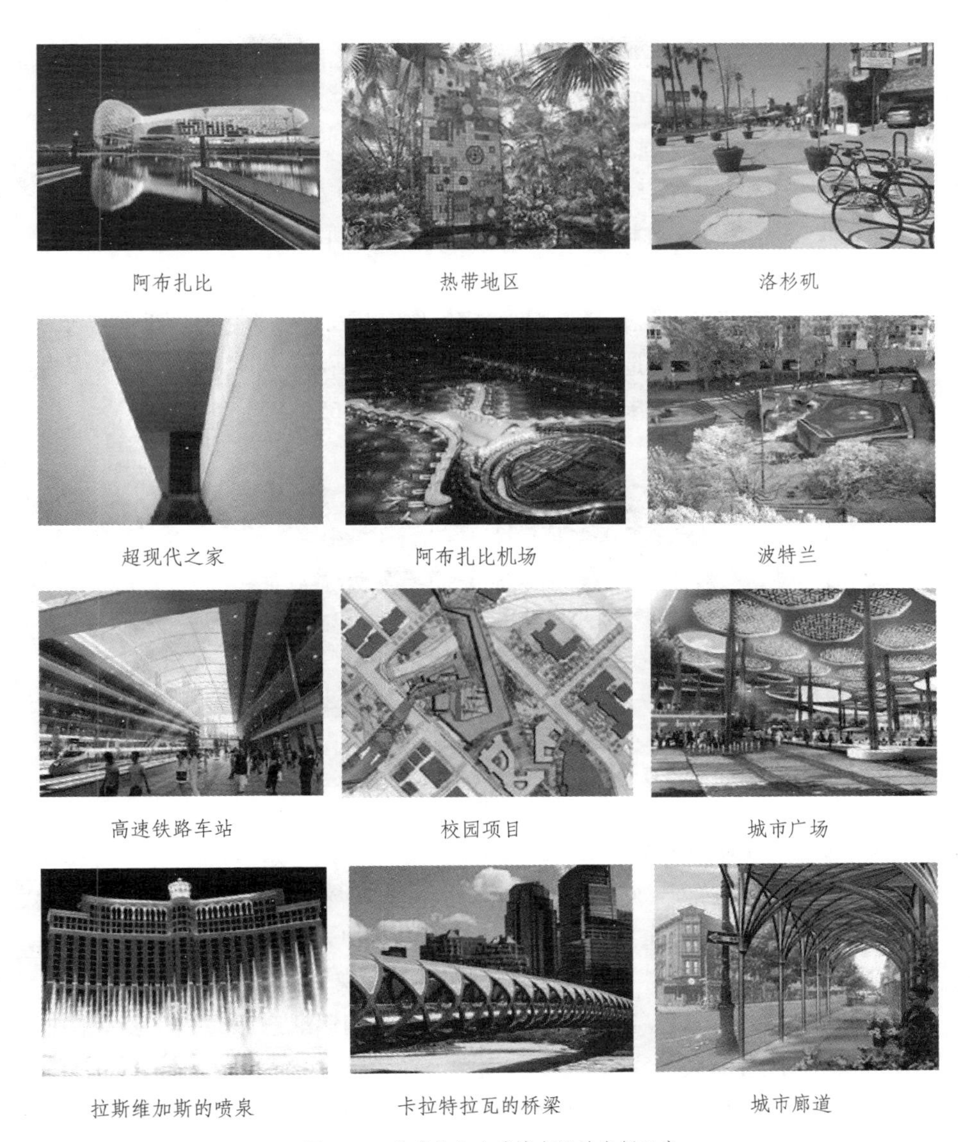

阿布扎比　　热带地区　　洛杉矶

超现代之家　　阿布扎比机场　　波特兰

高速铁路车站　　校园项目　　城市广场

拉斯维加斯的喷泉　　卡拉特拉瓦的桥梁　　城市廊道

图 6-62　艺术化的全球城市设计案例示意

扩建竞赛设计方案中亦旨在创造一个新的地方，体现澳大利亚墨尔本的城市魅力与个性——设计围绕着一个覆盖着整个场地的公共空间，同时考虑为雅拉河（Yarra River）的滨河大道注入新的活力（图 6-63）；以参数化设计见长的北京华汇设计工作室（HHD_FUN）在青岛世界园艺博览会地池服务中心（*Earthly Pond Service Center*）的规划创作中，利用几何线条作为设计元素，将环境、人类需求和建筑元素融入景观中，让景观设计与自然之间产生强烈的联系，并通过钻石状网格系统营造空间的流畅性，成功地构造了水、植物和建筑系统，形成一件艺术品，既完美地保护了自然，又形塑了城市结构。（图 6–64）在郑州万科中央广场的设计中，源点设计事务所（Locus Associates）以“星光”为艺术基调，利用道路、土地改造、水景和人类尺度元素，结合空间循环手法，建造了一个拥有良好功能性的高质量公共空间，使其成为受人欢迎的社交区域——“星光广场”，承载了未来多期高密度住宅开发对活动空间和商业空间的需求，既没有对商业空间造成遮挡，又促进了商业活动，并且让整个广场成为一个能留得住人、充满趣味的城市艺术场域。（图 6–65）

图 6–63　福林德斯火车站扩建设计方案（竞赛作品）

2. 城市设计目标与文化艺术的关联

勒·柯布西耶认为，建筑师和规划师感到自己被赋予了设计城市的力量，而城市是一个整体，一座城市必须要美是因为一种更高的目标，它们超越了仅仅满足功能上的需求。[①] 从以往的规划实践看，规划者往往将艺术和文化作为社区振兴的一个工具，但随着时代的变迁，他们逐渐意识到在社会生活中艺术和文化对于社会、经济和环境方面的潜在贡献。艺术和文化提供了一个媒介：维护、庆祝、挑战和创造社区认同；参与公众生活；告知、教育及向不同的人群学习；连接人口统计学和社会经济学的沟通路径。同时，艺术和文化活动可以使公众更充分地参与规划实践，如一系列社会远景和目标的设定，规划方案的制定，审查发展情况和基础设施项目，支持经济发展，改善建成环境，促进地方管理，加强公共安全，保存文化遗产与传播文化价值观

① 参见［法］勒·柯布西耶《精确性——建筑与城市规划状态报告》，陈洁译，中国建筑工业出版社 2009 年版，第 148 页。

及历史价值，弥合文化、民族和种族间的差异，创造群体记忆和明确其身份。（表 6–1）

表6–1　规划目标与艺术、文化和创造力间的关联

类别	规划目标	相关活动	参与者
社会	保护地方历史和文化遗产；深刻理解和欣赏社区文化的多样性；促进联系或减少不同群体之间的障碍（如不同年龄人群、少数民族群体与社会经济各阶层）	在社区居民参与的“照片之声”或讲故事活动中识别他们共同的需要和价值观；创建并推出一个社区壁画或其他形式的公共艺术品来验证或庆祝过去；确定一个社区节日以庆祝当地的文化多样性；提供艺术和文化教育计划，如研讨会、互动课程和表演，以鼓励人们去理解与认识一个社区的历史和文化背景；营造文化和非文化场所，以方便不同阶层群体参与社区活动	规划师、非营利组织、社区团体、艺术家、个人、资助者与政策制定者
经济	为社区成员发展和扩展本地的经济机会；确保为社会所有成员提供高品质的保障性住房；吸引企业、新居民和观光者；提供或促进公共交通	创建并提供地图、标志和其他产品，使消费者了解本地所拥有和经营的社区企业；使用公共艺术提升街道景观，充分利用走廊以增加交通流量；为新的经济适用住房发展提供文化资产；鼓励使用公共交通工具，包括确保安全的措施；创建生活/工作空间；为个人创业者（包括艺术家）创造孵化空间	规划师、经济发展者、工程师、商业投资区、非营利机构、艺术家、金融机构、政策制定者、居民、访问者和旅游者
环境	保护和提升地方的本土识别性和特征；维护和保护社区公园和开放空间；恢复、保护和保留社区的水道；实施可持续的规划实践；鼓励健康的行为，包括自行车/自然友好型旅游、户外活动等	将公共艺术与交通、公园和开放空间、水体与下水道等基础设施进行整合；通过社区表演和节日庆典，多学科地探索社区的环境退化和保护问题；清查、评估并详细规划一个社区的艺术和文化独特性；鼓励在公共场所、餐厅与酒店等区域的零废物再利用行为；在公共交通路线上定位或发展表演空间和公众聚集场所；确保现场性法规审查的持续性与实践督促；创造性再利用和保护历史建筑	规划师、非营利组织、专业设计师、艺术家、环境规划师、开发商和建筑商、政策制定者

续表

类别	规划目标	相关活动	参与者
社区	公众在透明的规划过程中评估社区当前和未来的需求；促进社区的自豪感和地方管理	使用交互式网上社区论坛；授权不同种族和民族的多元化群体，通过创新性工具（如绘画、雕刻、造型等）参与规划决策；吸引艺术家提供或助力发展规划愿景	规划师、非营利组织、当地企业、社区团体、艺术家、个人

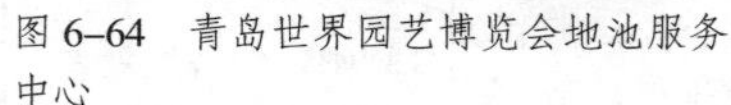

图 6–64 青岛世界园艺博览会地池服务中心

图 6–65 郑州万科中央广场

（二）艺术城市建构的四大要素耦合策略：以圣地亚哥为例

《规划实践中艺术和文化的作用》（*The role of the arts and culture in planning practice*）一文明确指出艺术、文化和创造力可以整合集成至规划领域，政策制定者和规划师们可以在艺术与文化领域中寻求合作伙伴（既包括决策者、规划师、经济发展和社会发展的专业人士，又涉及在健康社区创建和发展中的建筑、景观设计、艺术和文化等专业人士），并使用创造性的战略框架来实现经济、社会、环境和社区的目标，提升规划实践的水准。艺术和文化在此领域的特别贡献包括：提升文化价值和保护历史遗产，营造社区特色和地方感，加强社会服务和社群参与，增强经济活力。[①] 例如，美国圣地亚哥（San Diego）的艺术和文化数据库委员会列出了 437 个在公共艺术领域注册的国际知名视觉艺术家，强有力地推动了圣地亚哥成为一个公认的文化旅游目的地与一个蓬勃发展的艺术社区，使当地的艺术家获得了培育和雇佣的机会。（图 6–66）

① American Planning Association，“The Role of the Arts and Culture in Planning Practice”，https：//www.planning.org/research/arts/briefingpapers/overview.htm，2016 年 5 月 8 日。

图 6-66　美国圣地亚哥的城市雕塑

1. 以社区文化遗产定义城市的肌理结构

一个健康社区的标志是它同时能够保存和创造它的文化，即保护它的历史和遗产，同时为当下的社区文化遗产保护创造出新的表达方式。艺术家、历史学家、文学家、民俗学家、人类学家、规划师等领军人物及其他社区领导者在保存一个地方的历史和传统中起着重要的作用，并能缓和地方的紧张态势，同时鼓励与尊重地方改变其对文化景观的态度。尽管一个地方的历史和遗产相当重要，但人们很少将对其的保存视为一个地方创新和进步的潜在基础，导致太多的日常资源在保留有显著意义的空间和对象、记录老年人的故事和一个社区的当代文化实践方面发挥的作用有限。德国学者康拉德·沙尔霍恩（Schalhorn，K.）与汉斯·施马沙伊特（Schmalscheidt，H.）在《城市设计基本原理——空间·建筑·城市》(德文版原名：*Raum-Haus-Stadt*）中就“场所之间的关系、公众艺术品”的议题指出：“城市有这样的功能，作为公共空间，帮助个体获得识别性，在此，这种识别性有着双重的意义。人们参与其间，而相互识别……在一定的日常事件的范围内，这一特质消除了，更确切地说是获得了虚构的、有效的意义，演变为有特殊精神含义的场所，在上面提到的双重识别的层面上，以其积极的效用获得了特殊的意义。整体就是场所、活动空间相互联系构筑的网络。如果我们在空间、建筑的排序内外，把城市理解为社会的进程；如果我们根据卡内逖的说法，认为城市具有艺术的本质，它所阐述的真实通过排序给人以安慰、使人解脱，那么城市就可理解为公众的艺术品。”①

圣地亚哥艺术与文化委员会（The Commission for Arts and Culture）通过公共艺术项目，与艺术家、艺术专业人士、建筑师、城市规划师、社区成员和业务伙伴及画廊、博物馆、大学和各种城市规划机构建立紧密合作，制定公共艺术的优先发展策略，并在城市创造出携带历史文化信息的地标性艺术作品，尝试将公共艺术融入城市文脉肌理甚至是城市规划的策略、计划和框架中。公共艺术项目的介入，可以提升公众对艺术的体验感和欣赏水平，创造成功的、吸引人的公共空间，提高城市设计质量，加强公共基础设施建设，优化公共设施（如交通系统）的使用，加强邻里和社区认同感和自豪感，纪念社区的历史遗产和文化多样性，提供教育和学习的机会，为地区的艺术家创造发挥才能的机会。

2. 以城市公共艺术激发开放型的经济活力

圣地亚哥公共艺术总体规划（*Public Art Master Plan*）旨在推进充满活力的城市文化，其公共艺术项目的首要目标是构建“充满活力的文化，充满活力的城市”——创造一个多样化、卓越的公共艺术作品集合。公共艺术项目应该是圣地亚哥这个城市最明显的标志，它致力于培养创造力、鼓励多样性的思想和提高城市对多样化意见的容忍度。可见，具有强大、生动的公共艺术规划的城市往往有着持续的经济实力，吸引并集聚了众多企业和个人，亦为居民和游客提供了优良的人文环境，为其终身学习提供了机会，更有助于保护其社区历史遗产。② 正如居伊·德波（Guy Debord）在《景观社会》（*The society of the spectacle*）中论述的一样：“实际上，环境可能结合的多样性，类似于在无限多的混合剂中的纯粹化学制品的混合，它引起的感情像能够唤醒的景观的任何其他形式一样，既分化又合成……因此，导致我们从事城市环境要素协调的研究，与他们所挑起的感情密切相关，并承担了大胆的解释，

① ［德］沙尔霍恩、施马沙伊特：《城市设计基本原理——空间·建筑·城市》，陈丽江译，上海人民美术出版社2004年版，第175页。

② City of San Diego Commission for Arts and Culture，“Public Art Master Plan – City of San Diego”，https://www.sandiego.gov/sites/default/files/legacy/arts-culture/pdf/pubartmasterplan.pdf，2016年6月8日。

这一假设必须根据体验，通过批评和自我批评而不断地修正。”①

如今，人们逐渐认识到在一个街区或社区中，艺术、文化部门的活动与经济活力之间的关联。例如，高密度的创意企业和工人在一个地理区域通过提升社区的生活质量、提高其吸引经济活动的能力及创造一个创新的氛围，形成城市内在的竞争优势。如在一个城市或区域，社区中所有类型的艺术和文化活动的蓬勃发展对于一个熟练的并受过教育的劳动力的招聘和留用是至关重要的；在一个特定的街区或社区场所呈现的艺术和文化，亦可以增加关注度与步行交通人流量来促进城市更多元的发展。此外，就全球经济而言，正式和非正式的艺术培训可以有助于发展人们各方面的技能，如较强口头及书面沟通能力、精准和高质量的工作业绩、融入团队和集成工作、在新的和创新环境下的舒适性以及能够与来自不同文化背景的人一起工作。赵容慧等即从产业经济发展的视野出发研析了台湾台南市土沟社区的营造案例，认为艺术与当地产业及特色文化相融合所产生的文化创意产业，以社区居民为共同承担、开创、经营与利益回报的主体，以社区原有的文化历史、技术手段及自然资源为基础，经过资源的发现、确认与活用等方法，为居民提供社区生活、生产、生态与生命等社区文化的分享、体验与学习平台。由此，土沟社区通过艺术的力量让地方产业有了永续的发展。②

3. 社区独特性与地方认同感的标记性

城市空间肌理加上结构关系（功能和空间双重意义）是塑造一个城市区域（城市社区）的基本形式逻辑，罗伯特·文丘里（Robert Venturi）曾精准地从日常哲学的视角指出波普艺术某些生动的经验教训，其中包括尺度和背景的矛盾。他认为理应把建筑师从纯粹法则的幻梦中唤醒，因为这种幻梦在现代建筑体制下的城市重建规划中受格式塔心理学的影响容易造成统一的欺骗，然而让人庆幸的是，它们不可能真正取得任何重大成就。他还认为人们也许能从粗俗且为人所不屑的日常景观中吸取生动而有力的、复杂和矛盾的法则，把我们的建筑变成一个文明的整体。③

艺术、文化和创造性策略有助于揭示与提高城市的可识别性——独特的

---

① ［法］居伊·德波：《景观社会》，王昭凤译，南京大学出版社2007年版，第121页。

② 参见赵容慧、曾辉、卓想《艺术介入策略下的新农村社区营造——台湾台南市土沟社区的营造》，《规划师》2016年第2期。

③ 参见［美］罗伯特·文丘里《建筑的复杂性与矛盾性》，周卜颐译，中国水利水电出版社、知识产权出版社2006年版，第103—104页。

意义、价值和特征，以此构成了社会的物质和形态的基础。基于此，艺术、文化和创造性策略作为探索社区环境的总体策略的一部分，规划师可以通过城市设计和场所营造，充分利用艺术和文化资源、社区远景、规划流程、设计指南、艺术和文化规划、总体规划和公共财政投资等要素，培育和拥抱社区的多样性和独特性，并凸显社区的独特性。而在关键决策过程中，对这些要素的应用都需要考虑所有的社会利益、艺术和文化资源在城市文脉框架中的整合及对过去、现在和未来社会价值的冲突性质的认可和平衡。例如，在设计和建筑层面，随着圣地亚哥的城市发展，其公共开放空间也迅速得以开发并始终处于溢价状态，人们日益意识到公共空间正逐渐成为每个人的“私人”空间的一部分——公共空间的一个关键属性。正如一个规划的参与者所说：“这不只是一个伟大的建筑，这也是一个伟大城市的建筑之间的空间。”可见，社区的公共场所的质量（包括吸引力、安全、清洁、绿化和设施等）对所有人来说都是至关重要的。

公共艺术有助于更宜居地填补城市发展的空隙，许多成功的项目都应用了一个参与者所说的“整个社会的整体方法”，即公共艺术使得社区中心、城市公园或重建项目更具吸引力，甚至它可能不会被认可为公共艺术，正如一位规划参与者所说：“最成功的公共艺术类型却是人们几乎没有注意到它。”圣地亚哥的中心城市艺术规划（*Centre City Arts Plan*）从这一角度指出：使用文化有助于实现市中心的目标——“非常重要的是，市民可以参与和享受公共艺术导入下的公共场所和社会生活模式”，另外，其城市艺术规划的首要目标是“重建项目中的公共艺术”，以提高整个中心城市的审美环境，包括各种各样的艺术形式，如临时和永久的视觉艺术、表演及文化活动。

4. 增强各阶层对公共艺术的社区参与

社区参与是一种关系的建立，是一种鼓励学习和行动及对一个场域问题或计划意见的表达过程。约翰·万斯特伦（Johan Wänström）在《沟通式规划过程——公众参与的途径》一文中即深刻反思了公众意见征询在实践中特别是在基础设施规划领域的操作过程，从沟通理论的角度对公众意见征询所涉及的范围与结果提出了相关质疑，并认为沟通性程序为公众提供了机会以影响规划过程，为了理解其背后的动力与面临的挑战，必须探索与这些沟通性程序相关的不同形式、不同文化、不同政治的因素。[1] 例如，通过强化公共服务承诺的实施为决策者带来更多的建议，可以为规划层面较高水平的社区参与提供活力和创意。实际上，通过民意调查、规划工作坊、资产规划、市政厅会议和公开听证会等传统的工具，规划师和社区领导者已经有力地推动了社区参与。同时，创新性工具也正在被越来越多地用于规划领域，如此，可促进社会参与的规划活动的顺利开展和目标的实现，如视觉艺术技巧、讲故事、节日、展览、舞蹈、使用口语词、照片之声（Photovoice）、音乐、表演、基于 Web（万维网）的应用程序和社区活动等创新性工具，均强调公众的接受输入程度、真正的反馈确认、易于参与和人际关系的发展。

圣地亚哥的公共艺术项目（*Public Art Program*）有超过 150 人（代表了圣地亚哥所有阶层人群）的积极参加，整个参与过程充分表达了他们对城市景观的关注及对呈现圣地亚哥独特性和文化遗产的关切。公共艺术总体规划是为了研究与加强现有的公共艺术项目的实施手段，建立一个具有广泛适用性的程序并提高实施的可行性，如将规划草案提交至一系列由本地艺术家、建筑师、工程师、项目经理、设计师和感兴趣的市民共同组成的专家研讨会，由此产生出规划重点，并通过两个途径加强圣地亚哥的城市公共艺术项目。一是通过增加参与有意义的社区项目的机会，提高大众参与公共艺术项目的意识。具体可体现在修改项目和艺术家选择的建议，提供更多的社区项目参与机会、与圣地亚哥其他城市部门和独立机构的合作方式，为本地艺术家提供重要的培训和机会，以及使城市公共艺术与大型社区和城市设计问题紧密关联等。二是聚焦于公共艺术项目的管理和组织（包括资助），包括提出简化程序流程的方式，讨论公共艺术规划的资助方式，且这个规划过程涉及关于建立一个艺术城市政策所需投资比例的广泛讨论的可行性，同时包括一系列通过各种资金来源（包括公共和私人参与）为该项目提供资金支持的建议，还包含一套城市公共艺术规划的政策、准则和原则，并概述了未来的管理程序和建议步骤。杰西卡·扎勒斯基（Jessica Zalewski）在《艺术城市问道：杰瑞米·福尤特》（*Art cty asks: Jeremy Fojut*）中亦提及了“艺术密尔沃基”（ART Milwaukee）——通过艺术，丰富、授权和激励城市社区的发展。譬如，在密尔沃基湖滨国家公园开展城市岛海滩派对（*Urban Island Beach Party*）——由

---

① 参见［瑞典］马茨·约翰·伦德斯特伦、夏洛塔·弗雷德里克松、雅各布·维策尔《可持续的智慧——瑞典城市规划与发展之路》，王东宇、马琦伟、刘溪、尹莹译，江苏凤凰科学技术出版社2016年版，第145页。

密尔沃基奥德赛（Milwaukee Odyssey）支持的一个现场音乐、现场作画、生活照片展位项目和抽象绘画与电影的筹款活动。而且，在每月的艺术盛会及每个密尔沃基的节日中，“画廊之夜”（*Gallery nights*）的艺术巴士（*ART Bus*）均巡游在密尔沃基各地（如城市生态中心社区等），“艺术密尔沃基”似乎无处不在，旨在为当地艺术家与密尔沃基各年龄层的市民提供一个艺术现场的互动平台。[①]

（三）社会化艺术城市形式的三大理论特征

卡米诺·西特（Camillo Sitte）早在其1889年初版的《城市建设艺术——遵循艺术原则进行城市建设》（*The art of building cities: city building according to its artistic fundamentals*）中所提出的“遵循艺术原则进行城市建设”的设计思想曾对二战后的城市景观运动（Town-scape Movement）、古城保护潮流（Preservationand Conservation）以至后现代的文脉主义（Contextualism）等均产生了重要影响，尤其在论及“城市规划艺术的现代限制因素”时，他写道：“我们能够在考虑全部艺术要求的同时，留有充分余地来满足现代建筑实际、公共健康以及交通运输方面的要求。满足这种要求，并不意味着我们必须把城市建设仅仅视为如修筑道路和制造机器一样的纯技术程序。因为，即使在繁忙的日常活动中我们也不能摒弃那些反映艺术概念的崇高理想。必须牢记：在城市布局中，艺术具有正统而极其重要的地位，这是一种每日每时影响广大人民大众的艺术，而不像剧院和音乐厅那样通常仅限于为一小部分市民服务。公共规划部门应当认真细致地考虑这一事实，并将古代的基本原则与当代的必要条件协调起来。”[②] 因之，艺术城市的规划设计策略即必须强调对城市文化艺术资源的规划和管理，旨在构建城市“流动的可变性空间”背景下的“软基础设施”或“创意基础设施”——“制造意义、符号、图像、声音和空间的基础设施”。相对于环境领域（自然和建造资源的管理）而言，它是“软”和“创造性”的社会化基础设施，是城市规划设计实践的特殊文化领域，是塑造城市感知形态和个性特质的艺术社会系统。因此，城市的价值生产亦意味着远远超过狭义的经济活动，也意味着社会、文化、艺术和环境价

---

① Jessica Zalewski，“Art City Asks：Jeremy Fojut”，http：//www.jsonline.com/blogs/entertainment/artcity.html?tag=Art+City+Asks，2016年6月11日。

② ［奥地利］卡米诺·西特：《城市建设艺术》，仲德崑译，江苏凤凰科学技术出版社2017年版，第115页。

值的产生，换言之，这需要在城市环境空间的规划设计中注重艺术与社会的连通性、文化与时间的层叠性、功能与环境的资产性，从而营造出富有艺术特色的社区空间、艺术空间和开放空间。

1. 艺术和社会的连通性

艺术城市特别强调“文化”、“艺术”和“社会”之间的规划结构联系，其以多程式化的姿态走向城市文化的重要性在于其组织物质与人的关系中发挥着特别重要的作用，表达了“集体记忆”在实际城市规划实践中需要寻找文化艺术的迫切需要（社会文化领域的认同感、访问、参与需求），生成了城市独特的、全新的社会结构。因此，在艺术城市规划中，“文化艺术规划”必须进入城市规划师的语言系统，文化艺术不能后置、不能被添加，只能从城市历史矩阵中提取本土内生的文化因子并将其置入城市规划的逻辑框架中，即公共艺术不是“马后炮”、不能强迫装饰公共空间及无法减轻因城市空间规划不周而造成的影响——这通常发生在一个支离破碎的规划过程的后期。相反，公共艺术应该是社区规划不可或缺的要素，通过增加公共领域开放的机会并总结经验，可以使关心建成环境质量的市民的公民话语权更具创造意义。而且，公共艺术有力量改变社区，激励和启发人们对改善建成环境的热情和积极性。规划通过公共艺术的介入已将社区从“匿名”的空间转变为反映丰富历史、尊重文化差异、传播社会价值的大型艺术景观社区。在公共场所越来越私有化和均质化的当下，公共艺术成为将社区项目规划设计为具有独特识别性的一个重要方式，亦可加强人们与邻里人群之间的关系，增强社区认同感。

2. 文化和时间的层叠性

极具挑战性的、富有想象力的艺术城市规划是操作（Program）、规划（Planning），更是一种特殊的策略（Strategy）而成为一种有“生成性”的实验性文化实践方式，生成为没有边界、开放的城市“平滑空间”。在这一空间中，拥有确保城市安全健康底线的韧性基础设施、讲究投资与效益最大化的整合性空间及着眼未来的城市人文建设，并将其融合到城市设计的操作当中。而城市艺术空间就是没有边界的、由艺术情境与语境“浸入”的模糊地带，艺术城市是悬浮在城市结构之上的叠加体系（Superimposition），是不同艺术场域结合下的城市空间相互叠加和并置的结果，因此“艺术城市”自身的逻辑是会随时间而改变的。同样的，城市公共艺术形式也会因所发生的事件不同而不同。城市既是关于空间的，又是关于事件和运动的，城市不能脱离发生在其中的事件而单独存在，即包括情境城市中的线索、逻辑、氛围等要素及艺术装置、艺术事件活动等。

3. 功能和环境的资产性

艺术城市将是一个繁荣的、多样化的文化和娱乐中心，包括新一代的城市娱乐综合体，活力四射的娱乐、购物和生活中心，供人们不断学习和探索的场所，可供娱乐休闲的城市开放空间，以及将新建公共艺术融入已有社区中的公共空间。同时，艺术城市将是一个具有加强型网络的绿色街道、公共空间公园娱乐系统，着力于五个城市设计领域的建设：公园、小径和开放空间系统；绿色街道网络；独特的紧凑性功能（如公共艺术、景观走廊等）；公共艺术基础设施；公共文化领域管理。艺术城市的发展亦可被描述为“后工业时代的财富创造模式”，艺术及更广泛的文化资源和设施往往被视为战略性城市资产，它们在城市新经济中发挥着重新组织城市社会经济结构的特殊作用，为城市之间的各种艺术和民间组织、物业业主和私人投资者提供了合作框架，即建立一个非营利组织和一个地方政府实体，而这两个主体的主要合作伙伴之一则必须是一个具有文化（艺术或设计）性质的组织，以创造一个生动、动态和可持续的城市艺术中心区。人们需要识别这种实际的和潜在的作用，明确艺术和文化对城市的贡献，如艺术城市规划即鼓励工业 / 遗产 / 历史街区的更新，凸显基于知识产权的文化创意产业在城市商业社区中的战略意义，为城市地区建立独特的品牌和生态位，建立地方 / 区域认同感和独特的艺术品牌，提供涉及城市“关键质量”的艺术元素及创意场所，创建更安全的街道，确保城市文化战略的多样性，发挥高增长领域的“艺术”和“技术”之间的协同作用，巩固市中心地区成为更具吸引力的办公场所和住所、创建非功能性和非正式的高质量艺术基础设施网络等。

第四节　景观行为学理论的案例解析

莫里斯·梅洛 - 庞蒂（Maurice Merleau-Ponty）在《行为的结构》（*The Structure of Behavior*）中认为：形式理论意识到了一种纯粹结构的思想所带来的后果，并且寻求把自身拓展为一种取代实体哲学的形式哲学，有人甚至说，行为在地理环境中有它的根基和最终的效应，但是，正像我们已经看到的，行为只是通过适合于每一种类及每一个体的环境之中介才与地理环境联系在一起，而且既然地理环境属于物理世界，那么它所产生的结果也一定属于物理世界，他们把人的身体置入一个作为其各种反应的“原因”的物理世界的环境中，却没有探问赋予给“原因”一词的意义，没有顾及格式塔理论所做的一切——它恰恰要告诉我们没有哪种形式在自身之外有其充分原因——行为只能作为物理世界中的一个区域而出现，而物理世界取代各种形式，行使这些形式应该实现的普遍环境之功能。[①] 安东尼·德·圣艾修伯里（Antoine de Saint-Exupéry）在法国童话故事《小王子》(*Le Petit Prince*）的“小王子发现满园的玫瑰花”一节中就提出了“仪式是什么？”这一人类学及行为学中的一个关键问题：

> 第二天，小王子又来了。
>
> “你最好每天在同一个时候来，”狐狸说，“比方说，如果你每天下午四点钟来，那么三点钟的时候，我便开始高兴。随着这一个小时慢慢过去，我会感到越来越快活。到了四点钟，我已经满心焦虑，坐立不安。我要向你表示我是多么开心！可是如果你随便什么时候都来，我就永远不会知道我的心该从哪个小时开始准备迎接你……我们必须遵守适当的仪式……”
>
> “什么是仪式？”小王子问。
>
> “那也是经常被人们忽视的行为”，狐狸说，“它们使得这一天不同于其他日子，这一小时不同于其他时候。比如，我的猎人们中间有一项仪式，每个星期四，他们都要和村子里的姑娘们跳舞。于是星期四对我来说就成了一个美妙的日子！我可以一直散步到葡萄园那儿。可是，如果猎人们随便什么时候跳舞，那么每天的日子都千篇一律，我永远不会有任何假期。”[②]

“仪式”就是“使某一天与其他日子不同，使某一时刻与其他时刻不同”，仪式感也为人们的行为活动留下了时间意义的事件刻度，而“意义是一个结构空间，是一个感知预期的网络，一种处理人与物的可能性集合。意义对行为的导向作用就像在地图上指出某个点出发的所有可能路径……意义总是某个人的建构，恰如感知总是某个人的感知。因此，意义总是体现在其所有者

① 参见［法］莫里斯·梅洛－庞蒂《行为的结构》，杨大春、张尧均译，商务印书馆2010年版，第201—204页。

② ［法］圣艾修伯里:《小王子》，马爱农译，中国国际广播出版社2006年版，第185—187页。

身上……意义出现在语言的使用中，尤其涉及人与人工物的交互中。意义既不是事物固有的物理属性或材料属性，也无法定位在人类的思维中。恰如文本的意义通过阅读体现出来，人工物的意义在于人与物相互作用（以及通过此人工物与其他人工物的交互）。人类通过参与这些过程，不断开放观念……意义是不固定的。人类与人工物相互作用的特征是人类的观念不断开放。意义由以往经验构成、延展、传播，恰如想像力一样。限制这种灵活性的是人类参与的可行性和经济性……意义由感知引起，感知也是意义引起的一部分。因此，当前感知是其意义，特别是在当前感知下一个人能做什么的一种换喻。吉布森认为意义是被察觉到的可供性（perceived affordance）”[①]。因此，景观行为学研究的领域即包括了心理学、社会学、人类学、建筑学、景观学、城市设计等学科的交叉学科领域，它的主要研究对象是人与周围物质的、精神的环境之间的关系，以及人与环境之间的作用与反作用关系等。景观行为学研究将探讨在社会环境中人类行为与心理产生的根本原因和规律，以及人类的行为对物质环境的影响，旨在将人们的行为心理需求体现在景观设计中及在设计过程中能够更多地考量“景观本体与感知行为”“景观的文化与社会变迁”“环境意识与环境认知”“视觉心理学与其他感知心理学”“特殊群体的景观直觉与认知”等问题。

一、景观规划设计行为学的理论文本梳理

（一）克里彭多夫的设计语意学感知行为理论

克劳斯·克里彭多夫（Klaus Krippendorff）在图 6-67 的逻辑绘制中认为“感知”是永远真实且不可置疑的，被描述成通过转喻唤起意义。之所以说是通过转喻，是因为当前的感知总是属于感知所引起的一部分：即一个人所感知到的意义。多重意义意味着要从多种行为中做出选择：这些行为相互关联，以共同应对某件事情，要么让事情朝着正确的方向发展，要么将事件重构以达到预期的感知。意义转化为具体行为也会引起对感知的预期，而实际感知到的行为序列既可能支持之前的预期，也得能将其推翻。克里彭多夫认为外部世界（也即人工物）是可控的，但只是部分可控。外部世界就其本身而言是不可知的，只能感知一个人自己的行为序列，并在遇到问题时修正其意义，

① ［美］克劳斯·克里彭多夫:《设计：语意学转向》，胡飞、高飞、黄小南译，中国建筑工业出版社2017年版，第47—48页。

同时，他更直白地指出：“因为意义和赋予的功能并非在物理上可度量，但却引导着人们的交互活动，他们如何能经得起观察（独立的观察，而不是个人参与人工物其中）？简短的回答是：人无法观察到意义，只能观察到意义对行为产生的影响。”[①]

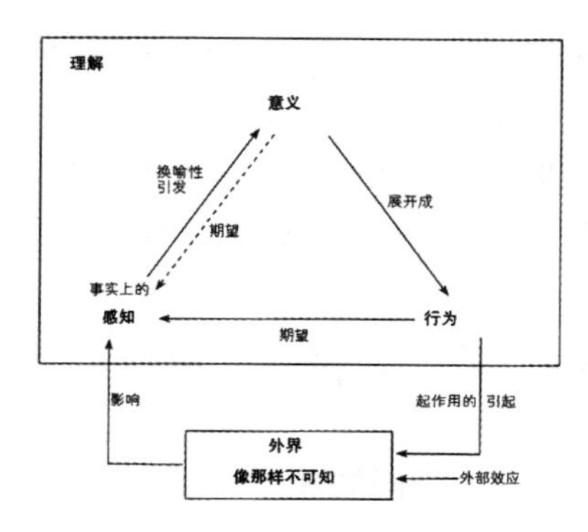

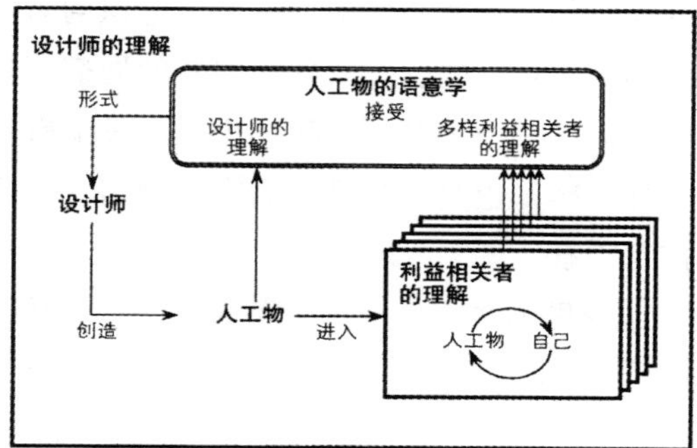

图 6–67　感知、意义、行为

汤姆·R. 瑞恩（Tom R. Ryan）等从景观细节构造与景观感知行为间的关联出发，指出景观艺术细节往往以平淡无奇的方式向观者传达景观的形式及其被建造的方式，并可揭示形式中潜在的内容——观者不知不觉体会到的微妙特部。在这些模式中，“审美”一词则被用于描述识别艺术与工艺间、理想与环境间、概念与其具体体现间的不可分割联系的特部。设计师依然要一贯地寻找愉悦其他人类感官的机会，强调景观及其细节的视觉质量，譬如材料的触觉质感就很重要：脚下风化花岗岩的踩踏感，不锈钢管及玻璃栏杆的光泽精度，厚实奢侈的长椅垫，或开裂石墙纹理的粗糙质感。听觉质感也是至关重要的：某个特定空间必须具有静谧、宁和的空间感吗？它是尺度大回声感也强吗？整个空间中人的脚步声应回荡徜徉，还是应更适合轻轻一踏，仿佛缥缈而无声息？如果听到泼水声、灌木丛中叽叽喳喳的鸟鸣声而非交通噪声是否会提高空间中的用户体验。景观设计中也须考虑愉悦参与者嗅觉的因素：脚下百里香的香味、鲜花的清香、割青草的清新以及池塘中掀起的湿润的微风。因此，景观设计师们必须要意识到应用这

① ［美］克劳斯·克里彭多夫：《设计：语意学转向》，胡飞、高飞、黄小南译，中国建筑工业出版社2017年版，第48—50页。

些要素调动感官参与的重要性，并经常使用这些要素发挥景观设计中的优势。①

因此，对于景观设计中的“感知”这一行为，克里彭多夫给出了明确的定义：“感知是一种不需要通过反思、理解或说明的方法而接触世界的感觉。它包括所有的知觉：视觉、听觉、触觉、味觉、嗅觉，甚至动觉……感知是一种背景，用于凸显那些异常的、意外的，或者不同的事物。感知是一种不言而喻的、理所当然的、近乎无意识的对事物的察觉。大部分感知都来自于熟悉的、正常的、没有任何问题的周遭环境，这使得一个人可以把注意力集中在某件其他事情上，比如坐在沙发上看着报纸，或者边骑单车边关注交通情况。感知也是由性情、需求、期望、情感组成的，所有的这些都与人的身体有联系。”②

克里彭多夫也认为了解人是一种比较深层次的理解。这是一种嵌入式的理解，在考虑自己的理解时也考虑别人，即使这些不同的观念和想法有时会相互冲突。这种理解属于二序理解。以人为中心的设计就是为他人而设计，它必须基于二序理解。如图6–68展示了如何在二序理解中赋予物品一个意义。在设计师的世界里，设计师有自己的理解；在利益相关者的世界里，利益相关者有自己的理解。设计师通过二序理解给利益相关者提供了一个空间，而不是不同的世界。从不同的角度看问题，所得出来的结论不太一样，不同利益相关者看到不同的问题，但他们自己的知识结构非常重要，可能会使他们的认识受到局限，包括词汇、逻辑、价值观、目标的局限——他或者她理解的每一样东西，设计师世界中的设计者，客户世界的客户，生态学世界的生态学家，用户世界的用户。设计者通过物品游走于这些世界，被利益相关者描述的这些物品存在着相互关联。③

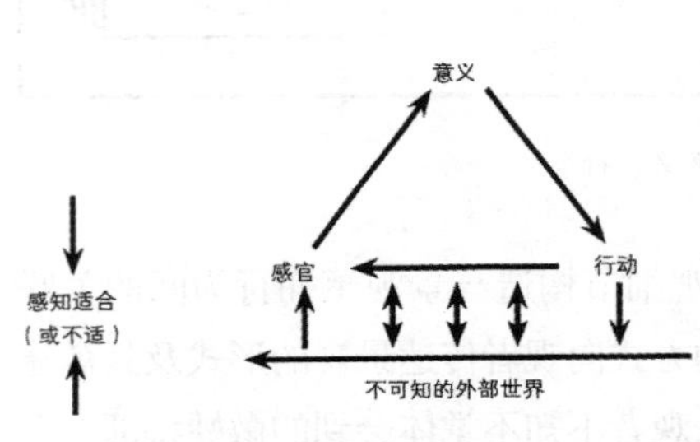

图6–68　可供性：直接感受的单位

情境描述的是实际的或预期的事件序列，对于设计者来讲，挑战在于对

① 参见［美］Tom R. Ryan、Edward Allen、Patrick Rand《风景园林师应关注的细节》，王浩然译，电子工业出版社2016年版，第4页。

② ［美］克劳斯·克里彭多夫：《设计：语意学转向》，胡飞、高飞、黄小南译，中国建筑工业出版社2017年版，第42—43页。

③ 参见［美］克劳斯·克里彭多夫《设计：语意学转向》，胡飞、高飞、黄小南译，中国建筑工业出版社2017年版，第55—56页。

收集的用户情境进行分析，并构建一个可能情境的总图，图 6–69 中（a）所示的情境，是一个用户以时间为顺序的交互序列。虽然人对相同情况的反应不一定相同，但如果忽略某些无关的功能，可以观察到重复的动作，由此可以把该图简化成为图 6–69 中的（b），而图 6–69 中的（a）每个不同动作只出现一次，重复的交互则形成循环，描述用户重复某些动作直到满意。如果在一个用户多次或大多数情况下是大量用户的情境合并为一张图，即如图 6–69 中的（c）所示，就会呈现出用户的决策点，也就是达到最终目的的不同途径的分岔点，以及是有经验的用户所发现的捷径。“不变的是，最自然也是最可靠的情境是那些由重复的日常交互组成的、符合熟悉的基本原则，以人们耳熟能详的隐喻为概念模型……当设计新人工物的时候，该产品的现实中的用户还不存在，设计者依靠的方法是去创造、虚构出所谓的‘角色’。角色不是心理学概念，而是由一系列的情境、习惯或行为构成。这些构成角色的元素是一个想像中的典型用户的预期常规，或是当他们面对一个全新的或改进的产品时愿意建立的新行为、新习惯。”①

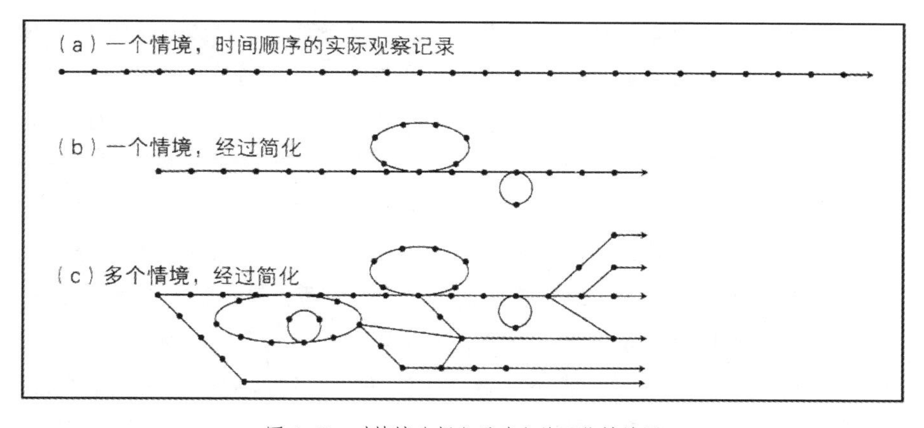

图 6–69　对情境分析之后建立的可能性地图

若将克里彭多夫的产品设计情境理论置入博尔赫斯创作的《小径分岔的花园》（*El jardín de senderos que se bifurcan*）小说文本中对于“曲径分岔的花园”这一座“迷宫”的解读，可见博尔赫斯已把一座象征性的迷宫安置在一座真正的迷宫里，将一个经过微缩的时间花园“隐匿”在一个实际可感的空

① ［美］克劳斯 · 克里彭多夫：《设计：语意学转向》，胡飞、高飞、黄小南译，中国建筑工业出版社 2017 年版，第 107—108 页。

间花园中，巧妙地融合了通俗的侦探故事与费解的玄学动机：

> 青岛大学前英语教师余准博士的证言，经过记录、复述、由本人签名核实，却对这一事件提供了始料不及的说明。证言记录缺了前两页。①
>
> ……
>
> 我对迷宫有所了解：我不愧是彭寂的曾孙，彭寂是云南总督，他辞去了高官厚禄，一心想写一部比《红楼梦》人物更多的小说，建造一个谁都走不出来的迷宫。他在这些庞杂的工作上花了十三年工夫，但是一个外来的人刺杀了他，他的小说像部天书，他的迷宫也无人发现。我在英国的树下思索着那个失落的迷宫：我想象它在一个秘密的山峰上原封未动，被稻田埋没或者淹在水下，我想象它广阔无比，不仅是一些八角凉亭和通幽曲径，而是由河川、省份和王国组成……我想象出一个由迷宫组成的迷宫，一个错综复杂、生生不息的迷宫，包罗过去和将来，在某种意义上甚至牵涉到别的星球。我沉浸在这种虚幻的想象中，忘掉了自己被追捕的处境。在一段不明确的时间里，我觉得自己抽象地领悟了这个世界。模糊而生机勃勃的田野、月亮、傍晚的时光，以及轻松的下坡路，这一切使我百感丛生。傍晚显得亲切、无限。道路继续下倾，在模糊的草地里岔开两支。一阵清越的乐声抑扬顿挫，随风飘荡，或近或远，穿透叶丛和距离。我心想，一个人可以成为别人的仇敌，成为别人一个时期的仇敌，但不能成为一个地区、萤火虫、字句、花园、水流和风的仇敌。我这么想着，来到一扇生锈的大铁门前。从栏杆里，可以望见一条林荫道和一座凉亭似的建筑。我突然明白了两件事：第一件微不足道，第二件难以置信；乐声来自凉亭，是中国音乐。正因为如此，我并不用心倾听就全盘接受了。我不记得门上是不是有铃，是不是我击掌叫门。像火花迸溅似的乐声没有停止。
>
> 然而，一盏灯笼从深处房屋出来，逐渐走近：一盏月白色的鼓形灯笼，有时被树干挡住。提灯笼的是个高个子。由于光线耀眼，我看不清他的脸。他打开铁门，慢条斯理地用中文对我说：
>
> “看来彭熙情意眷眷，不让我寂寞。您准也是想参观花园吧？”
>
> 我听出他说的是我们一个领事的姓名，我莫名其妙地接着说：

---

① 参见［阿根廷］豪尔赫·路易斯·博尔赫斯《小径分岔的花园》，王永年译，上海译文出版社2015年版，第83页。

"花园?"
"小径分岔的花园。"
我心潮起伏，难以理解地肯定说：
"那是我曾祖彭寂的花园。"
"您的曾祖？您德高望重的曾祖？请进，请进。"
潮湿的小径弯弯曲曲，同我儿时的记忆一样。[①]

维基·戈德堡（Vicki Goldberg）曾断言："艺术家、作家和设计师在唤起不明确的回忆、考究神话结构或探索构造我们生活的小说时，也许不会撒谎。"[②]"叙事是人们形成经验和理解景观的一种基本方法。故事则把对时间、事件、经历和记忆等无形的感知同更为具体的地点联系起来，由于故事把对地点的体验串连成各种有趣的关系，因而叙事就能提供认知和形成景观的方法，而这些方法一般在传统文件、地图、实测甚或正式的设计文件里都不被承认。"马修·波泰格（Matthew Potteiger）基于以上的"景观叙事"理论逻辑前设，认为建立在生活经验基础上的叙述即使是最简单的故事，也能提出有关主观性、表现、构想和真实性等重要问题——"例如，在故事中每个人物的经历反映了修改、重绘景观核心和意义的变化，因此，重要的是提问：讲谁的故事？为什么要讲？通过故事要建立什么体系和信仰？人们怎样选择发生在一个地方的多种层次（个人、民族和地区）、五花八门且常常相互矛盾的故事呢？讲故事的道德标准和策略又是什么？"同时，波泰格亦以"跨越时空界限"为题眼而深刻指出："有一种倾向认为，叙事主要是一种时间艺术，景观则属于视觉空间的事物，一种不变的背景，因而也是非叙事的。然而，正如利科所说，叙事融合了两个维度，一个是事件的时间顺序，另一个是把叙事编成空间模式的非年代序列。故事可以把事件编成线索，创立等级层次，衔接首尾，以形成循环或者制造连结和设计迷宫。同样，通过景观，叙事的时间维度就可见了，并且'空间得以充实，对时间、情节和历史活动作出反应'。景观叙事协调了这种时空体验的交会。"[③]"……为各种形式的叙事提供独

① 参见[阿根廷]豪尔赫·路易斯·博尔赫斯《小径分岔的花园》，王永年译，上海译文出版社2015年版，第89—91页。
② Vicki Goldberg, "Photos That Lie and Tell the Truth", *New York Times*, March 16, 1997.
③ [美]马修·波泰格、杰米·普灵顿：《景观叙事——讲故事的设计实践》，张楠、许悦萌、汤丽、李铌译，中国建筑工业出版社2015年版，第Ⅴ—Ⅵ页。

特的机会，诸如集聚过去和现在以成综合景象，并列或交织故事线索，创造非直线关联、故事的多层次和向参与者开放的叙事大拼贴。事实上，背离了19世纪的现实主义传统和线性时间观念的文学的后现代转向，采用了许多相同的策略。”[①]“……在短篇小说《交叉小径的花园》里，博尔赫斯（Jorge Luis Borges）创造了一个复杂的如迷宫般的时空组构。”[②]

（二）思韦茨、西姆金斯的CDTA理论

凯文·思韦茨（Kevin Thwaites）和伊恩·西姆金斯（Ian M. Simkins）在《体验式景观——人、场所与空间的关系》（*Experiential landscape: an approach to people, place and space*）中将“人类的行为模式”作为体验式景观设计理念的核心，并对空间维度和体验维度结合而成的体验式景观进行了设问：“体验式景观既是思想的产物也是物质世界的产物。如果说每个人或者整个社会肯定都有这种随之而来并对其日常生活和习惯产生影响的体验式景观的话，那么我们要考虑的问题是：我们怎么能够辨别这些景观并了解它们的属性和特征？”思韦茨和西姆金斯亦以“体验式景观的概念——揭示体验的潜藏维度”为议题给出了CDTA的答案——中心、方向、过渡和区域——“把这四个术语集中起来取其首字母构成了一个缩略词CDTA，一方面是为了行文的便利，但更为重要的另一方面是为了说明我们必须将这些空间—体验元素理解为一个不可分割的整体中的各种可识别感觉。CDTA为形成一门能将场所感知过程中的体验维度和空间维度联结起来的语言奠定了基础。体验式景观场所代

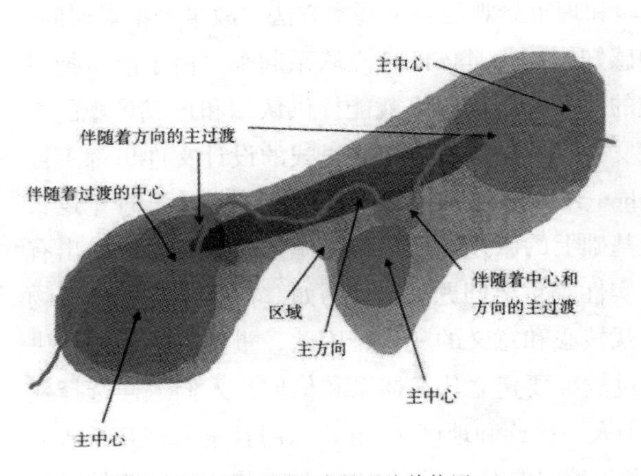

图6-70 体验式景观的结构图

① ［美］马修·波泰格、杰米·普灵顿：《景观叙事——讲故事的设计实践》，张楠、许悦萌、汤丽、李铌译，中国建筑工业出版社2015年版，第7—10页。

② ［美］马修·波泰格、杰米·普灵顿：《景观叙事——讲故事的设计实践》，张楠、许悦萌、汤丽、李铌译，中国建筑工业出版社2015年版，第29页。

表的是更广意义上的体验式景观中可区分辨别但不可分离的 CDTA 的整体关系。”[①] 图 6–70 表示了体验式景观是中心、方向、过渡和区域（CDTA）的综合，图 6–71 表示了体验式景观的节奏起伏，图 6–72 为多层次音乐剖析——不同尺度的声音表达之间复杂的相互作用与混合的共同作用。

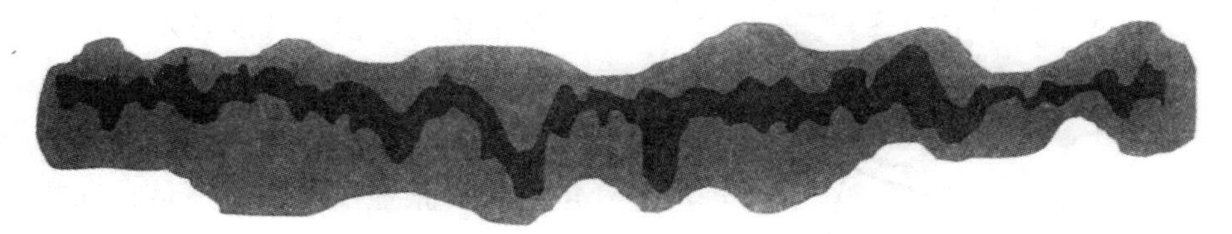

图 6–71　体验式景观的节奏起伏

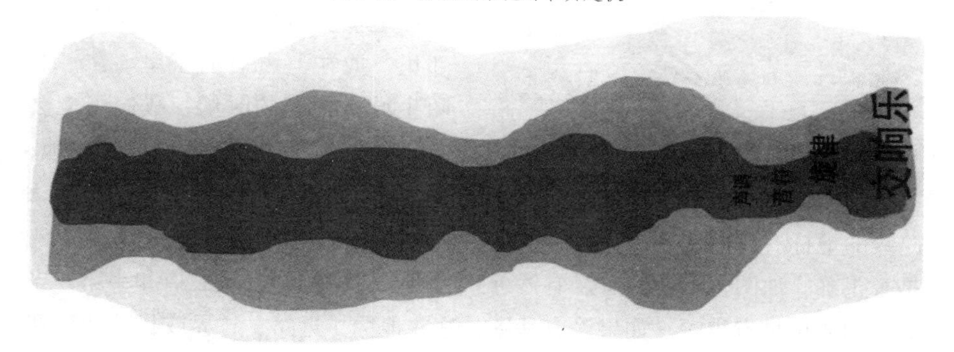

图 6–72　景观与音乐的类比

体验式景观是一种强调社会实用性比外观更加重要的户外空间分析设计方法。这隐含着一层意思，即我们试图关注那些规模较小并有时在视觉上并不起眼的场所。这些场所可能会对个人和群体的日常生活产生极其关键的作用，但相对于许多环境改善项目中的重大问题而言，它们或许并不引人注意，或者事实上相对于传统的审美标准而言，它们可能由于面貌丑陋而显得与众不同。体验式景观更多的是一种“自下而上”的户外空间分析设计方法，它通常关注场景中的细枝末叶并研究这些细节如何结合起来共同影响大场景的体验特性。这种性能在某种程度上与体验式景观的另外一个特征有关。中心、方向、过渡和区域这些空间类别是独立的尺度等级，这意味着我们能够在不同的尺度水平上发现这些空间类别。中心、方向、过渡和区域在呈现方式上显示了尺度独立性和嵌套特点，它们在思考如何利用体验式景观方法进行设

---

① ［英］凯文·思韦茨、伊恩·西姆金：《体验式景观——人、场所与空间的关系》，陈玉洁译，中国建筑工业出版社 2016 年版，第Ⅶ—Ⅹ页。

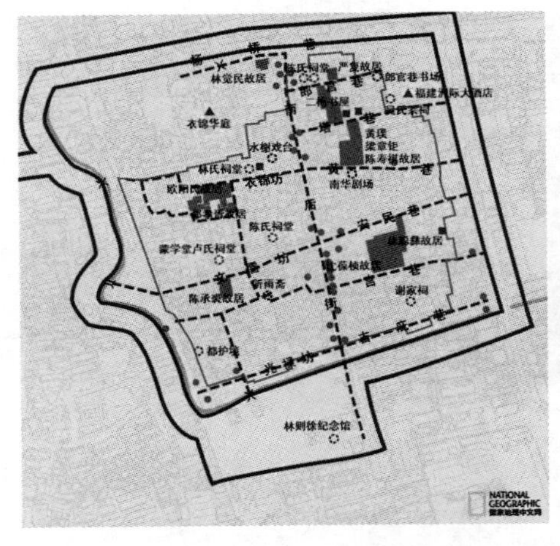

图 6–73　福州老城区“三坊七巷”地图

计的过程中提出了一些有趣的几何学问题。[①]

漫游式“时间旅行”的景观体验，可以从“地图”的绘制中得到一种抽象的几何呈现或者是一种具象景观形态的堆叠组织，“在某一刻，我们对四周事物的认识把我们定位在一张地图上，而不是在现实中。在一个熟悉的地方，我们依赖心理地图找方向，比如在家附近的邻里，或在停电后的家里。在一个陌生城市开车的时候，我们可能会看地图找路。没有地图，我们不知道我们的位置，不知道怎么到达目的地，更不可能知道沿途会出现什么。一张路线图可能会把一座教堂变成一个确认路线的地标。对照地图与所看到的街号增加或减少，会告诉我们前进的方向是否正确。地图告诉我们有没有抄近路的机会，帮我们分辨大道和小路，告诉我们哪里是省界等。如果没有地图，这些地标、近路、省界或目的地等都失去了现实性。从人的角度，地图能让我们对位置和方向的感官有意义，而且让我们在任何时候都能在看见之前就知道该期待什么，这些功能比很多在地图上被忽略的细节更重要”[②]。图 6–73 即为国家地理中文网对福州老城区“三坊七巷”景观空间结构抽象后的，关于中心、方向、过渡和区域（CDTA）的“地图”——从图上看，以南北走向的南后街为中轴线，三坊在西，七巷在东，呈“非”形排列。图 6–74、图 6–75 为《三坊七巷导游图》和《漫游坊巷》导览手册（试刊号）中的手绘地图，则均以空间实体的形象化表达了一种景观体验的复杂性。图 6–76 为上海田子坊旅游地图，展示了一个纵横交错“迷宫般”的景观格局形态，其十大特色景观亦以石库门作为典型建筑类型而弥散了一种“老上海”的独特时空体验。（图 6–77）

① 参见［英］凯文 · 思韦茨、伊恩 · 西姆金《体验式景观 —— 人、场所与空间的关系》，陈玉洁译，中国建筑工业出版社 2016 年版，第 30 页。

② ［美］克劳斯 · 克里彭多夫：《设计：语意学转向》，胡飞、高飞、黄小南译，中国建筑工业出版社 2017 年版，第 86 页。

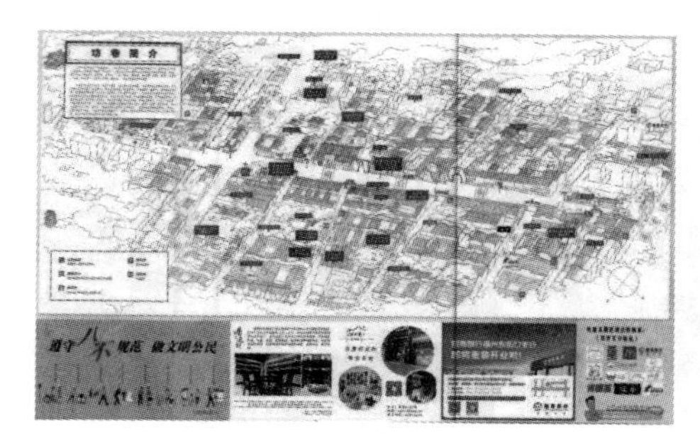

图 6–74 “三坊七巷”导游图

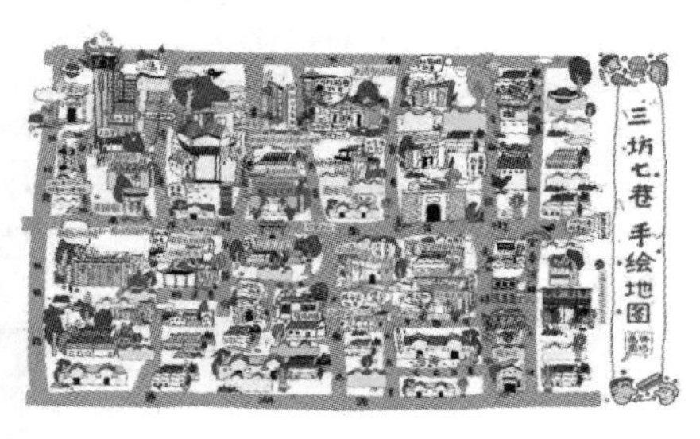

图 6–75 《漫游坊巷》手绘地图

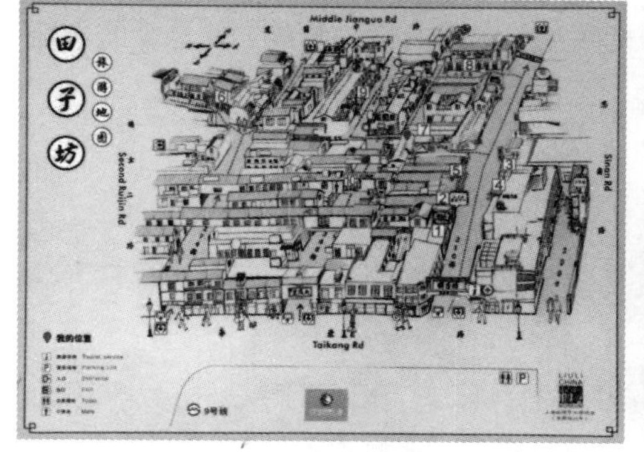

图 6–76 上海田子坊的海派传统街坊格局景观

图 6–77 “老上海”景观

地图就是对“中心、方向、过渡和区域”的综合性图式表达，是人的行为被投射至空间中的抽象性测绘记录，罗伯特·戴维·萨克（Robert David Sack）在《社会思想中的空间观：一种地理学的视角》(*Conception of space in social thought: a geographical perspective*）中亦基于地图绘制的空间视角及关于空间的不一样的描述方式，认为一个地图的生成就是由不同的技术水平、年龄、个人倾向性及其抽象思维能力等因素而决定的，而且“绘制地图所用的投影、比例及其对失真的控制，能够使空间关系的不同视角反映在地图上。由于这些投影、比例以及失真相互之间存在着系统相关性，因而地图能够凭借一个对空间进行描绘的灵活的标准，来协调个人的观点和视角。地图对空间的描述提供给我们一个参考框架，而这个参考框架是从物质世界里面抽象出来的，并且这个参考框架与物质世界中的物体及其相互关系相关联，而这种关联是可以被确定和描述的”[①]。诚如台北市的捷运导游图《关于台北 100

① ［美］罗伯特·戴维·萨克:《社会思想中的空间观：一种地理学的视角》，黄春芳译，北京师范大学出版社2010年版，第6页。

选》(图 6–78) 的诗意化文字介绍：

台北。你对这里的印象是什么呢？一百选，本是生活在台北的浪漫。我们习惯享受挖掘的乐趣，搭乘捷运四处走走，寻找城市隙缝间的小惊喜。

这一次，来一点点不一样。我们特别与旅客分享，搭上捷运，这些美好步行可及。

这是来自台北的邀约，一百个值得前往的好地方，准备了一百个不同的小礼物期待您到来。购物享用美食、逛逛特色文创小店，诚挚邀请您亲自踏访，偶尔停下脚步，用一杯咖啡的时间，暖暖、静静体验台北人的生活。

欢迎光临。①

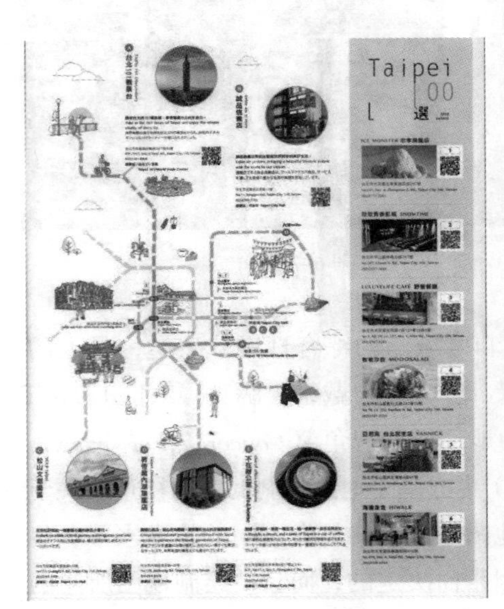

图 6–78　导游图《关于台北 100 选》

(三) 大野隆造、小林美纪的五感景观行为学

日本学者大野隆造、小林美纪在《人的城市安全与舒适的环境设计》中则专门论述了“感受身体感受的城市”——“谈起对某个造访过的城市的感受，人们往往会从视觉印象出发。这是由于看到的对象通过视觉方式被收集和识

① 台湾台北市的捷运导游图《关于台北 100 选》为笔者于 2018 年 7 月 6 日至 7 月 22 日在台湾辅仁大学进行学术交流搭乘台北捷运时所获得。

别，并通过照片等途径被强化，于是视觉记忆便成为优势记忆。而另一方面，由听觉和嗅觉形成的城市感受，如噪声、恶臭等负面印象往往会被放大。虽然在视觉感受以外仍存在丰富的城市感受，但一直被忽视。直到近年来，才开始有了为重新认识这些感受而做出的一些尝试。”[①]

大野隆造、小林美纪亦从视觉科学的角度对“巡游”进行了界定——“有秩序的连续体验”——巡游获取的不仅是视觉印象，通过探索性的巡游还能够得到环境的信息。

（四）卢卡雷利和法布吕基[②]的空间体验图解

玛里亚布鲁诺·法布吕基（Mariabruna Fabrizi）在《关于空间体验：汉斯·迪特·夏尔的路径、通道和空间（20世纪70年代）》[*About the spatial experience: hans dieter schaal's paths, passages and spaces（1970's）*]一文中以汉斯·迪特·夏尔（Hans Dieter Schaal）著名的1970年的黑白制图稿为例，认为“夏尔综合了他对连续空间、自然环境与人造结构之间关系及作为空间呈现的路径的研究，他始终保持着批判的眼光。一个基本物体的重复，如一张床、一扇门、一个窗帘、一个楼梯，成为了一个想象的可能性领域的起点”[③]。夏尔是一位德国建筑师、舞台设计师、景观设计师、作家和艺术家。在他的整个职业生涯中，他不断跨越不同学科的边界，创作出独特的作品语料库。

图6–79为“穿过岩石渗透的瓷砖平台的道路”（*Path crossing a tiled platform that is penetrated by rocks*），图6–80为“关于城市空间体验”（*About the spatial experience of cities*），图6–81为“具有历史性引用的立面”（*Facade with a historical quote*），图6–82为“建筑史大道”（*Boulevard of the history of architecture*），图6–83为“穿越核心空间的路径”（*Path crossing a heart space*），

---

① [日]大野隆造、小林美纪：《人的城市安全与舒适的环境设计》，余漾、尹庆译，中国建筑工业出版社2015年版，第29页。

② 福斯科·卢卡雷利（Fosco Lucarelli）和玛里亚布鲁诺·法布吕基（Mariabruna Fabrizi）为目前居住在巴黎的两位意大利建筑师。他们共同创建和编辑在线“杂志”Socks（Socks–studio.com），而且Socks的自我描述是“穿越人类想象力的遥远领域所到达的一个非线性的旅程”，Socks Studio是可视化管理学科的先例，其包含的范围为建成建筑设计、乐谱的科学原理以及几何概念。景观不仅仅是作为我们周围的自然，它也包含建成环境中文化影响因素与模式，以及在建筑、社会和景观的交叉点上超越和塑造环境的潜在持久性。

③ Mariabruna Fabrizi，“About the Spatial Experience：Hans Dieter Schaal's Paths，Passages and Spaces（1970's）”，http：//socks–studio.com/2014/03/02/about–the–spatial–experience–hans–dieter–schaals–paths–passages–and–spaces–1970s/，2018年4月4日。

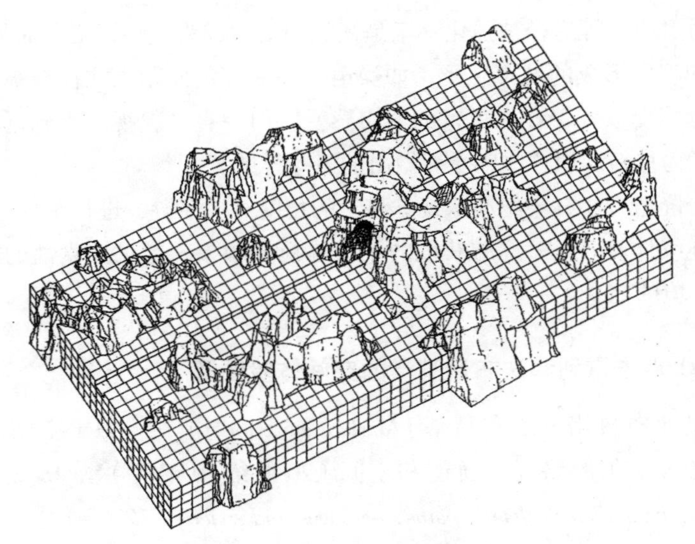

图 6-79　夏尔“穿过岩石渗透的瓷砖平台的道路”

图 6-84 为“从临床技术环境到浪漫环境的路径”（*Path going from a clinical and technical environment to a romantic environment*），图 6-85 为“景观中路径的交点”（*Intersection of paths in a landscape*），图 6-86 为“增加或减少的森林路径”（*Forest path with increasing or decreasing reality*），图 6-87 为“冬季花园”（*Winter Garden*），图 6-88 为“楼梯塔”（*Stairway towers*），图 6-89 为“楼梯的路径”（*Stairway path*），图 6-90 为“规则的公园形式”（*Regular park form*），图 6-91 为“帘子分隔的空间”（*Space subdivided by curtains*），图 6-92 为“床的景观”（*Bed landscape*）。

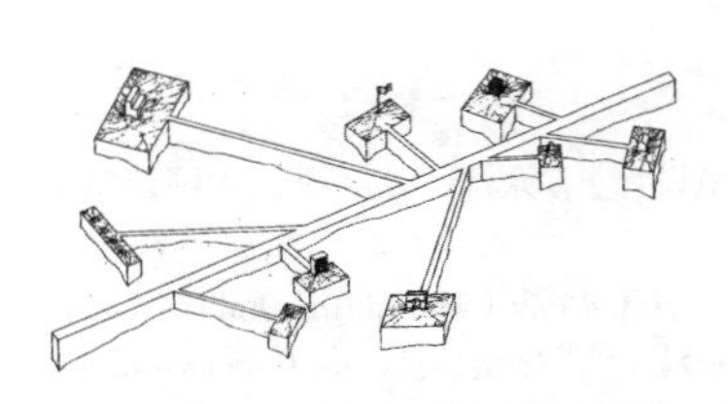

图 6-80　夏尔“关于城市空间体验”

图 6-81　夏尔“具有历史性引用的立面”

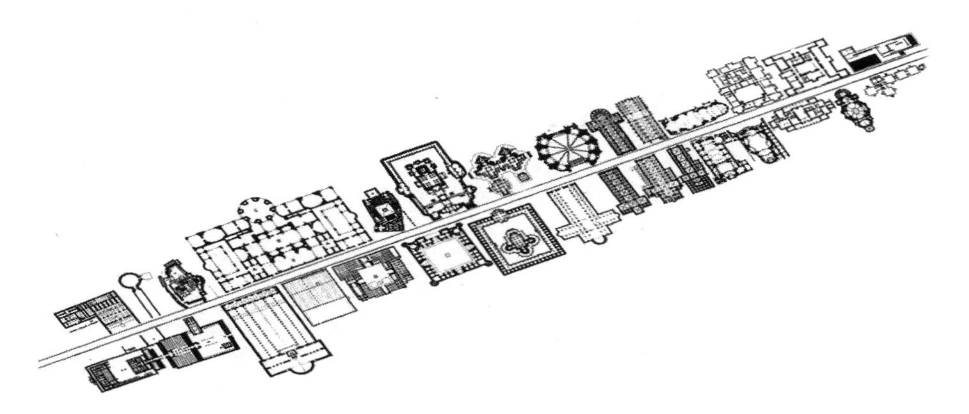

图 6–82　夏尔“建筑史大道”

图 6–83　夏尔“穿越核心空间的路径”

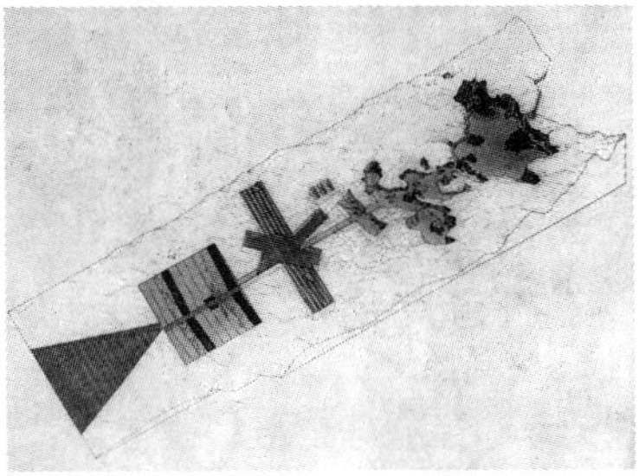

图 6–84　夏尔“从临床技术环境到浪漫环境的路径”

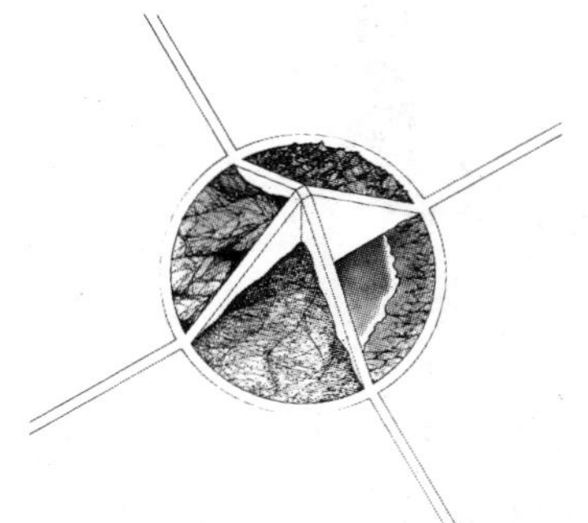

图 6–85　夏尔“景观中路径的交点”

图 6–86　夏尔“增加或减少的森林路径”

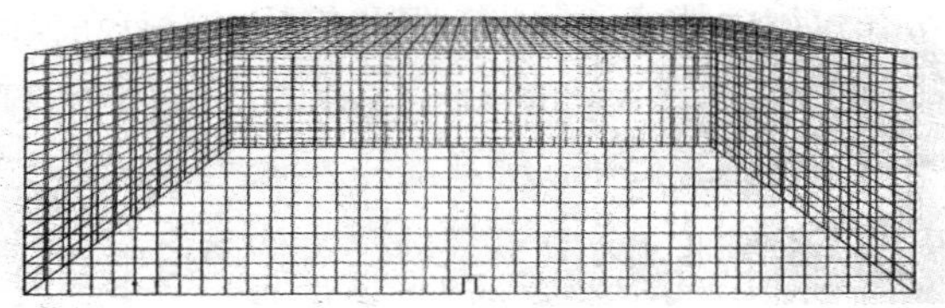

图 6–87　夏尔“冬季花园”

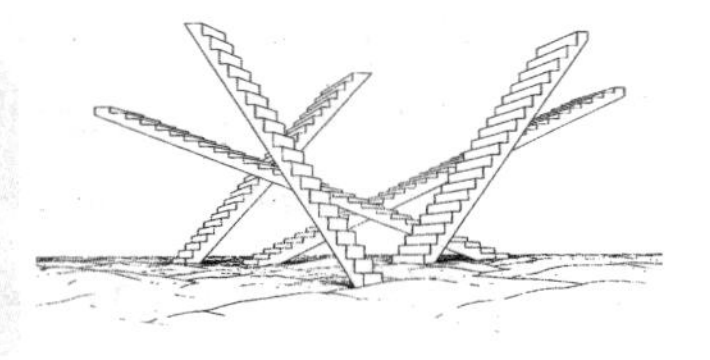

图 6–88　夏尔“楼梯塔”

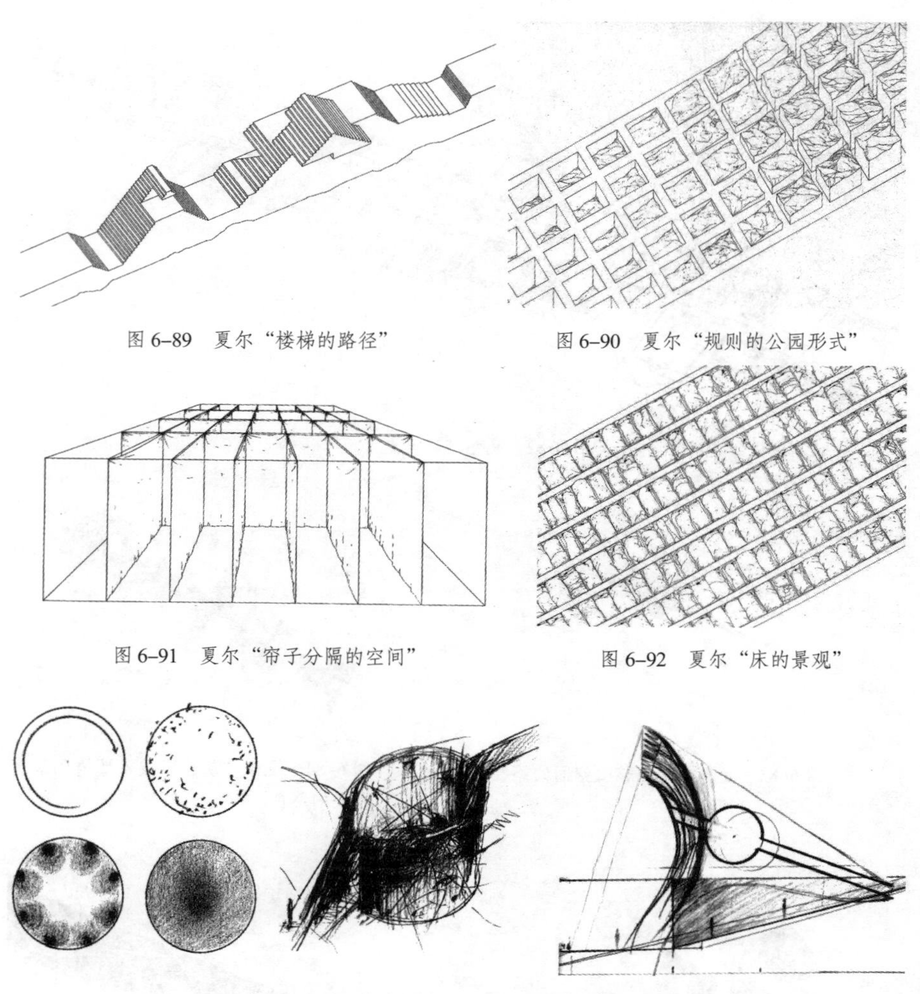

图 6-89　夏尔“楼梯的路径”

图 6-90　夏尔“规则的公园形式”

图 6-91　夏尔“帘子分隔的空间”

图 6-92　夏尔“床的景观”

图 6-93　公共艺术装置“声音圆筒”构思草图

福斯科·卢卡雷利（Fosco Lucarelli）在 2012 年 1 月 21 日的《1987 年伯纳德·莱特纳的声音圆筒》(*Bernhard Leitner's Le Cylindre Sonore, 1987*）文章中以“声音圆筒”为案例解析了人在景观环境中的行为方式：“尽管我们从 2007 年起就住在巴黎，并经常在拉维莱特公园散步，但我们从来没有在公园的一个主题花园中发现过一个小的声音馆（A little sound pavillion）。声音圆筒（Le Cylindre Sonore）是伯纳德·莱特纳（Bernard Leitner）的公共艺术装置，于 1987 年实现，是奥地利建筑师和作曲家为数不多的建筑作品之一。”（图 6-93、图 6-94、图 6-95）

图 6–94　公共艺术装置“声音圆筒”环境数据分析图

图 6–95　公共艺术装置“声音圆筒”中人与景观装置间的关系

“从 60 年代开始，莱特纳的作品就一直专注于声音和空间的关系或更好的‘声音作为建筑材料’作为他的一个回顾展的标题。不同于建筑墙壁，声音不是定义界限的基本媒介，也不是内部与外部的分离，不是一个模糊的、完全没有定义的实体，它能创造出不可见的墙和定义看不见的空间。声音圆筒部分隐藏在竹林中，它的混凝土双层墙位于边缘小巷的较低位置，成为孔洞自发地限定了公园的其他部分。一旦下了一个长长的楼梯，人们可以在一个真正的共鸣腔中体验冥想沉思的聆听，在8个穿孔的混凝土墙后面隐藏着三个扬声器。水铆钉增加细节，并帮助把这个地方从侧面分开。通过巧妙安排的回响，发出高音或充满声音，空间不断地被重新创造。柔软刺痛感与混凝土墙的坚固性进行着对话。"[①]（图6-96）

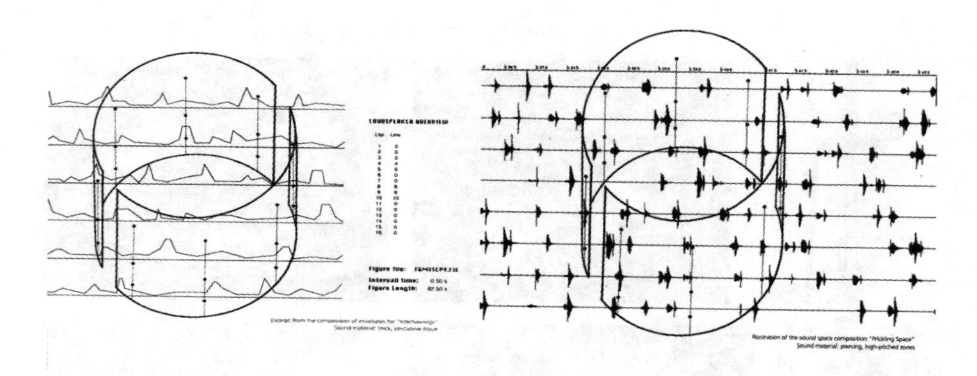

图6-96 声音与景观

（五）哈普林的"RSVP法"

美国著名景观设计师劳伦斯·哈普林在20世纪60年代提出了一套基于行为心理学的城市景观设计方法。他借用舞蹈动作编排（Choreography）的概念研究人在城市空间中的活动，将城市设计的流程分解为四个步骤：环境条件分析（Resource）、行为谱记（Score）、行为主观评价（Valuaction）和行为实施效果（Performance），取各词的首字母简称为"RSVP法"，其中valuaction为哈普林造的新词，由value（价值）和action（行动）合成。在这四个步骤中，最重要的是行为谱记S，它实际是哈普林创造的一套行为标记的方法，是在广泛调研使用者行为特征的基础上概括出空间使用模式，由此生成空间形态指导行为实施效果P，并建立一个开放系统，邀请社区的居民

① Fosco Lucarell，"Bernhard Leitner's Le Cylindre Sonore，1987"，http：//socks-studio.com/2012/01/21/bernhard-leitners-le-cylindre-sonore-1987/，2018年4月6日。

参与规划决策的过程中。[①] 初步的空间形态产生之后，由于改变了环境条件 R，再次征询居民和使用者的意见 V，上述 RSVP 的过程开始另一次循环，直至达成最终方案，哈普林在《参与：集体创造力的工作坊方法》（*Taking Part: a Workshop Approach to Collective Creativity*）中提出“参与式工作坊”（Take part workshop）是一种行之有效的行为谱记方法，工作坊的成员应包括市政府的主要负责人、各界市民代表等，他们构成了“当地居民的缩影”。[②] 哈普林强调选择、联系的这种设计哲学是以人的行为逻辑及其分析作为空间形态设计的基础，它与经典的现代主义城市规划思想如重视效率和几何秩序等大相径庭。[③] 而且，哈普林提出的 RSVP 法的基础是确定人的空间使用模式，重视在人的运动的设计哲学下进行规划设计方法的创新，从而生成空间形态，因此引导市民参与设计过程是至关重要的部分。[④]（图 6–97）

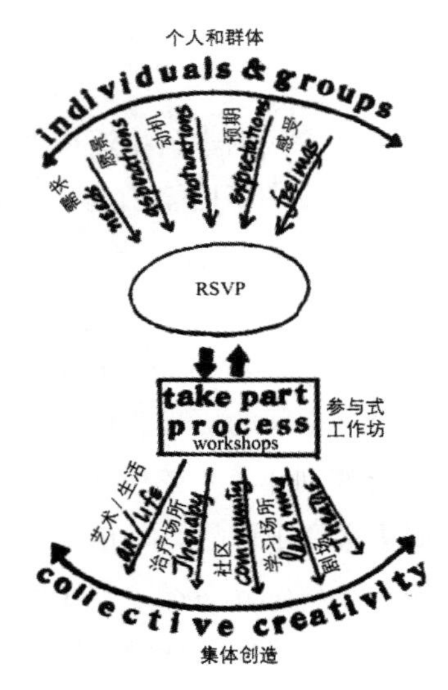

图 6–97 RSVP 规划法相互关系示意图

哈普林的行为谱记从语言学和符号学中汲取了相关理论基础，谱记是能指与所指的同一，或者是信息传递和解码过程的整合。谱记的本质是传达、引导或控制空间、时间、韵律、顺序、人及其活动等元素或者元素组合之间相互作用的符号系统。[⑤]

在哈普林看来，“对空间的编排是为了获得能让人静默和思考的音律，让人动静相宜、刚柔并济、阴阳和谐”。哈普林的妻子安娜·哈普林（Anna Halprin）基于舞蹈这一行为而说道：“作为舞者，我们

---

① Hirsch A，“Lawrence Halprin：Choreographing Urban Experience”，PhD dissertation of the University of Pennsylvania，2008，p.2.

② Halprin L，Burns J，*Taking Part：A Workshop Approach to Collective Creativity*，Cambridge：MIT Press，1974，pp.3–17.

③ Riew J，ed，*Thomas Jefferson Foundation Medal in Architecture：The First Forty Five Years*（1966–2005），Charlottesville：University of Virginia Press，2005，p.35.

④ 参见刘亦师《砖瓦水泥以外：美国弗吉尼亚州夏洛茨维尔市主街改造（1950—2010年）》，《国际城市规划》2015年第5期。

⑤ Lawrence Halprin，*The RSVP Cycles：Creative Processes and the Human Environment*，New York：George Braziller，1970，p.69.

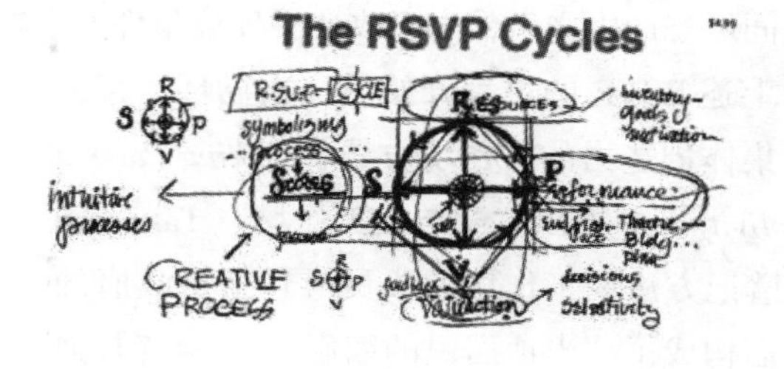

图 6–98　RSVP 环

通过感受自身的运动来体验自我，而我们的城市则是通过感受我们在其中的运动来体现自我。”音乐、舞蹈、空间和建筑的关系显然不仅仅基于形式和线条。早在20世纪五六十年代的加州，先锋舞蹈家安娜·哈普林和她的丈夫、著名的景观设计师劳伦斯·哈普林就开始尝试为身体和环境“编舞”。

劳伦斯继承了瓦尔特·格罗庇乌斯（Walter Gropius）的将所有艺术视为一个大的整体的思想，他从广阔的学科中汲取营养，尤其深受他的妻子安娜激进的舞蹈实验的影响。在设计了旧金山的吉尔德利（Ghiradelli）广场和明尼苏达的尼科莱特（Nicolet）商场之后，劳伦斯迅速跻身于美国最著名的景观设计师队伍。他们合作创作了理论著作《人类环境中的创造过程：RSVP 环》(*The RSVP Cycles: creative processes in the human environment*)(图 6–98)，彻底改变了音乐、舞蹈和公共空间的历程。1955 年，安娜创办了享有盛名的旧金山舞蹈坊。1960 年，安娜创作了“弦乐三重奏”(*Trio for Strings*)，这部作品被认为是第一个极简主义音乐作品。图 6–99 为安娜·哈普林创作于 1962 年 5 月的“五脚凳”(*The Five Legged Stool*)[①]，1964 年的作品“游行和变化”则被广泛认为是“后现代的前瞻之作，戏剧性地突破了芭蕾和现代舞”。图 6–100、图 6–101、图 6–102 为安娜·哈普林的舞蹈作品，而且劳伦斯在安娜的影响下，极为注重声音和运动的基本元素，并发展出一套超越了“模仿自然”的景观建筑类型。(图 6–103)

劳伦斯·哈普林将他设计的广场视为可以“编排”人的运动的剧场背景。尽管此前的喷泉大多只具备观赏的功能，但在劳伦斯为波特兰广场系列绘制的草图中，他强调水和人应该互动——“运动和韵律一直持续地影响着我和我

① Alison Bick Hirsch, *City Choreographer*: *Lawrence Halprin in Urban Renewal America*, Minneapolis: University of Minnesota Press, 2014.

图 6-99 作品“五脚凳”

图 6-100 伊拉·凯勒喷泉广场中的舞蹈

图 6-101 安娜以喷泉为场景的舞蹈作品

图 6-102 安娜 1977 年的作品“城市之舞”

的作品”[①]。作曲家伊莎贝尔·蒙德利（Isabel Mundry）在《规则不规则——关于当代音乐模式转瞬即逝的特质》（*Regelmassig unregelmassig. Zur Fluchtigkeit von Mustern in der zeitgenoessischen Musik*）的论文中亦将“音乐与建筑之结构相似性”进行了精确的比较分析：“在音乐中，建筑的概念可以被比作大型改编曲和分部曲之间的关系，如同一幢大楼中的房间的作用。传统上，会通过描述一个大的形式及其部分之间的关系来描述形式。因此，古典奏鸣曲形式的建筑风格由引子、展开、重奏和尾声的连续交替所组成。但总有一些不同思维模式倾向的形式类型。超越了传统的限定，在音乐背景下的建筑概念业已成为发挥性的或个性化的。在我的曲作中，当我将建筑概念安置于中心感知的地位和实现

① 相关资料来源于2009年的纪录片《安娜· 哈普林的舞蹈革命：呼吸可见》（*Breath Made Visible：Anna Halprin*）。

并环绕其的空间之间的时候，这个概念发挥了支撑的作用。当用这种方式隐喻式地作曲的时候，这个概念可以在很多层面上应用于音乐之中。例如，这个概念可以描述一个特定音调空间与其内部编排之间的关系，或一个清晰的音调时刻与其以时间为基础的外部之间的关系。而且这个概念总是能够向两个方向发展：从建筑布局到感知层面，反之亦然。我将感知称为音乐创造力的感官密切合作之所在。这是一种源于不同结构编排且又将其包含其中的结构性体验。”[①]

在 20 世纪 60 年代，波特兰和其他许多美国城市一样，在新的公园、办公楼、商店和住宅中重新创造和激励公共领域。街区的公园和广场序列是为了吸引中产阶级居民回到市中心，被证明是那个时代最成功的重建项目之一。该方案由劳伦斯·哈普林公司（Lawrence Halprin & Associates）设计，由三个相连的室外空间组成。该计划展示了南大礼堂重建区（The South Auditorium Redevelopment District）与市中心北部之间相连接的公共空间。在 1965 年到 1978 年间，这些“编排的空间”（Choreographed Spaces）邀请参观者体验与附近的喀斯喀特山脉和哥伦比亚河相似的场景。从南到北，流动的序列庆祝自然，从“源头”开始，一个喷泉唤起河流的源头，继续到爱悦喷泉广场（*Lovejoy Fountain Plaza*），然后是佩蒂格罗夫公园（*Pettygrove Park*），最后在伊拉·凯勒喷泉广场（*Ira Keller Fountain Plaza*）达到高潮。2001 年，波特兰房地产开发商约翰·拉塞尔（John Russell）开始调查整修公园序列（The Park Sequence）。通过拉塞尔和其他人的努力，这一举措促成了一项保护计划，并形成了哈普林景观保护（*Halprin Landscape Conservancy*）。2013 年 3 月，开放空间序列（*The Open Space Sequence*）被列入国家历史地名登记册（*The National Register of Historic Places*），为国家历史博物馆注册的第一批现代设计之一。[②]

肯尼斯·海尔普汉德（Kenneth Helphand）在《劳伦斯·哈普林的开放空间序列》（*Lawrence Halprin open space sequence*）[③] 中对其波特兰系列“景观序列空间”的景观行为学设计有着独到的认知：景观设计师劳伦斯·哈普林为他广受赞誉的“开放空间序列”（*Portland Open Space Sequence*）编织了一个丰富

① ［瑞士］蒙德利：《规则不规则——关于当代音乐模式转瞬即逝的特质》，载［瑞士］安德里娅·格莱尼哲、格奥尔格·瓦赫里奥提斯编《模式：装饰、结构与行为》，宋昆、孙晓晖、李德新译，华中科技大学出版社 2014 年版，第 95—96 页。

② The Cultural Landscape Foundation，“Portland Open Space Sequence”，https：//tclf.org/landscapes/portland-open-space-sequence，2018 年 3 月 3 日。

③ Kenneth Helphand，“Lawrence Halprin Open Space Sequence”，https：//www.asla.org/portland/site.aspx?id=44134，2018 年 3 月 28 日。

图 6–103　劳伦斯·哈普林为安娜画的肖像

的开放空间和步行系统，由两个引人注目的喷泉组成，它们都在俄勒冈州波特兰南部的城市更新区。已建成的绿树成排的林荫步行街串联了 8 个街区并将以下三个城市公园连接成一个空间序列：拥有着独特几何结构与地形轮廓线的爱悦喷泉广场（图 6–104）、佩蒂格罗夫公园（图 6–105）——一个小丘和绿色的“插曲”（Interlude）及前院喷泉（*Forecourt Fountain*），后改名为伊拉·凯勒喷泉广场——哥伦比亚河鲑鱼梯（The Salmon Ladders）的回声、瀑布和齿状山脊的山脉、中美洲的金字塔和美国西南部的平顶山与悬崖。这些对城市喷泉的激进的重新界定（Reconceptions）是波特兰最著名的景观设计作品——为公众参与而设计的。同时，城市瀑布、市民广场和水上花园，都是富有想象力的创新，改变了城市空间的可能性，这对社区的可持续发展至关重要。这些也都是表演场所，人们被允许甚至被邀请进入喷泉景观中而将自己淋湿，浸入其中而发掘到对瀑布的感觉。《纽约时报》建筑评论家艾达·路易斯·哈克塔布尔（Ada Louise Huxtable）的名言：“哈普林先生的设计让那些在传统的公园或公共广场上摆一件传统的现代雕塑的做法看上去过时了。”“前院喷泉是文艺复兴以来最重要的城市空间之一。”[①] 如果19世纪的公园是“乡村在城市中”（rus en urbe）——在城市中的乡土自然片段，而这些则是“自然在城市中”（natura en urbe）——城市中更野性的自然的抽象。正如哈普林在他1963年的著作《城市》（*Cities*）中写到的：“即使在一个城市中，水的声音和景象亦激起了人类天性中最基本和最重要的根源。”哈普林的设计将当代公园与广场景观系统置入了城市后续发展的重要阶段。今天，来自世界各地的设计师们对其进行“朝圣”（Make Pilgrimage）——研究该序列的形式和功能。

图 6-104　爱悦喷泉广场

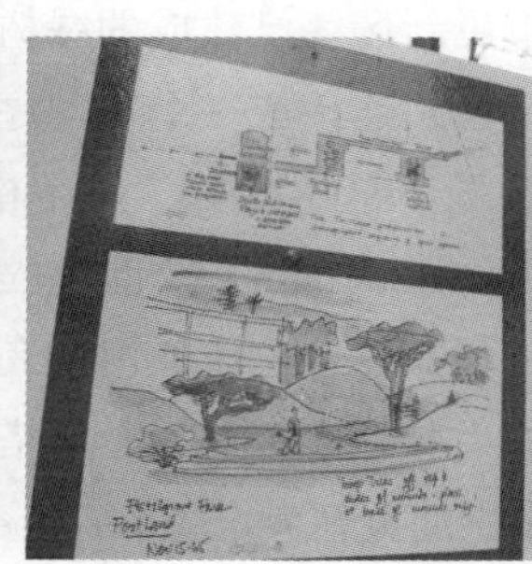

图 6-105　佩蒂格罗夫公园

① Huxtable, Ada Louise, “Coast Fountain Melds Art and Environment”, *New York Times*, June 21, 1970.

图 6–106 凯勒喷泉广场中“被编排的”空间中的景观行为发生

凯勒喷泉广场的设计非常注重人与环境的融合。（图 6–106）跌水部分可供人们嬉水，在跌水池最外侧的大瀑布的池底到堰口处做了 1.1 米高的护栏，同时将堰口宽度做成 0.6 米以确保人们的安全。大水池位置最低，与第三大街路面仅有1米的高差。从路面拾级而下所到达的浮于水面的平台既可作为近观大瀑布的最佳位置，又可成为以大瀑布为背景、以大台阶为看台的舞台。大瀑布及跌水部分采用较粗犷的暴露的混凝土饰面。巨大的瀑布、粗糙的地面、茂密的树林在城市环境中为人们架起了一座通向大自然的桥梁，“正如哈普林所预想的，这些设施有相当密集的利用，人们喜爱这里，这里可以发生任何事情，有很多趣味。瀑布背景前的水池上，有一些平台，这些平台不仅仅是观赏的场所，而且也创造了其它的活动。现代舞蹈、音乐、戏剧都选在这儿进行表演，显示了同一地点的不同的使用方式。”①

二、景观设计行为学的逻辑、案例与图解

（一）美国华盛顿特区越战阵亡将士纪念碑（Vietnam Veterans Memorial）

我的一位同学看到了越战纪念碑设计竞赛的海报。因为刚刚完成一项二战纪念碑设计的作业，我们决定用这个竞赛设计来结束课程。

二战纪念碑设计研究的时候，我注意到以往战争纪念碑往往强调胜利，而非每一位士兵的生命，一直到欧洲的一战纪念碑，情况才有所改变——这些纪念碑列出了所有在战争中失去生命的士兵的名字。那时还没有引入身份牌，而随着现代战争的爆发，根本没法辨认并确定那么多士兵的身份，因此很多纪念碑无法列出所有被杀害的士兵姓名，来纪念在战争中消失的生命。

这些事情深深地震撼了我，我知道我要创作的是一件强调平凡个体的作品。

整个感恩节假期我都在观察越战纪念墙的选址场地，我有了一股将大地切开的冲动。想象中，我切开大地，打磨切面，就像打磨晶片一样。

同时刚收到的竞赛指导上规定，要列出所有阵亡士兵的名字，且纪念碑本身要与政治无关，同时引发思考。我的设计是两面黑色花岗岩墙，立于地平线以下，按时间顺序刻上在越南战争中献出生命的男男女女。在两墙相接的最高点，1959年和1973年（分别标志战争的开始和结束）“相遇”了，围

① 林箐：《美国当代风景园林设计大师、理论家——劳伦斯·哈普林》，《中国园林》2000年第3期。

合成这场战争的时间环。退伍回国的老兵能在墙上找到属于他或她的时间，所有的参观者都能在名字之间看到自己的倒影。我想让这座纪念碑在每一位观者和那些名字之间建立独一无二的联系。

这件作品将视线直接引向林肯纪念堂和华盛顿方尖碑，三者从物理和历史两个方面结为一体。学期结束了，同年春天我决定以这个设计参加竞赛，并非我有一丝赢的想法，而是我想说一些话，让这座纪念碑个体化、人性化，同时聚焦个人的体验。我想忠实反映时间，反思我们同战争和损失的关系。

巧的是，提交设计的几周前，我的导师之一文森特·斯库里在我选修的一门课上提到了我研究过的一座一战纪念碑——鲁琴斯在蒂耶普瓦尔为纪念索姆河战役中牺牲的英国士兵而建的纪念碑。他把这座纪念碑描述成一段旅程，终点是对损失的觉察。我意识到他描述的这种体验与我设计的越战纪念碑如此相似，尽管形式上毫无相同之处。课上我就开始为设计撰写文字——直接在参赛板上手写（现在还能看到一些涂改），然后提交了设计。[①]

以上是美籍华人艺术家与设计师林璎（Maya Ying Lin）在《记忆之作Ⅰ》一文中对美国越战阵亡将士纪念碑设计历程的原点回顾，而她在《内部、外部和中间》一文中亦说道："艺术创作中，我努力保持简单的姿态或尽可能纯粹的想法，设计建筑则需要在秉持根本理念的同时构建功能与规划的层次。纪念碑，是真正意义上的混合——融合建筑的功能性，这里的功能具有纯粹的象征意义……艺术创作中，我的精力主要放在大型沉浸式环境作品上。这些作品是改变人与大地的关系的试验，雕塑地形和打上微妙的系统化印记是主要手段……我对设计的兴趣指向建筑和户外公共花园两个方面。建筑设计中，建筑融入景观一直是我的兴趣所在。我曾通过塑造围护结构来试验建筑与景观的融合，营造给人围合感的室外空间。它既不是建筑，也不是景观，而是介于两者之间，在这个重叠的空间里能体验两者的特性。这些作品框住了景观，同时向景观开放，让人重新感受与户外的联系……创作个人第一件作品——越战阵亡将士纪念碑——的时候，将以何种方式找到自己的声音，对地形、语言、时间和历史的兴趣会陪伴我多久，我一无所知。那时我没有

① 参见［美］林璎等《地志景观：林璎和她的艺术世界》，陈晓宇等译，电子工业出版社2016年版，第18页。

意识到我的作品竟如此深入大地。”[①]（图 6–107、图 6–108、图 6–109）

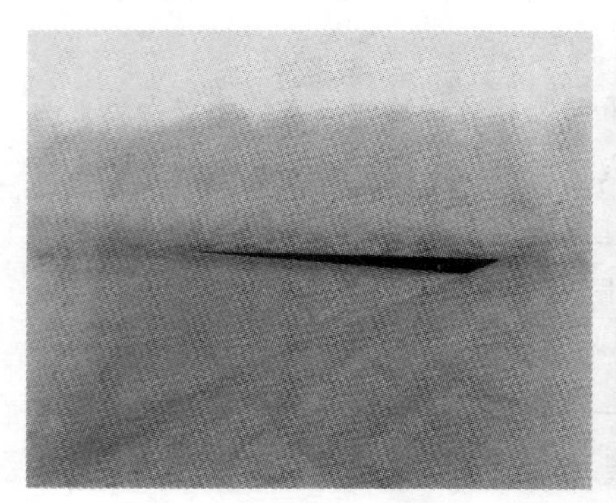

图 6–107　美国华盛顿特区越战阵亡将士纪念碑设计草图与鸟瞰照片

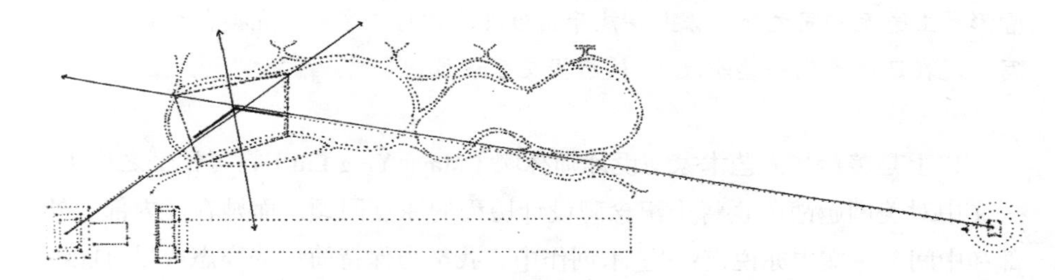

图 6–108　1981 年的越战阵亡将士纪念碑设计方案平面图

莎拉·古德伊尔（Sarah Goodyear）在《林璎的最新作品是对消失的自然世界的“最后的纪念”》（*Maya Lin's newest work is a 'last memorial' to the vanishing natural world*）的篇首即引语：“我要试着唤醒你，让你意识到你还没有意识到的东西正在消失。”（I am going to try to wake you up to things that are missing that you are not even aware are disappearing.）古德伊尔在此文中亦如此评述：“现在可能很难相信，但在 1981 年，在国家广场上的越战老兵那座又长又黑的纪念碑墙在公开赛中被选中的时候仍然是激进的。这一设计与几个世纪以来盛行的战争死亡纪念碑的设计是对立的。它是由时年 21 岁的亚裔美国人、耶鲁大学的本科生林璎所设计的，亦引起了更多的争议。她的设计被称为‘一条给广场留下了疤痕的黑沟’和‘有辱人格的下贱的沟’。《新共和》

---

① ［美］林璎等：《地志景观：林璎和她的艺术世界》，陈晓宇等译，电子工业出版社 2016 年版，第 15 页。

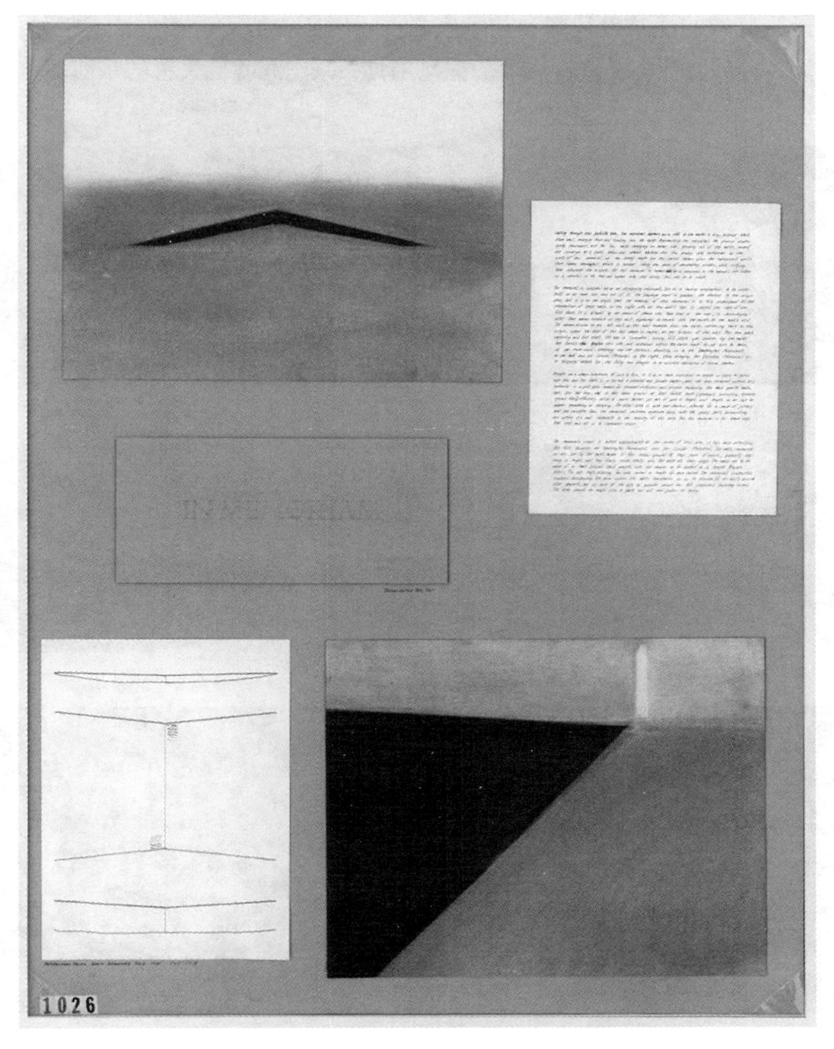

图 6–109　林璎提交设计图稿与说明文本，匿名编号为 1026

（*The New Republic*）杂志表示，纪念碑列出死者名字的方式‘使他们成为个别死亡，而非死因；他们也可能是交通事故’。亿万富翁、总统候选人罗斯·佩罗（Ross Perot）被广泛报道在 1982 年纪念活动前的长期争议中称她为‘蛋卷’。作为妥协的一部分，一个更传统的‘三士兵’雕像（The three soldiers）被添加到现场。[你可以在《艺术 21》（*Art 21*）中找到关于争议的完整和启发性的描述] 一代人之后，越战阵亡将士纪念碑成为了美国首都的一个受人爱戴和接受的象征。现年 53 岁（2013 年）的林璎已证明自己是她这一代最多产、最受尊敬的建筑设计师和艺术家之一。她还在努力寻找方法，把她的工作作为一种创造性的、富有成效的记忆工具，来纪念我们失去的东西。”①

图 6–110　与华盛顿方尖碑相接的景观视线——“景观结构与形式意义的联结”

图 6–111　与林肯纪念堂相接的景观视线——“景观结构与形式意义的联结”

图 6–112　在越南老兵纪念碑前的美国海军陆战队员

图 6–113　“三士兵”雕像

该墙体纪念碑②（A Walled Monument）由黑色花岗岩砌成的长 152.4 米

---

① Sarah Goodyear，“Maya Lin's Newest Work Is a ‘Last Memorial’ to the Vanishing Natural World”，https：//www.citylab.com/design/2013/05/maya-lins-newest-work-last-memorial-vanishing-natural-world/5718/，2018年4月1日。

② 华盛顿哭墙是一段位于美国首都华盛顿的华盛顿纪念碑与林肯纪念堂之间草地上，为了纪念在越南战争中阵亡和失踪的美军将士而建的一段城墙，一般被叫作越战阵亡将士纪念碑。墙从地表向下成 V 型，由黑色大理石筑成，墙上镌刻着58183名死者的姓名。哭墙建成10周年时的1992年，在哭墙第一次举办唱名活动，从11月8日中午12：30到11日上午9：00，持续了65个小时以上，把碑上5.8万多美军死者名字逐一大声地唱出来。

的V字形碑体沉到地下构成，用于纪念越战时期战死的美国士兵和将官，熠熠生辉的黑色大理石墙上依每个人战死的日期为序，刻画着美军1959年至1975年间在越南战争中阵亡者的名字。（图6–110、图6–111）图6–112为2002年7月4日在越战老兵纪念碑前的美国海军陆战队员，图6–113为美国著名雕塑家弗雷德里克·哈特（Frederick Hart）创作的“三士兵”雕像，图6–114为民众在寻找阵亡越战老兵的名字并进行瞻仰。克里斯托弗·克莱因（Christopher Klein）在2015年11月11日的《林璎越战老兵纪念碑的精彩故事》（*The remarkable story of Maya Lin's Vietnam Veterans Memorial*）① 中认为林璎设计了美国首都最感人的纪念碑，“当18岁的林璎穿过耶鲁大学（Yale University）的纪念圆厅（Memorial Rotunda）时，她忍不住要把手指放在刻着那些为国家服务而牺牲校友的名字的大理石墙壁上。在她大一和大二的时候，她曾凝视着石匠们将那些在越南战争中牺牲者的名字刻画在荣誉榜上。‘我认为这给我留下了深刻的印象’，林璎写道，‘一个名字的力量’。而且，它被发现是‘其具备说服力的地方在于，在这里，大地、天空和被铭记的名字相融汇于一体，包含了所有的信息’。林璎后来亦写道，‘从一开始我就很想知道，如果不是一个匿名的词条1026，而是Maya Lin的词条，我能被选中吗？’”图6–115为美国国旗在向逝去的将士致敬，图6–116、图6–117为老兵们在越战阵亡将士纪念碑上寻找刻在花岗岩石上士兵的名字。

图6–114　纪念环境与人的行为发生

① Christopher Klein，“The Remarkable Story of Maya Lin's Vietnam Veterans Memorial”，https：//www.biography.com/news/maya-lin-vietnam-veterans-memorial，2018年4月2日。

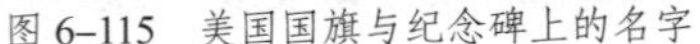

图 6–115 美国国旗与纪念碑上的名字

图 6–116 老兵们在寻找名字

克莱因继续写道："虽然她设计了一个无政治意义的纪念碑，但关于越南战争的政治是不可避免的。与战争本身一样，这座纪念碑也饱受争议。退伍军人团体谴责战争纪念碑上缺乏爱国或英雄的象征，并抱怨说，他们似乎只尊重阵亡者，而不是活着的老兵。一些人认为，纪念碑应该从地面升起，而不是沉入地下，就好像它是隐藏的东西一样。商人罗斯·佩罗（Ross Perot）曾承诺提供 16 万美元来帮助举办这场公开设计竞赛，但最终称林璎的作品为一个'沟'，并撤回了他的支持。越战老兵汤姆·卡斯卡特（Tom Cathcart）也反对纪念碑的黑色色调，他说这是'耻辱、悲伤和堕落的普遍颜色'。其他批评人士认为林璎的 V 形设计是一种潜意识的反战信息，模仿了越南战争抗议者的两个手指和平手势。'一个人不需要艺术教育就能看到这个纪念性的设计'，一位评论家评论道，'一个黑色的伤疤，在一个洞里，隐藏起来，仿佛是出于羞愧'。在写给总统罗纳德·里根（Ronald Reagan）的信中，27 位共和党国会议员称其为'羞愧和耻辱的政治声明'。负责该项目的内政部长詹姆斯·瓦特（James Watt）也站在批评者一边，阻止该项目，直到其做出改变。在林璎的反对下，联邦艺术委员会（Federal Commission of Fine Arts）屈服于政治压力，批准了增加了一根 50 英尺（15.24 米）高的旗杆悬挂星条旗和一尊八英尺高的由弗雷德里克·哈特（Frederick Hart）创作的'三士兵'雕像以作纪念，他们称林璎的设计为'无政府主义'。但是，委员会要求雕像不要直接与墙相邻，以尽可能地保护林璎的设计意图。（1993 年，在该基址上还添加了一座献给为越战服役的女性雕像）然而，在 1982 年 11 月 13 日纪念墙（the memorial wall）揭幕后，争议很快平息下来。当林璎第一次参观这个纪念碑现场时，她写道：'我想象着拿着一把刀切在大地，打开它，最初的暴力和痛苦能及时愈合。'她的纪念碑被证明是为那些在战争中服役的人和那些在越南打仗的人提供了朝圣之地。它变成了她想要的治愈和敬畏的圣地。就在纪念碑开放三年后，《纽约时报》在一篇名为《耻辱的黑色伤口》(*The black gash of shame*)的报道中说：‘越战后的美国社会裂痕在多年后才得以愈合，这一点也不奇怪。但令人惊讶的是，美国如此迅速地克服了越战老兵纪念碑所造成的那些分歧……何以解释如此快速地平复争议……最重要的一个解释就是名字（The names）。正如律师们所说，他们共同和个别地创建了一个国家和个人的纪念碑。’”[①] 图 6-118 为《华盛顿邮报》(*The Washington Post*)所拍摄的 1982 年在越战阵亡将士纪念碑开幕仪式上的林璎。

图 6-117 作为“治愈和敬畏”圣地的纪念碑

图 6-118 纪念碑开幕仪式上的林璎

（二）奥地利蒙德西（Mondsee，Austria）“伸展的序列”（Gucklhupf）

格雷姆·布鲁克（Graeme Brooker）与莎莉·斯通（Sally Stone）在《建筑文脉与环境》中从“文脉与空间、运动和视觉联系”三个层面阐释了景观形式建构的文化意义和行为环境间的内在关联：

> 文脉与空间——一个特定建筑或空间的感知、特性与体量都受到场地的场所感，或者精神，或者识别系统的影响。在这个包含不同特点和参照物的庞大集团里……它与地域、历史、外部因素的联系，室内外的转换，还有在建筑内部与周围的运动，对于设计师来讲都是很重要的工具。
>
> 运动——在一座建筑之中的运动可以是纯直线的（举例来说，一系列不完整空间的简单序列），或者是有叙事性的。它可以发掘建筑本身所蕴

① The New York Times Company，“The Black Gash of Shame”，*New York Times*，April 14，1985.

藏的故事。室内空间复杂的三维品质也可以在运动中得到认知。

视觉联系——对空间视线的探索可以为设计师提供绝好的机会：设计师可以依据壮阔的景观来创造场景。但是设计师必须要意识到空间朝向所带来的问题——也许阳光会带来过多的热量，也许会有盛行风的问题，或者有令人不快的景观。无论人们面对的是令人生厌的还是令人喜悦的景观，他们都必须接受。[①]

Gucklhupf ——“伸展的序列”(1992—1993)是一个实验性、平面化地建造在三个组装正方形上的景观建筑，其材料为4×6×7米的涂漆船用胶合板，并围绕着一个非常简单的结构系统而移动。简单的木结构建造于混凝土墩上，即以12厘米的方柱、6×12厘米的横梁为骨架而构成了外部纤维板覆盖的轴承框架，它的周围有12平方米的露台。一个自动装置系统和在可变高度上的伸缩面板，通过销钉、襟翼和不锈钢电缆与结构相连接——一系列滑轮、缆绳和杠杆对这些板进行开启与闭合控制，因此该建筑可以完全开启或闭合，或者保持在两者之间的任何一种状态。而且，在室内空间，观者可以按照他们的喜好，将这些墙当作巨大的图框来对外面美妙绝伦的景色进行裁切和框选。观者对他们与周围景色的关系具有控制权，即使他们只是藏身于这个小型的、扭曲的建筑之中。[②]在为期六周的夏季开放中，人们将建筑作为一种沉思冥想的空间，作为小型表演、音乐作品和诗歌朗诵的舞台，这亦明显参考于田园牧歌式神话(Arcadian Myth)。每一年的剩余时间里，这栋建筑被用作一个周末湖边日光浴或临时避难所的家。在冬天，它则变成了一间船屋(A Boat-House)。Gucklhupf是为1993年夏季在奥地利北部地区举行的以“陌生感”(Strangeness)为主题的夏季音乐节而设计和建造的，它探究了对立的本质——陌生与熟悉，静止与运动，居住与旅行，家庭庇护所的安全与家庭的距离——用一个非常简单的物体来表达，它是由建筑师根据不断变化的计划建造的，目的是在持续的改造中创造一个建筑，而不是永久的建筑。[③]同时，由建筑师亲自建造的房子也是一个“正在进行的工作”(Work in Progress)的隐喻。该结构不趋向于绝对的最终状态，但允许逐步偏离其初始

---

① [英]格雷姆·布鲁克、莎莉·斯通:《建筑文脉与环境》，黄中浩、高好、王晶译，大连理工大学出版社2010年版，第35—36页。

② 参见[英]格雷姆·布鲁克、莎莉·斯通《建筑文脉与环境》，黄中浩、高好、王晶译，大连理工大学出版社2010年版，第54—55页。

③ Hans Peter Worndl，“GucklHupf”，http://www.arch.mcgill.ca/prof/mellin/arch671/winter2000/lhill/box.html，2018年4月3日。

状态的立体物体，但完成的作品则必须将庆典主题中的模糊性具体地表达出来。Gucklhupf 引导眼睛和其居民的移动，因为每个人都可以自由选择一个视觉序列和开口的数量，而产生一个亲密的或视觉上可渗透的空间。从外表上看，立面重新塑造了失去表皮包裹作用的室内空间。①（图 6–119、图 6–120、图 6–121）

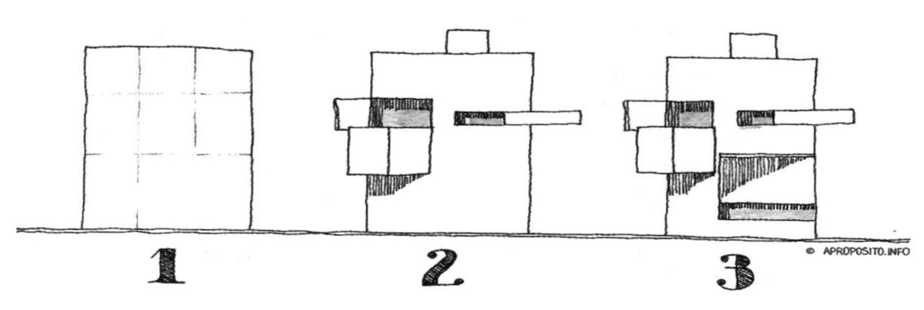

图 6–119　景观建筑“伸展的序列”设计草图

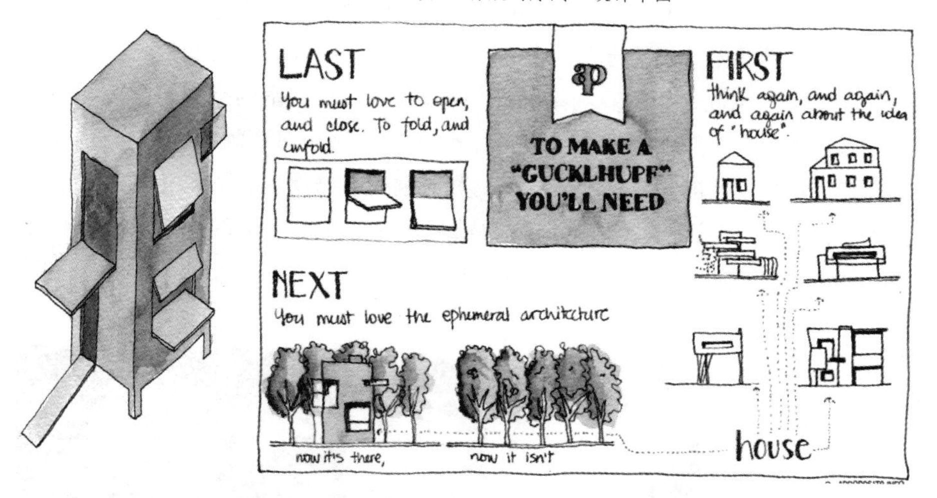

图 6–120　景观建筑“伸展的序列”面板的“折叠”

① Architecten Werk，“〈minimal space〉gucklhupf”，https：//www.architectenwerk.nl/minimalspace/gucklhupf.htm，2018年4月3日。

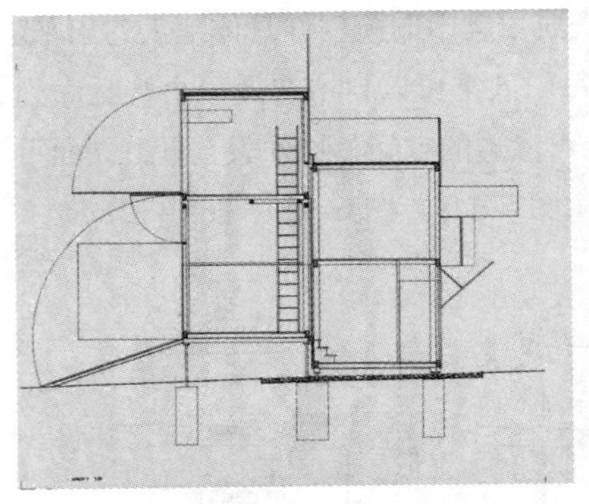
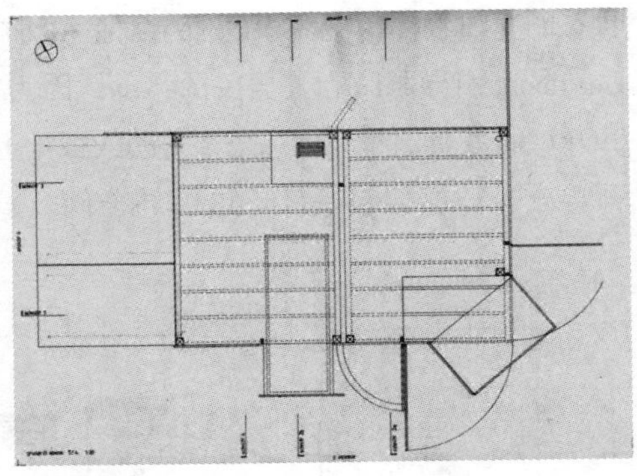

图 6–121 景观建筑“伸展的序列”施工图设计

Gucklhupf 在本书中意译为“伸展的序列”，其中“Gucken”意指“去观察，去发掘”，“hupfen”意指“去跳跃”，景观建筑设计师汉斯·彼得·王尔德（Hans Peter Wörndl）在一处能够饱览蒙德西湖景的山坡上，与他的两位朋友构思并建造了这个“盒子”，旨在为人们创造出一处可编辑和框选周围景色的室内空间，于此，布鲁克与斯通即精准地评述道：“室内空间通常都与外部世界有所关联，它通常不只参照它自身，也参照遥远的事物。窗户与其他开口带来了景观，并能与封闭起来的事物和遥远的事物发生联系。”[①] 这一个看上去十分奇怪的景观建筑，与其周围的景观保持了一种和谐的关系，亦恰恰是美妙绝伦的景色中的一个活跃元素。（图 6–122）

图 6–122 景观建筑“伸展的序列”装置所在的场地环境

① ［英］格雷姆·布鲁克、莎莉·斯通：《建筑文脉与环境》，黄中浩、高好、王晶译，大连理工大学出版社2010年版，第54页。

图 6–123 变动的景观

丹尼斯·霍普金斯（Denise Hopkins）认为这是一个非常吸引人的研究，研究了建成形式的力量和我们适应眼前需要的能力。在 48 平方英里（约 124 平方千米）的土地上，在两层半的楼层中，设计师对这个临时的（现在已被拆除）景观建筑的空间变幻潜力进行了探索。滑动、折叠、升起和缩回的木板系统用螺栓、铰链和不锈钢丝固定在框架上，居住者可以根据自己的需要推移墙壁、改变视野和变换光线，内部空间亦随着面板的升降或从墙的一段滑出而变为外部，而且“重新创造这座非凡的建筑将会是一种乐趣，该建筑借鉴了实验建筑（Experimental building）的最新发展。我想象着最初的住户对它的灵活性感到怎样的戏剧性惊奇，抑或考虑到一个家庭如何将其观念适应于日常需要而改变的他们的家”[①]。

事实上，Gucklhupf 这一作品是基于人的行为而制造出变动的“景框”和“框景”（图 6–123），即乔纳森·博尔多（Jonathan Bordo）所断定的“图画是见证的有序沉淀——与‘行为’（ergon）有关、在行为之中、以行为为中心”[②]。而马里奥·泰尔茨（Mario Terzic）在《相机人时代：汉娜·斯蒂普关于主观性和景观创造力的研究》（*The age of camera man: hannah stippl about subjectivity and the invention of landscape*）一文中的如下观点对于理解 Gucklhupf 这一“文脉中的盒

① Denise Hopkins，“GucklHupf–Small Houses”，https：//www.busyboo.com/2014/10/02/small-wooden-house-hpw/，2018 年 4 月 3 日。

② ［美］乔纳森·博尔多：《荒野现场的图画与见证》，载［美］W.J.T. 米切尔编《风景与权力》，杨丽、万信琼译，译林出版社 2014 年版，第 323 页。

子”颇具启示意义：“是什么使自然最终变成景观、荒野或一个生态系统？要回答这个问题，我们需要仔细观察人和自然之间的关系，以及对一些不朽的概念隐喻追根溯源。现代主观性假设，作为这些不朽概念之一，始终与景观密切相连。它的隐喻为（原始）小屋、一个人的单独房间、照相暗箱，或者近代出现的照相机……景观通过小屋的窗户、照相机镜头展开。只有这样，景观才的确变为了体验自然的范例，如约阿希姆·里特尔所说，它与现代主观性的密切联系才形成。有针对性地说，我们就是‘相机人’，呆在独立的、临时房间里看着外面的世界。把自然限定在选择的框架内，在几何参照框架内看自然，把景观定义为一种艺术形式。当然，这个观点强调了绘画的作用，但不仅限于它：窗户是一个空的、透明的框架，一个接口设备，它打开了视野，却把自然界阻挡在外面。我们看看知识的窗口，一个空的想象中的滤网，没有什么可看的，但是，透过它的框架，其他的视野将全被打开。隔离、框架和总览是主观经验生产关系客观化的基础、美学感的构成，以及对科学认知的合理限定。此外，景观被打造成一种观念和文化载体，以及一种把自然当作孤立存在的意识，而不存在恐惧。这就是为什么景观创造力的出发点位于暂时安全的乡村小屋内……17 和 18 世纪新景观的发现开始于小屋建筑，无论是在阿尔卑斯山脉或者海域附近。在那个时候，小型且装饰有建筑物的园林艺术被认为很是荒唐，这不仅仅是巧合，因为，这些园林看起来很抽象和意象，建造时没有任何实际目的，只是为了强调观看风景。”①

图 6–124　多变的、游戏化的装置形态

我们亦可以说其是一种“游戏化用户空间体验设计”（图 6–124），布莱恩·伯克（Brian Burke）认为体验是指人们在过去一段时间的个人经历，会

① ［奥］马里奥·泰尔茨、鲁旸主编：《景观艺术的魅力》，江苏凤凰科学技术出版社 2015 年版，第 221—224 页。

深刻影响人们的思维模式、丰富人们的知识、影响人们的行为习惯，而在一个游戏化设计的解决方案中，呈现给用户的体验常被设计成一次旅行，发生在一个既包含真实世界，又包含虚拟世界的游戏空间，这里“设计”不是指技术层面的设计，而是指游戏化体验设计（Experience Design），同时，游戏化体验设计亦是建立在设计思维、行为科学和自组织系统等学科基础之上的。[①]Gucklhupf 在“取景”的灵活性方面，恰恰如同瑞士著名建筑师彼得·卒姆托（Peter Zumthor）在《室内外的张力》一文中的回答：“而每当我做建筑时，我总是从以下几项来设想它：我想要看到什么——对我或稍后会使用该建筑的他人而言——我什么时候会在室内？而我想要别人看到我的什么？我想对外做出什么样的效果？建筑物往往会对街道或广场表述点什么。它们可以对广场说：我真的很高兴坐落在这个广场上。它们或许又会说：我是这里最美丽的建筑——你们全都看起来丑死了。我才是大腕。建筑物是可以说这类话的。”[②]

第五节　景观文化学理论的案例解析

一、文化理论、文化研究与景观学耦合

亚当·迦尔吉（Adam Kalkin）曾精准地指出：“我们来自于一个抽样的文化。我只是站在世界之中挑选并重新使用事物——抽样——根据我的经验和他人的经验。我认为那里有一笔巨大的财富。”[③] 而景观的“文化属性”是其根本特性之一，风景亦与历史之间存在交融关系，风景并不是存在于捕捉事物的目光中，它存在于事物的现实中，即存在于我们与环境的关系中[④]，但是“美并非存在于大自然本身，真正产生（为）美的观察者自身的情感!”[⑤] 德国浪漫主义画家卡斯帕尔·大卫·弗里德里希（Caspar David Friedrich）的主要兴趣即寄情自然，往往通过象征性和反传统的绘画风格传达对自然世界

---

① 参见［美］Brian Burke《游戏化设计》，刘腾译，华中科技大学出版社2017年版，第125页。

② ［瑞士］彼得·卒姆托：《建筑氛围》，张宇译，中国建筑工业出版社2010年版，第47页。

③ 转引自［英］格雷姆·布鲁克、莎莉·斯通《建筑文脉与环境》，黄中浩、高好、王晶译，大连理工大学出版社2010年版，第139页。

④ 参见［法］边留久《风景文化》，张春彦、胡莲、郑君译，江苏凤凰科学技术出版社2017年版，第52页。

⑤ ［法］边留久：《风景文化》，张春彦、胡莲、郑君译，江苏凤凰科学技术出版社2017年版，第63页。

的一种主观情感化的反应，且弗里德里希笔下的风景并不是写实的风景，而是经过艺术加工和整合，且他很多作品中的风景亦可以在他的家乡找到原型，但不完全与现实中的原型相同，都是经过一番主观改造，风景对于他来说是主观的，是表达情感的手段，如 1797 年的《有亭子的风景》（*Landscape with Pavilion*）（图 6–125）、1809—1810 年的《橡树林的修道院》（*Abbey in an oak forest*）（图 6–126）、1811 年的《有橡树和猎人的风景》（*Landscape with Oak Trees and a Hunter*）（图 6–127）、1822 年的《晨光中的乡村景观 / 孤树》（*Village Landscape in Morning Light / the Lone Tree*）（图 6–128）、1825 年的《埃尔德纳废墟》（*Eldena ruin*）（图 6–129）和《埃尔德纳的遗迹》（*The Ruins of Eldena*）（图 6–130）等，正如乔治・爱德华・摩尔（George Edward Moore）在《伦理学原理》（*Principia ethica*）中谈论"理想之物"时写到的："当我们说图画是美的时，我们的意思是这幅画包含着一些美的特质；当我们说一个人看到这幅画时，我们的意思是他看到了包括在画中的大量的特质；然而，当我们说他没有看到任何美的东西时，我们的意思是说，他并没有看到画中的那些美的特质。因而，当我谈论对一美的对象（这一对象是有价值的审美的根本要素）的认识时，我一定会被理解为只是意味着对那个对象具有的美的特质的认识，而不是对具有这些特质的对象的其它特质的认识。"①

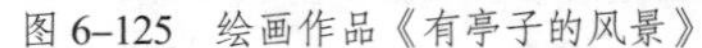

图 6–125　绘画作品《有亭子的风景》

图 6–126　绘画作品《橡树林的修道院》

也就是说，景观艺术是人类自身向景观本体"定向投射"理想图景的设计文化之一，"对于景观设计来说，文化就是一个地方的人们稳定下来的所有生活方式与生活习惯的总和。其中包括：社会组织方式、经济生产方式、审美习惯以及对城市、建筑与环境空间的建造与使用方式等。这些固定下来的习惯一定

① ［英］G.E. 摩尔：《伦理学原理》，陈德中译，商务印书馆 2017 年版，第 210 页。

是这群人的世界观、价值观、哲学观、美学观与发展历史的反映。景观规划设计说到底是关于怎样看待与处理人和环境的关系的一门学问，所以，谈景观设计时就不得不说到人。然而‘人’是一个抽象的概念，当我们说设计以人为本时，说的不是抽象的人，我们没有办法为抽象的人设计任何东西，生活中的人都是具体的人，一定是在某个特定时期，在某个特定地方的，有着自己文化的一群人……如果我们以文化为线索，就可以为不同的项目找出截然不同的审美格调。景观设计的目的就是让每个地方的人们过上自己最满意的、外人最羡慕的、自然而然的日子，这些都是具有地方文脉的生活。换句话说，我们必须，也只能做文化的景观”[①]。

图 6–127　绘画作品《有橡树和猎人的风景》

图 6–128　绘画作品《晨光中的乡村景观 / 孤树》

图 6–129　绘画作品《埃尔德纳废墟》

图 6–130　绘画作品《埃尔德纳的遗迹》

芬兰建筑师尤哈尼·帕拉斯马（Juhani Pallasmaa）曾设问并自答：“是什么构成了一个特殊地区的独特感受？这些组成因素当然是自然的、身体的和

① 李宝章：《景观文化的支点：简述奥雅的文化景观探索之路》，载周武忠主编《东方文化与设计哲学：第二届东方设计论坛暨2016东方文化与设计哲学国际学术研讨会论文集》，上海交通大学出版社2017年版，第171页。

社会方面的反映。它们是特殊自然、地理、景观、当地材料、技术和文化类别的表现与体验。"[①] 在埃德温·希思科特（Edwin Heathcote）看来，"建筑设计可能是最有'形'的艺术，但在这种艺术中，视觉却被给予特殊地位——建筑师谈论光线、空间、投影、厚重感、虚无感，但很少讨论质地和重量，以及某物的手感和它对身体施加的影响"[②]。

美国景观设计名师肖娜·吉利斯 - 史密斯（Shauna Gilhes-Smith）亦深刻指出："任何景观设计都具有文化属性……我们能用景观设计来让抽象的文化变得清晰可见。设计中有一个潜意识的部分，是你不能控制的，完全是潜意识中受某种文化的驱使，也就是从小熏陶你的文化。不过，还有其他的许多方面，不论是历史、地理、当地的发展还是当地的人，都能作为切入点，丰富、滋养你的设计。这是我们偏爱的设计方式……我们希望探索景观当中更深的一个层面，不是突兀的强加文化元素，而是让人们在不知不觉中自己去挖掘出更深的内涵，在景观体验中体会到另外一个层面。"[③] 西班牙建筑保护专家卡米拉·米莱托（Camilla Milet）和费尔南多·维加斯（Fernando Vegas）则将"文化景观"定义为"景观作为历史、文化、风俗的载体"："文化景观能够体现土地与人之间的关系，是历史、文化和风俗的载体。文化景观反映了人类对周围环境的使用和管理以及人们在这样的环境中的生活。文化景观的设计应该追寻人们生活的踪迹，包括看得见的、看不见的，通过一种自然的方式来呈现出来，而不是生硬的展现。景观设计需要一些文化元素来让环境看起来更自然，更有归属感。这类元素可以在当地的文化中寻找，包括材料和植物，可以借鉴当地的使用方法以及对景观的养护方法。我们在项目的设计中会专门研究环境的历史与土地使用的方式，以便让我们的设计能够植根于当地的传统文化，融入当地的风土人情。"[④] 加拿大建筑设计师

---

① 转引自［英］格雷姆·布鲁克、莎莉·斯通《建筑文脉与环境》，黄中浩、高好、王晶译，大连理工大学出版社2010年版，第129页。帕拉斯马既是一位建筑设计师，也是一位著名的建筑理论家，其最重要的著作为《皮肤的眼睛》（*The Eyes of the Skin*）。

② ［英］埃德温·希思科特：《欧洲门环有讲究》，《中国建筑金属结构》2015年第5期。该文章来源于《金融时报》，作者埃德温·希思科特是英国《金融时报》建筑设计评论员及建筑五金制造商 izé 的创始人。

③ ［美］吉利斯 - 史密斯：《任何景观设计都是文化的产物：访美国大地景观（Ground lnc.）创始人肖娜·吉利斯–史密斯》，载［德］马蒂亚斯·芬克编《景观实录：文化景观设计》，李婵译，辽宁科学技术出版社2016年版，第127页。

④ ［西］米莱托等：《文化景观：景观作为历史、文化、风俗的载体——访西班牙瓦伦西亚理工大学教授卡米拉·米莱托、费尔南多·维加斯》，载［德］马蒂亚斯·芬克编《景观实录：文化景观设计》，李婵译，辽宁科学技术出版社2016年版，第125页。

马克·布坦（Marc Boutin）从“兼顾社会功能，融入文化背景”这一视角出发，强调了世界只能作为一个整体被感知，艺术、建筑、城市设计、景观设计等应该在设计中糅合在一起，而且“文化景观与其他景观设计之间的差别就在于设计意图。设计师在进行景观设计时，往往抱有‘营造美观的环境’这样的意图——这对改善我们的城市环境非常好。而在设计文化景观的项目时，我们要考虑更宏观的主题和意义。这种主题和意义有可能是与当地的历史相关，或者是与该项目的功能有关——可能在那里举办的某种活动对当地具有特殊的社会含义。可以说，文化景观具有某种社会功能，人们不仅要在这里欣赏优美的环境，更重要的是，这里的环境要具备某种潜能，能够开阔你的眼界和心胸……可能我们唯一能做的就是去关注环境的宏观主题和意义，然后将这种主题和意义融入设计策略中”[①]。

二、景观文化中的经典历史案例与图绘

阿瑟·韦斯利·道（Arthur Wesley Dow）在1893年发表的《关于日本艺术和美国艺术家可以向其效法的笔记》（*A note on Japanese art and on what the American artist may learn there-from*）论文开篇首段即云：“日本艺术是一个民族对美的忠诚的表达。它是一种仅在于美（Beauty）的艺术，并与科学和技术、与现实主义和商业主义，以及与所有那些已被迷惑和堕落的其他艺术有着崇高的分野隔离。当它解释自然的时候，它只诉说她永恒的和精神的真理，并形成了更高审美意义的一种自成体系且易懂的语言。从这个崇高的源泉寻求灵感的精神则必须将其提升至纯净风格（Pure atmosphere）之中。”他也指出了日本艺术在明暗（The Dark-and- Light）原则或浓淡（Notan）[②]的发展历程中也是独一无二的，其水墨画（Ink-painting）直接源于古代中国那些有影响力的画家，日本艺术家们将其发展为影响了全世界的艺术。（图6-131）

韦斯利·道在此文中最为精彩的观点即：“所有日本艺术家（artists）都是设计师（designers）；欧洲艺术家直到文艺复兴时期，才是如此情况。组构一幅画需要一种设计的知识；若无法驾驭线条和其他相关原理，即使想以

① ［加］布坦：《兼顾社会功能，融入文化背景——访加拿大MBAC建筑公司总裁马克·布坦》，载［德］马蒂亚斯·芬克编《景观实录：文化景观设计》，李婵译，辽宁科学技术出版社2016年版，第123页。

② Notan（浓淡），是一个日本的设计概念，涉及在艺术和图像的构图中将明暗元素放在一起的布局和安排。

NOTE ON JAPANESE ART AND ON WHAT THE AMERICAN ARTIST MAY LEARN THERE-FROM.

Japanese art is the expression of a people's devotion to the beautiful. It is an art which exists for beauty only, in lofty isolation from science and mechanics, from realism and commercialism, from all that has befogged and debased other art. When it interprets Nature it speaks only of her eternal and spiritual truths, and in a language intelligible alone to the higher æsthetic sense. The soul that seeks inspiration from this exalted source must ascend into its pure atmosphere.

The one point under consideration at this time is the practical and technical value of Japanese art to the American artist. Its influence upon him will be to stimulate him to bring into active use his creative faculties. In a word, it will help him to a solution of the enigma, Composition.

In the academic and realistic schools scant attention is paid to composition, though it is the very life-blood of art. The energies are focussed upon a laborious method of learning to draw, with accurate representation as the chief object. The great end for which art is studied has a few hurried moments devoted to it at the close of the week. It is not surprising that very many who draw well are sadly lacking in the ability to make an artistic use of their skill. The student is left to educate himself in composition the best he may, aided by a few traditions as to the importance of "ornament" in line arrangement, or the value of certain geometrical forms of grouping. When he gets beyond the stage of making studies, and feels that he must express himself in a creative work, he suddenly finds a new difficulty in his way. He studies the masters, but his realistic eye cannot penetrate below the surface. Perhaps he searches books, but the mystery remains. All this uncertainty vanishes under the illumination of Japanese art, for in that art composition is omnipresent. It is a part of Japanese life, and is manifest wherever there is use of lines and colors, and contrasts of tone, be it a picture on a palace wall, or an ornamental cup, the spray of flowers in a vase, or a landscape garden. It is the essence of their acting and dancing, of their manners, even. "The Japanese is the art of perfect taste," said M. Cormon to a pupil.

Composition, in painting, is the putting together of the artistic elements in such a way that each shall glorify the

114

because so varied and so free from conventionality and limitation. In the whole range of Japanese art, from the simplest line and *Notan* pattern up to paintings in full colour, the problems of composition are worked out with an almost inconceivable originality and freshness. The artist must invent his own method of extracting the ore from this rich mine, but he will find it best to turn his attention first to the straight-line designs, as they are most wonderful illustrations of proportion and other elements of beauty. If he is a true artist he will not try to deduce any rules or form any theories from Japanese composition. It is absolutely devoid of formula or convention. It is pure *feeling*, as all great art must ever be.

Contrast with so perfect a standard will show the American artist the weaknesses of his own work,—the confused and unrelated *Notan*, the commonplace colour, the ill-proportioned space, the characterless silhouette. The direct result of this refinement of his perceptions will be to broaden his field of *motif*, and to stimulate him to the highest creative effort.

ARTHUR W. DOW.

117

图 6-131 《关于日本艺术和美国艺术家可以向其效法的笔记》一文中第 114 页和第 117 页

最极简的形式在一幅画中成功地使用它们也是不可能的，它仅仅是一个精心制作的和结构复杂的设计而已……例如就构图（composition）而言，日本设计（Japanese design）是最好的，因为不受常规与限制的约束而如此多样和自由。在整个日本艺术范畴内，从最极简线条、浓淡模式到全彩色画，其构图问题的解决采用了一种几乎不可想象的创意和新鲜感。艺术家必须发明他自己'从这个富矿中提取矿石'的方法，但他会发现最好把他的注意力首先转移到直线设计（straight-line designs）上，因为它们是比例和其他美学元素最精彩的呈现。如果他是一个真正的艺术家，他将不会从日本构图（Japanese composition）中推导法则或形成任何理论。它绝对是无公式、没有惯例的。它纯粹是感觉（feeling），正如所有伟大的艺术那样。"①

美国人珀西瓦尔·洛厄尔（Percival Lowell）早在 1888 年出版的《远东之魂》(*The soul of the far east*）中即将日本文化中的自然美学观念视作一种民族

① Arthur Wesley Dow,"A Note on Japanese Art and on What the American Artist May Learn There-From", *The Knight Errant*, 1893（1）, pp.114－117. 详见网站"https://www.jstor.org/stable/25515906"上《游侠骑士》(*The Knight Errant*）杂志的免费在线阅读 Vol. 1, No. 4, Jan., 1893, pp. 97－128, FREE。

性格："这种对自然的热爱完全与社会地位无关。所有阶层都能感受到这种力量，并自由地沉浸其中。不论贫富、不论贵贱，所有人都在想方设法满足他们享受自然风光的诗意本性。对于赏花，尤其是树上开放的花朵，或者大株植物开的花，比如莲花和鸢尾花，日本人的赏花方式简直让人大开眼界，他们对花儿的喜爱正与花朵本身的美相得益彰。"① 日本艺术专家帕崔西亚·J. 格拉汉姆（Patricia J. Graham）在《日本设计：艺术、审美与文化》（*Japanese design：art，aesthetics & culture*）中对"日本设计的审美要素"之"粹"（IKI）作如下解释：

> "粹"字最早出现在18世纪后半叶的文章之中，用来形容日本风俗画"浮世绘"中那些流连于繁华娱乐中心的精致男女（代理人、艺伎、歌舞伎演员）的审美偏好。"浮世"指的是日本都市内的繁华娱乐区，尤以江户（东京）、大阪和京都三地的"浮世"最为繁盛。"粹"指在以媚态彰显风情的同时，亦显露出人与人之间的疏离之感，流露出在严苛压抑的幕府统治之下大胆、快意人生的态度。此种审美倾向，在视觉方面体现在雅致、考究的服饰以及经常光顾的高雅的宴会厅和茶室上……20世纪初期，大量的日本学者就主张，作为美学词汇的"粹"，才是真正代表日本民族精神实质的词。②

我们从日本浮世绘大家歌川广重③ 的山水风景组画《江户近郊八景》中即可寻找出一种日本世俗的景观美学样式——浮世绘常被视作"典型的花街柳巷艺术"，其艳丽妖冶的浓色重彩以及它特有的一画一故事的叙事方式，亦充满着日常生活色彩的地方主义唯美文化情结——该作品为描绘江户（今天的东京）周围8个景点的锦绘（日本彩色木版画④）系列，这一系列作品可追溯至1838年左右，是第一代歌川广重（Utawaga Hiroshige I）众多木版画作品中最重要的艺术杰作之一，包括：《飞鸟山暮雪》（图6–132）、《池上晚钟》（图6–133）、《芝浦晴岚》（图6–134）、《小金井桥夕照》（图6–135）、《玉川秋月》（图6–136）、《行德归帆》（图6–137）、《羽根田落雁》（图6–138）和《吾嬬杜

① Percival Lowell., *The Soul of the Far East*, Boston：Houghton, Mifflin and Co., 1888, pp. 131－132.

② ［美］帕崔西亚·J. 格拉汉姆：《日本设计：艺术、审美与文化》，张寅、银艳侠译，生活·读书·新知三联书店2017年版，第25—26页。

③ 歌川广重（1797—1858）是日本江户时代后期著名的浮士绘画家，本姓安藤，幼名德太郎，后改名为重右卫、德兵卫。

④ 即后由雕版师复刻成木刻水印版画。

夜雨》(图6–139)。而在歌川广重的其他作品中如《近江八景之内》《金泽八景》等，这一鲜活、热辣的风景文化现实主义母题均早已成熟地被表达呈现。《近江八景之内》包括：《石山秋月》(图6–140)、《势多夕照》(图6–141)、《粟津晴岚》(图6–142)、《矢桥归帆》(图6–143)、《三井晚钟》(图6–144)、《唐崎夜雨》(图6–145)、《坚田落雁》(图6–146)和《比良暮雪》(图6–147)，《金泽八景》包括：《小泉夜雨》(图6–148)、《称名晚钟》(图6–149)、《乙舳归帆》(图6–150)、《洲崎晴岚》(图6–151)、《濑户秋月》(图6–152)、《平潟落雁》(图6–153)、《野岛夕照》(图6–154)和《内川暮雪》(图6–155)。

图6–132　木版画《飞鸟山暮雪》

图6–133　木版画《池上晚钟》

图6–134　木版画《芝浦晴岚》

图6–135　木版画《小金井桥夕照》

图6–136　木版画《玉川秋月》

图6–137　木版画《行德归帆》

图 6–138　木版画《羽根田落雁》

图 6–139　木版画《吾嬬杜夜雨》

图 6–140　木版画《石山秋月》

图 6–141　木版画《势多夕照》

图 6–142　木版画《粟津晴岚》

图 6–143　木版画《矢桥归帆》

图 6–144　木版画《三井晚钟》

图 6–145　木版画《唐崎夜雨》

图 6–146　木版画《坚田落雁》

图 6–147　木版画《比良暮雪》

图 6–148　木版画《小泉夜雨》

图 6–149　木版画《称名晚钟》

图 6–150　木版画《乙舳归帆》

图 6–151　木版画《洲崎晴岚》

图 6–152　木版画《濑户秋月》

图 6–153　木版画《平潟落雁》

图 6–154　木版画《野岛夕照》

图 6–155　木版画《内川暮雪》

欧内斯特·H. 威尔逊（Ernest H. Wilson）的《中国——园林之母》（*China–mother of gardens*）中论及了“园林和造园”：“中国的造园艺术在今日所谓的‘日本庭园’中充分体现。无疑日本人把这一艺术提高了一步，但毫无疑问它起源于中国。在所有这些庭园中，对奇形怪状的喜爱占了优势，其景观效果基本是人为的。然而按照他们自己的思想，中国人是最有技艺和最有成就的园艺家。只要有一块土地，即使面积很小，缺乏自然之美或地势不佳，他们都会耐心地把它建成袖珍的山景，有苍老的怪石、矮树、竹子、小草和水，留出一片郊野，里面有山、溪流、森林、田地、高原、湖泊、洞穴和小山谷，狭窄的小径蜿蜒于园内，设计多样的古朴小桥架在微型小溪上。所有的内容常包含在仅有数平方码的范围内，而这景色却好像有数英里。较大的庭园通常会有一水池，内种荷花，其上盖一小亭，主人和他的客人可在此休息，饮茶喝酒，聊天和欣赏各种花木。当没有男性客人时，花园就成了家中女眷们常来之处，这里是她们最喜爱的地方。”①

事实上，造园就是自然风景意象的微缩化景观艺术再造，是人意欲在有限的生活空间中将自然之美、造物之美共同浇筑而成的园林造型文化，这一观点在善画历史题材的日本浮世绘名手杨斋延一的木版画美人画《美人堀切的游览》（*美人堀切の遊覧*）（三联张）（图 6–156）、《瀑布之川红叶的三首歌》（*滝の川紅葉の三曲*）（三联张）（图 6–157）和《园中美人之纳凉》（*園中美人之納涼*）（三联张）（图 6–158）中得到了淋漓尽致的“想象式建构显现”——唯美到极致的风花雪月的“平面艺术”却建构了一种让人联想丰富的造园“立体艺术”。水野年方的日本浮世绘风俗画杰作《三十六佳撰》之 1891 年版的木版彩色套印图《三十六佳撰·咏歌·安永时期贵妇人》

① ［英］E.H. 威尔逊:《中国——园林之母》，胡启明译，广东科技出版社 2015 年版，第 241—242 页。

（*三十六佳撰・詠歌 安永頃貴婦人*）（图6–159）中也将传统日本的木式建构的细节、山形水石布局章法、植物配置技巧、装饰构景小品等日本园林历史图像的信息传达了出来，《三十六佳撰》中与园林图像密切关联的其他精美画作（亦完全可以视作另一种“造园制图设计稿”）如《靴子和明和时期的妇女》（*くつわや 明和頃婦人*）（图6–160）、《茶之汤 宝永时期夫人》（*茶の湯 宝永頃婦人*）（图6–161）、《初音 万治时期妇女》（*初音 万治頃婦人*）（图6–162）、《琴伯弘化时代名古屋妇人》（*琴しらべ 弘化頃名古屋婦人*）（图6–163）、《侍女 宝德时期妇女》（*侍女 宝徳頃婦人*）（图6–164）等“日本古典园林绘图精品”。

图6–156 木版画《美人堀切的游览》

图6–157 木版画《瀑布之川红叶的三首歌》

图 6–158　木版画《园中美人之纳凉》

图 6–159　木版画《咏歌·安永时期贵妇人》

图 6–160　木版画《靴子和明和时期的妇女》

图 6–161　木版画《茶之汤 宝永时期夫人》

图 6–162　木版画《初音　万治时期妇女》

图 6–163　木版画《琴伯弘化时代名古屋妇人》

图 6–164　木版画《侍女　宝德时期妇女》

“坚持在野历史学者的立场”的日本历史学家奈良本辰也在《京都流年——日本的美意识与历史风景》的“禅与庭园”中引用了笃爱庭园的梦窗国师之语，笔者认为这可算作对前述“浮世绘画本园林”的回应：

> 或者在如此润雅风流的山水前，睡意消散，寂寞也得以慰藉。而在求道的旅途中，也有成为益于他人者，的确可以说，这就与喜爱山水的普通人在意趣上有了分别。然而并不能说，区别出山水与道行的，即真正的求道者。那些能够在所有的山河大地、草木瓦石中寻找到自己角色所在者，与一时兴起喜爱山水的人，在俗世人情上有相似之处；而另一方面，也有将俗世人情变成求道之心者，这些人会专注于泉石草木之四气变化的姿态。如此说来，应该去研习求道对山水的喜爱。①

禅僧梦窗疏石（1275—1351）在1339年主持修复了京都岚山西芳寺“下园”（青苔庭园）（图6–165、图6–166），这座禅寺庭园被公认为日本苔园的典范②，园中弥漫着一种神秘的佛教气息——幽玄。庭园绕池水而建。过去这里有一座旧园，以想象中的阿弥陀佛的西方极乐世界为原型，如今只剩下这潭池水了。阿弥陀佛是净土宗佛教信仰中的主佛。③梦窗疏石所著的《梦中问答》的中卷里面就阐述了如何才能称得上爱好山水庭院，以及三种山水庭院爱好者的类型：

> 第一类人，虽然心中不怎么认为它有趣，只是将它当作一种装饰，想让外人称赞自己家是灰褐典雅的居所。由于心中人们对万事都有的贪念，因此在收集世间珍宝的过程中也喜爱山水，寻找奇石珍木，把它们陈列起来。这样的人并不喜爱有关山水的优美词句，只是沉浮于俗世的人。
>
> 第二类人，模仿白乐天（居易）挖小池塘，并在旁边种植竹子悉心爱护着。这就是所谓的以空心竹为友，以清净水为师。认为世间喜爱山

---

① ［日］奈良本辰也:《京都流年——日本的美意识与历史风景》，陈言译，北京大学出版社2014年版，第32页。

② 西芳寺原是作为圣德太子别墅而建的寺院。西芳寺的庭园最为著名。其庭园分为上、下两段，上段庭园为枯山水园林，下段则为池泉回游式庭园，满园生长有100多种苔藓植物。因此，西芳寺又称为“苔寺”。西芳寺是日本最古老的庭园之一。进入西芳寺的青苔庭园，就像走进了一个被施了魔法的森林。

③ 参见［美］帕崔西亚·J. 格拉汉姆《日本设计：艺术、审美与文化》，张寅、银艳侠译，生活·读书·新知三联书店2017年版，第127页。

水的人，就如同白乐天（居易）一样，应该是不混迹于俗世的人。天性淡泊，不喜俗事，只是吟咏诗歌，寄情于山水和庭石以养心性。

第三类人，将山河大地草木瓦石视为自己胸中之物。先是将喜爱山水之情与世态人情相通，再把这种世态人情作为自己的求佛之心，通过泉石草木四气的景致代替自己的修行。倘若总是这样的话，这种被修道之人所喜爱的山水应该就越来越遥不可及了。那样的话山水喜爱者不一定会认为是好事。但山水没有得失，得失在人心。①

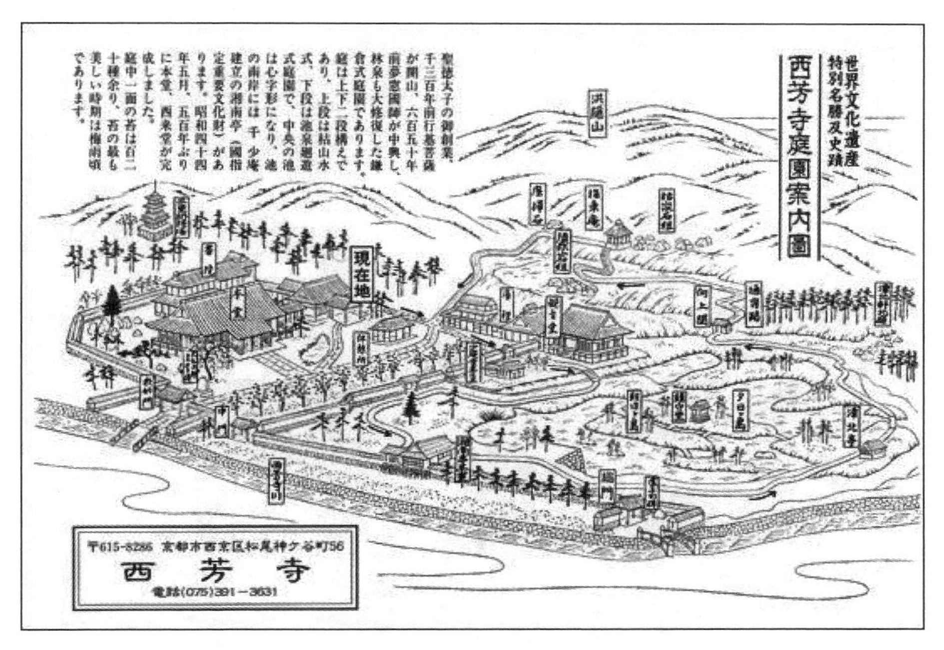

图 6–165　日本西芳寺庭园游览导引图

图 6–166　日本西芳寺的青苔庭园

① 参见［日］松冈正刚《山水思想》，韩立冬译，中国友谊出版公司2017年版，第287—288页。

而歌川广重风景意象的宏阔壮美、杨斋延一和水野年方园林微观之幽美似乎在“修学院离宫”（Shugakuin Rikyu）中均得以“再现与再造”。

浮世绘所表现的是现世人的生活情境和风景名胜、人情世俗，若将后水尾天皇（Emperor Gomizuno-o）[①]的修学院离宫建造过程以及其凄美心境，与杨洲周延的浮世绘《园中的红叶》（*園中のもみぢ*）（图6–167）、《安津末风俗》（*安津末風俗*）（图6–168）进行比照式场景想象——从脂粉气浓郁的世俗“画本园林”到静谧冥想修行的真实皇家园林，似乎可追忆古人于其中的游园之兴。与桂离宫的精致景观美学相比较，修学院离宫远离市尘却可遥望街市，离而不隔，若即若离，妙在借景[②]的造园手法运用——近借山端、松崎、定池、深泥池、北山，远借京都市区街巷、爱宕山、西山等。该皇家园林亦充满自然野性之美，其依比叡山麓而建，“由上、中、下三个茶屋构成（图6–169、图6–170、图6–171），园内还有大片山林和水田，占地面积宽阔。特别出名的是，上茶屋的巨大人工池浴龙池和以大型造型植物为主的壮美景观”[③]。（图6–172）

图6–167　日本浮世绘《园中的红叶》

① 后水尾天皇（ごみずのおてんのう）生于1596年6月29日，名叫政仁，于1611年接受后阳成天皇的让位成为第108代日本天皇，是后阳成天皇第三皇子，母亲为女御近卫前子。原本后阳成天皇有意将位置让给他自己的弟弟八条宫智仁亲王，因此后水尾天皇与其父之间关系并不和睦。宽永六年（1629）让位给才只有七岁不到的皇女兴子内亲王，是为明正天皇。后水尾天皇退位后，仍以太上天皇身份摄政，另外也致力于和歌与佛道，于1680年9月11日过世，葬于月轮陵。

② “借景”（borrowed landscape）在日语中为“Shakkei”。

③ ［日］堀内正树：《图解日本园林》，张敏译，江苏凤凰科学技术出版社2018年版，第126页。

图 6-168　日本浮世绘《安津末风俗》中的四幅画作

日本修学院离宫上御茶屋（上离宫）

日本修学院离宫中御茶屋（中离宫）

日本修学院离宫下御茶屋（下离宫）

图 6-169　三部分共同构成的修学院离宫

图 6-170　日本修学院离宫入口小径

图 6-171　日本修学院离宫上御茶屋浴龙池

罗利 · 斯图尔特（Rory Stuart）在《世界园林：文化与传统》（*Gardens of*

图 6–172　浴龙池的“借景”

the world: the great traditions）的“东方传统园林：日本园林”中亦提及了这座著名的园林：“1629 年，由于跟幕府将军德川家光的长期对峙，后水尾上天皇深觉精疲力竭，在 35 岁的时候就退位了。双方的对峙以德川家光强势要求天皇和德川家康的孙女结婚才得以和解。后水尾上天皇先是在小崛远州的帮助下，亲自设计并在京都城中心修建了一座园林，之后在市郊比睿山的缓坡上修建了修学院离宫。如果建造园林的地方多雨，那么日本园林中必须有湖。但在陡峭的斜坡上挖一个湖并不是一件容易的事。最终在湖边上修建了一座 200 米 /218 码长、15 米 /49 英尺高的巨大土坝才解决了这一难题。最初，整个离宫分成三个小园，称为下御茶屋、中御茶屋和上御茶屋，形成园中园的结构。但下御茶屋和中御茶屋因为疏于打理而荒废了，现在我们能看到的只有上御茶屋，该庭院于 19 世纪 20 年代修复过一次。别墅、园林和周围的树林浑然天成，除了水坝，几乎看不到一丝人工痕迹。上御茶屋是舟游与回游结合的园林，园中除了有回游道路外，还有码头、舟屋和小船，湖边有小径萦绕，岛与岛之间有桥梁衔接。而且与中国园林一样，沿路设有凉亭，提供最佳观景视角。在山坡最高处建有临云亭，从临云亭里可以看到整个园林以及远处北山上那摄人心魂的美景，让人觉得园林也仅仅是展开的自然画卷的一小部分。”[①]（图 6–173、图 6–174、图 6–175）

① ［英］Rory Stuart：《世界园林：文化与传统》，周娟译，电子工业出版社 2013 年版，第 109—111 页。

图 6–173　日本修学院离宫寿月观

图 6–174　日本修学院离宫宫道

图 6–175　日本修学院离宫上御茶屋临云亭

其中，“上御茶屋”位于三园最高处，面积也最大，是整个离宫的精华处。上皇从音羽川引水而来，经两个瀑布雄瀑和雌瀑泻入大池，雄瀑高而雌瀑低。水池即称浴龙池，池中用土堆成三个小岛：中岛、三保岛、万松坞，形成“一池三山”[①]景观格局。（图 6–176、图 6–177）中岛上建穷邃亭，中岛与山体间建枫桥，中岛与万松坞间建千岁桥。（图 6–178）水池西面筑土堤，被称为“西浜”（图 6–179）——为掩盖土堤大坡而在坡外植三层生长的植篱，从山下根本看不出是土堤，而是一道道绿化景观。植篱用常绿树、落叶树混植，四季变换着色彩。西浜全长两百多米，浜下为层层

① “一池三山”这一景观原型在中日传统皇家园林设计中具有典型的“文脉主义”功用或符号论中的“代码”（code）作用而成为一种“场景文脉”，“类型学的知识是对构造现状进行研究和了解，在不影响其他关系的条件下，对设计者而言是一种有效的方法。比如，设计者在对某些问题不知采用何种方法来解决时，可以先思考一下其设计原型、基本型，或者一般的知识等基础问题，来研究一下以前人们是如何做的。然后，在新的条件下将其作为一个问题来特别处理。……然而，当特定的原型成为规范时，这些原型可能会成为某种一成不变的东西，在后来的过程中被反复使用、再生产。这种原型被称为构造型（stereotype）。在一定的社会中，构造型属于某一群体共同接受的，具有单纯化、固定的概念和意象。”参见［日］秋元馨《现代建筑文脉主义》，周博译，大连理工大学出版社2010年版，第147页。

植篱，浜上为堤路，站在堤上，可内观池景，上观山景，下观田景。“上御茶屋”是舟游与回游结合的大型古典园林，大野隆造与小林美纪即以“回游式庭院中有顺序的连续移动”为议题，通过实证与量化的园林研究方法对修学院离宫上御茶屋进行了景观测量。（图 6–180）

图 6–176　日本修学院离宫三保岛

图 6–177　日本修学院离宫万松坞

图 6–178　日本修学院离宫上御茶屋的土桥、千岁桥和枫桥

图 6–179　日本修学院离宫西浜

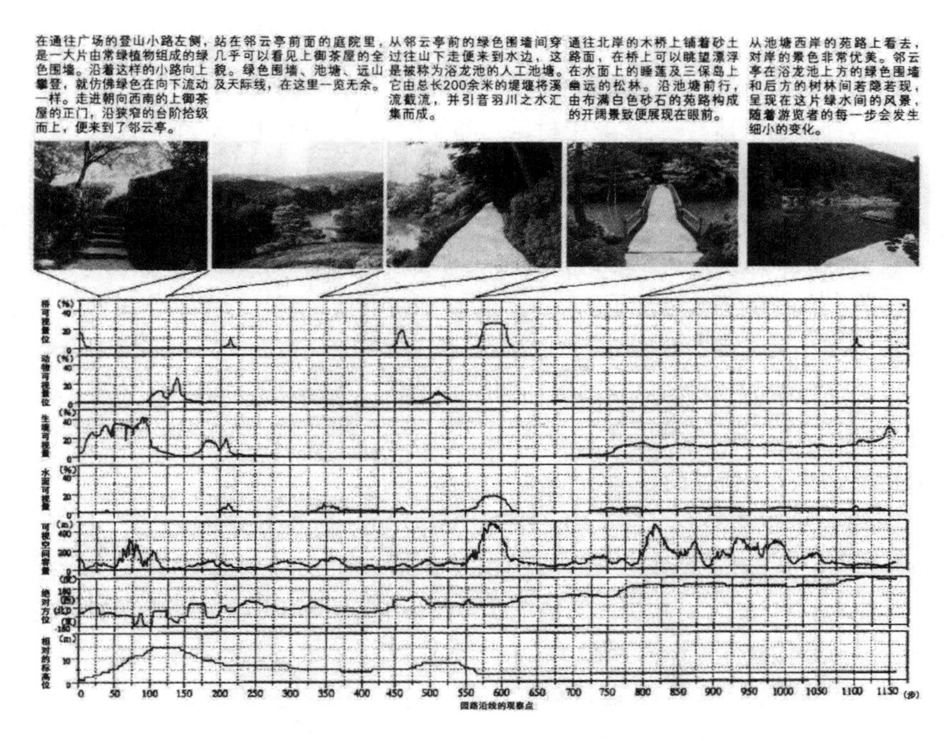

图 6–180 在修学院离宫上御茶屋的回游式庭院中关于空间体验的记录

另外，日本著名文化人类学家山口昌男在《作为模仿作品的〈十宅论〉》一文中则从“场所的文化性”这一视角出发，对隈研吾、原广司和中村雄二郎之间的理论观点进行了比较：“日本的记号学是属于新领域的学问。很多人对记号学并没有好感，也有人觉得日本的记号学家在定义记号时，不过是依赖了欧洲的理论中心构造。也就是说，受西欧理论的限制，将记号作为一种固定的东西来把握。但是，通过隈先生分析了记号的差异化、再差异化后，我们就能看清记号流动性的意义作用。利用这种方法，我们甚至能够分析日本社会的构造。隈研吾在将日本社会看作是一个均质的集团时，实际上在内部形成了一个个有着细微差异的‘场所’。这儿所谓的‘场所’，有的时候可以理解成一定的空间领域。将这两种意义上的‘场所’按照一定的顺序组合起来，渐渐形成一种更狭小的‘场所’。例如，茶道的世界就是一个‘场所’。既是建筑学家又是建筑家的原广司，在将‘均质空间’与‘非均质空间’作对比时，把这一理论进一步深化了。他认为，非均质空间是由象征价值更高的‘理’组成的，而非‘物’。隈先生则将这种‘理’跟‘场所’性，结合在一起进行说明。'理'不是由内部意识决定的，而是由它所在的'场所'(外部因素)决定的，也就是说，'理'的象征作用跟'场所'有着很深的联系。关于这种'场所性'，哲学家中村雄二郎使用了'TOPOSU'这个概念，指的是——隐含在文化中的宇宙观，对于那些幻想家来说，其实是一种存在的构造。隈先生虽然还没有涉猎到宇宙观，但中村提出的这个概念跟场所是有一定重合性的。从这点可以看到，隈先生的思想在日本知识界中占有很高的地位。将隈研吾的理论从建筑上展开，可以通过弄清'理'的象征作用如何跟场所密切相关，再在场所分类的基准上来分析住宅风格的差异。在隈研吾看来，住宅风格的差异，既反映出住的人的差异，也反映了价值观的差异，支配着那个'场所'里所有的象征作用。而在此前提下形成的'家'的概念，其实是包含了场所性的。"①

约翰·迪克逊·亨特(John Dixon Hunt)在《风景如画的现代性》(*The modernity ofthe picturesque*)一文中探究了"风景如画"(Picturesque)这一专业术语的来源："1685年，威廉·阿格里昂比在著作《插图》中首次于英语世界使用了'风景如画'这个词。他在书中提到一些意大利北部的艺术家'正致力于一种自由活泼的A la pittoresk的创作方式'。这个词用于强调画家对活泼自然的技术和绘画媒介的关注——绘画被狂放地铺陈于画布上，或者用于指称绘图员或刻版师对使用制图或刻版工具以使印刷成品显得稠密和狂放的努力。表面上看，这个词仅仅是指艺术家的某种技术，与景观并无实质上的关联，尽管这种技术的确被描绘景观的艺术家所使用……绘画以及风景如画一直以来关注的都是人造自然，而不仅仅是自然。尽管到18世纪晚期这一点已经逐渐丧失而关注景观自身似乎已经足够。但是在更早些的时候，即便是描绘景色的绘画再现的也是人类如何以及为何属于某个特定场所。画家鲁本斯所描绘的斯蒂恩城堡及他自己的地产景观，从某种意义上而言都是人物即他自己的肖像画。纵观18世纪的风景画，如威廉·伯奇1791年出版的《大不列颠的欢愉》中的那些画，几乎将英国每一处景观都视为一个地点以及生活于其上或使用着它的人们的象征或诠释。这很符合'Price'和'Knight'所讨论的心理过程。很有意思的是，我在中国绘画中发现了同样的情形。这种描绘主人私产的绘画叫做'别号图'，即用主人的名字来命名描绘这个场所的绘画。"②

---

① 转引自[日]隈研吾《十宅论》，朱锷译，上海人民出版社2008年版，第225—227页。

② [美]亨特：《风景如画的现代性》，载[英]马克·卡森斯、陈薇编《建筑研究02》，中国建筑工业出版社2012年版，第359—363页。

结 论

一如通常所习见，构成结论之判断如成为问题——审察其是否由已授与之判断推论而来，以及是否由之思维一绝不相同之对象——则我在悟性中探求此结论之所主张，以发见其是否依据普遍规律从属某某条件。①

——康德

形式是一切事物的表征与存在方式，形式对于所有艺术门类来说都是至关重要的，形式是所有艺术门类和种类向外部世界敞开的媒介。作品的艺术性离开形式就不存在，形式一旦生成即进入独立的艺术“形式王国”。但在“形式与内容”“形式与功能”等传统二元论的艺术形式研究中，往往易忽略“形式”的本源内涵，引发了一种绝对的简单二分法，即将本内蕴于“形式”之中的“结构、功能、意义”硬生生地扯裂出来，将“形式”简单地类同于“外观”，“功能决定形式”也可被视为一种幼稚的功能主义。而艺术形式所承载的“形相、功能、结构与意义”复合体就是艺术作品，艺术作品以艺术形式的“创生”而得以建构完成，“形相层、结构层、功能层、意义层”四位一体地凝结了艺术形式的内涵与外延。笔者即以“形相层、结构层、功能层、意义层”这四大维度作为全文论述的建基点，以古今中外景观艺术素材作为主要论据，兼以文学、绘画、摄影、书法、电影、建筑、戏剧等其他门类艺术作为旁证，充分论证了“四位一体”艺术形式建构理论并得出了以下主要结论：

① ［德］康德：《纯粹理性批判》，蓝公武译，商务印书馆1960年版，第250页。

（1）将作为艺术本体的“形式”仅仅视作外观表象，把内蕴于“形式”自身的“结构、意义、功能”这三大维度统统赶出“形式”之外的艺术形式创造，终将只能停留在对外观表象的复杂玩弄而成为一种肤浅的形式主义，这样的艺术创作将没有任何价值可言。艺术形式之“结构、功能、意义”这三个“隐没的维度”如同“冰山”下的巨大冰体，它们是主导“形相”这一“呈现的维度”生成的本源性力量和建构的内在动力，也就是说形式的四大维度是浑然一体地抱合而构造出来的“四位一体”。

（2）艺术形式亦为一个流动、变化、开放的变量系统，其中，“形相”子系统是外显于形式系统表层的，而“功能、结构、意义”子系统则是内蕴于形式系统深层的。形式系统的建构过程就是对这四大子系统的秩序化组织过程，形式多样性的原因就在于其四大子系统之间多元组合变化的无限可能性。

（3）类型作为艺术形式生成中一种以永恒和普遍方式产生作用的力量，它与索绪尔语言学中“固定结构”在转变的经久过程复杂性方面相当类似。同时，与艺术形式无法剥离的风格可以作为艺术形式划分的类型标准之一，一旦某种形式演变为一种类型风格之后即成为“经典”，风格也能成为一种“时尚生产”的工具。

（4）“表征”意味着用语言向他人就这个世界说出某种有意义的话语，它始终与艺术形式内蕴的意义相关联，“意义”亦是由符号系统建构出来的。而对形式的感知就是通过感觉器官接受外部刺激，并把这些刺激和人脑中原有的认知图式重新组合，产生认知同化、顺应而生成的结果，即感知意味着不断地把新经验与过去已经作为“经验”存储起来的旧有图式联系起来。

（5）作为艺术形式生成规律的“图式·法式·形式”三者皆为相对独立的复杂体系，“形式”与“图式”“法式”之间存在着“认知→表达→建构”这样一种具内在关联的逻辑链，三者之间既存在着逻辑递换关系，又有着“回返”的逆递换关系，甚至是三者之间相互循环交叉的复杂递换关系。在“图式→法式→形式”的投影机制中，作为“中间层”的“法式”对“图式”的异化可以被视作“图式”向“形式”投射机制中的“折射”变化，“图式”向“形式”的投影亦是折射后的变形投影，而且技术层面上的“法式”作为艺术创作中“图式”向“形式”投影生成的中间媒介也有着促进或阻碍的两种可能性，因此技术表达方式极大地导引了艺术形式生成的不确定性和多样性。

通过该艺术形式理论的视域从景观艺术形式的“要素与系统、类型与风格、表征与感知、生成与创造”这四个层面进行了组合式创新的形式解读，获得了如下新的认识：

（1）景观艺术既是自然的实在体，也是文化的产物，无论是在“制造图像”“生产空间”上，还是在“脱胎自然”“显征生活”方面，均在其艺术形式的四大维度上得以显现，亦即“图像性、空间性、自然性、生活性”当为景观艺术形式的创作基点。

（2）景观艺术形式系统又是一个关系到特定文化及其社会机制、生活方式、行事规则及其建成环境的复杂系统，景观艺术创作必须遵循形式系统建构之道。且景观艺术形式系统作为一种介于文化与自然之间的系统，“自然”作为景观艺术的创造者之一，它的“自组织”特质就在于“时间性”，即一种永恒的形成。

（3）景观艺术的内在本质是文化习俗的产物，文化的一部分编译到表现的形式中，而绝大部分则编译进类型之中，成为整个景观艺术形式变化中的某些共同的根本特征的拓扑的形式组织和造型表达。作为一个恒量的类型可以在景观艺术形式中呈现和被辨认出来，仅就中西景观艺术基本类型形式的比较而言，可提炼出两种“基本类型”：“洲屿”与“剧场”。二者皆为景观艺术形式生成与创造的思想根源，由此亦生发了无限多样的变体形式。

（4）景观艺术形式结构具有恒常性，即权力表征下的轴线对称系统往往追求空间的几何化，而适意向往下的环状散点系统则趋于无中心和等级秩序消失的半网格化形式关系。语言学视角下的景观艺术就是将景观艺术与语言进行松散的类比，即景观艺术作为一种语言，它就是由若干文句构造的一个文本，且景观艺术的形式方言即地域性形式语言有着充分的“地方性”和乡土特质。而景观艺术形式感知理论中的“静态画面感知、动态影像感知、戏剧性情节感知”则是一个由低到高的感知等级梯度，感知经验处于不断地编织过程中，环境艺术体验的丰富性与意义深度也随之越来越强烈。与自然、生存相联结的景观艺术形式审美独特性亦要求将“善”引入景观美学中，即强调景观艺术形式“功能层次”的价值。

（5）建构景观艺术形式系统是一个理性而逻辑的过程，其遵循的是开放性逻辑，且理想景观图式属于设计哲学的形而上的理念层面，景观营造法式属于营造技术的形而中的技法层面，景观艺术形式则属于形式寓意呈现的形而下的表征层面。同时，景观艺术形式的创造思维可构想为两大类型：平面化的现代景观设计思维与表达、形象化的传统景观设计思维与表达。

而且，在全书最后部分的“景观艺术形式的案例与图解”中，对“景观美学理论、景观生态学理论、景观社会学理论、景观行为学理论和景观文化学理论”5个部分进行了景观艺术形式的本体解读，旨在以“形式理论”为理论工具，通过多元理论阐释与案例证明来探究景观形式生成的“可能性”因子。尤其在“社会学理论”和“文化学理论”这两个部分：一方面考量了景观艺术与社会间能够形成的一种什么样的对话，从工作过程导向的、整合的设计多元思维（技术的思维、美学的思维、历史的思维及社会的思维等）为研究起点，探索了一种社会传统进入另一种社会传统的复杂性、抵抗性的原理机制；另一方面，本书意在指出在古今中外的文化的整合过程中，景观形式的创造与思想传达以及艺术主张的表现等方面均体现出不同文化圈层间的融合性特质，即在景观形式表达的材料、手段、技术以及文化历史、美学取向等方面走向了共同的艺术意志。

本书“基于形式”的艺术学研究是建立在解释性框架层次上的，所研究规律的普遍趋势是不可能有绝对的标准来证实的。当然，也没有一种理论可望成为终极真理[①]，即该艺术形式理论对其他非景观艺术门类是否适用，还需进一步论证，但在景观艺术形式研究中则是比较有解释力和启创性的参照研究坐标。本研究的创新价值还在于将艺术形式明确界定为一个复杂系统，提出对形式系统的“形相、意义、结构、功能”这四大维度进行研究的“分析方法”可以扩展为一种“设计理念”，进而形成一种独特的“形式操作策略”。易言之，可将“形相、功能、结构、意义”这四大子系统视作形式系统的参数变量，而改变其中任一参数变量的值，即可获得多解及动态的形式系统的设计方案，且形式系统内的要素亦遵循系统内部的一定规则而构成了复杂作用的非线性交互关系，因而动态的形式系统建构过程即是一种“受限生成”的复杂系统组构。而且，由于景观艺术形式系统建构受外部的环境所影响，并呈现出基于内外因素复杂的交互作用下的各子系统与系统要素之间非线性的构合性关系，景观艺术形式系统的生成和发展也就成为外部与内部各

① 恰如莫里茨·石里克（Moritz Schlick）在《自然哲学》的第四章“理论的结构”中所云：“任何定律的构写总包括一个概括的过程，即所谓归纳。不存在逻辑上有效的从特殊到一般的演绎。对于一般，只能加以猜测而决不能从逻辑上进行推论。这样，定律的普遍有效性或真实性，必然永远是假设性的。所有自然律都具有假设的性质，它们的真实性永远不能绝对地肯定。因此，自然科学是由光辉的猜测和精确的测量相结合而组成的。”自然科学如此，作为人文科学的艺术学亦如此，任何一般性的规律（定律）在某种程度而言都是假设性的。参见［德］莫里茨·石里克《自然哲学》，陈维杭译，商务印书馆1984年版，第21页。

种影响设计的参数变量相互作用的逻辑化结果，外部各种复杂因素影响及内部各种动态的机制与需求综合作用的结果，因而其“形式操作策略”即为一种“内外参数交互生成策略”、一种总体设计的艺术创作策略、一种整体观引领下的系统设计方法论。

参考文献

一、连续出版物

（一）中文

[1] 詹建俊、陈丹青、吴冠中、靳尚谊、袁运生、闻立鹏:《北京市举行油画学术讨论会》,《美术》1981 年第 3 期。
[2] 杭间:《设计“为人民服务”》,《读书》2010 年第 11 期。
[3] 田国行:《景观的形式意义》,《中国建筑装饰装修》2005 年第 8 期。
[4] 邱文晓、陈瑜:《从传统法式到现代形式生成规则——仙都风景区西入口群体建筑设计理念简介》,《中外建筑》2007 年第 11 期。
[5] 张纵:《我国园林对于西方现代艺术形式的借鉴及思考（下）》,《中国园林》2003 年第 4 期。
[6] 林箐、王向荣:《地域特征与景观形式》,《中国园林》2005 年第 6 期。
[7] 俞靖芝:《勒·柯布西埃手稿》,《世界建筑》1987 年第 3 期。
[8] 王其亨、崔山:《中国皇家造园思想家——康熙》,《中国园林》2006 年第 11 期。
[9] 周向频:《全球化与景观规划设计的拓展》,《城市规划汇刊》2001 年第 3 期。
[10] 常青:《建筑学的人类学视野》,《建筑师》2008 年第 6 期。
[11] 王琦:《艺术形式的演变初探》,《文艺研究》1980 年第 3 期。
[12] 詹七一:《艺术形式的本体意义》,《理论与现代化》2003 年第 5 期。
[13] 张灿全:《艺术形式具有相对的独立性吗》,《松辽学刊》（社会科学版）1985 年第 3 期。
[14] 姜耕玉:《艺术形式：线条、动作、声音》,《东南大学学报》（哲学社会科学版）2004 年第 2 期。
[15] 张宏梁:《论不同艺术形式元素的组合创新》,《东南大学学报》（哲学社会科学版）2007 年第 1 期。

[16] 李娅娜、李水泳:《现代绘画艺术形式创造研究》,《新美术》2007 年第 5 期。
[17] 祝菊贤:《荣格的无意识原型理论与艺术的情感及形式》,《西北大学学报》(哲学社会科学版)1996 年第 2 期。
[18] 毛白滔:《创新意识是艺术设计的生命力》,《装饰》2005 年第 7 期。
[19] 宁润生:《书法系统论发微》,《文艺研究》1986 年第 5 期。
[20] 沈语冰:《弗莱之后的塞尚研究管窥》,《世界美术》2008 年第 3 期。
[21] 曹意强:《什么是观念史?》,《新美术》2003 年第 4 期。
[22] 朱建宁、周剑平:《论 Landscape 的词义演变与 Landscape Architecture 的行业特征》,《中国园林》2009 年第 6 期。
[23] 王绍增:《园林、景观与中国风景园林的未来》,《中国园林》2005 年第 3 期。
[24] 朱建宁:《景观即艺术》,《风景园林》2010 年第 1 期。
[25] 李先军、张丽梅:《现代景观的语言学艺术探析》,《规划师》2010 年第 5 期。
[26] 庞伟:《方言景观》,《城市环境设计》2007 年第 1 期。
[27] 蒋淑君:《美国近现代景观园林风格的创造者——唐宁》,《中国园林》2003 年第 4 期。
[28] 彭修银:《文化系统中的审美教育》,《湖北社会科学》1987 年第 11 期。
[29] 龚红月:《中国传统文化系统结构》,《暨南学报》(哲学社会科学版)1995 年第 7 期。
[30] 刘力:《从 WEST8 透视荷兰景观》,《华中建筑》2009 年第 9 期。
[31] 朱建宁、丁珂:《法国现代园林景观设计理念及其启示》,《中国园林》2004 年第 3 期。
[32] 易英:《形式与精神的抵牾》,《美术》1988 年第 10 期。
[33] 郜杰、陆铧:《理想景观图式的空间投影——苏州传统园林空间设计的理论分析》,《城市规划学刊》2008 年第 4 期。
[34] 邱立新:《系统方法与中国画风格流派的本体演变》,《甘肃社会科学》1989 年第 5 期。
[35] 卜菁华、孙科峰:《景观的语言》,《中国园林》2003 年第 11 期。
[36] 何桂彦:《物 · 场地 · 剧场 · 公共空间——从艺术本体的角度看极少主义对西方当代公共雕塑的影响》,《艺术评论》2009 年第 7 期。
[37] 周宪:《三种文学史模式与三个悖论——现代西方文学史理论透视》,《文艺研究》1991 年第 5 期。
[38] 江文:《马克 · 坦西的画中世界》,《世界美术》1994 年第 3 期。
[39] 顾铮:《毁花灭鸟的迷恋》,《读书》2006 年第 11 期。
[40] 邓位:《景观的感知: 走向景观符号学》,《世界建筑》2006 年第 7 期。
[41] 段炼:《后现代的理性写实与解构主义——纽约画家马克 · 坦西作品解读》,《世界美术》1994 年第 4 期。

[42] 吴厚斌:《图式的选择与创造》,《美术研究》1989 年第 3 期。
[43] 刘怡果:《宋代绘画图式的美学取向》,《国画家》2008 年第 6 期。
[44] 陈丹青、段炼:《视觉经验与艺术观念——关于当代艺术中的文化问题》,《美术研究》1998 年第 1 期。
[45] 陈传席:《评现代名家和大家黄宾虹》,《江苏画刊》2001 年第 4 期。
[46] 金英姬、李跃武:《画法几何之父——蒙日》,《数学通报》2008 年第 3 期。
[47] 刘悦来:《英国园林的风格与渊源(上)》,《园林》2001 年第 4 期。
[48] 万木春:《作为统一知识体的美术与设计》,《饰》2009 年第 1 期。
[49] 杨小彦:《视觉的全球化与图像的去魅化——观察主体的建构及其历史性变化》,《文艺研究》2009 年第 3 期。
[50] 周尚意、吴莉萍、苑伟超:《景观表征权力与地方文化演替的关系——以北京前门—大栅栏商业区景观改造为例》,《人文地理》2010 年第 5 期。
[51] 王葎:《消费社会的身份幻象》,《北京师范大学学报》(社会科学版)2011 年第 1 期。
[52] 鲁枢元:《城市之困与环境美学——记与美国环境美学家阿诺德·伯林特的一次学术交流》,《艺术百家》2010 年第 6 期。
[53] 顾明栋:《〈周易〉明象与现代语言哲学及诠释学》,《中山大学学报》(社会科学版)2009 年第 4 期。
[54] 董衡巽:《海明威浅论》,《文学评论》1962 年第 6 期。
[55] 高名潞:《意派论:一个颠覆再现的理论(四)》,《南京艺术学院学报》(美术与设计版)2010 年第 2 期。
[56] 周洁:《建构:作为一种选择》,《建筑学报》2003 年第 10 期。
[57][德] 安蒂·施托克曼、史戴芬·鲁傅:《景观设计展望:国际性和中国特色》,刘辉译,《建筑学报》2006 年第 5 期。
[58][瑞士] 沃尔夫林:《美术史的原则》,潘耀昌译,《美术译丛》1984 年第 2 期。
[59][英] 贡布里希:《木马沉思录:论艺术形式的根源》,范景中等译,《美术译丛》1985 年第 4 期。
[60][美] 克里斯托弗·亚历山大:《城市并非树形》,严小婴译,《建筑师》1985 年第 24 期。
[61] 刘晓明、王朝忠:《美国风景园林大师彼得·沃克及其极简主义园林》,《中国园林》2000 年第 4 期。
[62] 李先军:《借鉴与超越》,《城市环境设计》2010 年第 Z1 期。
[63] 鲁安东:《"设计研究"在建筑教育中的兴起及其当代因应》,《时代建筑》2017 年第 3 期。
[64] 成晓云:《"中国风物热"对 18 世纪西方绘画的影响》,《艺苑》2007 年第 3 期。
[65] 曾昭强:《东风西渐——中国艺术影响欧洲的一段历史》,《数位时尚(新视觉艺术)》2010 年第 2 期。

[66][美]荷雅丽:《巴洛克建筑师约翰·伯恩哈德·费舍尔·冯·埃尔拉赫和奥地利“中国风”(Chinoiserie)建筑》,俞琳译,《建筑师》2010年第1期。

[67]林箐、王向荣:《詹克斯与克斯维科的私家花园》,《中国园林》1999年第4期。

[68]张利:《跃迁的詹克斯和他的“跃迁的宇宙”——读查尔斯·詹克斯的〈跃迁的宇宙间的建筑〉》,《世界建筑》1997年第4期。

[69]张建强、林春梅、张依姗:《遗址公园公共艺术规划控制与引导》,《规划师》2013年第3期。

[70]赵容慧、曾辉、卓想:《艺术介入策略下的新农村社区营造——台湾台南市土沟社区的营造》,《规划师》2016年第2期。

[71]刘亦师:《砖瓦水泥以外:美国弗吉尼亚州夏洛茨维尔市主街改造(1950—2010年)》,《国际城市规划》2015年第5期。

[72]林箐:《美国当代风景园林设计大师、理论家——劳伦斯·哈普林》,《中国园林》2000年第3期。

[73]林菁:《空间的雕塑——艺术家野口勇的园林作品》,《中国园林》2002年第2期。

[74]曹汛:《造园大师张南垣(二)——纪念张南垣诞生四百周年》,《中国园林》1988年第3期。

[75]王向荣、林箐:《国土景观视野下的中国传统山—水—田—城体系》,《风景园林》2018年第9期。

[76]吴良镛:《寻找失去的东方城市设计传统——从一幅古地图所展示的中国城市设计艺术谈起》,《建筑史论文集》2000年第1期。

[77]郃杰:《过程导向的景观概念设计操作策略研究》,《现代城市研究》2013年第3期。

(二)外文

[1] Laurie Olin, “Form, meaning and expression in Landscape Architecture”, *Landscape Journal*, 1988(2).

[2] Rosalind Krauss, “Sculpture in the Expanded Field”, *October*, 1979(Spring).

[3] Christopher Tunnard, “Modern Gardens for Modem Houses: Reflections on Current Trends in Landscape Design”, *Landscape Architecture*, 1942(1).

[4] Dora Jane Hamblin, “Mid-City Mountain Stream”, *Life Magazine*, 1968(3).

[5] Kendall L, “Walton.Categories of Art”, *Philosophical Review*, 1970(3).

[6] Marc Treib, “Must Landscapes Mean?”, *Landscape Journal*, 1995(1).

[7] Caroline, Peter, “Launching the arq”, *arq*, 1995(1).

[8] Buchanan, Richard, “Wicked Problems in Design Thinking”, *Design Issues*, 1992(2).

[9] SLA, "Strategy Space", *a+t*, 2011 (37).
[10] Hala Nassar, "Revolutionary Idea", *Landscape Architecture Magazine*, 2011 (4).
[11] Cathryn Drake, "Spirit of Community", *Metropolis*, 2010 (1).
[12] Arthur Wesley Dow, "A Note on Japanese Art and on What the American Artist May Learn There-From", *The Knight Errant*, 1893 (1).
[13] Archer, L.Bruce, "Systematic method for designers: Part one: Aesthetics and logic", *Design*, 1963 (172).

二、专著

（一）中文

[1] 易中天:《破门而入——美学的问题与历史》, 复旦大学出版社 2006 年版。
[2] 宗白华:《艺境》, 安徽教育出版社 2006 年版。
[3] 吴家骅:《景观形态学：景观美学比较研究》, 叶南译, 中国建筑工业出版社 1999 年版。
[4] 柳冠中编著:《事理学论纲》, 中南大学出版社 2006 年版。
[5] 顾大庆:《设计与视知觉》, 中国建筑工业出版社 2002 年版。
[6] 姜耕玉:《艺术辩证法：中国艺术智慧形式》, 高等教育出版社 2006 年版。
[7] 许国志主编:《系统科学》, 上海科技教育出版社 2000 年版。
[8] 童寯:《造园史纲》, 中国建筑工业出版社 1983 年版。
[9] 成玉宁:《现代景观设计理论与方法》, 东南大学出版社 2010 年版。
[10] 冯友兰:《中国哲学简史》, 赵复三译, 天津社会科学院出版社 2005 年版。
[11] 沙莲香主编:《传播学：以人为主体的图象世界之谜》, 中国人民大学出版社 1990 年版。
[12] 吴家骅编著:《环境设计史纲》, 重庆大学出版社 2002 年版。
[13] 陈志华:《中国造园艺术在欧洲的影响》, 山东画报出版社 2006 年版。
[14] 郑振铎:《插图本中国文学史》, 上海人民出版社 2005 年版。
[15] 洪得娟:《景观建筑》, 同济大学出版社 1999 年版。
[16] 童寯:《江南园林志》, 中国建筑工业出版社 1984 年版。
[17] 李大夏:《路易·康》, 中国建筑工业出版社 1993 年版。
[18] 宗白华:《美学与意境》, 人民出版社 1987 年版。
[19] 刘天华:《画境文心：中国古典园林之美》, 生活·读书·新知三联书店 1994 年版。
[20] 韩巍编著:《孟菲斯设计》, 江苏美术出版社 2001 年版。
[21] 彭一刚:《建筑空间组合论》, 中国建筑工业出版社 1998 年版。

[22] 吉联抗辑译:《春秋战国音乐史料》,上海文艺出版社 1980 年版。
[23] 李泽厚、刘纲纪主编:《中国美学史(第一卷)》,中国社会科学出版社 1984 年版。
[24] 张国庆:《中和之美——普遍艺术和谐观与特定艺术风格论》,中央编译出版社 2009 年版。
[25] 陈植、张公弛选注:《中国历代名园记选注》,安徽科学技术出版社 1983 年版。
[26] 杨贵华:《自组织:社区能力建设的新视域——城市社区自组织能力研究》,社会科学文献出版社 2010 年版。
[27] 吴彤:《自组织方法论研究》,清华大学出版社 2001 年版。
[28] 陈植注释:《园冶注释》,中国建筑工业出版社 1998 年版。
[29] 汪丽君、舒平:《类型学建筑》,天津大学出版社 2004 年版。
[30] 李心峰主编:《艺术类型学》,文化艺术出版社 1998 年版。
[31] 俞剑华编著:《中国古代画论类编》,人民美术出版社 1998 年版。
[32] 周武忠:《心境的栖园:中国园林文化》,济南出版社 2004 年版。
[33] 俞孔坚:《景观:文化、生态与感知》,科学出版社 1998 年版。
[34] 包亚明主编:《后现代性与地理学的政治》,上海教育出版社 2001 年版。
[35] 周维权:《中国古典园林史》,清华大学出版社 1990 年版。
[36] 姚淦铭、王燕编:《王国维文集(第三卷)》,中国文史出版社 1997 年版。
[37] 陈志华:《北窗杂记——建筑学术随笔》,河南科学技术出版社 1999 年版。
[38] 范祥雍校注:《洛阳伽蓝记校注》,上海古籍出版社 1978 年版。
[39] 周积寅、陈世宁主编:《中国古典艺术理论辑注》,东南大学出版社 2010 年版。
[40] 杭间:《设计道:中国设计的基本问题》,重庆大学出版社 2009 年版。
[41] 宗白华:《美学散步》,上海人民出版社 1981 年版。
[42] 陈志华:《外国造园艺术》,河南科学技术出版社 2001 年版。
[43] 胡传海:《法度 形式 观念》,上海书画出版社 2005 年版。
[44] 李幼蒸:《理论符号学导论》,社会科学文献出版社 1996 年版。
[45] 张强:《后现代书法的文化逻辑》,重庆出版社 2007 年版。
[46] 张永和:《作文本》,生活·读书·新知三联书店 2005 年版。
[47] 朱光潜:《西方美学史(下卷)》,人民文学出版社 1964 年版。
[48] 姜义华主编:《胡适学术文集·新文学运动》,中华书局 1993 年版。
[49] 罗文媛、赵明耀:《建筑形式语言》,中国建筑工业出版社 2001 年版。
[50] 张道一:《张道一选集》,东南大学出版社 2009 年版。
[51] 刘滨谊:《风景景观工程体系化》,中国建筑工业出版社 1990 年版。
[52] 孙周兴编:《世界之轴:帕尔特海姆艺术》,中国美术学院出版社 2002 年版。
[53] 章元凤编著:《造园八讲》,中国建筑工业出版社 1991 年版。
[54] 叶朗:《中国美学史大纲》,上海人民出版社 1985 年版。

[55] 王中:《公共艺术概论》,北京大学出版社 2007 年版。
[56] 汉宝德:《美,从茶杯开始:汉宝德谈美》,广西师范大学出版社 2006 年版。
[57] 张光直:《中国考古学论文集》,生活·读书·新知三联书店 1999 年版。
[58] 朱光潜:《谈美》,安徽教育出版社 2006 年版。
[59] 凌继尧:《西方美学史》,北京大学出版社 2004 年版。
[60] 荆其敏、张丽安编著:《生态的城市与建筑》,中国建筑工业出版社 2005 年版。
[61] 温儒敏、李细尧编:《寻求跨中西文化的共同文学规律:叶维廉比较文学论文选》,北京大学出版社 1987 年版。
[62] 钱钟书:《七缀集》,上海古籍出版社 1985 年版。
[63] 俞孔坚:《理想景观探源——风水的文化意义》,商务印书馆 1998 年版。
[64] 叶舒宪选编:《神话——原型批评》,陕西师范大学出版社 1987 年版。
[65] 周维权:《园林·风景·建筑》,百花文艺出版社 2006 年版。
[66] 陈从周:《园林谈丛》,上海文化出版社 1980 年版。
[67] 苏州民族建筑学会、苏州园林发展股份有限公司编著:《苏州古典园林营造录》,中国建筑工业出版社 2003 年版。
[68] 程大锦:《建筑:形式、空间和秩序》,天津大学出版社 2005 年版。
[69] 陈永国主编:《视觉文化研究读本》,北京大学出版社 2009 年版。
[70] 李砚祖编著:《外国设计艺术经典论著选读(上)》,清华大学出版社 2006 年版。
[71] 童明、董豫赣、葛明编:《园林与建筑》,中国水利水电出版社、知识产权出版社 2009 年版。
[72] 于倬云、朱诚如主编:《中国紫禁城学会论文集(第三辑)》,紫禁城出版社 2004 年版。
[73] 丁沃沃、胡恒主编:《建筑文化研究(第 1 辑)》,中央编译出版社 2009 年版。
[74] 宗白华等著:《中国园林艺术概观》,江苏人民出版社 1987 年版。
[75] 中国建筑学会建筑历史学术委员会主编:《建筑历史与理论(第二辑)》,江苏人民出版社 1982 年版。
[76] 中国建筑学会建筑历史学术委员会主编:《建筑历史与理论(第三、四辑)》,江苏人民出版社 1984 年版。
[77] 西安美术馆编著:《西安美术馆·3》,陕西旅游出版社 2010 年版。
[78] 吴琼编:《视觉文化的奇观:视觉文化总论》,中国人民大学出版社 2005 年版。
[79] 范景中、曹意强主编:《美术史与观念史》,南京师范大学出版社 2003 年版。
[80] 鲁枢元、童庆炳、程克夷、张晧主编:《文艺心理学大辞典》,湖北人民出版社 2001 年版。
[81] 丁尔苏:《语言的符号性》,外语教学与研究出版社 2000 年版。
[82] 吴焕加:《中国建筑·传统与新统》,东南大学出版社 2003 年版。
[83] 俞孔坚:《回到土地》,生活·读书·新知三联书店 2014 年版。

[84] 徐复观：《徐复观文集（第1卷）》，湖北人民出版社2002年版。
[85] 王昀：《空间的界限》，辽宁科学技术出版社2009年版。
[86] 王澍：《造房子》，湖南美术出版社2016年版。
[87] 周武忠主编：《东方文化与设计哲学：第二届东方设计论坛暨2016东方文化与设计哲学国际学术研讨会论文集》，上海交通大学出版社2017年版。
[88] 贺西林：《极简中国古代雕塑史》，人民美术出版社2016年版。
[89] 楼庆西：《极简中国古代建筑史》，人民美术出版社2017年版。
[90] 刘涛：《极简中国书法史》，人民美术出版社2014年版。
[91] 徐小虎：《南画的形成：中国文人画东传日本初期研究》，刘智远译，广西师范大学出版社2017年版。
[92]（明）冯梦龙：《醒世恒言》，中国文史出版社2003年版。
[93]（明）兰陵笑笑生：《金瓶梅词话》，人民文学出版社1985年版。
[94]（清）李渔：《闲情偶寄图说》，王连海注释，山东画报出版社2003年版。
[95]（清）李斗：《扬州画舫录插图本》，王军评注，中华书局2007年版。
[96]（清）沈复：《浮生六记》，外语教学与研究出版社1999年版。
[97]（明）高濂：《遵生八笺》，王大淳校点，巴蜀书社1988年版。
[98]（清）曹雪芹：《红楼梦八十回校本》，俞平伯校订，人民文学出版社1993年版。

（二）译著

[1][英] 汤因比、[美] 马尔库塞等：《艺术的未来》，王治河译，广西师范大学出版社2002年版。
[2][苏] 斯托洛维奇：《现实中和艺术中的审美》，凌继尧、金亚娜译，生活·读书·新知三联书店1985年版。
[3][德] 马丁·海德格尔：《林中路》，孙周兴译，上海译文出版社2008年版。
[4][美] 伊利尔·沙里宁：《形式的探索——一条处理艺术问题的基本途径》，顾启源译，中国建筑工业出版社1989年版。
[5][美] 罗伯特·莱顿：《艺术人类学》，靳大成、袁阳、韦兰春、周庆明、知寒译，文化艺术出版社1992年版。
[6][美] I·L·麦克哈格：《设计结合自然》，芮经纬译，中国建筑工业出版社1992年版。
[7][意] 克罗齐：《美学原理》，朱光潜译，上海人民出版社2007年版。
[8][丹麦] S·E·拉斯姆森：《建筑体验》，刘亚芬译，知识产权出版社2003年版。
[9][意] 阿尔多·罗西：《城市建筑学》，黄士钧译，中国建筑工业出版社2006年版。
[10][美] 柯林·罗、罗伯特·斯拉茨基：《透明性》，金秋野、王又佳译，中国建筑工业出版社2008年版。
[11] 范景中编选：《艺术与人文科学：贡布里希文选》，范景中译，浙江摄影出版社

1989 年版。
[12][法] 克洛德 · 列维 – 斯特劳斯:《看 · 听 · 读》, 顾嘉琛译, 生活 · 读书 · 新知三联书店 1996 年版。
[13][法] 亨利 · 列斐伏尔:《空间与政治》, 李春译, 上海人民出版社 2008 年版。
[14][美] 马克 · 特雷布编:《现代景观——一次批判性的回顾》, 丁力扬译, 中国建筑工业出版社 2008 年版。
[15][美] 格兰特 · W · 里德:《园林景观设计: 从概念到形式》, 陈建业、赵寅译, 中国建筑工业出版社 2004 年版。
[16][俄] 康定斯基:《艺术中的精神》, 李政文编译, 云南人民出版社 1999 年版。
[17][美] 史蒂文 · 布拉萨:《景观美学》, 彭锋译, 北京大学出版社 2008 年版。
[18][英] R.J. 约翰斯顿:《哲学与人文地理学》, 蔡运龙、江涛译, 商务印书馆 2001 年版。
[19][法] 吉尔 · 德勒兹、菲力克斯 · 迦塔利:《什么是哲学?》, 张祖建译, 湖南文艺出版社 2007 年版。
[20][德] 格罗塞:《艺术的起源》, 蔡慕晖译, 商务印书馆 1984 年版。
[21][德] 戈特弗里德 · 森佩尔:《建筑四要素》, 罗德胤、赵雯雯、包志禹译, 中国建筑工业出版社 2009 年版。
[22][英] 马林诺夫斯基:《文化论》, 费孝通等译, 中国民间文艺出版社 1987 年版。
[23][德] 马丁 · 海德格尔:《存在与时间》, 陈嘉映、王庆节译, 生活 · 读书 · 新知三联书店 2006 年版。
[24][英] 李约瑟:《中国科学技术史 (第二卷 · 科学思想史) 》, 何兆武等译, 科学出版社 1990 年版。
[25][波] 符 · 塔达基维奇:《西方美学概念史》, 褚朔维译, 学苑出版社 1990 年版。
[26][美] 苏珊 · 朗格:《艺术问题》, 滕守尧、朱疆源译, 中国社会科学出版社 1983 年版。
[27][古希腊] 柏拉图:《文艺对话集》, 朱光潜译, 人民文学出版社 1963 年版。
[28][德] 康德:《纯粹理性批判》, 邓晓芒译, 人民出版社 2004 年版。
[29][德] 叔本华:《作为意志和表象的世界》, 石冲白译, 商务印书馆 2004 年版。
[30][德] 伽达默尔、杜特:《解释学 美学 实践哲学: 伽达默尔与杜特对谈录》, 金惠敏译, 商务印书馆 2005 年版。
[31][法] 米 · 杜夫海纳:《审美经验现象学》, 韩树站译, 文化艺术出版社 1996 年版。
[32][美] E · 潘诺夫斯基:《视觉艺术的含义》, 傅志强译, 辽宁人民出版社 1987 年版。
[33][德] 赫尔曼 · 哈肯:《协同学——大自然构成的奥秘》, 凌复华译, 上海译文出版社 2005 年版。
[34][英] 克莱夫 · 贝尔:《艺术》, 周金环、马钟元译, 中国文艺联合出版公司

1984 年版。
[35][日] 小形研三、高原荣重:《园林设计——造园意匠论》，索靖之、任震方、王恩庆译，中国建筑工业出版社 1984 年版。
[36][挪威] 诺伯格・舒尔兹:《存在・空间・建筑》，尹培桐译，中国建筑工业出版社 1990 年版。
[37][美] 加文・金尼:《第二自然——当代美国景观》，孙晶译，中国电力出版社 2007 年版。
[38][法] 米歇尔・柯南:《穿越岩石景观——贝尔纳・拉絮斯的景观言说方式》，赵红梅、李悦盈译，湖南科学技术出版社 2006 年版。
[39][英] G・卡伦:《城市景观艺术》，刘杰、周湘津等编译，天津大学出版社 1992 年版。
[40][日] 原研哉:《设计中的设计》，朱锷译，山东人民出版社 2006 年版。
[41][德] 瓦尔特・本雅明:《摄影小史、机械复制时代的艺术作品》，王才勇译，江苏人民出版社 2006 年版。
[42][美] 杜威:《艺术即经验》，高建平译，商务印书馆 2005 年版。
[43][法] 米歇尔・德・塞托:《日常生活实践 1. 实践的艺术》，方琳琳、黄春柳译，南京大学出版社 2009 年版。
[44][美] 凯文・林奇、加里・海克:《总体设计》，黄富厢、朱琪、吴小亚译，中国建筑工业出版社 1999 年版。
[45][美] 约翰・奥姆斯比・西蒙兹:《启迪：风景园林大师西蒙兹考察笔记》，方薇、王欣编译，中国建筑工业出版社 2010 年版。
[46][美] M.H. 艾布拉姆斯:《镜与灯：浪漫主义文论及批评传统》，郦稚牛、张照进、童庆生译，北京大学出版社 1989 年版。
[47][美] 柯林・罗、弗瑞德・科特:《拼贴城市》，童明译，中国建筑工业出版社 2003 年版。
[48][美] 戴维・哈维:《后现代的状况——对文化变迁之缘起的探究》，阎嘉译，商务印书馆 2003 年版。
[49][美] 丹尼尔・贝尔:《资本主义文化矛盾》，赵一凡、蒲隆、任晓晋译，生活・读书・新知三联书店 1989 年版。
[50][美] 马歇尔・伯曼:《一切坚固的东西都烟消云散了——现代性体验》，徐大建、张辑译，商务印书馆 2003 年版。
[51][英] 大卫・贝斯特:《艺术・情感・理性》，李惠斌等译，工人出版社 1988 年版。
[52][美] 克里斯托弗・亚历山大:《形式综合论》，王蔚、曾引译，华中科技大学出版社 2010 年版。
[53][美] John L.Motloch:《景观设计理论与技法》，李静宇、李硕、武秀伟译，大连

理工大学出版社 2007 年版。

[54][德] 雷德侯:《万物：中国艺术中的模件化和规模化生产》，张总等译，生活·读书·新知三联书店 2005 年版。

[55][日] 伊东忠太:《中国建筑史》，陈清泉译补，上海书店 1984 年版。

[56][法] 丹纳:《艺术哲学》，傅雷译，人民文学出版社 1986 年版。

[57][法] 列维－斯特劳斯:《野性的思维》，李幼蒸译，商务印书馆 1987 年版。

[58][美] 唐纳德·A·诺曼:《设计心理学》，梅琼译，中信出版社 2003 年版。

[59][法] 米歇尔·福柯:《规训与惩罚：监狱的诞生》，刘北成、杨远婴译，生活·读书·新知三联书店 2003 年版。

[60][法] 克劳德·列维－斯特劳斯:《结构人类学：巫术·宗教·艺术·神话》，陆晓禾、黄锡光等译，文化艺术出版社 1989 年版。

[61][美] 苏珊·朗格:《情感与形式》，刘大基等译，中国社会科学出版社 1986 年版。

[62][德] 弗·威·约·封·谢林:《艺术哲学》，魏庆征译，中国社会出版社 1997 年版。

[63][德] 齐奥尔格·西美尔:《时尚的哲学》，费勇、吴謈译，文化艺术出版社 2001 年版。

[64][美] 欧文·拉兹洛:《系统哲学引论—— 一种当代思想的新范式》，钱兆华等译，商务印书馆 1998 年版。

[65][美] 威廉·斯莫克:《包豪斯理想》，周明瑞译，山东画报出版社 2010 年版。

[66][德] 胡塞尔:《胡塞尔选集》，倪梁康选编，上海三联书店 1997 年版。

[67][英] 阿诺德·汤因比:《历史研究（修订插图本）》，刘北成、郭小凌译，上海人民出版社 2000 年版。

[68][美] 刘易斯·芒福德:《技术与文明》，陈允明、王克仁、李华山译，中国建筑工业出版社 2009 年版。

[69][美] 阿摩斯·拉普卜特:《文化特性与建筑设计》，常青、张昕、张鹏译，中国建筑工业出版社 2004 年版。

[70][美] 阿摩斯·拉普卜特:《宅形与文化》，常青、徐菁、李颖春、张昕译，中国建筑工业出版社 2007 年版。

[71][德] 马克思、恩格斯:《马克思恩格斯全集（第 8 卷）》，人民出版社 1961 年版。

[72][美] E·拉兹洛:《系统哲学讲演集》，闵家胤等译，中国社会科学出版社 1991 年版。

[73][美] 埃里克·詹奇:《自组织的宇宙观》，曾国屏等译，中国社会科学出版社 1992 年版。

[74][意] 弗拉维奥·孔蒂:《希腊艺术鉴赏》，陈卫平译，北京大学出版社

1988年版。
[75][英] 尼古拉斯·佩夫斯纳、J·M·理查兹、丹尼斯·夏普编著:《反理性主义者与理性主义者》,邓敬、王俊、杨矫、崔珩、邓鸿成译,中国建筑工业出版社2003年版。
[76][英] 威廉·荷加斯:《美的分析》,杨成寅译,广西师范大学出版社2005年版。
[77][美] 尼古拉斯·雷舍尔:《复杂性—— 一种哲学概观》,吴彤译,上海科技教育出版社2007年版。
[78][美] 杜安·普雷布尔、萨拉·普雷布尔:《艺术形式》,武坚等译,山西人民出版社1992年版。
[79][美] 迪克·赫伯迪格:《亚文化:风格的意义》,陆道夫、胡疆锋译,北京大学出版社2009年版。
[80][意] L.贝纳沃罗:《世界城市史》,薛钟灵等译,科学技术出版社2000年版。
[81][美] 刘易斯·芒福德:《城市发展史——起源、演变和前景》,宋俊岭、倪文彦译,中国建筑工业出版社2005年版。
[82][美] 刘易斯·芒福德:《城市文化》,宋俊岭、李翔宁、周鸣浩译,中国建筑工业出版社2009年版。
[83][美] 肯尼斯·弗兰姆普敦:《现代建筑:一部批判的历史》,张钦楠等译,生活·读书·新知三联书店2004年版。
[84][澳] 凯瑟琳·布尔:《历史与现代的对话——当代澳大利亚景观设计》,倪琪、陈敏红译,中国建筑工业出版社2003年版。
[85][法] 罗伯特·杜歇:《风格的特征》,司徒双、完永祥译,生活·读书·新知三联书店2003年版。
[86][英] 克利夫·芒福汀、泰纳·欧克、史蒂文·蒂斯迪尔:《美化与装饰》,韩冬青、李东、屠苏南译,中国建筑工业出版社2004年版。
[87] 范景中选编:《贡布里希论设计》,湖南科学技术出版社2004年版。
[88][德] 黑格尔:《美学(第一卷)》,朱光潜译,商务印书馆1979年版。
[89][德] 奥斯瓦尔德·斯宾格勒:《西方的没落(第一卷)》,吴琼译,上海三联书店2006年版。
[90][英] 凯瑟琳·迪伊:《景观建筑形式与纹理》,周剑云、唐孝祥、侯雅娟译,浙江科学技术出版社2004年版。
[91][德] 马蒂亚斯·霍尔茨:《未来宣言:我们应如何为二十一世纪作准备》,王滨滨译,云南人民出版社2001年版。
[92][德] 温克尔曼:《论古代艺术》,邵大箴译,中国人民大学出版社1989年版。
[93][美] 托马斯·门罗:《走向科学的美学》,石天曙、滕守尧译,中国文联出版公司1985年版。
[94][苏] 鲍列夫:《美学》,乔修业、常谢枫译,中国文联出版公司1986年版。

[95][苏]金兹堡:《风格与时代》，陈志华译，中国建筑工业出版社 1991 年版。
[96][美]托伯特·哈姆林:《建筑形式美的原则》，邹德侬译，中国建筑工业出版社 1982 年版。
[97][法]莫里斯·梅洛–庞蒂:《眼与心》，杨大春译，商务印书馆 2007 年版。
[98][瑞士]H·沃尔夫林:《艺术风格学》，潘耀昌译，辽宁人民出版社 1987 年版。
[99][美]舍尔·柏林纳德:《设计原理基础教程》，周飞译，上海人民美术出版社 2004 年版。
[100][挪威]拉斯·史文德森:《时尚的哲学》，李漫译，北京大学出版社 2010 年版。
[101][英]罗宾·乔治·科林伍德:《艺术原理》，王至元等译，中国社会科学出版社 1985 年版。
[102][英]查尔斯·詹克斯:《后现代建筑语言》，李大夏摘译，中国建筑工业出版社 1986 年版。
[103][法]罗兰·巴特:《流行体系——符号学与服饰符码》，敖军译，上海人民出版社 2000 年版。
[104][德]沃尔夫冈·韦尔施:《重构美学》，陆扬、张岩冰译，上海译文出版社 2006 年版。
[105][德]H·R·姚斯、[美]R·C·霍拉勃:《接受美学与接受理论》，周宁、金元浦译，辽宁人民出版社 1987 年版。
[106][法]昂利·柏格森:《创造进化论》，肖聿译，华夏出版社 2000 年版。
[107][法]罗兰·巴尔特:《符号学原理》，李幼蒸译，中国人民大学出版社 2008 年版。
[108][俄]康定斯基:《康定斯基：文论与作品》，查立译，中国社会科学出版社 2003 年版。
[109][法]加斯东·巴什拉:《空间的诗学》，张逸婧译，上海译文出版社 2009 年版。
[110][英]斯图尔特·霍尔:《表征——文化表象与意指实践》，徐亮、陆兴华译，商务印书馆 2003 年版。
[111][英]丹尼·卡瓦拉罗:《文化理论关键词》，张卫东、张生、赵顺宏译，江苏人民出版社 2006 年版。
[112][意]马里奥·佩尔尼奥拉:《仪式思维：性、死亡和世界》，吕捷译，商务印书馆 2006 年版。
[113][英]比尔·里斯贝罗:《西方建筑：从远古到现代》，陈健译，江苏人民出版社 2001 年版。
[114][美]约翰·O·西蒙兹:《景观设计学——场地规划与设计手册》，俞孔坚等译，中国建筑工业出版社 2009 年版。
[115][俄]C.M.爱森斯坦:《蒙太奇论》，富澜译，中国电影出版社 1998 年版。
[116][加]卡尔松:《环境美学——自然、艺术与建筑的鉴赏》，杨平译，四川人民出

版社 2006 年版。
[117][英] 约翰・伯格:《看》,刘惠媛译,广西师范大学出版社 2005 年版。
[118][法] 列维 – 布留尔:《原始思维》,丁由译,商务印书馆 1981 年版。
[119][美] 爱德华・萨丕尔:《语言论——言语研究导论》,陆卓元译,商务印书馆 2007 年版。
[120][英] 汤姆・特纳:《景观规划与环境影响设计》,王珏译,中国建筑工业出版社 2006 年版。
[121][乌拉圭] 丹尼艾尔・阿里洪:《电影语言的语法》,陈国铎等译,中国电影出版社 1982 年版。
[122][美] 肯尼思・科尔森:《大规划——城市设计的魅惑和荒诞》,游宏滔、饶传坤、王士兰译,中国建筑工业出版社 2006 年版。
[123][法] 勒・柯布西耶:《走向新建筑》,陈志华译,天津科学技术出版社 1991 年版。
[124][美] 鲁道夫・阿恩海姆:《视觉思维》,滕守尧译,光明日报出版社 1986 年版。
[125][加] 马歇尔・麦克卢汉:《理解媒介——论人的延伸》,何道宽译,商务印书馆 2000 年版。
[126][法] 莫里斯・梅洛 – 庞蒂:《知觉现象学》,姜志辉译,商务印书馆 2005 年版。
[127][法] 雷吉娜・德当贝尔:《封闭的花园》,余乔乔译,百花文艺出版社 2003 年版。
[128][英] 彼得・柯林斯:《现代建筑设计的思想演变(1750—1950)》,英若聪译,中国建筑工业出版社 1987 年版。
[129][德] 马克思、恩格斯:《马克思恩格斯全集(第四十一卷)》,人民出版社 1982 年版。
[130][芬] 约・瑟帕玛:《环境之美》,武小西、张宜译,湖南科学技术出版社 2006 年版。
[131][德] 玛克斯・德索:《美学与艺术理论》,兰金仁译,中国社会科学出版社 1987 年版。
[132][英] 奥斯本:《鉴赏的艺术》,王柯平等译,四川人民出版社 2006 年版。
[133][日] 新藤兼人:《电影剧本的结构》,钱端义、吴代尧译,中国电影出版社 1984 年版。
[134][法] 让 – 弗朗索瓦・利奥塔:《非人——时间漫谈》,罗国祥译,商务印书馆 2001 年版。
[135][苏] 莫伊谢依・萨莫伊洛维奇・卡冈:《美学和系统方法》,凌继尧译,中国文联出版公司 1985 年版。
[136][德] 恩斯特・卡西尔:《人论》,李琛译,光明日报出版社 2009 年版。
[137][英] H.A. 梅内尔:《审美价值的本性》,刘敏译,商务印书馆 2001 年版。

[138][美]乔治·桑塔耶纳:《美感》,缪灵珠译,中国社会科学出版社1982年版。
[139][德]康德:《判断力批判(上卷)》,宗白华译,商务印书馆1964年版。
[140][美]肯尼思·弗兰姆普敦:《建构文化研究——论19世纪和20世纪建筑中的建造诗学》,王骏阳译,中国建筑工业出版社2007年版。
[141][德]马克思:《马克思1844年经济学—哲学手稿》,刘丕坤译,人民出版社1979年版。
[142]北京大学哲学系美学教研室编:《西方美学家论美和美感》,商务印书馆1980年版。
[143][意]克罗齐:《美学原理 美学纲要》,朱光潜译,人民文学出版社1983年版。
[144][美]诺姆·乔姆斯基:《句法结构》,邢公畹、庞秉钧、黄长著、林书武译,中国社会科学出版社1979年版。
[145][英]R.G.柯林伍德:《精神镜像:或知识地图》,赵志义、朱宁嘉译,广西师范大学出版社2006年版。
[146][英]巴克森德尔:《意图的模式》,曹意强、严军、严善錞译,中国美术学院出版社1997年版。
[147][英]马丁·约翰逊:《艺术与科学思维》,傅尚逵、刘子文译,工人出版社1988年版。
[148][德]康德:《纯粹理性批判》,蓝公武译,商务印书馆1960年版。
[149][德]康德:《纯粹理性批判》,邓晓芒译,人民出版社2004年版。
[150][德]伊曼努尔·康德:《纯粹理性批判》,李秋零译,中国人民大学出版社2004年版。
[151][德]伊·康德:《纯粹理性批判》,韦卓民译,华中师范大学出版社2004年版。
[152][德]康德:《纯粹理性批判》,郭大为译,人民出版社2008年版。
[153][瑞士]皮亚杰:《发生认识论原理》,王宪钿等译,商务印书馆1981年版。
[154][英]E.H.贡布里希:《艺术与错觉——图画再现的心理学研究》,林夕、李本正、范景中译,湖南科学技术出版社2009年版。
[155][比]乔治·布莱:《批评意识》,郭宏安译,广西师范大学出版社2002年版。
[156][美]霍华德·加德纳:《艺术·心理·创造力》,齐东海等译,中国人民大学出版社2008年版。
[157][苏]莫·卡冈:《艺术形态学》,凌继尧、金亚娜译,生活·读书·新知三联书店1986年版。
[158][澳]德西迪里厄斯·奥班恩:《艺术的涵义》,孙浩良、林丽亚译,学林出版社1985年版。
[159][美]豪·鲍克斯:《像建筑师那样思考》,姜卫平、唐伟译,山东画报出版社2009年版。
[160][美]克莱门特·格林伯格:《艺术与文化》,沈语冰译,广西师范大学出版社

2009 年版。
[161][英] Geoffrey and Susan Jellicoe:《图解人类景观——环境塑造史论》，刘滨谊主译，同济大学出版社 2006 年版。
[162][日] 针之谷钟吉:《西方造园变迁史》，邹洪灿译，中国建筑工业出版社 1991 年版。
[163][日] 针之谷钟吉:《西洋著名园林》，章敬三译，上海文化出版社 1991 年版。
[164][瑞士] 约翰尼斯·伊顿:《设计与形态》，朱国勤译，上海人民美术出版社 1992 年版。
[165][英] R.G. 柯林伍德:《历史的观念》，何兆武、张文杰译，中国社会科学出版社 1986 年版。
[166][德] 阿多诺:《美学理论》，王柯平译，四川人民出版社 1998 年版。
[167][日] 冈大路:《中国宫苑园林史考》，瀛生译，学苑出版社 2008 年版。
[168][美] 巫鸿:《重屏：中国绘画中的媒材与再现》，文丹译，上海人民出版社 2009 年版。
[169][美] 丹尼尔·杰·切特罗姆:《传播媒介与美国人的思想——从莫尔斯到麦克卢汉》，曹静生、黄艾禾译，中国广播电视出版社 1991 年版。
[170][英] 罗伯特·克雷:《设计之美》，尹弢译 . 山东画报出版社 2010 年版。
[171][美] 托马斯·库恩:《科学革命的结构》，金吾伦、胡新和译，北京大学出版社 2003 年版。
[172][英] 休谟:《自然宗教对话录》，陈修斋、曹棉之译，商务印书馆 1962 年版。
[173][德] 莫里茨·石里克:《自然哲学》，陈维杭译，商务印书馆 1984 年版。
[174][美] 梯利:《西方哲学史（增补修订版）》，葛力译，商务印书馆 1995 年版。
[175][美] 埃德蒙·N·培根:《城市设计》，黄富厢、朱琪译，中国建筑工业出版社 2003 年版。
[176][英] E.H. 贡布里希:《秩序感——装饰艺术的心理学研究》，范景中、杨思梁、徐一维译，湖南科学技术出版社 2006 年版。
[177][美] 乔治·H·马库斯:《今天的设计》，张长征、袁音译，四川人民出版社 2009 年版。
[178][瑞士] 皮亚杰:《结构主义》，倪连生、王琳译，商务印书馆 1984 年版。
[179][丹麦] 丹·扎哈维:《胡塞尔现象学》，李忠伟译，上海译文出版社 2007 年版。
[180][美] 保罗·泽兰斯基、玛丽·帕特·费希尔:《三维创造动力学》，潘耀昌、钟鸣、倪凌云、魏冰清、季晓蕙、吕坚译，上海人民美术出版社 2005 年版。
[181][南非] 保罗·西利亚斯:《复杂性与后现代主义：理解复杂系统》，曾国屏译，上海科技教育出版社 2006 年版。
[182][法] 米歇尔·柯南、[中] 陈望衡主编:《城市与园林——园林对城市生活和文化的贡献》，武汉大学出版社 2006 年版。

[183][法]马克·第亚尼编著:《非物质社会——后工业世界的设计、文化与技术》,滕守尧译,四川人民出版社 1998 年版。
[184][捷]米兰·昆德拉:《小说的艺术》,孟湄译,生活·读书·新知三联书店 1992 年版。
[185][德]阿道夫·希尔德勃兰特:《造型艺术中的形式问题》,潘耀昌等译,中国人民大学出版社 2004 年版。
[186][英]伊恩·本特利、艾伦·埃尔科克、保罗·马林、苏·麦格琳、格雷厄姆·史密斯:《建筑环境共鸣设计》,纪晓海、高颖译,大连理工大学出版社 2002 年版。
[187][法]A·J·格雷马斯:《符号学与社会科学》,徐伟民译,百花文艺出版社 2009 年版。
[188][美]C·亚历山大:《建筑的永恒之道》,赵冰译,知识产权出版社 2004 年版。
[189][日]芦原义信:《街道的美学》,尹培桐译,百花文艺出版社 2006 年版。
[190][加]卡菲·凯丽:《艺术与生存——帕特丽夏·约翰松的环境工程》,陈国雄译,湖南科学技术出版社 2008 年版。
[191][美]詹姆士·科纳主编:《论当代景观建筑学的复兴》,吴琨、韩晓晔译,中国建筑工业出版社 2008 年版。
[192][日]竹内敏雄主编:《美学百科辞典》,刘晓路、何志明、林文军译,湖南人民出版社 1988 年版。
[193][英]安吉拉·默克罗比:《后现代主义与大众文化》,田晓菲译,中央编译出版社 2001 年版。
[194][美]勒内·韦勒克、奥斯汀·沃伦:《文学理论》,刘象愚、邢培明、陈圣生、李哲明译,江苏教育出版社 2005 年版。
[195][法]福柯、[德]哈贝马斯、[法]布尔迪厄等:《激进的美学锋芒》,周宪译,中国人民大学出版社 2003 年版。
[196][英]A·彼得·福西特:《建筑设计笔记》,林源译,中国建筑工业出版社 2004 年版。
[197][德]托马斯·史密特:《建筑形式的逻辑概念》,肖毅强译,中国建筑工业出版社 2003 年版。
[198][美]肯特·C·布鲁姆、查尔斯·W·摩尔:《身体,记忆与建筑》,成朝晖译,中国美术学院出版社 2008 年版。
[199][美]C·亚历山大、H·奈斯、A·安尼诺、I·金:《城市设计新理论》,陈治业、童丽萍译,知识产权出版社 2002 年版。
[200][英]布莱恩·劳森:《设计思维——建筑设计过程解析》,范文兵、范文莉译,知识产权出版社 2007 年版。
[201][美]理查德·P. 多贝尔:《校园景观——功能·形式·实例》,北京世纪英闻翻

译有限公司译，中国水利水电出版社、知识产权出版社 2006 年版。
[202][奥]马里奥·泰尔茨、鲁旸主编：《景观艺术的魅力》，江苏凤凰科学技术出版社 2015 年版。
[203][美]克劳斯·克里彭多夫：《设计：语意学转向》，胡飞、高飞、黄小南译，中国建筑工业出版社 2017 年版。
[204][日]原广司：《空间——从功能到形态》，张伦译，江苏凤凰科学技术出版社 2017 年版。
[205]国家文物局编译：《意大利文化与景观遗产法典》，文物出版社 2009 年版。
[206][英]Catherine Dee：《设计景观：艺术、自然与功用》，陈晓宇译，电子工业出版社 2013 年版。
[207][德]阿斯特里德·茨莫曼编：《景观建造全书：材料·技术·结构》，杨至德译，华中科技大学出版社 2016 年版。
[208][英]乔安·克里夫顿：《景观创意设计》，郝福玲译，大连理工大学出版社 2006 年版。
[209][美]马修·波泰格、杰米·普灵顿：《景观叙事——讲故事的设计实践》，张楠、许悦萌、汤丽、李锟译，中国建筑工业出版社 2015 年版。
[210][日]川口洋子编著：《日本禅境景观》，王琅译，江苏凤凰科学技术出版社 2016 年版。
[211][美]温迪·J. 达比：《风景与认同：英国民族与阶级地理》，张箭飞、赵红英译，译林出版社 2011 年版。
[212][德]拉尔斯·魏格尔特：《花园设计：理念、灵感与框架的结合》，谭琳译，译林出版社 2016 年版。
[213][德]马克思、恩格斯：《马克思恩格斯全集（第四十六卷上）》，人民出版社 1979 年版。
[214][英]洛林·哈里森：《如何读懂园林》，江婷译，辽宁科学技术出版社 2015 年版。
[215][法]甘丹·梅亚苏：《形而上学与科学外世界的虚构》，马莎译，河南大学出版社 2017 年版。
[216][日]堀内正树：《图解日本园林》，张敏译，江苏凤凰科学技术出版社 2018 年版。
[217][日]原研哉：《设计中的设计 | 全本》，纪江红译，广西师范大学出版社 2010 年版。
[218][日]秋元馨：《现代建筑文脉主义》，周博译，大连理工大学出版社 2010 年版。
[219][美]W.J.T. 米切尔编：《风景与权力》，杨丽、万信琼译，译林出版社 2014 年版。
[220][美]威廉·科拜·劳卡德：《设计手绘：理论与技法》，葛颂、邹德艳译，大连

理工大学出版社 2014 年版。
[221][美]罗伯特·K. 殷：《案例研究：设计与方法》，周海涛、史少杰译，重庆大学出版社 2017 年版。
[222][美]加里·金、罗伯特·基欧汉、悉尼·维巴：《社会科学中的研究设计》，陈硕译，格致出版社、上海人民出版社 2014 年版。
[223][法]卡特琳·古特：《重返风景：当代艺术的地景再现》，黄金菊译，华东师范大学出版社 2014 年版。
[224][美]查尔斯·莫尔、威廉·米歇尔、威廉·图布尔：《园林是一首诗》，李斯译，四川科学技术出版社 2017 年版。
[225][英]Tom Turner：《亚洲园林：历史、信仰与设计》，程玺译，电子工业出版社 2015 年版。
[226][美]爱德华·W. 萨义德：《东方学》，王宇根译，生活·读书·新知三联书店 1999 年版。
[227][美]爱德华·W. 萨义德：《文化与帝国主义》，李琨译，生活·读书·新知三联书店 2003 年版。
[228][德]乌多·达根巴赫编：《现代欧洲景观设计》，常文心译，辽宁科学技术出版社 2015 年版。
[229][英]阿妮塔·佩雷里编著：《21 世纪庭园》，周丽华译，贵州科技出版社 2002 年版。
[230][加]迈克尔·哈夫：《城市与自然过程——迈向可持续性的基础》，刘海龙、贾丽奇、赵智聪、庄优波、邬冬璠译，中国建筑工业出版社 2012 年版。
[231][美]福斯特·恩杜比斯：《生态规划历史比较与分析》，陈蔚镇、王云才译，中国建筑工业出版社 2013 年版。
[232][英]坎农·艾弗斯编：《景观实录：生态海绵城市》，李婵译，辽宁科学技术出版社 2016 年版。
[233][美]W·塞西尔·斯图尔德、莎伦·B·库斯卡：《可持续性计量法——以实现可持续发展为目标的设计、规划和公共管理》，刘博译，中国建筑工业出版社 2014 年版。
[234][澳]马丁·科伊尔编：《低能耗城市景观》，潘潇潇、贺艳飞译，广西师范大学出版社 2017 年版。
[235][西]奥罗拉·费尔南德斯·佩尔、哈维尔·莫萨斯：《设计兵法——公共空间设计战略与战术》，李美荣译，江苏科学技术出版社 2014 年版。
[236][美]查尔斯·瓦尔德海姆编：《景观都市主义》，刘海龙、刘东云、孙璐译，中国建筑工业出版社 2011 年版。
[237][英]伊恩·L·麦克哈格：《生命·求索——麦克哈格自传》，马劲武译，中国建筑工业出版社 2016 年版。

[238] 联合国人居署编著:《致力于绿色经济的城市模式:城市基础设施优化》,刘冰、周玉斌译,同济大学出版社 2013 年版。

[239][美] 莫森·莫斯塔法维、加雷斯·多尔蒂编著:《生态都市主义》,俞孔坚等译,江苏科学技术出版社 2014 年版。

[240][美] 卡兹伊斯·瓦内利斯主编:《洛杉矶基础设施的生态网络》,秦红岭、刘晓光译,华中科技大学出版社 2016 年版。

[241][美] 查尔斯·安德森景观建筑事务所、朱莉·戴克编:《生态景观之旅》,常文心译,辽宁科学技术出版社 2011 年版。

[242][瑞士] 迈克尔·雅各布主编:《景观设计中的瑞士印迹》,翟俊译,江苏凤凰科学技术出版社 2015 年版。

[243][美] 南希·罗特、肯·尤科姆:《生态景观设计》,樊璐译,大连理工大学出版社 2014 年版。

[244][英] 格雷姆·布鲁克、莎莉·斯通:《建筑文脉与环境》,黄中浩、高好、王晶译,大连理工大学出版社 2010 年版。

[245] 法国亦西文化编:《新生态景观主义:法国滤园环境科技设计作品专辑:phytorestore thierry jacquet》,徐颖译,辽宁科学技术出版社 2014 年版。

[246][瑞典] 马茨·约翰·伦德斯特伦、夏洛塔·弗雷德里克松、雅各布·维策尔:《可持续的智慧——瑞典城市规划与发展之路》,王东宇、马琦伟、刘溪、尹莹译,江苏凤凰科学技术出版社 2016 年版。

[247][美] R.E. 帕克、E.N. 伯吉斯、R.D. 麦肯齐:《城市社会学——芝加哥学派城市研究》,宋俊岭、郑也夫译,商务印书馆 2012 年版。

[248][美] 阿西姆·伊纳姆编著:《城市转型设计》,盛洋译,华中科技大学出版社 2016 年版。

[249][美] 罗伯特·E. 帕克等著:《城市:有关城市环境中人类行为研究的建议》,杭苏红译,商务印书馆 2016 年版。

[250][法] 勒·柯布西耶:《精确性——建筑与城市规划状态报告》,陈洁译,中国建筑工业出版社 2009 年版。

[251][美] R. 罗伯特·布鲁格曼:《城市蔓延简史》,吕晓惠、许明修、孙晶译,中国电力出版社 2009 年版。

[252][美] 阿诺德·伯林特:《生活在景观中——走向一种环境美学》,陈盼译,湖南科学技术出版社 2006 年版。

[253][德] 沙尔霍恩、施马沙伊特:《城市设计基本原理——空间·建筑·城市》,陈丽江译,上海人民美术出版社 2004 年版。

[254][法] 居伊·德波:《景观社会》,王昭凤译,南京大学出版社 2007 年版。

[255][美] 罗伯特·文丘里:《建筑的复杂性与矛盾性》,周卜颐译,中国水利水电出版社、知识产权出版社 2006 年版。

[256][奥地利]卡米诺·西特:《城市建设艺术》,仲德崑译,江苏凤凰科学技术出版社2017年版。
[257][法]莫里斯·梅洛-庞蒂:《行为的结构》,杨大春、张尧均译,商务印书馆2010年版。
[258][法]圣艾修伯里:《小王子》,马爱农译,中国国际广播出版社2006年版。
[259][美]Tom R. Ryan、Edward Allen、Patrick Rand:《风景园林师应关注的细节》,王浩然译,电子工业出版社2016年版。
[260][阿根廷]蒙尔赫·路易斯·博尔赫斯:《小径分岔的花园》,王永年译,上海译文出版社2015年版。
[261][英]凯文·思韦茨、伊恩·西姆金斯:《体验式景观——人、场所与空间的关系》,陈玉洁译,中国建筑工业出版社2016年版。
[262][美]罗伯特·戴维·萨克:《社会思想中的空间观:一种地理学的视角》,黄春芳译,北京师范大学出版社2010年版。
[263][日]大野隆造、小林美纪:《人的城市安全与舒适的环境设计》,余漾、尹庆译,中国建筑工业出版社2015年版。
[264][瑞士]安德里娅·格莱尼哲、格奥尔格·瓦赫里奥提斯编:《模式:装饰、结构与行为》,宋昆、孙晓晖、李德新译,华中科技大学出版社2014年版。
[265][美]林璎等著:《地志景观:林璎和她的艺术世界》,陈晓宇等译,电子工业出版社2016年版。
[266][美]Brian Burke:《游戏化设计》,刘腾译,华中科技大学出版社2017年版。
[267][瑞士]彼得·卒姆托:《建筑氛围》,张宇译,中国建筑工业出版社2010年版。
[268][法]边留久:《风景文化》,张春彦、胡莲、郑君译,江苏凤凰科学技术出版社2017年版。
[269][英]G.E. 摩尔:《伦理学原理》,陈德中译,商务印书馆2017年版。
[270][英]雷蒙·威廉斯:《乡村与城市》,韩子满、刘戈、徐珊珊译,商务印书馆2013年版。
[271][德]马蒂亚斯·芬克编:《景观实录:文化景观设计》,李婵译,辽宁科学技术出版社2016年版。
[272][美]帕崔西亚·J. 格拉汉姆:《日本设计:艺术、审美与文化》,张寅、银艳侠译,生活·读书·新知三联书店2017年版。
[273][日]奈良本辰也:《京都流年——日本的美意识与历史风景》,陈言译,北京大学出版社2014年版。
[274][英]Rory Stuart:《世界园林——文化与传统》,周娟译,电子工业出版社2013年版。
[275][日]菅宏文:《日式庭园》,吴宝强等译,广西师范大学出版社2015年版。
[276][日]隈研吾:《十宅论》,朱锷译,上海人民出版社2008年版。

[277][英]马克·卡森斯、陈薇编:《建筑研究02》,中国建筑工业出版社2012年版。
[278][德]阿莱达·阿斯曼:《回忆空间:文化记忆的形式和变迁》,潘璐译,北京大学出版社2016年版。
[279][美]白谦慎:《傅山的世界:十七世纪中国书法的嬗变》,生活·读书·新知三联书店2015年版。
[280][英]约翰·里德:《城市的故事》,郝笑丛译,生活·读书·新知三联书店2016年版。
[281][日]中村苏人:《江南庭园:与造园人穿越时空的对话》,刘彤彤译,江苏凤凰科学技术出版社2018年版。
[282][美]唐纳德·特朗普、格瑞迪丝·麦基沃:《永不放弃——特朗普自述》,蒋旭峰、刘佳译,上海译文出版社2016年版。
[283][日]松冈正刚:《山水思想》,韩立冬译,中国友谊出版公司2017年版。
[284][美]卜寿珊:《心画:中国文人画五百年》,皮佳佳译,北京大学出版社2017年版。

(三)外文

[1] Anne Whiston Spirn, *The language of Landscape*, New Haven:Yale University Press, 1998.
[2] Greg Lynn, *Folds, Bodies and Blobs*, NewYork: Princeton Architectural Press, 1998.
[3] Kevin Lynch, *Managing the Sense of a Region*, Cambridge: MIT Press, 1976.
[4] Claudia Lazzaro,*The Italian Renaissance Garden from the Conventions of Planting, Design, and Ornament to the Grand Gardens of SixteenthCentury Central Italy*, New Haven and London: Yale University Press, 1990.
[5] Philip Jodidio, *Architecture now! 3*, Los Angeles: Taschen GmbH, 2004.
[6] Henri Lefebvre, *The production of space*, Oxford: Blackwell, 1991.
[7] Carl O. Sauer, *The morphology of landscape*, CA: University of California Press, 1974.
[8] Geoffrey Broadbent, *Emerging Concepts in Urban Space Design*, New York: Van Nostrand Reinhold, 1990.
[9] David Richter, *The Critical Tradition*, NewYork: St.Martin's Press, 1989.
[10] Lewis Murnford, *Art and technics*, New York: Columbia University Press, 1952.
[11] Jay Appletond, *The Experience of Landscape*, New York: John Wiley and Sons, 1975.
[12] Meyer Schaprio, *Courbert and Popular Imagery*, New York: George Braziller, 1978.
[13] Denis Cosgrove, Stephen Daniels, *The iconography of landscape: essays on the symbolic representation, design and use of past environments*, Cambridge: Cambridge University Press, 1988.

[14] Basil Bernstein, *The structuring of pedagogic discourse*, London: Routledge, 2000.

[15] Manuel Gausa, *The Metapolis dictionary of advanced architecture: city, technology and society in the information age*, Barcelona: Printin Ingoprint SA. Actar, 2003.

[16] Marc Treib, Dorothée Imbert, *Garrett Eckbo: Modern Landscapes for Living*, Berkeley: University of California Press, 1997.

[17] Lawrence Halprin, *Lawrence Halprin : Notebooks 1959 to 1971*, Cambridge: The MIT Press, 1972.

[18] W. Marshall, *A Review of the Landscape, a didactic poem: Also of An essay on the picturesque, together with practical remarks on rural ornaments*, London: Thames & Hudson, 1975.

[19] Garrett Eckbo, *Landscape for Living*, New York: F.W. Dodge Corporation, 1950.

[20] Per Olaf Fjeld, Svrre Fehn, *The Thought of Construction*, New York: Rizzoli, 1983.

[21] Halprin L, Burns J, *Taking Part: A Workshop Approach to Collective Creativity*, Cambridge: MIT Press, 1974.

[22] Riew J, ed, *Thomas Jefferson Foundation Medal in Architecture: The First Forty Five Years (1966–2005)*, Charlottesville: University of Virginia Press, 2005.

[23] Lawrence Halprin, *The RSVP Cycles: Creative Processes and the Human Environment*, New York: George Braziller, 1970.

[24] Alison Bick Hirsch, *City Choreographer: Lawrence Halprin in Urban Renewal America*, Minneapolis: University of Minnesota Press, 2014.

[25] Percival Lowell, *The Soul of the Far East*, Boston: Houghton, Mifflin and Co., 1888.

[26] Mohammad Gharipour, *Persian Gardens and Pavilions: Reflections in History, Poetry and the Arts*, London: I.B.Tauris & Company, 2013.

[27] Burton F.Beers, *China: In Old Photographs, 1860–1910*, New York: Simon& Schuster: 1978.

[28] Alan Berger, *Drosscape: Wasting Land in Urban America*, New York: Princeton Architectural Press, 2007.

三、会议论文集

[1] 关山月美术馆编:《开放与传播：改革开放 30 年中国美术批评论坛文集》，广西美术出版社 2009 年版。

[2] 张青萍主编:《传承·交融：陈植造园思想国际研讨会暨园林规划设计理论与实践博士生论坛论文集》，中国林业出版社 2009 年版。

[3] 孙周兴、高士明编:《视觉的思想："现象学与艺术"国际学术研讨会论文集》，中国美术学院出版社 2003 年版。

[4] 清华大学、中国风景园林学会主办:《明日的风景园林学国际学术会议论文集》,中国风景园林学会 2013 年版。

四、学位论文

[1] 周武忠:《理想家园——中西古典园林艺术比较研究》,博士学位论文,南京艺术学院,2001 年。
[2] 董璁:《景观形式的生成与系统》,博士学位论文,北京林业大学,2001 年。
[3] 廖海波:《世俗与神圣的对话——民间灶神信仰与传说研究》,博士学位论文,华东师范大学,2003 年。
[4] Hirsch A,"Lawrence Halprin: Choreographing Urban Experience",PhD dissertation of the University of Pennsylvania,2008.

五、电子文献

(一)中文

[1] 缪斯社区:《世博会中国馆》,http://www.emus.cn/?7249/viewspace-6270.html,2011 年 1 月 14 日。
[2] 台北故宫博物院:《伪好物:16—18 世纪苏州片及其影响》,http://www.360doc.com/content/18/0328/22/7872436_741104857.shtml,2018 年 7 月 10 日。
[3] 新浪收藏:《"伪好物"特展 台北故宫开展"假画集团"》,http://news.96hq.com/a/20180403/25576.html,2018 年 7 月 10 日。
[4] 郑辰:《电影美术手册:从概念设计到动手分工》,https://cinehello.com/articles/2454,2018 年 6 月 13 日。
[5] 同济大学建筑与城市规划学院:《景观设计:艺术与可持续性》,http://news.tongji-caup.org/news.php?id=5045,2016 年 6 月 12 日。
[6]《福州晚报》:《晚报送三坊七巷手绘地图啦~让你换种方式逛坊巷!》,http://www.sohu.com/a/118760653_349398,2018 年 2 月 7 日。
[7] 花果子菜:《其实,广场舞是件很前卫的事情:Lawrence and Anna Halprin》,https://site.douban.com/145454/widget/notes/17707034/note/435489928/,2018 年 3 月 26 日。
[8] 蓝色智库科技:《〈听琴图〉VR 项目》,https://www.zcool.com.cn/work/ZMjUwMTgyNTI=/1.html,2018 年 11 月 2 日。
[9] 360 百科:《都江堰》,https://baike.so.com/doc/history/id/405833,2018 年 10 月

11 日。
[10] 龙轩美术网:《仇英〈枫溪垂钓图〉》，http: //www.aihuahua.net/guohua/shanshui/5414.html，2018 年 10 月 25 日。
[11] 华夏收藏网:《台北故宫藏明代仇英〈秋江待渡图〉》，http: //news.cang.com/info/536623.html，2018 年 10 月 25 日。
[12] 上海市发展和改革委员会:《豪斯曼计划：城市现代化的警训》，http: //www.shdrc.gov.cn/fzgggz/sswgg/xwbd/shghwxbs/24727.htm，2018 年 10 月 15 日。
[13] 中国美术馆:《雕塑作为场地 1985—2010：卡尔・安德烈回顾展》，http: //www.namoc.org/xwzx/gjzx/gjzx/201405/t20140508_276696.htm，2018 年 11 月 5 日。

（二）外文

[1] Online Etymology Dictionary:“Form”，http: //www.etymonline.com/index.php?term=form，2011 年 5 月 3 日。
[2] Sylvia Hart Wright，“Freeway Park Commentary”，http: //www.greatbuildings.com/buildings/Freeway_Park.html，2011 年 3 月 16 日。
[3] Portland Water Fountains，“Lovejoy Fountain”，http: //www.portlandwaterfountains.com/lovejoy_fountain.html，2011 年 4 月 29 日。
[4] Arthur C.Danto，“Mark Tansey: Visions and Revisions”，http: //www.101bananas.com/art/innocent t.html，2011 年 1 月 20 日。
[5] Maria Morari，“ THE MOST BEAUTIFUL GARDENS IN THE WORLD / GARDENS AT HET LOO PALACE”，http: //www.bestourism.com/items/di/1301?title=Gardens-at-Het-Loo-Palace&b=198，2018 年 5 月 4 日。
[6] Mariabruna Fabrizi，“The Imperial Villa of Katsura，Japan（1616-1660）”，http: //socks-studio.com/2016/05/15/the-imperial-villa-of-katsura-japan-1616-1660/，2018 年 3 月 6 日。
[7] PANORAMA DEL’ART.，“Le Jardin chinois”，http: //www.panoramadelart.com/boucher-le-jardin-chinois，2018 年 2 月 27 日。
[8] Fosco Lucarelli，“ Earliest Land-Art: Herbert Bayer and Fritz Benedict’s Green Mound and Marble Garden（1954-1955）”，http: //socks-studio.com/2015/07/12/earliest-land-art-herbert-bayer-and-fritz-benedicts-green-mound-and-marble-garden-1954-1955/，2018 年 2 月 28 日。
[9] Aspen Modern，“ Marble Sculpture Garden”，http: //www.aspenmod.com/places/marble-sculpture-garden/，2018 年 2 月 28 日。
[10] Todd Haiman Landscape Design Inc，“Herbert Bayer”，https: //www.toddhaimanlandscapedesign.com/blog/2011/01/herbert-bayer.html，2018 年 2 月 28 日。

[11] Atlas Obscura，“ Garden of Cosmic Speculation”，https：//www.atlasobscura.com/places/garden-of-cosmic-speculation，2018 年 4 月 5 日。

[12] Charles Jencks，“The Garden of Cosmic Speculation”，https：//www.charlesjencks.com/the-garden-of-cosmic-speculation，2018 年 4 月 5 日。

[13] Gilles Cl é ment，“Manifeste du Tiers Paysage”，http：//www.gillesclement.com/fichiers/_tierspaypublications_92045_manifeste_du_tiers_paysage.pdf，2017 年 11 月 18 日。

[14] SLA，“New order of nature – FredericiaC”，http：//www.sla.dk/en/projects/fredericia-c/，2018 年 3 月 12 日。

[15] SLA-Stig L. Andersson，“Fredericia C – Temporary park”，http：//www.landezine.com/index.php/2013/11/fredericia-c-temporary-park-by-sla/，2018 年 3 月 12 日。

[16] AEDT，“FredericiaC | Fredericia Denmark | SLA”，https：//worldlandscapearchitect.com/fredericiac-fredericia-denmark-sla/#.Wg6VrLEYyRc，2018 年 3 月 12 日。

[17] Mutabilis Landscape Architecture，“Le Parc du Chemin de l’ Ile”，http：//www.landezine.com/index.php/2015/10/le-parc-du-chemin-de-lile-by-mutabilis/，2018 年 3 月 12 日。

[18] Aga Khan Trust for Culture，“ Al-Azhar Park Cairo，Egypt”，https：//archnet.org/sites/5003/publications/4833，2018 年 3 月 23 日。

[19] AKDN，“The Aga Khan Development Network in Egypt”，http：//www.akdn.org/，2018 年 3 月 23 日。

[20] URBAN DESIGN，“The art of creating and shaping cities and towns”，http：//www.urbandesign.org/，2016 年 6 月 10 日。

[21] American Planning Association，“The Role of the Arts and Culture in Planning Practice”，https：//www.planning.org/research/arts/briefingpapers/overview.htm，2016 年 5 月 8 日。

[22] City of San Diego Commission for Arts and Culture，“ Public Art Master Plan – City of San Diego”，https：//www.sandiego.gov/sites/default/files/legacy/arts-culture/pdf/pubartmasterplan.pdf，2016 年 6 月 8 日。

[23] Jessica Zalewski，“ Art City Asks：Jeremy Fojut”，http：//www.jsonline.com/blogs/entertainment/artcity.html?tag=Art+City+Asks，2016 年 6 月 11 日。

[24] Mariabruna Fabriz，“About the Spatial Experience：Hans Dieter Schaal’ s Paths，Passages and Spaces（1970’ s）”，http：//socks-studio.com/2014/03/02/about-the-spatial-experience-hans-dieter-schaals-paths-passages-and-spaces-1970s/，2018 年 4 月 4 日。

[25] Fosco Lucarell，“Bernhard Leitner’ s Le Cylindre Sonore，1987”，http：//socks-studio.com/2012/01/21/bernhard-leitners-le-cylindre-sonore-1987/，2018 年 4

月 6 日。

[26] The Cultural Landscape Foundation，"Portland Open Space Sequence"，https：//tclf.org/landscapes/portland-open-space-sequence，2018 年 3 月 30 日。

[27] Kenneth Helphand，"Lawrence Halprin Open Space Sequence"，ttps：//www.asla.org/portland/site.aspx?id=44134，2018 年 3 月 28 日。

[28] Sarah Goodyear，"Maya Lin' s Newest Work Is a 'Last Memorial' to the Vanishing Natural World "，https：//www.citylab.com/design/2013/05/maya-lins-newest-work-last-memorial-vanishing-natural-world/5718/，2018 年 4 月 1 日。

[29] Christopher Kleinnov，"The Remarkable Story of Maya Lin' s Vietnam Veterans Memorial"，https：//www.biography.com/news/maya-lin-vietnam-veterans-memorial，2018 年 4 月 2 日。

[30] Hans Peter Worndl，"GucklHupf"，http：//www.arch.mcgill.ca/prof/mellin/arch671/winter2000/lhill/box.html，2018 年 4 月 3 日。

[31] Architecten Werk，"〈minimal space〉gucklhupf"，https：//www.architectenwerk.nl/minimalspace/gucklhupf.htm，2018 年 4 月 3 日。

[32] Denise Hopkins，"GucklHupf-Small Houses"，https：//www.busyboo.com/2014/10/02/small-wooden-house-hpw/，2018 年 4 月 3 日。

[33] Wikipedia，"Haussmann' s renovation of Paris"，https：//en.wikipedia.org/wiki/Haussmann%27s_renovation_of_Paris，2018 年 10 月 15 日。

[34] Therapeutic Landscapes Network，"Designers/Designers and Consultants Directory"，http：//www.healinglandscapes.org/beta/designers-and-consultants-directory/#，2018 年 10 月 18 日。

[35] D+C，"DELANEY+CHIN-ADVENTUROUS，SPIRITED ARTISTS+ARTISANS"，http：//delaneyandchin.com/，2018 年 10 月 19 日。

[36] Joanna Kawecki，"Isamu Noguchi：From Sculpture To The Body And Garden"，https：//champ-magazine.com/art/isamu-noguchi-sculpture-body-garden/，2018 年 10 月 19 日。

六、报纸文章

（一）中文

[1] 刘彦红：《当代景观艺术的人性归属》，《建筑时报》2007 年 3 月 19 日。

（二）外文

[1] Vicki Goldberg，"Photos That Lie and Tell the Truth"，*New York Times*，March 16，1997.

[2] The New York Times Company，"The Black Gash of Shame"，*New York Times*，April 14，1985.

[3] Huxtable，Ada Louise，"Coast Fountain Melds Art and Environment"，*New York Times*，June 21，1970.

七、其他

[1] 中国大百科全书出版社《简明不列颠百科全书》编辑部译编：《简明不列颠百科全书（第5卷）》，中国大百科全书出版社1986年版。

[2] 中国大百科全书出版社《简明不列颠百科全书》编辑部译编：《简明不列颠百科全书（第6卷）》，中国大百科全书出版社1986年版。

图片来源

一、图书资源

1. 图 1–2：[英] R.J. 约翰斯顿：《哲学与人文地理学》，蔡运龙、江涛译，商务印书馆 2001 年版。
2. 图 1–22、1–23、1–24：陈志华：《中国造园艺术在欧洲的影响》，山东画报出版社 2006 年版。
3. 图 1–28、1–29：郑振铎：《插图本中国文学史》，上海人民出版社 2005 年版。
4. 图 2–3、4–44：[日] 伊东忠太：《中国建筑史》，陈清泉译补，上海书店 1984 年版。
5. 图 2–4、2–5、2–6：[法] 米歇尔 · 福柯：《规训与惩罚：监狱的诞生》，刘北成、杨远婴译，生活 · 读书 · 新知三联书店 2003 年版。
6. 图 2–9：荆其敏、张丽安编著：《生态的城市与建筑》，中国建筑工业出版社 2005 年版。
7. 图 2–10：[美] 罗伯特 · 莱顿：《艺术人类学》，靳大成、袁阳、韦兰春、周庆明、知寒译，文化艺术出版社 1992 年版。
8. 图 2–11：龚红月：《中国传统文化系统结构》，《暨南学报》(哲学社会科学版) 1995 年第 7 期。
9. 图 2–12、4–52：童明、董豫赣、葛明编：《园林与建筑》，中国水利水电出版社、知识产权出版社 2009 年版。
10. 图 2–21：[法] 克洛德 · 列维 – 斯特劳斯：《看 · 听 · 读》，顾嘉琛译，生活 · 读书 · 新知三联书店 1996 年版。
11. 图 2–22：[德] 雷德侯：《万物：中国艺术中的模件化和规模化生产》，张总等译，生活 · 读书 · 新知三联书店 2005 年版。
12. 图 2–23：Archer，L. Bruce，“ Systematic method for designers：Part one：Aesthetics and logic”，*Design*，1963 (172) .
13. 图 2–47、4–27：童寯：《江南园林志》，中国建筑工业出版社 1984 年版。

14. 图 2–7、2–48、4–16、4–71、4–72、4–73、4–74、5–52：［美］杜安·普雷布尔、萨拉·普雷布尔：《艺术形式》，武坚等译，山西人民出版社 1992 年版。
15. 图 3–1：鲁安东：《“设计研究”在建筑教育中的兴起及其当代因应》，《时代建筑》2017 年第 3 期。
16. 图 3–2：俞孔坚：《景观：文化、生态与感知》，科学出版社 1998 年版。
17. 图 3–3、3–4、5–7、5–8、5–9：周维权：《中国古典园林史》，清华大学出版社 1990 年版。
18. 图 3–20：［意］弗拉维奥·孔蒂：《希腊艺术鉴赏》，陈卫平译，北京大学出版社 1988 年版。
19. 图 3–30、3–31、3–32、3–33、3–34、3–35：［美］温迪·J. 达比：《风景与认同：英国民族与阶级地理》，张箭飞、赵红英译，译林出版社 2011 年版。
20. 图 3–38：［美］马克·特雷布编：《现代景观—— 一次批判性的回顾》，丁力扬译，中国建筑工业出版社 2008 年版。
21. 图 3–42：俞靖芝：《勒·柯布西埃手稿》，《世界建筑》1987 年第 3 期。
22. 图 4–1、4–2、4–19：［美］克里斯托弗·亚历山大：《城市并非树形》，严小婴译，《建筑师》1985 年第 24 期。
23. 图 4–3、4–26：胡传海：《法度 形式 观念：书法的艺术向度》，上海书画出版社 2005 年版。
24. 图 4–4：陈志华：《外国造园艺术》，河南科学技术出版社 2001 年版。
25. 图 4–28：［英］Geoffrey and Susan Jellicoe：《图解人类景观——环境塑造史论》，刘滨谊主译，同济大学出版社 2006 年版。
26. 图 4–43：陈植注释：《园冶注释》，中国建筑工业出版社 1998 年版。
27. 图 4–53：汉宝德：《美，从茶杯开始：汉宝德谈美》，广西师范大学出版社 2006 年版。
28. 图 4–54：［日］原研哉：《设计中的设计》，朱锷译，山东人民出版社 2006 年版。
29. 图 4–76：（清）李渔：《闲情偶寄图说》，王连海注释，山东画报出版社 2003 年版。
30. 图 4–77：［乌拉圭］丹尼艾尔·阿里洪：《电影语言的语法》，陈国铎等译，中国电影出版社 1982 年版。
31. 图 4–81：彭一刚：《中国古典园林分析》，中国建筑工业出版社 1986 年版。
32. 图 4–83：［美］柯林·罗、弗瑞德·科特：《拼贴城市》，童明译，中国建筑工业出版社 2003 年版。
33. 图 4–84：西安美术馆编著：《西安美术馆·3》，陕西旅游出版社 2010 年版。
34. 图 4–92：［加］卡菲·凯丽：《艺术与生存——帕特丽夏·约翰松的环境工程》，陈国雄译，湖南科学技术出版社 2008 年版。
35. 图 5–6：汪丽君、舒平：《类型学建筑》，天津大学出版社 2004 年版。
36. 图 5–22：［美］诺姆·乔姆斯基：《句法结构》，邢公畹、庞秉钧、黄长著、林书武译，中国社会科学出版社 1979 年版。

37. 图 5–28、 图 5–29、 图 5–30：Marc Treib，Dorothée Imbert，*Garrett Eckbo：Modern Landscapes for Living*, Berkeley：University of California Press，1997.

38. 图 5–55：王中：《公共艺术概论》，北京大学出版社 2007 年版。

39. 图 5–72、图 5–73：[美] 巫鸿：《重屏：中国绘画中的媒材与再现》，文丹译，上海人民出版社 2009 年版。

40. 图 6–2、6–3、6–7：[美] 查尔斯 · 莫尔、威廉 · 米歇尔、威廉 · 图布尔：《园林是一首诗》，李斯译，四川科学技术出版社 2017 年版。

41. 图 6–52：[美] W · 塞西尔 · 斯图尔德、莎伦 · B · 库斯卡：《可持续性计量法——以实现可持续发展为目标的设计、规划和公共管理》，刘博译，中国建筑工业出版社 2014 年版。

42. 图 6–67、6–68、6–69：[美] 克劳斯 · 克里彭多夫：《设计：语意学转向》，胡飞、高飞、黄小南译，中国建筑工业出版社 2017 年版。

43. 图 6–70、6–71、6–72：[英] 凯文 · 思韦茨、伊恩 · 西姆金斯：《体验式景观——人、场所与空间的关系》，陈玉洁译，中国建筑工业出版社 2016 年版。

44. 图 6–180：[日] 大野隆造、小林美纪：《人的城市安全与舒适的环境设计》，余漾、尹庆译，中国建筑工业出版社 2015 年版。

45. 图 6–107、6–108：[美] 林璎等著：《地志景观：林璎和她的艺术世界》，陈晓宇等译，电子工业出版社 2016 年版。

二、作者自绘

图 1–3 、图 2–24、图 4–20、图 4–46、图 5–19、图 5–20、图 5–21、图 5–48。

三、其他图片

均为本人自拍及 http：//image.yahoo.com 等网络搜索。